中国科技人才发展报告

（2014）

中华人民共和国科学技术部

CHINA

SCIENCE AND TECHNOLOGY TALENT DEVELOPMENT REPORT

2014

科学技术文献出版社
SCIENTIFIC AND TECHNICAL DOCUMENTATION PRESS
·北京·

图书在版编目（CIP）数据

中国科技人才发展报告（2014）/ 中华人民共和国科学技术部编. —北京：科学技术文献出版社，2015.4

ISBN 978-7-5189-0066-4

Ⅰ.①中… Ⅱ.①中… Ⅲ.①科技人才—发展战略—研究报告—中国—2014 Ⅳ.① G316

中国版本图书馆 CIP 数据核字（2015）第 092863 号

中国科技人才发展报告（2014）

策划编辑：李 蕊 责任编辑：赵 晖 左常辰 孙江莉 责任校对：张吲哚 张燕育 责任出版：张志平

出 版 者 科学技术文献出版社
地 址 北京市复兴路15号 邮编 100038
编 务 部 （010）58882938，58882087（传真）
发 行 部 （010）58882868，58882874（传真）
邮 购 部 （010）58882873
官方网址 www.stdp.com.cn
发 行 者 科学技术文献出版社发行 全国各地新华书店经销
印 刷 者 北京时尚印佳彩色印刷有限公司
版 次 2015 年 4 月第 1 版 2015 年 4 月第 1 次印刷
开 本 889×1194 1/16
字 数 840千
印 张 39.5
书 号 ISBN 978-7-5189-0066-4
定 价 300.00元

实施创新驱动发展战略，人才是基础和关键，创新驱动实质上是人才驱动。

——习近平

编委会

编 写 组

组　　长　贺德方　李　普　翟立新

副 组 长　高昌林　周国林　郝　强　程家瑜

成　　员　（按姓氏笔画排序）

王俊峰　牛　萍　白　琮　刘　云

刘昌新　李　兵　邱成利　宋卫国

初国刚　林芬芬　赵　峰　胡　峻

秦全胜　徐　辉　郭丽峰　曹　凯

梁立赫　董振华　曾明彬　翟俊峰

总撰稿人

郭丽峰　曹　凯　林芬芬　李　兵

参与撰写人员　（按姓氏笔画排序）

白　琮　刘　云　刘昌新　杜云英

李　萌　李　燕　杨芳娟　宋卫国

宋赛赛　张　璐　陈　钰　胡　敏

贾维红　常　征　曾明彬

序

科技是第一生产力，人才是第一驱动力。

我国是人力资源大国，也是智力资源大国。党和国家历来高度重视科技人才队伍的建设与发展。党的十八大以来，习近平总书记站在实现“两个一百年”宏伟目标和中华民族伟大复兴中国梦的高度，对人才工作提出了一系列重要论述，强调“实施创新驱动发展战略，人才是基础和关键，创新驱动实质上是人才驱动”，为我们做好人才工作指明了方向。

科技人才是具有一定专业知识或专门技能，从事创造性科学技术活动，并对科学技术事业及经济社会发展做出贡献的劳动者。改革开放 30 多年来，随着经济、科技和教育体制改革的不断探索、深入和完善，我国科技人力资源规模不断壮大，形成了一支规模宏大、富有创新精神、敢于承担风险的科技人才队伍。2014 年我国研发人员总量预计 380 万人年，位居世界第一；每万名就业人员中研发人员数量达 49.2 人年。在人才强国战略指引下，各部门各地方结合政府职能转变，主动适应经济发展新常态，加强人才工作顶层设计，创新体制机制，以人才资源开发作为科技创新优先任务，加快实施重大人才工程，加大人才引进和培养力度，出台了一批改革力度大、支持强度高、实施效果好的政策措施，充分调动了广大科技人员的积极性和创造性，促进了科技成果转化，为我国科技、经济和社会发展做出了重要贡献。

在中央组织部人才工作局的大力支持下，科技部会同有关部门和地方编写了《中国科技人才发展报告（2014）》。围绕实施《国家中长期人才发展规划纲要(2010—2020 年)》和《国家中长期科技人才发展规划(2010—2020 年)》，对我国科技人才队伍建设、重大人才工程和计划实施、相关人才政策以及各地方人才发展情况进行了系统梳理和分析。作为科技人才专题出版物，该报告对于凝聚各方力量推进人才队伍建设、宣传科技人才政策、营造人才成长良好环境等都具有积极意义。

2015 年是全面落实重大改革任务的关键之年，是全面推进依法治国的开局之年，也是全面完成“十二五”规划、谋划“十三五”规划的承上启下之年。实施创新驱动发展战略，深化科技体制改革，必须紧紧围绕全面深化改革总目标，把人才发展放在科技创新最优先的位置，围绕产业链部署创新链、完善资金链和人才链，健全人才发展激励机制，充分激发科技人员的积极性创造性，走出一条以人才强、科技强促进经济强、国家强的新路子。用改革红利、人才红利、创新红利推动经济社会持续健康发展。

科学技术部党组书记　副部长　王志刚

2015 年 2 月

前 言

由科学技术部政策法规与监督司和科技人才中心组织编写的《中国科技人才发展报告（2014）》（以下简称《报告》）是专题性政府出版物。《报告》介绍了我国科技人才战略规划与政策，重大人才工程与科技人才计划，科技人才队伍建设与人才培养总体状况以及地方科技人才发展情况。《报告》在各有关部门、各地方人才政策、工程与计划、人才队伍发展情况等有关材料基础上，系统梳理了《国家中长期科技人才发展规划（2010—2020 年）》提出政策措施的落实进展，聚焦国家重大人才工程与各部门科技人才计划实施，展现我国科技人才队伍的总体情况及人才培养状况。

《报告》包括综合篇和地方篇。综合篇分为四部分：第一部分科技人才战略规划与政策，主要介绍我国科技人才战略和规划，重点反映国家中长期科技规划纲要和国家中长期人才发展规划纲要实施以来的科技人才政策。第二部分重大人才工程与科技人才计划，介绍了国家高层次人才特殊支持计划和《人才规划纲要》确定的重大人才工程实施与进展情况以及一些重要的科技人才计划。第三部分队伍建设与人才培养，包括我国科技人才队伍总体状况和科技人才培养情况。第四部分地方科技人才发展综述，对地方科技人才发展规划、政策、人才工程和计划等进行综合描述和列表呈现。地方篇汇集了 31 个省（自治区、直辖市）和新疆生产建设兵团以及 5 个计划单列市科技人才发展报告，突出地方科技人才工作进展与特色。

本报告中的统计数据来自相关统计年鉴、年度报告和相关部门提供的材料。由于首次组织编写《中国科技人才发展报告》，难免有疏漏之处，敬请读者谅解，并提出宝贵意见与建议。

编写组

2015 年 2 月

目录

综合篇

第一部分　科技人才战略规划与政策

第四部分 地方科技人才发展综述

地 方 篇

附　表

综合篇

CHINA

SCIENCE AND TECHNOLOGY
TALENT DEVELOPMENT REPORT

2014

第一部分
科技人才战略规划与政策

党的十八大以来，习近平总书记对人才工作作出了一系列重要论述，并强调“创新驱动实质上是人才驱动”，指明了人才在我国实施创新驱动发展战略和创新型国家建设中的重要地位和关键作用。对于加快建立规模宏大、富有创新精神、敢于承担风险的创新型人才队伍，激发科学家、科技人员、企业家的创新激情，广泛吸引各类创新人才加入到创新驱动发展战略实施具有重要指导意义。党的十八届三中、四中全会关于全面深化改革和全面推进依法治国的决定，从制度建设和法律保障上，为打破体制壁垒，扫除身份障碍，人人都有成长成才、脱颖而出的通道明确了方向，让各类人才都有施展才华的广阔天地。

国以才立、政以才治、业以才兴。良好的人才发展环境，对内是凝聚力、向心力和驱动力，有利于发挥人才的作用；对外是吸引力、竞争力和生产力，有利于提升人才实力。环境影响甚至决定着人才的追求方向和目标选择。优化人才环境就是在人才战略设计、规划研究和政策制定中，以市场为导向，加快转变政府职能，变管理人才为服务人才。营造鼓励创新、宽容失败的工作环境，为人才提供干事创业平台，放心放手大胆使用人才。加强思想联系和感情交流，做到关心人才满腔热情，服务人才无微不至。

在全面深化改革精神引领下，科技人才管理体制机制不断创新，政策环境日益完善。2013 年 2 月，国务院批转发展改革委等部门《关于深化收入分配制度改革若干意见》（国发〔2013〕6 号），不断推进我国收入分配制度改革；9 月施行新的《中华人民共和国外国人入境出境管理条例》，增加了 R 字（人才）签证以引进外国高层次人才和急需紧缺专门人才；《科技成果转化法》修订草案针对创新创业提出一系列激励措施，为人才发展提供法制保障。

第一章 科技人才战略与规划

第一节　改革开放以来的科技人才战略

改革开放30多年来，我国科技人才队伍伴随着经济、科技和教育体制改革的不断探索、深入和完善逐渐发展壮大起来。按照历史发展时期重要事件对科技人才战略的重大影响，将改革开放以来我国科技人才战略划分为以下几个主要阶段。

一、科学的春天，改革激发科技人才活力

1978年3月全国科学大会召开，迎来了科学技术发展的春天。党中央、国务院在这次全国科学大会上提出了“科学技术是生产力”“知识分子是工人阶级的一部分”和“四个现代化建设的关键是科学技术现代化”等论断，为此后制定国家科技发展方针、政策提供了重要的理论依据，对解放思想、动员全国力量向科学技术现代化进军、释放科技人才活力的一系列制度的形成起到了巨大的推动作用。

1. 恢复高考，建立学位制度

1977年恢复高考制度在全国引起强烈反响。1978年，国务院批转了教育部《关于1978年高等学校和中等专业学校招生工作的意见》，做出了从1978年起高等学校招生实行全国统一命题，各省、自治区、直辖市组织考试、评卷等决定，高校招生走入正轨。高考制度的恢复，对于解决科研队伍青黄不接的状况具有重大意义。

1978年，中国第一个研究生院——中科院研究生院成立。1980年12月，颁布实施《中华人民共和国学位条例》，规定了学位分学士、硕士和博士三级。学位制度的实施，调动了广大青年攀登科学高峰的积极性，促进了科学和教育事业的发展。同时，为学习国外先进科技，教育部制定了

海外留学生政策，向西方发达国家派遣各类留学生、研修生。1978 年年底，第一批 50 名留学人员抵达美国。

2. 恢复国家科技奖励制度

1978 年全国科学大会对 7657 项科技成果进行奖励，标志着国家科技奖励制度正式恢复。1978 年国务院颁布了《中华人民共和国发明奖励条例》，1979 年颁布了《中华人民共和国自然科学奖励条例》，1982 年颁布了《合理化建议和技术改进奖励条例》，1984 年国家重新修订发明奖和自然科学奖，同年国家颁布了《中华人民共和国科学技术进步奖励条例》，对有突出贡献的科技人才实行重奖。

3. 建立知识产权制度

1978 年，为了适应改革开放的需要，我国开始筹划建立知识产权制度。1980 年 1 月，正式开始组建中国专利局，负责全面开展专利制度的筹建工作。1984 年 3 月，第六届全国人民代表大会常务委员会第四次会议通过了《中华人民共和国专利法》，标志着我国现代专利制度的正式建立。专利法的颁布与实施，促进我国知识产权事业从无到有，从小到大，不断发展壮大，有力推动了科学技术创新及经济社会的进步。

4. 改革科技拨款制度，建立自然科学基金制

为了改变“供给制”拨款方式带来的科研任务与生产相脱节、科研投入强度低、力量分散、低水平重复等问题。中央提出改革拨款制度，从资金供应上改变科研机构对行政部门的依附，使其主动为经济建设服务。1984 年 5 月，原国家科委、国家体改委发布了《关于开发研究单位由事业费开支改为有偿合同制的改革试点意见》，把有偿合同制推向全国。1986 年 1 月，国务院发布《关于科学技术拨款制度改革的暂行规定》，改变科研机构任务和经费单纯依靠国家的状况，引入竞争机制，对科研机构按任务和活动特点进行分类管理。拨款制度改革的一项重要措施是设立国家自然科学基金，采用国家财政拨款、自由申请、同行评议、择优支持等办法资助基础研究和应用研究中的基础工作。1986 年 2 月，在中科院科学基金会基础上正式成立国家自然科学基金委员会，由国家拨款和集中管理，其主要任务是“根据国家发展科学技术的方针、政策和规划，有效地运用自然科学基金，指导、协调资助基础研究和部分应用研究工作，发现和培养人才，促进科学技术进步和经济、社会发展。”

5. 形成国家科技计划体系

1986 年，全国科技工作部署为面向国民经济建设和社会发展服务、发展高技术及其产业、加强基础性研究三个层次。为国民经济建设服务是科技工作的主战场，发展高新技术及其产业和发展基础性研究是主战场的“两翼”。并先后制定了高技术研究与发展计划（简称“863 计划”），星火计划、火炬计划等。

1987 年 1 月，国务院颁布《关于进一步推进科技体制改革的若干决定》，提出要逐步实行政研职责分开，国家对科研机构的管理理应由直接控制为主转变为间接管理；科研机构全面实行所长负责制，逐步实行所有权与经营管理权的分离；鼓励技术开发型科研机构和科技人员以多种方式进入经济建设的主战场。进一步放活科研机构，促进多层次、多形式的科研生产联合，推动科技与经济的紧密结合；进一步改革科技人员管理制度，放宽放活对科研人员的政策，为充分发挥科技人员作用创造良好的环境。

1988 年 5 月，国务院做出《关于深化科技体制改革若干问题的决定》，鼓励科研机构发展成为新型的科研生产经营实体，积极开发和组织生产高技术产品；在智力密集地区兴办高技术产业开发区，发展高新技术产业。大力推动企业和农村科技进步；支持集体、个体等不同所有制形式科技机构的发展。同年，国务院批准建立北京市高技术产业开发实验区，并给予 18 项优惠政策。

6. 改革科研人员管理制度、促进科研人员合理流动

1986 年 2 月，国务院发布了《关于实行专业技术职务聘任制度的规定》，正式启动了我国专业技术职务聘任制度，对专业技术聘任的基本内容、专业技术职务评审方法、聘任和任命办法、行政人员与专业技术人员相互兼任职务、已获得职称人员的安排、特聘人员的安排和待遇等问题都做了比较详细的说明。打破科研人员使用终身制，促进合理流动，同时相应提高科技人员的工资收入水平。开放第二职业劳务市场，允许科技人员在完成本职工作的情况下兼职，充分发挥科技人员的积极性和主动性。

二、实施科教兴国和人才强国战略，造就创新科技人才队伍

1992 年，邓小平发表“南巡讲话”，党的“十四大”确立了社会主义初级阶段理论，提出了建立社会主义市场经济体制，我国开始由计划经济体制向市场经济体制转变。在此背景下，我国科技发展出现新的形势，科技人才队伍得到进一步发展。

1. 经济体制变革期科研机构和人员调整的基本思路

1992 年 8 月，原国家科委和国家体改委联合发布《关于分流人才、调整结构、进一步深化科技体制改革的若干意见》，将改革重点逐步转向结构调整和综合配套改革，提出分流和调整的基本路子是“稳住一头、放开一片”。“稳住一头”是重点稳住一支精干的基础性研究、高技术研究、重大科技攻关和社会公益性研究的科技队伍，以政府投入为主，稳住少数重点科研院所和高等学校的科研机构，从事基础性研究、有关国家整体利益和长远利益的应用研究、高技术研究、社会公益性研究和重大科技攻关活动。保证基础研究持续稳定地向前发展，为我国科学技术的发展建立更为坚实的基础。1992 年 3 月，全国科技工作会议批准实施《1992 年国家基础性研究重大项目计划》（亦称“攀登计划”），围绕基础性研究的国家目标，解决国民经济和社会发展中的重大关键问题的基础理论和技术基础。1997 年，“国家重点基础研究发展规划项目计划”（简称“973 计划”）正式出台，“攀登计划”作为一项行动计划纳入“973 计划”，并实施至 2000 年结束。“放开一片”是

放开、放活一大批技术开发型和技术服务型机构，通过实行结构调整、人才分流，将这些机构面向市场。除按照竞争机制承担政府研究开发任务外，主要按照市场需求进行研究开发、技术服务、技术承包和科技成果商品化、产业化活动，绝大多数技术开发和技术服务机构逐步由事业法人转变成企业法人。1992 年 11 月，原国家科委和国家体改委印发《关于在国家高技术产业开发区创办高新技术股份有限公司若干问题的暂行规定》，高新技术作为无形资产入股时，可以达到公司注册资本的 30%。1993 年 6 月，原国家科委和国家体改委联合发布《关于大力发展民营科技型企业若干问题的决定》，动员更多的科技人员创办民营科技型企业，允许国有科技机构、高等院校，大中型企业按照国有民营方式创办新的科技型企业。

2. 提出科教兴国战略

1995 年 5 月，中共中央、国务院发布了《关于加速科学技术进步的决定》（以下简称《决定》），并召开了全国科技大会，向全党、全国人民发出了坚定不移地实施科教兴国战略的伟大号召。《决定》提出，科教兴国，实质是全面落实科技是第一生产力的思想，坚持教育为本，把科技和教育摆在经济、社会发展的重要位置，增强国家的科技实力及向现实生产力转化的能力，提高全民族的科学技术文化素质，把经济建设转移到依靠科技进步和提高劳动者素质的轨道上来，加速实现国家的繁荣富强。科教兴国战略是全面落实科技是第一生产力思想的战略决策，是保证国民经济持续、快速、健康发展的根本措施，是实现社会主义现代化宏伟目标的必然选择，也是中华民族振兴的必由之路。

3. 建设高校创新体系

1993 年 2 月，中共中央、国务院发布《中国教育改革和发展纲要》，指出要集中中央和地方等各方面的力量办好 100 所左右重点大学和一批重点学科、专业。1995 年，经国务院批准，原国家计委、国家教委、财政部发布《“211 工程”总体建设规划》正式启动“211 工程”。1999 年，国务院批准教育部《面向 21 世纪教育振兴行动计划》，决定实施重点支持北京大学、清华大学等部分高等学校创建世界一流大学和国际知名的高水平研究型大学的建设工程，简称“985 工程”。“985 工程”建设主要包括机制创新、队伍建设、平台和基地建设、条件支撑建设和国际交流与合作五个部分。以“985 工程”为支撑，各高校推出了凝聚海内外高层次人才和提高师资队伍素质的举措。同时在国家科技创新体系建设的制度建立中，突出强调人才队伍和学科带头人的培养，通过学科带头人的学术地位、作用的评定和确定，使带头人与团队形成良好的人才培育机制。同样，高校在企业与科研单位建立的博士、硕士流动站，也起到了带领、培养人才的作用。

4. 实行院士制度，成立工程院

为了更有利于中科院学部扩大国际学术交流和符合国际科技界的惯例，也为了更好地体现其权威性和荣誉性，1993 年 10 月，国务院决定将中科院学部委员改为中科院院士。负责对国家科学技术发展规划、计划和重大科学技术决策提供咨询，对国家经济建设和社会发展中的重大科学技术问题提出研究报告，对学科发展战略和中长期目标提出建议，对重要研究领域和研究机构的学术问题进行评议和指导。

1994 年 2 月，国务院批转了《国家科委、中科院关于建立工程院请示的通知》，正式批准成立工程院。工程院是中国工程科技界的最高荣誉、咨询性的学术机构，由院士组成，致力于促进工程科学技术事业的发展。负责组织研究、讨论工程科学技术领域的重大关键性问题；对国家重要工程科学技术问题组织开展战略性研究、提供决策咨询，接受政府和有关方面的委托，对重大工程科学技术发展规划、计划、方案及其实施提供咨询；促进全国工程科学技术界的团结与合作，推动我国工程科学技术水平不断提高和工程科学技术队伍建设，激励优秀人才成长。

5. 发展高科技实现产业化

1999 年 8 月，中共中央、国务院发布《关于加强技术创新，发展高科技，实现产业化的决定》（中发〔1999〕14 号），要求对国务院部分属技术开发类研究机构进行改革，采取结构调整、转变体制、分流人员、优化机制等措施实现企业化转制。提出高等学校要充分发挥自身人才、技术、信息等方面的优势，鼓励教师和科研人员进入高新技术产业开发区从事科技成果商品化、产业化工作。允许民营科技企业采用股份期权等形式，调动有创新能力的科技人才或经营管理人才的积极性，以多种形式吸引优秀海外人才。特别设立国家最高科学技术奖，对在当代科学技术前沿取得重大突破或在科学技术发展中有卓越建树的，在技术创新、科技成果商品化和产业化中，创造巨大经济效益或社会效益的杰出人才实行重奖等。国家支持的产业化推进和产业化项目，通过对技术人才和企业管理者的要求和评定，引导了企业科技人才的成长，也培养了经营管理者的创新理念。

6. 实施人才强国战略

2001 年 3 月，第九届全国人民代表大会批准《中华人民共和国国民经济和社会发展第十个五年计划纲要》，提出实施人才战略，并明确提出要培养数以亿计高素质的劳动者、数以千万计具有创新精神和创新能力的专门人才。2003 年 12 月，中共中央、国务院做出了《关于进一步加强人才工作的决定》，提出人才问题是关系党和国家事业发展的关键问题，新世纪新阶段人才工作的根本任务是人才强国战略。决定进一步提出造就数以亿计的高素质劳动者、数以千万计的专门人才的目标之外，首次提出造就一大批拔尖创新人才的任务。

加快建设人才强国，是推动经济社会又好又快发展、实现全面建设小康社会奋斗目标的重要保证，是确立我国人才竞争比较优势、增强国家核心竞争力的战略选择，是坚持以人为本、促进人的全面发展的重要途径，是提高党的执政能力、保持和发展党的先进性的重要支撑。全面落实加快建设人才强国各项战略任务，是全面建设小康社会、加快推进社会主义现代化、实现中华民族伟大复兴的有力保证。

三、建设创新型国家，人才大国向人才强国转变

2006年年初，党中央、国务院召开全国科技大会，发布《国家中长期科学和技术发展规划纲要（2006—2020年）》。确定了“自主创新、重点跨越、职称发展、引领未来”的指导方针，提出了建立创新型国家的总目标。做出《关于实施科技规划纲要增强自主创新能力的决定》，提出必须深化科技体制改革和经济体制改革，进一步消除制约科技进步和创新的体制、机制性障碍，有效整合全社会科技资源，推动经济和科技的紧密结合，形成技术创新、国防科技创新、区域创新、科技中介服务等相互促进、充满活力的国家创新体系。

2010年，《国家中长期人才发展规划纲要（2010—2020年）》发布，确定当前和今后一个时期，我国人才发展的指导方针是“服务发展、人才优先、以用为本、创新机制、高端引领、整体开发”。提出到2020年，我国人才发展的总体目标是：培养和造就规模宏大、结构优化、布局合理、素质优良的人才队伍，确立国家人才竞争比较优势，进入世界人才强国行列，为在21世纪中叶基本实现社会主义现代化奠定人才基础。

2011年，《国家中长期科技人才发展规划（2010—2020年）》发布，提出要大力推进科技人才队伍建设，到2020年，建设一支规模宏大、素质优良、结构合理、富有活力的创新型科技人才队伍，合理提高人力成本在研发经费中的比例，确立科技人才国际竞争优势，为实现我国进入创新型国家行列和全面建设小康社会的目标提供科技人才支撑。

2012年，全国科技创新大会在北京召开，发布《中共中央　国务院关于深化科技体制改革加快国家创新体系建设的意见》（中发〔2012〕6号），提出要大力实施科教兴国战略和人才强国战略，坚持自主创新、重点跨越、支撑发展、引领未来的指导方针，全面落实国家中长期科学和技术发展规划纲要，加快建设国家创新体系，为全面建成小康社会进而建设世界科技强国奠定坚实基础。同年，教育部、财政部印发《关于实施高等学校创新能力提升计划的意见》，正式启动“2011计划”实施。

2013年，国务院办公厅发布《关于强化企业技术创新主体地位　全面提升企业创新能力的意见》，提出以深入实施国家技术创新工程为重要抓手，建立健全企业主导产业技术研发创新的体制机制，促进创新要素向企业集聚，增强企业创新能力，加快科技成果转化和产业化，为实施创新驱动发展战略、建设创新型国家提供有力支撑。

2014年，国务院发布《关于改进加强中央财政科研项目和资金管理的若干意见》，通过深化改革，加快建立适应科技创新规律、统筹协调、职责清晰、科学规范、公开透明、监管有力的科研项目和资金管理机制，使科研项目和资金配置更加聚焦国家经济社会发展重大需求，基础前沿研究、战略高技术研究、社会公益研究和重大共性关键技术研究显著加强，财政资金使用效益明显提升，科研人员的积极性和创造性充分发挥，科技对经济社会发展的支撑引领作用不断增强，为实施创新

驱动发展战略提供有力保障。

党的十八届三中全会通过《中共中央关于全面深化改革若干重大问题的决定》，提出要建立集聚人才体制机制，择天下英才而用之。打破体制壁垒，扫除身份障碍，让人人都有成长成才、脱颖而出的通道，让各类人才都有施展才华的广阔天地。同时，指出深化科技体制改革，要改革院士遴选和管理体制，优化学科布局，提高中青年人才比例，实行院士退休和退出制度。完善党政机关、企事业单位、社会各方面人才顺畅流动的制度体系。健全人才向基层流动、向艰苦地区和岗位流动、在一线创业的激励机制。加快形成具有国际竞争力的人才制度优势，完善人才评价机制，增强人才政策开放度，广泛吸引境外优秀人才回国或来华创业发展。

四、实施创新驱动发展战略，把人才作为第一资源

党的十八大以来，习近平总书记对实施创新驱动发展战略、深化科技体制改革作出了一系列重要论述，强调人才是创新的根基，是创新的核心要素。创新驱动实质上是人才驱动。必须坚定不移走中国特色自主创新道路，培养和吸引人才，推动科技和经济紧密结合，真正把创新驱动发展战略落到实处。

1. 强调人才资源是第一资源

人才是最宝贵的财富，物质资源必然越用越少，而科技和人才却会越用越多。综合国力竞争说到底是人才竞争，谁能培养和吸引更多优秀人才，谁就能在竞争中占据优势。我们比历史上任何时期都更接近实现中华民族伟大复兴的宏伟目标，我们也比历史上任何时期都更加渴求人才。源源不断的人才资源是我国在激烈的国际竞争中的重要潜在力量和后发优势。实现中华民族伟大复兴，人才越多越好，本事越大越好。“两个一百年”奋斗目标的实现、中华民族伟大复兴中国梦的实现，归根到底靠人才。

2. 强调要建设规模宏大的高素质人才队伍

把人才资源开发放在科技创新最优先的位置。要在健全人力资源政策制度上下功夫，大力吸引、培养、保留、使用好各类人才。“千军易得，一将难求”，要培养造就世界水平的科学家、科技领军人才、卓越工程师、高水平创新团队，注重培养一线创新人才。要不拘一格、慧眼识才，放手使用优秀青年人才，为他们奋勇创新、脱颖而出提供舞台。我国要在科技创新方面走在世界前列，必须在创新实践中发现人才、在创新活动中培育人才、在创新事业中凝聚人才，努力培养数以亿计的高素质劳动者和技术技能人才。中国拥有 4200 多万人的工程科技人才队伍，这是中国开创未来最宝贵的资源。

3. 强调要择天下英才而用之

引进和用好海外人才，是创造人才红利、推动创新发展的重要手段。要实行更加开放的人才政策，不唯地域引进人才，不求所有开发人才，不拘一格用好人才。要坚持问题导向，紧紧抓住机

遇，以海纳百川的姿态，实行更积极、更开放、更有效的政策，进一步健全政策法规、理顺管理体制，进一步发挥市场需求的导向作用和用人单位主体作用，加快形成具有国际竞争力的人才制度优势，广泛汇聚海外英才。要继续完善外国人才引进体制机制，切实保护知识产权，保障外国人才合法权益，对做出突出贡献的外国人才给予表彰奖励，让有志于来华发展的外国人才来得了、待得住、用得好、流得动。

4. 强调要在用好、吸引、培养上下功夫

要树立强烈的人才意识，寻觅人才求贤若渴，发现人才如获至宝，举荐人才不拘一格，使用人才各尽其能。要尽最大力气培养和用好人才，加大研发投入。要用好科学家、科技人员、企业家，激发他们的创新激情。在大力培养国内创新人才的同时，更加积极主动地引进国外人才特别是高层次人才，要把最好的资源凝聚起来，发挥各类人才的智慧，聚天下英才而用之。要学会招商引资、招人聚才并举，广泛吸引各类创新人才特别是最缺的人才。

5. 强调要完善人才发展机制

改革人才培养、引进、使用等机制。建立更为灵活的人才管理机制，打通人才流动、使用、发挥作用中的体制机制障碍，最大限度支持和帮助科技人员创新创业。要在全社会积极营造鼓励大胆创新、勇于创新、包容创新的良好氛围，既要重视成功，更要宽容失败，完善好人才评价指挥棒作用，为人才发挥作用、施展才华提供更加广阔的天地。要坚持竞争激励和崇尚合作相结合，促进人才资源合理有序流动。强化激励，用好人才，使发明者、创新者能够合理分享创新收益，打破阻碍技术成果转化的瓶颈。

6. 强调要坚持党管人才原则

择天下英才而用之，关键是要坚持党管人才原则，遵循社会主义市场经济规律和人才成长规律，着力破除束缚人才发展的思想观念，推进体制机制改革和政策创新，充分激发各类人才的创造活力，在全社会大兴识才、爱才、敬才、用才之风，开创人人皆可成才、人人尽展其才的生动局面。要加强引导，特别是要加强政治引领和政治吸纳，使更多知识分子参与实际工作，激励他们自觉为实现中华民族伟大复兴贡献聪明才智。各级党委、政府要继续完善凝聚人才、发挥人才作用的体制机制，进一步调动优秀人才创新创业的积极性。

第二节　国家中长期人才发展规划纲要

《国家中长期人才发展规划纲要（2010—2020 年）》（简称《人才规划纲要》）是我国第一个中长期人才发展规划。确立了人才优先发展的新理念，并对体制机制创新、重大政策和人才工程进行了系统设计。《人才规划纲要》提出“24 字”指导方针，对我国人才发展理论和实践经验进行高度概括。“服务发展、人才优先”，明确了人才发展的战略方向，就是要把为科学发展服务作为人才工作的根本出发点和落脚点，以人才优先发展引领经济社会又好又快发展。“以用为本、创新机制”，明确了当前人才发展的战略重点，就是要以用好用活人才、提高人才效能为主线，创新有利于人才成长和发挥作用的体制机制，进一步解放思想、解放人才、解放科技生产力。“高端引领、整体开发”，明确了人才发展的战略思路，就是要突出高端人才的引领带动作用，以高层次人才和高技能人才为重点，统筹推进各类人才队伍建设。

一、人才发展的战略目标

《人才规划纲要》提出了确立国家人才竞争比较优势、进入世界人才强国行列的战略目标。到2020年，我国人才发展的总体目标是：培养和造就规模宏大、结构优化、布局合理、素质优良的人才队伍，确立国家人才竞争比较优势，进入世界人才强国行列，为在21世纪中叶基本实现社会主义现代化奠定人才基础。

（1）人才资源总量稳步增长，队伍规模不断壮大。人才资源总量从现在的1.14亿人增加到1.8亿人，增长58%，人才资源占人力资源总量的比重提高到16%，基本满足经济社会发展需要。

（2）人才素质大幅度提高，结构进一步优化。主要劳动年龄人口受过高等教育的比例达到20%，每万劳动力中研发人员达到43人年，高技能人才占技能劳动者的比例达到28%。人才的分布和层次、类型、性别等结构趋于合理。

（3）人才竞争比较优势明显增强，竞争力不断提升。人才规模效益显著提高。在装备制造、信息、生物技术、新材料、航空航天、海洋、金融财会、生态环境保护、新能源、农业科技、宣传思想文化等经济社会发展重点领域，建成一批人才高地。

（4）人才使用效能明显提高。人才发展体制机制创新取得突破性进展，人才辈出、人尽其才的环境基本形成。人力资本投资占国内生产总值比例达到15%，人力资本对经济增长贡献率达到33%，人才贡献率达到35%。

这个目标和《科技规划纲要》确定的建设创新型国家的目标、《教育规划纲要》确定的建设人力资源强国的目标相衔接，既考虑了我国经济社会发展的需要，又考虑了参与国际人才竞争的需要，也充分考虑了我国人才队伍发展的现实可行性。

二、人才工作的总体部署

一是实行人才投资优先，健全政府、社会、用人单位和个人多元人才投入机制，加大对人才发展的投入，提高人才投资效益。二是加强人才资源能力建设，创新人才培养模式，注重思想道德建设，突出创新精神和创新能力培养，大幅度提升各类人才的整体素质。三是推动人才结构战略性调整，充分发挥市场配置人才资源的基础性作用，改善宏观调控，促进人才结构与经济社会发展相协调。四是造就宏大的高素质人才队伍，突出培养创新型科技人才，重视培养领军人才和复合型人才，大力开发经济社会发展重点领域急需紧缺专门人才，统筹抓好党政人才、企业经营管理人才、专业技术人才、高技能人才、农村实用人才以及社会工作人才等人才队伍建设，培养造就数以亿计的各类人才，数以千万计的专门人才和一大批拔尖创新人才。五是改革人才发展体制机制，完善人才管理体制，创新人才培养开发、评价发现、选拔任用、流动配置、激励保障机制，营造充满活力、富有效率、更加开放的人才制度环境。六是大力吸引海外高层次人才和急需紧缺专门人才，坚持自主培养开发与引进海外人才并举，积极利用国（境）外教育培训资源培养人才。七是加快人才工作法制建设，建立健全人才法律法规，坚持依法管理，保护人才合法权益。八是加强和改进党对人才工作的领导，完善党管人才格局，创新党管人才方式方法，为人才发展提供坚强的组织保证。

三、人才队伍建设主要任务

（1）突出培养造就创新型科技人才。围绕提高自主创新能力、建设创新型国家，以高层次创新型科技人才为重点，努力造就一批世界水平的科学家、科技领军人才、工程师和高水平创新团队，注重培养一线创新人才和青年科技人才，建设宏大的创新型科技人才队伍。到 2020 年，研发人员总量达到 380 万人年，高层次创新型科技人才总量达到 4 万人左右。

（2）大力开发经济社会发展重点领域急需紧缺专门人才。适应发展现代产业体系和构建社会主义和谐社会的需要，加大重点领域急需紧缺专门人才开发力度。到 2020 年，在装备制造、信息、生物技术、新材料、航空航天、海洋、金融财会、国际商务、生态环境保护、能源资源、现代交通运输、农业科技等经济重点领域培养开发急需紧缺专门人才 500 多万人；在教育、政法、宣传思想文化、医药卫生、防灾减灾等社会发展重点领域培养开发急需紧缺专门人才 800 多万人。经济社会发展重点领域各类专业人才数量充足，整体素质和创新能力显著提升，人才结构趋于合理。

（3）统筹推进各类人才队伍建设。按照加强党的执政能力建设和先进性建设的要求，以提高领导水平和执政能力为核心，以中高级领导干部为重点，造就一批善于治国理政的领导人才，建设一支政治坚定、勇于创新、勤政廉洁、求真务实、奋发有为、善于推动科学发展的高素质党政人才队伍。适应产业结构优化升级和实施“走出去”战略的需要，以提高现代经营管理水平和企业国际竞争力为核心，以战略企业家和职业经理人为重点，加快推进企业经营管理人才职业化、市场化、专业化和国际化，培养造就一大批具有全球战略眼光、市场开拓精神、管理创新能力和社会责任感的优秀企业家和一支高水平的企业经营管理人才队伍。适应社会主义现代化建设的需要，以提高专业水平和创新能力为核心，以高层次人才和紧缺人才为重点，打造一支宏大的高素质专业技术人才队伍。适应走新型工业化道路和产业结构优化升级的要求，以提升职业素质和职业技能为核心，以技师和高级技师为重点，形成一支门类齐全、技艺精湛的高技能人才队伍。围绕社会主义新农村建设，以提高科技素质、职业技能和经营能力为核心，以农村实用人才带头人和农村生产经营型人才为重点，着力打造服务农村经济社会发展、数量充足的农村实用人才队伍。适应构建社会主义和谐社会的需要，以人才培养和岗位开发为基础，以中高级社会工作人才为重点，培养造就一支职业化、专业化的社会工作人才队伍。

《人才规划纲要》明确了若干项重大政策，包括：实施促进人才投资优先保证的财税金融政策，产学研合作培养创新人才政策，引导人才向农村基层和艰苦边远地区流动政策，人才创业扶持政策，有利于科技人员潜心研究和创新政策，推进党政人才政策，企业经营管理人才、专业技术人才合理流动政策，更加开放的人才政策，鼓励非公有制经济组织，新社会组织人才发展政策，促进人才发展的公共服务政策，知识产权保护政策等，为人才发展营造良好的创新生态。明确提出 12 项重大人才工程，包括：创新人才推进计划，青年英才开发计划，企业经营管理人才素质提升工程，高素质教育人才培养工程，文化名家工程，全民健康卫生人才保障工程，海外高层次人才引进计划，专业技术人才知识更新工程，国家高技能人才振兴计划，现代农业人才支撑计划、边远贫困地区、边疆民族地区和革命老区人才支持计划，高校毕业生基层培养计划等，为创新人才引进与培养提供支持、创造环境。

第三节　国家中长期科技人才发展规划

2011 年，科技部、教育部、人力资源社会保障部、中科院、工程院、国家自然科学基金会、中国科协等 7 个部门共同发布《国家中长期科技人才发展规划（2010—2020 年）》（简称《科技人才规划》）。明确“服务发展、人才优先、以用为本、创新机制、高端引领、整体开发”的指导方针，围绕大力提升科技人才创新能力、充分发挥科技人才作用，创新体制机制，优化科技人才结构和发展环境，坚持人才、基地、项目相结合，实施创新人才推进计划等国家重大人才工程，为 2020 年我国进入创新型国家行列、实现全面建设小康社会的目标提供科技人才支撑。部分领域也专门制定人才专项规划，对 2020 年人才发展目标和任务进行了安排。

一、国家中长期科技人才发展规划

未来 10 年是我国经济社会发展的战略机遇期，是创新型国家建设的关键阶段，也是科技人才发展的大好时机，必须紧紧把握新机遇，应对新挑战，大力推进科技人才队伍建设。以推进高层次创新型人才队伍建设为着力点，加快培养大批青年科技英才，全面带动科技人才发展。以体制机制创新为突破口、政策和制度创新为重要手段，大胆革除阻碍科技人才发展的各种障碍。充分激发科技人才的创新活力，逐步形成有利于创新型科技人才成长和发挥作用的良好环境，使创新火花竞相迸发，创新思想不断涌流，创新成果有效转化，为创新型国家建设提供强大的科技人才队伍保证。

到2020年，我国科技人才发展的主要目标是：

——建设一支规模宏大、素质优良、结构合理、富有活力的创新型科技人才队伍，合理提高人力成本在研发经费中的比例，确立科技人才国际竞争优势，为实现我国进入创新型国家行列和全面建设小康社会的目标提供科技人才支撑。实现科技人才队伍稳步扩大，到2020年我国R&D人员总量由2008年的196.5万人年达到380万人年，R&D研究人员总量由2008年的105万人年达到200万人年，高层次创新型科技人才总量将达到4万人左右。

——科技人才结构和布局趋于合理，到2020年基础研究人员占R&D人员总量的比重由2008年的7.8%提高到12%左右，企业高层次创新型科技人才和国家重点产业领域人才的比重有较大提高，科技创业人才队伍规模不断扩大、年龄结构梯次配备，区域科技人才布局更加合理，中西部地区科技人才总量有较大增长。

——科技人才投资力度大幅提高，到2020年我国R&D人员和R&D研究人员人均R&D经费分别由2008年的23.5万元/年和44万元/年，提高到50万元/年和100万元/年（2008年不变价），R&D研究人员人均R&D经费达到中等发达国家的水平。

——科技人才竞争比较优势基本确立，到2020年我国科技人才的水平显著提高，国际竞争力和科技产出显著提高，涌现出一批世界一流的科学家和科技领军人才，在我国各个战略性新兴产业技术领域、重点发展产业领域和重点学科拥有一大批高端研发人才和工程技术人才。

紧紧围绕提高自主创新能力、建设创新型国家的需要，把高层次创新型科技人才作为重点，努力造就一批世界水平的科学家、科技领军人才、卓越工程师和高水平创新团队，注重培养一线创新人才和青年科技人才，建设规模宏大、素质优良的创新型科技人才队伍。以创新科技人才体制机制和政策措施为根本措施，营造有利于科技人才发展的良好环境。坚持以用为本，改革和完善科技人才管理体制。创新科技人才培养、使用、流动、评价、激励等机制，加强科技人才工作法制建设，完善有利于科技人才创新创业的政策体系。

以重大人才工程为重要手段，在科技人才发展的重要方面取得突破。着力实施创新人才推进计划，全面促进高层次创新型科技人才队伍建设和发展。实施海外高层次人才引进计划，吸引战略科学家和创新创业领军人才回国服务。实施青年英才开发计划，大力提升我国未来科技人才竞争力。实施专业技术人才知识更新工程，在国家重点发展的领域培养高层次、急需紧缺和骨干专业科技人才。实施现代农业人才支撑计划，培养和造就一大批农业科研和科技推广服务专业人才。使各类重大人才工程成为推动科技人才工作的有力措施。

按照《人才规划纲要》和《科技人才规划》确定的目标和主要任务部署，以高层次创新型科技人才队伍建设为重点，通过实施重大人才政策，创新人才体制机制，全面实施创新人才推进计划等国家重大人才工程为重要手段，重点建设以下6支科技人才队伍。

（1）造就一支具有原始创新能力的科学家队伍。围绕国家战略需求，以国家重大科技任务为重要依托，以相应创新平台为载体，充分利用国际国内科技人才资源，造就一支具有原创能力的科学家队伍，涌现出一批世界水平的科学家和高水平创新团队。着力培养大批具有国际视野的青年科学研究人才和后备力量。

（2）重点建设优秀科技创新团队。在实施创新人才推进计划和相关人才、科技计划中，依托一批国家重大科研项目、国家重点工程和重大建设项目，在若干重点领域建设一批创新团队。主要是围绕提高自主创新能力，选择若干重点领域，依托国家重大科研项目、国家重点工程和重大建设项目，重点支持一批国家长期需要、有基础、有潜力、组织健全、研究方向明确、水平一流的技术创新团队，保持和提升我国在若干重点领域的科技创新能力。

（3）造就一支具有国际竞争力的工程技术人才队伍。在实施创新人才推进计划和相关人才、科技计划中，适应我国产业结构升级和战略性新兴产业发展需要，实施卓越工程师教育培养计划，培养大批企业技术研发、工艺创新、工程实现等方面的优秀工程技术人员。加强普通高等学校工程技术类专业的实践教育；进一步加强企业特别是非公有制企业工程技术人才的继续教育；以国家重大科技任务和重大工程的实施为牵引，以各种研发平台为载体，系统培养大批产业关键领域紧缺工程技术人才、复合型的工程技术领军人才和优秀创新团队；充分发挥产业技术创新战略联盟和对外经济技术合作项目在培养工程技术人才方面的作用。

（4）支持和培养一批中青年科技创新领军人才。在实施创新人才推进计划和相关人才、科技计划中，瞄准世界科技前沿和战略性新兴产业，重点支持和培养3000名具有发展潜力的中青年科技创新领军人才。通过“人才＋项目”的运行模式，把自主选题和承担国家科技计划紧密结合起来，在“研发一批、储备一批、发展一批”的同时，加快科技创新领军人才和科研团队的培养。

（5）重点扶持一批科技创新创业人才。在实施创新人才推进计划和相关人才、科技计划中，着眼于推动企业成为技术创新主体，重点扶持一大批拥有核心技术或自主知识产权的优秀科技人才创办科技型企业，培养造就一批创新型企业家，通过示范引导，吸引更多的社会投资、更多的科技人才转化科技成果，推动企业开展技术创新活动。完善相关政策和公共服务体系，优化创业环境，降低创业成本，吸引和支持国内外优秀科技人才创业。

（6）重视建设科技管理与科技服务和科普等人才队伍。针对科技管理、科研辅助、科技中介、科技推广和科学技术普及等方面的科技的现实基础和不同特点，制定有效的政策措施加快其发展，努力建设一支素质优良、规模合理，能够提供专业化服务的科技管理和服务人才队伍。加强科技管理人才的职业化和专业化能力建设。重视科技成果推广转化相关专业人才队伍的培养，鼓励和促进公共科技传播人才队伍建设。

建设一批创新人才培养示范基地，在实施创新人才推进计划和相关人才、科技计划中，以高等学校、科研院所和高新技术产业开发区为依托，建设一批创新人才培养示范基地。主要是选择若干高等学校、科研院所和科技园区，构建若干有利于科技人才脱颖而出、健康成长的人才培养特区，为科技人才队伍建设提供有益经验和借鉴。

二、领域人才专项规划

按照《人才规划纲要》的部署，一些重点领域陆续出台专项人才规划，包括《国家中长期生物技术人才发展规划（2010—2020 年）》《国家中长期新材料人才发展规划（2010—2020 年）》《装备制造人才队伍建设中长期规划（2010—2020 年）》《信息产业人才队伍建设中长期规划（2010—2020 年）》等 10 余项（表 1–1）。

1. 国家中长期生物技术人才发展规划（2010—2020 年）

我国已形成一支初具规模的生物技术人才队伍，目前有 4 万余人从事生物技术研发工作，但是与世界先进水平仍有明显差距，与中长期生物技术及产业发展对人才的需求相比，总体数量明显不足，尖端人才缺乏，产出原始性创新成果和产品的创新创业人才少，需要进一步发展一支数量足、素质高的人才队伍。2011 年 12 月，《国家中长期生物技术人才发展规划（2010—2020 年）》颁布。指出到 2020 年，力争在生物能源、农作物育种和重大疾病治疗等部分生物技术领域造就 3—5 名世界顶尖科学家、30—50 名国际一流创新人才和若干创新团队、领军人才 300—500 名、学科骨干 3 万—5 万名、30 万名生物产业人才以及 3000—5000 名生物技术高级管理人才的目标。

2. 国家中长期新材料人才发展规划（2010—2020 年）

2011 年 12 月，《国家中长期新材料人才发展规划（2010—2020 年）》颁布。提出到 2020 年实现新材料人才资源总量翻番和“五个三”工程的目标，培育出新材料领域高层次创新创业型科技人才 2 万人，其中包括世界水平的科学家和科技创新创业领军人才 1000 人；重点支持和培养 300 名有发展潜力的中青年科技创新领军人才，造就一批世界水平的科学家；着眼于推动企业成为技术创新主体，重点扶持 300 名有发展潜力的科技创业领军人才；依托国家科技计划，结合国家技术创新工程，建设 300 个产学研紧密结合、高水平的创新团队；以高等学校、科研院所和高新技术产业开发区为依托，建设 30 个产学研用结合的创新人才培养示范基地；引导鼓励科技创新创业领军人才到西部地区工作或提供服务，引进和重点扶持 300 名西部地区急需紧缺的科技创新创业领军人才。

3. 装备制造人才队伍建设中长期规划（2010—2020 年）

装备制造业是为国民经济各行业提供技术装备的基础性、战略性产业，是产业升级和技术进步的有力保障。2011 年 4 月，《装备制造人才队伍建设中长期规划（2010—2020 年）》颁布。提出到 2020 年，人才总量达 1360 万人，机械、汽车、船舶行业的经营管理人才、专业技术人才、技能人才基本得到满足。在冶金装备、汽车装备、石化装备、船舶和船舶装备、轻工装备、纺织装备、食品装备、医药装备、国防军工装备等 9 个方面重点项目的实施中，着眼于前沿技术、关键技术和基础技术水平的提升，着力培养一大批具有影响力和带动力的创新型科技人才。并提出若干重点措施：依托国家相关人才工程和计划，加大创新型科技人才的凝聚和培养力度。实施首席专家计划、拔尖人才计划、政府直接掌握的专家计划和创新团队建设计划，遴选有突出贡献的中青年专家，进一步加强领军人才队伍建设。

4. 信息产业人才队伍建设中长期规划（2010—2020 年）

当前，以新一代移动通信、下一代互联网、物联网、云计算等为代表的信息技术创新正孕育着重大突破，信息产业与传统产业融合发展，进一步加速新兴业态成长和产业体系重塑，为传统产业转型升级和经济发展方式转变提供强大的支撑。未来 5—10 年，是我国信息产业实现核心领域突破和优势领域赶超的重要战略机遇期，加快建设一支高素质的信息产业人才队伍，打造信息产业人才竞争比较优势，构建新一代移动通信、下一代互联网、光纤宽带网络和物联网等下一代信息网络基础设施，是争取新一轮信息产业国际竞争主动权的关键。2011 年 4 月，《信息产业人才队伍建设中长期规划（2010—2020 年）》颁布。提出要培育一支能够掌控核心技术和自主知识产权、维护网络与信息安全的创新型人才队伍，构建信息产业可持续发展竞争优势。

表 1-1　近年出台的人才规划纲要

序号	规划名称	发布单位	发布时间
1	国家中长期人才发展规划纲要（2010—2020 年）	国务院	2010 年
2	国家中长期科技人才发展规划（2010—2020 年）	科技部、教育部、人力资源社会保障部、中科院、工程院、国家自然科学基金会、中国科协	2011 年
3	专业技术人才队伍建设中长期规划（2010—2020 年）	中央组织部、人力资源社会保障部	2011 年
4	国家中长期生物技术人才发展规划（2010—2020 年）	科技部、人力资源社会保障部、教育部、中科院、工程院、国家自然科学基金会、中国科协	2011 年
5	国家中长期新材料人才发展规划（2010—2020 年）	科技部、人力资源社会保障部、教育部、中科院、工程院、国家自然科学基金会、中国科协	2011 年
6	装备制造人才队伍建设中长期规划（2010—2020 年）	工业和信息化部	2011 年
7	信息产业人才队伍建设中长期规划（2010—2020 年）	工业和信息化部	2011 年
8	全国海洋人才发展中长期规划（2010—2020 年）	海洋局、教育部、科技部、农业部、中科院	2011 年
9	国家能源人才发展中长期规划	国家能源局	2011 年

续表

序号	规划名称	发布单位	发布时间
10	农村实用人才和农业科技人才队伍建设中长期规划（2010—2020 年）	中央组织部、农业部、人力资源社会保障部、教育部、科技部	2011 年
11	公路水路交通运输中长期人才发展规划纲要（2010—2020 年）	交通运输部	2011 年
12	生态环境保护人才发展中长期规划（2010—2020 年）	环保部、国土资源部、住房和城乡建设部、水利部、农业部、国家林业局、中国气象局	2011 年
13	安全生产人才中长期发展规划（2011—2020 年）	国家安全监管局	2011 年

资料来源：编写组整理。

第四节　科技人才体制机制创新

体制机制创新是激发人才创新创造活力的根本举措，是解决人才发展突出问题的关键措施，是打造我国人才竞争新优势的战略举措。实施人才强国战略，建设宏大的高素质人才队伍，要着力解决当前人才发展面临的突出问题，下决心、花气力，努力破解长远性、深层次的人才发展体制机制性问题。《人才规划纲要》明确提出，通过试点先行、以点带面，全面推进我国科技人才管理体制机制的深化改革，建立有利于创新人才成长和发展的体制机制。

一、建立科学合理的科技人才管理体制

1. 完善党管人才的领导体制

《人才规划纲要》提出："坚持党管人才原则，创新党管人才方式方法，完善党委统一领导，组织部门牵头抓总，有关部门各司其职、密切配合，社会力量广泛参与的人才工作格局。"党管人才是人才工作的根本原则。党管人才，主要是管宏观、管政策、管协调、管服务。从根本上说，党管人才的目的是解放人才、发展人才、服务人才、用好用活人才，真正调动一切人才的智慧和力量，充分发挥他们的积极性创造性，使他们全心全意为党和国家事业贡献才智。当前，完善党管人才工作格局，要充分发挥党委统揽人才工作全局的领导核心作用，切实履行组织部门牵头抓总的职能，加强人才工作职能部门协调配合，调动人民团体、企事业单位、社会中介组织等社会力量广泛参与人才工作积极性。

2. 健全科技人才宏观的统筹协调机制

人才工作是一项系统工程，涉及方方面面，必须建立有效的工作机制，整合资源，形成合力。《人才规划纲要》提出建立科学的决策机制、协调机制和督促落实机制，形成统分结合、上下联动、

协调高效、整体推进的人才工作运行机制。这是推进人才发展体制机制创新、创新党管人才方式方法、提高人才工作科学化水平的必然要求。统分结合，就是要坚持党对人才工作的统一领导，各地区、各部门、各单位在党委的统一领导下展开各领域、各行业的人才工作。上下联动，就是要坚持全国“一盘棋”，充分调动方方面面开展人才工作的积极性、主动性、创造性，中央与地方之间，各行业、各系统上下之间，要围绕人才工作的重要政策、重点工作、重大工程，形成纵向的整体合力。协调高效，就是要坚持整合人才工作资源，党委与政府及其职能部门之间，按照工作定位和职责分工搞好协调配合，形成横向的整体合力。整体推进，就是人才工作的各个环节、各个门类、各个层次的人才队伍建设，重点工作与一般工作，单项改革与全面改革，点上的工作与面上的工作要统筹规划实施，既要注重突出重点、局部突破，也要注重以点带面、全面推进。

二、改进科技人才管理方式

面对当前激烈的国际人才竞争和我国未来经济社会发展的新形势、新要求，《人才规划纲要》提出：“围绕用好用活人才，完善政府宏观管理、市场有效配置、单位自主用人、人才自主择业的人才管理体制。”就适应现代院所制度[①]、现代大学制度和现代企业制度的要求，《科技人才规划》提出了改进科技人才管理方式的主要任务：一是改革完善科研机构和高等学校负责人的选拔制度，根据单位性质健全委任、聘任或选任等形式的负责人选拔制度，实行院所（校）长任期制；二是逐步取消高等学校、科研机构的行政级别，克服高等学校、科研机构的行政化倾向；三是在科研单位探索建立理事会等形式的法人治理结构；四是在科研机构和高等学校等机构全面推行聘用制度和岗位管理制度，由目前对科技人才主要以“身份管理”为主逐步向“身份和岗位相统一”的管理模式转变，逐步实现科技人才的社会化管理与服务，形成“竞争、流动、开放、有序”的用人机制。

为进一步营造人才健康成长和干事创业的良好环境，破除人才发展的体制机制性障碍。《人才规划纲要》鼓励地方和行业结合自身实际建立与国际人才管理体系接轨的人才管理改革试验区。《科技人才规划》提出推进创新人才培养示范基地建设，选取人才工作基础好的高等学校、科研机构、企业和科技园区等建立“人才特区”，鼓励其在人才管理体制机制方面大胆创新，取得突破，不断推广。建立人才管理改革试验区，充分发挥试验区对人才管理改革创新的引领、辐射和示范效应。发达国家和地区虽然没有“人才特区”这一提法，但都在特定的区域实施特别的人才战略和政策来引进集聚高端人才，如美国硅谷、日本筑波、印度班加罗尔、中国台湾地区新竹等世界著名的人才集聚区。

2010 年以来，全国各地纷纷试点人才管理改革试验区建设，在签证居留、金融支持、股权激

---

① 现代科研院所制度是指按现代管理理念和管理方法建立的、符合科研活动规律的科研院所管理制度体系。其基本要求是职责明确、评价科学、开放流动、管理规范。主要包括：实行院长或者所长负责制，建立科学技术委员会咨询制和职工代表大会监督制等制度，并吸收外部专家参与管理、接受社会监督；同时还包括人事管理、科研管理、评价激励等内部管理制度。

励、生活保障等方面出台了一系列突破性的政策，在人才政策和体制机制创新方面发挥了先行先试的示范带动作用，为人才优先发展提供了特别支撑。

三、加快科技人才管理的法制化建设

法律具有系统性、强制性、稳定性和公开性等特点。人才工作法制建设，是创新人才管理体制、管理方式，推进人才管理工作科学化、规范化的重要内容，是实施人才强国战略、贯彻党管人才原则的法律保障。随着依法治国方略的实施、社会主义市场经济的发展和社会管理方式的转变，推进人才发展、建设人才强国将会越来越重视人才工作法制建设。《人才规划纲要》提出："坚持用法制保障人才，推进人才管理工作科学化、制度化、规范化，形成有利于人才发展的法制环境。"《科技人才规划》提出："改革科研事业单位人事管理制度。促进企业形成规范的科技人才培养、引进、使用、激励和扶持等制度。"

四、创新科技人才培养开发机制

《人才规划纲要》提出："坚持以国家发展需要和社会需求为导向，以提高思想道德素质和创新能力为核心，完善现代国民教育和终身教育体系，注重在实践中发现、培养、造就人才，构建人人能够成才、人人得到发展的人才培养开发机制。"这是在人才培养上贯彻落实以人为本的科学发展观和科学人才观的重要举措。创新科技人才培养开发机制需要改革高等教育人才培养模式，提高创新能力培养水平；完善科技人才继续教育制度；加大科技人才国际化培养力度；注重在科技创新实践中培养和凝聚一流人才；发挥科技社团在科技人才培养的重要作用，支持科技社团开展形式多样的科技活动；重视女性科技人才的培养和使用，提高女性高层次创新型科技人才在科技人才队伍中的比例。

五、改进科技人才评价激励机制

对人才进行准确、客观的评价，是选好人用好人的前提。只有建立科学的人才评价发现机制，改革人才评价方式，完善人才评价标准，才能科学有效地选拔人才，合理使用人才，充分发挥和挖掘人才资源的效能，达到人尽其才、才尽其用。《人才规划纲要》提出："建立以岗位职责要求为基础，以品德、能力和业绩为导向，科学化、社会化的人才评价发现机制。"这进一步明确了人才评价发现机制创新的方向，对于促进人才脱颖而出、健康成长、才尽其用具有重要意义。改进科技人才评价激励机制需要建立科研机构创新绩效综合评价制度，引导科研机构和高等学校等建立以科研质量和创新能力为导向的科技人才评价标准；根据我国科技发展需要，不断改进和完善院士制度，充分发挥院士称号的精神激励作用，规范院士学术兼职；健全科研机构、高等学校、国有企业等的科技人才激励机制，注重精神奖励。

六、健全科技人才流动和配置机制

为促进人才合理流动、优化人才资源配置，《人才规划纲要》提出："根据完善社会主义市场经济体制的要求，推进人才市场体系建设，完善市场服务功能，畅通人才流动渠道，建立政府部门宏观调控、市场主体公平竞争、中介组织提供服务、人才自主择业的人才流动配置机制。"健全科技人才流动和配置机制需要确立市场在科技人才流动和配置中的基础性作用，健全科技人才流动和利益保障机制；围绕提高企业自主创新能力，适应国家和区域产业发展战略布局的总体要求，进一步加强宏观调控和统筹，推进科技人才结构的战略性调整；根据国家和地区产业发展需求，优化科技人才队伍的结构和布局；制定出台对边疆地区实施特殊人才政策意见和实施办法；进一步深化高等教育改革，促进科技人才供需之间结构性矛盾的解决。

第五节　科技人才工作法制建设

坚持用法制保障人才，是依法治国方略的基本要求。实施人才强国战略，就要建立和完善有利于人才成长和充分发挥作用的法律法规体系，特别是探索建立适应市场经济规律，符合国际规范的人才政策法规体系，推进人才工作法制化建设。

我国的人才法制建设，是在人才事业发展和国家法制进步的双重背景下进行的。1982 年《宪法》为人才事业发展和人才法制建设奠定了基础，2004 年修订后明确规定了国家尊重和保障人权，这为人才事业发展和人才法制建设提供了重要保障。《刑法》（1979 年中华人民共和国主席令 8 届第 83 号）、《民法通则》（1986 年中华人民共和国主席令 6 届第 37 号）等基本法律的制定，为人才权益保障和人才工作实践提供了基本依据。《商标法》（1982 年中华人民共和国主席令第 59 号）、《专利法》（1984 年中华人民共和国主席令第 8 号）、《著作权法》（1990 年中华人民共和国主席令第 26 号）的相继出台，建立起了我国的知识产权保护制度，为人才发挥作用创造了重要条件。《科学技术进步法》（1993 年中华人民共和国主席令第 82 号）、《科学技术普及法》（1996 年中华人民共和国主席令第 71 号）、《国家科学技术奖励条例》（1999 年中华人民共和国国务院令第 265 号）等科技立法的出台为人才发挥创造性提供了有利条件。

1996 年，原人事部发布了《人才市场管理暂行规定》（人发〔1996〕11 号），并于 2001 年进行了修订，修订后的《人才市场管理暂行规定》明确规定：人才市场服务的对象是指各类用人单位和具有中专以上学历或取得专业技术资格的人员，以及其他从事专业技术或管理工作的人员。除此之外，还有《国务院所属部门成立人才市场中介机构审批暂行办法》（人发〔1996〕115 号）、《国务院所属部门成立的人才市场中介机构年审暂行办法》（人发〔1996〕115 号）、《全国性人才交流会审批暂行办法》（人发〔1996〕115号）、《水利建设管理人才培养暂行规定》（水建〔1997〕197号）等。全国大部分省份也都出台了以人才为立法对象的地方性法规，涉及人才市场管理、人才流动管理、人才中介机构管理、人才引进等方面。

2003年，第一次全国人才工作会议召开，并通过了《中共中央、国务院关于进一步加强人才工作的决定》（中发〔2003〕16号），决定明确提出："加大人才工作立法力度，围绕人才培养、吸引、使用等基本环节，建立健全中国特色人才工作法律法规体系。"此后以人才作为特定对象的立法开始出现，如《公务员法》（2005年中华人民共和国主席令第35号）、《劳动合同法》（2007年中华人民共和国主席令第73号）、《就业促进法》（2007年中华人民共和国主席令第70号）等。与人才和人才工作密切相关的法律法规也继续出台，如《事业单位公开招聘人员暂行规定》（2006年人事部令第6号）、《公务员录用规定（试行）》（2007年人事部令第7号）、《中外合资人才中介机构管理暂行规定》（2003年原人事部、商务部、国家工商行政管理总局令第2号）、《中华人民共和国海关对高层次留学人才回国和海外科技专家来华工作进出境物品管理办法》（2006年海关总署令第154号）等。

与此同时，各省市地方性法规中出现了人才综合立法。2007年1月，云南省出台了《云南人才资源开发促进条例》（云南省人大常委会公告第49号），这是全国第一部有关人才资源开发的地方性法规。该条例内容包括人才资源开发的原则与重点、主体与职责、预测与规划、培养与引进、评价与使用、监督与奖惩等，内容涉及人才的界定、人才的管理、人才的待遇、人才的合法权益保护等。2009年7月，宁夏回族自治区继云南省之后出台了我国第二部有关人才资源开发的地方性法规《宁夏回族自治区人才资源开发条例》（以下简称《宁夏人才条例》）（宁夏回族自治区人民代表大会常务委员会公告第58号）。《宁夏人才条例》明确了人才资源开发的主体和权限，规定了人才工作主管部门、政府有关部门以及其他国家机关、社会团体、企业事业单位和其他组织在人才培养、引进、使用、流动、评价、激励、保障等方面的职责，对宁夏人才资源开发提供了法制保障。

2010年，中共中央、国务院发布了《国家中长期人才发展规划纲要（2010—2020年）》，首次将"加快人才工作法制建设，建立健全人才法律法规，坚持依法管理，保护人才合法权益"列入人才发展总体部署，并单独列出加强人才工作法制建设的目标要求和主要任务。提出要坚持用法制保障人才，推进人才管理工作科学化、制度化、规范化，形成有利于人才发展的法制环境；并提出要加强立法工作，建立健全涵盖国家人才安全保障、人才权益保护、人才市场管理和人才培养、吸引、使用等人才资源开发管理各个环节的人才法律法规。

加强人才工作法制化建设，是当前推进人才管理体制机制创新的根本举措。重点是抓紧研究制定人才开发促进法，为制定其他各项人才法律法规提供方向指引和原则依据。同时，研究制定终身学习、事业单位人事管理、人力资源市场管理、人才类签证等方面的法律法规，完善保护人才合法权益、维护国家重要人才安全的法律制度，形成有利于人才发展的法制环境。创新和完善人才培养引进、流动配置、科研管理、创业扶持、知识产权保护等方面的政策法规，更好地用法制保障人才，建立健全政府宏观管理、市场有效配置、单位自主用人、人才自主择业的人才管理体制，提供优质公共服务，营造有利于人才创新创业的制度环境。

为了更好地吸引海外优秀人才来华，以适应我国引智引资的需要，2013 年 7 月，《中华人民共和国外国人入境出境管理条例》(中华人民共和国国务院令第 637 号)将“人才引进”规定为普通签证的申请事由。条例根据出境入境管理法的规定，在普通签证类别中增加了 R 字(人才)签证，发给国家需要的外国高层次人才和急需紧缺专门人才。

2013 年 7 月，广东省珠海市人大常委会表决通过《珠海经济特区人才开发促进条例》(以下简称《珠海人才条例》)(珠海市人民代表大会常务委员会公告〔八届〕第 10 号)，这是《国家中长期人才发展规划纲要(2010—2020 年)》颁布以来率先启动的促进人才开发的地方立法。《珠海人才条例》涵盖人才培养、引进、使用、评价、流动、激励、保障、投入等人才资源开发管理各个环节，具有系统性、整体性和综合性，有助于推进人才开发工作的科学化、制度化、规范化，在新的历史时期为我国人才法制建设进行了有益探索。

第二章 科技人才的政策环境

党和国家历来高度重视科技人才工作。改革开放后，中央确立了“尊重知识、尊重人才”的基本国策，恢复了高考和研究生招生制度、职称制度、院士制度，建立了国家科技奖励制度、博士后培养制度等，为科技人才的培养和使用、评价与激励等奠定了良好基础。科教兴国战略实施以来，我国科技人才政策体系逐步形成。进入21世纪后，中央提出了人才强国战略，2010年召开了全国人才工作会议，出台了《国家中长期人才发展规划纲要（2010—2020年）》（中发〔2010〕6号）和《国家中长期科技人才发展规划（2010—2020年）》（国科发政〔2011〕353号），确立了在经济社会发展中人才优先发展的战略布局；相继颁布实施了大量促进科技人才培养开发、评价发现、选拔任用、流动配置和激励保障等法律法规和政策措施，科技人才发展的宏观环境逐步改善，为推动科技进步与创新提供了强有力的制度保障。

第一节 产学研合作培养创新人才的政策

《人才规划纲要》提出要实施产学研合作培养创新人才政策，建立政府指导下以企业为主体、市场为导向、多种形式的产学研战略联盟，通过共建科技创新平台、开展合作教育、共同实施重大项目等方式，培养高层次人才和创新团队。实施研究生教育创新计划，发展专业学位教育，建立高等学校、科研院所、企业高层次人才双向交流制度，推行产学研联合培养研究生的“双导师制”。实行“人才＋项目”的培养模式，依托国家重大人才计划以及重大科研、工程、产业攻关、国际科技合作等项目，重视发挥企业作用，在实践中集聚和培养创新人才。

一、产学研战略联盟培养

2009年6月，为加快以企业为主体、市场为导向、产学研相结合的技术创新体系建设，科技部、财政部、教育部、国资委、全国总工会、国家开发银行共同组织实施“技术创新工程”并出台了总体实施方案。国家技术创新工程立足于推动产业技术创新战略联盟构建和发展，建设和完善技术创新服务平台，推进创新型企业建设，面向企业开放高等学校和科研院所科技资源，促进企业技术创新人才队伍建设，引导企业充分利用国际科技资源着力推进产学研紧密结合，并从以下五方面着手培养创新型人才：①推动高等学校和有条件的科研院所根据企业对技术创新人才的需求调整教学计划和人才培养模式，加强职业技术教育；②鼓励企业和高等学校联合建立大学生实训基地，引导高等学校学生参与企业创新实践；③鼓励高等学校和企业联合建立研究生工作站，吸引研究生到企业进行技术创新实践；④鼓励大型企业增设企业博士后工作站，吸引博士毕业生到企业从事技术创新工作；⑤鼓励企业选派技术人才到高等学校、科研院所接受继续教育、参加研究工作，或兼职教学。

2013 年 1 月，国务院办公厅发布《关于强化企业技术创新主体地位全面提升企业创新能力的意见》(以下简称《意见》)，支持行业骨干企业与科研院所、高等学校签订战略合作协议，建立联合开发、优势互补、成果共享、风险共担的产学研用合作机制，组建产业技术创新战略联盟。产业技术创新战略联盟是产学研结合的重要组织形式。近几年，科技部会同相关部门、地方，在重点产业领域推动构建了 95 个联盟，整合 2000 多家行业领军企业、重点高校和科研院所的创新力量，实现产业链创新资源优化配置和有机衔接，初步构建了产学研用结合、上中下游衔接、大中小企业合作的创新生态。为加强产学研用结合，《意见》提出依托骨干转制院所、行业特色高等学校和行业领军企业，通过体制机制创新，整合相关科研资源，推动建设一批产业共性技术研发基地，加强共性技术研发和成果推广扩散。同时，要求强化科研院所和高等学校对企业技术创新的源头支持，鼓励科研院所和高等学校与企业共建研发机构，共建学科专业，联合培养人才，实施合作项目。这些措施的实施，将进一步强化企业在创新决策、研发投入、科研组织过程中的主体地位，促进产学研用的紧密结合，带动高层次人才等要素向企业流动和集聚，提升企业科研人员的创新水平。

科技园区是高等学校产学研结合、为社会服务、培养创新创业人才的重要平台。近年来，科技部、教育部颁布了《关于全面提高高等教育质量的若干意见》《关于进一步加强高校实践育人工作的若干意见》等文件，进一步完善了科技园区在集聚和培养人才方面的政策环境。主要从以下两方面加强产学研人才培养：①鼓励把国家科技园区的建设与发展纳入学校整体建设与发展规划，向国家科技园开放学校的各种资源，强化培养创新创业人才的功能，利用园区浓厚的创新文化、丰富的创新资源和良好的创新环境等优势，建设高校学生科技创业实习基地；②制定和落实创业激励政策，探索设立学生科技创业基金，支持园区企业接纳学生实习和就业，支持学生到园区开展创新创业活动，以创业带动就业。通过设立高校学生创业资助基金等形式，对学生创办的科技型企业提供资助，对已经从事创新创业的高校毕业生，提供人事代理等服务，吸纳更多创业人才在园区创业。

二、开展专业学位教育和卓越工程师培养计划

1. 专业学位教育

我国自 1991 年开展专业学位教育，目前已基本形成了以硕士学位为主，博士、硕士、学士三个学位层次并存的专业学位教育体系。硕士层次专业学位有金融硕士等 39 种，博士层次专业学位有口腔医学等 5 种，学士层次专业学位有建筑学 1 种。

2009 年，为更好地适应国家经济建设和社会发展对高层次应用型人才的迫切需要，积极发展具有中国特色的专业学位教育，教育部扩大招收以应届本科毕业生为主的全日制硕士专业学位范围，发布《关于做好全日制硕士专业学位研究生培养工作的若干意见》《关于切实做好普通高校全日制硕士专业学位研究生资助工作的通知》和《关于构建全日制专业学位硕士研究生就业服务体系有关工作的通知》等，从创新全日制硕士专业学位研究生教育的培养模式入手，做好普通高校全日制专业学位研究生的资助工作，保证家庭经济困难学生顺利完成学业，解除学生的后顾之忧；做好全日制专业学位研究生的就业指导和服务工作，拓宽就业渠道，建立培养与就业相互促进的长效机制。

2010 年 4 月，为进一步推进研究生教育改革与发展，教育部下发《关于开展研究生专业学位教育综合改革试点工作的通知》，从培养模式、质量标准及保障体系和办学管理体制探索符合研究生专业学位的教育规律。11 月，国务院学位委员会第 27 次会议审议研究讨论新形势下学位与研究生教育发展的战略调整问题，通过了《硕士、博士专业学位研究生教育发展总体方案》和《硕士、博士专业学位设置与授权审核办法》。

2013 年，国务院学位委员会、教育部、国家卫生和计划生育委员会、人力资源社会保障部、国家中医药管理局联合推进临床医学专业学位研究生教育改革，发布《关于做好临床医学（全科）硕士专业学位授予和人才培养工作的意见（试行）》，专门就做好临床医学（全科）硕士专业学位授予和人才培养工作提出了 5 条意见：明确培养目标、改革招生录取办法、改革培养模式、改革学位授予办法和加强组织保障。

2. 卓越工程师教育培养计划

根据《国家中长期教育改革和发展规划纲要（2010—2020 年）》的部署，2011 年年初，教育部发布了《关于实施卓越工程师教育培养计划的若干意见》，提出计划组织实施办法和教育部支持政策。“卓越工程师教育培养计划”具有 3 个特点：①行业企业深度参与培养过程；②学校按通用标准和行业标准培养工程人才；③强化培养学生的工程能力和创新能力。

推进该计划实施的措施主要有 5 个方面：①创立高校与行业企业联合培养人才的新机制。企业由单纯的用人单位变为联合培养单位，高校和企业共同设计培养目标，制定培养方案，共同实施培养过程；②以强化工程能力与创新能力为重点改革人才培养模式。在企业设立一批国家级“工程实

践教育中心”，学生在企业学习一年，“真刀真枪”做毕业设计；③改革完善工程教师职务聘任、考核制度。高校对工程类学科专业教师的职务聘任与考核以评价工程项目设计、专利、产学合作和技术服务为主，优先聘任有在企业工作经历的教师，教师晋升时要有一定年限的企业工作经历；④扩大工程教育的对外开放。国家留学基金优先支持师生开展国际交流和海外企业实习；⑤教育界与工业界联合制订人才培养标准。教育部与工程院联合制订通用标准，与行业部门联合制订行业专业标准，高校按标准培养人才。参照国际通行标准，评价“卓越计划”的人才培养质量。

2013 年 7 月，教育部和总参谋部、总政治部、总后勤部、总装备部联合印发《关于实施国防生卓越工程师教育培养计划的通知》，确定选拔优秀国防生实施卓越工程师教育培养计划。国防生卓越工程师教育培养计划，实施“3+1”衔接融合培养模式，选拔理工类专业三年级本科国防生，到军队院校、科研单位、新装备部队或武器装备生产企业进行 6—12 个月的军地联合培养，在继续完成本科学制规定课程的同时，重点开展军事工程实践教育。11 月，教育部、工程院联合印发《卓越工程师教育培养计划通用标准》的通知，规定卓越计划各类工程型人才培养应达到的基本要求。

三、探索产学研联合培养“双导师制”

为更好地适应国家和社会对高层次应用型人才的迫切需要，2009 年 3 月，教育部发布《关于做好全日制硕士专业学位研究生培养工作的若干意见》，要求建立健全校内外双导师制，以校内导师指导为主，校外导师参与实践过程、项目研究、课程与论文等多个环节的指导工作。吸收不同学科领域的专家、学者和实践领域有丰富经验的专业人员，共同承担专业学位研究生的培养工作。2012 年 3 月，教育部《关于全面提高高等教育质量的若干意见》将双导师制扩展至专业学位研究生，支持在行业企业建立研究生工作站，开展专业学位硕士研究生培养综合改革试点。至此，很多高校的研究生培养都建立了校内外双导师制。

2012 年 12 月，教育部组织开展了对直属高校国家教育体制改革试点项目及“三重一大”决策制度执行情况的集中检查，《关于直属高校国家教育体制改革试点项目及“三重一大”决策制度执行情况检查的通报》列出了高校双导师的几种模式，如北京交通大学构建“3+1+2”产学联合人才培养模式，即学生在本科三年级与企业签订意向性协议后获得推免资格，由校企联合完成本科最后 1 年培养，2 年研究生阶段继续实施双导师培养，其中 1 年到企业实习，毕业后到企业工作；构建“3+1”订单式培养模式，即前 3 年实施宽口径培养，后 1 年针对行业特点进行专门教育。中国传媒大学实行“学术导师 + 行业导师”双导师制，提高了人才培养的针对性、实效性等。

2013 年 11 月，教育部与人力资源社会保障部共同发布《关于深入推进专业学位研究生培养模式改革的意见》，根据不同专业学位类别特点，探索导师组制，组建由相关学科领域专家和行（企）业专家组成的导师团队共同指导研究生，大力推广校内外双导师制，以校内导师指导为主，重视发挥校外导师作用。2014 年，教育部印发了《国际合作联合实验室计划的通知》，决定依托高等学校整合提升并建设认定一批国际合作联合实验室，实验室实行研究生培养双导师制，双方机构联合培养，联合授予学位，鼓励世界各国青年学生来实验室开展创新研究，逐步实行长聘制和年薪制。

四、依托重大科技项目和产业化项目联合培养人才

近年来，国家高度重视发挥科技计划的人才培养功能，重大科技项目和产业化项目对科技人才培养的作用日益凸显。国家产业化项目通过在信息、生物、航空航天、新材料、新能源、海洋等高技术产业领域兴建国家高技术产业基地培养高技术人才。《关于国家科技计划管理改革的若干意见》和《关于在重大项目实施中加强创新人才培养的暂行办法》规定，国家科技计划从以支持项目为主，逐步转向统筹安排项目、人才和基地，把人才培养作为项目论证和考核的重要指标，加强人才培养和创新团队建设。重大项目主要指重大专项、国家科技计划中的重大项目，中央财政资助的重大工程项目和产业化项目以及国家重大科技基础设施建设中的项目。重大项目主要对三类人才和团队优先支持：①优先支持年龄结构、知识结构合理的研究团队承担项目课题研究，促进创新团队的形成，研究团队中，45 岁以下青年研究人员所占比例原则上不低于 60%；②优先支持不同学科、不同领域、不同机构的研究人员联合承担项目课题研究，培养跨学科、跨领域的复合型人才，该类项目课题在项目课题总量中所占比例原则上不低于 30%；③优先支持年龄在 45 岁以下（含 45 岁）青年研究人员主持重大项目课题研究，促进青年高级专家的成长。重大项目课题负责人中，45 岁以下青年研究人员所占比例原则上不低于 60%。2009 年 12 月，发展改革委发布《关于加快国家高技术产业基地发展的指导意见》，从鼓励产学研结合、加强人才培养和引进、加强国际交流与合作三方面加强高技术人才培养。

《国家中长期科技人才发展规划（2010—2020 年）》提出采取两方面措施建立科技项目的人才培养、选拔和使用制度：①实施“人才 + 项目”的培养模式，根据不同项目的特点，对不同类型的创新人才进行重点培养，把人才培养和团队建设作为计划实施的重要内容，成为项目立项论证、实施绩效考评的重要指标；②在科技计划中专门设立针对创新人才和创新团队的资助项目，支持他们自主选题，自由探索，同时简化项目管理程序，加强事后评估，提高管理效率，保障科技人才用于科研的时间。2011 年，《国家重点基础研究发展计划管理办法》《国家高技术研究发展计划管理办法》《国家科技支撑计划管理办法》《国家国际科技合作专项管理办法》等修订，要求加强创新人才培养和创新团队建设，实现从技术突破的单一目标向科技持续创新能力提高的综合目标转变（表 2-1）。

表 2-1　产学研合作培养创新人才政策

	政策文件名称	发布单位
产学研战略联盟培养	关于强化企业技术创新主体地位全面提升企业创新能力的意见（国办发〔2013〕8号）	国务院
	关于进一步加强高校实践育人工作的若干意见（教思政〔2012〕1号）	教育部、中央宣传部、财政部、文化部、总参谋部、总政治部、共青团中央
	国家技术创新工程总体实施方案（国科发政〔2009〕269号）	科技部、财政部、教育部、国资委、全国总工会、国家开发银行
	关于印发“技术创新引导工程”实施方案的通知（国科发政字〔2006〕31号）	科技部、国资委、全国总工会
专业学位教育	关于做好临床医学（全科）硕士专业学位授予和人才培养工作的意见（试行）（学位〔2013〕8号）	国务院学位委员会、教育部、卫生计生委、人力资源社会保障部、中医药管理局
	关于开展研究生专业学位教育综合改革试点工作的通知（教研函〔2010〕1号）	教育部
	关于构建全日制专业学位硕士研究生就业服务体系有关工作的通知（教学厅〔2010〕3号）	教育部
	关于切实做好普通高校全日制硕士专业学位研究生资助工作的通知（教财厅〔2010〕2号）	教育部
	关于做好全日制硕士专业学位研究生培养工作的若干意见（教研〔2009〕1号）	教育部
卓越工程师教育培养计划	卓越工程师教育培养计划通用标准（教高函〔2013〕15号）	教育部、工程院
	关于实施国防生卓越工程师教育培养计划的通知	教育部、总参谋部、总政治部、总后勤部、总装备部
	关于实施卓越工程师教育培养计划的若干意见（教高〔2011〕1号）	教育部
产学研联合培养“双导师制”	国际合作联合实验室计划的通知（教技〔2014〕1号）	教育部
	关于深入推进专业学位研究生培养模式改革的意见（教研〔2013〕3号）	教育部、人力资源社会保障部
	关于直属高校国家教育体制改革试点项目及“三重一大”决策制度执行情况检查的通报（教监厅〔2012〕4号）	教育部
	关于全面提高高等教育质量的若干意见（教高〔2012〕4号）	教育部

续表

	政策文件名称	发布单位
依托重大科技项目和产业化项目联合培养人才	关于印发国家重点基础研究发展计划管理办法的通知（国科发计〔2011〕626号）	科技部、财政部
	关于印发国家科技支撑计划管理办法的通知（国科发计〔2011〕430号）	科技部、财政部
	关于印发国家国际科技合作专项管理办法的通知（国科发外〔2011〕376号）	科技部
	关于印发国家高技术研究发展计划（“863计划”）管理办法的通知（国科发计〔2011〕363号）	科技部、总装备部、财政部
	关于进一步加强火炬工作促进高新技术产业化的指导意见	科技部
	关于加快国家高技术产业基地发展的指导意见（发改高技〔2009〕3211号）	发展改革委
	国家科技重大专项管理暂行规定（国科发计〔2008〕453号）	科技部、发展改革委、财政部
	关于在重大项目实施中加强创新人才培养的暂行办法（国科发计字〔2007〕2号）	科技部
	关于国家科技计划管理改革的若干意见（国科发计字〔2006〕23号）	科技部

资料来源：编写组整理。

专栏：宝钢产学研联合培养人才案例

多年来，宝钢不断拓展产学研合作新层面、新渠道及新方式。合作层面从科研项目的单个外部协作，到急企业之需和取院校之长的集群式战略合作；合作渠道从以高校为主，逐步向科研院所、行业协会、国家自然科学基金会、同行及产业链等拓展；从以国内为主，逐步向国外拓展；合作方式从科研项目合作，向共建实验室、领域合作、人才培养、继续工程教育、联合办学等发展。主要实践和做法：

（1）聚焦企业战略和高校优势，建立集群式战略合作关系。按照自身战略发展需要，梳理技术需求和合作领域，对国内外高等院校和科研机构的研究资源进行调研，遴选具有优势学科领域的院校机构作为战略合作伙伴，按照“优势融合、互助互利、共同发展”原则，建立战略合作关系。

（2）构建“产学研用”创新联盟，推进产业链技术创新。宝钢深化产学研合作，不断加强与用户的战略合作，构建“产学研用”产业链创新体系。宝钢与上海交通大学等高校共同在高强汽车板设计和使用技术、汽车车身设计和覆盖件可制造性分析技术等方面开展研究，推动了宝钢汽车板品种开发能力、生产工艺技术和使用技术的持续提升。与东北大学在轧钢工艺及控制、电磁冶金等技术领域开展了大量基础及应用技术研究，使得宝钢典型不锈钢、特钢板带品种的板形及性能控制技术达到国际先进水平。与上海大学、北京科技大学等产学研合作，在薄带连铸技术研发方面取得突破，掌握了薄带连铸连轧商业化产品的核心工艺和关键设备技术。与同济大学重点在建筑用钢及钢结构的创新设计与应用方面开展了深层次合作，为宝钢低屈服点钢在虹桥枢纽、世博中心等重大工程中的成功应用提供了有力支撑。

（3）建立“钢铁联合研究基金”，引领钢铁行业的技术创新。

资料来源：上海市经信委

第二节　支持青年科技人才脱颖而出的政策

青年人才培养已经成为国家人才发展战略的重要组成部分。近年来，青年人才培养的顶层设计和战略规划得到越来越多关注，有关部门实施了一系列针对国内优秀青年人才的培养支持项目，出台了相关支持政策。2007 年中科院出台《关于加强青年科技创新人才培养工作的实施意见》，2011 年出台《青年科学家奖管理办法》。中央组织部 2010 年出台《青年海外高层次人才引进工作细则》等。支持青年科技人才脱颖而出的措施有：以科技计划或重大科研项目为载体，加大对青年科技人才支持；设立青年人才工作专项资金和基金，用于支持青年人才计划的实施；资助青年科技人才赴国外高水平大学和科研机构进行合作研究；设立回国工作项目和为国服务项目，为青年留学回国人才提供科研启动经费。

一、改革科技计划管理加大对青年科技人才支持

国家科技计划鼓励和支持青年人才参与项目，设立青年人才专项资金，支持青年创新人才的成长：①改革科技计划管理，加大对青年科技人才的支持力度，对 35 岁以下优秀青年科技人才独立负责开展的研究工作予以倾斜支持；②鼓励和支持承担国家科技项目的高等学校、科研机构和企业制定青年科技人才培训计划，重大项目课题优先选派青年研究人员到国内外一流的高校、研究机构、企业进行与项目内容相关的学习与培训。

2012 年“973 计划”首次设立重大科学研究计划青年科学家专题项目。该专题除坚持“973 计划”“面向国家重大战略需求的基础研究”的定位，围绕国家需求和世界科学前沿组织项目等要

求外，明确要求“项目负责人和参加人员年龄均不超过35岁”，旨在培养和造就进入世界科技前沿的跨世纪的青年学术和技术带头人。

2013年“863计划”生物医药领域首次设立“青年科学家专题”，旨在培养和造就一批在生物医药领域有全球视野和竞争力的35岁以下的青年人才，储备人才后备力量。申请内容要求聚焦生物与医药技术领域的国际前沿，以掌握国际核心竞争力和自主知识产权为目标，以生命科学、人口健康和生物医药产业的共性需求为牵引，发展具有引领性的生物与医药新技术、新方法、新模型和新工具。

二、完善青年科技人才的激励保障措施

各类科技和人才奖励对青年科技人才的激励计划和主要举措有以下几种。

设立国家杰出青年科学家和工程师奖，对做出突出贡献的青年人才给予奖励。中科院与王宽诚教育基金会2008年联合设立“中科院卢嘉锡青年人才奖”，吸引和凝聚创新思想活跃的青年人才，鼓励青年人才面向国家战略需求和国际学科前沿，在创新实践活动中锻炼成长，奖励在各学科领域做出突出贡献的青年科技人才。2012年，中共中央、国务院印发《关于深化科技体制改革加快国家创新体系建设的意见》提出重点奖励重大科技贡献和杰出科技人才，强化对青年科技人才的奖励导向。

鼓励和支持高等学校、科研机构和企业制定青年科技人才培训计划。2011年，重点领域人才规划（如生物技术、新材料、海洋、交通运输、装备制造、信息产业等）均要求通过开展青年人才职业设计，鼓励通过传、帮、带定向培养青年人才，提高青年人才参加重大科研项目的比例，在重大专项中设立青年技术负责人，每年选送一定数量的优秀青年科技人才到国外相关科研机构进行学术交流、短期留学以及参与国际重大科技活动，以不断提高专业能力和学术水平等。

依据青年科技人才实际需求、科研能力和业绩，合理评价青年科技人才，通过多种方式，改善青年科技人才的生活条件，提高待遇，完善保障性住房等政策，优先解决青年科技人才的住房等生活问题。《关于国家科技计划管理改革的若干意见》要求建立科学的人才评价指标体系，鼓励和支持青年人才、海外留学人才等参与国家科技计划项目。各类科技人才支持计划和基金项目设定专门的青年科技人才选拔评价标准，初步形成青年高层次人才培养选拔体系，并对入选人员提供科研经费和生活保障。

三、设立青年人才培养专项和基金

国家的各类科技计划和科技项目为培养青年科技人才提供了重要载体。从20世纪90年代起就实施了一大批青年人才培养计划和基金，如“长江学者奖励计划”“百人计划”“百千万人才工程”等。2010年《人才规划纲要》发布后，“创新人才推进计划”“青年英才开发计划”和“大学生基层培养计划”等计划的实施逐步形成支持青年科技人才的一套体系，逐步营造一种良好的支持

青年人才的政策氛围。

2011 年 10 月，根据中央人才工作协调小组的统一部署，由科技部牵头，会同 7 部门联合制定《创新人才推进计划实施方案》，培养和造就一批具有世界水平的科学家、高水平的科技领军人才和工程师、优秀创新团队和创业人才，打造一批创新人才培养示范基地。2012 年 8 月，中央组织部、人力资源社会保障部、中央宣传部等 11 部门联合出台《国家高层次人才特殊支持计划》，有计划、有重点地遴选支持 10000 名左右自然科学、工程技术、哲学社会科学和高等教育领域的杰出人才、领军人才和青年拔尖人才，形成与引进海外高层次人才计划相互补充、相互衔接的国内高层次创新创业人才队伍开发体系。

国家自然科学基金会遵循人才成长的客观规律，侧重打造一个相互衔接的科学基金人才资助和培养链。针对青年学者初涉独立科研的支持、基础研究薄弱地区科研人才的稳定、学术带头人及其团队培养等方面的需求，设立了青年科学基金项目、国家杰出青年科学基金项目、地区科学基金项目、海外及港澳学者合作研究基金项目、创新研究群体项目、国家基础科学人才培养基金和外国青年学者研究基金项目（表 2-2）。

表 2-2 国家自然科学基金会青年科技人才基金项目

设立时间	基金名称	支持对象	政策措施
1987 年	青年科学基金项目	35 岁以下青年科技人员	支持青年科学技术人员开展平均资助强度为 25 万元 / 项，资助期限为 3 年的基础研究工作
1989 年	地区科学基金项目	特定地区科学技术人员	培养和扶持地区的科学技术人员。资助期限为 4 年，资助经费 50 万元 / 项
1994 年	国家杰出青年科学基金项目	杰出青年科学家	支持在基础研究方面已取得突出成绩的青年学者自主选择研究方向，开展资助期限为 5 年，资助经费 400 万元 / 项（数学和管理科学 280 万元 / 项）的创新研究
2001 年	创新研究群体项目	优秀中青年科学家	支持优秀中青年科学家为学术带头人和研究骨干，围绕某一重要研究方向开展资助期限为 6 年，资助经费 1200 万元 / 项（数学和管理科学 840 万元 / 项）的创新研究
2008 年	海外及港澳学者合作研究基金项目	50 岁以下华人学者	资助期限 2 年期，20 万元 / 项。延续资助期限 4 年，首期强度 200 万元 / 项
2012 年	优秀青年科学基金项目	优秀青年科学技术人员	支持具备 5—10 年的科研经历并取得一定科研成就的青年科学技术人员，开展资助期限为 3 年，资助强度为 100 万元 / 项的基础研究

资料来源：国家自然科学基金会。

专栏：中科院青年科技人才培养模式

2007年，中科院出台《关于加强青年科技创新人才培养工作的实施意见》（科发人教字〔2007〕324号），提出加强青年科技人才队伍建设的一系列政策和措施。在各类科技项目中，把青年人才培养作为一项刚性要求，规定必须配备青年人才作为项目主要承担人，同时把青年人才的培养和支持情况，作为项目评估的重要内容。还要求各单位预留10%—20%的高级岗位，用于聘用35岁以下优秀青年科技人才，为青年人才拓展职业发展空间。

中科院青年人才培养模式：

一是成立中科院青年创新促进会，为35岁以下青年人才提供专门经费，支持他们开展学术交流与合作，并通过社会实践、国际化培养等方式，提高他们的综合素质。

二是支持不同学科不同单位的优秀青年科技人才组成“交叉与合作团队”，开展合作与交流。通过学科交叉融合，提高他们的原始创新能力。

三是通过“爱因斯坦讲席教授”计划，每年邀请3—5位国际顶级科学家到中科院访问讲学，并重点选派优秀青年人才回访，使青年人才直接接触到国际科技大师和国际科技前沿。通过与德国马普学会合作组建青年科学家小组，走出一条“强强联合、相得益彰”的青年人才培养之路。

启动实施“3H”工程，帮助各类人才特别是青年人才解决好住房（Housing）、子女入学和配偶工作（Home）、健康就医（Health）等方面的问题。

资料来源：中科院

第三节　科技人才潜心研究的政策

采取适当的科技人才评价标准和激励政策，有利于科技人员潜心研究和创新。《人才规划纲要》和《科技人才规划》提出实施“有利于科技人才潜心研究的政策”，要求在科研院所、高等学校、企业建立符合科技人员的职业发展途径，改进科技人才评价和奖励方式，对优秀拔尖人才和高水平创新团队给予长期稳定支持；制定知识、技术、管理、技能等生产要素参与分配的办法，综合考虑不同层次不同类别科技人才的需求，建立包括物质奖励、职务职称晋升、科技成果转化后的效益提成或股权激励等多层次的人才激励体系；建立重要人才安全制度，完善科技人才生活福利保障制度，支持用人单位为关键技术岗位和重要的科技人才建立补充养老、医疗保险等。

一、完善科技人才评价机制

2003 年 5 月，科技部、教育部、中科院、工程院和国家自然科学基金会联合发布了《关于改进科学技术评价工作的决定》，在科技人才评价中提倡务实评价，人员评价要遵照分类评价的原则，重点考察学术带头人，群体内部人员的评价由学术带头人去考察；淡化职称评价，重视岗位聘用。科技部根据《关于改进科学技术评价工作的决定》于 2003 年 9 月制定了《科学技术评价办法（试行）》，要求针对科研院所、高等学校、企业科技人员和管理人员的不同特点，建立不同的职业发展途径和分类评价体系，并且注重精神激励，将科学精神、科学道德纳入对科技人才评价指标。科技人才评价标准如表 2-3 所示。

表 2-3　科技人才评价标准

人员分类	分类评价内容
基础研究工作人员	重点考察其创新研究能力和潜力、学术水平、工作业绩、学术影响等，侧重以同行评议国际通用的评价方式
应用研究工作人员	重点考察其对核心技术、关键技术的创新与集成能力和潜力、工作业绩、获得的自主知识产权等
科学技术成果转化与产业化工作人员	以市场评价为主，重点考察其推动科学技术成果转化和产业化的能力，及取得的经济和社会效益等，一般不以学术论文发表作为主要评价指标
条件保障与实验技术工作人员	重点考察其为研究与发展活动提供服务的能力和水平、工作质量、工作责任心、服务的满意度等，一般不以发表学术论文或获得成果、专利为主要评价指标

资料来源：《科学技术评价办法（试行）》。

2013 年 11 月，教育部发布《关于深化高等学校科技评价改革的意见》，对高校科技评价改革做出总部署和总动员。意见进一步细化了科技人员分类，根据岗位特点分别提出了评价要求：对主要从事创新性研究的科技活动人员实行以代表性成果为重点的评价；对主要从事技术转移、科技服务和科学普及的科技活动人员实行以经济社会效益和实际贡献为重点的评价；对技术支撑和服务队伍实行以服务质量与实际效果为重点的评价；鼓励高校加强职务聘任和岗位聘用的引导，提高技术支撑人员服务技能，加强自主开发仪器设备。

专栏：中国电子科技集团公司科技人才评价

中国电子科技集团公司以推进“三项制度”改革为突破口，完善选人用人机制、考核评价机制和激励约束机制。在人才资源管理上，形成双向选择能上能下，能进能出，内部交流的运动态势。在结构调整上，以发展的眼光、动态的眼光分析问题，有利于专业优势的发挥，有利于市场开发，有利于各种资源的充分利用。在分配制度改革上，着眼于提高生产力，采取严格考核，有升有降，有进有出的浮动分配政策。

首先，人事制度改革推行考核末位淘汰试点。制订《中层干部管理暂行办法》，在中层干部中推行末位淘汰。建立全面的考核评价体系，进一步推进面上的改革，切实改变能上不能下、能进不能出、待遇能高不能低的用工制度，推进全员聘用制的实施。其次，推行岗位管理制度，设计出了具有可操作性的岗位职责、权力和利益，由岗位来选择人，员工竞争上岗，按岗位要求办事，服从岗位的管理。进行岗位招聘时，双方在平等的基础上达成共识后签订协议。最后，建立新型的分配激励机制，制定“经济目标责任制奖惩办法”，形成了以收入、效益为主要考核指标的评价体系，形成以绩效管理为核心的动态分配体系。在落实个人分配时，要求各单位制定合理的分配政策，要按业绩和贡献拉开差距，并由职能部门实施监督。

资料来源：中国电子科技集团公司

专栏：人才评议专家库与信息服务平台建设

为加强创新人才推进计划管理工作，科技部在全国征集相关领域专家建设创新人才推进计划评议专家库，专家入库后将参与创新人才推进计划咨询、评议等工作，并纳入国家科技管理信息系统科技人才（专家）库。2013 年，科技部发布《关于征集创新人才推进评议专家的通知》（国科政函〔2013〕43 号），建设推进计划评议专家库。评议专家征集的重点是科技专家、科技管理专家、企业管理专家和投融资专家等四类。入库专家年龄原则上不超过 60 周岁，能够在时间和精力上保证完成相关咨询评议工作，并符合相关类别专家的征集条件。

2014 年，教育部印发了《中国特色新型高校智库建设推进计划》（教社科〔2014〕1 号），建设中国特色新型高校智库主要举措重点从以下五个方面考虑：一是重点打造一批国家级智库，通过 2011 协同创新中心、人文社科重点研究基地、社科专题数据库和实验室、高校软科学研究基地建设等，整合优质资源，建设新型智库机构。二是通过凝聚高端智库人才、加强青年学术后备力量、推动智库人才交流，培养和打造高校智库队伍。三是通过建设中外高校智库交流平台、加大成果报送力度、加强成果发布管理，拓展成果应用渠道，打造高端发布平台。四是通过大力推动协同、改进科研评价、改革项目管理，推动管理和组织形式创新。五是从健全管理体制、完善政策配套支持、加强经费支持等方面，为智库建设提供有力保障。

资料来源：科技部人才中心、教育部

二、改进完善科技奖励制度

1999 年颁布实施《国家科学技术奖励条例》，2003 年第一次修订，2013 年根据《国务院关于废止和修改部分行政法规的决定》进行第二次修订。通过立法设立了国家最高科学技术奖，并完善国家级四大科学技术奖——国家自然科学奖、国家技术发明奖、国家科学技术进步奖、中华人民共和国国际科学技术合作奖，同时还规范了省、部级以及社会力量的科学技术奖励办法。2010 年，《人才规划纲要》要求改革和完善国家科技奖励制度，建立政府奖励为导向、社会力量奖励和用人单位奖励为主体的激励自主创新的科技奖励制度，把发现、培养和凝聚科技人才特别是尖端人才作为国家科技奖励的重要内容。2012 年，国家科技奖励精减奖励数量，优化奖励结构，评审坚持质量第一的原则，评审中更加注重科研成果的首创性、独创性，代表性论文论著和自主知识产权的质量，技术指标的先进性以及学术界认可度和行业影响力，科技进步奖首次试点开展创新团队奖励。表 2-4 是国家科技奖励类型与获奖条件。

表 2-4　国家科技奖励类型与获奖条件

类　型	获奖条件
国家最高科学技术奖	在当代科学技术前沿取得重大突破或者在科学技术发展中有卓越建树的；在科学技术创新、科学技术成果转化和高技术产业化中，创造巨大经济效益或者社会效益的
国家自然科学奖	在基础研究和应用基础研究中阐明自然现象、特征和规律，做出重大科学发现的公民。前人尚未发现或者尚未阐明；具有重大科学价值；得到国内外自然科学界公认
国家技术发明奖	运用科学技术知识做出产品、工艺、材料及其系统等重大技术发明的公民。前人尚未发明或者尚未公开；具有先进性和创造性；经实施，创造显著经济效益或者社会效益
国家科学技术进步奖	在应用推广先进科学技术成果，完成重大科学技术工程、计划、项目等方面，做出突出贡献的公民和组织。在实施技术开发项目中，完成重大科学技术创新、科学技术成果转化，创造显著经济效益的；在实施社会公益项目中，长期从事科学技术基础性工作和社会公益性科学技术事业，经过实践检验，创造显著社会效益的；在实施国家安全项目中，为推进国防现代化建设、保障国家安全做出重大科学技术贡献的；在实施重大工程项目中，保障工程达到国际先进水平的
中华人民共和国国际科学技术合作奖	对中国科学技术事业做出重要贡献的外国人或者外国组织。同中国的公民或者组织合作研究、开发，取得重大科学技术成果的；向中国的公民或者组织传授先进科学技术、培养人才，成效特别显著的；为促进中国与外国的国际科学技术交流与合作，做出重要贡献的

中国科协于2010年7月印发《全国优秀科技工作者评选表彰办法》和《〈全国优秀科技工作者评选表彰办法〉实施细则》，表彰和奖励做出突出贡献的科技人才。《关于加强人才工作的若干意见》把发现、凝聚和举荐科技人才特别是尖端人才作为科技奖励的重要内容，要求：①继续办好中国青年科技奖、中国青年女科学家奖、求是杰出青年奖等重要奖项，重点把“全国优秀科技工作者”奖培育成为面向全体科技工作者、具有广泛代表性和权威性的品牌奖项；②通过评选优秀论文、科技成果、科技工作者等，支持引导全国学会和地方科协办好各种科技奖项，逐步建立面向不同专业、不同领域、不同年龄、不同主体的优秀科技人才表彰奖励体系，举荐优秀科技人才；③引导和鼓励用人单位完善培训、考核、使用与待遇相结合的激励机制，完善对高技能人才的激励办法，对做出突出贡献的高技能人才进行表彰和奖励。

三、对基础研究、前沿高技术研究和公益类研究稳定支持

2014年，国务院《关于改进加强中央财政科研项目和资金管理的若干意见》就改进加强中央财政民口科研项目和资金管理提出3方面措施：①引导支持企业增加基础研究投入，与科研院所、高等学校联合开展基础研究，推动基础研究与应用研究的紧密结合。对优秀人才和团队给予持续支持，加大对青年科研人员的支持力度；②加强对基础数据、基础标准、种质资源等工作的稳定支持，为科研提供基础性支撑；③对于政府引导企业开展的科研项目，主要由企业提出需求、先行投入和组织研发，政府采用“后补助”及间接投入等方式给予支持，形成主要由市场决定技术创新项目和资金分配、评价成果的机制以及企业主导项目组织实施的机制。

国家自然科学基金作为我国支持基础研究的主渠道之一，面向全国重点资助具有良好研究条件、研究实力的高等院校和科研机构中的研究人员。《国家自然科学基金“十二五”发展规划》把握科学基金在国家创新体系中的战略定位，突出更加侧重基础、更加侧重前沿、更加侧重人才的战略导向，不断完善中国特色科学基金制。2011年，自然科学基金采取提高资助强度、延长执行周期等措施，加大支持力度，稳定支持探索创新，创新人才资助工作全面推进。

2011年，财政部做出了《关于调整国家科技计划和公益性行业科研专项经费管理办法若干规定的通知》进一步改革和加强科研经费管理。提出公益科研以向全社会提供公共技术和公益服务为主要任务。2006年，财政部印发《中央级公益性科研院所基本科研业务费专项资金管理办法（试行）》的通知，指出基本科研业务费稳定支持科研院所培育优秀科研人才和团队，为科研院所形成有益于持续发展、不断创新的长效机制提供经费支持。2007年，科技部、财政部、中编办联合印发了《关于加大对公益类科研机构稳定支持的若干意见》，从建立科学合理的科技人员评价机制、切实保障科技人员有效工作时间以及加强人才培养和人员交流三方面培养造就高水平的公益科研领军人才和创新团队。2011年，中共中央、国务院《关于分类推进事业单位改革的指导意见》要求加大财政对公益事业发展的支持力度，从加快建立健全公共财政体系，调整支出结构，加大投入力

度，着力构建财政支持公益事业发展的长效机制。为了规范事业单位的人事管理，保障事业单位工作人员的合法权益，建设高素质的事业单位工作人员队伍，促进公共服务发展，2014 年 2 月 26 日国务院第 40 次常务会议通过《事业单位人事管理条例》，自 2014 年 7 月 1 日起施行。

国家重点实验室作为国家科技创新体系的重要组成部分，是国家组织高水平基础研究和应用基础研究、聚集和培养优秀科技人才、开展高水平学术交流、科研装备先进的重要基地。我国从 1984 年开始建设国家重点实验室，遴选大学和科研院所的优势团队和学科，予以重点装备。从 1989 年起，科技部对国家重点实验室给予年度运行补助费支持，用于实验室日常运行补贴和对外开放、以及支持有苗头的创新性、探索性研究。为贯彻落实《国家中长期科学和技术发展规划纲要（2006—2020 年）》，进一步加强国家重点实验室建设，提高我国自主创新能力，2007 年，中央财政设立了国家重点实验室专项经费，从开放运行、自主选题研究和科研仪器设备更新三方面，加大对国家重点实验室的稳定支持力度。2012 年 2 月，科技部、国家自然科学基金会发布《国家基础研究发展“十二五”专项规划》，提出进一步加强和完善国家重点实验室稳定支持措施。3 月，教育部颁布《关于进一步加强高等学校基础研究工作的指导意见》提出加强国家重点实验室专项等经费的规范使用，加大对国家基础研究项目经费的监管，为高等学校自主开展科研活动提供稳定支持（表 2–5）。

表 2-5　科技人才潜心研究的政策

	政策名称	发布单位
科技人才评价	关于深化高等学校科技评价改革的意见（教技〔2013〕3 号）	教育部
	科学技术评价办法（试行）（国科发基字〔2003〕308 号）	科技部
	关于改进科学技术评价工作的决定（国科发基字〔2003〕142 号）	科技部、教育部、中科院、工程院、国家自然科学基金会
科技奖励制度	全国优秀科技工作者评选表彰办法（科协发组字〔2010〕15 号）	中国科协
	全国优秀科技工作者评选表彰办法实施细则（科协发组字〔2010〕15 号）	中国科协
	国家科学技术奖励条例（2013 年 7 月 18 日第二次修订）	国务院

续表

	政策名称	发布单位
对基础研究、前沿高技术研究和公益类研究稳定支持	**基础、前沿高技术研究**	
	关于改进加强中央财政科研项目和资金管理的若干意见（国发〔2014〕11号）	国务院
	国家基础研究发展“十二五”专项规划（国科发计〔2012〕89号）	科技部、国家自然科学基金会
	国家自然科学基金“十二五”发展规划	国家自然科学基金会
	关于印发《国家重点实验室专项经费管理办法》的通知（2008）	财政部、科技部
	国家重点基础研究发展计划专项经费管理办法（2006）	财政部、科技部
	国家科技支撑计划专项经费管理办法（2006）	财政部、科技部
	国家高技术研究发展计划（“863计划”）专项经费管理办法（2006）	财政部、科技部、总装备部
	公益类院所与专项	
	关于调整国家科技计划和公益性行业科研专项经费管理办法若干规定的通知（财教〔2011〕434号）	财政部、科技部
	中央级公益性科研院所基本科研业务费专项资金管理办法（试行）（国办发〔2006〕56号）	财政部
	公益性行业科研专项经费管理试行办法（2006）	财政部、科技部
	关于加大对公益类科研机构稳定支持的若干意见（国科发政字〔2007〕765号）	科技部、财政部
	关于印发公益性行业科研专项经费项目管理暂行办法的通知（2008）	国土资源部
	事业单位改革	
	事业单位人事管理条例（2014年国务院令第652号）	国务院
	关于分类推进事业单位改革的指导意见（中发〔2011〕5号）	国务院

资料来源：编写组整理。

专栏：创新人才服务平台

为了更好地为创新人才提供潜心研究的政策环境，科技部人才中心采用科技人才“自组织”思路的活动方式，充分运用网络信息、实地学习、面对面交流等方式，搭建创新人才推进计划入选创新人才、团队以及示范基地服务平台，主要实践和做法：

（1）组织开展能力提升培训活动。每年择期面向创新人才、团队和示范基地开展专题培训，围绕科技体制改革、科研项目管理、科研组织的战略思考、示范基地建设实务与案例等内容开展主题报告、经验交流和分组研讨。在专题交流活动上，邀请在战略、规划领域的知名学者为领军人才、团队负责人、示范基地主要负责人作创新、科技前沿的主题报告，帮助入选对象培养前瞻性和国际视野。

（2）建立交流研讨平台。围绕卓越创新团队建设、产业创新、技术突破和商业模式选择、科学家创业等内容设计了圆桌论道、交叉论坛等形式，为领军人才提供交流研讨平台。

（3）探索“创新驱动中心”发展。协助引进入选科技领军人才、成果转化转移的经营人才。支持高层次人才发挥桥梁和纽带作用，联合成立技术研发机构，鼓励领办或以技术入股参与企业经营，加快形成产、学、研紧密结合的服务机制。

（4）搭建为社会服务平台。借助网络信息化平台，组织科技领军人才等专家与公众在线交流，解答科技热点、民生科技话题，传播科技前沿知识，普及科学知识和科学方法，充分发挥科技领军人才的优势，进一步增强服务社会的责任感。

资料来源：科技部人才中心

第四节　促进科技成果转化的政策

为了鼓励科研机构、高等学校及其科技人员研究开发高新技术，转化科技成果，发展高新技术产业，1999 年 3 月，科技部、教育部出台《关于促进科技成果转化的若干规定》（国税发〔1999〕65 号），鼓励科技人员通过创办高新技术企业、转化职务科技成果、技术转让等方式从事高新技术研究开发和成果转化。2008 年 12 月，发展改革委、科技部、财政部、教育部、人民银行、税务总局、知识产权局、中科院、工程院等 9 部门制定《关于促进自主创新成果产业化的若干政策》（国办发〔2008〕128 号），政策鼓励科研人员开展自主创新成果产业化活动，积极培育自主创新成果产业化人才队伍。

一、修订科技成果转化法

1996 年，《中华人民共和国促进科技成果转化法》颁布实施，规定了科技成果转化的基本原则、管理体制、组织实施方式和保障措施等基本制度，对于引导和规范科技成果转化活动、调动各方面转化科技成果的积极性起到了重要作用。国务院有关部门制定了一系列促进科技成果转化的政策措施，发展技术市场，对技术转让实行税收优惠，建设公共科技服务平台，推动科技企业孵化器发展等。很多地方制定了促进科技成果转化法的配套法规和政策，在科技人员兼职与离岗创业、科技人员奖励等方面进行了探索和突破。

《促进科技成果转化法》实施 17 年来，科技成果转化的环境和形势发生了很大变化。市场机制在科技成果转化中发挥着越来越重要的作用，企业日益成为技术创新和科技成果转化的主体，科技服务机构和金融机构等在科技成果转化服务中日益活跃。但是，实践中科技成果转化还存在一些制度性问题，主要是：科研机构、高等学校考核评价体系不利于科技人员开展科技成果转化，技术转移工作体系不健全；尚未形成符合科技成果转化特点的科研事业单位资产管理和收益分配制度；对科技人员的激励政策落实不到位；企业转化科技成果的能力不足，产学研合作利益分配机制不健全，产学研合作的长效机制尚未建立；科技成果定价机制不健全，知识产权维权难、维权成本高；科技中介服务缺乏支持措施，服务能力有待提高；科技成果转化投融资机制不健全；军民科技成果双向转化渠道不畅。

党的十八大提出实施创新驱动发展战略、加快转变经济发展方式，明确要求提高科学研究水平和成果转化能力，抢占科技发展战略制高点。十八届三中全会提出全面深化改革，让一切劳动、知识、技术、管理、资本的活力竞相迸发，并对促进科技成果资本化、产业化提出了明确要求。修订促进科技成果转化法，消除阻碍科技成果转化的制度性障碍，以法律手段推动科技成果转化，对落实党的十八大和十八届三中全会精神，推动科技与经济结合、实施创新驱动发展，具有十分重要的意义。

科技部会同全国人大教科文卫委员会、发展改革委、财政部等 16 个部门成立修订起草工作小组，组建了起草工作小组和专家组，研究提出修订草案，在科技成果处置、收益等方面提出改革措施。2013 年年底，《中华人民共和国促进科技成果转化法（修订草案）》由国务院法制办公开征求各方面意见。关于科技人员激励方面，现行法第二十九、第三十条规定了职务科技成果完成单位对科技成果完成人及为科技成果转化做出重要贡献人员的奖励比例。考虑到市场经济条件下企业所有制形式多元化，单位对员工可以综合运用工资、奖金等多种激励措施，修订草案在明确奖励义务的同时，提出落实奖励的两种途径：一是鼓励单位规定或者与科技人员约定奖励的方式和数额（第四十六条）；二是针对单位未规定、也未与科技人员约定奖励方式和数额的，保留适用现行法关于奖励方式和最低比例的规定（第四十七条）。

二、科技成果收益权分配权改革试点

为了支持企业自主创新，维护企业及其研发人员的知识产权，2006 年 10 月，财政部、发展改革委、科技部和原劳动保障部联合发布了《关于企业实行自主创新激励分配制度的若干意见》，对企业知识产权管理问题、研发人员的报酬倾斜政策、关键研发人员的年金待遇、股权激励和技术奖励与分成，以及国有及国有控股企业的管理做了相应的规定。2007 年 5 月国资委、财政部和科技部制定并印发了《中央科研设计企业实施中长期激励试行办法》，鼓励科研设计企业以股票期权、限制性股票等为股权激励方式，以促进中央科研设计企业自主创新和可持续发展。

2010 年 2 月，财政部、科技部联合印发了《中关村国家自主创新示范区企业股权和分红激励实施办法》，国资委确定了首批两家高科技企业开展分红权激励试点，激励主要面向核心科研人员。2013 年，试点实施范围由中关村国家自主创新示范区扩大到东湖国家自主创新示范区、张江国家自主创新示范区和合芜蚌自主创新综合试验区。政策实施时间为 2013 年 10 月 1 日至 2015 年 12 月 31 日。中关村国家自主创新示范区相关政策实施时间相应延长至 2015 年 12 月 31 日。

2014 年 7 月，国务院总理李克强主持召开国务院常务会议，决定深化科技成果使用、处置和收益管理改革试点。在国家自主创新示范区和自主创新综合试验区选择部分中央级事业单位，开展为期一年的科技成果使用、处置和收益管理改革试点。允许试点单位采取转让、许可、作价入股等方式转移转化科技成果，所得收入全部留归单位自主分配，更多激励对科技成果创造做出重要贡献的机构和人员，进一步调动科技人员创新积极性。会议要求，各有关部门要协调联动，及时跟踪解决问题，试点成熟后向更大范围推广。

三、鼓励科技成果出资入股确认股权

财政部、国家税务总局 1999 年出台《关于促进科技成果转化有关税收政策的通知》。通知规定科研机构、高等学校转化职务科技成果以股份或出资比例等股权形式给予科技人员个人奖励，经主管税务机关审核后，暂不征收个人所得税。2007 年国家税务总局出台《关于取消促进科技成果转化暂不征收个人所得税审核权有关问题的通知》，取消促进科技成果转化暂不征收个人所得税的审核权。

为促进科技成果出资入股，建立资本市场推动企业科技创新的长效机制，2008 年 9 月，国资委《关于规范国有企业职工持股、投资的意见》指出，对企业发展做出突出贡献或对企业中长期发展有直接作用的科技管理骨干，经批准可以探索通过多种方式取得企业股权，符合条件的也可获得企业利润奖励，并在本企业改制时转为股权。2012 年 11 月，证监会、科技部出台《关于支持科技成果出资入股确认股权的指导意见》，鼓励以科技成果出资入股确认股权，同时鼓励企业明确科技人员在科技成果中享有的权益，采取多种方式合理确认股权，并进一步深化发行审核机制改革，对科技成果形成的股权予以审核确认。意见提出 4 条保障措施：①鼓励以科技成果出资入股确认股权，支持企业在科技成果出资入股时，通过发起人协议、投资协议或者公司章程等法律文件形式对科技成果的权属、评估作价、折股数量及比例等事项作出明确约定，明晰产权，避免纠纷；②鼓励企业明确科技人员在科技成果中享有的权益，依法确认股权。支持企业根据法律法规的规定，在职务发明合同中约定科技人员在职务发明中享有的权益，并依法确认科技人员在企业中的股权；③支持自主创新示范区内的企业、高等院校及科研院所依据国家法律法规制定的先行先试政策开展股权和分红权激励，对做出突出贡献的科技人员和经营管理人员所实施的技术入股、股权奖励、分红权等，以合理的方式确认其在企业中的股权；④进一步深化发行审核机制改革，对科技成果形成的股权予以审核确认。

四、职务发明人合法权益保护

广大职务发明人是科技创新人才的重要力量，保护科技成果创造者合法权益的突出重点在于进一步加强职务发明人合法权益的保护工作。2012 年 11 月，为保护职务发明人合法权益，充分发挥创新型科技人才的作用，国家知识产权局、教育部、科技部等 13 部门联合印发《关于进一步加强职务发明人合法权益保护 促进知识产权运用实施的若干意见》（以下简称《意见》）。意见要求建立健全发明创造报告制度、职务发明管理制度、职务发明奖励和报酬制度，鼓励职务发明人参与职务发明及其知识产权的运用与实施，依法保护职务发明人的合法权益，并从以下 4 方面完善保护职务发明人权益。

（1）企事业单位给予职务发明人奖金和报酬，对职务发明人的奖金和报酬按照国家税法的相关规定实行优惠。

（2）鼓励高等院校、科研院所在评定职称、晋职晋级时，将科研人员从事知识产权创造、运用及实施的情况纳入考评范围，同等条件下予以优先考虑。

（3）单位落实职务发明制度的情况，作为评定知识产权试点示范单位或者享受专利申请资助政策的重要考评因素予以考虑，并纳入对国有企事业单位领导人员的考核范围。

（4）各级地方知识产权管理部门和国防知识产权管理部门要建立和完善职务发明人维权援助机制，指定专门机构为单位和职务发明人提供维权援助服务。

表 2-6 促进科技成果转化的政策

	政策名称	发布单位
科技成果收益权分配权改革试点	关于扩大中央级事业单位科技成果处置权和收益权管理改革试点范围和延长试点期限的通知（财教〔2013〕306 号）	财政部
	关于在部分中央企业开展分红权激励试点工作的通知（国资发改革〔2010〕148 号）	国资委
	中关村国家自主创新示范区企业股权和分红激励实施办法（财企〔2010〕8 号）	财政部、科技部
	中央科研设计企业实施中长期激励试行办法（国资发分配〔2007〕86 号）	国资委、财政部、科技部
	关于企业实行自主创新激励分配制度的若干意见（财企〔2006〕383 号）	财政部、发展改革委、科技部、原劳动保障部
科技成果出资入股	关于支持科技成果出资入股确认股权的指导意见（证监发〔2012〕87 号）	证监会、科技部
	关于规范国有企业职工持股、投资的意见（国资发改革〔2008〕139 号）	国资委
	关于取消促进科技成果转化暂不征收个人所得税审核权有关问题的通知（国税函〔2007〕833 号）	税务总局
	关于促进科技成果转化有关税收政策的通知（财税字〔1999〕45 号）	财政部、税务总局
职务发明人合法权益保护	关于进一步加强职务发明人合法权益保护 促进知识产权运用实施的若干意见（国知发法字〔2012〕122 号）	知识产权局、教育部、科技部、工业和信息化部、财政部、人力资源社会保障部、农业部、国资委、税务总局、工商总局、版权局、林业局、总装备部

资料来源：编写组整理。

专栏："京科九条"

2014年，北京市研究制定了《关于加快推进科研机构科技成果转化和产业化的若干意见（试行）》（京政办发〔2014〕35号），共9条。

一、深化科技成果管理改革。探索建立科技报告和科技成果登记制度。鼓励科研机构通过托管等方式，委托第三方专业技术转移机构代理开展科技成果许可、转让、投资等工作。除涉及国家安全、国家利益和重大社会公共利益外，科技成果的知识产权由承担单位依法取得，赋予科研机构自主处置权。试行科研机构科技成果公开交易制度，科技成果可以通过在技术市场挂牌等方式确定价格并实现交易。鼓励科研机构加强知识产权保护和运用。

二、推进科研资产管理改革。推进应用型技术研发机构市场化、企业化改革。市属科研机构改制为企业的，根据科技成果转化需要，其已经实际使用的房屋所有权或使用权、土地使用权等资产，可以按国有资产管理相关规定变更房屋、土地产权手续。鼓励市属科研机构将与科技成果转化相关的仪器设备等固定资产，以及科技成果等无形资产的所有权或使用权入股组建科技成果转化实体，取得的市场收益，在履行相关审批手续并纳入预算管理后，可以用于与科技成果转化相关的市场经营活动。

三、深化财政经费管理改革。进一步完善以市场、需求为导向的科研项目立项机制。由市财政科技资金资助的科技成果转化和产业化项目，项目承担单位可以根据转化和产业化需要，从项目经费中列支厂房、设备及相关费用。进一步提高项目承担单位经费使用自主权，提高经费使用效益。优化市财政经费资助项目（课题）的组织流程，统筹安排财务、绩效等检查工作，并强化检查结果共享。

四、强化科研人员激励机制。鼓励科研机构聘任高层次人才，在经核定的岗位结构比例范围内，市属科研机构可以自主设置科研岗位。市属科研机构可以采用年薪工资、协议工资等方式聘任高层次人才，人员工资以及实施股权激励等费用可以从科技成果转化收益中开支，经批准可以一次性计入当年科研机构工资总额，但不纳入工资总额基数。建立科研人员成果转化收益分配机制，经职工代表大会同意，科研机构可提取70%及以上的转化所得收益，划归科技成果完成人以及对科技成果转化做出重要贡献的人员所有。科研机构中从事科技成果转化和产业化的科研人员可以列入中关村国家自主创新示范区高端领军人才专业技术资格评价试点范围，评价合格人员可以获得高级工程师（教授级）专业技术资格。

五、加强对科研机构新技术新产品的应用和推广。使用市、区（县）两级财政资金采购的机关、企事业单位，以及市、区（县）两级财政资金全额投资或部分投资项目的出资、建设和管理单位，在使用财政资金采购时，通过首购、订购等方式，支持科研机构的新技术新产品在城市建设、智能交通、健康养老、文化惠民、城市安全运行和应急救援等领域的应用和推广。

六、优化科技金融服务环境。鼓励在京金融机构为科研机构科技成果转化和产业化提供知识产权质押贷款、股权质押贷款、科技企业信用贷款等科技金融服务。可以通过风险备偿、业务补助、贷款贴息等方式，将市财政经费用于支持科技服务机构、金融机构、科技企业开展融资对接、产品和服务创新。引导民间资本依法设立科技成果转化创投基金，支持科研机构科技成果转化和产业化。

七、支持科研机构深入开展协同创新。深化"首都科技条件平台"建设，鼓励科研机构将仪器设备、科学数据、科技文献等科技资源向社会开放，根据开放的科技资源量及市场评价的服务业绩给予后补助支持。鼓励科研机构与企业联合共建重点实验室、工程（技术）研究中心、技术转移中心和产业技术创新战略联盟，开展重大课题攻关和科技成果转化。通过政府购买服务等方式，支持科研机构为企业提供研发、中试、技术咨询、人才培训等服务。

八、完善科研机构成果转化平台。鼓励科研机构利用仪器设备、自有房屋、土地等资源，自建或与社会资金联合共建科技企业孵化器，为科技型中小企业提供孵化服务，其土地供应可以采取协议出让等方式。科研机构建设的科技企业孵化器，可以优先认定为市级孵化器，符合条件的可以推荐为国家级孵化器，并享受财政经费支持等政策优惠。建立市、区（县）两级科技成果转化用地协调机制，鼓励科研机构科技成果在区（县）转化落地。

九、广泛开展国际交流与合作。充分发挥中国（北京）国际科技产业博览会、中国（北京）国际服务贸易交易会、联合国教科文组织创意城市北京峰会、中国（北京）跨国技术转移大会、国家技术转移集聚区等平台作用。支持科研机构通过国际国内展会平台对外展示科技成果，寻求科技成果转化合作，参与国际标准制定，抢占知识产权和标准的制高点。支持海外风险投资机构来京发展，鼓励投资机构加大对科研机构科技成果转化和产业化项目的投资力度。

资料来源：《关于加快推进科研机构科技成果转化和产业化的若干意见（试行）》

第五节　支持科技人才创业的政策

为充分发挥企业家和科技创业者在科技创新中的重要作用，有关部门出台政策扶持科技人才创业，完善投融资环境，大力发展科技金融，加大对科技创业融资的支持力度，推动创新型科技人才培养基地建设，健全创业服务体系，支持高等学校和科研机构科技人才离岗创业，完善高新技术企业吸引科技人才的政策措施。

一、大力发展科技金融

促进科技和金融结合，是深化科技体制改革，推动实施创新驱动发展战略，实现科技立国战略部署的重要举措。2011 年，科技部出台《关于促进科技和金融结合加快实施自主创新战略的若干意见》，提出完善投融资政策，加大对科技创业融资的支持力度。2014 年 1 月，科技部会同人民银行、银监会、证监会、保监会和知识产权局等 6 部门，联合制定印发了《关于大力推进体制机制创新　扎实做好科技金融服务的意见》，从大力培育和发展服务科技创新的金融组织体系、加快推进科技信贷产品和服务模式创新、拓宽适合科技创新发展规律的多元化融资渠道、探索构建符合科技创新特点的保险产品和服务、加快建立健全促进科技创新的信用增进机制、进一步深化科技和金融结合试点以及创新政策协调和组织实施机制 7 个方面对科技金融工作提出了部署和要求。

2014 年 4 月，为规范和加强中小企业发展专项资金的使用和管理，财政部会同工业和信息化部、科技部、商务部制定了《中小企业发展专项资金管理暂行办法》。就科技金融提出 4 方面任务：①促进知识产权质押融资、创业贷款的规范发展，建立知识产权质押融资服务机制，建立财政资金引导和支持知识产权质押贷款的新机制，对科技人才创办科技企业的专利质押贷款予以支持；②积极培育、发展创业风险投资，对高技术产业领域处于种子期、起步期的自主创新成果产业化项目予以支持。设立科技型中小企业创业投资引导基金，用于引导创业投资企业、创业投资管理企业、具有投资功能的中小企业服务机构等投资于初创期科技型中小企业；③加强担保机构等融资支撑平台建设，为自主创新成果产业化项目融资提供服务。支持中小企业信用担保机构、中小企业信用再担保机构增强资本实力、扩大中小企业融资担保和再担保业务规模。运用业务补助、增量业务奖励、资本投入、代偿补偿、创新奖励等方式，对担保机构、再担保机构给予支持；④改进科技型中小企业技术创新基金的资助模式，扩大创新基金对初创期的科技企业资助的覆盖面，支持科技人才创业。运用无偿资助方式，对科技型中小企业创新项目按照不超过相关研发支出 40% 的比例给予资助。每个创新项目资助额度最高不超过 300 万元。

二、推动创新型科技人才培养基地建设

作为支持创新创业的重要载体，大学科技园和科技企业孵化器可以搭建创业平台、提供创业资金、整合创新创业资源，为科技人才的创业营造良好的环境。“十五”期间，科技部、教育部颁布了《国家大学科技园管理试行办法》《关于进一步推进国家大学科技园建设与发展的意见》，“十一五”期间颁布了《国家大学科技园认定和管理办法》《国家大学科技园“十二五”发展规划纲要》等文件，进一步完善了大学科技园在集聚和培养人才方面的政策环境。2010 年 11 月，科技部修订并发布了《科技企业孵化器认定和管理办法》，提出要以孵化器为载体，以培养科技创业

人才为目标，构建并完善创业服务网络，从计划项目、财税、人才等方面完善政策措施，培养和引进具有创新精神和创业能力的创业领军人才。2012 年 12 月，科技部出台《国家科技企业孵化器“十二五”发展规划》，鼓励孵化器落实国家“千人计划”，建立人才信息平台，开展人才培训、人才招聘、人才与项目对接、人才展示等服务工作，健全在孵企业人才信息与交流的机制。

国家大学科技园是以具有较强科研实力的大学为依托，将大学的综合智力资源优势与其他社会优势资源相组合，为高等学校科技成果转化、高新技术企业孵化、创新创业人才培养、产学研结合提供支撑的平台和服务的机构。依托高新技术产业开发区、大学科技园或其他园区，设立高校学生科技创业实习基地，开展创业教育和培训，接纳学生实习实训，促进学生创业就业，整合各方优势资源，为提高高校人才培养质量，实现以创业带动就业提供支撑和服务。

2010 年，教育部和科技部联合出台了《高校学生科技创业实习基地认定办法》，进一步明确了“双实双业”基地的认定条件，对园区的组织管理、政策环境和实施设备以及学生创业企业的含金量等都提出了新的要求。成立“双实双业”基地的目的是：一方面通过学校为企业培养并提供更多高层次的人才，充分保障企业发展对人才的需求；另一方面，通过企业为学生开辟实习场所，搭建实践平台，营造创业环境，增加就业岗位，在学生的实习、实训、创业、就业四个方面进行积极地、有效地整合，为学生提供一个展示自我、锻炼自我、提高自我的良好平台以及更多的成长与成才的机会，最终实现学校、企业、学生的多方共赢。为推动“双实双业”基地的建设，教育部和科技部在办法中明确了有关政策措施。例如，国家相关科技计划将优先支持“双实双业”基地依托单位的申报项目，鼓励国家科技计划项目承担单位聘用高校毕业生参与科研项目研究，其劳务费和有关社会保险补助按规定可以从项目中列支。此外，教育部和科技部还将把“双实双业”基地的建设列入相关单位的绩效考核指标体系。

2013 年，教育部、农业部和国家林业局联合发布《关于推进高等农林教育综合改革的若干意见》(教高〔2013〕9 号)，加强农林专业大学生创业平台建设，新建一批涉农涉林国家级、省级实验教学示范中心，与行业、科研院所和企业联合重点建设 500 个农科教合作人才培养基地，遴选建设一批国家大学生校外实践教育基地。扩大国家大学生创新创业训练计划资助范围，加大资助力度。

三、健全创业服务体系

为贯彻落实人才规划精神，相关部门制定土地使用优惠政策、设立创业启动资金，以高新区、孵化器、创业园区、行业协会等为重要依托，不断健全创业服务体系，加大对科技人才创办科技型企业的激励。具体措施包括：①加大对科技创新基础设施和公共技术基础设施平台建设，完善支持科技企业孵化器发展的财税优惠政策；②设立孵化器专项资金，促进国家农业科技园区企业孵化和创业，推进企业孵化器服务升级，拓展服务功能，提高服务能力；③健全技术支撑服务体系建设，依托研究机构、行业协会和专业检测机构，建设一批公共技术测试中心；④建立大型科学仪器设备共享制度，搭建为科技型中小企业提供研发服务、专业测试和产品检验服务的公共研发平台。

2011 年 2 月，中央组织部等部门研究制定了《关于支持留学人员回国创业的意见》，分别从创业启动支持计划、创业投资引导基金、创业贷款、税收优惠、外汇管理、租金减免、土地优惠、政府采购、专利保护、技术入股以及设立博士后科研工作站等方面对留学人员回国创业给予政策优惠；从户口办理、社会保险、职称评审、计划生育、子女入学、配偶就业、参加国际活动、科研项目申报、驾驶证办理以及与高等院校和科研院所合作等方面积极为留学人员回国创业营造良好环境，并从搭建信息平台、交流平台、投资服务平台和技术产权服务平台等方面为留学人员回国创业提供支持和帮助。

2013 年 1 月，财政部、税务总局联合印发《关于科技企业孵化器税收政策的通知》《关于国家大学科技园税收政策的通知》，对科技企业孵化器和国家大学科技园享受的一揽子税收优惠政策作出明确规定。

2014 年，教育部《关于做好 2014 年全国普通高等学校毕业生就业工作的通知》进一步落实自主创业税费减免、小额担保贷款、创业地落户、毕业学年享受创业培训补贴等优惠政策；推动设立国家和省级高校毕业生就业创业基金、校级大学生创业资金，开辟专门场地用于高校学生创业实践和孵化；鼓励更多大学生参与创新创业训练计划和新一轮“大学生创业引领计划”，为创业学生提供政策咨询、项目开发、风险评估、开业指导、跟踪扶持等服务，提高创业成功率。2014 年 6 月，税务总局、财政部、人力资源社会保障部、教育部、民政部印发了《关于支持和促进重点群体创业就业有关税收政策具体实施问题的公告》，将优惠政策具体落实到位，利于基层税务机关征管操作（表 2-7）。

表 2-7　支持科技人才创业的政策

	政策名称	发布单位
科技金融	中小企业发展专项资金管理暂行办法（财企〔2014〕38 号）	财政部、工业和信息化部、科技部、商务部
	关于大力推进体制机制创新　扎实做好科技金融服务的意见（银发〔2014〕9 号）	人民银行、科技部、银监会、证监会、保监会、知识产权局
	关于促进科技和金融结合　加快实施自主创新战略的若干意见（国科发财〔2011〕540 号）	科技部、财政部、人民银行、国资委、税务总局、银监会、证监会、保监会

续表

	政策名称	发布单位
科技人才培养基地	国家科技企业孵化器“十二五”发展规划（国科发高〔2012〕1222号）	科技部
	国家大学科技园“十二五”发展规划纲要（国科发高〔2011〕362号）	科技部、教育部
	科技企业孵化器认定和管理办法（国科发高〔2010〕680号）	科技部
	国家大学科技园认定和管理办法（国科发高〔2010〕628号）	科技部、教育部
	高校学生科技创业实习基地认定办法（试行）（教技厅〔2010〕2号）	教育部、科技部
	关于进一步推进国家大学科技园建设与发展的意见（国科发高字〔2004〕487号）	科技部
创业服务体系	关于支持和促进重点群体创业就业有关税收政策具体实施问题的公告（财税〔2014〕39号）	税务总局
	关于做好2014年全国普通高等学校毕业生就业工作的通知（国办发〔2014〕22号）	国务院办公厅
	关于国家大学科技园税收政策的通知（财税〔2013〕118号）	财政部、税务总局
	关于科技企业孵化器税收政策的通知（财税〔2013〕117号）	财政部、税务总局
	关于支持留学人员回国创业的意见（人社部发〔2011〕23号）	中央组织部、人力资源社会保障部
	关于成立中国留学人员回国创业专家指导委员会的通知（2011）	人力资源社会保障部
	关于印发实施中国留学人员回国创业启动支持计划意见的通知（2009）	人力资源社会保障部

资料来源：编写组整理。

专栏：科技创新创业人才投融资对接平台

扶持科技创新创业人才是创新人才推进计划的一项重要任务，科技型企业创业初期一般都会遇到资金瓶颈问题，融资需求强烈。创业人才多为技术型人才，缺少对资本杠杆的认识，与投资机构的合作中常处于信息不对称的劣势，并且普遍缺乏融资技巧、法律等方面的专业指导。

科技部科技人才中心以服务创新创业人才发展为出发点，围绕创新人才推进计划的组织实施探索建立科技创新创业人才和金融资本的对接平台。对接平台主要包含以下功能：一是建立科技创新创业人才及创业项目库，建立企业融资需求档案；二是整合金融、风险投资等资源建立投资机构库，设立准入机制，按照投资业绩、投资阶段和偏好领域对其进行分类筛选和梳理，提高投融资的匹配度和对接率；三是定期举办现场投融资对接会，促进投资机构与创业人才及企业的直接对话和高效对接；四是解读相关领域技术及行业发展趋势和国家地方等的创新创业扶持政策，帮助创业人才和投资机构找到合适的发展方向和投资方向；五是根据不同行业、不同企业的发展阶段、技术成果转化方式，提供专业化的投融资辅导和法律实务培训。

科技部人才中心针对科技创新创业人才的特点，逐步建立了集定制培训、技术对接、项目推介和政策解读于一体的立体服务平台，打造着诸如"投融资对接集训营""好项目在线推送平台"及"科创领军成长营"等品牌项目。目前，"投融资对接集训营"已于2013年7月、12月及2014年5月分别在北京、上海（长三角专场）、广州（珠三角专场）举办了三场。"好项目在线推送平台"已经启动运行，根据投资人擅长领域及投资偏好将优秀科技创业项目按所属领域、融资阶段和融资规模定向定时推送给匹配投资人。

资料来源：科技部人才中心

第六节　引导科技人才向企业流动的政策

2013年1月，国务院办公厅印发《关于强化企业技术创新主体地位　全面提升企业创新能力的意见》，明确提出建设一批产业技术创新战略联盟和产业共性技术研发基地，加强企业创新人才特别是高层次人才队伍建设，构筑企业人才高地。健全科技人才流动机制，鼓励科研院所、高等学校和企业创新人才双向流动和兼职。鼓励高层次人才通过院士工作站、博士后工作站、科技特派员等途径为企业提供技术服务，对服务企业贡献突出的科技人员采取优先晋升职务职称等奖励措施。

一、支持企业研发机构建设

2013 年 12 月，财政部、科技部在科技部归口管理的国家科技计划及专项中引入后补助机制，并制定了《国家科技计划及专项资金后补助管理规定》，资助方式主要面向有科研需求并具备一定资金实力的企业，激发企业参与科技创新的积极性。企业研发机构是企业创新能力的源泉，是企业竞争力的核心。创新政府科技资源配置方式，推进创新型企业和产业技术创新战略联盟建设，在重点产业技术领域的骨干企业设立国家重点实验室、国家工程技术研究中心和科技人才培训基地，推动产学研各方围绕产业技术创新链，形成长期、稳定的合作关系，促进科技人才向企业流动和集聚。

企业国家重点实验室是国家技术创新体系的重要组成部分，我国从 2006 年开始筹建企业国家重点实验室，到 2012 年已建设了 96 个企业国家重点实验室，在行业前沿技术研究、共性关键技术研究以及国际、国家或行业技术标准的研究制定等方面取得了成绩。为加速行业应用基础研究、聚集和培养优秀科技人才、有效开展科技交流，2006 年科技部发布《关于依托转制院所和企业建设国家重点实验室的指导意见》，要求“十一五”期间，在能源、环境、农业、制造、材料、交通、信息、医药等国家经济社会发展的重要领域，依托转制院所和企业建设一批设备先进、人才聚集、机制创新的国家重点实验室，逐步形成结构优化的企业国家重点实验室体系，显著提升企业自主创新能力和产业国际竞争力，促进企业成为技术创新主体。为加强依托企业建设国家重点实验室的管理，2012 年 6 月科技部下发《依托企业建设国家重点实验室管理暂行办法》，指出国家相关科技计划、人才计划等应优先委托有条件的企业国家重点实验室承担，支持重点产业技术领域的骨干企业设立国家重点实验室、国家工程技术研究中心，大力培养企业高层次研发人才。2013 年，《国务院办公厅关于强化企业技术创新主体地位　全面提升企业创新能力的意见》把推动科技资源开放共享作为一项重要内容。要求建立科研设施和仪器设备等科技资源向社会开放的合理运行机制。加大国家建立的重点实验室、工程实验室、工程（技术）研究中心、大型科学仪器中心、分析测试中心等向企业开放服务的力度，将资源开放共享情况作为其运行绩效考核的重要指标。

二、完善科技人员服务企业的激励措施

企业创新关键在科技人才，支持企业创新就要加强企业科技人员创新能力的培养和提高，完善科技人员服务企业的激励措施主要有 4 方面：①制定税收优惠政策，鼓励企业提高教育经费规模，制定科技人才培训计划，加强科技人才继续教育；②支持创新型骨干企业建立科技人才培训基地，面向行业科技人才进行技术培训，并将有关培训纳入政府培训项目计划给予支持；③完善国有企业考核体系和分配激励机制，将技术创新能力指标纳入企业负责人经营业绩的考核体系，推动企业大

力支持研发人员创新；④构建研发人员职业发展通道，对优秀研发人员实行有效激励，提高其待遇和地位。

2009年3月，科技部等7部委联合印发了《关于动员广大科技人员服务企业的意见》，组织实施“科技人员服务企业行动”。4月，为进一步推进科技人员深入基层服务企业行动印发《关于做好支持科技人员服务企业工作的通知》。“科技人员服务企业行动”结合10大产业振兴和企业特别是中小企业的实际需求，重点在开展加快科技成果转化、帮助企业技术研发、改善企业技术创新管理水平、帮助企业解决经营管理问题、构建产学研合作的有效模式和长效机制、为企业培养技术和管理人才6方面开展工作。同年，国资委修订《中央企业负责人经营业绩考核暂行办法》和《关于进一步加强中央企业全员业绩考核工作的指导意见》，通过全员业绩考核，促进企业深化内部制度改革，真正建立起管理者能上能下、员工能进能出、薪酬能高能低的有效激励约束机制。

2013年国办发〔2013〕8号文件提出了“双向流动”的思路：通过建立健全科技人才流动机制，鼓励创新人才在科研院所、高等学校和企业之间双向流动、兼职。在机制方面，首先要改革科研机构、高等院校的人事管理制度，建立起开放、竞争、流动的用人机制；同时，要通过相关部门和企业的共同努力，缩小企、事业单位在“三险一金”、职称评定等方面的差距，为研究员、教授等到企业工作提供更好的保障；此外，要完善落实股权、期权激励和奖励等收益分配政策，以及事业单位国有资产处置收益政策和人事考核评价制度，鼓励科研院所、高等学校科技人员以到企业工作或创办企业等方式转化科技成果。最后，采取优先晋升职务、职称等措施，奖励服务企业贡献突出的科技人员。

2014年，国务院办公厅印发《关于做好2014年全国普通高等学校毕业生就业创业工作的通知》中明确指出，对小型微型企业新招用毕业年度高校毕业生，签订1年以上劳动合同并按时足额缴纳社会保险费的，给予1年的社会保险补贴，政策执行期限截至2015年年底。科技型小型微型企业招收毕业年度高校毕业生达到一定比例的，可申请最高不超过200万元的小额担保贷款，并享受财政贴息。教育部拟于2014—2017年在全国范围内实施“大学生创业引领计划”。

三、建立企业博士后工作站和院士专家工作站

1. 企业博士后科研工作站

企业博士后科研工作站是企业博士后工作的主要载体，企业与设立博士后流动站的高等院校和科研院所联合招收博士后人员。全国企业博士后科研工作站始于1997年，是我国博士后制度的重要组成部分。根据《全国博士后管委会关于扩大企业博士后工作试点的通知》，开展企业博士后工作的主要目的是：充分发挥博士后制度在科学技术研究、人才培养和使用及人才流动等方面的优势；逐步形成企业与设立流动站单位的合作机制，促进产、学、研结合，培养和造就适应国民经济和企业发展需要的高级科技和管理人才；为企业引进和培养高水平人才，提高企业的技术

创新能力，推进企业的技术进步；推动高等学校和科研院所面向企业，加快科技成果转化为生产力。1994 年，我国在上海宝钢集团设立博士后科研工作站开启了企业招收博士后的先例。

1999 年，原人事部和全国博士后管委会发布《关于积极开展企业博士后工作的意见》，为企业引进和培养高层次科技和管理人才、增强企业科研开发和技术创新能力，加快产学研结合和科研成果转化提供指导意见。2006 年，为使企业博士后工作顺利开展并逐步规范化、制度化，全国博士后管委会结合企业博士后工作的特点，制定了《博士后管理工作规定》，对企业博士后研究人员的招收、管理、经费、工资、福利待遇和研究成果等内容作出明确规定。2011 年，《中国博士后事业发展“十二五”规划》要求大力加强企业博士后工作，改进对企业博士后的考核评价机制，更加注重获得专利、发明和提高经济效益的能力，按规定对在企业技术创新中做出突出贡献的博士后研究人员给予奖励。通过加强高新区、开发区、创业园博士后工作，建立博士后创新实践基地，开展项目博士后工作等多种途径，统筹为规模较小、有创新需要的科技企业提供博士后工作服务。鼓励地方政府和企业投入更多经费，支持企业招收博士后研究人员，引导更多高层次创新型科技人才向企业集聚。

2. 院士专家工作站

院士专家工作站最早由中国科协组织协调设立。针对企业科研人才不足，破解技术难题存在困难的实际情况，科协组织发挥牵线搭桥的作用，从外部为企业引入院士专家和团队，帮助企业解决某一个或某一类技术问题。2003 年，沈阳市科协建立院士专家工作站以来，经过 10 多年的探索、实践与发展，院士专家工作站为企业创新创造了良好氛围。截至 2012 年年底，全国已有 30 个省区市（除海南、西藏外）和新疆生产建设兵团建立院士专家工作站 2685 家（其中，在高新区、经开区建站 592 家），进站院士专家 27531 人次。院士专家工作站在聚集高端创新人才、解决企业技术难题、提高企业核心竞争能力和培养创新人才等方面，发挥了优势和作用。

2010 年 9 月，为组织和动员广大科技工作者服务基层，推进院士专家工作站建设更加规范、有序、持续、健康发展，中国科协印发《关于推进院士专家工作站建设的指导意见》，要求各级科协要注重调研，勇于创新，从组织、人才、资金、信息等方面为推动院士专家工作站建设提供有力保障。文件出台后各地积极响应，相继出台一系列加强相关工作的文件，院士专家工作站建设得到发展。2013 年，《关于强化企业技术创新主体地位全面提升企业创新能力的意见》在重点任务中提出要“继续坚持企业院士专家工作站、博士后工作站、科技特派员等科技人员服务企业的有效方式，不断完善评价制度，构建长效机制。”这是国家政策层面对院士专家工作站在促进科技人员服务企业方面的作用予以充分肯定和重视（表 2-8）。

表 2-8　引导科技人才向企业流动的政策

	政策名称	发布单位
企业研发机构	国家科技计划及专项资金后补助管理规定（财教〔2013〕433 号）	财政部、科技部
	依托企业建设国家重点实验室管理暂行办法（国科发基〔2012〕716 号）	科技部
	关于依托转制院所和企业建设国家重点实验室的指导意见（国科发基字〔2006〕559 号）	科技部
科技人员服务企业	关于做好 2014 年全国普通高等学校毕业生就业创业工作的通知（国办发〔2014〕22 号）	国务院办公厅
	中央企业负责人经营业绩考核暂行办法（2012 年再次修订，国资委令第 30 号）	国资委
	关于进一步加强科研项目吸纳高校毕业生就业有关工作的通知（2010）	科技部、教育部、财政部
	关于进一步加强中央企业全员业绩考核工作的指导意见（国资发综合〔2009〕300 号）	国资委
	关于做好支持科技人员服务企业工作的通知（国科发计〔2009〕190 号）	科技部
	关于动员广大科技人员服务企业的意见（国科发政〔2009〕131 号）	科技部、教育部、国资委、中科院、工程院、国家自然科学基金会、中国科协
	关于鼓励科研项目单位吸纳和稳定高校毕业生就业的若干意见（2009）	科技部、教育部、财政部、人力资源社会保障部、国家自然科学基金会
企业博士后工作站和院士专家工作站	中国博士后事业发展“十二五”规划（人社部发〔2011〕91 号）	人力资源社会保障部
	博士后管理工作规定（国人部发〔2006〕149 号）	原人事部、全国博士后管委会
	关于积极开展企业博士后工作的意见（人发〔1999〕127 号）	原人事部、全国博士后管委会
	全国博士后管委会关于扩大企业博士后工作试点的通知（人发〔1997〕86 号）	原人事部、原国家经贸委、全国博士后管委会
	关于推进院士专家工作站建设的指导意见（科协发计字〔2010〕25 号）	中国科协

资料来源：编写组整理。

第七节 鼓励科技人才到农村和艰苦边远地区工作的政策

开发农村和艰苦边远地区人才资源是我国当前人才队伍建设的一项重点工作，国家实施引导人才向农村基层和艰苦边远地区流动政策，通过实施科技特派员制度和边远贫困地区、边疆民族地区和革命老区人才支持计划等，对在农村基层和艰苦边远地区工作的人才，在工资、职务、职称等方面实行倾斜政策，提高艰苦边远地区津贴标准，改善工作和生活条件，为农村和艰苦边远地区提供人才和智力支持。

一、科技特派员制度

党中央、国务院对科技特派员工作高度重视，2012 年、2013 年这项工作连续两年写入中央一号文件。2014 年中央一号文件首次明确提出了“推行科技特派员制度”。2002 年，科技部在总结 1999 年福建南平科技特派员实践经验基础上开展了科技特派员试点工作。期间，宁夏正在系统地开展农村科技创业行动，科技部、原人事部总结了福建南平的科技特派员经验和宁夏的农村科技创业模式，出台了《关于开展科技特派员基层创业行动试点工作的若干意见》。此后科技特派员基层创业行动逐步展开，但大多数科技特派员还停留在为农民进行公益性服务的层面。2009 年，科技部等 8 部门在认真总结了宁夏等地方的科技特派员基层创业实践基础上，出台了《关于深入开展科技特派员农村科技创业行动的意见》，启动了科技特派员农村科技创业行动，并明确提出双重任务，一是在农业产业发展上，鼓励科技特派员整合各类资源去创业，二是建立和完善农村社会化科技服务体系来支持创业，推动了科技特派员农村科技创业行动在全国深入地开展。

科技特派员农村科技创业行动开展以来，在我国的农村改革中显示了强大的生命活力。截至 2013 年 9 月底，全国已有近 70 万名科技特派员活跃在农村基层、农业一线，围绕当地产业和科技需求，与农民建立“风险共担、利益共享”的利益共同体，开展创业和服务，其中法人科技特派员 3.8 万名；科技特派员共形成利益共同体 5 万多个，创办企业 1.5 万多家，其中龙头企业 4700 多家；实施科技开发项目 4.5 万项，创业获利 400 多亿元；组建各种专业协会和经济合作组织 3.5 万家，发展会员 460.9 万人；引进推广新技术 6.1 万项，推广新品种 6.8 万个；组建科技特派员培训基地 9373 个，创建科技创业服务信息平台 8124 个，成果展示交流平台 1907 个，科特派服务站 1.6 万个，辐射带动超过 6000 万农民科技致富。这些科技特派员是职业化农民的先驱，是现代农业的创业者。

近年来，这项工作加快了农业科技成果的转化，促进了现代农业发展，引导了科技人员作为科技特派员深入农村生产一线，在创业过程中“领着农民干、做给农民看、带着农民赚”，组织开展了多种形式的科技服务，打通了科技服务的“最后一公里”；探索和推进了新型农村科技服务体系建设，促进了各种资源向农业农村聚集，以新农村发展研究院建设为抓手，探索了大学农技推广服务模式，强化了高校公益性服务能力；促进了科技金融结合，激发了全社会参与农村科技创新创业的热情，中国农业科技创新创业大赛和科技特派员农村科技创新创业大赛创造了风险投资与农业科技企业对接的范例；培养了一批农村科技人才，提高了农村劳动力素质和收入水平；加强国际农业科技合作，积极推动了科技特派员走出去，推进了中非、东南亚国际农业科技合作，与埃塞俄比亚签署了《中埃两国政府间科技合作协定》《关于探索开展科技特派员国际合作新机制的合作框架的协议》等，推进了国际科技特派员农业园区建设，在中国—东盟科技伙伴计划框架下，推进了东南亚的科技特派员国际合作，与盖茨基金会合作，签署了《中华人民共和国科学技术部与比尔和梅琳达·盖茨基金会战略合作谅解备忘录》等。

二、科技人才支持“三区”政策

针对西部科技人才短缺和流失问题，国家制定特殊政策，加强对西部地区、少数民族地区科技人才的培养和支持力度。相关政策包括：①对在艰苦边远地区工作的大学毕业生及各类科技人才，通过提高补贴标准或免征个人收入所得税等多种方式，切实提高在艰苦边远地区和基层工作科技人才的收入水平；②逐步提高省级以上党政机关从基层招录公务员的比例，相关部门可采取政府购买岗位、报考公职人员优先录用，实施公职人员到基层服务和锻炼的派遣和轮调办法等关键举措，鼓励和引导高校毕业生到农村和中小企业就业。

为支持科技人才支持“三区”，2011 年 9 月，中央组织部等 10 部门联合印发《边远贫困地区、边疆民族地区和革命老区人才支持计划实施方案》，为科技人才支持“三区”提供政策保障和经费保障。

（1）政策保障。对选派到“三区”的人员，符合条件的应在职务安排、职称晋升、计算基层工作经历、研究生考试等方面，认真执行现有的优惠政策；制定表彰奖励政策，有关地方和部门对业绩突出、基层欢迎的优秀人员，以及落实计划成绩突出的单位，可按照国家有关规定予以表彰奖励，并享受相应政策。鼓励和引导毕业生到城乡基层、中西部地区、艰苦边远地区和中小微企业就业，会同有关部门研究制定具体办法，落实好学费补偿和助学贷款代偿等政策。提高公务员定向招录和事业单位优先招聘的比例。探索将基层项目的有关优惠政策扩大到西部地区县以下基层就业的毕业生。

（2）经费保障。各专项实施部门根据实际选派和培养的规模、服务和培养的具体形式等，合理核定各项费用，提出选派（培养）工作的经费预算，中央和地方各级财政为实施各专项提供经费支持。各地各高校要设立奖励资金，鼓励毕业生到西部基层建功立业。

2013 年 2 月，教育部、发展改革委、财政部联合印发《中西部高等教育振兴计划（2012—2020 年）》，实施“西部之光”等访问学者项目，支持中西部高校骨干教师到东部高水平大学研修访学。实施“千名中西部大学校长海外研修计划”，进一步开阔中西部地区高校领导国际视野。在对口支援西部高校工作中，支持 1 万名西部受援高校教师和管理干部到支援高校进修锻炼。加强民族地区双语教师培养培训基地建设，培养培训一批双语教师，提高双语教学水平。培训一批民族团结教育课程主讲教师，加强民族团结教育课程建设。实施就业指导队伍培训项目，用 5 年时间，将中西部高校就业指导教师和就业工作骨干人员轮训一遍，提升就业指导水平。加大国家公派留学政策对中西部地区倾斜力度。

2014 年，科技部、中央组织部、财政部、人力资源社会保障部、国务院扶贫办研究制定了《边远贫困地区、边疆民族地区和革命老区人才支持计划科技人员专项计划实施方案》。自 2014—2020 年，每年选派两万名科技人员到“三区”提供科技服务、开展农村科技创新创业，每年为“三区”培养 2500 名本土科技服务人员和农村科技创新创业人员，积极推动“三区”科技人员队伍建设，围绕“三区”支柱产业大力引导科技成果的转移和转化，为“三区”经济社会发展提供有效的科技人才支持和智力服务。对选派到“三区”服务且考核合格的选派对象，除享受国家为推进西部大开发，促进“三区”发展所制定的有关人才政策外，还可享受以下政策：选派对象在选派期间人事、劳动关系保留在原单位，工资福利待遇不变，选派期满后仍回原单位工作；对表现优异、做出重要贡献的选派对象以及对执行本专项计划成绩突出的单位，由国家或地方按照有关规定给予表彰奖励或项目申报倾斜支持。选派工作经费按照每人每年两万元标准补助，培养工作经费按照每人每天 120 元标准补助，所需经费由中央、地方财政按比例负担（表 2-9）。

表 2-9　鼓励科技人才到农村和艰苦边远地区工作的政策

	政策名称	发布单位
科技特派员	关于深入开展科技特派员农村科技创业行动的意见（国科发农〔2009〕242 号）	科技部、人力资源社会保障部、农业部、教育部、中央宣传部、林业局、共青团中央、银监会
	关于开展科技特派员基层创业行动试点工作的若干意见（国科发政字〔2004〕542 号）	科技部、原人事部
科技人才支持“三区”	边远贫困地区、边疆民族地区和革命老区人才支持计划科技人员专项计划实施方案（国科发农〔2014〕105 号）	科技部、中央组织部、财政部、人力资源社会保障部、国务院扶贫办
	中西部高等教育振兴计划（2012—2020 年）（教高〔2013〕2 号）	教育部、发展改革委、财政部
	边远贫困地区、边疆民族地区和革命老区人才支持计划实施方案（中组发〔2011〕23 号）	中央组织部等 10 部门
	关于进一步加强我院西部地区科技人才队伍建设的实施意见（2007）	中科院
	“西部之光”人才培养计划管理办法（2007）	中科院

资料来源：编写组整理。

第八节　促进科技人才国际化的政策

为充分发挥海内外科技人才在国家经济社会发展中的作用，实施更加开放的人才政策。中央组织部、人力资源社会保障部、教育部、国家外国专家局等部委相继出台一系列人才引进与派出政策，从推进国际合作研究、深入推进海外高层次人才引进计划的实施和建立开放的用人机制等方面，全方位促进科技人才的国际化。

一、推进国际合作研究和人才交流

国务院办公厅《关于强化企业技术创新主体地位　全面提升企业创新能力的意见》从引导企业成为国际科技合作主体出发，提升企业技术创新开放合作水平。主要举措有：①围绕我国大型企业集团海外投资、并购、生产、经营等活动，制定人才支持办法，为国内企业“走出去”提供人才保障，鼓励和支持在国（境）外发展的企业推进人才本地化，促进国内外企业间的人才交流与合作；②鼓励企业通过人才引进、技术引进、合作研发、委托研发、建立联合研发中心、参股并购、专利交叉许可等方式开展国际创新合作，支持企业单位根据项目、技术发展需求，与国（境）外签订人才合作协议，鼓励和支持企业专家参加高水平的国际学术技术交流活动；③鼓励企业联合科研院所承担国际科技合作项目，支持企业参加各类国际标准组织，积极参与国际技术标准制修订，鼓励和支持企业向国外申请知识产权，加大国家科技计划开放合作力度，鼓励跨国公司依法在我国设立研发机构，与我国企业、科研院所和高等学校开展合作研发，共建研发平台，联合培养人才。

为支持科技人才开展国际合作研究，《国家“十二五”科学和技术发展规划》围绕国家重大战略目标，提出有序输送人员到国外知名机构接受培训，鼓励国内科研机构和企业与世界一流研究机构建立长期稳定合作关系，加强人员交流互访的力度，提高机构的国际化水平，并将其作为评价科研机构和企业研发中心技术创新能力的重要指标之一。《国际科技合作“十二五”专项规划》通过设立政府间科技合作与交流机制，支持和鼓励青年科学家之间的合作与交流，加强国际科技合作专项对人才引进的支持力度，吸引世界水平的科学家和有潜力的中青年科学家来华开展合作研究。《国家科技企业孵化器“十二五”发展规划》提出鼓励与海外机构和组织合作，通过引进技术、资金、高端管理人才等方式共建孵化器，支持有条件的孵化器在海外建设国际孵化基地，开展国际企业境外孵化服务。

2013 年，财政部、教育部联合印发《出国留学经费管理办法》，加强出国经费支持与规范管理。2014 年，教育部印发《国际合作联合实验室计划》，建立机构对机构的国际合作新模式，促进高校实质性、高水平、可持续的国际科技合作。同时，国家自然科学基金会通过《国际（地区）合作研究项目管理办法》《资助国际合作研究项目实施办法》，制定支持我国科学家牵头组织或参与国际大科学工程以及在国际学术组织担任领导职务的计划，推动我国科技人员的国际人才交流与培养。国家留学基金委实施国家公派出国留学选拔计划等推进国际合作研究和人才流动。

2012 年以来，科技部与国家外国专家局启动创新人才推进计划优秀人才出国（境）研修项目，到 2014 年已实施三期，每年计划选派 30 人出国参与国际科研合作和学术交流，提升人才国际化水平。2008 年，科技部启动“科技外交官服务行动”，充分利用国际资源为地方科技经济服务，协助引进高层次人才，截至 2013 年，已累计为 700 多家国内企业提供了国际科技合作服务，协助 229 个项目建立起联系。为整合国内国外两种资源，促进“项目—人才—基地”相结合，2013 年开始面向国家国际科技合作基地（简称国合基地）开展科技外交官服务行动，服务对象为科技部已认定的国合基地，服务内容包括推动国合基地与国外相关企业和研发机构开展技术项目合作，促进国合基地与国外相关企业和研发机构进行人才交流，参与国际科学计划、设立海外研发机构、共建联合实验室等。

二、实施海外高层次人才引进计划

以留学人才为主体的海外人才是我国高层次人才队伍的重要来源，采取积极措施吸引海外人才是提升国家自主创新能力和企业核心竞争力的重要举措，各部门和各地方纷纷出台了引进海外高层次留学人才的优惠政策，鼓励、支持海外高层次人才回国创新创业。

2008 年，中共中央办公厅转发《中央人才工作协调小组关于实施海外高层次人才引进计划的意见》，海外高层次人才引进计划启动实施，依托国家重点实验室、国家高新技术产业开发区、国家重点学科等平台以及国家重大科技专项，重点围绕国家发展战略目标，引进一批能够突破关键技术、发展高新技术产业、带动新兴学科的战略科学家、创新创业领军人才和创新团队。同时，有关部门通过“长江学者奖励计划”“百人计划”“国家杰出青年科学基金”等人才引进项目，制定实施专项计划，重点引进推进重点行业和领域发展急需紧缺的高层次人才。

为营造有利于海外科技人才回国（来华）创新创业的良好生活环境，切实保障外籍人才在中国永久居留的合法权益和各项待遇，吸引海外人才和投资者更好参与国家建设，解决外籍专家在华生活与工作的后顾之忧，2007 年，原人事部会同教育、科技、财政、公安、海关等 16 个部门印发了《关于建立海外高层次留学人才回国工作绿色通道的意见》，为海外高层次留学人才开辟绿色通道；2008 年，中央组织部等 13 部门联合发布《关于海外高层次引进人才享受特定生活待遇的若干规定》，规定“千人计划”引进的海外高层次人才可享受居留和出入境、落户、资助、医疗、保险、住房、税收、配偶安置、薪酬等特定生活待遇；2011 年 4 月，人力资源社会保障部发布《关于加强留学人员回国服务体系建设的意见》，通过完善留学人员回国服务政策，推进留学人员回国服务网络建设，加强留学人员回国服务信息平台建设，成立中国留学人员回国创业专家指导委员会等行动，完善留学人员回国服务体系建设；2012 年 9 月，中央组织部、人力资源社会保障部等 5 个部门出台《关于为外籍高层次人才来华提供签证及居留便利有关问题的通知》和《关于印发〈外国人在中国永久居留享有相关待遇的办法〉的通知》就外籍高层次人才来华签证及居留便利、权利、义务、居留期限、进出境物品、创办企业、技术职称、子女入学、保险、购房、缴税、金融、购物、出行、机动车驾驶、加入或恢复中国国籍等方面对持有中国《外国人永久居留证》的外籍人员所享有的待遇进行规定；重点依托高新区、大学科技园、科技企业孵化器、行业协会等，扶持和鼓励海外科技人员的创新创业活动，积极为创业人才提供服务，培养杰出的创新型企业家和高级管理人才。

三、建立开放的用人机制

2010 年起，国家发布一系列人才专项规划，要求建立开放的用人机制，吸引和凝聚海外高层次创新型科技人才，《科技人才规划》鼓励科研机构、高等学校设立短期流动岗位，聘用国际高层次科技人才来华开展合作研究、学术交流或讲学；《科技规划纲要》提出积极推荐和选派青年科技人才赴国际组织或国际学术机构任职和锻炼，促进科技管理和科技人才的国际化；《人才规划纲要》从完善外籍科技人才服务保障机制入手，要求建立政府部门重点联系制度和绿色通道，实行特事特办。并且随着中国国际科技合作奖、国家友谊奖、中科院国际合作奖等奖项的设立，鼓励和吸引很多国际人才来到中国成为外籍院士或客座教授，同时，鼓励支持优秀科技人才作为国际职员“走出去”，进行国际交流与合作。

为加快推进高等学校高层次人才队伍建设，教育部和李嘉诚基金会合作实施了“长江学者奖励计划”（1998 年）。2011 年，教育部决定实施新的“长江学者奖励计划”，在吸引海外人才方面，讲座教授人选主要面向海外知名大学教授，与“千人计划”形成衔接；特聘教授人选主要面向海外知名大学副教授，与“千人计划”形成梯队。

为支持我国专家积极参加国际组织活动，中国科协自 2008 年开始实施“国际科技组织事务专项”，具体措施有：①创造有利于国际组织人才队伍建设的政策环境。积极研究目前我国科技界参与国际组织活动遇到的问题，提出更适应广大科技工作者利用国际科技资源为建设创新型国家服务和国家总体外交服务的政策建议，营造有利于国际组织人才队伍建设的政策环境；②进一步完善国际组织人才队伍建设的服务与管理，并于 2013 年发布《关于加强国际民间科技组织人才队伍建设工作的通知》（科协外函〔2013〕51 号），对人才队伍的推荐、选拔、培训、支持、考核与管理等工作提出了明确的办法和措施；③继续支持我国科学家担任国际组织领导职务，开展交流和培训。支持担任国际组织领导职务的科学家出国参加行政性会议，支持国际组织后备人员参加国际组织重大会议，重要国际组织的专业委员会任职人员参加工作性会议，支持学会组团参加重要国际组织全体大会和竞选，加强国际组织人才队伍的能力建设。

中科院制定《“十二五”引进国外杰出人才和聘任海外知名学者管理办法》，继续实施引进国外杰出人才和招聘海外知名学者计划，引进海外杰出人才到中科院长期工作；通过“创新团队国际合作伙伴计划”聘任海外优秀人才（其合作团队简称创新团队）到中科院短期工作。“十二五”期间，计划引进750名左右的杰出人才，聘任200名左右的知名学者。中科院对入选者提供经费支持，包括用人单位匹配的科研启动经费和人才专项经费。专项经费主要用于科研实验、人员支出、仪器设备购置以及住房补助等方面。用人单位科研启动经费主要用于科研条件、基础设施建设等方面，如科研、办公用房和仪器设备等。

继续开展外籍院士推选。对那些对中国科学技术事业做出重要贡献、在国际上具有很高学术地位的外籍学者，可被推荐当选中科院外籍院士。2013年，53名科学家当选为中科院院士，9名外籍科学家当选为中科院外籍院士。工程院51名新院士中，6名外籍院士，其中美国籍4人、澳大利亚籍1人、丹麦籍1人，到2013年工程院外籍院士共45人（表2–10）。

表 2-10　促进科技人才国际化的政策

	政策名称	发布单位
国际合作研究和人才交流	国际合作联合实验室计划（教技〔2014〕1号）	教育部
	出国留学经费管理办法（财教〔2013〕411号）	财政部、教育部
	国际科技合作“十二五”专项规划（国科发计〔2011〕381号）	科技部
	国家自然科学基金国际（地区）合作研究项目管理办法（2009）	国家自然科学基金会
	外国青年学者研究基金实施方案（试行）（2009）	国家自然科学基金会
	自然基金委资助国际合作研究项目实施办法（2001）	国家自然科学基金会

续表

	政策名称	发布单位
海外高层次人才引进和开放的用人机制	关于印发《“外专千人计划”科研经费补助管理办法》的通知（2012）	国家外国专家局
	关于为外籍高层次人才来华提供签证及居留便利有关问题的通知（人社部发〔2012〕57号）	中央组织部、人力资源社会保障部、外交部、公安部、国家外国专家局
	关于印发《外国人在中国永久居留享有相关待遇的办法》的通知（人社部发〔2012〕53号）	中央组织部、人力资源社会保障部、公安部、外交部、发展改革委、教育部、科技部、财政部、住房和城乡建设部、铁道部、商务部、人口计生委、人民银行、国资委、海关总署、税务总局、工商总局、旅游局、侨办、银监会、证监会、保监会外专局、民航局、外汇局
	关于印发《“千人计划”高层次外国专家长期项目工薪补助办法（暂行）》的通知（2012）	国家外国专家局
	关于加强留学人员回国服务体系建设的意见（人社部发〔2011〕46号）	人力资源社会保障部
	“长江学者奖励计划”实施办法（2011）	教育部
	“十二五”引进国外杰出人才和聘任海外知名学者管理办法（科发人教字〔2011〕122号）	中科院
	中央人才工作协调小组关于实施海外高层次人才引进计划的意见（中办发〔2008〕25号）	中共中央办公厅
	关于海外高层次引进人才享受特定生活待遇的若干规定（组通字〔2008〕58号）	中央组织部、外交部、教育部、科技部、公安部、财政部、人力资源社会保障部、住房和城乡建设部、卫生部、人民银行、国资委、海关总署 、税务总局
	关于建立海外高层次留学人才回国工作绿色通道的意见（国人部发〔2007〕26号）	原人事部、教育部、科技部、财政部、外交部、发展改革委、公安部、商务部、人民银行、国资委、国务院侨办、中科院、国家外国专家局、海关总署、税务总局、工商总局

资料来源：编写组整理。

第二部分

重大人才工程与科技人才计划

习近平总书记在2014年两院院士大会上指出，创新的事业呼唤创新的人才。实现中华民族伟大复兴，人才越多越好，本事越大越好。知识就是力量，人才就是未来。我国科技创新要走在世界前列，必须在创新实践中发现人才，在创新活动中培养人才，在创新事业中凝聚人才，必须大力培养造就规模宏大、结构合理、素质优良的创新型科技人才。

加强高层次创新创业人才队伍建设，一靠国内培养，二靠海外引进。2008年以来，国家抓住国际金融危机给引进海外人才提供的难得机遇，集中力量实施“千人计划”，迄今已分10批引进4180名海外高层次人才回国创新创业。同时，在2008年实施“千人计划”之初，中央就明确要求适时制定实施国内高层次人才支持计划，加强对国内高层次人才的培养和使用。为调动国内高层次人才创新创业的积极性，2012年推出“万人计划”，专门面向国内遴选支持高层次人才。“千人计划”面向国外，负责引进；“万人计划”面向国内，负责培养支持。两个计划并行实施，协同推进。由中央人才工作协调小组统一领导，中组部牵头，各有关部门共同实施。

科技人才尤其是高层次创新型科技人才，是一个国家综合实力和核心竞争力的重要标志。近年来，国家陆续出台实施了一系列重大人才工程和计划，把人才资源开发放在科技创新最优先的位置，改革人才培养、引进、使用等机制，大力引进和培养高层次科技创新创业人才。各部门也积极推进相关科技人才计划，努力造就一批世界水平的科学家、科技领军人才、工程师和高水平创新团队，注重培养一线创新人才和青年科技人才。

第三章 国家重大人才工程

《国家中长期人才发展规划纲要（2010—2020 年）》提出 12 项重大人才工程，与科技人才相关的重大工程有创新人才推进计划、青年英才开发计划、海外高层次人才引进计划、专业技术人才知识更新工程、现代农业人才支撑计划、边远贫困地区、边疆民族地区和革命老区人才支持计划等。2012 年 7 月，全国科技创新大会对建设创新型国家做出新的部署，中央组织部会同有关部门推出“国家高层次人才特殊支持计划”（简称“国家特支计划”，亦称“万人计划”）。重大人才工程着眼于统筹国内国外高质量人才资源，突出高端引领，全面推进我国人才队伍建设。

第一节　国家高层次人才特殊支持计划

2012 年 8 月，中央组织部、人力资源社会保障部、中央宣传部、教育部、科技部等 11 个部门联合出台《国家高层次人才特殊支持计划》，面向国内各领域遴选支持 1 万名杰出人才、领军人才和青年拔尖人才，加快造就一支为建设创新型国家提供坚强支撑的高层次创新创业人才队伍。“万人计划”与“千人计划”并行实施、协调推进，重点为国内高层次创新创业人才提供特殊支持，形成与“千人计划”相互衔接的高层次创新创业人才队伍建设体系。

一、实施目标

围绕建设创新型国家的战略部署，“国家特支计划”以《人才规划纲要》部署的 12 项重大人才工程为依托，从 2012 年起，预期用 10 年左右时间，有计划、有重点地遴选支持三个层次、七类人才。三个层次中第一个层次是“杰出人才”，计划支持 100 名处于世界科技前沿领域、有重大科学研究发现、具有成长为世界级科学家潜力的人才；第二个层次是“领军人才”，计划支持 8000 名国家科技发展和产业发展急需紧缺的创新创业人才；第三个层次是“青年拔尖人才”，计划支持

2000名35周岁以下、具有特别优秀的科学研究和基础创新潜力、课题研究方面和技术路线有重要创新前景的青年人才。

二、遴选流程

“万人计划”由中央人才工作协调小组统一领导，中央组织部、人力资源社会保障部等11个部门和单位负责统筹协调，在中央宣传部、教育部、科技部、人力资源社会保障部等部门设立评选平台，分别负责各子项的具体实施。杰出人才、科技创新领军人才、科技创业领军人才平台设在科技部，哲学社会科学领军人才平台设在中央宣传部，教学名师平台设在教育部，百千万工程领军人才平台设在人力资源社会保障部。青年拔尖人才平台由中央宣传部、教育部、科技部等部门共同负责。中央组织部重点负责规则制定、协调服务和过程监督，不具体承担申报评审工作。

在遴选程序上，“万人计划”实行平台专业评审、咨询顾问组把关相结合的遴选办法。各平台部门作为相关子项的申报和评审实施主体，按照同行评审原则组织专家开展通讯评审、会议评审、面试等，确定建议人选。专项办会同各平台部门共同组建专家咨询顾问组，评估各平台申报评审工作情况，对建议人选进行综合把关，确定入选名单。

在遴选标准上，“万人计划”注重考察入选者的能力、实绩和品行。能力考察包括创新能力、科研水平和发展潜力；实绩考察不仅看已经取得的成就，还注重对科技进步和经济社会发展的影响力；品行考察方面，学术道德、科技精神和人文素养将被作为重要考察内容。

在评价方式上，为确保入选者业内公认、同行信服，遴选工作按照同行评议原则进行，最大限度实现评审专家对申报人专业领域全覆盖，确保能把各领域最优秀人才选出来。评审过程坚持专业化，由专家主导，平台部门和专项办进行背景说明、政策解读，不参与讨论、不发表意见。

三、支持政策

在有关部门原有人才计划的支持基础上，国家再从荣誉称号、经费支持、政策支持、服务支持等方面给予重点支持。

经费支持——有关部门参照“千人计划”有关政策规定，结合国内人才实际，为“万人计划”人才制定落实工作条件、生活待遇等方面的特殊政策。对于入选人才，给予国家“千人计划”专家大致相当的“重点支持经费”，但与“千人计划”的一次性补助主要用于引进人才的落户和生活支出不同，“万人计划”特殊支持经费主要用于入选对象开展自主选题研究、培养人才和团队建设等方面，同时鼓励地方和用人单位配套给予配套经费支持。

政策支持——在科研管理、事业平台、人事制度、经费使用、考核评价、激励保障等方面，制定重点培养支持政策。为杰出人才设立科学家工作室，实行首席科学家负责制，采取“一事一议、按需支持”方式给予经费保障，支持其开展探索性、原创性研究。针对领军人才，改革科研项目管理办法，优先立项、滚动支持；创新经费支持方式，落实期权、股权和企业年金等激励措施；同时支持他们组建创新团队。对于青年拔尖人才，按照《青年英才开发计划实施方案》提供支持经费，用于开展前瞻性、预研性自主选题研究等，并赋予相应自主支配权。

服务支持——根据需要，贡献突出的还可纳入中央联系的高级专家范围联系服务。

四、入选人才情况

2013 年 10 月和 2014 年 2 月，分两批公布了“万人计划”入选名单。第一批共入选 819 人，其中杰出人才 6 人，科技创新领军人才 272 名，科技创业领军人才 52 人，青年拔尖人才 199 人，哲学社会科学领军人才 93 人，教学名师 101 人，百千万工程领军人才 96 人。其中，科技创新领军人才、科技创业领军人才从“创新人才推进计划”入选者中遴选产生，哲学社会科学领军人才从文化名家暨“四个一批”人才工程入选者中遴选产生，百千万工程领军人才从“百千万人才工程”国家级人选中遴选产生。

首批杰出人才和科技创新领军人才均承担“863 计划”“973 计划”等国家重大科研任务或担任高层次创新团队带头人。首批青年拔尖人才年龄全部在 35 岁以下，既有国家杰出青年科学基金获得者、入选长江学者的学科带头人，也有“80 后”教授、博导，还有国家重大科研项目首席专家，其中 3 人还获得了首届霍华德·休斯医学研究所（HHMI）国际青年科学家奖。

第二节　海外高层次人才引进计划

海外高层次人才越来越成为我国参与国际竞争、实现经济社会全面协调可持续发展的特需资源。大力引进海外高层次人才，是用较短时间拥有一批世界一流人才的重要途径，是进一步扩大对外开放、提高国际竞争力的迫切需要。2008 年 12 月，中共中央办公厅下发《中央人才工作协调小组关于实施海外高层次人才引进计划的意见》，启动实施“海外高层次人才引进计划”（简称“千人计划”）。

一、实施目标和原则

中央层面的“千人计划”主要围绕国家发展战略目标，重点引进一批能够突破关键技术、发展高新产业、带动新兴学科的战略科学家和科技领军人才。从 2008 年开始，用 5—10 年时间，在国家重点创新项目、重点学科和重点实验室、中央企业和国有商业金融机构、以高新技术产业开发区为主的各类园区等，引进并有重点地支持一批海外高层次人才回国（来华）创新创业。在符合条件的中央企业、高等学校和科研机构以及部分国家级高新技术产业开发区，建立 40—50 个海外高层次人才创新创业基地，推进产学研紧密结合，探索实行国际通行的科学研究和技术开发、创业机制，集聚一批海外高层次创新创业人才和团队。

实施“千人计划”的基本原则是：

（1）突出重点。围绕国民经济和社会发展的急需紧缺开展人才引进工作，重点引进具有世界一流水平的高层次创新创业人才及团队。

（2）重在使用。创新体制机制，搭建事业平台，营造良好环境，充分发挥海外高层次人才的作用。

（3）特事特办。针对高层次人才引进和使用的特点，采取特殊政策措施，成熟一个、引进一个。

（4）统筹实施。工作小组、牵头组织单位和用人单位各负其责，形成协调有力、办事高效的工作机制。

二、引进条件和方式

“千人计划”引进的人才，一般应在海外取得博士学位，原则上不超过 55 岁，引进后每年在国内工作一般不少于 6 个月，并符合下列条件之一：在国外著名高校、科研院所担任相当于教授职务的专家学者；在国际知名企业和金融机构担任高级职务的专业技术人才和经营管理人才；拥有自主知识产权或掌握核心技术，具有海外自主创业经验，熟悉相关产业领域和国际规则的创业人才；国家急需紧缺的其他高层次创新创业人才。根据创新人才和创业人才的不同特点及不同事业平台的具体需要，拟引进人才还应具备相应的其他条件。例如，创业人才应拥有自主知识产权和发明专利，且其技术成果国际先进，能够填补国内空白、具有市场潜力并进行产业化生产；有海外创业经验或曾在国际知名企业担任中高层管理职位 3 年以上，熟悉相关领域和国际规则，有经营管理能力；自有资金（含技术入股）或海外跟进的风险投资占创业投资的 50%以上，等等。

海外高层次人才一般应与国内高校、科研机构、企业、商业金融机构等用人单位达成明确的工作意向，或已在国内开办企业，由用人单位或企业所在开发园区按规定条件申报“千人计划”。各方面专家和社会各界也可以直接向专项办举荐符合基本条件的海外高层次人才。在人力资源社会保障部、国家外国专家局、全国青联、中国科协、欧美同学会等单位的网站，设立专门“海外高层次人才对外联系窗口”，提供相关的信息服务，接受符合条件的海外高层次人才自荐。专项办把推荐和自荐的海外高层次人才推荐给相关用人单位，由用人单位根据需要、按照程序进行申报（图 3-1）。

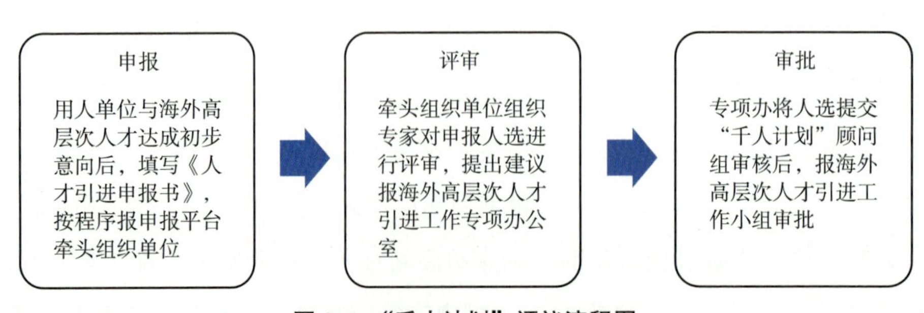

图 3-1 “千人计划”评议流程图

三、入选人才情况

截至2014年年底，前10批“千人计划”共引进4180人，其中依托科技部国家重点创新项目、国家重点学科和重点实验室、国家高新区等创新创业平台入选1386人，约占全国入选人数的1/3。具体情况如下（表3-1）。

表3-1 “千人计划”入选人才

	大事记
2008年12月	“千人计划”启动
2008年12月—2010年12月	分5批共引进1143人“千人计划”专家，其中创新人才880人，创业人才263人
2011年1—12月	开展了第六批和第七批“千人计划”的申报评审工作。第六批和第七批共引进专家1014人，其中，第六批共引进专家367人（创新人才281人，创业人才86人）；第七批共引进专家747人
2011年1月—2012年12月	开展了第八批和第九批“千人计划”的申报评审工作。包括“青年千人计划”和“外专千人计划”，新疆项目（第九批）等在内，第八、第九批“千人计划”共入选1062人。到2012年年底，前9批“千人计划”共引进3319人

资料来源：根据“千人计划”网相关材料整理。

（一）青年千人计划

2010年12月，中央人才工作协调小组批准通过了《青年海外高层次人才引进工作细则》，“青年千人计划”正式启动。根据人才成长的一般规律，35岁左右的青年人才是最有创新激情和创新能力的群体。为此，中央人才工作协调小组办公室决定实施“青年千人计划”项目，大力引进一批有潜力的优秀青年人才，为今后10—20年中国科技、产业的跨越式发展提供支撑。

2011年年初，“青年千人计划”启动实施。经过严格的初审、通讯评审、面试评审、公示和复核等环节，2011年确定了第一批人选143人；2012年第二批和第三批又分别遴选出218人和177人；2013年确定第四批人选183人；第五批“青年千人计划”有398名海外高层次人才进入公示环节。

“青年千人”中，工程与材料科学和生命科学领域的人数最多，两个领域入选人数占到总数的一半；其次是数理科学和化学科学；最少的是环境与地球科学，入选人数占总数9%（表3-2）。

表 3-2 “青年千人”不同批次专业领域分布

	第一批	第二批	第三批	第五批	总计
生命科学	28	52	46	112	238
工程与材料科学	42	55	40	97	234
数理科学	22	38	34	59	153
化学科学	23	28	22	52	125
信息科学	24	23	25	45	117
环境与地球科学	13	25	11	33	82
总数	152	221	178	398	949

资料来源：根据“千人计划”网公示名单统计。

在 1123 位入选青年千人中，男性 1005 人，占入选人数 89%；女性 118 人，占入选人数 11%。女性在各批次所占比例，第三批最高为 12%，第二批最低为 8%。

（二）“外专千人计划”

为充分利用国外智力，吸引国际上更多人才参与中国的现代化建设，2011 年 8 月，中央组织部等 3 部门发布《关于印发“千人计划”高层次外国专家项目工作细则的通知》（组通字〔2011〕45 号），由国家外国专家局牵头，启动实施“千人计划高层次外国专家项目”（简称“外专千人计划”）。

“外专千人计划”围绕我国重点行业和关键领域的需求，利用 10 年左右时间引进 500—1000 名高层次的非华裔外国专家，每年引进 50—100 名。截至 2012 年 12 月，共有四批 196 名外国专家入选，成为中国国家特聘专家。对于入选的外国专家，在出入境、居留、医疗、保险、住房、税收、薪酬等方面享受“千人计划”特定政策和待遇，中央财政给予长期项目专家每年 100 万元人民币的一次性补助，并经由用人单位向从事科研工作的外国专家提供 300 万—500 万元的科研经费补助。

（三）高端外国专家项目

高端外国专家项目是与“外专千人计划”相配套的高层次外国专家项目，主要为“外专千人计划”吸引、储备高层次人才。目前，已连续三年申报审批文教类高端外国专家项目 694 个。

高端外国专家项目围绕我国经济和社会发展重点行业和关键领域的需求，重点引进能够突破关键技术、发展高新产业、带动新兴学科的科学家、科技领军人才，2013 年社科类项目第一次纳入申报范围。高端外国专家应符合下列条件之一：

（1）在国外著名高校、科研院所担任相当教授职务的专家学者。

（2）在国际知名文化艺术、新闻出版或体育卫生机构担任高级职务的专业技术人才。

（3）拥有自主知识产权或掌握核心技术的创新、创业人才。

（4）“外专千人计划”入选专家工作团队中的主要成员。

（5）国家急需紧缺的其他高层次外国专家。

高端外国专家项目拟引进的外国专家可长期全职或短期来华工作。短期是指专家年度来华工作原则上累计不少于两个月。专家年龄原则上不超过 65 岁，对于确需引进的高端外国专家可适当放宽年龄限制。从 2014 年开始允许申报团队类，主责专家来华工作不低于 1 个月，其他专家不超过 2 人，累计时间满两个月即可。

国家外国专家局对获得批准的高端外国专家项目，可视其项目工作周期给予连续支持。

（1）可资助引进的高层次专家的工薪（最高不超过用人单位与专家签订的合同或协议中所规定支付工薪或报酬的 60%）和补贴（专家国际旅费、生活费、城市间交通费等按《引进人才专家经费管理细则》（外专发〔2010〕87 号）规定的标准）。

（2）对执行高端外国专家项目做出突出成绩的外国专家，按规定程序申评、批准后，可授予中国政府“友谊奖”。

（3）对来华执行高端外国专家项目的外国专家提供来华工作便利。

（四）海外高层次人才创新创业基地

为了搭建引进人才的平台，在符合条件的中央企业、高等学校和科研机构以及部分国家高新技术产业开发区建立海外高层次人才创新创业基地，推进产学研紧密结合，探索实行国际通行的科学研究和技术开发、创业机制，集聚一批海外高层次创新创业人才和团队。

2008 年以来，已经在 44 家企业、18 家高校、17 家科研院所和 36 家园区及其他基地等建立了海外高层次人才创新基地。海外高层次人才创新基地作为引才的主要载体和平台，均结合自身的优势和学科行业特点，探索与国际接轨的引才、用人机制，同时提供住房、用车、医疗、子女就学、社会保险等方面福利待遇。

为深入贯彻落实建设创新型国家和中央引进海外高层次人才计划，中央组织部和国资委在全国确定了北京、天津、杭州、武汉 4 个未来科技城，建设人才创新创业基地和研发机构集群、一流科研人才的聚集高地、引领科技创新的研发平台和全新运行机制的人才特区。

◆北京未来科技城于 2009 年开始建设，首批已有神华集团、中国海油、国家电网、中国华能等 15 家中央企业入驻园区，将投资建设研究院、研发中心、技术创新基地和人才创新创业基地，在新能源、新材料、节能环保、新一代信息技术等战略性新兴产业的重点领域进行研发。

◆天津未来科技城于 2011 年 4 月纳入建设范围，瞄准国际前沿领域，以战略新兴产业研发为导向，立足天津市科技资源和产业基础，以新能源及新能源汽车、新一代信息技术、航空航天、生物技术和高端装备制造为重点，汇聚国际顶尖创新资源，形成一批高水平的原始创新成果并迅速实现产业化。对入驻的高端研发机构、高水平产业化项目及高端人才，给予优惠政策支持。

◆湖北武汉未来科技城于2011年4月纳入建设范围，将按照“国际领先、世界一流”的目标，打造世界级的科技创新中心、高端人才聚焦区和新兴产业高地，重点在光电子信息、能源环保、高端装备制造等战略性新兴产业和高新技术服务业，面向央企、世界500强、知名民营科技企业以及科研院所、高等院校，引进世界一流研发机构，聚焦全球领军人才。

◆浙江杭州未来科技城于2011年4月纳入建设范围。省委、省政府出台《关于在浙江杭州未来科技城（浙江海外高层次人才创新园）建设人才特区打造人才高地的意见》，为落户科技城创新创业的高端人才提供特殊政策扶持，在科技项目布局和科研投入、创业投融资、税收优惠、建设用地、外汇账户管理与结汇、人才培养、生活保障等方面提供“最优”保障。引入园区的国际一流的创业创新领军人才，将得到总额不低于1000万元支持；国内一流的创业创新领军人才及其团队，将得到总额不低于500万元支持等。

四、“千人计划”配套支持政策及实施成效

（一）“千人计划”的配套支持

为更好支持“千人计划”人才发挥作用，各部门都在探索和落实“千人计划”专家的配套支持政策。科技部积极推进“千人计划”和国家科技计划的衔接，通过科技计划对“千人计划”专家进行配套支持；通过组织座谈会、专题报告会和专项对接活动等方式促进“千人计划”专家尽快适应环境；通过建立信息查询系统和专项档案等方式，为“千人计划”专家提供跟踪服务。教育部支持高校打破常规，敢为事业发展用人才，把“千人计划”专家放在教学科研关键岗位上，请“千人计划”专家参与重大决策、领衔重大项目，支持他们组建高水平创新团队，开展“人才特区”探索。2012年，教育部会同科技部研究制定《“千人计划”重点学科和重点实验室平台引进人才评审工作实施办法》，严格评审要求，规范评审程序，协调落实博士研究生招生指标向“千人计划”专家所在高校、科研院所倾斜的政策，加强对海外引进人才的配套支持。

（二）“千人计划”的实施成效

2010年，中央组织部人才工作局、海外高层次人才引进工作专项办委托调查机构进行了调查。结果显示，“千人计划”实施成效得到被访者的高度肯定。引进人才回国（来华）工作后，积极承担国家和地方的重大科技项目，带领团队进行技术攻关，部分已担任国家（重点）实验室、高校院系或企业研究部门负责人，在突破关键技术、发展高新产业、带动新兴学科、推进教育科技人才机制创新等方面发挥了重要作用。“千人计划”实施以来，在海内外学术界乃至社会相关方面引起了较大反响。美国《华尔街日报》、英国《金融时报》、美国《科学》杂志等媒体都报道了“千人计划”实施和进展情况。2010年度世界经济论坛发布的《应对全球人才风险报告》专门指出，“千人计划”是中国应对世界人才危机的重要举措和经验。

1. 取得了一批标志性的原始创新成果

“千人计划”国家特聘专家、中国科学技术大学教授潘建伟带领研究团队成功实现了世界上最远距离的量子态隐形传输，比原世界纪录提高了 20 多倍，为最终实现全球量子通信网络奠定了重要基础。

清华大学施一公教授带领研究团队成功解析了世界上第一例细胞凋亡小体的三维空间结构、第一例甲酸离子通道蛋白复合体的高分辨率空间结构、第一例蛋白降解复合体的三维空间结构，在国际生命科学领域产生了重要影响。

中科院上海生命科学研究院时玉舫研究员是激活诱导淋巴细胞死亡和 c-myc 对 T 细胞凋亡调节作用的发现者，证实了 Fas 介导的淋巴细胞凋亡与应激反应或鸦片所致的免疫抑制的关系，发现了成体细胞免疫调节的分子机制，为干细胞在自身免疫性疾病治疗和在器官移植上应用提供了重要理论基础。

北京凝聚态物理国家实验室丁洪研究员发现了铁基超导体中依赖费米面的无节点超导能隙，被国际同行认为是对铁基超导体的 s- 波对称性建立具有奠基性意义的工作；戴鹏程研究员在拓扑绝缘体理论与实践方面取得新进展，入选 2010 年全国基础研究十大新闻人物。

国家海洋局陈大可研究员在改进湍流混合参数化方案和纠正系统性偏差等方面做了一系列原创性工作，在预测短期气候变化方面产生了世界性影响。

中国疾病预防控制中心于学杰研究员发现了新型布尼亚病毒，是近年来国际病毒学研究领域的重大突破。

2. 攻克了一批制约产业发展的重大关键技术

展讯通讯（上海）有限公司李力游博士研发了 TD-SCDMA 核心芯片，为推动国家自主标准 TD-SCDMA 的正式商用起到了重要作用。兵器工业集团季华夏博士主持建成我国第一条“主动式 OLED 微型显示器生产线”，使我国成为世界上第二家能够生产该类产品的国家。华中科技大学李亮博士完成了国家重大科技基础设施脉冲强磁场实验装置样机的研制工作，为国内唯一，其磁场强度刷新了国际纪录。同济大学杨志刚博士完成了上海“地面交通工具风洞”的设计和建设，被国际风洞组织评为功能最全、噪声最小、自动化程度最高的汽车公共服务风洞，成为继欧洲、美国之后第三个对标风洞。宝钢集团杨健博士主持研究“利用强脱氧剂的第三代氧化物冶金工艺开发”核心技术填补了国内空白。中国电科何田博士研制出国内第一套实用化的全自动键合设备，为我国微电子生产设备的现代化和国产化做出重大贡献。中航工业顾铁博士带领团队建立国内首条 4.5 代 TFT-LCD 生产线，突破了国外技术封锁。中国石油肖加奇博士研制出具有自主知识产权的 LEAP800 测井系统，打破国际技术垄断和封锁，标志着我国测井技术达到国际前沿水平；戴南浔博士研发出 RTM 逆时偏移软件，使我国物探专业在叠前深度偏移这一前沿技术上一举跨入国际先进行列；李向阳博士研发的基于多波叠前反演计算频散属性数据体理论的多波高精度勘探技术，已应用于柴达木油气勘探工作，为我国大型油气田勘探开发提供了坚实技术支撑。

3. 推动了一批高新技术企业的发展壮大

“千人计划”创业企业集中在信息技术、新能源、新材料、生物医药、节能环保等产业领域，发展迅速，已成为我国战略性新兴产业的一支重要生力军。

张辉博士创办的北京创毅视讯科技有限公司，自主开发了CMMB手机电视芯片、4G移动通信TD-LTE芯片、移动互联网终端应用处理芯片三大核心芯片系列，树立了在该领域的领先地位。华桂潮博士带领团队先后创建伊博电源、英飞特电子和艾迪光电等三家企业，填补了我国半导体照明领域内多项空白，推动了LED产业的发展。甘中学博士带领43名海归博士先后创办新奥科技、新奥博为、新奥光伏等一批企业，已成为国内新能源产业的中坚力量。俞振华博士创办的普能公司，已拥有钒电池制造核心专利超过50%，形成由全球39个国家和地区的25项专利组成的知识产权体系，成为全球唯一具备兆瓦级钒电池储能系统交付商用产品的领军企业。杨立友博士创办的正泰太阳能科技有限公司，研发出稳定转换率高达9%的第二代硅基薄膜电池，达到了全国第一、国际领先，2010年实现产值约50亿元。王晖博士创办的盛美半导体设备有限公司研发制造出国内首台12英寸零损伤兆声波单片清洗设备，填补国内空白，打破国际垄断，解决了我国半导体产业链缺少设备制造商的薄弱环节。俞昌博士创办的安集微电子（上海）有限公司是目前国内生产IC高端材料的重要企业，打破了国内高端试剂主要依赖进口的局面，已在美国和国内申请了21项专利。段燕文博士创办哈药慈航制药公司、长沙天赐生物医药科技公司等企业，建设了产学研联盟的新药创制核心技术平台，第一次实现中药生产集成自动化和智能化。

4. 打造了一批具有世界水平的创新团队

“千人计划”专家的回国，带动了一大批海外优秀人才回流，在国内形成了一批以“千人计划”专家为核心的高水平创新团队，特别在生命科学、电子信息等领域，正成为国际知名专家集聚和高水平人才成长的重要阵地。

施一公担任清华大学生命科学学院院长后，引进了包括李国明、李兆平、吴励、黄子为、王小勤、马剑鹏、苑纯7名“千人计划”专家在内的43名海外高层次人才，使其结构生物学中心迅速成为世界一流科研中心。陈十一担任北京大学工学院院长后，发挥自身学术影响力，引进了包括陈峰、刘一军、张东晓、佘振苏、侍乐媛、郑春苗等“千人计划”专家在内的60多位国内外杰出人才，打造了湍流与复杂流动领域国际一流的研究团队。中国商飞引进了李东升、陈清焰、张嘉振、陈保兴、李志旭、张慧骝等6名“千人计划”专家，并以他们为核心吸引443名海外人才投身我国大飞机的研制工作。神华集团北京低碳清洁能源研究所形成以郭屹、赖世耀、孙琦等为核心，50余名国内外优秀人才组成的高水平科研团队。中科院微电子所以朱慧珑、闫江为核心，形成了包括15名研究员、3名中科院“百人计划”入选者的高水平研究团队。

5. 推进了科研、教育和人才工作机制的改革创新

“千人计划”专家充分发挥熟悉国际通行的科技开发、科研管理和人才体制机制的优势，积极在所在单位推进改革创新。

北京生命科学研究所所长王晓东大力推行与国际接轨的科研工作机制建设，同时，建立高水平技术支撑体系和国际化行政服务体系，领导研究所产生了一批国际瞩目的原创性成果，所内半数以上青年科学家在《科学》《自然》和《细胞》等世界顶尖杂志发表文章，实现了“出人才、出机制、出成果”的目标。

陈十一、施一公分别在北京大学工学院、清华大学生命科学学院推动建立与国际接轨的教学、科研管理制度，改革行政管理制度，实行国际通行的 Tenure-track（终身轨）制度，推行“教授治学”和“行政服务于学术”，努力改善大学的行政化倾向。

上海财经大学田国强、艾春荣充分借鉴国际先进办学理念和学术标准，通过“导师问责制”、聘任世界顶级专家担任荣誉教授、开设教学实验班等方式，开展各具特色的教学科研改革。

四川大学康裕建建立开放式实验平台，以学生为中心，以重大科学问题为导向，鼓励学生自主探索，形成独立科学思维，大力培养拔尖医学人才。

施一公、饶毅、王晓东联合发起两校一所（清华大学、北京大学、北京生命科学研究所）联合培养研究生培养项目，充分发挥高校、科研院所的互补优势，积极探索人才培养新模式。此外，在激励和分配制度创新方面，兵器工业集团为季华夏博士专门组建公司，并让季博士以技术入股15%；中国海油为罗勇、王晋、张大刚博士组建公司，以技术入股 30%。

6. 带动了部门和地方吸引海外人才的积极性

国家海洋局、教育部、国资委、国家气象局等部门以“千人计划”为依托，采用多种形式大力引进海外人才。在“千人计划”的示范带动下，地方制定实施了各具特色的海外人才引进计划，部分中心城市、东部沿海部分经济发达的市县也制定实施了类似的引才计划，以引进海外人才回国创新创业推动经济结构转型升级的热潮正在兴起。

国家海洋局为加快具有国际视野和创新精神的海洋骨干人才培养和引进，制定实施了《海洋系统“十二五”公派留学计划》和《海洋系统“十二五”引进留学人才计划》。2011 年选拔 20 名青年人才公派出国留学，通过中央组织部“千人计划”网、国家海洋局政府网站等对外发布了 87 个留学人才需求岗位，已引进多名留学归国博士，引才效果突出。

广东省的引进创新科研团队和领军人才专项计划、江苏省的科技创新团队引进和建设计划，浙江省的高层次人才引进计划等，对于引进的创新团队和领军人才给予充足的科研经费支持和团队建设经费，在科研经费管理、项目申报、创业投融资等方面提供大量优惠政策，引进了一批在高端发展领域取得杰出成绩或具有显著创新潜力的创新团队和领军人才，发挥了积极的示范带动效应，为当地经济和产业发展提供强有力的支撑。

第三节 创新人才推进计划

2011 年，科技部、人力资源社会保障部、财政部、教育部、中科院、工程院、国家自然科学基金会、中国科协联合印发《创新人才推进计划实施方案》。2012 年创新人才推进计划（简称“推进计划”）正式启动，由 8 部门共同组织实施。2012 年、2013 年已遴选批复两批，共选出中青年领军人才 474 名、重点领域创新团队 155 个，科技创新创业人才 306 名，创新人才培养示范基地 56 个。

一、实施目标和主要任务

创新人才推进计划旨在通过创新体制机制、优化政策环境、强化保障措施，培养和造就一批具有世界水平的科学家、高水平的科技领军人才和工程师、优秀创新团队和创业人才，打造一批创新人才培养示范基地，加强高层次创新型科技人才队伍建设，引领和带动各类科技人才的发展，为提高自主创新能力、建设创新型国家提供有力的人才支撑。到 2020 年，推进计划的主要任务包括：

（1）设立科学家工作室。为积极应对国际科技竞争，提高自主创新能力，重点在我国具有相对优势的科研领域设立 100 个科学家工作室，支持其潜心开展探索性、原创性研究，努力造就世界级科技大师及创新团队。

（2）造就中青年科技创新领军人才。瞄准世界科技前沿和战略性新兴产业，重点培养和支持 3000 名中青年科技创新人才，使其成为引领相关行业和领域科技创新发展方向、组织完成重大科技任务的领军人才。

（3）扶持科技创新创业人才。着眼于推动企业成为技术创新主体，加快科技成果转移转化，面向科技型企业，每年重点扶持 1000 名运用自主知识产权或核心技术创新创业的优秀创业人才，培养造就一批具有创新精神的企业家。

（4）建设重点领域创新团队。依托国家重大科研项目、国家重点工程和重大建设项目，建设 500 个重点领域创新团队，通过给予持续稳定支持，确保更好地完成国家重大科研和工程任务，保持和提升我国在若干重点领域的科技创新能力。

（5）建设创新人才培养示范基地。以高等学校、科研院所和科技园区为依托，建设 300 个创新人才培养示范基地，营造培养科技创新人才的政策环境，突破人才培养体制机制难点，形成各具特色的人才培养模式，打造人才培养政策、体制机制“先行先试”的人才特区。

“创新人才推进计划”实施主要遵循以下原则：

（1）坚持与科技、教育规划相衔接。全面落实《国家中长期人才发展规划纲要（2010—2020

年）》要求，加强与《国家中长期科学和技术发展规划纲要（2006—2020 年）》和《国家中长期教育改革和发展规划纲要（2010—2020 年）》实施工作的紧密结合。

（2）坚持与重大任务相结合。加强高端引领，突出科技前沿、重点领域和战略需求，在国家重大科技项目、重点工程建设项目和重大科技成果转化中培养、造就和集聚人才。

（3）坚持体制机制创新。遵循人才成长规律，深化科技管理体制改革，重点在人才发现、培养、使用和评价激励等方面积极探索，着力激发科技人才敬业奉献、求真务实的内在动力，建立有利于科技人员潜心研究和专心创业的良好环境。

（4）坚持统筹协作。加强项目、基地、人才的紧密结合，统筹推进现有科技计划和人才培养计划实施，加强部门协作和区域统筹，做好与部门、地方现有人才计划的有效衔接，形成部门协调有效、地方落实有力、组织实施有序、资源配置合理的工作格局。

（5）坚持分类推进。按照“整体部署、分类推进、试点先行、逐步完善”的工作原则，针对不同任务特点，确定具体的实施方法和工作步骤。对于探索性强、实施难度大的任务先行开展试点，逐步完善，积累经验后全面展开。

二、遴选方式和手段

为确保“创新人才推进计划”实施效果，在计划组织实施中重点突出以下几个原则。

一是以用为本。遴选的人才需要与依托单位、推荐部门和地方发展需求和优势紧密结合，推荐重点向基层一线科技人才、企业科技人才、35 岁以下青年科技人才倾斜，要求地方和部门推荐企业人才和青年人才比例不得低于 1/3；将用人单位的承诺和支持保障条件作为考核内容，实施动态调整和退出机制。进一步拓宽推荐渠道，更加体现行业人才布局导向，新增了有关司局、部分学会、行业协会等组织、中国创新创业大赛等平台推荐相应人才。

二是以人为本。科学设计人才评价指标体系，改进评价方式，充分考虑体现企业研发人才和青年人才的特征指标；简化评价程序，实施年度报告、中期评估和 5 年周期考核制度。

三是改革创新。在评价中强化质量和创新导向，建立分类科学、激励有效的人才遴选、评价考核机制。采用通讯评审和会议评审相结合的方式，通讯评审从学术同行的视角考察了候选人的学术水平和影响力，有效地解决了领军人才、创新团队和创业人才推荐量大而专业性强的问题；而会议评议强调需求导向和分类评价。

四是加强统筹和资源集成。加强国家科技计划、部门、地方和依托单位等资源的统筹和集成，加强与国家特支计划的衔接。

创新人才推进计划中科技创新领军人才、创新团队、科技创新创业人才和创新人才示范基地的评议流程如图 3-2 所示。

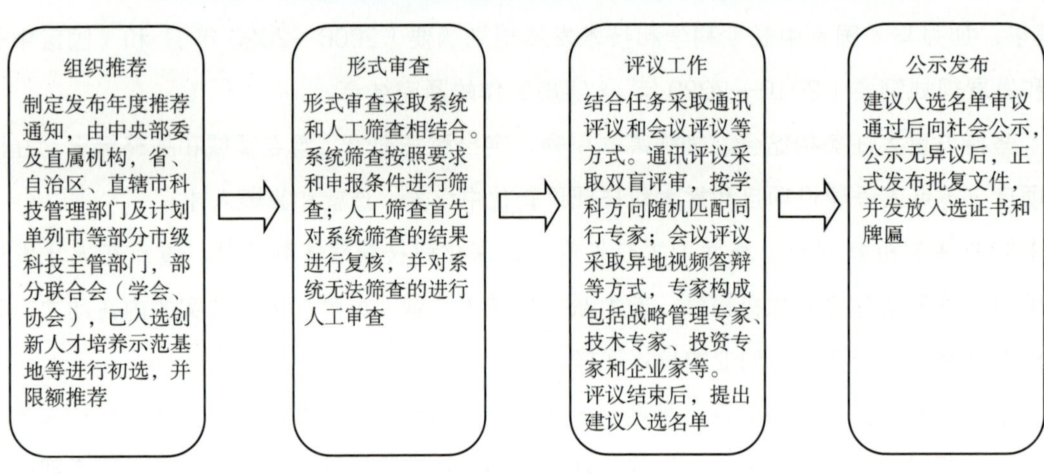

图 3-2　评议流程

具体推荐条件如下。

中青年科技创新领军人才应具备以下条件：坚持科学精神，恪守科学道德，品行端正。研究方向符合科技前沿发展趋势或属于国家战略性新兴产业领域。年龄不超过 45 周岁，具有博士学位或副高级以上职称（企业科技人才可不受职称限制，并适当放宽学历要求）。已取得高水平创新性成果，在所在行业或领域业绩突出，具有较大的创新发展潜力，主要精力放在科研一线从事研究开发工作。具有较强的科研领军才能和团队组织管理能力。

重点领域创新团队应具备以下条件：团队研究方向符合国家、行业重点发展需求。团队承担重大科研项目或重点工程和重大建设项目的重点研发任务，有明确的研发目标和发展规划。团队创新业绩突出，研发水平居行业或领域前列，并具有持续创新能力和较好的发展前景。团队结构稳定、合理，核心成员一般不少于 5 人、不超过 15 人，可跨单位协作。团队负责人年龄不超过 50 周岁，并同时符合中青年科技创新领军人才的其他基本条件。

科技创新创业人才应具备以下条件：申报人为企业主要创办者和实际控制人（为企业第一大股东或法人代表），具有较强的创新创业精神、市场开拓和经营管理能力。企业在中华人民共和国大陆境内注册，依法经营，创办时间为 1 年以上，10 年以内，具有较好的经营业绩、成长性和创新能力。企业拥有核心技术和自主知识产权，至少拥有一项主营业务相关的发明专利（或动植物新品种、著作权等），具有特色产品或创新性商业模式，技术水平在行业中处于先进地位。创办 5 年以内的企业，最近 1 年盈利且主营业务收入不少于 500 万元。创办时间为 5 年以上的企业，最近两年连续盈利且净利润累计不少于 500 万元。科技型中小企业创新基金项目承担单位的主要创办人和科技特派员项目负责人可优先推荐。

创新人才培养示范基地应具备以下条件：申报单位应为高等学校、科研院所（含具有法人资格的企业研发机构）或科技园区。申报单位要有好的人才工作基础，人才培养体制机制改革力度大、政策突破性强，具有明确的改革思路和切实可行的落实措施。鼓励申报单位选择具有鲜明特色和示范带动意义的内设机构或非法人机构作为示范基地建设单位。申报单位为高等学校和科研院所的，应在相关科技领域具有较强科研实力；在科技人才的培养使用、评价激励、管理服务等方面先行先试、大胆探索；在培养拔尖和青年人才、产学研联合培养人才、人才国际交流与合作等方面具有典型经验与做法，形成富有特色、取得初步成效的人才培养模式。申报单位为科技园区的，应在培育和发展战略性新兴产业方面成效突出；建立为创业人才服务的专业化技术服务平台和良好创新创业环境；在科技创新创业人才的引进、培养、激励等方面建立良好机制并取得明显成效。

符合推荐条件者可以通过多种渠道进行申报。中青年科技创新领军人才、重点领域创新团队和创新人才培养示范基地由有关部门、地方科技行政管理部门、部分联合会（协会、学会）负责推荐。科技创新创业人才由地方科技行政管理部门、部分联合会（协会）负责推荐。其中，国家高新区创业人才通过地方科技行政管理部门统一进行推荐。已入选的创新人才培养示范基地可推荐中青年科技创新领军人才和科技创新创业人才。

三、入选人才情况

2012 年，入选中青年科技创新领军人才 201 人，重点领域创新团队 86 个，科技创新创业人才 64 人，创新人才培养示范基地 18 个。2013 年，入选中青年科技创新领军人才 267 人，创新创业人才 242 人，创新团队 67 个，创新人才培养示范基地 38 个。

（一）技术领域分布

入选领军人才排名靠前的领域分别是材料、人口与健康、农业领域和信息（图 3-3），分别占入选人才比例的 17%、15%和 12%。

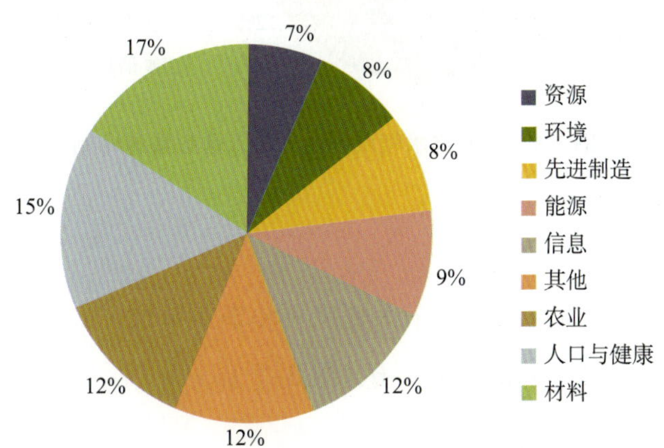

图 3-3 按技术领域领军人才入选情况

创新团队排名靠前的领域是人口与健康、农业、信息和材料，分别占入选团队 19%、15%和12%（图 3-4）。

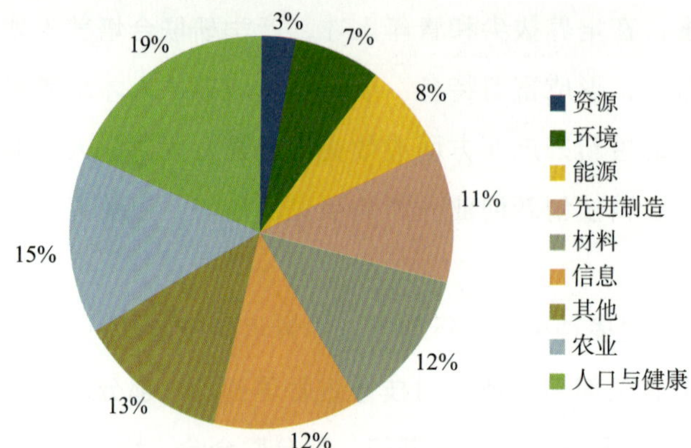

图 3-4　不同技术领域创新团队入选数量和比例

创新创业人才主要集中在信息、先进制造和材料领域，分别占入选创业人才的 21%、19%、19%（图 3-5）。

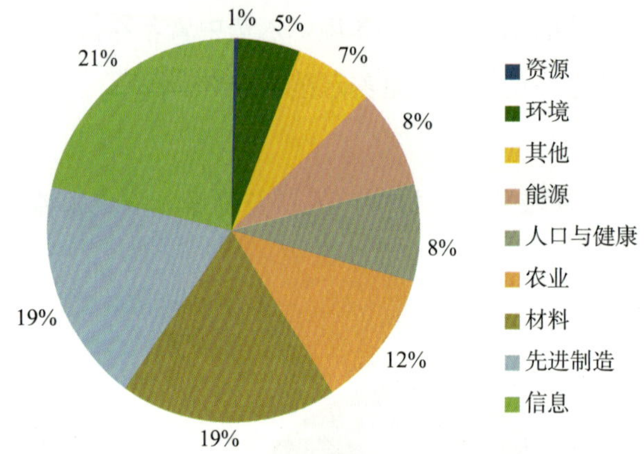

图 3-5　不同技术领域创业人次入选数量和比例

（二）依托单位分布

入选的领军人才、创新团队主要来自于大专院校和事业单位，二者合计占比近 80%，来自企业的领军人才和创新团队占 20%左右（图 3-6、图 3-7）。

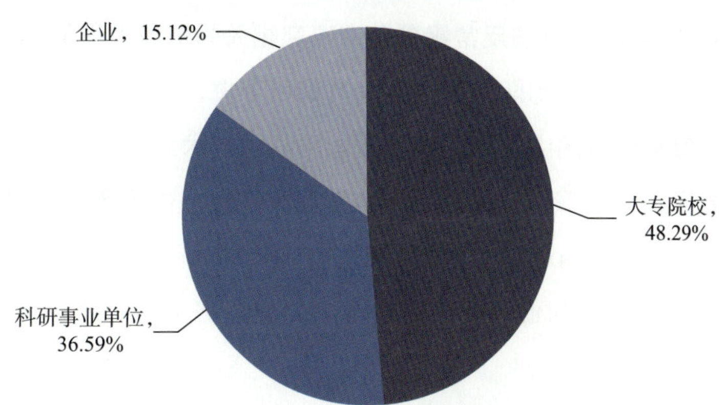

图 3-6　2013 年入选领军人才依托单位

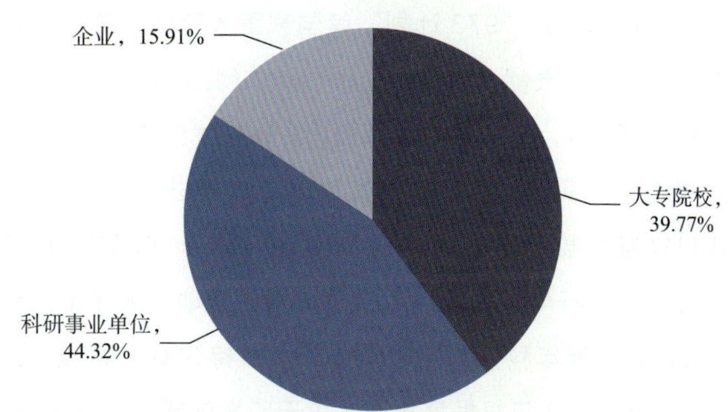

图 3-7　2013 年入选创新团队依托单位

四、推进计划实施进展

推进计划自 2012 年启动实施以来，面向 37 个地方、31 个部委和机构、18 个联合会学会和协会等开展组织推荐工作，目前已遴选批复两批人才，共组织了 2000 余人推荐申报。入选中青年领军人才 468 名、重点领域创新团队 153 个，科技创新创业人才 306 名，创新人才培养示范基地 56 个。56 家入选示范基地包括 23 家高校、16 家园区和 17 家院所。23 家高校包括“985”“211”高校和体现地方特色的省属高校；16 家园区有国家自主创新示范区核心园区，有特色产业高新区，有重点开展人才与技术引进和培育的引智园；17 家院所包括基础类、社会公益类研究机构，新型研发机构，转制院所和企业研发机构等多种类型。

一批优秀人才入选创新人才推进计划。领军人才和创新团队负责人中的 93.5% 主持过国家级大科技计划项目；44% 获得过国家级奖励。创业人才中获得过各级中小企业创新基金支持的占入选人才的 67.3%；农业领域获得科技特派员支持的占领域入选人才的 30.9%；获得科技创新创业大赛奖项的占 7.4%。

领军人才和创新团队中有：与量子反常霍尔效应研究相关的清华大学陈曦、中科院物理所戴希，发现中微子震荡第三种形式的研究团队成员中科院高能所曹俊，参与蛟龙号研发的中科院声学所朱敏，参与天河高性能计算机研制的中国人民解放军国防科学技术大学廖湘科，参与载人航天工程的中科院长春光机所的贾平，参与探月工程的中国电科集团马林，中国商飞 C919 大型客机设计总师吴光辉，在世界上第一次证明了 ips 细胞全能性的中科院动物所周琪，入选 2013 年中国经济年度人物的小米公司创始人雷军等；创业人才中有奇虎 360 总裁齐向东、唯品会联合创始人沈亚、九阳集团创始人王旭宁，等等。

为“万人计划”推选优秀人才。目前，已有 6 人入选万人计划杰出人才，272 人入选科技创新领军人才，52 人入选科技创业领军人才。这些人选均是我国重点学科和优先领域的骨干人才，主持承担了科技重大专项、“863 计划”“973 计划”等国家重大科研任务，在基础研究、前沿技术、战略性新兴产业发展中做出了重要贡献。科技创业领军人才创办的企业具有较好的成长性，都有发明专利、核心技术等自主知识产权，在本领域和行业内占有技术优势。

带动地方创新人才推进计划实施。为了与国家创新人才推进计划衔接，部分地方如北京、天津、山西、黑龙江、四川等省市出台地方“创新人才推进计划”。北京市 2012 年启动“科技北京”领军人才工程，面向社会广泛进行申报和遴选。天津市科委启动“天津市创新人才推进计划”，到 2020 年计划培养造就 100 名中青年科技创新领军人才，扶持 300 名科技创新创业人才，建设 50 个重点领域创新团队。山西省 2013 年根据科技部《关于印发创新人才推进计划实施方案的通知》，出台了《山西省创新人才推进计划实施方案》，设立科学家工作室、中青年科技创新人才、优秀创业人才、重点领域创新团队和创新人才培养示范基地等 5 类人才扶持计划，全力打造科技人才强省战略。

在创新人才推进计划的组织实施中，坚持“不唯学历、不唯职称、不唯资历、不唯身份”的人才理念，拓宽人才推荐渠道。适当增加部分学会、行业协会推荐领军人才和创新团队，利用中国创新创业大赛和中国农业科技创新创业大赛平台，从获奖企业中推荐创业人才。突出人才评选重点，重点向基层一线科技人才倾斜，注重青年科技人才的研究经历和发展潜力，对具有创新积累、创新精神、创新能力的青年科技人才优先推荐。不断完善和优化组织管理流程。与部门、地方和用人单位的发展需求紧密结合，注重人选的科学精神、业内口碑和业绩贡献。注重人才、项目和基地有机结合，优先从重大研究项目、重点实验室、工程技术研究中心、创新型企业等任务及单位推荐人选。通过人才分类评价、科学设计专家构成、多种评价手段与评价方法相结合，做到评审环节可查询、可追溯、可申述。并对评议意见及时反馈。指导地方人才工作。近年来在北京、上海、江西等地组织开展一系列创新人才推进计划管理人员专题培训，为地方人才计划组织管理提供专题指导，并接受地方委托，为地方科技人才评选提供专业评选服务。

第四节　青年英才开发计划

2011 年，中央组织部、中央宣传部、教育部、科技部、财政部、人力资源社会保障部、中科院、工程院联合印发《青年英才开发计划实施方案》，启动实施青年英才开发计划。

一、青年拔尖人才申报

“青年拔尖人才支持计划”每年遴选 200 名左右 35 岁以下自然科学、哲学社会科学和文化艺术等重点学科领域的青年拔尖人才，给予自然科学领域每人 120 万—240 万元、哲学社会科学和文化艺术领域每人 30 万—60 万元扶持经费，支持他们开展自由选题研究、举办国际国内展演活动或参加国际合作交流和培训。此项目由中央组织部牵头，会同有关部门组织实施，选拔工作采取“多方推荐、组织评审”的方式，并对入选的青年拔尖人才实施动态管理，通过年度报告、中期评价和期终考核的方式进行考核。该计划从 2011 年开始实施，分期分批组织选拔，到 2020 年共培养扶持 2000 名左右拔尖人才。

申报条件：具有中国国籍。本批次申报截止日期前在国内高校、科研机构、企业研发机构等单位工作 1 年以上的在聘青年人才。同时应具备以下条件：

（1）拥护党的路线方针政策，热爱祖国，遵纪守法，品行端正。

（2）恪守学术道德和职业道德，学风正派，诚实守信。

（3）在自然科学、工程技术、哲学社会科学和文化艺术重点领域崭露头角，获得国际国内较高学术成就，具有较好创新发展潜力，有一定社会影响。

（4）35 周岁以下。

（5）一般应获博士学位。

申报人不得在同一年度申报“万人计划”其他类别的项目。已获国家“千人计划”支持且在支持周期内的青年人才不在本计划支持之列。

已参评过青年拔尖人才但未入选者、申报时必须有新成果新成就。同一申报人申报该计划不得超过两次。

申报推荐办法：申报推荐工作按照平台分工进行。中央宣传部接受哲学社会科学、文化艺术领域人选的申报推荐。教育部、科技部接受自然科学领域人选的申报推荐。其中，教育部负责高校系统，科技部负责企业、科研院所及其他系统。

申报人按照人事隶属关系向所属地方、部门进行申报。中央和国家机关各部委、各人民团体组织人事部门组织所属用人单位，分别向三个平台部门进行申报（教育部直属高校由教育部负责申报、中央企业由国资委负责申报）。各省区市宣传、教育、科技部门分别组织属地相关用人单位，面向对应平台部门进行申报，并将推荐人员情况报送当地组织人事部门备案。

二、基础学科拔尖学生推进方式

在高水平研究型大学和科研院所的优势基础学科建设一批国家青年英才培训基地，按照严入口、小规模、重特色、高水平的原则，选拔一批拔尖大学生进行专门培养，促进基础学科拔尖创新人才脱颖而出。该项目由教育部牵头，会同科技部、中科院等部门启动，首批在全国 10 余所高校和若干科研院所选拔 1200 名大学生和研究生进入该计划，在基础学科领域选择数学、物理学、化学、生物科学和计算机科学等 5 个学科开展试点，为每位入选学生提供 40 万元，作为聘请导师、参与课题研究、参加国际交流培训经费。计划实行准入监管、过程监管、退出监管等考核监管办法，计划到 2020 年培养 12000 名左右基础学科青年英才。

实施进程安排如下。

2010 年：启动计划。

2011 年：启动科研院所“大学生优选计划”；创新招生机制，在参与“大学生优选计划”的高校和科研院所建立“试验区”。

2012 年：“试验区”在体制机制改革上取得实质进展。

2014 年：参与“大学生优选计划”的第一批学生完成本科阶段学习，进入研究生阶段学习，部分学生进入国外一流大学或科研院所学习。

2020 年：拔尖创新人才培养机制基本形成，涌现一批基础学科青年英才。

参与计划实施的高校和科研院所从体制机制和教育教学两方面开展有深度、有力度的改革，采取以下 9 项措施。

（1）建立“基础学科拔尖学生培养试验区”（以下简称“试验区”）。在参与计划实施的高校和科研院所内建立“试验区”，作为计划实施的载体。“试验区”可在高校已试办的以培养创新人才为重点的试点学院基础上加以完善，也可设在学校和科研院所优势突出、教学质量好的二级学院和单位，还可根据学校和科研院所承担国家重点教学、科研任务的需要，组建跨学科的试点学院。“试验区”在教学、科研和管理方面享有充分自主权，在考试招生、专业设置、教师聘任、经费使用、考核评价等方面实行特殊政策。

（2）实行教授、专家治理。“试验区”成立教授委员会或其他相应的学术组织，负责制定创新人才培养试点方案，对“试验区”的年度预算、发展规划等提出咨询意见，对教师的学术水平进行评价，对教师评聘、教学科研工作等进行学术把关。

（3）配备一流教师。“试验区”实行严格的教师选拔和聘任制，改革教师评价制度，以学术水平和教学质量决定教师年薪。聘请相关领域具有国际影响的著名科学家对培养方案及培养过程进行指导，邀请知名学者、优秀教师和社会杰出人士担任学生导师，聘请海外知名学者主持或参与教学，安排高水平专家、学者担任授课教师。

（4）选拔优秀学生。“试验区”实行自主招生，建立多元录取机制。注重考察学生的综合能力、学术兴趣和发展潜质，实行动态进出机制，将最优秀的学生选入计划进行培养。

（5）创新培养模式。将素质教育贯穿人才培养的全过程，着力培养学生的社会责任感和良好道德品质；实行因材施教，突出个性化培养，积极开展教学模式、内容和方法改革；强化基础、分流培养，学生根据自己的兴趣和特长自主选择专业学习；让学生有自由探索的时间，鼓励自主学习，参与科研项目训练。

（6）营造学术氛围。通过世界级科学家访问、高水平学术报告等形式，营造浓厚的学术氛围和开放的交流平台，激发学生的求知欲和创新潜能。

（7）改革教学管理。实行班级管理与导师制相结合；制定灵活的课程选修、免修和缓修制度；改革学业评价制度，经评价不适合继续参与计划的学生，可转出计划继续学习。

（8）加强条件保障。国家重点实验室、开放实验室、国家实验教学示范中心等向参与计划的学生开放，并为学生实验实践教学、科研训练和创新活动提供有力支持。

（9）开展国际合作。通过联合培养、暑期学校、短期考察等方式，分期、分批将学生送到国外一流大学和科研院所学习和交流，师从世界一流科学家，进入学科前沿，从事高水平研究。

三、入选人才情况

（一）青年拔尖人才支持计划

“青年拔尖人才支持计划”首批入选者名单于 2012 年 8 月公示，共有 199 人通过评审。

1. 专业领域分布

工程材料领域的青年拔尖人才所占比例最高，为 21%；其次为医学生命科学和哲学社会科学领域，青年拔尖人才所占比例前者为 17%，后者为 19%；文化艺术类的青年拔尖人才所占比例最低，为 2%（表 3-3）。

表 3-3　拔尖人才首批入选者集中的前六大专业领域

专业领域	人数（人）	比例（%）
工程材料	41	21
医学生命科学	35	17
哲学社会科学	37	19
信息科学	25	12
地球科学与环境	21	11
化学	20	10

资料来源：“千人计划”网公示名单整理。

2. 工作单位分布

青年拔尖人才97%来自高校和科研院所；其中，来自高等学校的占78%、来自企业和团体组织的青年拔尖人才占3%（表3-4）。

表 3-4　青年拔尖人才首批入选者工作单位分布

工作单位	人数（人）	比例（%）
高等学校	155	78
科研院所	38	19
企业、团体组织	6	3
合计	199	100

资料来源："千人计划"网公示名单整理。

3. 性别分布

青年拔尖人才中，女性占10%，入选青年拔尖人才支持计划的女性仍属少数（表3-5）。

表 3-5　青年拔尖人才首批入选者性别比例

性别	人数（人）	比例（%）
男	180	90
女	19	10
总计	199	100

资料来源："千人计划"网公示名单整理。

（二）基础学科拔尖学生培养试验计划

截至2012年，北京大学、清华大学等20所高校入选"基础学科拔尖学生培养试验计划"（简称"大学生优选计划"）。参加"大学生优选计划"的高校均建立培养基础学科特优学生的"试验区"，如北京大学"元培学院"基础项目组、清华大学"清华学堂人才培养计划"、上海交通大学"致远学院"等，都是人才培养体制机制改革的"试验区"，在教授治学、教师评聘、考试招生、学生管理、经费使用等方面实行特殊政策。清华大学充分尊重首席教授和项目主任的育人理念，四川大学实行充分信任、宏观评价的考核机制，南开大学实行"荣誉教师"的激励机制，部分高校设立"大学生优选计划"专项资金等。

"试验区"实行自主招生、多元录取、动态进出的政策。在遴选标准上，各校注重选拔对基础学科有兴趣、有悟性、肯投入基础学科研究的学生进入"大学生优选计划"。在遴选途径和方式上，大部分高校从自主招生的学生、保送生、新生或一年级学生中选拔，一些高校从二年级学生中选拔，还有个别高校从高中生中选拔。所有高校都实行了动态进出机制，兰州大学每年流动10%左右。高校教授委员会对学生的遴选工作有最后的决定权。

众多优秀教师加入。清华大学聘请丘成桐、朱邦芬、施一公等为“清华学堂首席教授”；北京大学聘请田刚、王恩哥、高松、王晓东为项目主任；中国科学技术大学等聘请一批国际一流大学知名教授和国内杰出人才担任基础课程和专业课程主讲教师。

实行“导师制”。南京大学建立学术导师、生活导师和心灵导师的“三导师制”；上海交通大学建立学术午餐会制度；山东大学实行住宿学院制等，指导学生解决学习、生活、心理等方面的问题。

教学方法改革方面，实行小班化、启发式、讨论式、探究式教学。复旦大学开设若干前沿领域专题研讨班供学生自主选择，培养学生自由探索精神。上海交通大学与哈佛、牛津、耶鲁、麻省理工学院等大学合作开展人才培养。南开大学通过“百人计划”将特优学生选送到国外著名大学进行研究生阶段的培养。浙江大学派遣高年级学生赴加州大学等进行学习研究，为学生提供融入国际一流研究群体的机会。

向“大学生优选计划”开放国家实验室、教学示范中心、创新基地等。清华大学还在“清华学堂”设置专用教室、报告厅、讨论室等，形成集中的教学研一体化空间，促进不同专业学生的交流。西安交通大学等为“大学生优选计划”设立“日常学习工作区”，为学生实践教学、科研训练和创新活动创造条件。

通过世界级科学家访问、高水平学术报告等形式，营造浓厚的学术氛围和开放的交流平台。浙江大学聘请国内外著名学者，开设科技前沿讲座，开阔学生科学视野；南京大学建立创造性思维成果转化渠道，构建学术交流平台，孕育学术共同体（表 3–6）。

表 3-6 重大人才工程中支持青年科技人才的计划

序号	重大人才工程	支持青年科技人才的计划
1	创新人才推进计划	中青年科技创新领军人才。瞄准世界科技前沿和战略性新兴产业，重点培养和支持 3000 名中青年科技创新人才，使其成为引领相关行业和领域科技创新发展方向、组织完成重大科技任务的领军人才
2	青年英才开发计划	“青年拔尖人才支持计划”“基础学科拔尖学生培养试验计划”
3	海外高层次人才引进计划	青年千人计划：2010 年 12 月，中央人才工作协调小组批准通过了《青年海外高层次人才引进工作细则》，“青年千人计划”正式启动
4	现代农业人才支撑计划	农业科研杰出人才：2011—2020 年，在全国范围内选拔和培养 300 名具有创新精神和创新能力、研究领域处于国内科技前沿和产业高端、能够领导国内学科发展的中青年农业科研杰出人才
5	国家高层次人才特殊支持计划	青年拔尖人才：从 2012 年起，预期用 10 年左右时间，支持 2000 名 35 周岁以下、具有特别优秀的科学研究和基础创新潜力、科研工作有重要创新前景的青年人才

资料来源：编写组根据相关计划整理。

第二部分

专栏：领域青年人才计划

1. 农业部

2012年年底，农业部出台《关于加快青年农业科技人才队伍建设的意见》，加大青年农业科技人才引进、培养和扶持力度，完善相应的评价和激励机制。2013年中国农业科学院实施“青年英才计划”，引进海外杰出青年人才、国内优秀青年人才、“青年千人计划”人才和海内外优秀青年人才，提供专项科研经费和相应补助待遇。探索形成一整套与国际接轨的、符合院情的引才用才新机制、新模式，促进高层次领军人才的引进和培养，提升和优化中国农业科学院的人才队伍结构，凝聚和培养充满生机与富有活力的科研团队，为创新和发展提供新鲜力量。通过“研究所先行引进，院再择优支持”的方式，重点引进40岁以下优秀青年人才。对入选者，研究所提供不少于100万元的科研启动费，农科院提供200万元科研启动费和100万元仪器设备费；按照100平方米标准为入选者提供安家费补助，或优先安排购买院所自建的政策保障性住房；享受每年10万元的岗位补助，如果是“国家杰出青年科学基金项目”资助对象，岗位补助为每年20万元。

2. 国家海洋局

组织实施“海洋系统优秀科技青年选拔培养计划”。优先选用优秀科技青年承担重要课题或项目，优先选派优秀科技青年参加培训、进修、国际交流合作；海洋系统各单位在专业技术岗位聘任、课题或项目申请、各类人才选拔与推荐、工作经费支持与保障等方面优先考虑优秀科技青年；建立优秀科技青年联系机制，定期听取优秀科技青年的意见和建议。2011年18位优秀科技青年入选。

3. 国家气象局

2011年，国家气象局面向35岁以下青年设立青年研究开发专项，2013年制定《气象部门青年英才培养计划实施办法（试行）》，通过稳定经费支持、聘请学术导师、资源优先支持、支持学术交流与培训等多种支持培养方式，对部门青年英才重点培养、跟踪服务。2014年遴选首批青年英才22人。2002年起实施气象部门西部优秀青年人才津贴制度，迄今共有六批157人获西部优秀青年人才津贴，在培养西部优秀青年中取得显著成效。

资料来源：农业部、国家海洋局、国家气象局

第五节　专业技术人才知识更新工程

2011 年，人力资源社会保障部、财政部、科技部、教育部、中科院联合发布《专业技术人才知识更新工程实施方案》，推进完善和实施“专业技术人才知识更新工程”①，推动专业技术人才队伍建设，促进专业技术人才能力素质提升。

一、实施目标和原则

专业技术人才知识更新工程围绕我国经济结构调整、高新技术产业发展和自主创新能力的提高，在装备制造、信息、生物技术、新材料、海洋、金融财会、生态环境保护、能源资源、防灾减灾、现代交通运输、农业科技、社会工作等 12 个重点领域，开展大规模的知识更新继续教育，每年培训 100 万名高层次、急需紧缺和骨干专业技术人才；依托高等院校、科研院所、大型企业现有施教机构，建设一批国家级专业技术人员继续教育基地。

专业技术人才知识更新工程的实施原则：

（1）立足培养，创新机制。把专业技术人才培养作为专业技术人才知识更新工程的出发点和落脚点，不断提高专业技术人才的综合素质、专业水平和创新创业能力，积极探索“工程”实施的方式方法，创新培养培训的体制机制。

（2）示范引领，注重实效。充分发挥“工程”的示范和带动引领作用，突出重点，讲求实效，注重培养培训的针对性、实用性和先进性。鼓励部门、地区和单位结合行业特点和实际需要，围绕使用培养人才，着眼岗位要求和职业发展培训人才。

（3）统筹协调，分类实施。注重与专业技术人才队伍建设相结合，与国家其他各项重大人才工程相衔接，与各地各部门人才规划中专业技术人才培养培训相协调；调动政府部门、社会组织、培养培训基地（机构）、用人单位和专业技术人才各方积极性，推动建立多层次、多渠道、多类别、多形式的培养培训格局，分步分类推进“工程”实施。

二、工程内容

专业技术人才知识更新工程分为 4 部分：

---

① 2005 年，原人事部会同有关部门启动专业技术人才知识更新工程，即从 2005—2010 年的 6 年时间里，要在现代农业、现代制造、信息技术、能源技术和现代管理五大重点领域，培训 300 万名紧跟科技发展前沿、创新能力强的中高级专业技术人才。2010 年《国家中长期人才发展规划纲要（2010—2020 年）》颁布后，“专业技术人员知识更新工程”列入 12 项重大人才工程之一。

（1）高级研修项目。计划每年举办200期左右国家级高级研修班，培养1万名左右高层次人才。

（2）急需紧缺人才培养培训项目。在12个重点领域和现代物流、电子商务、法律、咨询、会计、工业设计、知识产权等9个现代服务业领域，以更新知识、掌握先进技术、提升专业技术水平为主要内容，实施短期培训项目。计划全国每年培训80万名。

（3）岗位培训项目。针对有关重点领域具有中高级职称的骨干专业技术人才职业发展和工作需要，以专项培训、综合培训、集中授课、在线学习、专题研修等多种方式组织开展能力提升训练。计划全国每年培训19万人。

（4）继续教育基地。依托高等院校、科研院所、大型企业现有施教机构，根据工程培养培训任务要求，分期分批推动200家基地建设。

三、实施进展

2013年，围绕经济社会发展重点领域，实施285期高级研修项目，培养培训1.5万名高层次专业技术人才；指导地方和有关部门实施急需紧缺人才培养培训和岗位培训项目，全年累计培养培训130.8万人次急需紧缺和骨干专业技术人才，年度参加继续教育专业技术人员超过4400万人次。人力资源社会保障部一直将工程运行管理机制建设作为工作的重中之重。2012年，从组建机构、建立制度、形成体系等方面，建立“上下联动、同频共振”的运行管理机制。

1. 高级研修项目

高级研修项目的主要特色为“高层次、小规模、重特色”。“高级研修项目主要采取课堂讲授、交流互动、分组讨论和现场考察等多种形式。”内容设置丰富、技术性、针对性、实践性都较强，得到了参训学员的广泛好评。目前，高级研修项目已逐渐成为我国高层次人才培养的品牌项目，成为人力资源社会保障部主动服务行业发展、围绕地方支柱产业培养高层次人才、与地方人才工作实现同频共振的重要项目抓手。

为加快农业结构调整和农业科技发展，发展现代畜牧产业、特色高效农业，农业大省河南省连续举办“新型农业现代化及现代农业科技推广”“畜产品安全生产综合配套新技术集成及推广”“棉花科技高端人才能力建设”“生物技术产业知识产权的开发与应用”等5个高级研修项目。

太赫兹是多学科交叉融合的前沿技术，在国民经济和国防建设中有着极其重要的应用前景。中国工程物理研究院连续举办两期“太赫兹与毫米波技术”高级研修项目，组织13名国内知名专家和全国33个单位的51名高级研究人员进行深度交流研讨，有效地促进了我国在太赫兹这一战略和新兴领域的研究进展。

为了紧跟云计算技术的发展趋势，甘肃省承办“云物联与数据中心建设”高级研修项目，将产业规划部门、高等院校、科研院所和各地信息产业机构的高端人才集中在一起，共同研讨交流，促进了产业的融合发展；同时，深入探讨了新型计算技术下的信息产业发展和信息产业安全的新思路和新办法。

2. 急需紧缺人才培养项目

2012 年，人力资源社会保障部启动急需紧缺人才培养培训项目和岗位培训项目，并将其作为专业技术人才队伍建设的龙头工程。工程实施方案确定了 12 个重点领域和 9 个现代服务业领域的发展项目。年培养培训任务为 99 万人，占专业技术人才知识更新工程培训量的 99%。

各地在落实急需紧缺人才培养项目和岗位培训项目时，贯彻的主要宗旨是紧扣重点工作和产业发展热点，力图针对实际情况，解决实际问题。安徽、辽宁、湖南、天津、重庆、西安、大连等省市把实施这一工程作为培养急需紧缺人才、提升人才队伍整体素质的重要抓手，分类组织开展人才理念更新、知识更新拓展、科学精神和职业道德养成、团队合作、技术适应、创新创业等能力提升训练。其中安徽省在制定和实施行业发展规划中，充分考虑了配套的人才队伍建设和急需紧缺人才培养目标，使人才培养工作与产业形态分布、产业发展需求相适应，充分发挥知识更新工程对行业人才队伍建设和行业发展的促进作用。

3. 继续教育基地

截至 2013 年，人力资源社会保障部共确定 60 个国家级专业技术人员继续教育基地，涵盖科研院所、高等院校、专门培训机构等不同类型单位，分布在东、中、西部地区和 10 多个行业领域，初步形成基地培训网络。2012 年，人力资源社会保障部重点加强对国家级专业技术人员继续教育基地建设规律的探索，努力优化结构布局，完善配套政策，建立长期、稳定的经费保障机制，促进基地高质量运行和规范化管理。探索基地的管理机制、运行要求、保障措施、监督考核等，提出实施基地的年度计划审核备案制度和检查考核制度，探索建立动态管理和退出机制，指导基地运行管理，突出地方和行业特色。

中科院北京分院探索建立“基地领导小组—办公室—培训点”三级运行管理机制；中国农业科学院实行基地导师资格制度和上岗培训制度；中石化石油化工管理干部学院建立“技术分管领导—首席专家—技术专家—技术骨干”的分层分类培训体系，实行培训质量标准及控制体系，开展“培训质量月”和“培训质量满意度测评”等活动。

各地依托继续教育基地，加大知识更新工程实施力度。陕西省不断提高继续教育的质量，每年为知识更新工程投入 1000 万元建立教育基地，开通专技人才继续教育网，建立了继续教育在线网络学习和管理平台。

专栏：铁路部门专业技术人员知识更新工作

2012 年，原铁道部直接组织培训班近 200 期，培训 1 万余人，其中高铁培训班 60 余期，培训 3000 余人，为铁路建设和运营组织提供了人才保障。

采取的主要做法有：

（1）编制培训计划和继续教育大纲。按照铁路建设、运营和新技术装备投入应用的计划进度，编制了《2010—2012 年铁路运输系统专业技术人才培训规划》和《铁路系统专业技术人才继续教育大纲》。

（2）组织编写高铁培训教材。在系统梳理总结近年来高铁培训内容基础上，分科普教材、专业关键技术教材、案例教材三大系列，从 2012 年开始，原铁道部启动了 8 个专业 54 本教材的编写工作。

（3）建立培训师资库。按照统一规划、动态管理、资源共享的原则，中国铁路总公司统一组织建立了高铁专业技术人才培训兼职师资库。首批成员纳入了来自中国铁路总公司机关、路内各单位、有关科研院所和设备生产厂家的 400 余名兼职教师。

（4）规范了培训流程。全路统一推广应用了培训管理平台，实现了总公司、铁路局两级主管部门对各类培训班次的全程监控与动态管理。开发了“铁路专业技术人员培训效果评估系统”，培训班结束前，由学员对教师教学、课程设置、培训组织 3 个方面 11 个要素进行评价。评估结果汇总后，由主管部门及时向主办单位和培训机构反馈。

资料来源：中国铁路总公司

第六节　现代农业人才支撑计划

2011 年 10 月，农业部、教育部、科技部、人力资源社会保障部联合印发《现代农业人才支撑计划实施方案》，启动“现代农业人才支撑计划”。

一、实施目标和原则

适应加快发展现代农业、建设社会主义新农村的需要，加大对现代农业的人才支持力度。到 2020 年，选拔一批农业科研杰出人才，给予科研专项经费支持；支持 1 万名有突出贡献的农业技术推广人才，开展技术交流、学习研修、观摩展示等活动；选拔 3 万名农业产业化龙头企业负责人和专业合作组织负责人、10 万名生产能手和农村经纪人等优秀生产经营人才，给予重点扶持。

实施现代农业人才支撑计划的基本原则：

（1）服务发展。把服务现代农业发展和建设社会主义新农村作为根本出发点和落脚点，围绕现代农业发展目标确定人才项目的主要内容，根据产业发展重大项目确定人才培养重点任务，用农业农村发展成果检验人才项目执行成效。

（2）引领示范。充分发挥人才在现代农业发展中的基础性、战略性和决定性作用。以实施相关项目为抓手，示范带动各级政府和各方力量共同投入，努力形成多元化的农业人才发展投入体系。

（3）突出重点。在专业领域方面，突出培养造就现代农业发展急需紧缺的生物育种、动植物疫病防控、高效栽培养殖集成、农产品加工与质量安全等技术创新人才和农业资源开发保护骨干人才。在能力素质方面，突出培养造就具有国际竞争力的杰出科研人才，具有较高成果转化能力的农技推广人才和示范带动能力强的农业生产经营一线人才。

二、遴选和推进方式

（一）农业科研杰出人才

启动农业科研杰出人才培养计划，从2011—2020年，在全国范围内选拔培养300名农业科研杰出人才，通过给予专项经费支持，重点在全国建立300个农业科研创新团队，每个团队培养10名左右的骨干成员。争取到2020年，在全国建设一支3000人左右的学科专业布局合理、整体素质较高、自主创新能力较强的高层次农业科研人才队伍。

培养计划分2011—2015年和2016—2020年两个阶段进行。每个阶段伊始，按照有关工作程序确定150名农业科研杰出人才（图3-8），颁发证书并按程序分年度给予专项资金支持。为确保培养计划顺利推进，重点采取如下措施：

（1）制定印发了《农业科研杰出人才培养计划实施办法》，为实施管理培养计划提供了制度依据和保障。

（2）分两次评选产生了首批150名农业科研杰出人才及其创新团队，每名杰出人才及其创新团队每年受资助资金20万元，连续5年，用于开展自主选题、学术交流、学习培训和文献出版等。

（3）围绕创新团队建设等主题，每年举办农业科研杰出人才高级研修班，召开农业科研杰出人才及其创新团队管理工作座谈会。与国家外国专家局签署《现代农业人才出国（境）培训合作备忘录》，计划每年选派30人左右出国（境）培训。

（4）明确了现代农业产业技术体系、转基因重大专项等科技项目向农业科研杰出人才倾斜的支持政策。

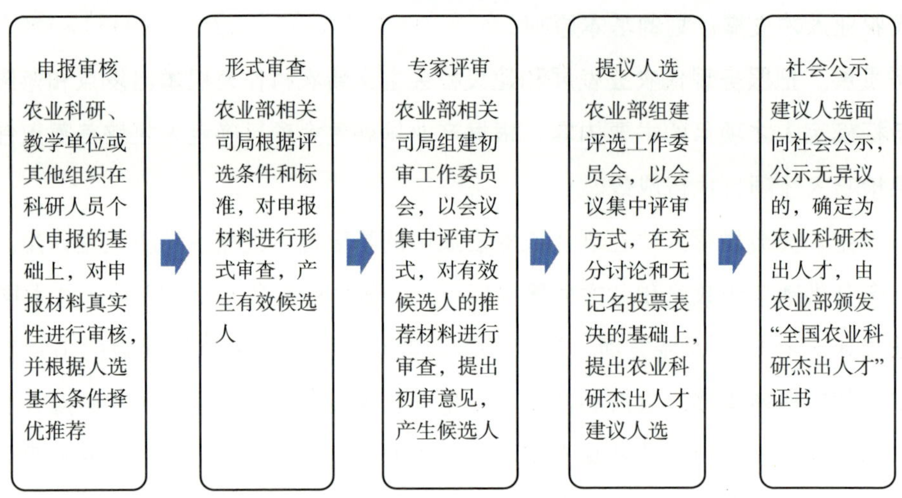

图 3-8　农业科研杰出人才评议流程图

（二）农技推广骨干人才

启动万名农技推广骨干人才培养计划，从 2013—2015 年，围绕种植业、畜牧业、渔业和农机技术推广重点，完成 1 万名农技推广骨干人才的全员轮训和 1800 名农技推广骨干人才实地培养工作，使其成为本地农技推广工作的首席专家。

培养计划每年集中培训 3000 多名农技推广骨干人才，实地培养 600 名农技推广骨干人才。紧紧围绕现代农业发展的科技与推广需求，采取灵活多样的方式开展有针对性的培养工作。在培养方式上，集中培训以课堂教学为主，辅以现场考察实践，培训时间 7 天左右；实地培训重点是到现代农业产业技术体系、农业科研教学单位等进行访问研修，培训时间 3—6 月。在培养内容上，包括《农业技术推广法》等农业政策法规和重要会议精神，新型农业科研管理与基层农技推广体制机制，先进科学研究成果、实用技术成果以及农技推广理论、方法和技巧，地方典型经验等。在培养经费上，集中培训经费由学员所在县的基层农技推广体系改革与建设补助项目经费中列支，每人控制在 3000 元以内；实地培养经费由组织单位和培养单位共同解决。同时，在全国农业技术推广研究员任职资格评审工作，将推荐指标向基层一线倾斜，加强基层农技推广带头人队伍建设。

此外，对于农业龙头企业、农民合作社负责人及农村生产能手、农村经纪人等农村实用人才，计划从 2011—2020 年，通过学习培训、研讨交流、参观考察、观摩展示等方式，每年培训 3000 多名农业企业与合作社负责人、7000 多名农村生产能手、3000 多名农村经纪人。

三、人才入选情况

近年来，在以“现代农业人才支撑计划”为龙头的农业农村人才工程推动下，我国农业科技人才队伍不断发展壮大，整体素质不断提高，服务生产能力明显增强，为粮食稳定增产、农民持续增收、农业农村经济平稳较快发展做出了重要贡献。一方面，农业科研人才结构有所改善，重点领域人才紧缺状况有所缓解，企业研发人才队伍逐步壮大。另一方面，农技推广人才队伍基本稳定，主要分布在种植业和畜牧兽医领域，多元农技推广人才队伍发展较快。据统计测算，我国有农业科研人才 27 万人、技术推广人才 78 万人。平均每万亩耕地农业科研人才 1.4 人、技术推广人才 4.3 人。

（一）农业科研杰出人才培养计划

经过两年多的扶持培养，首批 150 名农业科研杰出人才不断涌现佳绩，创新团队建设日益完善，业内影响力逐步提高，培养计划取得了良好成效。

（1）150 名农业科研杰出人才覆盖了主要涉农高校和院所，涉及农学、工程等专业，初步建立了农业科研杰出人才及其创新团队的培养和管理体系。

（2）各创新团队采取资助出国留学、鼓励攻读学位、加强人才引进、开展课题研究等方式，促进中青年骨干的快速成长。目前，农业科研创新团队成员 1500 多人，初步形成了以团队带头人、骨干成员和后备梯队为主干的创新群体。

（3）农业科研杰出人才及其创新团队作为主要成员，两年多来获得国家科技进步奖一等奖 3 项、二等奖 19 项，省部级科技进步奖一等奖 35 项；发表各类高水平论文 2000 余篇，获得专利 200 余项，多个团队获得创新团队奖。吴孔明、陈剑平等 4 名农业科研杰出人才当选中科院院士，多人次获得省级以上突出贡献科学家、科技兴农功勋科学家、先进个人等荣誉称号。

（二）万名农技推广骨干人才培养计划

培养计划实施后，每年共有 3000 多名基层农技推广人员接受农业部和各省（自治区、直辖市）统一组织开展的集中培训，其中还有 600 多人根据其专业背景、工作区域、技术需求等，被安排到相关现代农业产业技术体系的产业技术研发中心或功能研究室、综合试验站以及农业科研教学单位，学习和参与开展有关科学研究和技术试验、示范工作。

通过有针对性的培训和实地锻炼，使他们在专业水平上有了新提高，在推动工作上有了新思路，在服务生产上有了新办法，使之成为了本地本领域本专业农技推广的首席专家，成为了先进农业技术成果转化应用的引领者，成为了服务生产发展、促进农民增收的排头兵，为现代农业发展提供了坚实的人才支撑。

专栏：农业领域人才奖励与计划

农业部成立了农业部农业农村人才工作领导小组和现代农业人才支撑计划部际协调小组，统筹协调各方面力量，加强农业科技人才队伍建设。以现代农业人才支撑计划为主要抓手，并结合其他人才奖励和培养计划，全方位打造农业人才培养体系。

1. 中华农业英才奖评选

2005 年，农业部设立了“中华农业英才奖”，主要表彰奖励在农业科技进步、促进我国农业和农村经济发展中做出突出贡献的科技人才。该奖每两年评选一次，每次奖励人数最多不超过 10 名，每位获奖者的奖励金额为 20 万元人民币，全部归个人所得。截至目前，已经组织开展四届评选表彰活动，40 位农业科学家获得殊荣。他们中既有科学家，也有在农业技术推广服务中做出突出成绩的劳动模范；既有从事基础理论研究的学者，也有从事应用研究做出重要贡献的专家。其中，科学研究人员都是本学科领域的领军人物或学科带头人，具有较深的学术造诣和良好的科学道德风范。农村实用人才则在科技成果转化应用方面表现突出，致富能力强，示范带动效果显著，造福了一方百姓。开展中华农业英才奖评选表彰活动，极大地鼓舞了农业科技工作者的创造性和积极性，在社会上产生了强烈反响。

2. 农业技术推广服务特设岗位计划

为贯彻落实中共中央、国务院《关于加快推进农业科技创新持续增强农产品供给保障能力的若干意见》（中发〔2012〕1 号）和国务院办公厅《关于做好 2013 年全国普通高等学校毕业生就业工作的通知》（国办发〔2013〕35 号）精神，农业部会同人力资源社会保障部、财政部、教育部、科技部，组织实施了农业技术推广服务特设岗位计划。以乡镇或区域性农业技术推广机构为载体，选拔一批素质优良、作风踏实的高校涉农专业毕业生到乡镇担任特岗农技人员，开展农业技术推广、动植物疫病防控、农产品质量安全服务等工作。通过机制创新和政策扶持，为乡镇或区域性农业技术推广机构补充新生力量，为现代农业发展提供强有力的科技和人才支撑。

3. 农技推广人员知识更新工作

2009 年，农业部依托国家基层农技推广体系改革项目，启动实施了农技推广人员知识更新培训计划，通过集中培训、参观考察、学历提升等多种形式，在全国大范围开展基层农技推广人员培训工作，截至 2013 年年底，共培训基层农技推广人员 110 万人次。按照各地农业主导产业及重点专业，从基层（以县为主）选拔 1 万名有较高知名度和专业技术权威的农技推广骨干，进行分层分类分批培训。建立了农技人员培训档案，出台了农技人员培训管理制度，为建立健全基层农技人员长效培训机制奠定了坚实基础。

资料来源：农业部

第七节　边远贫困地区、边疆民族地区和革命老区人才支持计划

为促进边远贫困地区、边疆民族地区和革命老区加快发展，实现基本公共服务均等化目标，2011 年 9 月，中央组织部、教育部、科技部、民政部、财政部、人力资源社会保障部、农业部、文化部、卫生部、国务院扶贫办等 10 个部委办联合出台《边远贫困地区、边疆民族地区和革命老区人才支持计划实施方案》。

一、实施目标和原则

以提升边远贫困地区、边疆民族地区和革命老区公共服务水平、改善民生为着力点，充分发挥政府主导作用，有计划地为这些地区输送和培养科教文卫等领域急需紧缺人才。从 2011—2020 年，将每年引导 10 万名优秀教师、医生、科技人员、社会工作者、文化工作者到贫困地区、边疆民族地区和革命老区工作或提供服务，每年重点扶持培养 1 万名贫困地区、边疆民族地区和革命老区急需紧缺人才。

计划的实施遵循以下原则：

（1）统筹推进、分项实施。计划实施实行统一领导、统筹推进，分为教师专项、医务工作者专项、科技人员专项、文化工作者专项、社会工作者专项等五个专项部分，在整合现有相关工作载体和政策措施的基础上，统一部署，分头实施。

（2）条块结合、上下联动。各专项实行行业主导、地方落实，有关部门制定专项实施办法和政策措施，各地结合实际具体落实。充分利用各级扶贫协作、对口支援、结对帮扶等工作渠道，把计划实施与扶贫开发、经济开发、科技开发紧密结合起来。

（3）需求为本、形式灵活。坚持因地制宜、注重实效，以满足“三区”公共服务领域人才需求为出发点和落脚点，结合实际开展形式多样的人才选派和培养工作，促进长期工作与短期服务、个别选派与团队选派、内部调配与外部支援等相结合。

二、实施方式

本计划在中央人才工作协调小组的领导下，由中央组织部、教育部、科技部、民政部、人力资源社会保障部、农业部、文化部、原卫生部、国务院扶贫办共同组织实施。教育部、原卫生部、科技部、文化部、民政部分别牵头负责教师专项、医务工作者专项、科技人员专项、文化工作者专项、社会工作者专项的组织实施。教师专项每年选派教师约 3 万名，培养 3000 名；医务工作者专项每年选派医务工作者约 3 万名，培养 2500 名；科技人员专项每年选派科技人员约 2 万名，培养

2500 名；文化工作者专项每年选派文化工作者约 1.9 万名，培养 1500 名；社会工作者专项每年选派社会工作者 1000 名，培养 500 名。

三、配套支持政策与实施进展

政策保障。对选派到“三区”的人员，符合条件的应在职务安排、职称晋升、计算基层工作经历、研究生考试等方面，认真执行现有的优惠政策；制定表彰奖励政策，有关地方和部门对业绩突出、基层欢迎的优秀人员，以及落实计划成绩突出的单位，可按照国家有关规定予以表彰奖励，并享受相应政策。

经费保障。各专项实施部门根据实际选派和培养的规模、服务和培养的具体形式等，合理核定各项费用，提出选派（培养）工作的经费预算，中央和地方各级财政为实施各专项提供经费支持。

在中央组织部、教育部、科技部、财政部等 10 个部门（单位）联合组成的部际协调小组的统一领导下，科技部牵头制定了《边远贫困地区、边疆民族地区和革命老区人才支持计划科技人员专项计划实施方案》。自 2014—2020 年，每年选派 2 万名科技人员到“三区”提供科技服务、开展农村科技创新创业，每年为“三区”培养 2500 名本土科技服务人员和农村科技创新创业人员，积极推动“三区”科技人员队伍建设，围绕“三区”支柱产业大力引导科技成果的转移和转化，为“三区”经济社会发展提供有效的科技人才支持和智力服务。实施范围以县为单位，主要是国家确定的集中连片特困地区县、国家扶贫开发工作重点县、省级扶贫开发工作重点县和新疆生产建设兵团。对选派到“三区”服务且考核合格的选派对象，除享受国家为推进西部大开发，促进“三区”发展所制定的有关人才政策外，还可享受以下政策：

（1）选派对象在选派期间人事、劳动关系保留在原单位，工资福利待遇不变，选派期满后仍回原单位工作。

（2）对表现优异、做出重要贡献的选派对象以及对执行本专项计划成绩突出的单位，由国家或地方按照有关规定给予表彰奖励或项目申报倾斜支持。

（3）选派工作经费按照每人每年 2 万元标准补助，培养工作经费按照每人每天 120 元标准补助，所需经费由中央地方财政按比例负担。中央财政分别负担中部地区、西部地区的 50% 和 100%，东部地区自行负担。中央财政对选派对象和受培人员的补助，统一以受援县所在省份划分。为保证选派、培养工作落到实处，中央财政应分担的经费采用计划内据实结算方式审核下达。

四、“西部之光”访问学者培养工作

2003 年，为贯彻落实中央关于实施西部大开发的战略部署，进一步加强西部地区专业技术人才队伍建设，中央组织部、教育部、科技部、中科院共同组织实施“西部之光”访问学者培养项目。该项目每年从西部等地区选拔 200 余名副高以上专业技术职称的人员作为访问学者，到国内著名高校、科研院所、医疗卫生机构进行为期 1 年的学习研修。自 2003 年来，已选拔 11 批共 2665 名访问学者，中央财政投入近亿元资金。该项目为西部地区经济社会发展提供坚实的人才支持，“西部之光”访问学者项目组织实施 11 年来积累了很好的经验，取得了明显的成效。一是培养了一批中青年的科技骨干人才。这些访问学者绝大多数都已竞聘到高一级专业技术岗位，有的成为重点科研项目和课题的带头人，并带动培养了数千名青年人才和一批科技创新团队。二是促进了西部地区的科技进步和经济社会发展。“西部之光”访问学者项目坚持按需培养的原则，紧紧围绕西部发展急需紧缺人才的实际需要，将生产科研基层一线人才作为培养的重点，接受培养的访问学者，获得了多项专利和国家级奖励，取得了一批有实用价值的研究成果，为西部发展做出了积极的贡献。三是创新了依托人才专项支持西部的工作模式。“西部之光”访问学者项目实行专项计划的管理方式，根据指导教师安排参与课题研究，也可作为学术助手参与指导教师所在团队或重点实验室科研工作。同时，“西部之光”访问学者项目促进了东部与西部、企业与院校的科研合作和人才交流。

作为“边远贫困地区、边疆民族地区和革命老区人才支持计划”的重要组成部分，为进一步加强此项工作，2014 年，中央组织部、教育部、科技部、中科院印发了《“西部之光”访问学者培养管理办法》。

第四章 重要科技人才计划

第一节　百千万人才工程

“百千万人才工程”是一项中青年学术技术领军人才培养工程，于 1995 年正式启动实施，其培养目标是根据国家科技发展和经济社会发展的需要，造就一批不同层次的跨世纪学术技术带头人及后备人选。第一层次是上百名能进入世界科技前沿，在世界科技界有较大影响的杰出青年科学家；第二层次是上千名具有国内领先水平，保持学科优势的学术和技术带头人；第三层次是上万名在各学科领域里有较高学术造诣、成绩显著、起骨干或核心作用的学术和技术带头人后备人选。鉴于“百千万人才工程”的效果，在认真总结经验的基础上，原人事部、科技部、教育部、财政部、发展改革委、国家自然科学基金会、中国科协联合下发了《关于印发〈新世纪百千万人才工程实施方案〉的通知》，启动了新世纪百千万人才工程。

为进一步实施并完善百千万人才工程，加强高层次创新型专业技术人才队伍建设，2012 年，中央组织部、人力资源社会保障部等 11 部门共同印发了《国家高层次人才特殊支持计划》（中组发〔2012〕12 号），将“百千万人才工程”纳入“国家高层次人才特殊支持计划”统筹实施。同年，人力资源社会保障部、科技部、教育部、财政部、发展改革委、中国科协、国家自然科学基金会、中科院、工程院等 9 部门印发《国家百千万人才工程实施方案》，启动新十年工程实施工作，明确提出，从 2012 年起，用 10 年左右时间，有计划、有重点地选拔培养 4000 名左右“百千万人才工程”国家级人选。

截至 2013 年年底，百千万人才工程共遴选出国家级人选 4500 多名，形成了一支结构合理、高效精干的学术技术带头人队伍。许多人选是国家“863 计划”“973 计划”、国家知识创新工程等重大科技项目首席科学家或主要负责人。绝大多数人选已列入各地区各部门人才培养计划。目前，共有 96 人入选“万人计划”百千万领军人才。

第二节　高等学校“高层次创造性人才计划”

根据全国人才工作会议精神和《2003—2007 年教育振兴行动计划》的部署，为推进高等学校大力实施人才强校战略，培养造就一支高素质、高水平的高等学校教师队伍。2004 年，教育部开始实施高等学校“高层次创造性人才计划”。目标是构建定位明确、层次清晰、衔接紧密、促进优秀人才可持续发展的培养和支持体系；培养和汇聚一批具有国际领先水平的学科带头人、一大批具有创新能力和发展潜力的青年学术带头人和学术骨干，带动高等学校教师队伍整体素质的提升；积极探索以重点学科、创新平台、重点科研基地为依托，以学科带头人为核心，围绕重大项目凝聚学术队伍的人才组织模式，形成一批优秀创新团队，促进学科交叉融合和集成发展；支持优秀人才在关键领域取得重大标志性成果，提高高等学校的人才培养质量、创新能力和核心竞争力，为全面建设小康社会提供强大的人才支持和重要的知识贡献。

近年来“高校高层次创新人才计划”以“长江学者奖励计划”“创新团队发展计划”“新世纪优秀人才支持计划”等重点项目为支撑。截至 2013 年 12 月，共支持全国高校聘任长江学者 2251 人，其中特聘教授 1546 人、讲座教授 705 人，培育支持高水平创新团队 781 个，培养支持 9875 名新世纪优秀人才，培养了 10 余万名青年骨干教师。这些计划的实施，为高等学校吸引培养了一批国内外学界精英，取得了一大批重要的科研成果，带动了许多重点学科超越国际先进水平，拓展了国际学术交流合作空间，推动了高等学校用人和分配制度改革，带动了高等学校人才体制机制创新。

一、长江学者奖励计划

为落实科教兴国战略，延揽海内外中青年学界精英，培养造就高水平学科带头人，带动国家重点建设学科赶超或保持国际先进水平，1998 年 8 月，教育部和李嘉诚基金会共同启动实施了“长江学者奖励计划”。“长江学者奖励计划”包括特聘教授、讲座教授岗位制度和长江学者成就奖。

2011 年 12 月，教育部决定实施新的“长江学者奖励计划”。新的“长江学者奖励计划”继续实施特聘教授、讲座教授项目，每年支持高校聘任 150 名特聘教授、50 名讲座教授；特聘教授聘期为 5 年，聘期内享受每年 20 万元人民币奖金；讲座教授聘期为 3 年，聘期内享受每月 3 万元人民币奖金，按实际工作时间支付；增设支撑服务专项，重点支持长江学者创新团队建设，举办“长江学者论坛”、出版《长江学者文集》、推荐“长江学者精品课程”，发挥长江学者在创新团队建设、人才培养、协同创新等方面的辐射带动作用。

2011 年实施的新“长江学者奖励计划”较以往有明显变化：一是加大对人文社科、中西部高校的支持力度；二是取消了申报限制，非“211”“985”的地方高校也可申报。同时，新计划强调长江学者岗位设置也要与国家重大科研和工程项目结合，与创新平台与创新基地建设结合，与重点学科、重点实验室和新兴交叉学科建设结合，推动高校创新学术组织模式，加强协同创新，鼓励长江学者组建创新团队。

在该计划体系的引领带动下，各高校充分发挥人才主体作用，加快推动高校人才政策制度创新，继承各级各类人才计划资源，逐步建立完善校内的人才培养支持体系。如南开大学设置讲席教授、杰出教授和英才教授三类高端人才岗位体系，武汉大学设计了珞珈杰出学者、珞珈特聘教授、珞珈青年学者岗位，合肥工业大学设置了黄山特聘教授、黄山青年特聘教授岗位，取得了良好的效果。

二、新世纪优秀人才支持计划

“新世纪优秀人才支持计划”是教育部设立的专项人才支持计划，旨在进一步加强高等学校青年学术带头人人才队伍建设，支持高等学校优秀青年学术带头人开展教学改革，围绕国家重大科技和工程问题、哲学社会科学问题和国际科学与技术前沿进行创新研究。实施以来，培养、支持了一大批学术基础扎实、具有创新能力和突出发展潜力的优秀青年学术带头人。

“新世纪优秀人才计划”每年评审 1 次，每年资助 1000 名左右高校青年教师，每名入选者资助 50 万元，实施 10 年以来，累计资助 8814 名高水平科教人才，入选者涵盖来自全国 31 个省、直辖市、自治区的 400 余所高校。在计划的支持下，一批入选者成为教育部长江学者、创新团队带头人、国家杰青；入选人力资源社会保障部“新世纪百千万人才工程”，并获得国家科技奖励等。

2012 年，共有 245 个大学的 1090 人入选了教育部“新世纪优秀人才支持计划”。入选人数为 10 人（含 10 人）的高校共有 35 所，上海交通大学入选人数最多，为 25 人。入选人数在 20 人以上的 7 所高校均为“985 工程”类院校。

三、创新团队发展计划

教育部“创新团队发展计划”旨在进一步发挥高等学校创新平台的投资效应，凝聚并稳定支持一批优秀的创新群体，形成优秀人才的团队效应和当量效应，提升高等学校科技队伍的创新能力和竞争实力，推动高水平大学和重点学科和建设，有计划地在高等学校支持一批优秀创新团队。计划从 2004 年开始实施，每年遴选支持 60 个创新团队，资助期限为 3 年，每个创新团队资助经费合计 300 万元。实施“985 工程”重点建设项目高等学校的入选团队，其支持经费由所在高等学校“985 工程”建设经费中统一安排；其他高等学校选定的入选团队，其支持经费由教育部和所在高等学校按 1∶1 比例共同资助。在资助期内，遴选部分创新团队赴国外高水平大学进行合作研究。

近年来，“创新团队发展计划”每年支持约 100 个团队，每个团队 3 年资助经费 300 万元，有力促进了高校高水平人才的培养、汇聚，加速了高校科研条件和科技创新能力的提升，已经成为促进高校人才汇聚、催生重大科研成果一种重要而有效的科研组织形式。“创新团队发展计划”实施 10 年以来，共遴选资助 781 个团队，涵盖全国 31 个省（直辖市、自治区）的 170 余所高校。

2012 年，教育部“创新团队发展计划”共遴选出 99 个创新团队给予资助。其中“985”高校 52 个，非“985”高校 47 个；华中科技大学、南京大学、清华大学均有 3 个创新团队入选，数量最多；北京大学、北京航空航天大学、北京理工大学、北京协和医学院、大连理工大学、东华大学、华南理工大学、山东大学、上海交通大学、四川大学、天津大学、西安交通大学、中国科学技术大学、中山大学等 14 所高校均有 2 个创新团队入选。

创新团队发展计划的实施有力地促进了领军人才的成长。截至 2012 年，教育部支持的创新团队中，已有 60 多个团队入选国家自然科学基金会创新研究群体；多个团队带头人被评为中科院院士、工程院院士；一大批团队成员入选教育部长江学者、国家杰出青年科学基金获得者、教育部新世纪优秀人才等。

四、高等学校学科创新引智计划

“高等学校学科创新引智计划”是国家外国专家局与教育部共同组织实施的海外高层次人才团队引进计划，简称“111 计划”，于 2006 年正式启动。

“111 计划”具体是指：以国家重点学科为基础，以国家、省、部级重点科研基地为平台，从世界排名前 100 位的大学及研究机构的优势学科队伍中，引进、汇聚 1000 余名海外学术大师、学术骨干，配备一批国内优秀的科研骨干，形成高水平的研究队伍，建设 100 个左右世界一流的学科创新引智基地。“111 计划”总体目标是：围绕国家重大战略需求、重点科研领域和重点学科发展方向，以高水平中外专家团队为依托，开展前沿科学创新性研究，提升我国高校的学科创新能力，储备我国自己优秀的科研、教学人才，在学术方向、学术队伍、学术成果方面实现创新和突破。

“111 计划”设立以来，得到了高校的高度重视和认可，在国际上也引起了高度关注。2006—2014 年，国家外国专家局和教育部共批准设立了 262 个“111 基地”。已建设的“111 基地”覆盖全国 18 个省市的 77 所高校，涉及北京大学、清华大学等“985”和“211”高校最具实力和优势的学科，包括生命、农业、信息、材料、能源、交通、资源环境等领域。

“111 计划”的实施，创新了我国高校引进国外智力的模式，搭建了具有国际水平的学科创新引智平台，充分发挥了学术大师和学术骨干在学科创新和人才培养中的引领作用，是对单个人才引进方式的突破和跨越，提升了学科整体实力，为增强学校乃至国家的国际影响力和竞争力奠定了坚实的基础。

第三节　国家自然科学基金人才项目

一、青年科学基金项目

青年科学基金项目是科学基金人才项目系列的重要类型，支持青年科学技术人员在科学基金资助范围内自主选题，开展基础研究工作，培养青年科学技术人员独立主持科研项目、进行创新研究的能力，激励青年科学技术人员的创新思维，培育基础研究后继人才。

青年科学基金的申请与资助项目来自于自然科学的各个领域。青年科学基金项目组成人员中，中高级职称的人员占到了45.89%。地区分布，北京、江苏、上海、广东资助项目和经费位居前列。男性申请34259项，资助9709项；女性申请30757项，资助6712项（表4–1、表4–2）。

表4-1　2014年度青年科学基金项目申请和资助情况

科学部	申请项目数	资助项目			平均强度（万元/项）	平均资助率（%）
		数量	金额（万元）	占全委比例（%）		
合计	65016	16421	398943	100	24.29	25.26
数理	5361	1728	43190	10.82	24.99	32.23
化学	5246	1534	38390	9.62	25.03	29.24
生命	9488	2353	57070	14.31	24.25	24.80
地球	5337	1623	40560	10.17	24.99	30.41
工程与材料	10792	3036	75873	19.02	24.99	28.13
信息	7566	1940	48490	12.15	24.99	25.64
管理	3267	705	14810	3.71	21.01	21.58
医学	17959	3502	80560	20.19	23.00	19.50

资料来源：国家自然科学基金会。

表4-2　2014年度青年科学基金所在地区分布

省、直辖市、自治区	项数	经费（万元）	省、直辖市、自治区	项数	经费（万元）	省、直辖市、自治区	项数	经费（万元）
北　京	2585	62540.20	安　徽	477	11816.00	江　西	135	3283.00
江　苏	1752	42645.30	黑龙江	447	10878.00	广　西	87	2121.00

续表

省、直辖市、自治区	项数	经费（万元）	省、直辖市、自治区	项数	经费（万元）	省、直辖市、自治区	项数	经费（万元）
上　海	1421	33941.60	河　南	444	10874.50	新　疆	67	1675.00
广　东	1092	26349.40	天　津	418	10134.00	海　南	47	1147.00
湖　北	957	23174.50	重　庆	388	9314.00	贵　州	46	1119.00
陕　西	927	22790.40	福　建	364	8802.00	内蒙古	34	814.00
浙　江	852	20428.00	吉　林	333	8239.00	青　海	21	523.00
山　东	799	19513.00	甘　肃	233	5861.00	宁　夏	13	322.00
四　川	711	17419.00	山　西	204	5029.00	西　藏	1	25.00
辽　宁	628	15288.10	河　北	197	4817.00			
湖　南	598	14548.00	云　南	143	3512.00			

资料来源：国家自然科学基金会。

二、地区科学基金项目

地区科学基金项目支持特定地区的部分依托单位的科学技术人员在科学基金资助范围内开展创新性的科学研究，培养和扶植该地区的科学技术人员，稳定和凝聚优秀人才，为区域创新体系建设与经济、社会发展服务（表 4-3）。

表 4-3　2014 年度地区科学项目申请与资助情况

科学部	申请项目数	资助项目			平均强度（万元/项）	平均资助率（%）
		数量	金额（万元）	占全委比例（%）		
合计	13030	2751	130750	100	47.53	21.11
数理	612	185	8350	6.39	45.14	30.23
化学	1030	228	11410	8.73	50.04	22.14
生命	3048	700	34840	26.65	49.77	22.97
地球	795	169	8480	6.49	50.18	21.26
工程与材料	1656	338	16220	12.41	47.99	20.41
信息	1075	231	10390	7.95	44.98	21.49
管理	681	130	4500	3.44	34.62	19.09
医学	4133	770	36560	27.96	47.48	18.63

资料来源：国家自然科学基金会。

三、优秀青年科学基金项目

优秀青年科学基金作为科学基金人才项目系列中的一个项目类型，与青年科学基金项目和国家杰出青年科学基金项目之间形成有效衔接，促进创新型青年人才的快速成长，主要支持具备5—10年的科研经历并取得一定科研成就的青年科学技术人员，在科研第一线锐意进取、开拓创新，自主选择研究方向开展基础研究。

2014年度资助400人，资助经费4亿元。平均年龄35.6岁，年龄30岁以下者12人，占3%；31—35岁的198人，占49.50%；36—40岁的190人，占47.50%。其中，女性71人，占全部资助人数的17.75%；平均年龄36.34岁（表4-4）。

表4-4　2014年度优秀青年科学基金项目申请与资助情况

科学部	受理申请	资助项数	资助率（%）
数理	356	48	13.48
化学	492	58	11.79
生命	481	57	11.85
地球	297	38	12.79
工程与材料	603	73	12.11
信息	517	57	11.03
管理	128	15	11.72
医学	440	54	12.27
合计	3314	400	12.07

资料来源：国家自然科学基金会。

四、国家杰出青年科学基金项目

国家杰出青年科学基金项目支持在基础研究方面已取得突出成绩的青年学者自主选择研究方向开展创新研究，促进青年科学技术人才的成长，吸引海外人才，培养造就一批进入世界科技前沿的优秀学术带头人。

2014年国家杰出青年科学基金资助198人。单位分布情况为：教育部所属高校共98人，占总数的49.49%，科学院所属研究所共有64人，占总数的32.32%，其他部委及地方所属单位共有36人，占总数的18.18%。地区分布情况为：北京78人，占总数的39.39%，上海28人，占总数的14.14%，二者合计占总数的53.54%；西部地区（陕西、贵州、重庆、四川、甘肃、新疆）共17人，占总数的8.59%。性别情况为：女性21人，占总数的10.61%（表4-5）。

表 4-5　2014 年国家杰出青年科学基金资助情况

科学部	资助项数	资助金额（万元）
数理	25	9280
化学	31	12400
生命	25	10000
地球	21	8400
工程与材料	38	15200
信息	27	10800
管理	6	1680
医学	25	10000
合计	198	77760

资料来源：国家自然科学基金会。

五、创新研究群体项目

创新群体项目支持优秀中青年科学家为学术带头人和研究骨干，共同围绕一个重要研究方向合作开展创新研究，培养和造就在国际科学前沿占有一席之地的研究群体。

2014 年度资助创新研究群体项目 38 项。部门和地区分布情况为：中科院 10 个，教育部 21 个，工业和信息化部 3 个，中国人民解放军 1 个，中国医学科学院 1 个，北京市 1 个，陕西省 1 个。其中 28 个项目的依托单位为高等院校，10 个项目的依托单位为科研单位。单位分布情况为：分布在 31 个单位，其中北京大学有 5 项，北京航空航天大学、大连理工大学和上海交通大学各 2 项，其余单位均为 1 项。地区分布情况为：北京 18 个，上海 6 个，陕西和江苏各 3 个，辽宁 2 个，安徽、天津、广东、山东、重庆、四川各 1 个。创新研究群体的学术带头人中 3 位为中科院院士，36 位获得过国家杰出青年科学基金资助。学术带头人平均年龄为 48.76 岁（2013 年 51.07 岁，2012 年 50.63 岁，2011 年 50.66 岁，2010 年 50.16 岁，2009 年 49.75 岁，2008 年 46.43 岁），其中最大的 55 岁，最小的 38 岁（表 4–6）。

表 4-6　2014 年度创新研究群体项目申请与资助情况

科学部	申请项数	资助项目		平均资助率（%）
		数量	金额（万元）	
数理	28	5	5640	17.86
化学	28	5	6000	17.86
生命	43	5	6000	11.63

续表

科学部	申请项数	资助项目		平均资助率（%）
		数量	金额（万元）	
地球	25	5	6000	20.00
工程与材料	41	6	7200	14.63
信息	37	5	6000	13.51
管理	8	2	1680	25.00
医学	52	5	6000	9.62
合计	262	38	44520	14.50

资料来源：国家自然科学基金会。

六、海外及港澳学者合作研究基金项目

海外及港澳学者合作研究基金项目是科学基金人才项目系列的重要类型，为充分发挥海外及港澳科技资源优势，吸引海外及港澳优秀人才为国（内地）服务，国家自然科学基金会设立海外及港澳学者合作研究基金，资助海外及港澳50岁以下华人学者与国内（内地）合作者开展高水平的合作研究。

海外及港澳学者合作研究基金项目采取“2+4”的资助模式，获两年期资助项目期满后可申请延续资助（表4-7、表4-8）。

表4-7　2014年度海外及港澳学者合作研究基金项目（两年期）申请与资助情况

科学部	申请项数	资助项目		平均资助率（%）
		数量	金额（万元）	
数理	31	12	240	38.71
化学	34	9	180	26.47
生命	61	21	420	34.43
地球	27	9	180	33.33
工程与材料	49	16	320	32.65
信息	83	22	440	26.51
管理	36	8	160	22.22
医学	84	25	500	29.76
合计	405	122	2440	30.12

资料来源：国家自然科学基金会。

表 4-8　2014 年度海外及港澳学者合作研究基金项目（延续资助）申请与资助情况

科学部	申请项数	资助项目		平均资助率（%）
		数量	金额（万元）	
数理	6	2	400	33.33
化学	4	2	400	50.00
生命	8	4	800	50.00
地球	5	2	400	40.00
工程与材料	8	3	600	37.50
信息	9	3	600	33.33
管理	2	1	200	50.00
医学	14	4	800	28.57
合计	56	21	4200	37.50

资料来源：国家自然科学基金会。

七、国家基础科学人才培养基金项目

2014 年国家自然科学基金会对国家自然科学基金资助结构和资助政策做部分调整，取消国家基础科学人才培养基金项目。

第四节　中科院人才计划

一、“创新 2020”人才发展战略

中科院制订了《知识创新工程 2020——科技创新跨越方案》，并经国务院常务会议审议通过。按照“创新 2020”规划，中科院将经过 10 年努力，有效解决一批事关我国现代化全局的战略性科技问题，在一些重要领域进入世界前列，培养凝聚一支高水平科技创新队伍，形成一批高水平科技创新平台与成果转化基地，总体实现“创新跨越、布局合理、四个一流、开放合作、和谐有序、持续发展”，在我国科技事业发展中发挥服务全局、骨干引领和示范带动作用，成为在世界上有重要影响的一流研究机构。为保障“创新 2020”科技发展战略的顺利实施，专门制订“创新 2020”人才发展战略。

“创新 2020”人才发展战略要建立一支具有国际竞争实力和持续创新能力，能够解决关系国家

发展的重大科技问题的高素质人才队伍，目标如下：

到2020年，优秀创新人才不断涌现，拥有2000余名德才兼备的科技领军人才和尖子人才，3000余名科技带头人；拥有一大批结构合理、动态优化的高水平创新团队；拥有具备强烈创新意识和市场的科技产业化人才群体；科技人才队伍的国际化水平与发达国家国力科研机构相当；建设一支高水平的管理和技术支撑队伍；向社会输送约12万名硕士以上高素质创新创业人才。

优化人才发展环境，形成有利于发挥人才作用的用人制度，有利于激励人才活力的分配制度，有利于人才公平竞争的评价机制，有利于人才价值实现的流动机制，有利于人才可持续发展的开发机制，构建一个“人才辈出，人尽其才，才尽其用”的人才工作新格局。

大力实施人才系统工程，稳步推进“千人计划”的相关工作，加大引进高层次人才尤其是顶尖人才和科技领军人才引进工作力度；继续实施“百人计划”，放宽国籍和族裔限制，扩大支持范围，加强对国内尖子人才的支持；加强对青年人才的扶持和培养，培养一批具有较高思想品德、善于把握科技前沿、能够带领团队进行自主创新的新一代学术技术带头人；加强对技术转移转化人才培养等。

创新管理体制机制，不断突破人才发展的体制机制束缚，具体措施包括建立合理有序、动态优化的流动机制，建立公平合理的收入分配秩序，完善各类人才表彰奖励机制，健全人才工作保障机制。

二、科教结合协同育人行动计划

为了贯彻落实全国科技创新大会精神，充分发挥中科院各研究所与高等学校的互补优势，促进科教结合协同育人的进一步落实，制定科教结合协同育人行动计划。通过计划的实施，探索高等院校与科研院所联合培养人才的新模式，提高学生的实践能力和增强学生的创新本领，促进我国高等教育人才培养质量的提高；带动和促进高等学校与科研院所在教育和科研工作方面的相互配合、相互支持，实现科教结合的有效推进、合作共赢。

本计划由“科苑学者上讲台计划”“重点实验室开放计划”“大学生科研实践计划”“大学生暑期学校计划”“大学生夏令营计划”“联合培养大学生计划”“联合培养研究生计划”“人文社科学者进科苑计划”“中科院大学生奖学金计划”“科苑学者走进中学计划”等10个项目构成，形成系列行动方案。

科苑学者上讲台计划。面向“211工程”重点建设的高等学校，中科院从学科及地域条件相对应的研究所中，每年选派不少于1000人次的高水平专家学者，或组织授课团队，定期到相关高等学校为学生讲授课程和专题报告，侧重于讲授介绍学科专业的前沿动态、创新现状。高等学校将符合要求的课程纳入教学课程体系，充实大学生的专业课内容、丰富授课方式，进一步提升教育教学水平。

重点实验室开放计划。中科院将现有国家实验室、国家重点实验室、国家工程中心、院重点实验室、院级研究中心等各类院级以上实验室，尽量对高等学校研究生开放，接受他们开展科研实习或科研实践，支持他们使用实验室的仪器装备。中科院将组织开放300个左右各类实验室，并要求每个实验室每年接收学生数不少于10人，每年总计接收不少于3000名规模的高校研究生。

大学生科研实践计划。中科院各研究所与高等学校合作，遴选具有创新潜质的本科生进入研究所，开展为期1—3个月的科研实习或科研实践，培养学生创新意识和科研能力。在此基础上，教育部与中科院联合评审优秀大学生科研实践基地，并为相应研究所挂牌；每学年的科研实践结束后，评选出参与该计划学生总数的20%左右优秀学生，予以嘉奖表彰。中科院要求至少80家研究所参与该项计划，每学年接纳参与该计划的学生规模不少于5000名。

大学生暑期学校计划。面向全国高等学校遴选高年级本科生，在暑假期间，参加中科院大学牵头组织的大学生暑期学校。中科院选派具有较高学术造诣的科学家，集中讲解各学科领域的基本知识、研究进展和前沿动态，并组织学生参观科研场所，与研究员面对面沟通交流，拓展大学生的科研兴趣，开阔学术视野。每年由中科院大学会同中科院相关研究所，组织开办的20个左右大学生暑期学校，接纳不少于2000名的本科生。

大学生夏令营计划。中科院各研究所面向全国高等学校遴选相关专业的高年级本科生，开展为期1周左右的夏令营。夏令营活动内容包括：科研活动体验、科研场所实地参观、与科研人员交流互动等形式多样的科研趣味活动，激发大学生的科研兴趣和科研潜力。每年夏季，由中科院各研究所开办60个左右大学生夏令营，接纳不少于3000名的本科生。

联合培养本科生计划。选择具有区域代表性的“211工程”高等学校与中科院相关研究所，校所对应结成合作团队，在一个或几个优势专业实施联合培养本科生计划，探索本科阶段高水平创新创业人才培养的新模式。由对应高等学校和研究所的教授专家，共同研讨制定学生培养方案和教学大纲。学生前期在高等学校学习基础课及专业基础课，中科院派专家学者参与教学活动；学生后期到研究所学习部分专业课，并开展科研实践和毕业设计及论文撰写工作。首批参与该计划的中科院研究所约50家，高等院校约30家，联合培养本科生规模不少于1000人。

联合培养研究生计划。在现有“联合培养博士生试点工作”的基础上，探索联合培养硕士生，并坚持互选课程、共同指导。由高等学校和中科院研究所，联合遴选出若干名学术骨干组成导师组，统筹双方资源，制订有针对性的培养方案，共同培养研究生。联合培养研究生的课程教学，根据合作高校和研究所的特色、优势，各取所长；联合培养研究生论文选题要结合重大科研项目，选取在本学科领域具有前沿性和尖端性的重大课题。

人文社科学者进科苑计划。邀请高等学校人文社科领域的骨干教授走进中科院，为研究生和青年导师讲学交流，形成每年300名以上的规模。

中科院大学生奖学金计划。面向全国各高等学校科研实践能力强的优秀本科生，设立中科院大学生奖学金，规模 1000 名。该奖学金计划与大学生科研实践、大学生暑期学校、大学生夏令营以及联合培养大学生等计划结合，奖励在各项科研实习实践或学术交流活动中，表现突出，综合能力强，取得高水平研究成果的学生，以进一步鼓励高等学校学生参与科研实践，激发科研兴趣，提升学生的创新实践能力。

科苑学者走进中学计划。在教育部和地方教育行政部门的指导下，中科院组织安排下属 110 余家研究所（研究院、中心、台、站等）与当地中学形成固定的合作联系。实验室向中学开放，定期接收中学生参观。每个研究所每年至少派遣 3—5 人次的院士或著名科学家，参加中学的育人活动，走进中学讲授科普课程，举办专题讲座，对中学生的科学研究活动给予指导，培养学生的科学兴趣和创新素质。总体上形成每年 500 人次的科学家走进中学校园，走近中学生。

三、“百人计划”

中科院于 1993 年提出“百人计划”。自 1994 年启动以来，“百人计划”在国内外产生了较大影响，成为中科院吸引海内外优秀科技人才的品牌计划。知识创新工程实施以来，针对国际一流科学家和优秀学术技术带头人匮乏的状况，中科院凝聚和造就一批优秀的跨世纪科技将帅人才作为人才队伍建设的重要任务，进一步拓展“百人计划”的内涵。1998 年，正式启动“引进国外杰出人才计划”。

在“百人计划”的实施过程中，中科院坚持“德才兼备，按需设岗、公开招聘、择优支持、动态调整”的原则，采取“所自主引进、院择优支持”方式，研究所根据科技发展目标，自主设岗引进优秀人才，经过实地检查，择优支持，保证了引进人才的质量；同时落实人才关爱举措，帮助入选者解决住房、子女入学、配偶工作等后顾之忧；通过举办“国情院情学习研讨班”，增强入选者的责任感和使命感；组织“百人学者论坛”，提高百人学者的合作与交流能力，促使入选者尽快融入我院创新队伍。“十二五”期间，进一步完善“百人计划”管理办法，取消国籍限制，提高资助标准，扩大资助规模。

2012 年，中科院新增“百人计划”入选者 176 人，其中，“引进国外杰出人才”入选者（A 类）106 人，国内“百人计划”入选者（B 类）52 人，项目“百人计划”入选者（C 类）2 人，自筹“百人计划”入选者（Z 类）16 人。另外，25 位“国家杰出青年科学基金”获得者（D 类）获得“百人计划”经费支持。

截至 2012 年 12 月底，“百人计划”入选者达 2048 人，其中，“引进国外杰出人才”计划入选者 1568 人。入选者中，绝大多数为 40 岁以下的海内外优秀青年学者。资助了结题的 1000 余位“引进国外杰出人才”计划入选者和国内“百人计划”入选者在项目执行期（3 年）内共招收和培养学生超过 1 万人，组建科研队伍总量达 1.2 万余人。这些后备人才大多数已成为创新活动的青年骨干（表 4–9）。

表 4-9 “百人计划”培养与引进计划

计划名称	类别	支持对象
引进国外杰出人才计划	A 类	引进获得博士学位后具有连续 4 年以上海外科研经历的海外杰出人才（40 岁以下）
国内“百人计划”	B 类	支持西部地区及新筹建研究机构引进急需的国内优秀学术技术带头人（45 岁以下）
项目“百人计划”	C 类	支持研究所结合重大和重要方向项目的部署引进有重大项目主持能力的海内外优秀人才
“国家杰出青年科学基金”入选者	D 类	对“国家杰出青年科学基金”入选者按照百人计划给予后续支持
自筹“百人计划”	Z 类	支持研究所自筹经费引进单位重点发展领域急需的海内外优秀人才

目前，“百人计划”入选者约占中科院正高级科研人员总数的 1/4，成为中科院高层次人才队伍中一支重要的力量。在“百人计划”的支持下，年轻的科学家面向世界科学前沿和国家战略需求，在各自的研究领域开展了富有特色的创新性研究，不仅取得了一批重要创新成果，提升了我国的科技创新能力和国际科技影响力，也使一批优秀人才脱颖而出，成为中科院新一代的科技领军人才和学术带头人，壮大了中科院的科技将帅人才队伍。

四、“西部之光”人才培养计划

1996 年，中科院启动实施“西部之光”人才培养计划，旨在为西部及边远地区培养造就数百名学术技术带头人和科技骨干。1997 年，中央组织部与中科院联合发文，共同推进“西部之光”计划的实施。“西部之光”通过资助科研项目的形式，支持以优秀青年科技骨干为带头人的创新团队（重点和一般项目）；通过支持科研启动经费的形式，资助优秀博士毕业生到西部工作（西部博士资助项目）；吸引东部及海外优秀人才到西部工作或参加合作研究（联合学者项目）；资助西部地方优秀人才在职攻读博士学位（在职博士生项目）。同时通过举办培训讲座和接收实习学者等形式，为地方培训各类技术骨干人才。

2012 年，中科院共支持“西部之光”各类人才项目 244 个，其中，联合学者项目 11 项、重点和一般项目 93 项（其中地方项目 44 项）、西部博士资助项目 124 项，资助在职博士研究生 16

人，资助总金额达3520万元。此外，还对2008年度“西部之光”重点和一般项目终期评估项目给予105万元的后续支持。2012年，中科院共接收中央组织部“西部之光”访问学者32人，资助经费96万元。

截至2012年年底，“西部之光”人才培养计划已累计资助青年科技骨干1800多人次，其中，地方科研机构或高校青年人才400多人，为地方培养在职博士生147人，中科院累计投入经费达2.7亿多元。另外，“西部之光”访问学者项目累计为西部2000余名科技人才提供了到东部学习访问的机会，其中，中科院接收和培养西部省区访问学者311人。

五、创新团队国际合作伙伴计划

2001年中科院启动了“创新团队国际合作伙伴计划”，依托具有良好工作基础和实验条件的国家或院重点实验室，组建和支持一批创新团队。推动相关重点或优势学科、交叉学科的发展，促进国际科技合作与学术交流，培养和凝聚一批优秀的高层次人才队伍，不断提升中科院新一代骨干人才在国际上的学术地位和竞争实力。

创新团队核心成员由国内优秀科学家和在海外工作的知名学者组成，国内科学家要求为“百人计划”入选者、“长江学者奖励计划”入选者、获国家杰出青年科学基金等科研人员。海外成员为在著名高校或科研机构具有（或相当于）副教授以上职务的优秀华人学者。

截至2012年12月底，累计组建创新团队112个，凝聚国内优秀人才845人，吸引海外优秀学者767人，其中，424人被聘为中科院“海外知名学者”，形成了优秀人才的团队效应和资源的当量凝聚，在若干领域取得了一系列具有国际领先水平的研究成果。2012年度，中科院共完成专家论证的拟启动试运行创新团队20个，吸引海外优秀学者129人，凝聚国内优秀中青年骨干人才151人。

专栏：国家测绘地理信息局科技领军人才培养工程

为贯彻落实党和国家人才工作方针政策，加快实施人才强国战略，建设高层次创新型人才队伍，国家测绘地理信息局自2010年起实施科技领军人才培养工程，目标是到“十二五”末期，选拔、培养、引进20名左右创新能力强、发展潜力大的科技领军人才，并力争有2—3人达到国内一流科学家水平，逐步形成以青年学术和技术带头人、科技领军人才、两院院士为主体的科技人才梯队。

国家测绘地理信息局科技领军人才面向国内外高等院校、科研机构和企事业单位测绘地理信息人员选拔，要求入选人员具有战略眼光和创新思维，学术技术水平高、引领作用强、发展潜力大，贡献突出。对于入选的科技领军人才，设立科技资助专项资金，每人给予50万元经费用于科研计划，并通过支持承担重大测绘项目、支持科研团队、鼓励在国际学术团体任职等方式加强对科技领军人才的培养。科技领军人才在测绘地理信息科研攻关、科技引领等方面发挥了重要作用，在西部测图工程、数字城市建设、资源三号卫星建设等重大工程和项目中做出了突出贡献，先后有2人当选院士，2人获国家测绘科技进步奖一等奖，6人入选“万人计划”，成为我国测绘地理信息领域高层次创新型人才队伍的中坚力量和领衔梯队。工程实施以来，先后开展了两批选拔，共有15人当选，经考核，现有国家测绘地理信息局科技领军人才12人。

资料来源：国家测绘地理信息局

专栏：国家测绘地理信息局青年学术和技术带头人培养工程

国家测绘地理信息局1995年起开始实施跨世纪学术和技术带头人制度，是在行业领域中实施带头人制度较早的部委之一。2000年起改称新世纪人才培养工程，也称青年学术和技术带头人培养工程。这一制度也辐射带动了各省区市的人才培养，全国大部分省局都建立了本地区的带头人制度，部分省局所属院所也建立了自己的带头人制度，基本形成了国家局、省级主管部门、基层生产单位共同推动、良性发展的三级带头人培养格局。制度实施以来，国家局先后培养跨世纪学术和技术带头人54名、青年学术和技术带头人180名，目前在册青年学术和技术带头人112人。近年来，测绘地理信息事业取得了长足的发展和进步，呈现出令人欢欣鼓舞的新景象，带头人在其中起到了核心和骨干作用，并产生了一批高水平的科研和生产团队。在国家局带头人当中，有11人入选国家局科技领军人才，20人入选“万人计划”、百千万人才工程、创新人才推进计划等国家重大人才工程，11人在国际组织中任职，其中3人担任了重要领导职务。青年学术和技术带头人队伍已成为测绘地理信息领域高层次人才队伍的重要组成部分和后备梯队。

来源：国家测绘地理信息局

第三部分

队伍建设与人才培养

人才是衡量一个国家综合国力的重要指标。当今世界，综合国力竞争日趋激烈，新一轮科技革命和产业变革正在孕育兴起，变革突破的能量正在不断积累。综合国力竞争说到底是人才竞争。人才资源作为经济社会发展第一资源的特征和作用更加明显，人才竞争已经成为综合国力竞争的核心。谁能培养和吸引更多优秀人才，谁就能在竞争中占据优势。

我国已成为第一科技人力资源大国。2012 年我国科技人力资源总量达到 6960 万人，每万人口中科技人力资源数 514 人；2013 年总量达到 7105 万人。我国 R&D 人员总量高速增长，2013 年我国 R&D 人员总量 353.3 万人年，其中企业占 77.6%，我国的 R&D 人员绝对总量已超过美国居世界第一位。每万名就业人员中 R&D 人员达 45.85 人年 / 万人，提前实现了人才规划纲要制定的到 2020 年的目标。留学回国人员已成为我国科技人才队伍重要组成，越来越多的留学人员学成后选择回国发展。2013 年各类留学归回国人员总数为 35.35 万人。国家重大人才工程凝聚了一批高层次创新人才。

第五章 我国科技人才队伍总体状况

第一节 科技人力资源与科技人才队伍

科技人力资源[①]是建设创新型国家的主导力量和战略资源，是现代科学技术发展的重要基础，是一个国家科技进步和社会生产力提升的最重要因素。OECD和欧盟统计局《科技人力资源手册》指出，“在战略层次上，科技人力资源的存量和流量被看作是支撑国家经济和技术发展的主要资源，而且是新近引起关切的国家环境及全面福利的主要资源。”

我国科技人力资源总量是指大专及以上学历（或学位）科技领域毕业生存量与虽然没有高等教育科技领域学历学位，但实际从事科技活动的劳动力存量之和。科技人力资源总量反映了我国科技人力资源的存量现状和科技人力投入的增长潜力。

中国已成为科技人力资源大国，国民科技素质不断提升。改革开放以来，除少数年份外，我国科技人力资源一直保持稳定增长态势。高等教育的发展确保了我国科技人力资源总量持续稳定增长。2013年我国科技人力资源总量达到7105万人，比上年增长5.4%，是2005年的2.02倍，年均增长率为9.2%，其中大学本科及以上学历的科技人力资源总量为2943万人，比2012年增长7.2%（图5-1）。

根据美国《科学与工程指标（2014）》，2010年美国科学家工程师总量为2190万人，2008年为1720万人，年均增长8.4%。我国本科及以上学历科技人力资源总量已经超过美国。从每万人口中科技人力资源数量看，2005年我国每万人口中科技人力资源数为268人，2013年上升到522人，年均增长8.7%。

① 科技人力资源是指实际从事或有潜力从事系统性科学和技术知识的产生、促进、传播和应用活动的人力资源，既包含实际从事科技活动的劳动力，也包含有资格从事科技活动的劳动力。

第三部分

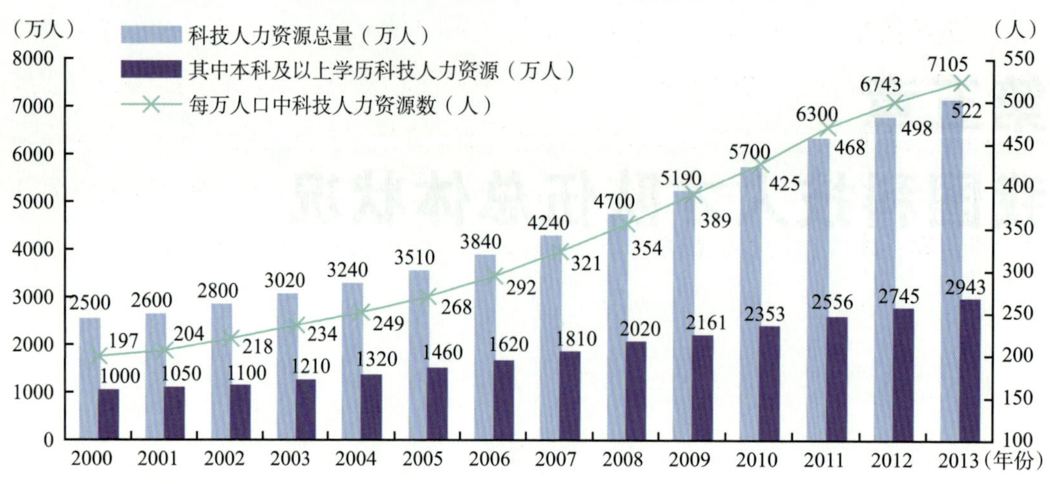

图 5-1　中国科技人力资源总量（2000—2013 年）

数据来源：科技部，《中国科学技术指标（2014）》。

科技人才是我国特有的说法，它属于政策概念的范畴，在不同时期甚至不同地域，都有着不同内涵。科技人才与国际通行的科技人力资源、研究与发展人员和科学家工程师等概念不同，并没有统一的鉴别标准和统计口径。《国家中长期科技人才发展规划（2010—2020 年）》对“科技人才”的界定：“科技人才是具有一定的专业知识或专业技能，从事创造性科学技术活动，并对科学技术事业及经济社会发展做出贡献的劳动者”，并提出了建设三支科技人才队伍，即“具有原始创新能力的科学家队伍”“具有国际竞争力的工程技术人才队伍”“科技管理与科技服务和科普人才队伍”。可以说，科技人才队伍是从事科技职业的在岗科技人力资源。

科技人才队伍可以从以下几个维度进行分类。

从事科技活动或科技职业，可以分为科技活动人员和 R&D 人员（见本章第二节）。

按科技领域分：狭义的科技领域包括自然科学、农业科学、医药科学、工程与技术科学以及部分人文与社会科学领域（只涉及人文与社会科学领域中部分与科学和技术知识的产生、促进、传播和应用密切相关的专业领域）。联合国教科文组织广义“科技活动”概念，涵盖了理工农医和社会科学及人文科学。根据不同学科领域对科技人才进行分类，可分为自然科学科技人才、农业科学科技人才、医药科学科技人才以及工程与技术科学科技人才等。

按教育程度分：联合国教科文组织在《国际教育标准分类法（1997）》（ISCED1997）中把教育分为 7 个层次（0—6 个层次），高等教育包括第五和第六层次。我国把高等教育划分为大专、大学本科、研究生和博士四个层次。科技人才按照教育程度可以分为大学本科教育程度科技人才、研究生教育程度科技人才等。

按从业岗位分：按照我国中组部和人事部对专业技术人员的界定和国际劳工组织《1988 年国际标准职业分类》（ISCO—1988）的专业技术人员的界定，从事专业技术工作和专业技术管理工作的人员以及未聘任专业技术职务，现在专业技术岗位上工作的人员，包括工程技术人员，农业技术人员，科学研究人员，卫生技术人员，教学人员，经济人员，会计人员，统计人员，翻译人员，图书资料、档案、文博人员，新闻出版人员，律师、公证人员，广播电视人员，工艺美术人员，体育人员，艺术人员及企业政治思想工作人员，共 17 个专业技术职务类别。国内通常把前 5 类专业技术人员，即工程技术人员、农业技术人员、科学研究人员、卫生技术人员和教学人员称为科技工作者。

一、专业技术人才队伍

专业技术人员是指事业单位和企业中具有中专及以上学历或取得初级及以上专业技术职称的就业人员，共有 17 个类别。科技领域专业技术人员是指工程技术人员、农业技术人员、科学研究人员、卫生技术人员和教学人员这 5 类专业技术人员。2013 年我国公有经济企事业单位科技领域专业技术人员达到 2438.9 万人，比 2005 年（2197.9 万人）增加 241 万人，增长 11%，年均增长率为 1.3%（图 5–2）。

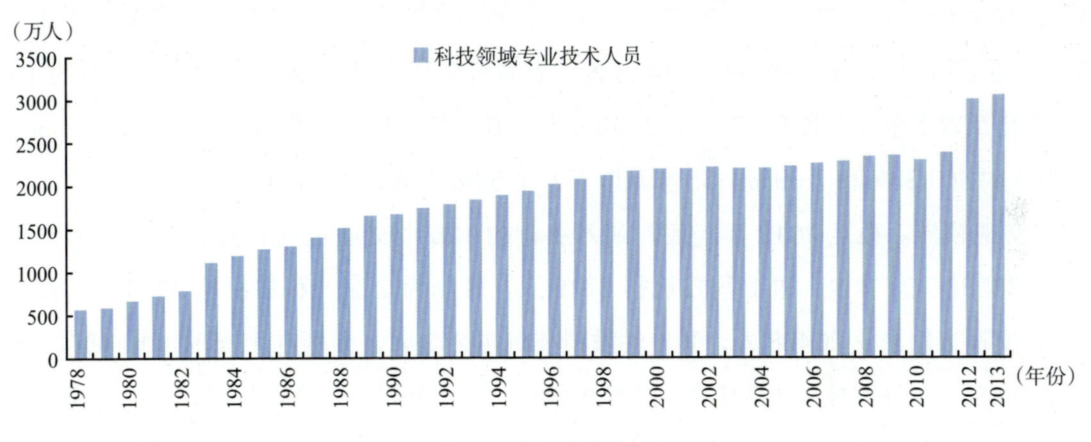

图 5-2 公有经济企事业单位科技领域专业技术人员（1978—2013 年）

数据来源：科技部，《中国科学技术指标（2014）》。

每万名职工中专业技术人员数反映了劳动力的素质。2008 年前每万名职工中专业技术人员数保持较快增长，2008 年比 2000 年增加了 1486 人，达到 5720 人，增长 35%，年均增长率为 4.4%。2009 年后有所下降，2013 年人员数为 5756 人。

2005 年以来我国专业技术人员在不同经济单位的分布继续发生变化。2005—2013 年我国大专及以上毕业生存量年均增长率（10.5%）和科技人力资源总量年均增长率（9.2%）远高于公有经济企事业单位科技领域专业技术人员总量的年均增长率（1.3%）和其他 12 个类别专业技术人员总数的年均增长率（0.6%）。2013 年我国大专及以上毕业生存量比 2005 年增加了 6610 万人，而同期公有经济企事业单位专业技术人员总量仅增加 269.2 万人。显然，非公有经济单位（包括私营企业和三资企业等）的专业技术人员数量有了较大增长。

我国公有经济企事业单位科技领域 5 类专业技术人员中，科学研究人员人数所占比例最小，但增长最快。2013 年，公有经济企事业单位科技领域 5 类专业技术人员中，教学人员 1280.7 万人，占 52.5%，工程技术人员 614 万人，占 25.2%，卫生技术人员 427.6 万人，占 17.5%；农业技术人员 73.3 万人，占 3.0%，科学研究人员 43.2 万人，仅占 1.8%。2005 年以来在科技领域 5 类专业技术人员中，相对增长最快的是科学研究人员，增长最慢的是教学人员。2005—2013 年，科学研究人员增加 12.1 万人，年均增长 4.2%；工程技术人员增加 134.9 万人，年均增长 3.1%；卫生技术人员增加 69.5 万人，年均增长 2.2%；农业技术人员增加 2.8 万人，年均增长 0.5%。

二、领域科技人才

（1）环保领域。近 5 年来，我国环保科技人才增加较快，特别是青年人才增加相对较多。根据全国环保人才资源统计，截至 2012 年年底，我国环保科技人才为 12.48 万人，较 2010 年增加 50%，其中女性 4.95 万人，占 39.7%；少数民族 0.7 万人，占 5.6%。中级及以上职称人才 3.7 万人，占 29.76%，正高级职称 0.14 万人，副高级职称 0.96 万人，分别占总人数的 1.2%和 7.7%。本科及以上学历人数 6.1 万人，占 48.9%；其中博士研究生 0.104 万人，硕士 0.88 万人，分别占总人数的 0.83%和 7.09%。35 岁及以下人才 5.98 万人，占 47.9%。

（2）交通领域。截至 2012 年年底，纳入统计的 125 个交通运输科技机构科技活动人员总规模达到 38288 人。其中，事业科技机构 6710 人，转制为企业的科技机构 3984 人，高等院校 6883 人，交通运输企业 20468 人，其他性质科技机构 243 人，分别占 17.5%、10.4%、18.0%、53.5%和 0.6%。交通科技人才队伍中，研究生学历、硕士及以上学位均超过 35%。其中，研究生学历 13406 人，占 35.0%；大学本科学历 17927 人，占 46.8%。从学位结构看，博士 2822 人占 7.4%；硕士 10802 人占 28.2%。中高级职称占近 2/3。高级职称 11019 人，占 28.8%；中级职称 13732 人，占 35.9%；初级及其他职称有 13537 人，占 35.4%。女性科技人才占比超过 25%。全行业 3.8 万科技人员女性共计 9655 人，占总人数 25.2%。其中，事业科研机构中女性 1960 人，占 29.2%；转制科研机构女性 999 人，占 25.1%；高等院校机构女性 2571 人，占 37.4%；交通企业设立科研机构女性 4059 人，占 19.8%。

我国铁路系统专业技术人员近 20 万人，其中，女性占 26.5%。35 岁以下的占 27.4%，36 岁—45 岁的占 32.6%，46—54 岁的占 30.4%，55 岁以上的占 9.6%。研究生学历的占 2.8%，大学本科学历的占 50.7%，大学专科学历的占 35.1%，中专及以下学历的占 11.4%。高级职称占 8.7%，中级职称占 34.6%，初级职称占 56.7%。

（3）水利领域。截至 2013 年年底，我国水利系统人才队伍总量 103.4 万人。专业技术人才 33.4 万人，约占水利职工队伍总数的 32.3%，其中高级职称 3.7 万人，占 11.1%，中级职称 10.6 万人，占 31.7%，初级及以下 19.1 万人，占 57.2%；具有本科及以上学历 13.9 万人，占 41.6%，大专学历 12.4 万人，占 37.1%，大专以下学历 7.1 万人，21.3%。水利系统人才结构有所改善，重点领域人才紧缺状况有所缓解，科研人才队伍逐步壮大。水利部所属单位现有院士 10 人，中央组织部直接掌握联系专家 27 人，全国工程勘察设计大师 9 人，百千万人才工程国家级人选 30 人，享受国务院政府特殊津贴的专家 622 人，5151 人才工程部级人选 119 人，水利青年科技英才 33 人。

（4）农业领域。当前，我国农业科研人才 27 万人、技术推广人才 78 万人。平均每万亩耕地农业科研人才 1.4 人、技术推广人才 4.3 人。农业科研人才结构有所改善，重点领域人才紧缺状况有所缓解，企业研发人才队伍逐步壮大。农业领域“两院”院士 117 人，中华农业英才奖获得者 30 人。在农业部系统，“两院”院士 13 人，国家级突出贡献专家 43 人，中央直接联系的高级专家 57 人，“百千万人才工程”国家级人选 60 人，部级突出贡献专家 392 人。科研人才总量 27.0 万人，在分布上，农业科研机构 6.6 万人、占 24.6%，涉农高校 3.4 万人、占 12.4%，省级以上农业产业化龙头企业 17.0 万人、占 63.0%。其中，农业部直属科研机构 48 个，拥有在职科技活动人员 8070 人。在行业上，种植业 10.0 万人、占 37.0%，畜牧兽医 5.4 万人、占 20.0%，渔业 1.1 万人、占 4.1%，农机 0.7 万人、占 2.6%，农垦 1.5 万人、占 5.6%，其他 8.3 万人、占 30.7%。科研人才在种植业和畜牧兽医领域最集中，占总量一半以上。在职称上，高级职称 5.3 万人、占 19.6%，中级职称 7.1 万人，占 26.3%，初级职称 6.8 万人，占 25.2%，其他 7.8 万人，占 28.9%。在学历上，博士研究生 1.8 万人、占 6.7%，硕士研究生 3.2 万人、占 11.9%，大学本科 8.6 万人、占 31.8%，大学专科 6.7 万人、占 24.8%，中专及以下 6.7 万人、占 24.8%。据调查，近年来有 40%左右的农科大学毕业生进入涉农企业就业，省级以上农业产业化龙头企业科研人才占总量的 63.0%，农业企业科研人才队伍不断壮大，逐步成为农业技术研发的重要力量。

农技推广人才队伍基本稳定，主要分布在种植业和畜牧兽医领域，多元农技推广人才队伍发展较快。农技推广机构技术推广人才 55.6 万人，从行业分布看，种植业占 41.3%，畜牧兽医占 38.6%，渔业占 4.7%，农机占 11.0%，农垦占 4.4%；从专业技术职称看，高级职称占 8.7%，中级职称占 32.5%，初级职称占 42.5%，其他占 16.3%；从学历构成看，研究生学历占 1.4%，大学本科学历占 22.9%，大学专科学历占 39.5%，中专及以下学历占 36.2%。多元农技推广人才队伍发展较快，省级以上农业产业化龙头企业达到 21.6 万人，涉农院校 0.6 万人，全国农民专业合作社超过 27 万家，多元化农技推广人才已成为我国农技推广体系的一支重要力量。

（5）气象领域。截至 2013 年年底，全国气象科技人才队伍总量 5.4 万人（男性 63%、女性 27%）。其中，研究生学历占 10.5%，本科学历占 57.4%。拥有各类专业技术职务的人员共 4.9 万人，占气象科技人才队伍总量的 90.8%。其中，正研级职称 675 人，占 1.2%。气象科技人才队伍的平均年龄为 41.0 岁，逐岁分布有两个峰值，主峰在 50 岁，次峰在 31 岁。

三、院士群体

中科院院士是国家设立的科学技术方面的最高学术称号。中科院学部是国家在科学技术方面的权威咨询机构。设数学物理学部、化学部、生命科学和医学学部、地学部、信息技术科学部、技术科学部等 6 个学部。2013 年中科院院士总人数为 750 人（表 5-1），其中数学物理学部人数为 143 人、技术科学部 135 人，生命科学和医学学部 132 人、化学部 128 人、地学部 124 人，信息技术科学部 88 人。

表 5-1　中科院院士和工程院院士学科领域分布

科学部	2006 年	2007 年	2008 年	2009 年	2010 年	2011 年	2012 年	2013 年
中科院院士	692	709	692	714	694	727	710	750
数理	130	135	134	137	133	139	136	143
化学	121	124	120	125	121	126	123	128
生命医学	123	129	124	126	120	128	124	132
地学	117	117	113	116	112	119	116	124
信息技术	79	80	79	83	82	83	82	88
技术	122	124	122	127	126	132	129	135
工程院院士	694	718	711	749	736	766	763	828
机械与运载工程	102	105	103	106	105	110	110	117
信息与电子工程	106	105	105	108	106	110	109	114
化工、冶金与材料工程	92	94	92	95	93	98	98	101
能源与矿业工程	94	95	95	100	98	102	102	107
土木、水利与建筑工程	93	97	96	100	98	101	101	105
环境与轻纺工程	95	37	36	42	41	43	43	47
农业		64	64	70	70	71	71	74
医药卫生	101	107	107	112	109	112	110	115
工程管理	39	41	41	44	44	46	46	48

数据来源：国家统计局、科技部，《中国科技统计年鉴（2014）》及历年年鉴。

工程院院士是国家设立的工程科学技术方面的最高学术称号。院士在工程科学技术方面做出了重大的、创造性的成就和贡献。工程院现设置 9 个学部：机械与运载工程学部、信息与电子工程学部、化工冶金与材料工程学部、能源与矿业工程学部、土木水利与建筑工程学部、农业学部、环境与轻纺工程学部、医药卫生工程学、工程管理学部。2013 年工程院院士总人数为 828 人。

第二节　研究与发展（R&D）人员队伍

研究与发展（R&D）人员队伍建设是提高研发能力和水平的重要保障。我国 R&D 活动人员总量保持高速增长趋势，数量和质量大幅提高。万名就业人员中 R&D 人员数量不断上升，研发人力投入强度在国际上仍处于落后位置。

一、R&D 人员与 R&D 研究人员

R&D 人员是科技活动的核心要素。R&D 人员指调查单位内部从事基础研究、应用研究和试验发展三类活动的人员，它包括直接参加上述三类项目活动的人员以及这三类项目的管理人员和直接服务人员。为研发活动提供直接服务的人员包括直接为研发活动提供资料文献、材料供应、设备维护等服务的人员。R&D 人员的数量和质量是衡量国家科技活动竞争力和创新能力的主要指标之一。

我国 R&D 人员总量保持高速增长。2013 年我国 R&D 人员总数为 501.8 万人，比 2012 年增长 8.7%；其中博士 28.7 万人，硕士 66.1 万人，本科毕业生 138.8 万人，分别占总数的 5.7%、13.2%和 27.7%。

R&D 人员全时当量[①]是国际上通用的、用于比较科技人力投入的指标。按全时当量统计，2013 年我国 R&D 人员总量为 353.3 万人年，比上年年增加 28.6 万人年，增幅为 8.8%（图 5-3）。

---

① 本节 R&D 人员及其中的科学家工程师指标测度单位采用全时当量。全时当量是全时人员数加非全时人数按工作量折算为全时人员数的总和。报告年内从事 R&D 活动的时间占全年工作时间 90%及以上的人员为全时人员。非全时人员是指报告年内从事 R&D 活动的时间占全年工作时间 10%（含 10%）—90%（不含 90%）的人员。

图 5-3　中国 R&D 人员总量变化趋势（2000—2013 年）

数据来源：国家统计局、科技部，《中国科技统计年鉴（2014）》。

近年来我国投入 R&D 活动的人力总量呈现加速增长的态势。2013 年与 2008 年相比，我国 R&D 人员总量增加了 156.7 万人年，年均增长 12.4%；2008 年与 2000 年相比，我国 R&D 人员总量增加了 104.3 万人年，年均增长 9.9%。

R&D 研究人员是指 R&D 人员中从事新知识、新产品、新工艺、新方法、新系统的构想或创造的专业人员及 R&D 课题的高级管理人员，在科技人员统计中是指 R&D 人员中具备中级以上职称或博士学历（学位）的人员。2013 年我国 R&D 研究人员总量为 148.4 万人年，比 2012 年增加 8.0 万人年，增幅为 5.7%。R&D 研究人员占 R&D 人员的比重为 42%（图 5-4）。

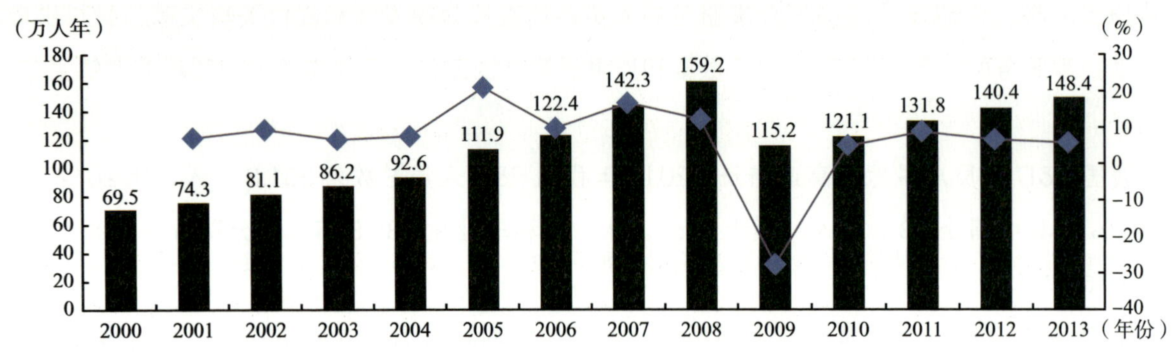

图 5-4　中国 R&D 研究人员总量变化趋势（2000—2013 年）

数据来源：国家统计局、科技部，《中国科技统计年鉴（2014）》。

在 2009 年开展的第二次全国 R&D 资源清查中，我国将原有的科学家和工程师统计指标变更为 R&D 研究人员，并调整了统计口径以便于国际比较。2009 年以前的数据为科学家与工程师指标数据，它是指科技活动人员中具有高、中级技术职称（职务）的人员和不具有高、中级技术职称（职务）的大学本科及以上学历人员。2009 年以后的数据为 R&D 研究人员数据。从图 5-4 可以看出，中国研发活动人员中研究人员不断增长，2000—2008 年平均增长速度达 10.9%，2009—2013 年平均增长速度为 6.5%。

二、R&D 人员投入强度及国际比较

我国 R&D 人员总量居世界首位。万名就业人员中 R&D 人员或 R&D 研究人员数量是测度一国 R&D 人力资源投入强度的重要指标，反映了一国科技人才资源的总体水平。由 R&D 研究人员数据推算，美国 2013 年 R&D 人员总量约为 168 万人年。中国 R&D 人员总量 2013 年达到 353.3 万人年，已经大大超过美国。从 R&D 研究人员总量看，2011 年美国为 125.3 万人年，中国 2013 年为 148.4 万人年，已超过美国居世界第一位。

中国万名就业人员中 R&D 人员数量不断上升，2013 年达到 45.9 人年 / 万人，比上年增加 3.6 人年 / 万人，增长 8.4%，是 2000 年的 3.6 倍，13 年间平均增长速度为 10.3%（图 5–5）。

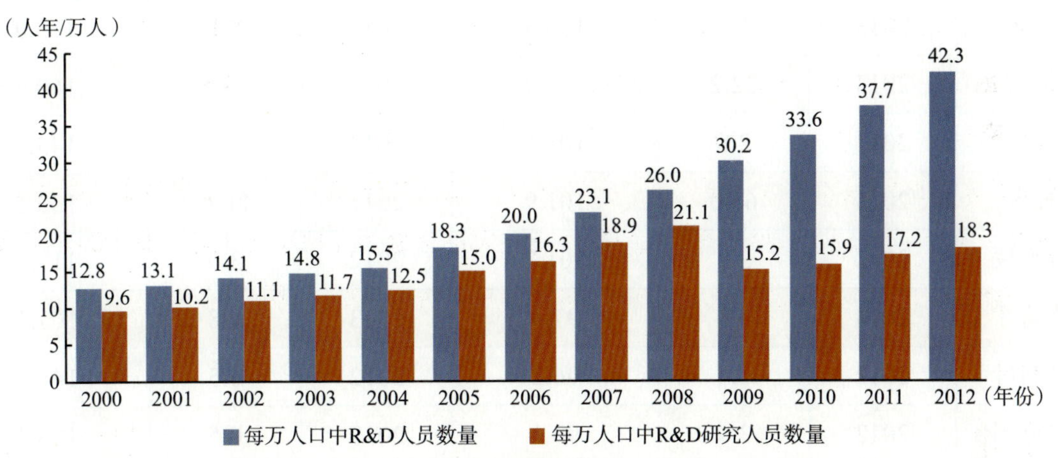

图 5-5　中国 R&D 人员总量变化趋势（2000—2012 年）

数据来源：国家统计局、科技部，《中国科技统计年鉴（2014）》。

2013 年中国万名就业人员中 R&D 研究人员数量为 19.3 人年 / 万人，比 2009 年增加了 4.1 人年 / 万人，增长了 27%，年均增长 6.1%，比同期万名就业人员中 R&D 人员年均增长速度 11.9% 低 5.5 个百分点。

从研发人力投入强度指标衡量，中国在国际上仍处于落后水平。2013 年我国万名就业人员 R&D 人员和 R&D 研究人员全时当量分别为 45.9 人年 / 万人和 19.3 人年 / 万人，在表 5–2 所列的各个国家中二者数据仅高于南非和墨西哥。芬兰、日本、韩国和美国万名就业人员 R&D 研究人员数量仍然是中国的 5 倍以上（表 5–2）。

表 5-2 R&D 人员指标的国际比较

国家	年份	R&D 人员（万人年）	万名就业人员 R&D 人员（人年 / 万人）	年份	R&D 人员（万人年）	万名就业人员 R&D 人员（人年 / 万人）
中国	2013	148.4	19.3	2013	353.3	45.9
以色列	2012	6.4	174.4	2012	7.7	211.4
芬兰	2012	4.0	159.5	2012	5.4	213.0
丹麦	2012	4.1	149.0	2012	5.9	213.5
冰岛	2011	0.2	134.9	2011	0.3	193.8
瑞典	2013	6.2	133.3	2013	8.1	173.9
韩国	2013	32.2	128.4	2012	39.6	160.4
挪威	2012	2.8	103.5	2013	3.9	143.3
日本	2013	66.0	101.9	2013	86.6	133.5
新加坡	2012	3.4	101.7	2012	3.9	117.5
葡萄牙	2013	4.3	97.4	2013	4.8	107.7
比利时	2012	4.4	96.2	2012	6.5	142.1
奥地利	2012	3.9	93.1	2012	6.5	153.4
法国	2012	24.9	92.1	2012	40.2	148.7
美国	2011	125.3	88.1	—	—	—
加拿大	2012	15.7	87.7	2012	22.4	125.4
英国	2013	25.9	86.6	2013	36.2	120.9
爱尔兰	2012	1.6	85.6	2012	2.3	122.4
澳大利亚	2008	9.3	85.0	2008	13.7	126.1
德国	2013	35.2	83.8	2013	59.1	140.7
荷兰	2013	7.2	83.1	2013	12.1	139.7
瑞士	2012	3.6	75.3	2012	7.5	158.0
新西兰	2011	1.6	73.6	2011	2.4	106.6
希腊	2013	2.8	71.4	2013	4.2	108.5
西班牙	2013	12.4	68.9	2013	20.4	113.4

续表

国家	年份	R&D 人员（万人年）	万名就业人员 R&D 人员（人年 / 万人）	年份	R&D 人员（万人年）	万名就业人员 R&D 人员（人年 / 万人）
斯洛伐克	2013	1.5	67.2	2013	1.7	78.3
捷克	2012	3.3	65.6	2012	6.0	119.1
俄罗斯	2013	44.1	61.7	2013	82.7	115.8
匈牙利	2013	2.5	61.2	2013	3.8	93.3
意大利	2013	11.8	48.5	2013	25.3	104.0
波兰	2013	7.1	46.2	2013	9.4	60.6
土耳其	2013	8.9	34.9	2013	11.3	44.3
阿根廷	2012	5.2	29.5	2012	7.2	41.1
罗马尼亚	2013	1.9	20.4	2013	3.3	36.1
南非	2012	2.1	14.8	2012	3.5	24.3
墨西哥	2011	4.6	9.8	2007	7.0	16.5

数据来源：OECD, Main Science and Technology Indicators, January 2015.

中国 R&D 人员投入长期增长潜力较大。2005 年以来中国 R&D 人员总量的年均增长率高于世界多数国家，显示了中国在 R&D 人员投入方面的长期增长潜力。2005—2013 年，中国 R&D 人员总量年均增长率达到 12.6%。同期只有少数国家的 R&D 人员呈现高速增长的态势。增长速度快的其他国家有：葡萄牙、土耳其、斯洛文尼亚、韩国、阿根廷和匈牙利等。2005—2011 年，葡萄牙年均增长率达到 12.8%；土耳其、斯洛文尼亚和韩国年均增长率分别为 11.1%、9.2%和 9.0%，阿根廷和匈牙利分别为 7.4%和 6.5%。多数发达国家的 R&D 人员总量增长缓慢甚至下降。日本 2005—2011 年 R&D 人员总量年均减少 0.5%，万名就业人员 R&D 人员数量年均减少 0.2%。英国 2005 年以来年均增长率仅为 1.7%，万名就业人员 R&D 人员数量年均增长 1.6%。芬兰 R&D 人力投入在 2000—2004 年高速增长后，2005 年以来增长基本停滞，近年负增长，年均下降 0.9%，2011 年万名就业人员 R&D 人员数量比 2005 年减少 9.7%，年均减少 1.7%。罗马尼亚和俄罗斯 R&D 人员总量同期分别减少了 10.5%和 8.8%。

综上所述，中国 R&D 人力投入绝对量大、增长速度快，但在 R&D 人力投入强度方面，与发达国家仍有较大的差距。

三、R&D 人员分布

（一）地区分布

1. 我国 R&D 人员的四大经济区域[①]分布

我国 R&D 人员主要集中在东部地区。2013 年，东部地区 R&D 人员数量为 228.5 万人年，占全国总量的 64.7%，中部、西部和东北地区 R&D 人员数量占全国的比重分别为 17.0%、12.5% 和 5.8%。R&D 研究人员的区域分布也有同样的特征，东部地区 R&D 研究人员占全国的比重为 56.9%，比 R&D 人员所占比重略低，而中西部和东北地区所占比重略高，但都在 20% 以下。

东部地区 R&D 人员优势主要体现在试验发展人员。按 R&D 人员活动类型看，2013 年东部地区试验发展人员数量达到 195.8 万人年，占全国试验发展人员总数的 67.2%，中部、西部和东北地区试验发展人员只分别占 17.2%、10.7% 和 4.9%。东部地区的基础研究和应用研究人员所占比重分别为 51.1%、53.8%。西部地区基础研究和应用研究人员所占比重分别达到 21.5% 和 20.5%，高于中部地区。

2. 我国 R&D 人员的省区分布

我国 R&D 人员主要分布于长三角、珠三角和环渤海三大经济圈。广东、江苏、浙江、山东、北京、上海六省市 R&D 人员占到了全国 R&D 人员总数的 55.7%（表 5–3）。中部地区的河南、湖北、安徽、湖南等省与西部的四川等省也是我国 R&D 人员分布的重要地区。

北京在科学研究领域有绝对优势，北京市基础研究和应用研究人员占全国比重达到 16.1% 和 15.0%，大大高于其他地区。科学研究领域 R&D 人员较多的省区还有上海、广东和山东。在试验发展领域，中国经济总量前两位的广东和江苏 R&D 人员数量最多，占全国比重达到 15.6% 和 14.8%，浙江、山东试验发展领域 R&D 人员也较多，分别占 10%、8.3%。

表 5-3　中国 R&D 人员地区分布（2013 年）　　单位：%

地　区	R&D 人员全时当量	研究人员	基础研究	应用研究	试验发展
全国（万人年）	353.3	148.4	22.3	39.6	291.4
全　　国	100.0	100.0	100.0	100.0	100.0
东部地区	64.7	56.9	51.3	53.8	67.2

① 我国四大经济区域是近年来为科学反映我国不同区域的社会经济发展状况进行划分的。东部地区包括：北京、天津、河北、上海、江苏、浙江、福建、山东、广东和海南；中部地区包括：山西、安徽、江西、河南、湖南和湖北；西部地区包括：内蒙古、广西、重庆、四川、贵州、云南、西藏、陕西、甘肃、宁夏和新疆；东北地区包括：辽宁、吉林和黑龙江。

续表

地　区	R&D 人员全时当量	研究人员	基础研究	应用研究	试验发展
中部地区	17.0	18.8	15.3	16.6	17.2
西部地区	12.5	16.2	21.5	20.4	10.7
东北地区	5.8	8.1	11.9	9.2	4.9
北　京	6.9	8.6	16.1	15.0	5.0
天　津	2.8	2.7	2.5	3.5	2.8
河　北	2.5	3.2	2.3	3.2	2.5
山　西	1.4	1.9	1.6	1.9	1.3
内蒙古	1.1	1.4	1.1	1.1	1.0
辽　宁	2.7	3.5	3.8	4.0	2.4
吉　林	1.4	1.8	3.4	3.2	0.9
黑龙江	1.8	2.8	4.7	2.1	1.5
上　海	4.7	4.9	6.9	6.5	4.3
江　苏	13.2	10.0	5.5	6.1	14.8
浙　江	8.8	5.6	3.2	3.0	10.0
安　徽	3.4	3.2	4.0	3.5	3.3
福　建	3.5	2.3	1.9	2.4	3.7
江　西	1.2	1.4	1.1	1.4	1.2
山　东	7.9	7.5	6.1	5.8	8.3
河　南	4.3	4.4	1.8	1.9	4.8
湖　北	3.8	4.5	3.8	4.6	3.6
湖　南	2.9	3.3	3.1	3.3	2.9
广　东	14.2	12.1	6.5	8.3	15.6
广　西	1.2	1.3	2.4	2.9	0.8
海　南	0.2	0.2	0.3	0.2	0.2
重　庆	1.5	1.7	1.6	1.7	1.4
四　川	3.1	3.9	5.3	4.8	2.7
贵　州	0.7	0.8	1.4	0.8	0.6
云　南	0.8	1.1	2.2	1.9	0.6

续表

地　区	R&D人员全时当量	研究人员	基础研究	应用研究	试验发展
西　藏	0.0	0.1	0.2	0.1	0.0
陕　西	2.6	3.8	3.6	4.2	2.4
甘　肃	0.7	1.0	1.7	1.3	0.6
青　海	0.1	0.2	0.3	0.3	0.1
宁　夏	0.2	0.2	0.6	0.3	0.2
新　疆	0.4	0.7	1.2	1.0	0.3

数据来源：国家统计局、科技部，《中国科技统计年鉴（2014）》。

（二）活动类型分布

2013年我国R&D人员中，从事基础研究的人员为22.3万人年，占6.3%；从事应用研究的有39.6万人年，占11.2%；从事试验发展的有291.4万人年，占82.5%（图5-6）。

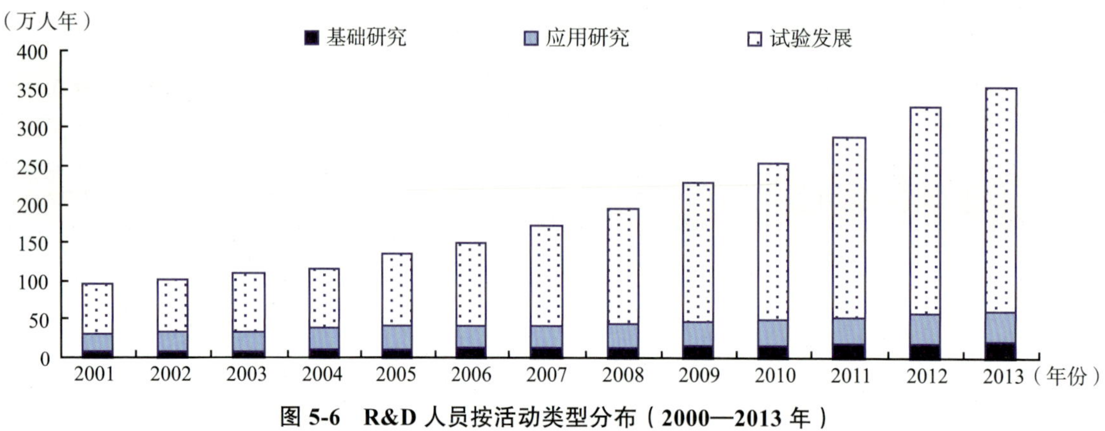

图5-6　R&D人员按活动类型分布（2000—2013年）

试验发展人员数量比重不断提高。与2012年相比，2013年试验发展人员增加了26.1万人年，增长9.9%。自2006年以来，试验发展人员共计增加了180.26万人年，年均增长24%。2013年科学研究人员从2005年的43.1万人年增加到59.6万人年，净增16.5万人年，年均增长率5.6%，低于试验发展人员增长率；试验发展人员所占比重逐年增长，基础研究人员和应用研究人员比重逐年下降，分别从2006年的8.7%和20%下降到2012年的6.3%和11.2%。

基础研究和应用研究人员主要集中在高校和院所、试验发展人员集中在企业。从三类R&D活动人员的分布看，研究机构、高等学校和企业发挥着不同的作用。表5-4显示：①我国基础研究活动人员主要集中在高等学校。2013年高等学校的基础研究人员占全国的比重最高为65.9%；研究机构占 27.3%；企业基础研究活动人员较少，只占全国的 1.3%；②试验发展活动人员主要集中在企业，且集中度逐年提高。企业试验发展人员占全国的比重从 2000 年的 70.7%增加到 2013 年的 92%，达历史最高；③应用研究活动人员主要分布在高等学校和研究机构，两者合计占比达 73%。但企业应用研究人员达到 5.6 万人年，比 2012 年增加 1.6 万人年，增长 39%，占全国总量的比重达到 14.1%，企业科学应用研究力量不断增强。

表 5-4 我国 R&D 人员按活动类型与执行部门分布（2013 年）

执行部门	合 计		研究机构		高等学校		企 业		其 他	
	万人年	占比（%）	万人年	占比（%）	万人年	占比（%）	万人年	占比（%）	万人年	占比（%）
合 计	353.3	100	36.4	10.3	32.5	9.2	274.1	77.6	10.4	2.9
基础研究	22.3	100	6.1	27.4	14.7	65.9	0.3	1.0	1.3	5.8
应用研究	39.6	100	13.0	32.8	15.9	40.2	5.6	14.1	5.1	12.9
试验发展	291.4	100	17.3	5.9	1.9	0.7	268.2	92	4.0	1.4

数据来源：国家统计局、科技部，《中国科技统计年鉴（2014）》。

从执行部门 R&D 人员活动类型看，研究机构、高等学校和企业对三类 R&D 活动有着不同的偏好和分工定位，在人力投入上有各自的特点。具体表现在：①高等学校偏重于科学研究（即应用研究和基础研究），2000 年以来高等学校投入到科学研究活动的人力数量和比重一直在增长。2013 年投入科学研究活动的人力比重达到 94.2%，为历史最高；②企业继续重视试验发展活动，投入的人力最多，2012 年所占比重达到 97.8%，而对基础研究活动的投入多年稳定在约 0.2 万人年。应用研究人员占企业总量的 2.0%；③研究机构对科学研究的人力投入相对稳定，近几年科学研究的人力比重保持在 52%左右，试验发展人员约占 48%。

（三）执行部门分布

企业已成为我国 R&D 活动的主体。2013 年，我国 R&D 人员在三大执行部门的分布情况是：企业占 77.6%，研究机构占 10.3%，高等学校占 9.1%，其他事业单位占 2.9%（表 5-5）。研究机构和高等学校的 R&D 人员逐年增加，但所占比重下降，2013 年比上年分别减少了 0.3 和 0.5 个百分点。企业 R&D 人员总量保持增长，所占比重仍在逐年增加。2013 年，企业 R&D 人员占比较上年增加了 1.0 个百分点。从绝对数量看，企业 R&D 人员增加了 25.5 万人年，占全国 R&D 人员增量（28.6 万人年）的 89%。

表 5-5 R&D 人员按执行部门分布（2000—2013 年）

年份	合计		研究机构		高等学校		企业		其他	
	万人年	占比（%）	万人年	占比（%）	万人年	占比（%）	万人年	占比（%）	万人年	占比（%）
2000	92.2	99.8	22.7	24.6	15.9	17.2	48.1	52.1	5.3	5.8
2001	95.7	100.0	20.5	21.4	17.1	17.9	53.2	55.6	4.8	5.0
2002	103.5	100	20.6	19.9	18.1	17.5	60.1	58.1	4.6	4.5
2003	109.5	100	20.4	18.6	18.9	17.3	65.6	59.9	4.6	4.2
2004	115.3	100	20.3	17.6	21.2	18.4	69.7	60.5	4.0	3.5
2005	136.5	100	21.5	15.8	22.7	16.6	88.3	64.7	3.9	2.9
2006	150.2	100	23.2	15.4	24.3	16.1	98.8	65.7	4.0	2.7
2007	173.6	100	25.6	14.7	25.4	14.6	118.7	68.4	4.0	2.3
2008	196.5	100	26.0	13.2	26.7	13.6	139.6	71.0	4.3	2.2
2009	229.1	100	27.7	12.1	27.5	12.0	164.8	71.9	9.1	4.0
2010	255.4	100	29.3	11.5	29.0	11.3	187.4	73.4	9.7	3.8
2011	288.3	100	31.6	11.0	29.9	10.4	216.9	75.2	9.9	3.4
2012	324.7	100	34.4	10.6	31.4	9.7	248.6	76.6	10.3	3.2
2013	353.3	100	36.4	10.3	32.5	9.2	274.1	77.6	10.4	2.9

注：其他是指政府部门所属的从事科技活动但难以归入研究机构的事业单位。

数据来源：国家统计局、科技部，《中国科技统计年鉴（2014）》。

R&D 人员的执行部门分布特征反映了各国创新系统的特点和差异。根据这些特点和差异，可以把世界主要国家大致分为以下三类。

第一类是企业研发力量相对较强的国家，这些国家企业的 R&D 人员占有较大份额。美国是世界上企业 R&D 人员占全国的比重最高的国家，2002 年该比重就达到 79.9%。中国和韩国紧随其后，中国 2012 年企业的 R&D 人员达到 76.6%，韩国为 70.4%。其他多数经济合作与发展组织（OECD）成员国如日本、加拿大、德国、法国和芬兰等国以及俄罗斯和新加坡的企业 R&D 人员占全国总量的比重也多在 50% 以上（表 5-6）。

第二类是高等学校研发力量相对较强的国家，这些国家高等学校 R&D 人员占比大。这类国家有：斯洛伐克、葡萄牙、希腊、波兰、英国、新西兰和澳大利亚等。斯洛伐克、葡萄牙、希腊和波兰 R&D 人员比重高达 50% 以上。英国、新西兰和澳大利亚的高校 R&D 人员所占比重也分别达到

48.6%、48.3%和 44.9%。

第三类是研究机构研发力量相对较强的国家，这类国家研究机构 R&D 人员占全国的比重大。阿根廷和罗马尼亚属于这一类型。阿根廷研究机构 R&D 人员比重高达 47.7%。

表 5-6 R&D 人员在执行部门分布的国际比较 单位：%

国家	年份	合计	企业	高等学校	研究机构	其他
中国	2013	100	77.6	9.2	10.3	2.9
美国[a]	2002	100	79.9	16.5[b]	3.6	
韩国	2011	100	70.4	20.3	7.8	1.5
日本	2011	100	69.2	22.1	7.2	1.4
加拿大	2010	100	61.5	28.9	9.0	0.6
德国	2011	100	61.3	22.1	16.6	0.0
法国	2010	100	58.7	27.1	12.8	1.4
芬兰	2011	100	57.2	29.1	12.6	1.1
俄罗斯	2011	100	52.4	14.4	32.9	0.2
新加坡	2011	100	52.3	39.9	7.8	0.0
土耳其	2011	100	48.9	38.4	12.7	0.0
墨西哥	2007	100	48.9	28.3	20.3	2.5
英国	2011	100	44.2	48.6	5.3	1.9
西班牙	2011	100	41.8	37.6	20.4	0.2
澳大利亚	2008	100	39.2	44.9	12.4	3.5
南非	2009	100	38.9	38.4	21.6	1.0
新西兰	2011	100	37.0	48.3	15.1	0.0
罗马尼亚	2011	100	33.6	29.8	35.9	0.6
希腊	2007	100	32.5	54.0	12.9	0.6
葡萄牙	2011	100	26.7	56.7	6.2	10.5
波兰	2011	100	22.9	51.8	25.1	0.1
斯洛伐克	2011	100	18.0	59.1	22.7	0.3
阿根廷	2011	100	12.6	37.7	47.7	1.9

a 为 R&D 研究人员数据；b 含其他。

数据来源：OECD, Main Science and Technology Indicators, June 2013.

中国企业 R&D 人员占多数的结构特点与多数市场经济国家相类似。中国企业研发力量所占比重在逐年上升。这表明中国“以市场为导向，企业为主体，产学研结合”的技术创新体系建设取得了重大进展。

专栏：中央企业 R&D 人员队伍

截至 2012 年年底，113 家中央企业共有科技人才 1333016 人，占中央企业人才总量的 12.50％。男性 965170 人，占 72.40％；女性 367846 人，占 27.60％。35 岁及以下 724871 人，占 54.38％，36—40 岁 200297 人，占 15.04％；41—45 岁 169352 人，占 12.70％；46—50 岁 145713 人，占 10.93％；51—54 岁 53073 人，占 3.98％；55—59 岁 37292 人，占 2.80％，60 岁及以上 2418 人，占 0.17％。研究生及以上学历 209963 人，占 15.75％；大学本科学历 720339 人，占 54.04％；大学专科学历 284264 人，占 21.32％；中专及以下学历 118450 人，占 8.89％。

中央企业拥有高层次科技人才 6216 人，中科院和工程院院士 219 人，有突出贡献的中青年科学、技术、管理专家 479 人，享受国务院政府特殊津贴人员 4858 人，新世纪百千万人才工程国家级人选 454 人，国家科技奖项负责人 1187 人。16 个国家重大科技专项，中央企业参与了 15 个；“863 计划”的参与率达到 29.5％，科技支撑计划参与率达到 23.3％，基础研究领域“973 计划”中，参与率也达到 13.5％。中央企业在载人航天、绕月探测、深海钻井平台、深潜探测、特高压、4G 标准、高速动车等重点领域和重大工程项目中取得了一大批具有自主知识产权和国际先进水平的成果，极大地推动了企业自主创新能力的提升，成为我国科技创新的典范。

资料来源：国资委

专栏：中科院人才队伍

截至 2012 年年底，中科院全院事业单位职工共 7.40 万人，其中，在册正式职工 6.47 万人，博士后 0.39 万人，客座研究人员 0.36 万人，其他人员 0.18 万人。在读研究生 5 万余人。全院在册正式职工中，专业技术人员 52600 人，占 81.3％。专业技术人员平均年龄 37.4 岁，其中，35 岁及以下人员占专业技术人员总数的 54.9％，45 岁及以下人员占 77.8％。全院专业技术人员中，具有大学及以上学历的占 89.2％，具有研究生学历的人员占 68.7％，比 2008 年增长了近 15 个百分点；具有硕士学位的人员占 26.7％，具有博士学位的人员比例由 2008 年的 31.4％上升至 41.7％。高级专业技术人员由 2008 年的 14156 人增加至 21210 人，占专业技术人员总数的 40.3％，其中，正高级专业技术人员 7849 人，占专业技术人员总数的 14.9％。

在中科院系统内工作的中科院院士291人，工程院院士57人，“国家最高科技奖”获得者8人，国家“973计划”首席科学家270人，“国家杰出青年科学基金”获得者965人，中科院已成为我国高层次创新型科技人才的高地。

35岁及以下青年科技人员共28862人，具有博士学位的占38.2%，具有硕士学位的占38.5%；具有正高级专业技术职务的有411人，占1.4%；副高级专业技术职务的有4429人，占15.3%。共有博士后设站单位107个，科研流动站189个，占全国流动站总数的7%，累计招收博士后13609人。目前在站博士后3933人，在站的外籍博士后125人，分别来自41个国家。

资料来源：中科院

专栏：高校R&D人员队伍

截至2012年年底，全国从事大专以上教学、研究与试验发展的高等学校1036所，拥有教学与科研人员861169余人，其中研究与发展人员347861人（全时人员208657人/年），R&D成果应用及科技服务人员42896人（全时人员25721人/年）。

按学校隶属划分，中央部门所属院校88所（部委隶属院校27所，教育部直属高校61所），拥有教学与科研人员247654人，其中研究与发展人员125619人（全时人员75365人/年），R&D成果应用级科技服务人员18797人（全时人员11177人/年）；地方院校948所，拥有教学与科研人员613515人，研究与发展人员222242人（全时人员133292人/年），R&D成果应用及科技服务人员24099人（全时人员14444人/年）[①]。

从高校类别来看，工科院校教育与科研人员数量最多，达到272076人，其次为综合大学（263446人）和医科院校（204509人），师范院校和农林院校较少，分别为58177人和47865人。

从研发人员所占比例来看，部委院校研发人员约占教学科研人员总数的63.9%，教育部直属院校为48.9%，地方院校为36.2%。从学校类型进行划分，在工科院校，研发人员占教学科研人员总数的42.3%，综合大学占43.2%，医科院校占32.3%。

按照地区划分，北京、江苏、广东、湖北、上海的教学与科研人员总数排在全国前五位，分

① 根据《教育统计年鉴》，到2012年年底，我国共有普通高等学校2442所，其中中央部门（含教育部）所属院校113所。这些院校里包括本科院校1145所、高职院校1297所和成人高等学校348所。去除文科院校，从事大专以上教学、研究与实验发展的高等学校共计974所。根据《2012年高等学校科技统计资料汇编》，教学与科研人员指高等学校在册职工在统计年度内，从事大专以上教学、研究与发展、成果应用及科技服务工作人员以及直接为上述工作服务的人员，包括统计年度内从事科研活动累计工作时间一个月以上的外籍和高教系统以外的专家和访问学者。研究与发展人员指统计年度内，从事研究与发展工作时间占本人教学、科研总时间10%以上的“教学与科研人员”。全时人员指在统计年度内，从事研究与发展（包括科研管理）或从事研究与发展成果应用、科技服务工作时间占本人全部工作时间90%以上的人员，即工作时间在9个月以上的人员。寒暑假和加班工作时间不计，一年按10个月计。

别为68072人、61937人、54841人、47792人和45339人，5地区总计占全国总数的32.3%。但是，上述五省市所属地方院校教学与科研人员占比排序则为江苏70.9%，广东65.1%，湖北49.4%，北京41.2%，上海31.9%，可以看出，北京和上海的中央和部属院校科研人员数量较多。

资料来源：教育部

（四）性别分布

我国女性R&D人员占到1/4，企业和东部地区最多。2013年中国R&D人员501.8万人，其中女性125.0万人，占比24.9%，比2009年提高了0.1个百分点（表5-7）。企业女性R&D人员2013年达到76.7万人，占全国女性R&D人员总数的61.3%（图5-7）。企业R&D人员中，女性占20.7%，在三大执行部门中所占比例最低。研究与开发机构、高等学校的女性R&D人员所占比例分别为32.7%和38.7%，比2009年分别提高0.8个和6.4个百分点。

在地区分布方面，61%的女性R&D人员分布在东部地区，达76.2万人，中部和西部地区女性R&D人员人数分别为20.6万人、18.6万人，占全国女性R&D人员总数的16.5%和14.9%，东北地区女性R&D人员人数为9.6万人，全国总数的7.7%。从四大板块区域内部看，东部、中部、西部和东北部地区R&D人员中女性所占比例分别为24.4%、23.0%、27.4%、30.1%，东北部和西部地区的女性R&D人员所占比例要高于东部和中部地区。

表5-7　中国R&D人员性别结构分布

项　目	R&D人员（人）		女性（人）		女性人数占比（%）	
	2013年	2009年	2013年	2009年	2013年	2009年
全　国	5018218	3183687	1250289	788977	24.9	24.8
按执行部门分						
企　业	3712375	2185241	766988	455192	20.7	20.8
研究与开发机构	409032	323034	133880	102903	32.7	31.9
高等学校	715430	509366	277034	164706	38.7	32.3
其　他	181381	166046	72387	66176	39.9	39.9
按地区分						
东部地区	3124633	1897742	762224	463902	24.4	24.4
中部地区	896790	562253	206124	125286	23.0	22.3
西部地区	678101	475203	186038	129379	27.4	27.2
东北地区	318694	248455	95903	70406	30.1	28.3

数据来源：国家统计局、科技部，《中国科技统计年鉴（2014）》。

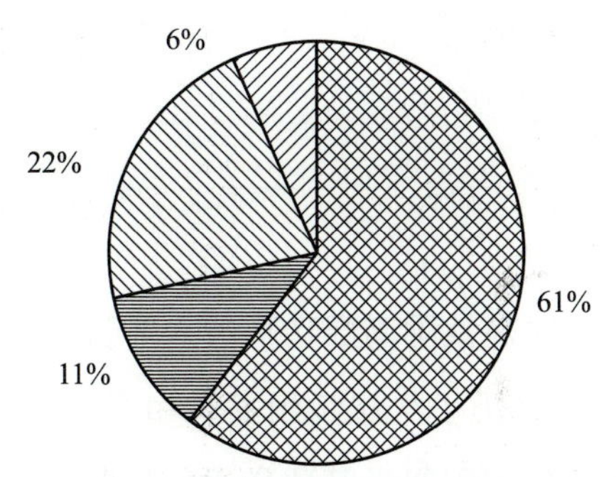

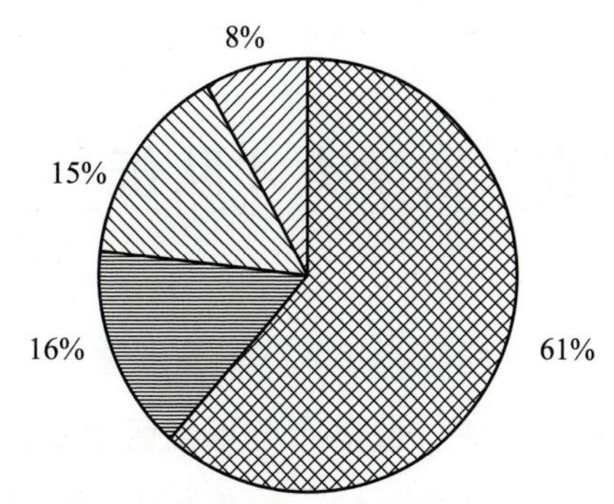

图 5-7 中国女性 R&D 人员按执行部门和地区分布（2013 年）

与世界主要国家相比，中国和日本、韩国等亚洲地区女性 R&D 人员所占比例普遍要比欧洲、美洲国家低。中国女性 R&D 人员所占比例在亚洲四个国家或地区最高，达到 25%，日本最低为 14%。欧盟国家女性 R&D 人员所占比例大多在 30% 以上，其中罗马尼亚女性 R&D 人员所占比例达到 46.1%。南美洲的阿根廷女性 R&D 人员所占比例超过一半，达 52.7%（表 5–8）。

表 5-8 各个国家或地区研究人员的性别比例（2011 年）

国　家	女性人数所占比例（%）	国　家	女性人数所占比例（%）
中　国	25.0	挪　威	36.2
日　本	14.0	斯洛文尼亚	36.4
韩　国	17.3	英　国*	38.3
法　国	25.6	西班牙*	38.4
捷　克	28.2	波　兰	38.6
新加坡	29.2	俄罗斯*	41.7
匈牙利	31.7	斯洛伐克	42.6
芬　兰	32.1	爱沙尼亚	43.7
爱尔兰	32.4	罗马尼亚	46.1
土耳其	35.6	阿根廷	52.7

注：中国数据为 R&D 人数，其他国家或地区数据为研究人员数量；法国数据为 2010 年数据。

数据来源：中国科技统计年鉴，OECD, Main Science and Technology Indicators, June 2013.

第三节　留学人才队伍

出国留学成为培养科技人才的重要途径，留学回国人才是我国高层次科技人才资源的重要组成部分。改革开放以来，我国十分重视留学工作，出国留学经历了从起步到发展和不断完善的过程，当前，我国已经逐步建立起一整套与社会经济发展相适应的出国留学管理和运行机制，基本形成公派出国留学为主导、自费出国留学为主体的格局。近年来，我国出国留学尤其是自费出国留学蓬勃发展。并且，随着我国社会经济的快速发展、创新就业环境的不断改善以及留学人才回国工作鼓励与资助政策的推动，留学回国人员的数量也在快速上升。

一、出国留学人员

（一）出国留学人员总数

我国已经成为全球最大留学生输出国。改革开放以来，我国出国留学人员数量逐渐增长。2000 年后，随着中国对外开放程度的不断增大，需要更多具有国际视野和海外经营管理能力的人才。当前我国社会经济发展已经到达转型阶段，创新经济发展和产业结构升级对人才提出了更高的要求，社会受教育者对优质教育的需求也不断增强。出国留学成为越来越多学生和家庭的选择。1992 年，我国将“支持留学，鼓励回国，来去自由”作为出国留学工作总方针，对出国留学、回

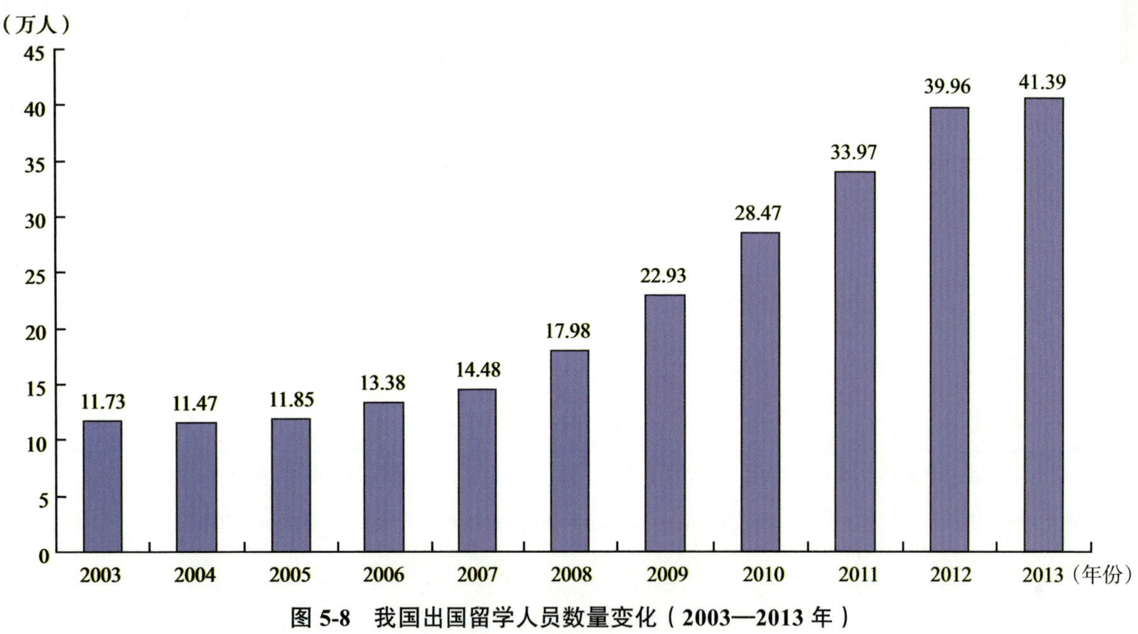

图 5-8　我国出国留学人员数量变化（2003—2013 年）

数据来源：教育部年度留学人员情况统计。

国工作起到了极大的推动作用。1978—1999年，我国出国留学人员总数为33.38万人，2000—2012年的出国留学人员总数达231.09万人，是前20年的近7倍。2007年以来，我国出国留学人数增长尤其迅速。2007—2013年，我国出国留学人员由14.48万人增长到41.39万人，5年间增长近1.9倍，年均增长率达19.1%。截至2013年年底，以留学生身份出国，在外的留学人员达161.38万人，其中107.51万人正在国外进行相关阶段的学习和研究①（图5-8）。

（二）出国留学渠道

从出国留学的渠道来看，我国留学大潮的掀起始于公派留学。20世纪50—60年代，我国向前苏联派出了1万多名留学生，向东欧等社会主义国家派出了1000多名留学生，1956年起又决定向与我国建交的西方国家和周边国家派遣留学生。1978年，邓小平提出要把派遣留学人员作为实行对外开放的一个重要措施，做出了扩大派遣留学生的重要部署。此后10年间，以公派生为主流的留学生被派向美、英、日、德、法以及加拿大、比利时等国家，每年派出的数量达3800人，超过了改革开放初期提出的每年派出3000人的目标。随着公派留学的发展，政策也在不断调整，2006年以前，国家公派留学的资助对象主要是进修生、访问学者和高级访问学者等，2006年以后，国家开始加大研究生的选派力度。2007年，政府开始实施“国家建设高水平大学公派研究生项目”，计划从2007—2011年国家每年将从49所重点高校中选派5000名研究生，有计划、成规模地送往国外一流大学学习，该项目是新中国成立以来最大规模的公派研究生项目。2003—2013年，我国公派留学人员（包括国家公派和单位公派）由0.81万人增长到2.99万人。

公派人员数量平稳增长，仍无法满足人们高涨的出国热情，自费申请留学人员日益增多。1984年以前，国家对自费出国留学人员的审查比较严格，对象仅限于高中毕业生出国读本科和大学本科毕业生出国读研究生（不包括在校研究生），且规定了自费出国留学的年龄限制以及对自费出国留学人员进行政治审查等。1984年12月《国务院关于自费出国留学的暂行规定》指出“凡我国公民通过正当合法手续取得外汇资助或国外奖学金，办好入学许可证件的，不受学历、年龄和工作年限的限制，均可申请自费到国外上大学（专科、本科）、做研究生或进修”，放宽了申请自费留学的条件。1985年，国家取消了“自费出国留学资格审核”，中国向外派留学生的大门完全打开，全国的“出国热”迅速升温。1986年起，自费留学生人数开始超过国家公派与单位公派留学人数之和。2002年，为了支持自费留学，教育部报请国务院批准，不再对具有大学以上学历的自费出国人员收取高等教育培养费。2003年，国家留学基金管理委员会设立“国家优秀自费留学生奖学金”项目，奖励优秀自费留学人员在学业上取得的优异成绩。2007年以来，自费留学人员数量快速发展，2007年为12.9万人，2013年达38.43万人，年均增长20%。2003—2013年，我国自费留学生人员数量一直占总数的90%上下，2012年达到此期间最高值93.7%，2013年为92.8%（表5-9）。

---

① http：//www.moe.gov.cn/publicfiles/business/htmlfiles/moe/s7204/201302/148024.html.

2013 年度我国出国留学人员总数为 41.39 万人，其中：国家公派 1.63 万人，单位公派 1.33 万人，自费留学 38.43 万人。

表 5-9 我国不同渠道出国留学人员数量变化（2003—2013） （单位：万人）

	2003 年	2004 年	2005 年	2006 年	2007 年	2008 年	2009 年	2010 年	2011 年	2012 年	2013 年
国家公派	0.3	0.35	0.4	0.56	0.89	1.14	1.2	—	1.28	1.35	1.63
单位公派	0.51	0.69	0.8	0.75	0.70	0.68	0.72	—	1.21	1.16	1.33
自费留学	10.92	10.43	10.65	12.07	12.90	16.16	21.01	—	31.48	37.45	38.43
总计	11.73	11.47	11.85	13.38	14.48	17.98	22.93	28.47	33.97	39.96	41.39

数据来源：根据教育部年度留学人员情况统计。

二、留学回国人员

留学回国人员是高层次科技人才的重要来源。据人社部统计，81%的中科院院士、54%的工程院院士、72%的“九五”期间国家“863 计划”首席科学家是留学回国人员；教育部直属高校近 80%的校长由留学归国人员担任。目前，由留学人员创办的企业总数超过万家，在全国各地留学人员创业园中，处于孵化阶段的留学人员创业企业超过 8000 家。

为了防止人才流失，自改革开放以来我国先后采取了不同的措施，主要方向由严格审查、限制人员出国留学变成鼓励出国留学、创造条件吸引留学人员回国。当前，我国经济高速发展，国际地位不断提高，国内就业环境日渐改善，鼓励留学人员回国工作的政策体系不断完善，如建立留学人员回国就业的信息渠道（如“留学信息网”等）、启动留学回国人员资助项目（如“春晖计划”等）、出台留学回国人员创业优惠政策（如“留学创业园”优惠政策等）、开通留学回国人员工作绿色通道（如 2007 年《关于建立海外高层次留学人才回国工作绿色通道的意见》对高层次留学人才回国的报酬、申报项目、职称和职业资格评定、知识产权保护、配偶就业、子女入学以及入出境及居留便利等方面都做出相应规定）等措施。2013 年度各类留学回国人员总数为 35.35 万人，其中：国家公派 1.19 万人，单位公派 1.01 万人，自费留学 33.15 万人（表 5-9）。2007 年以来，留学回归人员年均增长率达 57.4%（图 5-9）。

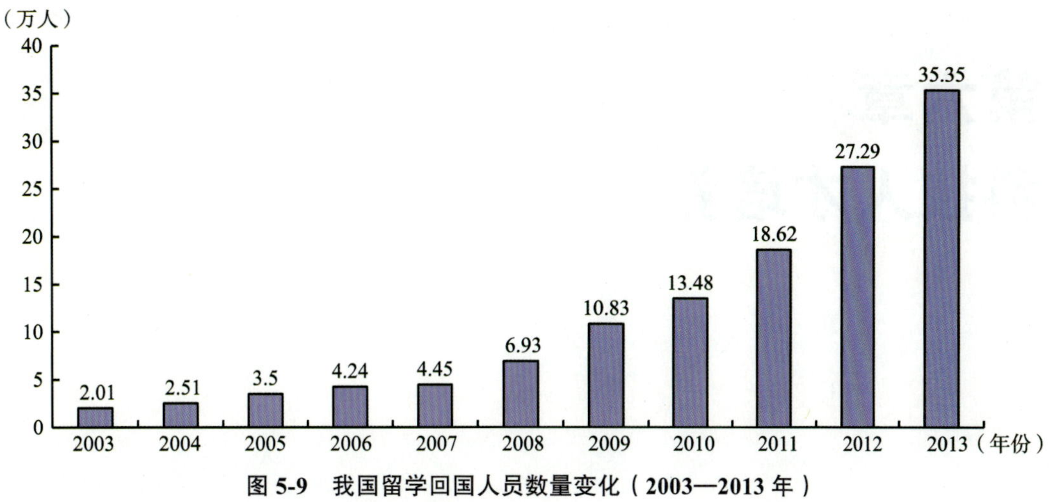

图 5-9 我国留学回国人员数量变化（2003—2013 年）

数据来源：教育部年度留学人员情况统计。

1978—2013 年，我国出国留学人员总数达 305.86 万人，留学回国人员总数为 144.48 万人，总计 72.8% 的留学人员学成后选择回国发展，表明我国现在的社会经济环境对留学人员越来越具有吸引力和竞争力。

第六章 科技人才培养

第一节 高等学校科技人才培养

我国高等教育体系包括全日制高等教育和非全日制高等教育，全日制高等教育主要由普通高校承担，非全日制高等教育的主要形式有电大、高等教育自学考试、网络学院、继续教育学院（包括夜大、函授和网络等形式）及成人高校。

我国高等教育发展十分迅速。1998 年，我国高等教育毛入学率为 9.76%，之后的扩招使高等教育毛入学率快速上升，2002 年达到 15%，进入高等教育大众化阶段。经过 10 年的发展，2013 年，我国高等教育毛入学率达到 34.5%，其中北京、上海和天津的高等教育毛入学率已经超过 50%，进入高等教育普及化阶段。

2013 年，我国共有普通高校和成人高校 2788 所，从事大专以上教学、研究与试验发展的高等学校 1036 所。其中，普通高校 2491 所（含独立学院 292 所），比 1998 年增加 1469 所；成人高校 297 所，比 1998 年减少 665 所。在普通高校中，本科院校 1170 所，比 1998 年增加 579 所；高职（专科）院校 1321 所，比 1998 年增加 890 所。随着网络环境的变化，为了充分发挥网络的各种教育功能和丰富的网络教育资源优势，当前我国已开设 68 所网络学院进行远程教育试点。

一、本专科学生培养

（一）本专科学生培养规模

我国高等教育招生规模逐年扩大。1998 年，全国（包括普通高校、成人高校和网络学院在内）共招收本专科学生 208.5 万，2013 年达 1176.2 万人，年均增长 12.2%。这 10 多年间尤以 1998—2002 年增长最为迅速，年均增长率达 29.5%，2004 年以后增长速度逐渐放缓，年均增长率为 5.1%。尽管增速放缓，但由于基数巨大，高等教育招生规模仍不断扩大。与本科相比，专科招生规模较大，但增速不如本科。1998 年，本科招生规模为 76.63 万人，2013 年增至 565.69 万人，年均增长 14.3%；1998 年，专科招生规模为 131.87 万人，2013 年增至 610.51 万人，年均增长 10.8%（图 6–1）。

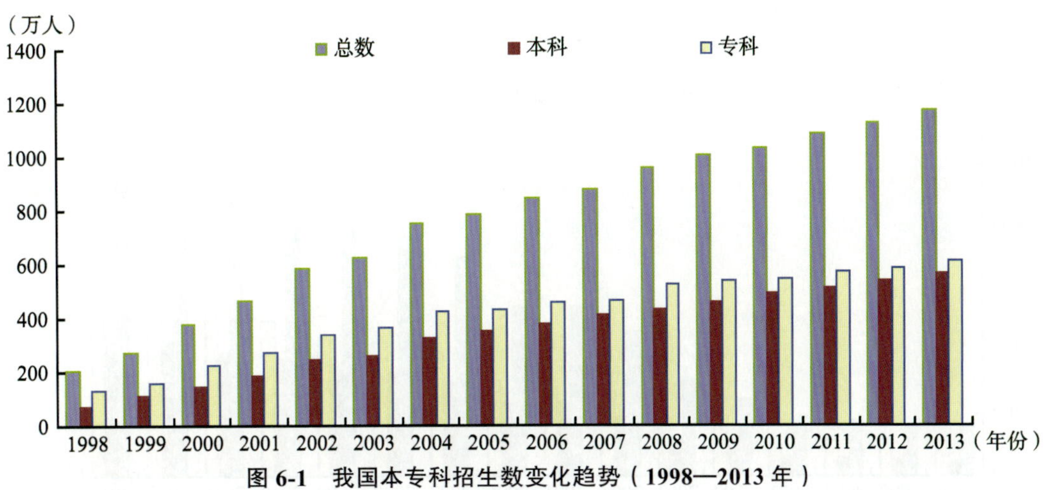

图 6-1　我国本专科招生数变化趋势（1998—2013 年）

数据来源：《教育统计年鉴（1998—2013 年）》。

本专科在校生数量迅速增长，我国已成为全球高等教育规模最大的国家。1998 年我国高等教育拥有本专科在校生 623.09 万人，2002 年增至 1570.74 万人，年均增长 26%。此后随着招生规模增速的放缓，在校生规模增速也逐渐放缓。2013 年，我国高等教育本专科在校生达 3709.13 万人（不含正在参加高等教育自学考试学习的人员），其中本科生 1977.4 万人，专科生 1731.72 万人，是全球高等教育规模最大的国家（图 6–2）。

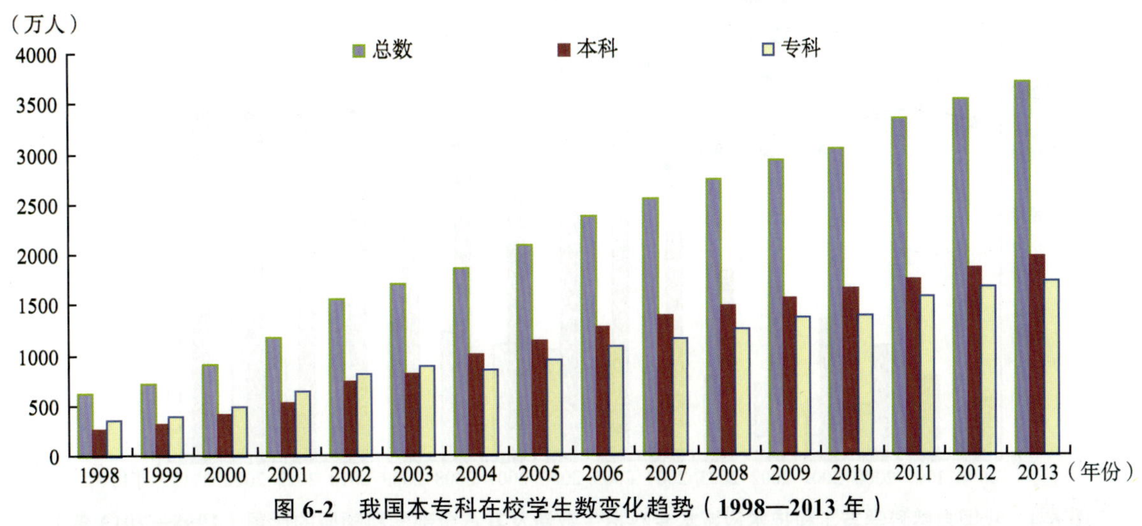

图 6-2　我国本专科在校学生数变化趋势（1998—2013 年）

数据来源：《教育统计年鉴（1998—2013 年）》。

第三部分

2013年全国（包括普通高校、成人高校和网络学院）本专科毕业生共994.57万人，比1998年增长5倍，年均增长12.7%。其中，本科毕业生454.76万人，比1998年增长近8.3倍，年均增长16%；专科毕业生524.51万人，比1998年增长3.6倍，年均增长10.7%。总体而言，近年本专科毕业生增长趋势放缓，其中，专科毕业生数量一直超过本科毕业生，但增速低于本科毕业生增速（图6-3）。

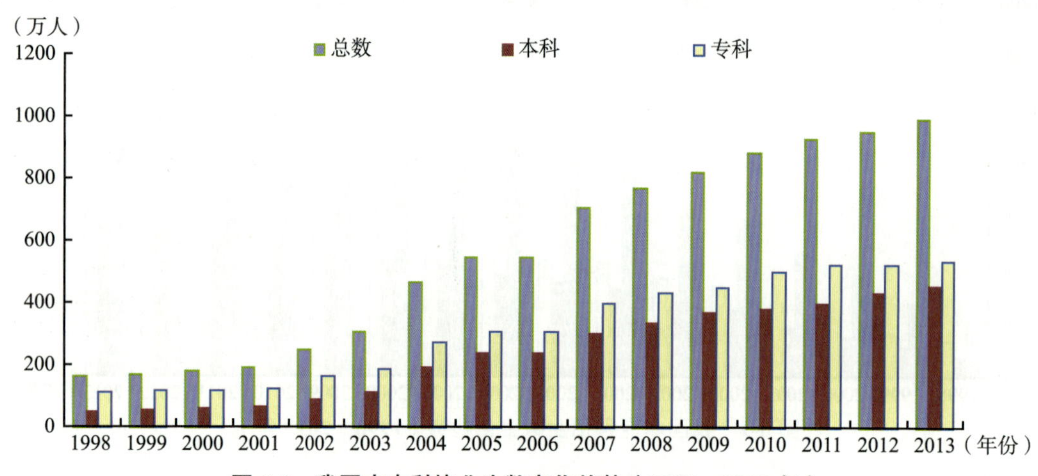

图6-3 我国本专科毕业生数变化趋势（2002—2013年）

数据来源：《教育统计年鉴（1998—2013年）》。

（二）本专科学生培养结构

自然科学与工程技术领域培养的学生是高层次科技人才的主要来源。1998—2013年，自然科学与工程技术领域本专科招生数量（包括普通本专科、成人本专科和网络本专科）总体呈现增长趋

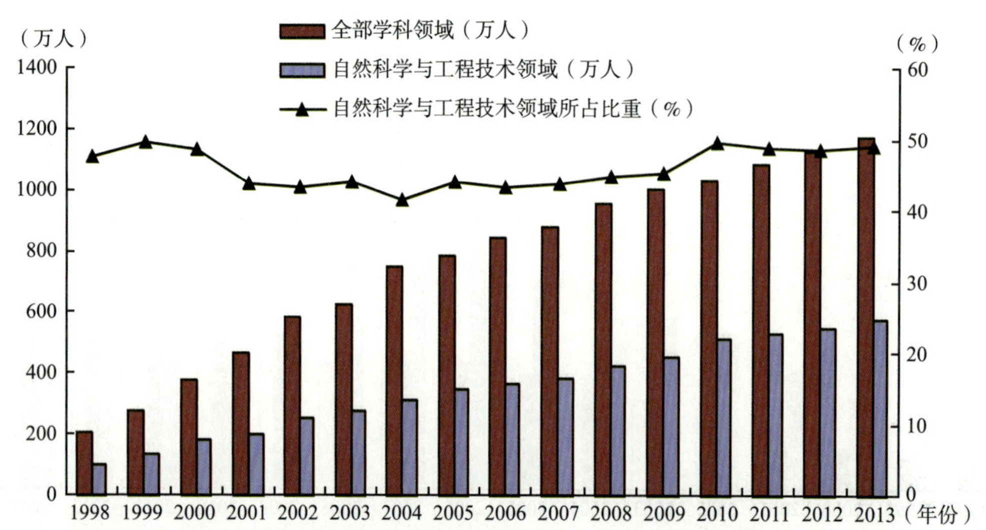

图6-4 我国自然科学与工程技术领域本专科招生数量及其占全部学科领域的比重（1998—2013年）

数据来源：《教育统计年鉴（1998—2013年）》。

势。1998 年，自然科学与工程技术领域本专科招生数量为 99.11 万人，2013 年增至 577.1 万人，年均增长 12.5%。自然科学与工程技术领域本专科招生全部学科领域本专科招生数量的比重比较稳定，保持在 40%—50%，呈现下降后重新回升的趋势（图 6-4）。

工学招生数量居首，医学招生增速最快，理学所占比重下降。1998 年以来，自然科学与工程技术领域本专科招生数量稳步增长，但不同学科增速差异较大。2013 年，工学招生数量仍然最多，为 542.93 万人；其次是医学，为 123.8 万人；理学和农学分别为 30.53 万人和 23.63 万人。1998—2013 年，理工农医招生总体呈现增长趋势，其中，医学招生增速最快，年均增长 15.3%，其次为工学 13.8%，农学和理学分别为 10.8% 和 4.5%。1998—2013 年全国自然科学与工程技术领域本专科招生中，工学所占比重最大，除了 2002 年为 59.5%，其他年份一直保持在 60% 以上，总体呈现先下降后上升的趋势，2008 年 70.9%，之后略有回落，2013 年为 69.2%；理学所占比重总体呈现下降趋势，1998 年为 15.8%，2013 年下降到 5.3%；医学所占比重总体呈现上升趋势，由 1998 年的 14.7% 上升到 2013 年的 21.5%；农学所占比重最小，一直保持在 6% 以内，2013 年为 4.1%（图 6-5）。

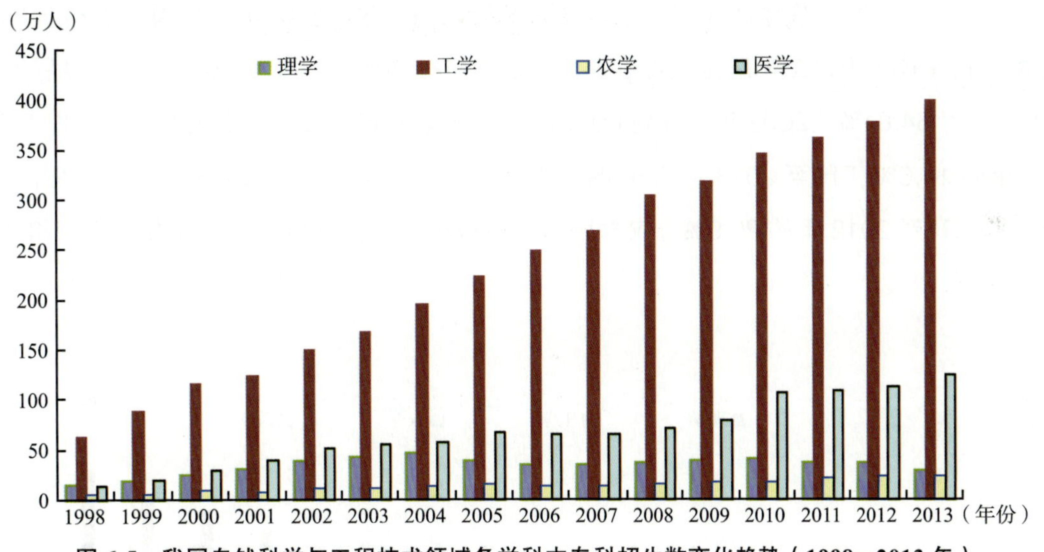

图 6-5　我国自然科学与工程技术领域各学科本专科招生数变化趋势（1998—2013 年）

数据来源：《教育统计年鉴（1998—2013 年）》。

1998—2013 年，自然科学与工程技术领域本专科在校生数量总体呈现增长趋势，从 1998 年的 317.42 万人增长到 2013 年的 1809.51 万人，年均增长 12.3%，自然科学与工程技术领域本专科在校生全部学科领域本专科在校生数量的比重保持在 40%—55%，总体呈现先下降后上升的趋势，其中 1998 年该比重为 50.9%，2006 年下降到 44.2%，2013 年重新回升到 48.8%（图 6-6）。

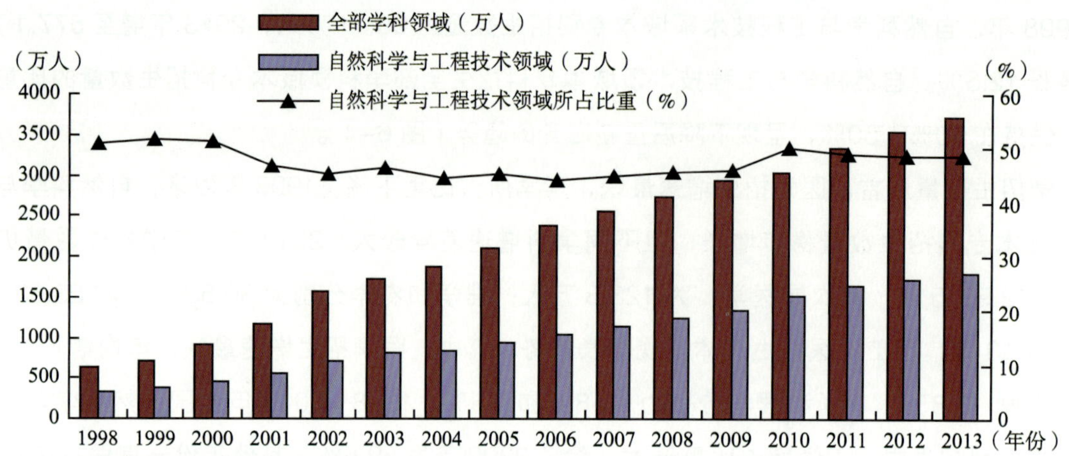

图 6-6 我国自然科学与工程技术领域本专科在校生数量及其占全部学科领域的比重（1998—2013 年）

数据来源:《教育统计年鉴（1998—2013 年）》。

工学本专科在校生数量最多，且占自然科学与工程技术领域的比重最大，医学增长最快。2013 年，工学本专科在校生数量仍然最多，为 1240.19 万人；其次是医学，为 378.64 万人；理学和农学分别为 114.9 万人和 75.8 万人。1998—2013 年，医学本专科在校生数量年均增长 14.3%，工学为 12.7%，农学为 11.3%，理学为 6.3%。1998—2012 年，全国自然科学与工程技术领域本专科在校生中，工学所占比重最大，一直保持在 60% 以上，总体呈现先下降后上升的趋势，1998 年为 64.61%，2002 年下降到 60.5%，2013 年为 68.5%；理学所占比重呈现下降趋势，由 1998 年的 14.6% 下降至 2013 年的 6.3%；医学所占比重总体在起伏中呈现上升趋势，由 1998 年的 16 % 上升到 2012 年的 20.9%；农学所占比重最小，一直保持在 5% 以内，2012 年为 4.2%（图 6-7）。

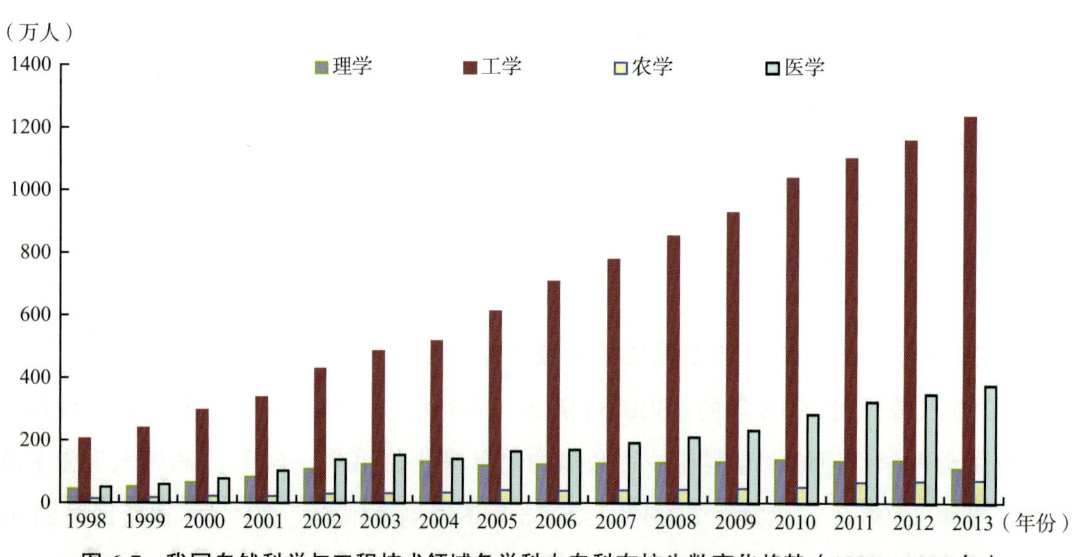

图 6-7 我国自然科学与工程技术领域各学科本专科在校生数变化趋势（1998—2013 年）

1998—2013 年，自然科学与工程技术领域本专科毕业生数量（包括普通本专科、成人本专科和网络本专科）总体呈现增长趋势，从 1998 年的 78.41 万人增长到 2013 年的 486.41 万人，年均增长 13.3%。受高等教育扩招的影响，2002—2005 年自然科学与工程技术领域本专科毕业生增长较快，年均增长率近 30%。自然科学与工程技术领域本专科招生全部学科领域研究生招生数量的比重比较稳定，保持在 40%—50%（图 6-8）。

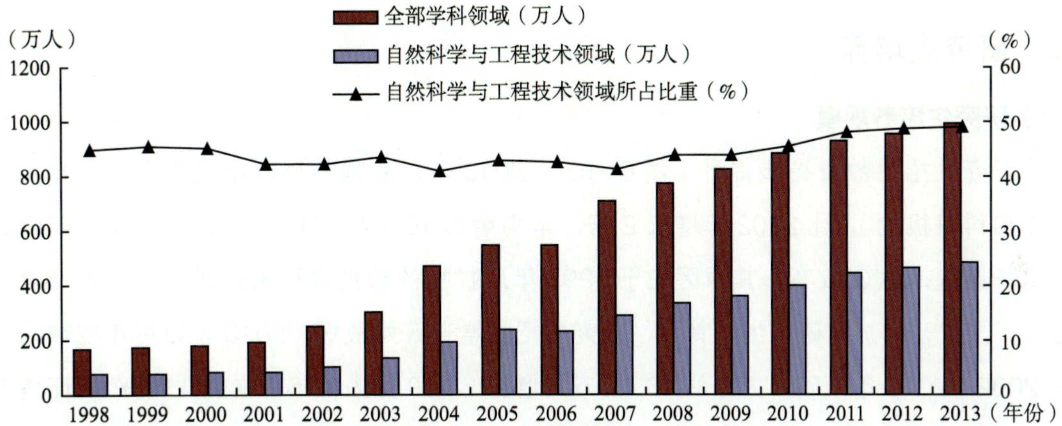

图 6-8　我国自然科学与工程技术领域本专科毕业生数量及其占全部学科领域的比重（1998—2013 年）

数据来源：《教育统计年鉴（1998—2013 年）》。

1998 年以来，自然科学与工程技术领域本专科毕业生数量总体呈增长趋势，不同学科年均增幅存在差异。2013 年，工学毕业生数量仍然最多，为 335.75 万人；其次是医学，为 101.25 万人；

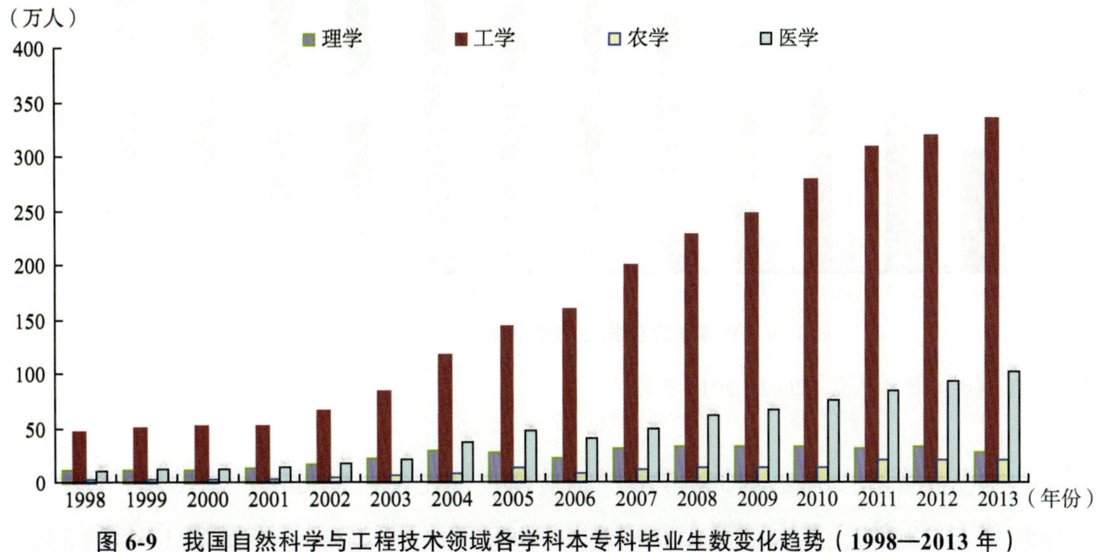

图 6-9　我国自然科学与工程技术领域各学科本专科毕业生数变化趋势（1998—2013 年）

数据来源：《教育统计年鉴（1998—2013 年）》。

理学和农学分别为 27.99 万人和 21.43 万人。1998—2013 年，医学本专科毕业生数量年均增长 15.9%，工学为 14%，农学为 12.2%，理学为 5.6%。1998—2013 年全国自然科学与工程技术领域本专科毕业生中，工学所占比重最大，一直保持在 60%以上，2013 年为 69%（图 6-7）；理学所占比重总体呈现下降趋势，由 1998 年的 16.6%下降到 2013 年的 5.8%；医学所占比重总体呈现上升趋势，由 1998 年的 14.8%上升到 2013 年的 20.8%；农学所占比重最小，一直保持在 6%以内，2013 年为 2.1%（图 6-9）。

二、研究生培养

（一）研究生培养规模

我国研究生招生数量稳步提升（图 6-10）。2013 年，我国共招收研究生 61.14 万人（包括普通高校和科研机构），比 2002 年增长 2 倍，年均增长 10.6%。其中，2002—2003 年研究生招生规模增长最快，达 32.7%，其原因在于 1998 年后扩招的首批本科生遭遇就业压力，为了减轻就业压力，国家开始扩招研究生。其后，研究生招生增速开始放缓，2010 年以后年均增幅保持在 4.3%。2002—2013 年，硕士招生从 16.42 万人增至 54.09 万人，年均增长 11.4%；而博士招生从 3.83 万人增至 7.05 万人，年均增长 5.7%（图 6-10）。

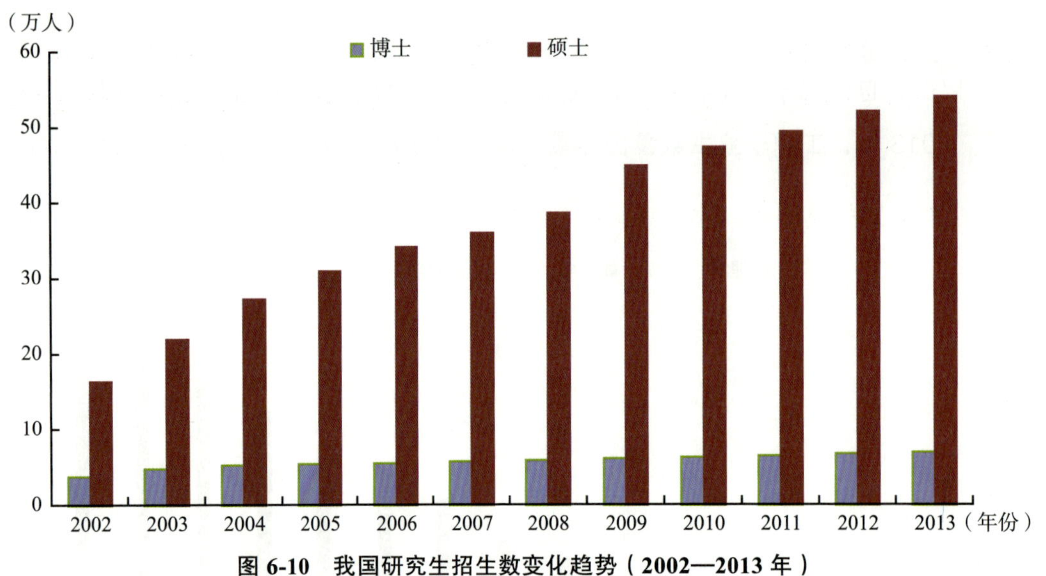

图 6-10　我国研究生招生数变化趋势（2002—2013 年）

数据来源：《教育统计年鉴（2002—2013 年）》。

研究生在校数量增长迅速。2002 年我国拥有研究生在校生 50.09 万人，2013 年增至 179.4 万人，年均增长 12.3%。其中，硕士在校生由 2002 年的 39.21 万人增至 2013 年的 149.57 万人，年均增长 12.9%，博士在校生由 2002 年的 10.87 万人增至 2013 年的 29.83 万人，年均增长

9.6%。可以看出，硕士和博士在校生增幅都较大，但由于硕士在校生基数大，因而研究生在校生的增长主要由硕士在校生的快速增长导致（图 6-11）。

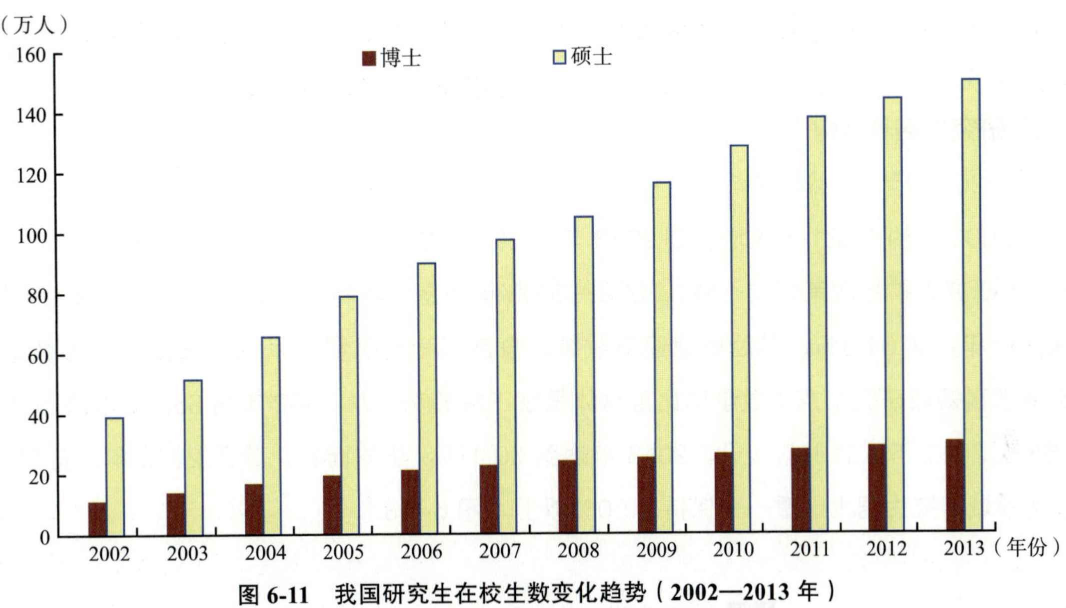

图 6-11　我国研究生在校生数变化趋势（2002—2013 年）

数据来源：《教育统计年鉴（2002—2013 年）》。

研究生毕业数稳步提升。2002—2013 年，研究生毕业生从 8.08 万人增至 51.36 万人，年均增长 18.3%。在毕业生增长中，硕士毕业生做出了主要贡献。2002—2013 年，硕士毕业生占研究生毕业生总数的比例一直保持在 80% 以上，且逐年上升，2013 年达 89.7%。尤其是 2003—2006 年，硕士毕业生保持高速增长，年均增长率为 35%，2007 年以后增速才逐渐放缓，2010 年仅比

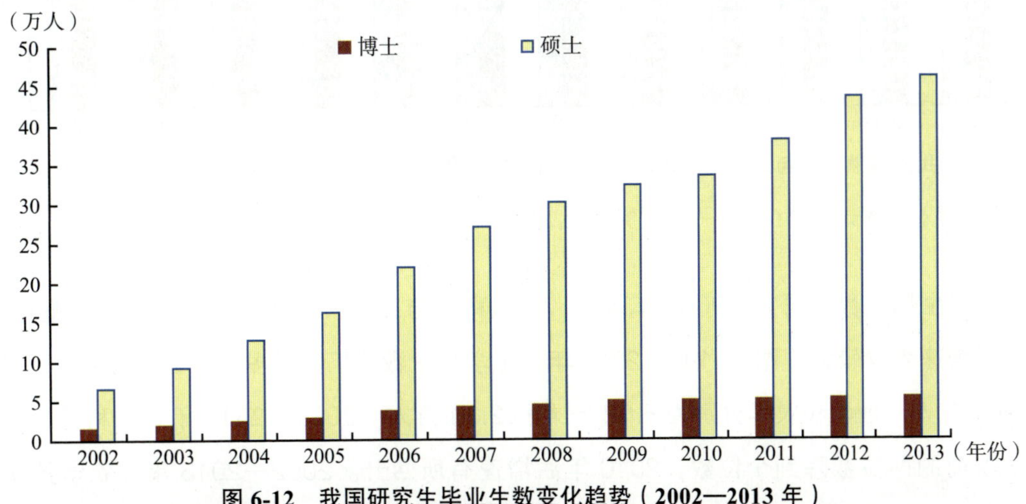

图 6-12　我国研究生毕业生数变化趋势（2002—2013 年）

数据来源：《教育统计年鉴（2002—2013 年）》。

第三部分

上年增长3.7%，2011—2012年增长率又回升到10%以上，这与2008、2009年经济危机造成本科生就业困难而报考研究生数量增多有关。2002—2013年，博士毕业生从3.83万人增至5.31万人，年均增长12.4%。2002—2006年，博士毕业生增长较快，年均增长达25.4%，2006年增幅最大，比上年增长31%。2007年以后博士毕业生增速逐渐放缓，2010年以后年增长率保持在3%以内（图6-12）。

（二）研究生培养结构

2002—2013年，自然科学与工程技术领域研究生招生数量总体呈现增长趋势，增长趋势逐渐放缓，从2002年的13.21万人增长到2013年的36.75万人，年均增长9.8%（图6-13）。其中，与2003年研究生扩招政策保持一致，2002—2003年也是自然科学与工程技术领域研究生招生增速最快的一年，达31.3%，其后增速逐渐放缓。自然科学与工程技术领域研究生招生数量增长，但占全部学科领域研究生招生数量的比重总体呈现下降趋势，从2002年的65.2%下降到2010年的49.6%，2011年以后重新回升，2013年达到60.1%。总体而言，除了2010年，自然科学与工程技术领域研究生招生比重一直保持在50%以上（图6-13）。

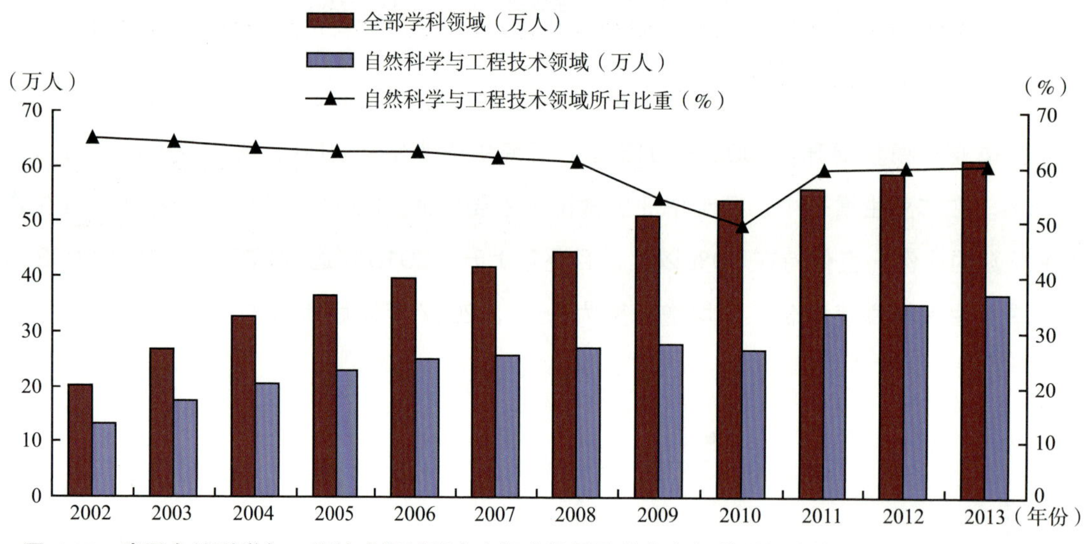

图6-13 我国自然科学与工程技术领域研究生招生数量及其占全部学科领域的比重（1998—2013年）

数据来源:《教育统计年鉴（2002—2013年）》。

工科研究生招生数量居首。2002年以来，自然科学与工程技术领域研究生招生数量稳步增长，但不同学科增速差异较大（图6-14）。2013年，工学招生数量仍然最多，为21.73万人；其次是医学，为6.65万人；理学和农学分别为6.02万人和2.34万人。2002—2010年各学科招生增速总体趋缓，从以前的两位数降到个位数，2010年后增速有所回升。2002—2013年，农学招生数量年均增长12.3%，医学为11.6%，工学为9.6%，理学为7.8%。2002—2013年全国自然科学与工程技术领域研究生招生中，工学所占比重最大，一直保持在55%以上，呈现先下降后上升的趋势，2013年为59.1%；理学所占比重呈现先上升后下降的趋势，2002年为19.9%，2010年上升到21.9%，2013年回落到16.4%；医学所占比重总体呈现上升趋势，由2002年的15%上升到2013年的18.1%；农学所占比重最小，一直保持在7%以内，2013年为6.4%（图6-14）。

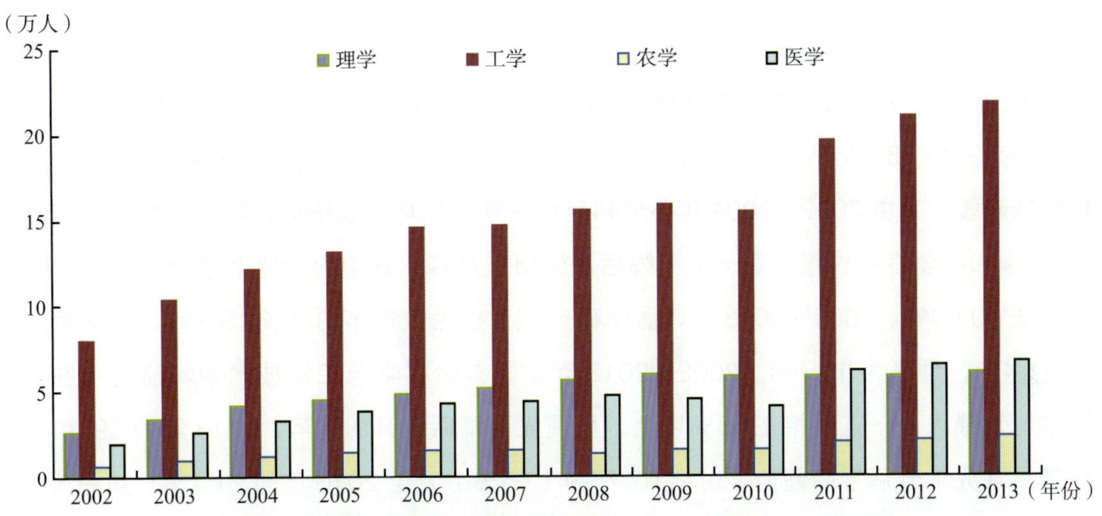

图6-14　我国自然科学与工程技术领域各学科研究生招生数变化趋势（2002—2013年）

数据来源：《教育统计年鉴（2002—2013年）》。

自然科学与工程技术领域研究生在校生数量增长放缓。2002—2013年，自然科学与工程技术领域研究生在校生数量总体呈现增长趋势，从2002年的32.77万人增长到2013年的109.26

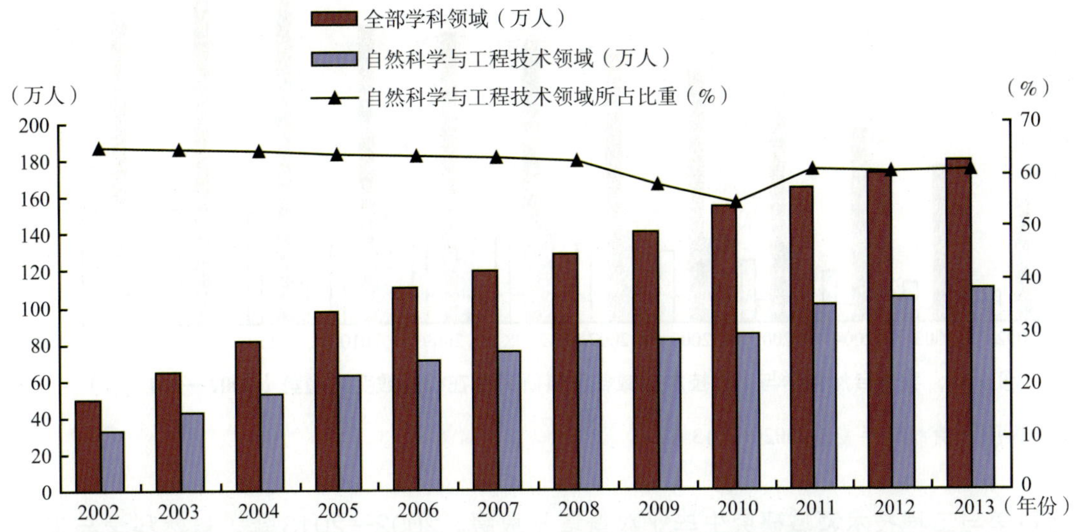

图6-15　我国自然科学与工程技术领域研究生在校生数及其占全部学科领域的比重（2002—2013年）

数据来源：《教育统计年鉴（2002—2013年）》。

万人，年均增长 11.6%，但增长趋势逐渐放缓，增幅由 29.4% 下降到 4.7%。自然科学与工程技术领域研究生在校生数量增长，但占全部学科领域研究生在校生数量的比重总体呈现先下降后上升趋势，从 2002 年的 65.4% 下降到 2010 年的 54.7%，2011 年以后重新回升，2013 年达到 60.9%。总体而言，自然科学与工程技术领域研究生在校生比重一直保持在 54% 以上（图 6–15）。

2002 年以来，自然科学与工程技术领域研究生在校生数量稳步增长，不同学科发展趋势略有不同。2012 年，工学研究生在校生数量仍然最多，为 64.82 万人；其次是医学，为 19.66 万人；理学和农学分别为 18.4 万人和 6.38 万人。2002—2013 年，各学科研究生在校生总体呈现增长趋势，但增速趋缓，其中 2002—2004 年各学科研究生在校生增速长很快，年均增幅为 27.3% 以上；2011 年农学和医学在校生增幅在一直下降后反弹出现高峰，其中农学比上年增长 23.96%，医学比上年增长 40.50%。2002—2013 年，医学研究生在校生数量年均增长 13.3%，农学为 13.1%，工学为 11.4%，理学为 10.1%。2002—2013 年全国自然科学与工程技术领域研究生在校生中，工学所占比重最大，一直保持在 55% 以上，呈现先下降后上升的趋势，2013 年为 59.3%；理学所占比重呈现先上升后下降趋势，由 2002 年的 19.5% 上升至 2010 年的 21.1%，随后降至 2013 年的 16.8%；医学所占比重总体呈现上升趋势，由 2002 年的 15.3% 上升到 2013 年的 18%；农学所占比重最小，一直保持在 6% 以内，2012 年为 5.8%（图 6–16）。

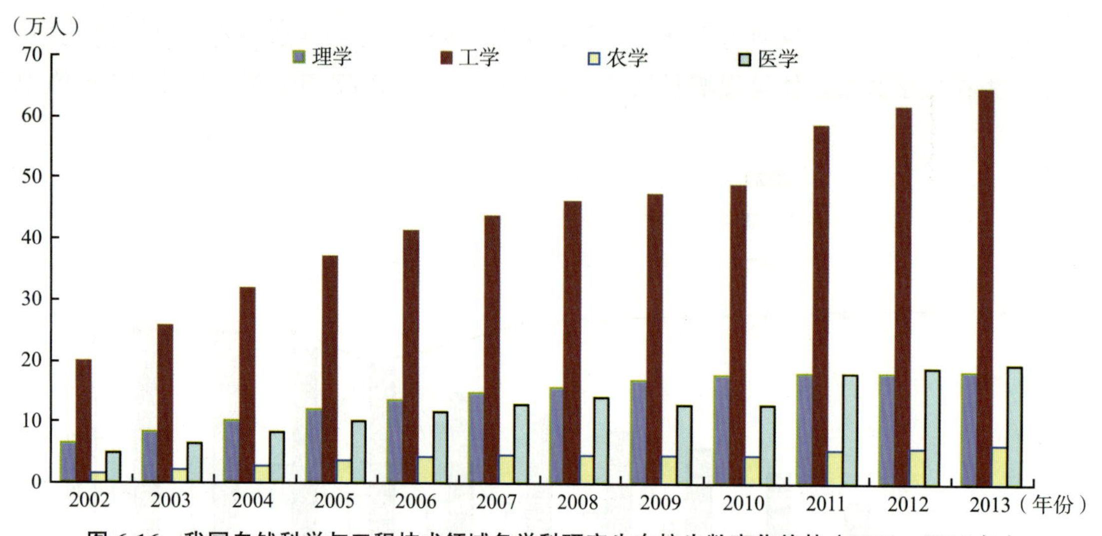

图 6-16　我国自然科学与工程技术领域各学科研究生在校生数变化趋势（2002—2013 年）

数据来源：《教育统计年鉴（2002—2013 年）》。

自然科学与工程技术领域研究生毕业数量增长放缓。2002—2013 年，自然科学与工程技术领域研究生毕业生数量总体呈现增长趋势，从 2002 年的 5.14 万人增长到 2012 年的 30.24 万人，年均增长 17.5%。2002—2006 年，毕业生数量年均增幅为 32.5%，其中，与 2003 年研究生扩招政策保持一致，毕业生在2006年逐渐放缓，2010年仅比上年增长0.7%，2011年后增幅有所回升，比上年增长14.8%。自然科学与工程技术领域研究生毕业生数量增长，但占全部学科领域研究生毕业生数量的比重总体呈现下降趋势，从2002年的63.6%下降到2010年的57.9%，2011年以后重新回升，2013年为58.9%。总体而言，自然科学与工程技术领域研究生毕业生比重一直保持在57%以上（图6-17）。

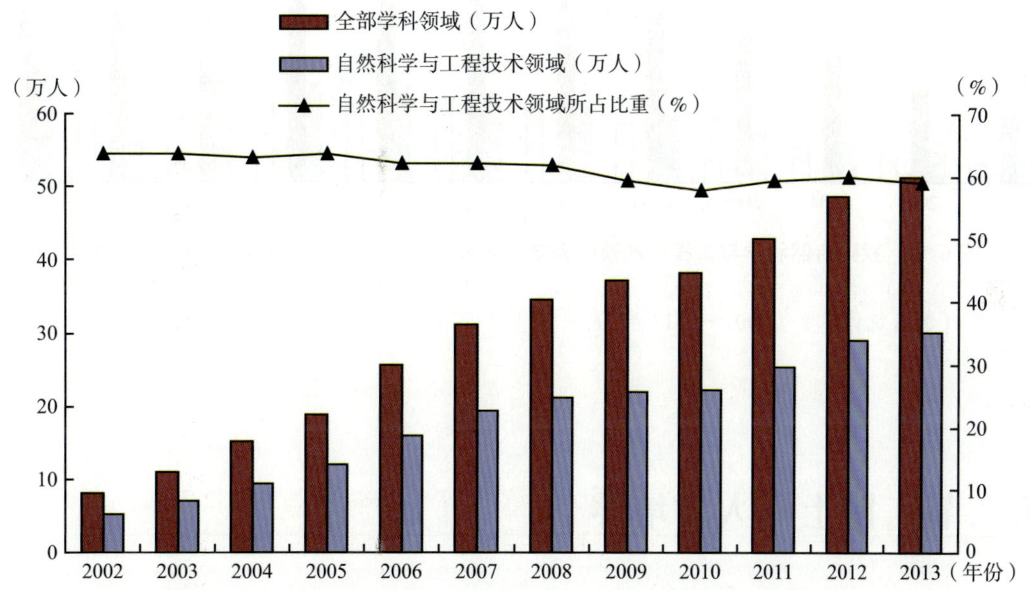

图6-17　我国自然科学与工程技术领域研究生毕业生数及其占全部学科领域的比重（2002—2013年）

数据来源：《教育统计年鉴（2002—2013年）》。

2002年以来，自然科学与工程技术领域研究生毕业生数量稳步增长，不同学科年均增幅均在17%—21%。2013年，工学毕业生数量仍然最多，为17.64万人；其次是医学，为5.85万人；理学和农学分别为5万人和1.75万人。2002—2007年各学科研究生毕业生增速很快，年均增幅均在29%以上，尤其是2002—2004年年增幅均在33%以上。2007年后增速有所放缓，2009年工学出现负增长，2010年理学出现负增长，2011年医学出现负增长，直到2012年，理工农医才全部出现增长趋势。2002—2013年，医学研究生毕业生数量年均增长18.9%，农学为18.1%，工学为17.4%，理学为15.9%。2002—2013年全国自然科学与工程技术领域研究生毕业生中，工学所占比重最大，一直保持在55%以上，2013年为58.3%；理学所占比重总体呈现下降趋势，由2002年的19.19%下降到2013年的16.5%；医学所占比重总体呈现上升趋势，由2002年的16.9%上升到2012年的19.4%；农学所占比重最小，一直保持在7%以内，2012年为5.8%（图6-18）。

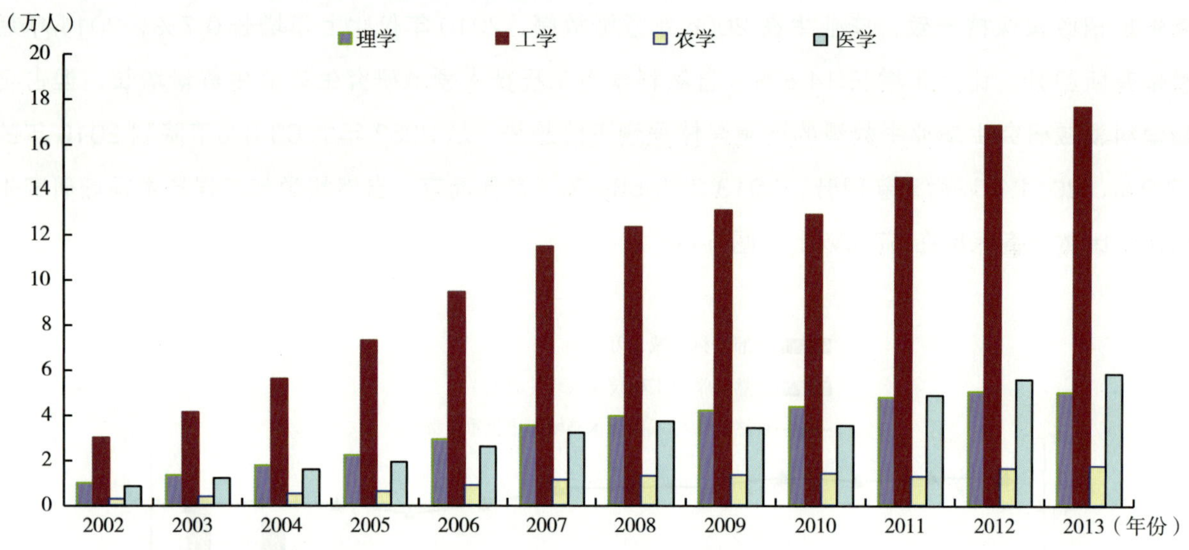

图 6-18　我国自然科学与工程技术领域各学科研究生毕业生数变化趋势（2002—2013 年）

数据来源：《教育统计年鉴（2002—2013 年）》。

第二节　博士后人才培养

博士后制度 1876 年起源于美国的霍普金斯大学。1985 年，中国博士后制度在著名物理学家、诺贝尔奖获得者李政道先生的倡议下创立。这项制度旨在借鉴国外培养优秀人才的经验、结合我国国情建立一套吸引、培养和使用相结合的优秀青年高层次拔尖人才的人才培养体系。

一、总量与区域分布

2013 年年底，设在高校和科研机构的博士后科研流动站经调整合并达到 2703 个，涵盖了理、工、农、医等全部 13 个学科门类；设在企业、科研生产型事业单位和各类园区的博士后科研工作站达到 2772 个，涵盖了电子信息、生物医药、装备制造、国防金融等国家经济社会发展的主要领域。2013 年，全国共招收博士后研究人员 13718 人，其中，男性博士后 9167 人，占 66.82%，女性博士后 4551 人，占 33.18%，平均年龄 32.26 岁。2013 年，共有 8504 名博士后完成研究工作顺利出站。

截至 2013 年年底，我国已累计培养博士后 118403 人，累计出站博士后研究人员 70289 人。出站的博士后研究人员绝大多数成为各领域的科研骨干和学科带头人，已有 35 位当选为中科院和工程院院士；有约 20% 的博士后研究人员获得省部以上科技成果奖或者荣誉称号。经过二十多年的发展，博士后制度已经成为各地区培养、吸引高层次人才的重要载体，博士后研究人员已经成为最活跃、最具创新能力的高层次青年人才群体，在促进我国教育、科技、经济和社会的发展，建设创新型国家的历史进程中发挥着不可替代的重要作用。

从学科门类统计数据来看，2013 年博士后进站主要集中在理学、工学和医学学科，此三大学科进站人数占全年总进站人数的 71.02%（表 6-1）。

表 6-1　2013 年博士后研究人员进站按学科门类统计

学科门类	招收人数（人）	招收比例（%）
经济学	828	6.04
管理学	817	5.96
哲学	178	1.29
医学	1520	11.08
艺术学	73	0.53
法学	606	4.42
教育学	167	1.22
文学	417	3.04
历史学	228	1.66
理学	3003	21.89
工学	5220	38.05
农学	565	4.12
军事学	96	0.7
合计	13718	100

从招收省市统计数据来看，2013 年博士后进站主要集中在北京、江苏、上海和广东四大省市，此四大省市进站人数占全年总进站人数的 53.35%（表 6-2）。

表 6-2　2013 年博士后研究人员按省分布

省　市	招收人数（人）	招收比例（%）	省　市	招收人数（人）	招收比例（%）
安徽省	288	2.1	江西省	70	0.51
北京市	4066	29.64	辽宁省	376	2.74
福建省	185	1.35	内蒙古自治区	50	0.36
甘肃省	63	0.46	宁夏回族自治区	4	0.03
广东省	757	5.52	青海省	10	0.07
广西壮族自治区	42	0.31	山东省	726	5.29
贵州省	32	0.23	陕西省	584	4.26
海南省	15	0.11	陕西省	88	0.64
河北省	119	0.87	上海市	1217	8.87
河南省	217	1.58	四川省	375	2.73
黑龙江省	608	4.43	天津市	252	1.84
湖北省	582	4.24	新疆维吾尔自治区	94	0.69
湖南省	349	2.54	云南省	94	0.69
吉林省	433	3.16	浙江省	539	3.93
江苏省	1279	9.32	重庆市	204	1.49
			合计	13718	100

我国博士后招收规模稳步增长。2013 年，全国共招收博士后研究人员 13718 人，比 2012 年增加 1167 人；截至 2013 年年底，已累计出站博士后 118403 人。

2013 年，全国共有 8504 名博士后研究人员完成研究工作顺利出站；截止 2013 年年底，已累计出站博士后研究人员 70289 名（图 6-19）。

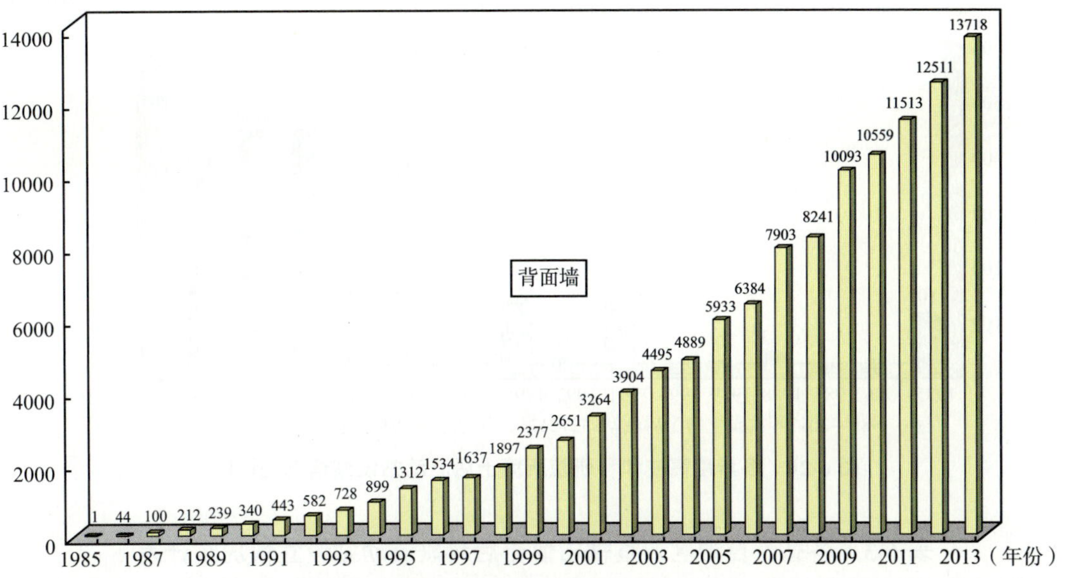

注1：1985—2013年累计招收博士后研究人员118403人。
注2：2013年博士后研究人员进站13718人。

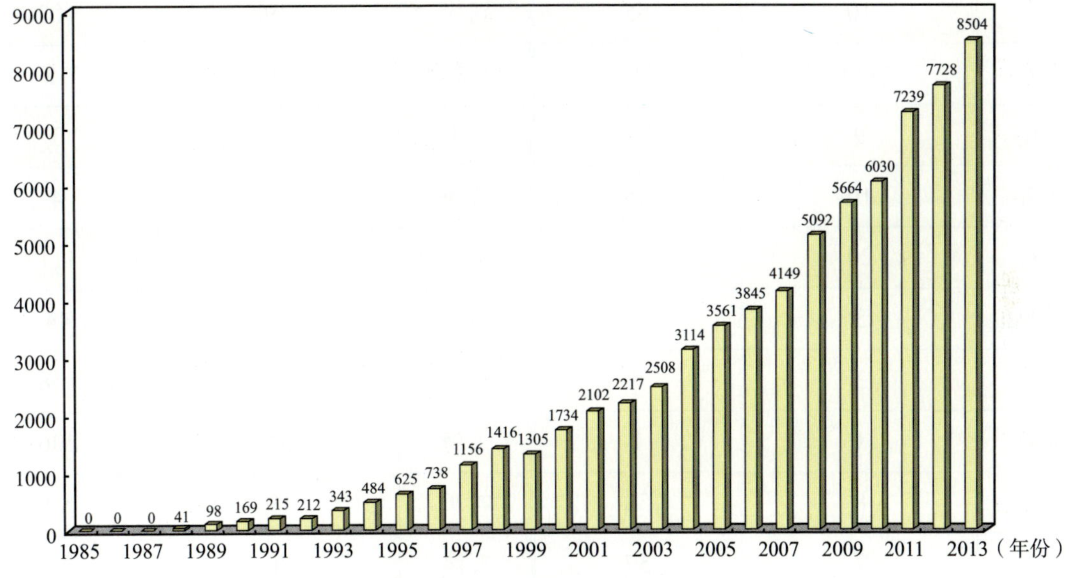

注1：2013年博士后研究人员出站8504人。
注2：1985—2013年累计出站博士后研究人员70289人。

图 6-19　各年度博士后人员进站和出站情况统计表

二、博士后科研流动站和博士后工作站

截至 2013 年年底，设在高校和科研机构的博士后科研流动站达到 2703 个，比 2011 年的 2148 家增加 555 家，涵盖了理、工、农、医等全部 13 个学科门类（图 6–20）。

从各省、自治区、直辖市博士后科研流动站设立情况统计数据来看，截至 2012 年，全国博士后科研流动站主要集中在北京、江苏、上海、湖北等高校与科研机构密集的地区，此四大省市博士后科研流动站设立数量占总数量的 42.95%（表 6–3）。

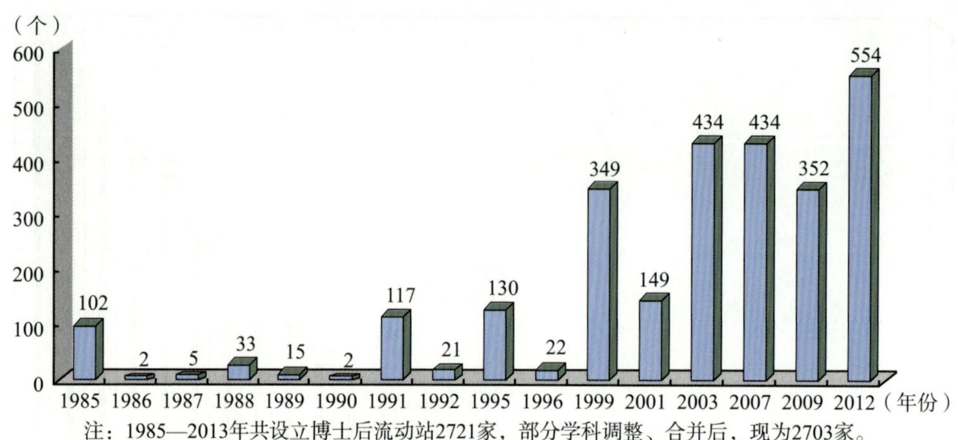

注：1985—2013年共设立博士后流动站2721家，部分学科调整、合并后，现为2703家。

图 6-20　各年度高校和科研院所博士后流动站设站情况统计图

表 6-3　各省、自治区、直辖市博士后科研流动站设立情况统计表

省市	流动站设站单位数	科研流动站数	省市	流动站设站单位数	科研流动站数
安徽	10	65	辽宁	19	102
北京	114	515	内蒙古	3	13
福建	9	72	宁夏	1	3
甘肃	10	45	青海	2	4
广东	20	137	山东	15	111
广西	3	16	山西	8	44
贵州	3	8	陕西	21	158
海南	1	1	上海	31	206
河北	8	53	四川	19	89
河南	7	57	天津	8	69
黑龙江	13	88	西藏	0	0
湖北	24	172	新疆	7	28
湖南	11	118	云南	8	26
吉林	9	81	浙江	9	74
江苏	32	268	重庆	7	62
江西	4	18	合计	436	2703

截至 2013 年年底，设在企业、科研生产型事业单位和各类园区的博士后科研工作站达到 2772

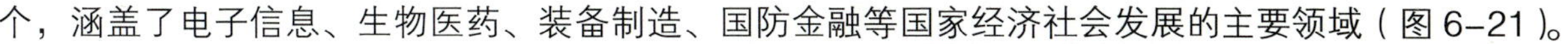

个，涵盖了电子信息、生物医药、装备制造、国防金融等国家经济社会发展的主要领域（图 6-21）。

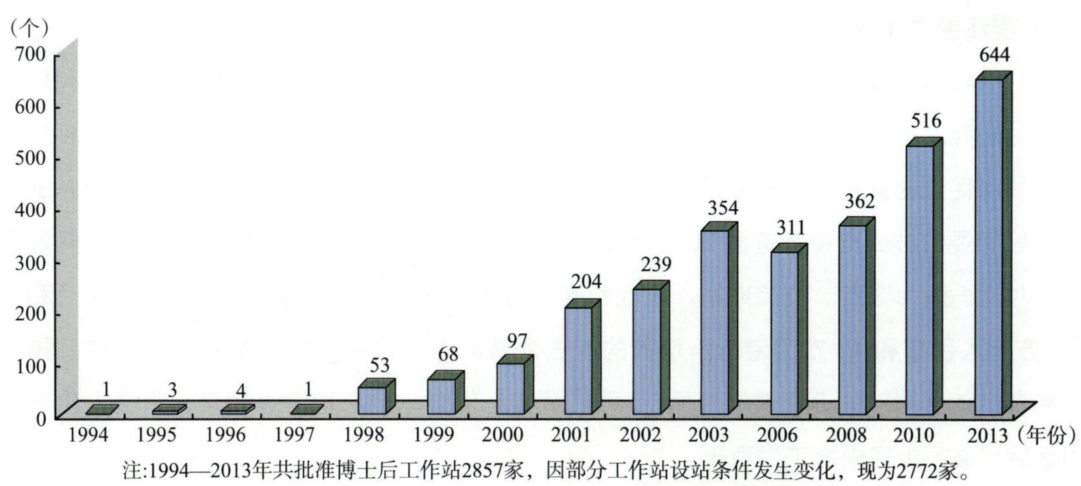

注:1994—2013年共批准博士后工作站2857家，因部分工作站设站条件发生变化，现为2772家。

图 6-21 各年度企业等博士后工作站设站情况

从各省、自治区、直辖市博士后科研工作站设立情况统计数据来看，截至 2012 年，全国博士后科研工作站主要集中在北京、江苏、广东、山东、浙江等经济较为发达的地区，此五大省市博士后科研工作站设立数量占总数量的 47.16%（表 6-4）。

表 6-4 各省、自治区、直辖市博士后科研工作站设立情况统计表

省市	科研工作站数	省市	科研工作站数	省市	科研工作站数
安徽	60	湖北	63	陕西	56
北京	252	湖南	50	上海	102
福建	69	吉林	26	四川	58
甘肃	24	江苏	241	天津	49
广东	205	江西	40	西藏	2
广西	30	辽宁	71	新疆	37
贵州	16	内蒙古	20	云南	25
海南	10	宁夏	11	浙江	139
河北	53	青海	2	重庆	46
河南	103	山东	167	合计	2129
黑龙江	79	山西	23		

第三部分

三、香江学者计划和博士后国际交流计划

（一）香江学者计划

“香江学者计划”是全国博士后管委会办公室与香港学者协会于 2010 年 12 月共同实施的联合培养博士后研究人员计划，旨在有效结合内地与香港的人才资源和研究资源优势，造就世界一流科技人才，共同促进国家科技和社会经济发展，简称“香江学者计划”。按照协议，2011—2014 年，全国博士后管委会办公室每年选派 50 名内地优秀博士后研究人员赴香港部分知名高校开展合作研究，研究时间一般为 2 年。交流期间，内地和港方每年分别发给每位博士后研究人员生活和科研补助费 15 万元人民币和 15 万元港币。培养的专业领域集中在基础研究、生物医学、信息技术、农业、新能源、新材料、先进制造等方面。“香江学者”作为一个两地合办项目，申请人接受资助完成计划之后，必须返回内地工作两年。

2011 年 3 月，首批“香江学者计划”培养遴选工作正式启动，吸引了全国近 200 名香港学者、约 500 名内地博士生和香港学者协会 182 位博士生导师的报名申请。全国博士后管理委员会和香港学者协会组织了两轮评审，最终确定第一批共 50 对配对入选名单，入选该计划的博士主要来自国家“985 工程”重点高校、中科院等研究机构。

2012 年 3 月，全国博士后管委会向教育部属“985 工程”“211 工程”重点大学、中科院、国家重点实验室及全国优秀博士后科研流动站等单位发出申报通知，共收到 134 所内地院校及优秀博士后科研流动站的 590 位博士申请。经过严格的评审，最终 64 人获得资助，赴港与香港高等院校的导师开展为期两年的合作研究。

2013 年 2 月，第三批“香江学者计划”申报工作正式启动。全国博士后管理委员会办公室和香港学者协会分别于 4 月和 7 月在北京和香港组织专家对 2013 年度“香江学者计划”申请者的材料进行评审，最终确定 50 名资助人选和 4 名候补人选。

表 6-5 “香江学者计划”按照进站高校统计 （单位：人）

高校	2011 年	2012 年	2013 年	合计
香港中文大学	5	10	5	20
香港理工大学	13	17	23	53
香港科技大学	12	8	3	23
香港浸会大学	6	6	4	16
香港大学	8	10	6	24
香港城市大学	6	13	9	28
合计	50	64	50	164

从“香江学者计划”进站高校的统计数据来看，香江学者进站高校只有香港中文大学、香港理工大学、香港科技大学、香港浸会大学、香港大学和香港城市大学，其中香港理工大学进站的香江学者最多，约占 1/3（表 6–5）。

由“香江学者”国内所属单位的统计表可以看出，香江学者主要来自于高校，约占到了 80%，20%来自科研院所（表 6–6）。

表 6-6 “香江学者计划”按照国内所属单位的统计表　　（单位：人）

单　位	2011 年	2012 年	2013 年	总　计
科研院所	11	16	7	34
高　校	39	49	42	130
总　计	50	65	49	164

备注：科研院所含中科院系统的各个培养单位（含中科院大学）、其他研究所、医院、中国中医科学院等。

（二）博士后国际交流计划

为加强博士后创新能力建设，进一步提高博士后国际化水平，人力资源社会保障部、全国博士后管委会于 2012 年 9 月依据《博士后事业发展“十二五”规划》制定并颁布了《博士后国际交流计划》，全国博士后管委会办公室、中国博士后科学基金会于 2013 年 12 月研究并制定了《博士后国际交流计划实施细则》。

博士后国际交流计划每年组织实施一次，旨在提高博士后国际化水平，拓宽博士后国际视野，加强博士后国际交流，吸引外籍和有留学经历的博士毕业生来华（回国）从事博士后研究工作，以培养造就一批杰出博士后人才。

博士后国际交流计划设立派出项目、引进项目和学术交流项目，按照“个人申请、单位推荐、专家评审、择优资助”的原则，经学校推荐，由全国博士后管委会办公室组织专家选拔确定资助人员。其中：博士后国际交流计划派出项目，主要是资助部分优秀在站博士后研究人员到国外一流高校、科研机构、企业的优势学科领域，在合作导师的指导下，开展博士后研究工作；博士后国际交流计划引进项目，主要是资助部分优秀外籍（境外）和留学博士到国内博士后科研流动站、工作站，在合作导师的指导下，开展博士后研究工作；博士后国际交流计划学术交流项目，主要是资助部分优秀博士后研究人员赴国外（境外）开展学术交流活动。

2013 年，博士后国际交流计划共资助 287 人，其中引进计划资助 100 人，派出计划资助 100 人，学术交流计划资助 87 人，总资助金额为 7261 万元。

第三节　国家科技计划人才培养

国家高度重视发挥科技计划的人才培养功能，加强国家科技计划中项目、人才和基地的统筹，加强对青年科技人才支持力度。2013 年，参加国家科技计划实施的科研人员和研究生数量稳定增长，参与“863 计划”“973 计划”和科技支撑计划的科研人员达到 30 万人，比 2012 年（23.26 万人）增加近 7 万人。参与研究的博士研究生 1.08 万人，硕士研究生 1.77 万人，合计 3.79 万人。2012 年设立 973 青年科学家专题，专门支持 35 岁以下青年科技人才，共批准立项 19 个，近百位青年科研人员获得支持。

一、国家科技重大专项人才培养

重大专项是为了实现国家目标，通过核心技术突破和资源集成，在一定时限内完成的重大战略产品、关键共性技术和重大工程。《国家中长期科学技术发展规划纲要（2006—2020 年）》确定了核心电子器件、高端通用芯片及基础软件，极大规模集成电路制造技术及成套工艺，新一代宽带无线移动通信，高档数控机床与基础制造技术，大型油气田及煤层气开发，大型先进压水堆及高温气冷堆核电站，水体污染控制与治理，转基因生物新品种培育，重大新药创制，艾滋病和病毒性肝炎等重大传染病防治，大型飞机，高分辨率对地观测系统，载人航天与探月工程等 16 个重大专项，涉及信息、生物等战略产业领域，能源资源环境和人民健康等重大紧迫问题，以及军民两用技术和国防技术。

重大专项作为重要的工作平台，吸引了一大批活跃在科研和生产一线的最优秀人才，凝聚了我国一流科研机构、高等院校和企业的核心团队，一大批具有发展潜力的中青年创新创业人才正在专项任务实施中发挥重要作用（表 6-7）。2011 年组织开展了重大专项第六批、第七批海外高层次人才引进申报评审及推荐工作，截至 2012 年依托国家重点创新项目平台，共引进 142 名海外高层次人才。2011 年 10 月，国务院学位委员会正式启动了工程博士培养试点工作，北京大学、清华大学等 25 个单位被列为首批试点单位。截至 2012 年，以科技重大专项为载体，确定了重大专项相关领域首批创新团队 8 个和中青年科技领军人才 10 位，并落实了我国首批工程博士 242 人。首批工程博士的培养领域集中在电子信息、生物医药、先进制造、能源环保等 4 个板块。相比传统科学研究型博士，工程博士由国务院学位委员会授权的高校与企业联合培养，要求学位获得者具备较高的工程技术创新能力，并在推动产业发展和工程技术进步方面做出创造性成果。

表 6-7 重大专项培养高层次人才情况

专项名称	研发人员数	高级职称数	培养人才（博士、硕士）
核高基	72089	12079	33523
集成电路装备	29139	5740	3233
宽带移动通信	12834	2695	8984
数控机床	17776	6833	3940
油气开发	24721	10685	3076
大型核电站	13346	4329	6332
水体污染治理	39600	13306	8138
转基因	4663	2512	—
新药创制	24122	8248	4305
传染病防治	18308	6031	10085

资料来源:《国家科技重大专项年度报告（2014）》等。

国家科技重大专项如同“黏合剂”，把博士研究生拔尖创新人才的培养拉到国家重大战略需求上来；为博士生提供科研平台，使他们从科研的“门外汉”成长为有探究能力的创新型人才；给博士生探索发现提供柔性发展空间，激发其创新潜能；聚集了多学科交叉人才团队合作，促进博士生从知识型、技能型人才向创造型、发明型人才转变。重大专项项目不仅为满足国家战略重大需求做出了重要贡献，同时也培养了一批拔尖创新人才，也为项目持续开展研究提供了研究队伍。

二、国家科技计划人才培养

国家高度重视发挥科技计划的人才培养功能，加强国家科技计划中项目、人才和基地的统筹并加强了对青年科技人才的支持。2013 年，参与国家科技计划实施的科研人员和研究生数量稳定增长，参与国家重点基础研究发展计划、“863 计划”、科技支撑计划的科研人员达到 30 万人，其中具有高级技术职称者比例达到 32.9%，初级职称者达到 10.1%；参与研究的博士研究生有 1.63 万人，硕士研究生有 3.2 万人，两者合计达到 4.83 万人。2012 年设立的“973 计划”青年科学家专题，专门支持 35 岁以下青年科技人才，共批准立项 19 个项目，近百位青年科研人员获得支持（表 6-8）。

表 6-8　2013 年“973 计划”、重大科学研究计划、“863 计划”、科技支撑计划人员投入和人员培养情况

（单位：万人

	“973 计划”	重大科学研究计划	“863 计划”	科技支撑计划	合　计
合计	6.94	2.51	7.55	13	30
高级职称	1.94	0.63	2.46	4.84	9.87
中级职称	0.99	0.32	2.03	3.6	6.94
初级职称	0.46	0.16	0.89	1.52	3.03
其他人员	3.55	1.4	2.17	3.04	10.16
培养博士	0.68	0.29	0.29	0.37	1.63
培养硕士	1.08	0.27	0.69	1.16	3.2

资料来源：《国家科技计划年度报告（2014）》。

（一）国家重点基础研究发展计划（“973 计划”）

1998—2008 年，在承担“973 计划”的 1.8 万人队伍中，有两院院士 502 位、国家杰出青年科学基金获得者 637 位、中科院“百人计划”入选者 140 位、教育部“长江学者奖励计划”特聘教授 242 位。研究队伍中 45 岁以下的占 3/4，项目首席科学家中 45 岁以下的占 45%，课题负责人中 45 岁以下的占 63%。一批优秀的中青年人才通过参加“973 计划”项目脱颖而出，共有 188 人次入选“长江学者”“中科院百人计划”“杰出青年基金”“求是奖”等有关青年人才培养计划。2013 年，“973”在研项目达到 546 项，承担“973 计划”研究任务的科研人员达到 6.9 万人，其中高级职称占 28.0%，中级职称占 14.3%，初级职称占 6.6%，其他人员占 51.1%。培养博硕士研究生 1.7 余万人，优秀中青年人才 180 余人。2013 年“973 计划”继续设立青年科学家专题。该专题除坚持“973 计划”面向国家重大战略需求的基础研究的定位，围绕国家需求和世界科学前沿组织项目等要求外，最大的突破在于申报项目明确要求“项目负责人和参加人员年龄均不超过 35 岁”；2013 年共设立青年科学家专题项目 12 个。

（二）国家高技术研究发展计划（“863 计划”）

“863 计划”第一届专家委员会 70 名委员中，40 岁以下的委员仅有 1 位，1994 年 1200 个课题负责人平均年龄为 52.5 岁，大于 50 岁的占 70.3%。“十一五”期间，“863 计划”专家委员会中 45 岁以下的委员达到 94 人，占总人数的 60%，课题负责人中年龄在 45 岁以下的超过 50% 以上。“十二五”期间，44 名专家被科技部聘为“863 计划”专家委员会委员，273 名专家被聘为

“863 计划”各领域的主题专家组专家。2013 年，“863 计划”新启动了 113 项主题项目、2 项重大项目；新立项目课题 547 项，共投入人员 7.55 万人，其中高级职称 32.6%、中级职称 26.9%、初级职称 11.8%，其他人员 28.7%。培养研究生 0.98 万人，其中博士生 0.29 万人。

（三）国家科技支撑计划

2013 年，国家科技支撑计划共实施项目 838 项，项目总预算为 55.91 亿元。2013 年，共有近 13 万名科研人员参与了计划课题的研发与示范工作，其中高级职称 37.2%，中级职称 27.7%，初级职称 11.7%万人，其他人员 23.4%。通过课题实施，共培养博士 3693 名，硕士 11614 名。

（四）国际科技合作计划

自 2001 年我国启动国际科技合作计划以来，通过“项目 + 基地 + 人才”相结合的国际合作方式，培养了一大批国际化人才。截至 2011 年，全国已经有 35 个国家级联合研究中心，5 个国家国家创新园及 222 家国际科技合作基地，遍布全国 32 个省、直辖市、自治区。2011 年，共有 6156 位研究开发人员参加了国家科技合作计划，其中国内参加人员为 4575 人，国外参加人员为 1581 人。国内参加人员中有 25.99%为高级职称研究人员。2011 年，通过国际合作引进博士后 86 人、博士 219 人、硕士 93 人、技术工程人员 178 人。2013 年新立项 410 项国家国际科技合作专项项目。

（五）政策引导类科技计划

2013 年共安排国家星火计划项目 1807 项，包括重大项目（课题）324 项，其中产业联盟类重大项目 79 项，专项工作类项目（课题）245 项，引导项目 1483 项。2013 年，星火计划共支持 31 个省（区、市），新疆生产建设兵团科技特派员申报的 106 个项目，重点支持了科技特派员创业链建设，培育农村科技创业主体，推动科技、人才、资金等要素向农村集聚。目前，全国 90%的县（市）开展了科技特派员工作，72 万名科技特派员和 3.87 万家法人科技特派员，长期活跃在农村基层、农业一线、服务农户 6000 万人。组织实施了一批产业链项目，重点推进了 73 条国家级科技特派员创业链建设，科特派服务站 5000 个。截至 2012 年年底，各级各地公共建设星火科技培训基地 5745 个，星火培训学校 4199 个，编写教材 27.77 万种，出版教材 8613 万册，制作课件 8.37 万个。2013 年共安排国家火炬计划项目 1768 项，其中重大项目 23 项，面上项目 1695 项，共安排经费 2.0735 亿元。

三、国家创新基地人才培养

2012 年全年累计建设国家工程研究中心 130 个，国家工程实验室 128 个。累计建设国家地方联合工程研究中心 149 个，国家地方联合工程实验室 180 个。国家认定企业技术中心达到 887 家。省级企业技术中心达到 8137 家。

（一）国家重点实验室

国家重点实验室作为国家科技创新体系的重要组成部分，对我国科技发展起到了不可替代的重要作用。国家重点实验室的建设与发展，既为我国基础研究实现“占有世界一席之地”的目标，又为国民经济与社会可持续发展提供理论基础和科技储备做出了贡献。同时，对相应学科的建设和发展起到了带动和辐射作用，为国家培养了大批优秀科技人才。经过多年建设与发展，国家重点实验室促进了项目、基地和人才的有机结合，已经成为我国开展高水平基础研究、聚集和培养人才以及开展广泛学术交流的重要基地。

国家重点实验室为我国创新体系的建设提供了支撑，现已发展为由院校国家重点实验室、企业国家重点实验室、省部共建国家重点实验室、军民共建国家重点实验室、港澳国家重点实验室伙伴实验室组成的国家重点实验室体系。

国家重点实验室凝聚了一批高层次的人才和优秀队伍，2007 年，10764 名固定人员中有中科院院士 219 人、工程院院士 182 人，分别占院士总人数的 31.2%和 25.3%；2007 年获得国家自然科学基金委“创新研究群体科学基金”资助 22 个，占当年资助总数的 75.7%。2008 年，国家（重点）实验室拥有中科院院士 230 人，工程院院士 131 人，分别占院士总人数的 32.8%和 18.2%；国家杰出青年基金获得者 729 人，占全国总资助人数的 36.3%；中科院“百人计划”获得者 454 人，教育部“长江学者奖励计划”特聘教授 286 人，获得国家自然科学基金委员会创新研究群体科学基金资助 120 个，占总数的 65.9%。2009 年年底，国家（重点）实验室固定工作人员超过了 1.3 万人。其中拥有中科院院士 227 人、工程院院士 130 人，分别占院士总人数的 32.4%和 18.1%；国家杰出青年科学基金获得者 806 人，占总数的 40.2%；获创新研究群体基金资助 114 个，占总数的 57.9%。2009 年，实验室入学博士研究生、硕士研究生共 62471 人，毕业博士研究生、硕士研究生共计 18187 人。2010 年，院校国家重点实验室固定人员总数约占全国基础研究人员总数的 9.4%。其中，中科院院士 254 人、工程院院士 147 人，分别占院士总人数的 35.8%和 19.6%；拥有国家杰出青年科学基金获得者 953 人，占总数的 40.0%。2011 年年底，院校国家（重点）实验室的固定工作人员超过了 1.9 万人。其中中科院院士 279 人，工程院院士 157 人，分别占院士总人数的 38.7%和 20.2%；国家杰出青年科学基金获得者 1058 人，占总数的 42.5%；资助创新研究群体科学基金 148 个，占总数的 54.8%。2011 年院校国家重点实验室入学博士研究生、硕士研究生共 88227 人，毕业博士研究生、硕士研究生 26031 人。共有 34 位博士的毕业论文入选全国优秀博士学位论文，占当年总数的 35.1%。截至 2012 年，国家重点实验室和试点国家实验室有固定工作人员 2.88 万人，其中中科院院士 281 人、工程院院士 202 人，国家杰出青年科学基金获得者 1106 人，获创新研究群体科学基金资助 169 个，千人计划获得者 23 人。2013 年中央财政安排投入 27.48 亿元支持 292 个国家实验室，至此中央财政已累计安排国家重点实验室专项经费 173.3 亿元。

国家重点实验室涌现出大批优秀人才。植物细胞染色体工程国家重点实验室李振声院士获得 2006 年唯一国家最高科学技术奖；稀土材料化学及应用国家重点实验室徐光宪院士获得 2008 年国家最高科学技术奖；沈阳材料科学国家（联合）实验室师昌绪院士和医学基因组学国建重点实验室王振义院士获得 2010 年国家最高科学技术奖；分子反应动力学张存浩院士荣获 2013 年国家最高科学技术奖。国家重点实验室新增中科院院士 28 人，工程院院士 15 人，分别占新增院士的 39.0%和 14.9%，新增国家杰出青年科学基金获得者 320 人，获创新研究群体科学基金资助 66 个（表 6–9）。

表 6-9　2006—2012 年国家重点实验室人员总体情况

年　份	正高（职称）	副高（职称）	科学院院士	工程院院士	杰出青年	创新群体
2006	5120	2830	196	104	569	86
2007	5288	2973	219	182	666	108
2008	6214	3533	227	130	806	114
2009	6614	3911	243	137	869	123
2010	7010	4194	254	147	953	132
2011	8891	5378	281	159	1057	148
2012	—	—	281	202	1106	169

资源来源:《国家重点实验室年度报告》。

（二）国家工程技术研究中心

截至 2011 年年底，工程中心拥有职工 73537 人，同比增长 19.5%。其中，固定人员 59197 人，客座人员 14340 人，分别占职工总数的 80.5%和 19.5%。2011 年工程中心培养研究生 8234 人，其中，硕士 4775 人，博士 3459 人；工程中心流动人员 9013 人，流出人员 3139 人，净流入 5874 人。

2011 年，工程中心共对外开放实验室（实验室）959 个，开放设备 11844 台 / 套，开放生产线 362 条；共举办各类技术培训班 14258 期，参加人数 712125 人，同比增长 66.5%和 11.2%；为科研机构、企业等培养各类急需人才 827491 人，同比增长 10.4%。

第四节　国家高新技术产业开发区人才培养与队伍建设

20 世纪 90 年代初，国务院批准设立了 52 个国家高新技术产业开发区。经过 20 多年建设，2013 年国家高新区数量已经达到 114 家，成为全国创新资源最密集、创新活动最活跃、创新强度最大、创新成果最丰硕的区域，也是高层次人才集聚的创新高地。国家高新区的规模经济总量已经成为国民经济增长和地方区域经济发展的强有力支撑。2012 年，105 个国家高新区国内生产总值达 5.2 万亿元，占全国 GDP 的 10.1%，其中 29 家高新区的园区生产总值占所在城市 GDP 比重达到 20% 以上；共实现营业总收入 165689.9 亿元、工业总产值 128603.9 亿元、净利润 10243.2 亿元、上缴税额 9580.5 亿元、出口创汇 3760.4 亿美元。

一、高新区人才培养

国家高新区良好的创新环境和完善的服务平台有效地激励和吸引创新人才不断向国家高新区汇聚，使国家高新区已然成为创新创业活动持续生长的沃土。

截至 2012 年年底，全国 105 家国家高新区企业年末从业人员达 1269.5 万人，较 2011 年增加 195.9 万人。其中从事科技活动人员 223.6 万人，占全部从业人员总数 17.6%。按学历和职称划分，2012 年 105 家国家高新区拥有大专生 264.4 万人，本科生 320.5 万人，研究生 62.0 万人（其中硕士 55.8 万人、博士 6.3 万人），中高级职称人员 154.9 万人，较 2011 年总体增长分别为 19.7%、16.2%、20.8% 和 13.0%。从区域分布来看，2012 年各区域国家高新区的大专学历以上从业人员占各区域从业人员总数的比重均已超过 50%，为各地区持续的创新活动提供了较好的人才基础。其中，东部地区和中部地区硕士、博士资源储备相对更加丰富，中部地区拥有博士学位的从业人员的倾向性指数高达 137，拥有博士的密度明显高于其他地区。按职称划分，2012 年 105 家国家高新区从业人员中具有初级职称 152.9 万人、中级职称 110.0 万人、高级职称 44.9 万人，分别占从业人员总数的 12.0%、8.7% 和 3.5%。

近年来，国家高新区良好的创新创业环境和有力的招才引智政策，吸引了越来越多的归国留学人员。2012 年，105 家国家高新区中留学归国人员 8.2 万人、工程技术人员 261.6 万人、外籍常驻员工 4.2 万人、外籍专家 1.3 万人、当年吸纳高校应届毕业生 45.9 万人，较 2011 年总体增长分别为 54.8%、20.8%、−1.6%、5.8%、4.2%，占年末从业人员比例分别为 0.6%、20.6%、0.3%、0.1% 和 3.6%。105 家国家高新区中入选国家“千人计划”人数为 1725 人，其中园区推选并入选国家千人计划人数 690 人，2013 年 114 家高新区内共计 2165 人入选国家千人计划，园区推选并入选人数接近一半。

企业 R&D 人员数量和规模体现了国家高新区整体的研发水平和技术创新能力。全国高新区共有 63926 家企业纳入统计，105 家国家高新区国家高新区聚集了全国 30% 以上的企业研发投入和 55% 以上的企业研发人员，实现了全国 50% 以上的企业发明专利。2012 年，全国近三分之一的企业 R&D 人员集中在 105 家国家高新区，总数达 127.3 万人，占国家高新区从业人员比重 10.0%，折合全时当量 102.7 万人年。企业 R&D 研究人员为 37.7 万人，折合全时当量为 30.6 万人年。较 2011 年总体增长分别为 39.2%、16.8%、8.8%、−8.2%。

二、高新区服务机构人才队伍建设

国家高新区中集聚的众多大学机构和科研院所，为园区发展提供知识载体和创新源头。截至2012年年底，105个国家高新区内集聚了各类智力资源和研发主体，其中各类大学549所；研究院所1738家；博士后科研工作站843个，其中国家级450个；累积建设国家重点实验室447个，产业技术研究院547个，国家工程研究中心226家，国家工程技术研究中心243家；拥有企业技术中心5907个，其中国家级338个，占全国企业技术中心总量的38.1%。

国家高新区大力培养各类产业促进服务机构，建设可覆盖科技成果产业化全过程的科技服务体系。截至2013年年底，全国共有技术市场管理机构1000多家，技术交易服务机构2万余家，常设技术交易市场近200家，技术市场从业人员近52万人。全国生产力促进中心达到2581家，国家级示范生产力促进中心为251家，就业人数30765人。科技企业孵化器已超过1500家（国家级科技企业孵化器504家），孵化器从业人员超过3万人。国家级大学科技园94家，管理机构从业人员2469人，在孵企业8204家，企业从业人员达14.7万人。2012年，全国105家高新区内共有人才服务机构914个（截至2013年年底，全国114家高新区的人才服务机构达1266个），科技企业孵化器739个，其中国家级239个；科技企业加速器184个；生产力促进中心175个，其中国家级55个；技术转移机构441个，其中国家级75个；各类产业技术创新战略联盟504个，其中国家级41个；具有国家相关资质认定的产品检验检测机构732个。

专栏：中关村国家自主创新示范区人才特区建设

2011年3月，中共组织部、发展改革委等15个中央部门和北京市联合印发了《关于中关村国家自主创新示范区建设人才特区的若干意见》，中关村国家自主创新示范区（以下简称中关村）迈开了加快建设人才特区的步伐。

中关村拥有以北京大学、清华大学为代表的高等院校40多所，以中科院、工程院所属院所为代表的国家（市）科研院所206所；拥有国家级重点实验室112个，国家工程研究中心38个，国家工程技术研究中心（含分中心）57个；大学科技园26家，留学人员创业园34家。

同时，中关村共有国家“千人计划”人才874人，占北京市近8成；“北京海外人才聚集工程”368名人才，占北京市7成以上。158名高端人才及其团队入选“高聚工程”。

中关村人才发展呈现以下特点。

（1）从业人员高学历。2012年，中关村从业人员数量达到158.8万人，同比增长14.5%。其中，拥有本科及以上学历的人员达到78.7万人，较上年新增10.7万人，近两年每年增加10万名以上的高学历从业人员；拥有硕士及以上学历的从业人员17.2万人，较上年新增2.6万人。从占比来看，近几年中关村本科及以上学历从业人员占比一直保持在50%左右，2012年为49.6%。与全国高新区相比，2012年中关村大专以上学历占从业人员比重为69.8%，高出全国高新区平均水平18.8个百分点。

（2）海外留学归国人员数量持续增长。作为中央人才工作协调小组首批授予的“海外高层次人才创新创业基地”，中关村是国内留学归国人员创办企业数量最多的地区。截至2012年，中关村留学归国人员数量连续4年实现增长，总人数达到1.6万人，同比增长17.5%。其中，拥有硕士及以上学历的留学归国人员数量为1.2万人，较2008年增加了1.4倍；占留学归国人员总人数的比例上升至77.1%，创历年新高。

（3）科技活动人员数量庞大。2012年，中关村科技活动人员数量达40.2万人，较上年增加4.3万人。从岗位类型来看，中关村研发设计类从业人数达41万人，较上年增加5.7万人，研发设计类从业人员占比较上年小幅提升至25.8%，该比重继续稳居各岗位从业人员之首。

（4）人才薪酬竞争优势明显。2012年，中关村从业人员人均报酬达到9.8万元，较上年增加0.9万元，高于北京市城镇单位在岗职工平均工资1.3万元，且在全国各类科技园区中保持领先。

（5）非京籍从业人员占据半壁江山。2012年，中关村外省市户籍从业人员数量达到85.7万人，相比2008年增长了1倍多，占中关村从业人员的比重达到54%。当年吸纳的京外高校应届毕业生人数达到4.7万人，创历史新高。

（6）人才年轻化趋势凸显。中关村从业人员仍然以年轻人为主，2012年中关村29岁及以下从业者人数占比为48.1%，继续保持在五成左右；从业人员的平均年龄为32.8岁，比同期台湾新竹工业园从业人员平均年龄低了1.8岁。

（7）高校应届毕业生吸纳能力强劲。2012年，中关村吸纳高校应届毕业生人数达6.7万人，较上年增加了8630人，同比增长14.8%，其中毕业于北京市高校的应届毕业生人数达到2.1万人，占中关村当年吸纳高校应届毕业生总人数的30.7%。

（8）从业人员在企业间保持适度流动。2013年，中关村的人才市场仍然保持着较好的流动性，在同一企业内工作年限超过5年的员工比例仅为27.6%；接近6成（57.8%）的员工在同一家企业内的工作年限不足3年。这种人才在企业间的适度流动说明中关村的劳动市场相对活跃，有利于区域内人力资源的有效利用和企业间知识外溢效应的发挥。

资料来源：“中关村指数2013”等

第四部分

地方科技人才发展综述

地方在党管人才方针指导下，认真贯彻落实中央关于人才工作的决策部署，各级党委、政府高度重视，把人才工作作为促进经济社会发展的重要措施，加强统筹规划、系统设计，推进重点人才工作开展。充分发挥市场配置资源的决定性作用，在整合资源、营造环境、使用培养人才等方面采取有力措施，推进各具特色的区域人才政策体系建设，努力营造识才、爱才、敬才、用才的社会环境。总体来看，地方科技人才工作得到科学规划，体制机制不断创新，科技人才工作整体推进，并在若干领域取得重点突破，形成了以科技人才发展驱动科技和经济社会发展的生动局面。

一、制定地方科技人才发展规划

《国家中长期人才发展规划纲要（2010—2020 年）》《国家中长期科技人才发展规划（2010—2020 年）》发布后，各地方党委、政府采取有力措施落实国家人才规划，其中，北京、天津、山西、内蒙古、黑龙江、上海、浙江等 23 个省、直辖市、自治区结合本地区实际，制定了地方人才及科技人才发展规划纲要和意见，明确了一段时期内科技人才发展的目标和重要任务。在地方人才规划中，完善党管人才的领导体制，健全科技人才宏观统筹协调机制，改进科技人才管理方式，加强科技人才管理的法制化建设，改进科技人才评价激励机制和健全科技人才流动及配置机制等成为重点。

根据各地产业特色和经济社会发展需要，地方制定了各具特色的领域人才和专项人才发展规划。如上海市制定了《上海“十二五”生物医药产业人才发展规划》，确立了“建立规模匹配、结构合理、素质优良的人才队伍，满足生物医药产业发展要求，使上海成为全国有重要影响力的生物医药产业人才高地之一”等发展目标。以重点发展生产制造业，积极做大医药商业，着力培育服务外包业为产业发展重点，紧密围绕产业发展对人才的需求，开发利用国内国际人才资源，培养和集聚高层次专业技术人才和经营管理人才、高技能人才，统筹推进各类人才队伍建设。河北省出台《河北省农村实用人才和农村科技人才队伍建设中长期规划（2012—2020 年）》将科技人才规划的焦点对准“三农”，围绕农业农村经济发展中长期目标和重要任务，建立健全农村实用人才和农业科技人才开发体系。新疆针对自身民族聚居特色，出台了《新疆维吾尔自治区中长期少数民族人才发展规划》，聚焦于建设一支高素质少数民族人才队伍，把服务跨越发展和长治久安作为少数民族人才工作的根本出发点和落脚点。

表 1 部分地方人才发展规划

序号	名称
1	首都中长期科技人才发展规划纲要（2011—2020 年）
2	天津市中长期人才发展规划（2010—2020 年）
3	山西省中长期人才发展规划纲要（2010—2020 年）
4	内蒙古自治区中长期人才发展规划纲要（2010—2020 年）
5	黑龙江省人民政府关于进一步发挥高层次人才作用，促进科技成果转化落地的意见
6	上海市中长期人才发展规划纲要（2010—2020 年）
7	浙江省中长期人才发展规划纲要（2010—2020 年）
8	福建省中长期人才发展规划纲要（2010—2020 年）
9	江西省中长期人才发展规划纲要（2010—2020 年）
10	山东省中长期人才发展规划纲要（2010—2020 年）
11	河南省科技人才发展中长期规划（2011—2020 年）
12	湖北省中长期人才发展规划纲要（2010—2020 年）
13	湖南省中长期人才发展规划纲要（2010—2020 年）
	湖南省中长期科技人才发展规划（2011—2020 年）
14	广东省中长期人才发展规划纲要（2010—2020 年）
15	广西壮族自治区中长期人才发展规划纲要（2010—2020 年）
16	重庆市中长期人才发展规划纲要（2010—2020 年）
	重庆市中长期科技人才队伍建设规划（2010—2020 年）
17	四川省中长期人才发展规划纲要（2010—2020 年）
18	贵州省中长期人才发展规划纲要（2010—2020 年）
19	西藏自治区中长期人才发展规划纲要（2010—2020 年）
20	陕西省中长期人才发展规划（2010—2020 年）
21	甘肃省高层次创新型科技人才队伍中长期发展规划（2010—2020 年）
22	青海省中长期人才发展规划纲要（2010—2020 年）
	青海省科技人才中长期发展规划（2010—2020 年）
23	新疆维吾尔自治区中长期人才发展规划纲要（2010—2020 年）
	新疆维吾尔自治区中长期科技人才发展规划纲要（2010—2020 年）

续表

序号	名称
	"十二五"人才规划
24	上海市人才发展"十二五"规划
25	浙江省人才发展"十二五"规划
26	广东省科学技术发展"十二五"规划
27	广西壮族自治区人才发展"十二五"规划
28	广西北部湾经济开发区2008—2015年人才发展规划
29	四川省"十二五"科技人才发展规划（2010—2015年）
30	陕西省"十二五"科技人才发展规划（2011—2015年）
31	宁波市"十二五"人才发展规划

二、出台全方位、针对性科技人才政策

在国家和各地人才发展规划的指导下，地方相继颁布实施了一批科技人才培养开发、评价发现、选拔任用、流动配置和激励保障的政策措施，科技人才发展的环境日益完善，为科技人才成长、推动地方创新发展提供了强有力的制度保障。

（一）引进海外科技人才的政策

地方深刻认识到充分发挥海内外科技人才作用的重要性，从推进国际合作研究、深入推进海外高层次人才引进计划的实施、建立开放的用人机制等方面，全方位促进人才国际化。北京、天津、上海、浙江、山东、四川、重庆、厦门等地制定专门政策吸引海外人才回国创新创业。如北京市成立由市委组织部牵头、23家部门参加的北京市海外学人工作联席会实施"海外人才聚集工程"，围绕北京市重点发展产业关键技术突破、行业发展和新兴学科建设，聚集高素养和丰富海外工作经验的科技创新人才和领军人才。天津、江苏等地设立引进创新创业领军人才专项资金，每年2亿元，对引进创新创业领军人才给予一次性资助，江苏省2010年增至4亿元，围绕本省优先发展的重点产业，每年面向海内外引进一定数量高层次创新创业人才或团队。江苏、浙江等省建立海外高层次人才居住证制度，依据海外人才实际需求，最长给予5年期申请，期满可续办。

（二）促使科技人才潜心研究的政策

适当的科技人才评价标准和激励政策，有利于科技人员潜心研究和创新。北京、上海等9省市专门出台文件，通过提供专项服务、加大奖励激励力度，提高生活待遇、提供医疗保健和住房保

障、改进科技人才评价和奖励方式等措施，对优秀拔尖人才和高水平创新团队给予长期稳定支持，促进高层次人才潜心研究。黑龙江出台《实施有利于科技人员潜心研究和创新政策的若干意见》，设立省科研院所、重点企业中青年骨干科技人员访问学者专项资金，适当延迟高级人才退休年龄的机制，加快实施省属科研机构整合，消除科技人员后顾之忧等。

（三）支持青年科技人才脱颖而出的政策

青年人才是国家人才发展战略的重要组成部分。近年来，青年人才培养的顶层设计和战略规划得到越来越多的关注，地方实施了一系列针对国内优秀青年人才的培养项目，并配套相关支持政策。云南省针对青年后备人才提供培养费资助，按需自主选择出国进修、学位教育、业务培训等，培养考核合格后授予“中青年学术和技术带头人”等称号，并享受省政府特殊津贴。四川省资助 30 岁以下高校在校学生和 3 年内的高校毕业生，以及部分示范性高中在校生开展科学创新活动及高技术领域应用研发活动，按“早起步、早发现、早培养”思路培育一批富有创新精神的潜在人才。

（四）产学研合作培养创新人才的政策

结合产业优势实施产学研合作培养创新人才政策，地方政府指导建立以企业为主体、市场为导向、多种形式的产学研战略联盟，共建科技创新平台、开展合作教育、共同实施重大项目等，培养高层次人才和创新团队。北京、上海、湖南、甘肃和黑龙江等地出台了关于促进产学研合作提高科技创新能力的实施意见，《黑龙江实施产学研合作培养创新型人才的若干意见》明确提出制定省产学研合作项目培养创新人才计划，增加应用技术研究与开发资金投入额度，用于培养创新创业人才。一些地方探索依托高新区建设“人才特区”的机制，如长春高新区“十二五”期间列支专项资金打造“长白慧谷”，并实行人才服务专员制度。

（五）支持科技创新创业的政策

为充分发挥科技人才在创业中的重要作用，地方出台政策扶持科技人才创业，加大对科技创业融资的支持力度，支持高等学校和科研机构人才离岗创业，完善高新技术企业吸引科技人才等政策。针对创新创业人才面临的资金瓶颈问题，天津、上海、浙江和湖南等地出台了促进科技与金融对接的若干意见、实施意见，为各类创业人才提供科技金融专项服务；天津市出台考核奖励办法加大对科技金融对接服务平台认定，设立补贴资金鼓励股权投资企业投资初创期和成长期科技型中小企业；甘肃省对科技创新创业设立扶持专项等；福建省出台海西创业英才培养实施办法，培养创新创业人才，推动海西产业发展。

（六）促进科技成果转化的政策

提高科技成果转化能力，加快经济发展方式转变是地方创新驱动发展的战略重点。为促进科技成果资本化、产业化，让一切劳动、知识、技术、管理、资本的活力竞相迸发，各地先后颁布法规出台政策促进科技成果转化。如浙江、四川等省制定《促进科技成果转化条例》，上海市出台《关于进一步做好本市高新技术成果转化中人才工作的实施意见》和《鼓励专业技术人员和管理人员从事高新技术成果转化实施办法》；浙江省出台《关于进一步支持企业技术创新加快科技成果产业化的若干意见》；山东省发布《关于加快科技成果转化提高企业自主创新能力的意见（试行）》；四川省制定《重大科技成果转化工程实施方案（2011—2015 年）》；吉林省出台《千名创新人才科技成果转化支持计划实施方案》等。安徽省政府出台《合芜蚌自主创新综合试验区企业股权和分红激励试点工作指导意见》，企业用于股权奖励的部分最高可占激励总额的 50%。

（七）鼓励科技人才到农村和艰苦边远地区工作的政策

引导人才向农村基层和艰苦边远地区流动，国家通过实施科技特派员制度和边远贫困地区、边疆民族地区和革命老区人才支持计划等为农村和艰苦边远地区提供人才和智力支持。各地方结合本地实际，出台了相应的鼓励政策，四川、宁夏、广西、新疆等省（自治区）出台了科技特派员的实施意见。湖南出台了专门针对湘西地区的科技特派员的工作方案。山东出台了向西部经济隆起带派出科技人才服务团的政策。山西提出“千人百县”的科技人才基层服务计划等。

三、实施地方科技人才工程和人才计划

结合本地方经济社会发展特点、产业特色和人才需求，各地大胆改革创新，围绕《国家中长期人才发展规划纲要（2010—2020 年）》提出 12 项重大人才工程和计划，深入推进地方重大人才工程和计划的实施。

1. 大力引进海外高层次人才

与国家“海外高层次人才引进计划”（简称“千人计划”）协调推进，专门针对海外人才和留学生，吸引海外高层次人才回国或来华创新创业的人才计划。如北京实施“海聚工程”“高聚工程”，上海市、浙江省等设立本省（市）“千人计划”，安徽省、湖北省、湖南省、重庆市设立海外人才引进“百人计划”，山东省设立海外创新创业人才“万人计划”，广东省设立“高层次留学人员中流砥柱计划”，深圳市设立“孔雀计划”等。鼓励海外高层次人才通过兼职、咨询、讲学、技术合作、学术交流、中介服务等多种形式服务地方。2012 年年底，上海地方“千人”共有 310 人入选。2014 年北京市引进海外高层次人才专项计划显示，市属高校、科研院所、企业等单位共提供 280 个工作类海外高层次人才需求岗位，397 个工作类海外专业技术人才需求岗位，将定向引进 677 名工作类海外人才。

2. 积极面向省外引进高端人才

为引进急需高层次人才解决地方经济发展、产业结构优化、产业技术水平提升等问题，地方积极引进省外人才。上海“千人计划”也同样适用于本土人才，认定后授予“上海特聘专家”称号。江苏省设立高层次创新创业人才引进计划、云南省实施高端科技人才引进计划、贵州省建立特聘专

家制度、湖北省实施高端人才引领培养计划等。“江苏省高层次创新创业人才引进计划”实施以来，着力打造一批竞争优势明显的高新技术产品群和企业群。在江苏省“双创计划”带动下，全省各地出台实施了93个专项引才计划，资助引进各类高层次人才15000多人。

3. 加强本地高层次人才的培养与开发

地方积极探索支持本地领军人才和团队成长。天津、山西、新疆生产建设兵团实施“创新人才推进计划”，北京实施21世纪百千万人才工程、“科技北京”领军人才工程，上海市推出领军人才、浦江人才、东方学者计划，浙江省实施重点科技创新团队培育计划、领军型创新创业人才培养计划，安徽省设立皖江学者计划，重庆市推进两江学者、高层次人才特殊支持计划、科技领军人才促进计划、科技领军人才培育计划，内蒙古设立草原英才工程，辽宁省实施高层次人才特殊支持“双千计划”，广西实施“八桂学者”制度等。人才培养工程的实施为地方带出一批高水平科研团队、建设了一批优势学科，造就了一批大师。

4. 加大创新创业人才扶持

江苏省探索“科技企业家培育工程”，以省内高成长性创新型企业主要负责人为培育对象，集成省市人才项目、产业项目、科技金融、政府采购等资源，强化支持，帮助企业家快速成长，促进企业做大做强。天津市“新型企业家培养工程”选择重点领域高成长性科技企业经理人，专门建立企业经营管理人才库，并由市人才发展基金资助开展企业家境内外培训、研修。福建省“海西创业英才”以高新技术企业负责人、技术骨干以及在企业服务的高校和科研院所科研人员为支持对象，设立创业英才专项奖励资金，支持开展技术开发、人才培养等。

5. 特别关注青年人才成长

地方制定实施了各具特色的青年人才计划。北京市科技新星计划旨在选拔一批优秀青年科技骨干，以项目为依托开展科研工作，培养造就一批有创新精神的科技带头人和科技管理专家，逐步形成青年科技专家群体。上海市“青年科技启明星”计划，以项目的方式，选拔和培养优秀青年科技人员领衔开展科学技术研究、应用开发、成果转化等工作，为青年科技人员起步提供扶持。江西省“井冈之星”培养计划，通过资助青年科技人员从事研究，到国内外著名研究机构、高校、企业深造研修等方式，在重点学科、优势学科和关键技术领域培养一批能担当重任的青年科学家。吉林省青年人才培养计划还分为城市青年创新创业人才、技能型人才，农村青年致富星火带头人、青年志愿者骨干和青年海外留学人员。天津市相继推出归国青年留学生创业项目、国际青年科技合作项目和青年国内科技合作项目支持青年人创新创业。湖南省立足现有创新资源，遴选出一批青年科技拔尖人才进行重点培养，为其搭建湖湘青年科技创新创业平台。同时，各地方的自然科学基金也纷纷开设针对青年人的研究项目，如北京市、上海市、天津市、浙江省、江苏省、安徽省、广东省、甘肃省等，并已经取得显著效果。

《人才规划纲要》颁布实施 4 年来，地方科技人才队伍建设取得显著成效。人才总量大幅增长，高层次人才不断涌现，人才结构日益优化，一个尊重人才、爱护人才的创新人才发展环境开始形成。2012 年，天津市各类人才总量达到 214 万人，年均增长 11.5 万人，拥有中科院院士 16 人，工程院院士 21 人；上海科技活动人员 38.89 万人，中科院院士 89 人，工程院院士 70 名；浙江省从事科技活动人员 61 万；广东省专业技术人才总量达 455 万人。十八届四中全会，中央对国家治理体制进行制度化、法制化的布局，为全面深化改革提供法律保障。认真落实四中全会有关精神，进一步完善人才法制化环境是今后人才工作的重要保障。

表 2　地方部分科技人才工程与计划（摘录）

地方	序号	名　称	启动时间	目　标　任　务
北京	1	北京市科技新星计划	2002 年	支持青年科技骨干以项目为依托开展科研工作，不断提高科技水平和管理能力，造就一批青年科技带头人和科技管理专家，逐步形成青年科技专家群体。新星计划每年选拔 100 名左右青年科技人员，通过资助其开展项目研究进行培养
	2	北京市“新世纪百千万人才工程”	2004 年	2005—2010 年，安排资金 200 万元，专项用于北京市“新世纪百千万人才工程”培养资助工作
	3	中关村高端领军人才聚集工程（高聚工程）	2008 年	用 2—3 年时间，聚集 3—5 个由战略科学家领衔的研发团队，分别建成具有国际一流水平的科学研究所（研究中心）；聚集 50 个左右由高端领军科技创新创业人才领衔的高科技创业团队；聚集 20 个左右由高端领军创业投资家和科技中介人才领衔的创业服务团队
	4	北京海外人才聚集工程（海聚工程）	2009 年	5—10 年的时间，聚集 10 个由战略科学家领衔的高科技创业团队；聚集 50 个左右由科技领军人才领衔的高科技创业团队；引进 200 名左右海外高层次人才来京创新创业；建立 10 个海外高层次人才创新创业基地；鼓励和吸引上千名具有真才实学和发展潜力的优秀留学人员来京创新创业
	5	“科技北京”百名领军人才培养工程	2010 年	从 2010—2020 年，利用 10 年时间，通过项目带动、产学研用结合、国际合作交流等形式，培养造就百名科研水平一流、管理能力突出、成果国际前沿、专业贡献重大，能够引领和促进新兴学科形成与产业关键技术发展的科技领军人才；立足首都发展需求，构建一批由科技领军人才领衔的，成熟、稳定、高效的科技创新团队；推动科技领军人才及其创新团队的创新成果在首都转化为现实生产力，引领和带动本市战略性新兴产业的形成和发展

续表

地方	序号	名称	启动时间	目标任务
天津	6	天津市创新人才推进计划	2012年	到2020年，重点培养和支持100名市级中青年科技创新人才；300名35周岁以下的优秀创新青年人才；扶持300名能够运用自主知识产权或核心技术创新创业的优秀创业人才和具有创新精神的企业家；建设150个市级重点领域创新团队，着力提升若干重点领域和战略性新兴产业的科技创新能力
	7	天津市“新型企业家培养工程”	2012年	用5—10年时间培养1000名科技型、知识型、创新型企业家和创新创业团队。从2012年开始，天津市每年选拔150名左右科技型企业经理人进行重点培养，到2020年，培育1000名企业年销售额超亿元、创新能力处于国内同行业领先地位、善于经营管理的新型企业家，其中经营上市企业的新型企业家达到100名
	8	天津市高层次创新型科技领军人才计划	2012年	该计划将通过“项目＋基地＋人才”的培养方式，力争用10年时间造就100位具有国际领先水平的科学家，为津城发展提供强劲助力
河北	9	河北省“巨人计划”	2011年	利用“十二五”时期5年时间，培养引进100名左右创新创业领军人才，在领军人才的凝聚下打造100个左右创新创业团队
	10	河北省青年拔尖人才支持计划	2013年	从2013年开始实施，每两年选拔一次，每次遴选120名左右35岁以下的青年拔尖人才，给予重点培养。到2020年共培养支持500名左右
山西	11	山西省创新人才推进计划	2013年	至2020年，设立10个科学家工作室，培养和支持300名中青年科技创新人才，扶持200名运用自主知识产权或核心技术创新创业的优秀创业人才，建设50个重点领域创新团队，建设30个创新人才培养示范基地
	12	山西省“千人百县”高层次人才服务基层计划	2013年	每年重点组织教育、卫生、农业、林业、工程技术等领域1000名左右高层次人才深入119个县区开展多种形式的服务活动，目的是破解一批制约基层发展的技术难题，转化一批科技信息和成果，培养带动一批基层人才成长和开展一批基层社会事业公益性活动
内蒙古	13	内蒙古“草原英才”工程	2010年	争取用5年时间，有计划、有重大、有针对性地引进海内外高层次创新人才100名左右；引进海内外高层次创业人才400名左右；重点培养内蒙古本土高层次创新人才200名；培养内蒙古本土高层次创业人才500名；建成自治区高层次创新创业基地20个，高校创新团队30个

续表

地方	序号	名称	启动时间	目标任务
辽宁	14	辽宁省“十百千”高端人才引进工程”	2009年	重点围绕辽宁优先发展的重点产业，从海内外引进数十名能够引领重点支柱产业发展的顶尖科技人才；引进数百名在国际科学技术前沿取得重大突破，能够带领国际水准研发团队的科技领军人才；引进数千名拥有自主知识产权、具有较强自主创新能力的学术、技术带头人和熟悉国际惯例、具有较强国际运作能力的高级管理人才
	15	辽宁省高层次人才特殊支持“双千计划”	2013年	用10年时间，有计划、有重点的遴选支持2000名左右自然科学、工程技术和哲学社会科学领域的杰出人才、领军人才和优秀专家、青年拔尖人才
	16	辽宁省百千万人才工程	2013年	自2013年起，用10年左右时间，有计划，有重点的在各学术技术领域选拔培养10000名左右人选，并从中择优选拔一批从事基础学科和基础领域研究的中青年高层次人才入选国家级“百千万人才工程”人选、国家和省级“高层次人才特殊支持计划”
吉林	17	吉林省拔尖创新人才工程	2003年	在五年内，围绕工业省、生态省和科教省建设目标，培养造就一批富有创新能力的拔尖人才：10名左右具有世界科技前沿水平的科学家、工程技术专家和社会科学专家；100名左右具有国内领先水平，有较高学术、技术造诣的带头人；1000名左右在各学科和技术领域具有发展潜能的优秀年轻人才
	18	吉林省柔性引进高层次人才项目	2006年	通过多种方式和渠道柔性引进高层次人才来我省兴业、创业，为实现“十一五”规划和振兴吉林老工业基地、全面建设小康社会提供有力的人才支撑
	19	吉林省“双百千万”人才计划	2011年	自2011年开始，计划用三年时间，集中培育和支持一批高端人才和适用人才，包括百名高层次创新创业人才引进计划、百名现代服务业高端人才开发计划、千名创新人才科技成果转化支持计划、千名首席技师打造计划、万名兴农带富之星培养计划、万名社会工作人员培养计划六个子计划
	20	吉林省青年人才培养计划	2011年	用3年时间，大力实施城市青年创新创业人才培养计划、城市青年技能型人才培养计划、村村青年致富星火培养计划、青年志愿者骨干培养计划、吸引青年海外留学人员来吉创业计划
	21	长春高新区“长白慧谷”英才计划	2011年	未来5年，围绕六大主导产业发展，以海内外高层次人才为重点，以企业为载体，引进海外高端人才30名；引进高层次创新创业人才200名，高级经营管理人才300名，高技能人才1000名

续表

地方	序号	名称	启动时间	目标任务
上海	22	上海市博士后科研资助计划	2001 年	鼓励和支持本市在站博士后研究人员中有科研潜力和突出才能的年轻优秀人员，以项目资助扶持的方式，为他们提供比较优越的科研条件，鼓励他们出站后能继续为上海的经济建设做出贡献
	23	上海市青年科技启明星计划	2003 年	选拔和培养优秀青年科技人员，以项目扶持的方式，为青年科技人员起步，领衔开展科学技术研究、应用开发、成果转化等工作提供经费资助
	24	上海市优秀学术（技术）带头人计划	2010 年	每年全上海市共资助 100 名。资助强度为 20 万—40 万元。项目资助年限为 2 年
	25	上海市浦江人才计划	2005 年	主要资助回国来沪工作和创业的海外留学人员及团队，包括：应聘来本市从事自然科学、社会科学研究和工作的留学人员及团队；在本市创办企业的留学人员及团队；来本市讲学或进行咨询的留学人员及团队；其他本市特殊急需的留学人员及团队
	26	上海市海外高层人才引进计划	2010 年	用 5—10 年时间，围绕国家重大战略和上海重点战略目标的人才需求，引进一批紧缺急需的海外高层次人才，并争取其中一批引进人才入选中央“千人计划”
江苏	27	江苏省省级高层次创新创业人才引进计划	2007 年	“十一五”期间实施，重点围绕省优先发展的重点产业，引进 500 名左右的高层次创业创新人才和若干人才团队，促进一批具有自主知识产权的重大科技成果转化和产业化，孵化一批高成长性的科技型企业，带动一批高新技术企业在核心技术及重大产品的自主创新方面进入国内一流或国际先进行列，打造一批快速发展、竞争优势明显的高新技术产品群和企业群
	28	江苏省“科技企业家培养工程”	2011 年	从 2011 年起，用 5 年时间，培育建成一支 1000 名左右规模的具有全球视野、战略思维和持续创新能力的科技企业家队伍。通过他们的带领，到 2015 年，推动形成 10 个年销售收入超千亿元的新兴产业集群，新增上市企业 50 家，新增销售收入超 10 亿元的创新型龙头企业 100 家
浙江	29	浙江省“钱江人才计划”	2007 年	优化创新创业环境，聚集海外优秀留学人才，为建设创新型省份提供人才支撑，择优资助近期回国来浙江工作和创业的海外留学人员及团队

续表

地方	序号	名称	启动时间	目标任务
浙江	30	浙江省高技能人才创新活动资助计划	2008年	为支持高技能人才开展技术创新活动，培养一批具有创新能力和精湛技艺的高技能人才，提升企业生产一线技术工人队伍的整体素质，增强企业和产品竞争力
	31	浙江省“海外高层次人才引进计划”	2009年	围绕浙江发展战略目标，主要依托重大科技专项和公共科技创新服务平台、“六个一批”创新载体、重中之重学科和重点学科、重点实验室、国家级企业技术中心以及高新技术产业开发区、留学人员创业园等各类园区，用5—10年并重点支持100—200名左右海外高层次人才来浙江创业创新
	32	浙江省重点科技创新团队培育计划	2010年	今后3—5年，培育150个左右创新人才集聚、产学研紧密结合、能够开展综合性科技攻关、攻关关键共性技术难题、开发战略性产品的浙江省重点科技创新团队
	33	浙江省新苗人才计划	2010年	以大学生科技创新项目、大学生科技成果推广项目、大学生创新创业孵化项目为载体，不断加大对大学生创新创业的扶持力度
	34	浙江省“海鸥计划”	2011年	重点引进符合省“千人计划”条件，但只能以短期形式（每年在省内工作时间2个月以上、6个月以下，连续3年以上）来浙江工作的海外高层次创新人才
	35	浙江省151人才工程	2011年	到2020年，每5年一轮，每轮培养：100名左右能跟踪国际科技前沿，引领本学科和产业发展，进入百千万人才工程国际级入选序列的第一层次领军人才；500名左右具有较高学术技术造诣，能支撑我省学科建设、产业发展和科技创新，在省内外同行中拥有较高知名度的第二层次学术技术带头人；1000名左右在各学科、产业领域发挥骨干作用，得到省内外同行认可，富有发展潜力的学术技术带头人后备人选
	36	浙江省青年科学家培养计划	2012年	2013—2015年，从高校、科研院所安排100名有培养前途的青年科技人才，到省内重点企业研究院工作，开展一批技术难题公关，通过实践和实绩评价，培养一批青年科学家和未来科研团队带头人
	37	引进“海外工程师”资助项目	2013年	对省级重点企业研究院引进的“海外工程师”实行资助
	38	浙江省领军型创新创业团队引进培育计划	2014年	大力引进、培育一批以领军人才为核心、以团队协作为基础、以从事企业创新研究和创业活动为目标，具备国际领先、国内一流水平，带动产业链向高端提升的领军型创新创业团队

续表

地方	序号	名称	启动时间	目标任务
安徽	39	安徽省“115”产业创新团队	2006年	用5年左右时间，建设100个左右“产业创新团队”，选聘100名左右“创新团队带头人”和500名左右“带头人助理”，集中开展重点产业项目的科技攻关、新产品研发和科技成果转化工作
	40	安徽省皖江学者计划	2011年	择优资助高校重点引进一批能够突破关键技术、发展高新产业、带动新兴学科、推进全省自主创新的战略科学家和科技创新人才
	41	安徽省战略性新兴产业“111”人才聚集工程	2011年	到2015年，培育扶持100个“技术领先、机制灵活、产出高效”的战略性新兴产业创新创业团体；引进培养1000名国际或国内一流水平、在战略性新兴产业领域有重大突破或重要科技成果转化产生较大经济效益、引领作用显著的技术领军人才；培养10000名战略性新兴产业高技能人才
福建	42	福建省海西创业英才计划	2010年	每3年选拔一次，每次选拔100名拥有自主知识产权的科技成果，有较强的技术研发或经营管理能力，科技成果转化和产业化成绩显著，能有效推动企业技术进步和海西产业优化升级的优秀创业创新人才
	43	福建省企业技术创新团队	2012年	引进、培育一批高水平的企业技术创新团队，提升企业自主创新能力
江西	44	江西省青年科学家（井冈之星）培养对象计划	2007年	在重点学科、优势学科和关键技术领域培养一批能担当重任的青年科学家
	45	江西省“赣鄱英才555工程”	2010年	在10年内，面向海内外引进500名急需紧缺的高层次人才来赣创新创业；柔性引进500名具有国际先进水平、国内顶尖水平的高端人才为赣发展服务；立足本省选拔500名高层次创新创业人才重点培养
山东	46	山东省“泰山学者”	2005年	从2005—2008年，实施第一期工程，在全省科研机构、企业、事业单位及其他各种经济社会组织的重点学科、重大工程、支柱产业、高新技术领域中设置“泰山学者”建设岗位100个，延揽100名科研精英、技术尖子，建成100个以“泰山学者”特聘专家为核心，以400—600名中青年科研骨干为中坚的高水平科研攻关团队
	47	山东省优秀创新团队	2007年	每两年评选不超过10个对科学发展、经济增长、社会进步和国家安全有重要战略意义的基础性、前瞻性研究，或围绕省内经济和社会发展需求，能够产生重大经济或社会效益的关键技术创新和集成创新团队

续表

地方	序号	名称	启动时间	目标任务
山东	48	山东省“泰山学者攀登计划”	2011年	从2011—2015年，遴选30—40名优秀泰山学者人选或其他高层次专家学者，给予重点培养和扶持，支持攀登科技高峰
	49	济南市“百千万海内外人才引进工程”	2010年	用5年时间，面向海内外引进150名高层次创新创业人才；1000名优秀创新创业人才；10000名紧缺适用的创新创业人才
	50	济南市海内外高层次人才引进倍增计划	2012年	用7—8年时间，围绕创新型城市建设，大力引进海内外顶尖人才和创新科技型人才；围绕发展现代产业体系，大力引进产业领军型人才；围绕经济结构调整，大力引进能够支撑现代服务业、现代农业发展的急需紧缺高端人才
河南	51	河南省科技特派员行动计划	2009年	积极探索建立以市场为导向、企业为主体、科研机构和高等院校为依托的产学研结合长效机制，推动广大科技人员深入企业和农村提供智力服务，不断提高新农村建设过程中的科技支撑能力
	52	河南省“中原学者”	2011年	到2020年，造就60名“中原学者”。通过对在豫工作的科技人才的资助，培养河南的科技领军人才品牌，造就一批科技领军人才团队及院士后备人才
	53	河南省科技创新人才计划	2011年	包括创新杰出人才和科技创新杰出青年。通过对在豫工作的符合一定条件的科技人才的支持，形成一支在国内外有重要影响、思想道德素质过硬、学术技术水平领先、被业内广泛认可的科技领军人才队伍
	54	河南省“创新型科技团队”工程	2011年	以河南省优势产业、重点学科和研究基地为基础，以优秀领军人才为核心，支持培育一批“道德素质过硬，专业贡献重大，团队效应突出，引领作用显著”的创新团队
湖北	55	湖北省专业技术人才知识更新工程	2006年	“十一五”期间，在现代农业、现代制造、信息技术、能源技术、现代管理5个领域，开展专项继续教育活动，重点培训20万名紧跟科技发展前沿、创新能力强的中高级专业技术人才
	56	湖北省一村一名大学生计划	2007年	从2008—2010年，全省每年要选拔6200名农村基层干部和优秀青年，接受脱产和不脱产的大专学历教育，实现“一村一名大学生计划”
	57	湖北省重点产业创新团队计划	2008年	用3年时间，在湖北相关产业领域，建设100个左右“重点产业创新团队”；选聘100名左右“创新团队带头人”，带动培养300—500名“创新团队核心成员”，努力培养造就一批创新能力卓越、引领作用突出、团队效应显著、科研成果丰富的创新团队和科技领军人才

续表

地方	序号	名称	启动时间	目标任务
湖北	58	湖北省自主创新"双百计划"	2009年	用2—3年时间，在全省高新技术企业和创新型企业设立100个"湖北省自主创新岗位"，组建100个"湖北省自主创新团队"
	59	湖北省引进海外高层次人才计划	2009年	用5—10年时间，围绕湖北省优先发展的装备制造业、高新技术产业、新材料、农产品加工、现代物流等领域，引进200名左右紧缺的高层海外创新创业人才（其中创业人才不低于50%），从2009起用5年左右时间，先期重点引进100名左右海外高层次急需紧缺人才
	60	湖北省自主创新"双百计划"	2009年	用2—3年时间，在全省高新技术企业和创新型企业设立100个"湖北省自主创新岗位"，鼓励、引导一批高层次创新人才，担任"湖北省自主创新岗位"特聘人选，组建100个"湖北省自主创新团队"
	61	湖北省百人计划	2009年	计划5—10年的时间里从海外引进200名紧缺的高层次创新创业型人才，其中创业人才不低于50%。湖北省财政将对入选"百人计划"的海外高层人才一次性给予每人100万元或50万元的补助，并对创业人员的部分研发项目和规模生产项目给予贷款贴息
	62	武汉市东湖新技术开发区3551人才计划	2010年	在3年内，以海外高层次人才为重点，以企业为载体，在光电子信息等5大重点产业领域，引进和培养50名左右掌握国际领先技术、引领产业发展的领军人才，1000名左右的高层次人才
	63	湖北省高端人才引领培养计划	2011年	2011—2020年每年遴选不少于20名共200名以上的优秀中青年科技人才进入高端人才引领培养计划，着力培养10名左右有实力竞争两院院士的后备人选，150名入选国家级重点人才工程的后备人选
	64	湖北省急需紧缺专业技术人才培养工程	2011年	在省高新技术产业和战略性新兴产业、制造业、现代农业和服务业等重点领域，每年培养5万名急需紧缺的专业技术人才，到2020年，累计培训培养50万名左右。依托高等院校、科研院所、大型企业现有施教机构，建设一批国家级、省级专业技术人才培养培训基地。建立急需紧缺专业技术人才需求信息定期发布制度和信息数据库
	65	湖北省"123"企业家培养工程	2011年	力争在未来10年内，重点培养1名能够带领企业进入世界500强的卓越企业家；10名能够带领企业进入国内500强的优秀企业家；200名能够带领企业在同行业中处于领先地位的骨干企业家；3000名具有良好发展潜力的成长型企业家

续表

地方	序号	名称	启动时间	目标任务
湖北	66	湖北省“六个一百”人才工程	2013年	建设100个重点产业创新团队、设立100个急需紧缺专业技术人才特聘岗位、扶持100个科技创业领军人才和100个农业产业化领军人才、建设100个院士专家工作站和博士后创新实践基地（其中院士专家工作站70个，博士后创新实践基地30个）、扶持100名大师级民间工艺传承人才。每个重点产业创新团队将各获得20万元岗位津贴支持，科技创业领军人才入选者将各获得15万元经费扶持，农业产业化领军人才当选者将获得每人10万元创业岗位津贴，入围大师级民间工艺传承人才的人选将各获得15万元经费支持
	67	湖北省农业产业化龙头企业人才支撑计划	2012年	计划用4年时间，投入2000万元，重点支持培养300名左右具有国际视野、掌握现代企业经营理念的农业产业化龙头企业管理人才、营销人才，引进、培植一批科研创新人才及创新团队，引领和带动农业产业化发展
	68	湖北省现代服务业领军人才	2012年	力争每年培养2000名现代服务业人才，包括取得中高级职称任职资格的财务会计、人才猎头等现代服务业人才，中高级外语、WTO事务等涉外人才，金融业、现代物流业等九类产业人才等。引导各高等院校加快服务业相关学科建设，增设紧缺专业，扩大招生规模，加大急需的博士生、硕士生比例，尽快培养一批服务业专门人才
	69	湖北省医学领军人才培养计划	2013年	3年为一个培养周期，每个周期遴选30名培养对象。至2020年，实施3个周期，共培养90名。每个培养对象，资助100万元经费用于科研。力争到2015年，推出1—2名医学类院士，培养5名具有国际国内领先水平的学术带头人；到2020年，推出3—5名医学类院士，培养10名具有国际国内领先水平的学术带头人
	70	湖北省名师培养工程	2003年	每年在初等、中等、高等三个层次各评选10名“湖北名师”，5年中评选“湖北名师”150名，特级教师1000名，省级骨干教师5000名，省级高校学科带头人500名，省级高校学术骨干1000名
	71	湖北省农村实用人才培养示范基地	2008年	省财政将列支1000万元用于全省农村实用人才培养示范基地创建试点工作，并确定了30个基地作为全省首批创建农村实用人才培养示范基地

续表

地方	序号	名称	启动时间	目标任务
湖南	72	湘西地区科技特派员	2005 年	通过 5—10 年时间，在湘西地区推广一批先进实用技术，培育、壮大一批优势特色产业和骨干企业，提升一批乡镇卫生院，组建一批专业合作组织，培育一批科技致富典型，造就一批乡土人才和新型劳动者
	73	湖南省博士后科研资助专项计划	2006 年	鼓励和支持省在站博士后研究员中有科研潜力和突出才能的年轻优秀人才，以项目资助扶持的方式，为其提供一定的科研条件，支持其顺利地开展科研工作
	74	湖南省科技领军人才培养计划	2007 年	努力培养造就一批政治素质过硬、创新能力卓越、引领作用突出、团队效应显著、在国内和国际上处于领先地位的科技领军人才
	75	湖南省“百人计划”	2009 年	计划用 5 年左右时间，引进约 100 名海外高层次人才
	76	湖南省科技特派员农村科技创业行动	2010 年	力争用 5 年的时间，不断扩大科技特派员工作覆盖面，每年选派科技特派员 5000 人左右，形成一支稳定的科技特派员队伍；引进农林动植物新品种 1000 个，推广应用先进实用技术 2000 项，大幅度提高科技成果转化率；建设一批科技特派员创业链，发展壮大一批骨干企业，大力发展区域优势产业；重点扶持和培育农民专业合作组织 2000 个，提高农业组织化程度；重点扶持乡镇（中心）卫生院 1000 个，建设和培育一批科技致富典型，造就一批乡土人才和新型劳动者，提高农民致富能力
	77	湘湖青年科技创新创业平台	2013 年	立足现有创新资源，遴选出一批青年科技拔尖人才进行重点培养，为其搭建学术交流平台、创业服务平台和信息集成与资源共享平台，培养造就一批我省新一代学术、技术和产业带头人，为创新型湖南建设提供人才支持
	78	湖南省自然科学创新研究群体基金	2013 年	创新群体项目支持优秀中青年科学家为学术带头人和研究骨干，共同围绕一个重要研究方向合作开展创新研究，培养和造就在国际科学前沿占有一席之地的研究群体
	79	湖南省科技创新创业团队支持计划	2014 年	首批计划将遴选不超过 10 个创新创业团队，支持周期为 3 年。入选团队可获得 100 万元专项资助，按 5:3:2 的比例分 3 年拨付，主要用于团队人才培养、技术攻关、产品开发、成果转化等

续表

地方	序号	名称	启动时间	目标任务
广东	80	广东省引进领军人才计划	2008年	重点引进中科院院士、工程院院士和相同等级担任省级重大科技项目首席专家、重大工程项目首席工程技术专家、管理专家
	81	广东省引进创新科研团队计划	2008年	重点引进广东省优先发展产业急需的世界一流，国内顶尖、国际先进或国内先进的创新和科研团队
	82	广东省百万技能人才提升储备计划	2009年	在2009—2012年，全省每年组织开展各类职业技能培训的总量要达到600万人次，到2012年年底，全省高技能人才占技能人才的比重达25%，使各类劳动者的技能水平都有更高层次的提高
	83	广东省育苗工程	2010年	育苗工程项目分为自然科学和人文社会科学两类。育苗工程项目支持范围限于广东普通高等学校在编、在岗青年教师和科研工作者
	85	广东企业科技特派员行动计划	2010年	通过引导国内外科技人员及其团队深入生产一线，架起高校、科研院所优势创新资源与广东企业、产业、区域合作的桥梁，切实解决企业各类技术问题，提升区域自主创新能力和产业核心竞争力；通过把高校、科研院所的创新工作与生产实际相结合，创新学科建设思路，更新人才培养理念，结合企业科技特派员助理工作，增强人才培养的针对性和适用性
	86	广东省高层次留学人员中流砥柱计划	2011年	着力培养一大批具有国际视野的中青年科学研究人才和后备力量，使中青年创新人才逐步成为我省高层次人才的中坚力量
海南	87	海南省创业英才培养计划	2012年	到2020年，重点面向科技型企业，在省重点领域、优势产业和重点创新项目中选拔350名具有较强技术研发和经营管理能力，用于创业、用于创新的创业人才进行培养
广西	88	广西壮族自治区“八桂学者”	2010年	用10年时间，争取累计吸引和培养八桂学者100名，建设100个以八桂学者为核心、400—600名中青年科技技术骨干为中坚的高水平科研创新团队
	89	广西科技创新人才和团队工程	2012年	到2015年，全区专业技术人才总量达到104万人，每万名就业人员的研发人力投入达到43人年以上，高级技工水平以上的高技能人才占技能劳动者的比例达到25%以上。

第四部分

续表

地方	序号	名　称	启动时间	目　标　任　务
四川	90	四川省“青年百人计划”	2011年	在“十二五”期间，以“一枢纽、三中心、四基地”建设和工业“7+3”产业、战略性新兴产业、“塔尖”产业发展急需紧缺的高层次人才为重点，面向海外刚性引进并重点支持100名左右优秀青年拔尖人才全职来川工作，柔性引进并重点支持100名左右符合“百人计划”引才条件的海外高层次领军人才短期来川服务
	91	四川省科技创新苗子工程	2012年	按照“早起步、早发现、早培养”的工作思路，采取“人才＋项目”的培养方式，选择省范围内高校在校学生和3年内毕业生，以及部分示范性高中在校生，以科技项目的形式，资助其开展科学技术研究、应用开发、成果转化
	92	四川省天府英才工程	2012年	“十二五”期间，围绕四川省优先发展的重点产业，采取依托项目培养人才的方式，造就100名左右跟踪世界科技前沿、处于国内领先水平的科技领军人才，培养300名左右具有较强创新能力、在经济社会发展中做出显著成绩的科技青年英才，聚集500名左右富有创新精神、具有较强科技创新能力的青年科技苗子，扶持100个左右产学研紧密合作、获得重大突破性成果的科技创新团队
	93	四川省科技创业领军人才计划	2013年	从2013年起，用10年左右时间，有计划、有重点的遴选支持300名科技创业领军人才，重点围绕新一代信息技术、新能源、高端装备、新材料、生物、节能环保等战略性新兴产业和高新技术产业以及现代农业、民生工程等领域
	94	四川省科技创新研究团队专项计划	2011年	围绕四川省优先发展的重点产业，特别是战略性新兴产业及现代农业、民生工程、基础研究等创新领域，采取依托项目培养人才的方式，预计未来五年，将扶持55个左右产学研紧密合作、获得重大突破性成果的科技创新团队，打造一支素质优良、结构合理、梯次配备的创新型科技人才队伍。到2020年，达到90个左右
	95	四川省海外科技工作者人才的引进与培养计划	2009年	在省重点创新项目、重点学科和重点实验室、省属企业和在川金融机构、以高新技术产业开发区为主的各类园区等四个领域，用5—10年时间，各引进并重点支持50名、总计200名左右海外高层次人才来川创新创业

续表

地方	序号	名 称	启动时间	目 标 任 务
重庆	96	重庆市巴渝科技创新人才工程	2006年	到2010年，在重庆优势学科、支柱产业和高新技术优势领域，培养造就具有较强创新能力的科技人才1000名，达到国内乃至国际学术和工程研发前沿水平的科技拔尖人才30名，培育以巴渝科技创新人才为核心、在国内乃至国际有重大影响的创新团队20个，从中产生10名具备中科院、工程院院士实力的高级科技专家
	97	重庆市“两江学者”计划	2009年	在高等院校、科研院士和企事业单位等设置特聘岗位100个，其中，应用技术领域60个，基础研究领域25个，人文社科领域15个
	98	重庆市百名海外高层次人才集聚计划	2009年	用5年时间，在重点创新项目、重点学科和重点实验室、重点企业、重点园区等，引进100名左右海外高层次人才来渝创新创业
	99	重庆市海外高层次人才创新创业基地	2009年	用3年的时间，在高等院校、科研结构、重点企业、金融机构等建设10个左右海外高层次人才创新基地，在高新技术开发区、经济技术开发区、留学创业园等各类园区建设5个左右海外高层次人才创业基地。争取5个左右入选国家海外高层次人才创新创业基地
	100	重庆市人才队伍建设“六百三万”计划	2010年	10年内，每年遴选40名市管党政正职和60名正职后备干部进行重点培养，造就100名具有全球战略眼光、市场开拓精神、管理创新能力和社会责任感的优秀企业家。培养冲击“两院”院士人选的“两江学者”20名，具有领导本学科保持或赶超国内外先进水平的领军人才30名，在教育教学、基础研究、高技术研究、社会公益研究领域带头人50名，建成100个高水平研发团队。在战略性新兴产业领域，培育100名能够引领科技创新、突破关键技术、推动科技成果转化的工程技术带头人，10000名高级技师。培育100名金融高端人才。培养引进“国家文化名家工程”人才30名，全国医学领域专家30名，重点体育项目国家级教练员10名，具备冲击奥运奖牌实力运动员10名，遴选培养在市内外有影响力的党外知名人士20名。围绕实施新型农民培训和“万元增收过程”，培养10000名农业支撑人才。在社区建设、社会福利等重点领域培养10000名专业社会工作人才
	101	重庆市百名学术学科领军人才培养计划	2011年	力争10年内，在教育教学、基础研究、高技术研究、社会公益研究等领域培养具有领导本学科保持或赶超国内外先进水平的领军人才100名，建成100个高水平科研创新团队

续表

地方	序号	名 称	启动时间	目 标 任 务
重庆	102	重庆市青年拔尖人才培养计划	2013年	自2010年开始，每年在自然科学、哲学社会科学和文化艺术等重点学科领域，遴选支持10名左右能够代表全市一流学术、技术、艺术水平，具有重大创新前景、突出领军才能和团队组织能力的青年英才，力争2020年达到100名，其中30人入选国家高层次人才特殊支持计划
	103	重庆市科技创新创业人才支持计划	2013年	从2013年开始，每年遴选20名左右能够引领相关领域科技创新发展、支持承担重大科技任务的领军人才，力争到2020年达到200名，其中30人入选国家科技创新领军人才
	104	重庆市百千万工程领军人才培养计划	2013年	从2013年开始，每年选拔培养10名左右百千万工程领军人才市级人选。力争到2020年，培养造就100名“工程”领军人才，其中15人入选国家百千万工程领军人才培养计划
贵州	105	贵州省优秀青年科技人才培养计划	2001年	今后10年，在省国民经济和社会发展中起重要作用的学科、专业领域里培养、造就100名40岁左右的优秀青年科技人才，使他们努力成为各个学科领域的学术和技术带头人
	106	贵州省引进高层次人才及建立“特聘专家”制度	2010年	围绕加速发展、加快转型、推动跨越的主基调，在贵州省重点产业、重点领域、重点工程、重点学科引进一批掌握关键技术和技能、熟悉相关领域规则的领军人才和创新团队
	107	贵州省院士工作站建设计划	2011年	为加强与中科院、工程院的全面合作，推进产学研合作和科研人才队伍的培养建设，充分吸引和发挥院士及团队对我省自主创新的支撑和带动作用
	108	贵州省科技创新人才团队建设专项计划	2012年	鼓励和支持省域内高校、科研院所与企业共同组建产学研紧密结合的团队，围绕全省的重点产业、战略性新兴产业、特色优势产业、社会发展重点领域等开展技术创新与集成创新，并能引领支撑产业加快发展。团队领衔人原则为“两院院士”、国家“百千万人才工程”“千人计划”“新世纪优秀人才支持计划”“百人计划”入选者，国家杰出青年基金获得者，贵州省核心专家、省管专家、省优秀青年科技人才培养对象、“贵州省特聘专家”等
云南	109	云南省中青年学术和技术带头人后备人才计划	2007年	坚持人才培养与承担项目相结合；培养对象接受人才素质培养费资助，根据本人情况和所在单位发展的需要自主选择出国进修、学位教育、业务培训等适合方式进行培养

续表

地方	序号	名称	启动时间	目标任务
云南	110	云南省创新团队工程	2008 年	计划到 2012 年选拔 50 个左右具有明确的团队创新目标、较强稳定性、相对集中的研究方向、共同研究的科技问题和合理专业结构与年龄结构的创新团队
	111	云南省高端科技人才引进计划	2008 年	以引进云南省经济社会发展紧缺急需的高端科技人才为目标，力争通过 5 年的努力，引进 50 名左右在国内外享有较高声誉、具有国内外领先水平、在各自学科和技术领域内起骨干核心作用，对云南省高新技术产业、重点产业和社会发展具有重要引领和支撑作用的高端科技人才来滇工作
陕西	112	陕西省优秀科技企业家工程	2011 年	“优秀科技企业家”为高新技术企业或创新型企业、民营科技企业的董事长、总经理、总裁或企业主要负责人，在本企业（机构）任职 3 年以上；申报人所在企业在陕西省境内注册经营 3 年以上，具有独立法人资格；具有高度的社会责任感，有较强的科技创新意识、开拓能力和战略眼光，重视科技人才的培养和使用，积极推动产学研各方联合开发关键、核心技术等
	113	陕西省青年科技新星计划	2012 年	按照“集成各类资源，对接国家和省级人才工程，联合培养和资助”的原则，每年在全省范围内遴选一批优秀青年科技人才，通过对其开展的科学研究、技术开发、成果转化等活动提供项目资助等方式，培育学科和技术带头人，使其尽快进入国家和省级重大人才工程计划，为建设西部强省提供技术和人才储备
	114	陕西省重点科技创新团队建设计划	2012 年	以支持陕西创新发展为导向，遵循“择优选拔，滚动发展，目标考核，动态管理”的原则，培育和打造 100 个左右在省内外有较大影响和发展潜力的科技创新团队
	115	陕西省选派科技人员担任中小企业首席工程师行动	2011 年	支持高等学校、科研院所和企业建立“一对一”的技术服务关系，促进产学研用结合，鼓励高等学校、科研院所和大中型企业的工程技术人员到中小企业担任首席工程师。中小企业首席工程师（含农艺师、畜牧师、兽医师等）由高等学校、科研院所及大中型企业选派，到中小企业指导科技创新与产业发展
	116	陕西省“重点科技创新团队建设”计划	2012 年	通过“凝聚、培育、支持”等主要途径，每年遴选出创新团队 30 个左右，建设期为 3 年，打造 100 个左右在省内外有较大影响和发展潜力的科技创新团队，促进协同创新，大力提升陕西省自主创新能力和核心竞争力

续表

地方	序号	名称	启动时间	目标任务
陕西	117	陕西省选派“首席农艺师”进农村专业合作社行动	2012年	用3年时间共选派1000名首席农艺师，进入1000个科技型农民专业合作社或涉农企业。这些农艺师将广泛参与合作社的农业生产服务，带动其农产品生产水平的提升
甘肃	118	甘肃省科技人员服务企业“百团千人”行动	2009年	围绕建设创新型甘肃目标，通过选拔科技人员深入企业，实现高校及科研机构与企业的人才对接，积极为甘肃经济社会发展服务；进一步加快科技成果转化，形成科技人员服务企业的长效机制；改革科研机构和高等院校科技人员的考核评价标准和模式，形成有效的激励引导机制；发挥企业技术创新的主体作用，积极主动吸引科技人员为企业服务
	119	甘肃省创新团队建设计划	2006年	以优秀人才的团队效应和资源的当量凝聚为重点，通过人才培养机制的创新，形成以领军人才为核心、以骨干人才为主体的创新团队，提高省属科研院所的科技创新能力、成果转化水平和竞争实力，推动院所的改革与发展
	120	甘肃省千名领军人才工程	2007年	鼓励高层次人才创新创业，切实发挥人才资源在经济建设和社会发展中的支撑作用。甘肃省领军人才的选拔范围为省域内各类企事业单位，领军人才的数量为1000人左右，第一层次入选300人左右，第二层次入选600人左右
	121	甘肃省陇原青年创新人才扶持计划	2008年	每年择优扶持一批有发展潜力的青年学术技术骨干，瞄准国内外科技前沿，围绕重大项目、重点工程和重点产业开展科研攻关，推动团队建设。资助其申报和实施科研课题和科技项目，包括国内外交流合作与研修培训、文献资料查阅、出版专著等
	122	甘肃省高层次人才科技创新创业扶持行动	2010年	专项资金重点扶持引进国内外高层次人才重大科技创新创业项目
	123	兰州“333”人才引育计划	2012年	5年内引进国家“千人计划”、新世纪“百千万人才工程”、领军人才30名以上；引进和培育掌握关键技术、引领产业发展的创新创业人才300名以上；引进和培育高技能人才3000名以上
宁夏	124	宁夏回族自治区“新世纪313人才工程”	2001年	以五年为周期，从2001年开始，每年选拔6名优秀年轻人才入选国家21世纪学术带头人队伍；遴选和确定20名左右的区级21世纪学术和技术带头人；遴选和确定60名左右的学术带头人后备骨干

续表

地方	序号	名称	启动时间	目标任务
宁夏	125	科技特派员创业行动	2002年	“十五”期间，壮大一批优势特色产业，推广一批先进实用技术，提升一批骨干龙头企业，培育一批科技致富典型，孵化、建立一批科技明星企业，改造、组建一批营销协会、专业协会、科技协会等合作经济组织，造就一批乡土人才和新型劳动者
	126	自治区科技创新团队建设	2007年	通过5年的时间建设形成30个以高层次领军人才为核心，学术技术水平和科技创新能力国内先进，在区经济社会发展的优势学科、重点行业、关键领域发挥科技攻关、人才培养、引领发展作用的产学研结合的创新团队
	127	宁夏回族自治区“塞上英才”工程	2011年	围绕重点学科、重点项目、重点领域和重点产业对高层次人才、高技能人才的需求，到2020年，培养选拔100名左右达到国内乃至国际学术技术水平的领军人才，带动形成一批在国内有较大影响的创新团队，攻克一批技术难题和重大课题，取得一批对我区经济社会发展有重大影响的成果
青海	128	青海省引进海外高层次人才计划	2009年	用5—10年时间，引进水电开发、石油天然气、盐湖化工、有色金属、地质勘探、冶金建材、准备制造、高原医药、高原生物、现代农牧业、新能源、生态保护建设等领域的100名左右海外高层次人才来青海创新创业，力争使其中10名入选国家“千人计划”
新疆	129	新疆维吾尔自治区专业技术人才知识更新工程	2007年	2007—2010年4年间，在现代农业、现代制造、信息技术、能源技术、现代管理等5个领域，开展专项继续教育活动，每年培训3000名，“十一五”期间重点培养12000名紧跟科技发展前沿、创新能力强的中高级专业技术人才
	130	新疆维吾尔自治区高层次人才培养计划	2012年	到2020年，培养造就50名具有国内领先水平的科学家、工程技术专家和文化名家，300名具有区内领先水平，在经济社会发展领域有较高造诣的带头人，1000名在各行业领域成绩显著、起骨干作用的优秀人才
	131	新疆维吾尔自治区天山英才工程	2013年	以3年为一周期，每周期按培养目标1∶2的比例选拔培养人选，到2020年，培养造就50名第一层次具有国内领先水平的科学家和工程技术专家，300名第二层次具有区内领先水平，在各学科、各技术领域有较高学术、技术造诣的带头人，1000名第三层次在各学科、各行业领域成绩显著、起骨干作用的优秀人才

续表

地方	序号	名称	启动时间	目标任务
新疆	132	新疆维吾尔自治区青年科技创新人才培养工程	2013年	2013—2020年期间，在现代农业、能源、矿产资源、先进制造、新材料、信息产业与现代服务业、生态环境、公共安全等重点领域，每年重点支持和培养100名具有发展潜力的青年科技创新骨干人才，选拔100名优秀青年科技人才和紧缺专业优秀大学生进行定向跟踪培养
	133	新疆维吾尔自治区高层次紧缺人才引进工程	2013年	围绕自治区经济社会发展战略目标，至2020年，引进100名海外高层次人才、500名国内能够突破关键技术、发展重点产业、带动新兴学科的优秀科学家、企业家、创新创业领军人才和各类高层次急需紧握人才
	134	新疆维吾尔自治区现代农牧业人才支撑工程	2013年	到2020年，培养400名以上现代农牧业科研骨干人才；引进120名以上现代农牧业高层次人才；每年培养500名以上农牧业科技推广人才；每年培养1000名以上农牧业产业化龙头企业负责人、农民合作社负责人；到2020年，培育开发50万名以上新型职业农民和发展现代农牧业、建设新农村所需要的各类实用人才
	135	新疆维吾尔自治区少数民族骨干人才培养工程	2013年	以能力建设为核心，以中高级少数民族骨干人才为重点，采取实际工作锻炼与业务培训相结合的方式，2011—2020年，培养造就1000名少数民族学术和技术带头人、1万名各行业、领域的中青年少数民族专业技术骨干、500名少数民族优秀经营管理人才
	136	新疆维吾尔自治区创新型中青年卫生人才培养项目	2013年	每年从各地州市推荐的培养人选中遴选出50名重点培养对象，送往国内知名医疗卫生机构培养，培养时间为1年
	137	新疆维吾尔自治区医疗卫生高层次人才引进计划	2013年	吸引、培养和造就一批高水平的医疗卫生学科领军人才，带动区医疗卫生系统提升学科建设水平、人才培养和科技创新能力
新疆生产建设兵团	138	新疆生产建设兵团高层次科技人才培养后补助专项	2009年	进一步调动兵团企事业单位培养高层次科技人才的积极性，紧密结合科技创新活动，培养高新技术开发带头人和优秀科研团队。每年不少于50万元，用于获得资助单位的高层次科技人才培养工作
	139	青年科技人才引进后补助专项	2010年	按照引进一名博士补助2万元、硕士补助1.5万元和本科补助1万元的标准，预计每年资助40万元左右，以激励和引导兵团师属科研机构又好又快地引进本科以上青年人才，重点培养扶持100名青年拔尖人才，资助这些青年人才开展创新和创业活动

续表

地方	序号	名称	启动时间	目标任务
新疆生产建设兵团	140	新疆生产建设兵团青年科技创新资金专项	2009年	资助兵团青年科技人员面向兵团未来发展需求，针对与兵团经济社会发展密切相关的科技问题开展创新性研究
	141	新疆生产建设兵团博士资金专项	2009年	兵团设立的科学技术研究专项，用于资助优秀青年博士人才在兵团开展应用基础研究和高新技术研究
	142	新疆生产建设兵团杰出青年创新资金专项	2010年	资助在兵团进行科学技术研发工作的，或有明确合同受聘在兵团工作的，学有成就、技术上有重大创新和突破，对科技进步和经济发展做出突出贡献的优秀青年学者，带领其学术团队，研究和解决兵团经济和社会发展中的关键科学技术问题与前沿技术问题
	143	新疆生产建设兵团创新人才推进计划	2010年	2011年开始，利用10年时间，举办各科技创新培训班10期，引进和培养急需紧握专业青年科技人才1000人以上，引进和培养高层次科技人才1000人以上，资助培养20名以上兵团杰出青年和20个以上科技创新团队开展关键头油科学技术问题研究，通过青年科技创新资金和博士资金专项资助400名以上青年科技人员开展创新科学研究，选拔40名以上突出青年科技人员给予“兵团青年科技奖”奖励
	144	新疆生产建设兵团创新团队建设工程	2010年	兵团科技工作者依托省部级及以上科研平台（重点实验室、工程技术研究中心、创新型企业的研发机构、农业科技园区等），面向经济和社会发展需求，在长期科学研究或技术开发合作的基础上，形成具有明确的创新领域、研究方向、发展目标及相对稳定的创新集体
大连	145	大连市杰出青年科技人才培育计划	2014年	围绕科技前沿和战略性新兴产业的发展，在全市重点高校与科研机构中，每年培育10名40周岁以下的高水平青年科技创新人才，使其成为引领相关行业和领域科技创新发展方向、组织完成重大科技任务的领军人才，并成为承担国家杰出青年科学基金项目的后备军
	146	大连市青年科技之星培育计划	2014年	在全市科技企业、高校与科研机构中，每年培育100名35周岁以下、具有较大发展潜力的青年科技人才，授予“大连市青年科技之星”称号，优先支持其在科技前沿和战略新兴产业领域，实施产学研协同创新，开展应用基础技术研究，推进重大专利技术与科技成果转化

续表

地方	序号	名称	启动时间	目标任务
宁波	147	宁波市领军和拔尖人才培养工程	2011年	以5年为一个培养周期，每个周期按3个层次选拔和培养优秀中青年人才1400名。第一层次为：选拔和培养100名能跟踪国际、国内科技前沿，引领本学科和产业发展，能进入国家“百千万人才工程”国家级人选序列和省“151人才工程”第一、第二层次的学术技术带头人；第二层次为：选拔和培养300名具有较高学术技术造诣，能支撑学科建设、引领产业发展、推进科技创新的后备学术技术带头人；第三层次为：选拔和培养1000名具有发展潜能的优秀专业技术骨干
	148	宁波市高层次人才储备计划	2011年	力争从2011年起3年内面向海内外储备10000名高层次人才（其中国内高学历、高职称、高技能、高级经营管理人才7000名，海外高层次留学人才、海外工程师3000名），每年通过储备正式引进高层次人才500名
	149	宁波市海外高层次人才引进“3315计划”	2011年	从2011年开始，用5—10年时间，以各类开发区、科研机构和留创园、研发园、创意园等为载体，引进并重点支持一批海外高层次人才来甬创新创业，力争其中30名列入中央“千人计划”、300名列入省海外高层次人才引进计划、1000名列入市海外高层次人才引进计划，新增海外创新创业人才5000名。到2020年，在我市创新创业的海外人才突破10000名
	150	宁波市优秀留学人才奖	2011年	为加强我市海外留学人才工作，营造人才发展良好环境，吸引更多海外高层次留学人才来甬创新创业，鼓励和表彰留学人才在经济社会发展中做出贡献
	151	宁波市有突出贡献专家奖	2011年	为深化实施人才强市战略，进一步营造尊重劳动、尊重知识、尊重人才、尊重创造的社会氛围，激励广大专业技术人员为我市经济社会科学发展做出更大贡献
	152	宁波市企业技术创新团队建设计划	2011年	以主导产业、高新技术产业为主，以技术中心、研发中心、设计中心、工程中心、重点实验室博士后科研工作站或院士工作站等为依托，以科技产品研发、系统集成应用、新兴产业推进为目标，以新产品研发、新成果转化、新技术应用为任务，努力到2020年建设400个左右创新人才集聚、创新机制灵活、持续创新能力强、创新绩效明显的市级企业技术创新团队

续表

地方	序号	名称	启动时间	目标任务
宁波	153	宁波市科技创新团队培育计划	2011年	创新团队设立第一层次团队和第二层次团队，每个团队建设周期为3—5年，到2020年全市培育和发展150个科技创新团队。通过3—5年的支持培育，形成一批能够开展综合性科技攻关，攻克关键共性技术难题，开发战略性产品，产业带动和引领作用显著的科技创新人才集聚群体
	154	宁波市巾帼科技人才奖	2012年	主要奖励在科学领域取得较大创新性科技成就、为宁波经济社会发展做出贡献的各类优秀女性科技人才
厦门	155	厦门市“海纳百川”人才计划	2013年	到2015年，初步建成产业融合度好、创新能力强、人才贡献率大、环境开放度高、汇集各类人才的海西人才创业港。到2020年，基本建成高端人才集聚、对台优势明显、科技创新活跃、人才效用彰显，服务跨岛发展战略，辐射海西经济区的“人才特区”
	156	厦门市领军人才特殊支持计划	2013年	以培养和支持本土人才为重点，到2020年，重点支持一批长期在本市从事创新创业、科学研究工作，品行、能力和实绩俱佳的高层次领军型人才
	157	厦门市青年英才“双百计划”	2013年	至2020年，在经济社会发展各重点领域，依托各区、各类园区和市重大科技平台、重点企业、高等院校、科研机构等引进100名45岁以下能突破关键技术、带动新兴学科、引领产业发展的杰出青年人才；培养300名40岁以下具有较高学术技术造诣，勇于创新，敢于创业，具有较大发展潜力优秀青年人才
	158	厦门市重点产业紧缺人才计划	2013年	到2020年，围绕厦门市支柱产业、战略性新兴产业和重点项目建设，资助用人单位引进高层次紧缺人才2000名
	159	厦门市软件与信息服务业人才计划	2013年	人才引进。重点鼓励引进软件高级人才；引导软件及相关专业本科以上毕业生到软件重点项目工作。人才培养。鼓励优秀骨干人才参加高级培训，鼓励企业员工在岗能力提升，支持高层次人才培养基地建设
青岛	160	青岛市“英才211计划”	2012年	用10年时间，使全市人才资源总量突破240万人。“2”是引进培育并重点支持2000名能突破关键技术、发展高新技术产业、带动新兴学科和新兴产业发展的高端创业创新人才；两个“1”则分别为1万名产业转型升级、社会公共事业发展紧缺急需的重点人才，以及100万名本科以上支撑人才

续表

地方	序号	名　称	启动时间	目　标　任　务
青岛	161	青岛市创业创新领军人才计划	2013年	围绕新一代信息、新医药、新能源、新材料、高端装备、现代服务业、海洋产业等我市优先发展的重点产业，引进培育并择优资助2000名能够突破关键技术、发展高新技术产业、带动新兴学科发展的高层次经营管理人才和高水平研究开发专家，100个领军型科技创业创新团队
深圳	162	深圳市“孔雀计划”	2011年	未来5年重点引进并支持50个以上海外高层次人才团队和1000名以上海外高层次人才来深创新创业，吸引带动10000名以上各类海外人才来深工作，突出推动支柱产业和战略性新兴产业领域的人才队伍结构优化和自主创新能力提升

地 方 篇

CHINA

SCIENCE AND TECHNOLOGY TALENT DEVELOPMENT REPORT

2014

北京市科技人才发展报告

■ 北京市科学技术委员会

自 2006 年以来，在中央组织部、科技部和北京市委、市政府领导下，北京科技人才工作紧紧围绕首都人才发展战略实施，在大局中定位，在发展中创新，加强整体谋划，积极改革创新，狠抓任务落实，先后在“科技奥运”“科技北京”和中关村国家自主创新示范区和人才特区建设中取得了一系列新进展、新突破，为首都经济社会发展提供了明显支撑和人才保障。

一、主要做法和工作进展

市委、市政府高度重视科技人才工作，在实施首都人才优先发展战略中，将科技人才放在了突出重要的位置，以建设世界高端人才聚集之都为目标，以清晰完整的规划体系为纲领，以人才特区体制机制创新为突破，以重大科技计划项目实施为依托，以重点人才工程和计划体系为支撑，构筑起首都科技人才引进、培养、发展、使用的科学工作机制和整体格局。近六年，首都科技人才总量大幅增加，全市拥有科技活动人员从 2006 年年底的 45 万人增加到 2013 年年底的 68 万人；结构不断优化，至 2013 年年底研发人员 24.2 万人年，每万劳动力中研发人员 212 人年；高端人才积聚，北京地区 904 人入选“千人计划”，北京市 514 人入选“海聚工程”。

（一）积极建立上下贯通、左右衔接的人才工作体系

一是把科技人才列为创新发展的头等大事。近年来，市委、市政府高度重视科技创新工作，明确提出“十二五”期间要率先建立创新驱动的发展格局，并先后印发实施《首都中长期人才发展规划纲要（2010—2020 年）》《关于中关村国家自主创新示范区建设人才特区的若干意见》，对创新高端科技人才聚集、培养和使用机制提出了明确要求。面临新形势新任务，市委、市政府建立市人才工作领导小组，明确由市科委作为成员单位牵头，市委组织部、市人力社保局、市财政局、市教委、市经信委等 11 家单位共同推进科技人才工作。

二是建立全面覆盖的人才工作框架。科技人才是科研项目的承担者，是科技创新活动的主体，

是科技创新体系中最活跃的因素。2009 年在《首都中长期人才发展规划纲要（2010—2020 年）》中，确定科技人才发展 3 项重大任务和 1 项重点工程。为搭建科技人才工作格局，2011 年，在调研基础上印发《关于加强首都科技人才工作的实施意见》，明确要统筹科技资源、创新工作机制，全面实施“1134”工程。2012 年，市委组织部、市科委联合印发《首都中长期科技人才发展规划纲要（2011—2020 年）》，明确了今后十年在建设科技人才队伍、拓展创新创业平台、改革创新体制机制等方面重大任务，统筹推进员工头培育、支持培养、引进聚集和环境优化等四项重点工程，基本建立起了全面覆盖的人才工作框架。

三是统筹形成小核心、大网络的工作格局。为加强科技人才工作，市科委统筹资源、整合力量、科学布局，主要围绕人才服务和科技支撑“两个板块”推进科技人才队伍建设，逐步形成人才引进、培养、评价、激励、流动的完整链条，为科技人才构建“全社会、全要素、全链条”创新支撑体系。在此基础上，充分发挥辐射带动作用，基本建立起了以政府为引导、单位为主体、创新为导向“小核心、大网络”的人才工作格局。

（二）开拓建设特事特办、特殊政策、特殊机制的人才特区

2011 年 3 月，中央人才工作领导小组和北京市共同在中关村范围内打造“人才智力高度密集、体制机制真正创新、科技创新高度活跃、新兴产业高速发展”的国家级人才特区。人才特区借助特殊政策的优势，坚持以政策创新带动体制机制创新，找准着力点，打开突破口，有效解决了一系列制约人才发展的难点问题。

一是创新资源整合机制。北京市与科技部等 19 个中央单位共同组建了中关村科技创新和产业化促进中心，整合中央和北京市的创新资源，采取特事特办、跨层级联合审批模式，在项目会商、联合审批等方面建立协同工作格局。19 个国家部委 37 名局处级干部和北京市 31 个部门的 174 名工作人员在中关村创新平台集中办公，分为 8 个办事机构，依靠人员力量融合，带动发展资源整合，实现了中关村科技、人才、资金等创新要素的高度集成。各工作组紧紧围绕发挥好人才第一资源的作用，在开通人才引进绿色审批通道、开展企业教授级高级工程师职称评审改革试点等方面，探索了新的改革举措，为人才发展注入了新动力。

二是创新科研管理体制。总结推广北京生命科学研究所的管理模式和建设经验，探索建立以学术发展和创新绩效为主导的科研资源配置机制。在国家作物分子设计中心、联想集团中央研究院等一批有条件的科研院所、企业工程技术中心试行与国际接轨的科研管理制度，放宽用人自主权和科研经费使用自主权，深化股权和分红激励，构建以能力、贡献、业绩为导向的人才考核评价体系，根据市场需求组织攻关核心技术和关键技术，逐步形成现代科研院所制度。

三是创新科技金融合作机制。围绕把中关村建设成为国家科技金融创新中心，立足人才创新创业的实际需求，人才特区加快构建和完善跨系统、跨部门的科技金融合作体系。先行先试的试点政

策取得新的突破。近500家单位参加股权激励试点，2400个项目开展科技计划和经费管理改革试点，1835家企业享受研发费用加计扣除政策，减免税额超过40亿元。“1+6”试点政策延长执行期限，并辐射推广到武汉东湖、上海张江国家自主创新示范区和安徽合芜蚌自主创新综合配套改革试验区。高新技术企业认定中文化产业支撑技术等领域范围、有限合伙制创业投资企业法人合伙人企业所得税、技术转让企业所得税、企业转增股本个人所得税等“新四条”试点政策获得国家批复实施。中关村获批成为国家知识产权服务业集聚发展试验区，筹建国家技术标准创新基地。

国家科技金融创新中心建设加快推进。成立中关村互联网金融行业协会，建设中关村互联网金融信用信息平台，互联网金融快速发展。中关村上市企业总数达到229家，全国中小企业股份转让系统（“新三板”市场）挂牌企业255家，北京股权交易中心有限公司（“四板”市场）作为区域性股权交易市场正式运营，多层次资本市场和多元化金融服务进一步丰富，企业挂牌上市的“梯次发展”格局逐渐形成。

四是创新企业发展扶持机制。大力培育和发展实体经济，分层次支持领军人才做大做强企业。实施“十百千工程”，扶持306家收入规模在十亿元、百亿元、千亿元以上的“旗舰型”企业，2011年收入规模过亿元的企业实现总收入8600亿元，约占人才特区企业总收入的45%。实施“瞪羚计划”，扶持一批拥有自主知识产权、具有良好市场前景的中小企业快速发展，2011年“瞪羚企业”实现总收入950余亿元，实现了20%以上的同比增速。实施“金种子工程”，扶持一批微型、起步型企业不断发展壮大，积极推动大学科技园、科技企业孵化器、留学人员创业园建设，形成由100多家孵化机构组成的、总面积超过320万平方米的孵化体系，优化了人才创业环境。

（三）探索形成重大科技项目培育高端人才的有效模式

在重大科技项目实施过程中，坚持以人为本，依托项目培育人才、打造人才、成就人才，逐步形成了以高站位、高起点、高辐射、高渗透、高强度为特征的五种培养模式。

一是“先天壮后天补”的高站位打造领军人才。对在科研水平、组织能力等方面已经“先天壮”的项目负责人，通过多种途径加以“后天补”。依托重大科技项目实施，鼓励他们与国内外高校、科研机构、著名企业开展合作交流；组织他们牵头承担市重大科技成果转化和产业化项目，帮助他们申报国家重大科研项目，使其在重大项目实施中锻炼、成长，提升创新能力和领军能力。近年来，北京市科委在科技计划项目实施中，支持入选“千人计划”“海聚工程”“高聚工程”“科技领军人才”的高水平科技人才669人次，支持项目400项，经费达22.5亿元。

二是“聚核心建网络”的高起点项目团队组建。针对前瞻性研究人才和战略性新兴产业发展需求特点，在项目的组织实施中，选择领域权威人士组建首席科学家核心团队，为首都科技发展提供决策支撑，进而确定研究领域、选拔承担单位、组建开放的项目团队，通过项目凝聚队伍，构建人才团队网络。仅在生物医药领域就引进高端海外人才200余名，其中入选“千人计划”31名，入选“海聚工程”44名、“高聚工程”12名，为北京生物医药产业跨越式发展提供了强大动力。

三是“练指头硬拳头”的高辐射项目过程管理。以作为“指头”的成员个人提升为切入点，遵循人才“雁阵理论”，通过带队头雁辐射带动，着力练就人才团队形成“拳头”过硬。建立项目负责人指导项目成员的定期例会和集中研讨制度，返聘退休专家参与项目实施，发挥传、帮、带作用；对首批“科技北京”领军人才全部给予团队建设经费，重点打造国际领先、国内一流的品牌团队；通过实施北京市科技新星计划，大力选拔优秀青年科技人才牵头承担课题，切实加强科技人才梯队建设。

四是“给项目筑平台”的高渗透全面支撑人才发展。鼓励高端科技人才以科技项目和产品研发为基点，促进产学研用结合，推动上下游企业协作，构建科技创新链条。积极建设国家和北京市重点实验室、工程技术研究中心等共性技术研发平台，截至2013年认定北京市重点实验室265家和工程技术研究中心209家；整合中央在京科技资源，共建首都科技条件平台；努力建设科技成果产业化服务平台、产业技术创新联盟、创新人才培养示范基地，全面有力支撑首都科技人才发展。

五是“扶上马送一程”的高强度后续项目跟进扶持。持续关注和跟踪重点人才团队成长情况和科研发展，高强度支持有实力、有潜力人才继续承担重大科技成果转化项目和战略性新兴产业项目，对重大项目承担人做到扶上马再送一程，实现项目育人才、人才促事业、事业出项目的良性互动。例如在轨道交通领域，北京市科委持续8年总计投入6000万元支持基于通信的列车控制系统（CBTC）研发项目，推动课题组从实验室起步，最终实现产业化，打破了国外公司的技术封锁和垄断。目前该技术已经成功应用于北京地铁昌平线和亦庄线，中标地铁14号线，形成了出成果、出人才、出效益的多赢局面。

（四）努力拓宽人才创新创业、服务发展的平台载体

科技人才开展研究、创新创业需要一定的空间环境、组织形式、活动载体和发展依托。为有效支撑人才发展，北京市立足首都需求，遵循科技创新和人才发展规律，不断丰富创新科技研究活动组织形式，搭建拓展科技人才创新创业平台载体。

一是拓宽创新平台，形成科技人才发展的多点支撑。实施科技振兴产业工程和科技支撑工程，开展重大科技研发和产业化项目以及国际科技合作项目，发挥重点工程、重大项目对科技人才的吸引和凝聚作用。建设国家和北京市重点实验室、工程实验室、工程技术研究中心、国家级企业技术中心等，为科技人才开展共性技术研究提供研发平台。与中央单位联合共建首都科技条件平台，统筹首都地区科技资源，促进科研仪器设备和科技人才的交流共享。建设科技成果产业化服务平台，吸引科技人才开展科技成果转化。吸引科技人才和研发团队参与产业技术创新联盟建设，建设创新人才培养示范基地。

二是拓宽发展渠道，推动科技人才引领产业发展。在生物医药领域，组织北京生物医药产业跨

越发展工程（G20 工程），引进高端海外人才 200 余名，其中入选“千人计划”31 名，入选“海聚工程”44 名、“高聚工程”12 名。在医疗卫生领域，开展“首都十大危险疾病科技攻关”；在装备制造和电子信息领域，分别组织“北京高端数控装备产业技术跨越发展工程（精机工程）”和“北京新一代移动通信技术及产品突破工程（4G 工程）”，这些工程实施有效整合了在京优质科研资源和人才资源，拓宽了科技人才发展渠道，为人才推动产业发展搭建了平台。

三是拓宽人才流向，壮大首都创新发展的人才力量。对接国家科技重大专项和重大科技基础设施，与中国科学院共建怀柔科教产业园；深化与中央企业的科技合作，服务未来科技城建设；完善部市合作，建立国家现代农业科技城，积极统筹利用中央在京科技资源和人才资源。积极引导科技人才流向战略性新兴产业、高端产业集群、产学研用相结合的经济实体等，实现科技人才的重点聚集和优化配置。在新一代信息技术、节能环保、新能源、新材料、新能源汽车、生物医药、高端装备制造和航空航天等战略性新兴产业领域，以龙头企业、骨干企业为主体，吸引科学家、科技领军人才和研发团队参与，部署一批重大科技成果产业化项目（如未来科技城）。

（五）加力打造高端化、多层次、立体式的人才培养计划体系

一是启动实施“科技北京”百名领军人才培养工程。科技北京百名领军人才培养工程是《首都中长期人才发展规划纲要（2010—2020 年）》确定的十二项重点人才工程之一，截至 2014 年，入选 118 名领军人才及团队，覆盖了首都战略性新兴产业的 13 个领域。工程实施中突出“三创”，推动领军人才及团队创新、创业、创效。创新，即注重在科技实践中培养凝聚一流人才，大力吸引造就科技领军人才和优秀创新团队，全力推动领军人才攀登科学技术高峰，取得科学成果或技术突破。创业，即注重完善高层次人才培养开发机制，以体制创新为突破，制度创新为手段，充分激发领军人才的创新、创业活力，引导支持领军人才努力把成果优势转化成产业优势。创效，即注重发挥科技领军人才辐射带动作用，积极促进领军人才成果能够产生重大经济效益和社会贡献，实现支持一名领军人才带动一个创新团队，发展一个领域，引领一项产业发展的联动效应。

二是深化“科技新星计划”建设战略性青年后备人才队伍。北京市科技新星计划是北京市针对青年科技人才的培养计划，主要资助 35 岁以下青年科技人才独立开展科研工作，通过参与国际合作与交流，促其脱颖而出，成长为具有自主创新能力的战略性科技后备人才。自 1993 年实施以来，新星计划共选拔培养了 22 批 1930 人，一大批入选人员在各自学术领域和单位崭露头角，很多入选新世纪“百千万”人才工程、教育部新世纪优秀人才计划和国家杰出青年科学基金，有的成为教育部“长江学者”特聘教授甚至入选两院院士。新星计划培养中突出以科技项目为依托，积极打造新星交流合作平台，成为首都地区青年科技人才紧密合作的“绿色通道”，紧贴当今科研最新动向和首都发展需求，提升入选人员的合作创新能力。新星计划实施覆盖范围广，学科领域全，将首都地区中央、市属科研单位和企业研发机构全部纳入，有效促进了首都地区科技创新和青年科技

人才培养。

三是统筹资源建立多层次科技人才培养计划体系。北京市依托“北京市海外高层次人才聚集工程”“中关村高端领军人才聚集工程”，建立完善人才引进绿色通道，进一步加大对海内外高层次科技人才和人才团队的引进支持力度。市教委发挥教育在科技人才培养中的基础性作用，完善青少年科技创新学院工作机制，深化“雏鹰计划”“翱翔计划”，提高全市中小学校利用科技资源开展科技创新教育的水平；启动实施“卓越人才教育培养计划”和“研究生教育质量工程”，推进科学技术与研究生教育创新工程，建设教学科研共同体、校外科技人才培养基地和科技人才培养模式创新试验区，探索推进大中小学联合开展拔尖创新人才培养。市知识产权局积极实施“百千万知识产权（专利）人才培育工程”，市科委开展技术转移人才培训工程，不断提升科技管理人才工作能力和水平。各区县不断加大科技人才培养力度，朝阳区的“凤凰计划”、西城区的“百名杰出人才培养工程”、石景山区德“常青藤人才计划”、北京经济技术开发区的“博大人才基金”等项目，形成了市区两级、全面覆盖的科技人才计划体系。

二、工作成效和体会

近年来，在市委、市政府的领导下，全市各有关单位积极谋划、统筹联动、突出重点、创新推进，取得了较好效果。科技人才在全国、全市树立了品牌，中关村“人才特区”建设在2012年全国组织部长会上评为全国“十佳”，“科技北京”百名领军人才培养工程在全市12项重点人才工程中率先启动，引起全社会良好反响，市科委也在全市组织部长会议上作了大会典型发言。北京市科技人才工作取得了一些成绩，主要是得益于以下几点：

一是领导重视，推进有力。在中关村人才特区建设中，中央人才工作协调小组对人才特区建设提供了全力支持，主要领导同志给予了亲切关怀。中组部牵头，15个国家部委和北京市参与，组建了中关村人才特区建设指导委员会，通过健全领导体制和运行机制，形成部委和地方的工作合力，协调解决了制约人才发展的难点问题，为人才特区建设提供了强有力的组织保障。在科技人才工作中，市人才工作小组决策及时、指导有力，全面统筹全市各方资源，形成科技人才发展合力。

二是高端引领、带动全局。全市科技人才工作注重“聚集高端人才、配置高端资源、突破高端技术、落地高端项目”，努力走一条高端、高效、高辐射的产业发展之路。在人才队伍建设中，依托重大人才工程，优先引进一批拔尖领军人才，通过发挥高端人才的引领作用，培养造就人才团队，形成人才资源的整体优势，辐射和带动了北京地区的人才发展。

三是依托科技、服务科技。做好科技人才工作要依托科技资源、科技计划和科技项目，努力在重大项目中培养高端人才，而做好科技人才工作是以用为本，目的是为科技创新提供人才保障。实际工作中我们认识到，科委开展科技人才工作要围绕“两个板块”推进，人才服务板块，着力构建人才引进、培养、评价、激励、流动的完整机制；科技支撑板块，努力为科技人才构建“全社会、全要素、全链条”创新支撑体系。

四是主动推进，协调各方。首都科技人才队伍总量大、分布广、领域宽，做好科技人才工作必须要统筹各方资源、融集社会力量。工作中，我们要依托共性技术研发平台、首都科技条件平台、创新联盟等首都地区重要科技研发平台载体，将科技人才工作延伸到首都科技创新的第一线，努力建立起了以市科委相关部门为主、有效覆盖各类科研单位和企业“小核心、大网络”的科技人才工作体系和队伍。

天津市科技人才发展报告

■ 天津市科学技术委员会

天津市一直把加强人才队伍建设作为本市科技发展的主导战略，科学规划、不断创新，重点突破、整体推进，形成以科技人才优先发展引领科技和经济社会发展的新局面。

一、科技人才队伍总体情况

在天津市委、市政府的领导下，经全市各方面的共同努力，天津市科技人才队伍建设取得了显著成效。

（1）人才总量较快增长。天津市各类人才总量由 2010 年的 191 万人增加至 2012 年年底的 214 万人，年均增加 11.5 万人。其中专业技术人才由 99 万人增加到 113 万人，高技能人才由 29.8 万人增加到 36.7 万人，农村实用人才总量由 16.2 万人增加到 18.8 万人。

（2）从事科技活动的人员逐年增加。从事科技活动人员由 2010 年的 15.17 万人增加到 19.44 万人；R&D 人员折合全时当量由 5.88 万人年增加到 8.96 万人年。

（3）高层次人才不断涌现。高层次人才由 2010 年的 4.5 万人增加到 5.8 万人。其中，截至目前，本市拥有中国科学院院士 16 人，中国工程院院士 21 人，何梁何利基金获得者 16 人，973 项目首席科学家 36 人，国家杰出青年科学基金获得者 63 人，中科院“百人计划”入选者 13 人，“长江学者奖励计划”特聘教授、讲座教授 100 人，国家有突出贡献的中青年专家 179 人，入选“新世纪百千万人才工程”94 人，入选教育部“新世纪优秀人才支持计划”359 人，入选国家中青年科技创新领军人才 7 人，入选国家科技创新创业人才 3 人，国家自然科学基金资助的优秀创新群体 4 个，科技部重点领域创新团队 1 个，教育部资助的创新团队 26 个，高层次领军人才队伍和科技创新团队得到进一步壮大。

（4）人才吸纳和承载能力逐步增强。近年来，本市围绕支撑引领经济社会发展需求，加强科技资源的优化配置和科技创新体系建设。截至目前，国家级重点实验室（国家工程实验室、企业重点实验室）达到 53 个，市级重点实验室达到 80 个，国家工程技术研究中心达到 33 个，市级工程中心发展到 78 个；先后建成了 5 家市级高新区、15 个孵化转化一体化载体，启动大学生创新创业基地建设。截至目前，入选国家“千人计划”88 人，入选天津市“千人计划”289 人，来津工作和创业的高层次留学生和外国专家超过 4 万人，形成创新成果 3800 余项。

二、科技人才工作实施效果

天津市科技人才工作以科技项目为抓手，按照项目、人才和基地统筹安排的原则，加强了天津市创新型科技人才的引进、培养和创新团队的建设。

（一）注重科技人才引进工作，集聚了一批能解决高技术产业、重点产业和重点学科关键技术难题的高端科技领军人才

为深入贯彻落实天津市人才工作会议精神，加快实施《天津市中长期人才发展规划（2010—2020）》，保证市委、市政府确定的用三年时间引进千名以上高层次人才任务实现，2010 年制定了《关于天津市“用三年时间引进千名以上高层次人才”工作的实施意见》，以引进本市经济社会发展紧缺急需的高端科技人才为目标，引进在国内外享有较高声誉、具有国内外领先水平、在各自学科和技术领域内起骨干核心作用，对天津市高新技术产业、重点产业和社会发展具有重要引领和支撑作用的高端科技人才来津工作。

以生物医药领域创业领军人才及团队引进为重点，以《京津冀生物医药产业化示范区优惠政策》落实为示范，做好海内外创业领军人才引进和政策落实。设置专项应用基础研究启动基金，加大吸引留学人员和海外高层次人才工作力度。截至目前，天津市引进高层次人才 753 人。通过引进培养，充分发挥高端科技人才拥有自主知识产权和核心技术、关键技术的智力资源优势，为天津市重点产业、支柱产业发展提供了创新驱动，逐步成为重点产业发展、区域优势资源开发利用的关键推动力量，为天津市经济社会又好又快发展提供强有力的科技和智力支撑。

一是提升了天津市在国家层面的科技竞争力。如我们引进的高端科技人才天津医科大学施福东教授，2010 年全职回国工作后，围绕临床神经免疫方向组建了创新团队。历时 2 年，先后从国外引进了神经免疫学方向、分子与细胞生物学方向、神经电生理方向的高层次人才，并吸收整合天津市免疫学、病理学、神经病学、神经电生理、神经影像等专业的相关专家学者，组建了一支拥有 14 名核心成员的专业互补的临床神经免疫研究团队。2012 年，他所带领的团队承担了国家“973”重大计划项目“干细胞分化产生的免疫原性与免疫耐受诱导”，引领着神经免疫临床和转化医学研究的发展方向。

二是促进了科技成果产业化，特别是天津市具有优势和特色的生物医药、电子信息等产业的科技成果转化。如天津安普德科技有限公司蔡颖昭博士，致力于将国际先进的无线通信技术带入国

内，提高国内行业发展水平与填补空白。回国后，开发出具有自主知识产权的蓝牙单模及双模协议栈，陆续推出了中短距离小数据量的蓝牙产品，即将推出远距离大数据量的 LTE-Advanced 系列产品，以填补该领域在国内的核心技术空白，推动无线通讯领域的技术进步、降低相关企业的采购成本。其中蓝牙系列产品，从 V1.2 版本开发至现在的 V4.0 版本，创造的产值达到 3000 万元。

三是丰富了天津市高校的重点学科建设和发展，提升了天津市的研究水平和知名度，为天津市相关领域培养了一支国内外前沿水平的学科队伍。如我们引进的中国科学院院士尚永丰来津后，加强了“生物化学与分子生物学”学科建设，带领其科研团队成立了“天津市医学表观遗传学重点实验室”、联合南开大学成立了天津医学表观遗传学协同创新中心。在他的带领下，引进了一批高端领军人才，加强了肿瘤学科、中西医结合学科、泌尿外科学科、神经外科学科、内分泌与代谢病学科等 5 个国家重点学科，在建设过程中汇聚了一批优秀人才。作为首席科学家申请获得了国家科技部“973 计划”重大专项、国家自然科学基金重点项目，与瑞典、美国、日本、芬兰、加拿大等 17 个国家的大学及科研院、所合作开展研究项目 32 项，实现人才交流 900 余人次。2010 年至今，分别在 *Nature Genetics*、*Cancer Cell*、*Molecular Cell*、*PNAS*、*EMBO J.* 等国际顶级杂志发表高水平文章。

（二）加强高层次科技领军人才的培育工作，稳定支持了一批优秀的创新人才群体，进一步提高了天津市自主创新能力和重点产业、行业的核心竞争力

为有效解决天津市科技人才紧缺的问题，进一步提高自主创新能力，我们紧紧围绕天津市经济社会发展重点领域的人才需求，2012 年市科委设立了《天津市高层次创新型科技领军人才计划》，并于当年启动了首批人选的申报评选工作，全市共有 32 位专家入选。按照《天津市高层次创新型科技领军人才计划》的培养目标，通过“项目 + 基地 + 人才”相结合的培养方式，把科技工作与科技领军人才支持工作有机融合起来，在项目带动、平台搭建、团队建设、学术活动、决策咨询等方面对科技领军人才及其团队给予重点支持，计划用 10 年时间努力造就 100 位国际国内具有领先水平的科学家。以实施《天津市高层次创新型科技领军人才计划》为基础，积极推进科技部《创新人才推进计划》落实工作，天津市 11 个创新、创业人才和团队及天津大学创新人才培养示范基地入选了国家创新人才推进计划，丰富、壮大了天津市国家级高层次创新型科技领军人才队伍。

同时，市科委以科技计划项目为纽带，加强科技人才的培养。2010—2012 年各类科技计划项目 3323 项，汇集近 3 万科技人员其中具有高级职称 9416 人。注重大项目的培育，充分发挥天津市学科领域优势与特色，通过国家、部委重点实验室、工程技术中心等创新基地建设，培养了一批国家“973 计划”“863 计划”首席科学家，一批优秀的科技领军人才和创新团队。从 2010 年到目前，天津市“973 计划”项目首席科学家增加了 24 人，达到 36 人次；“863 计划”项目首席科学家增加了 5 人；国家杰出青年科学基金获得者增加了 18 人，达到 63 人；国家自然科学基金资助

的优秀创新群体增加了 2 个，达到 4 个；国家和部委级重点实验室增加了 23 家，达到 53 家；国家工程技术研究中心增加了 20 家，达到 33 家。

并以科技奖励为依托，加强科技人才表彰。从 2010 年到目前，天津市科技人才获得国家科技奖励 41 项，牵头完成 15 项，其中自然科学奖 2 项、获奖人数 8 人；技术发明奖 5 项、获奖人数 30 人；科技进步奖 8 项、获奖人数 75 人。这些优秀的科技人才为天津市经济社会又好又快发展提供强有力的科技和智力支撑。

一是一批优秀的科技领军人才在执行科技项目过程中创造了一批高新技术成果，在若干关键技术和前沿科学问题上取得了一些突破，显著提升了天津市的自主创新能力，为建设创新型城市提供了支持。如在微分几何、组合数学、节能燃烧理论、蛋白质组学、干细胞等研究领域保持全国领先，在抗肿瘤疫苗、分布式发电微网系统、水利工程安全、超级计算、新型膜材料、绿色高能电池、强化蒸馏过程、组分中药等前沿技术创新上，取得具有国际影响力的新成果；高影响力学术论文数量快速增长，其中多篇论文在 *Chemical Reviews*、*Cell*、*Nature*、*Science* 等国际顶尖期刊上发表，科技持续创新能力显著增强。

二是一批优秀的科技领军人才培育出了若干创业创新团队，培养出了一批优秀的后备科技人才。如以中国工程院苏万华院士为学术带头人的天津大学 1989 年建成内燃机燃烧学国家重点实验室，是内燃机学科唯一的国家级重点实验室以及我国内燃机应用基础研究的重要基地。实验室建室以来，连续承担了历届国家重点技术攻关项目、攀登计划项目、“973”和“863”等国家重大基础研究和关键技术攻关项目。其中“973 计划”项目 4 项，国家“863”项目 20 余项，一批以尧命发、舒歌群、姚春德、谢辉、宋崇林教授为代表的优秀中青年科学家成长起来了。如天津大学内燃机燃烧学国家重点实验室主任尧命发教授，创新提出了基于混合气分层与燃料化学活性控制的高效清洁燃烧新概念，发现混合气分层与燃料化学活性控制可以有效扩展 HCCI 运行工况范围并降低排放，成功开发了基于该燃烧新概念的多缸原理性样机，研究成果得到国际同行认可，在本领域有重要影响力的国际刊物发表论文 10 余篇，主持“973”项目 1 项，“863”项目 2 项，科技部国际合作项目 2 项以及其他项目 20 余项，2011 年获国家杰出青年科学基金，2012 年入选了国家推进计划中青年科技创新领军人才。

（三）注重青年科技人才培养，积极推进中青年学术和技术带头人，创新人才队伍建设，为天津市科技进步提供有力的人才支撑和储备

2011 年，相继实施了“天津市青年科学基金计划”“归国博士资助项目（绿色通道项目）”“归国留学生创业项目”，以项目实施带动人才培养，加大对优秀国内外青年科技创新人才的支持，为形成天津市各领域高层次科技领军人才提供重要的后备力量。从 2010 年到目前共支持青年基金项目 400 项，资助了 2532 人围绕天津市重大科技需求和学科前沿开展研究工作。

同时，支持和鼓励青年人才面向国家战略需求和国际科学前沿，积极参与国家科研项目，通过竞争展现自己的才华、获取科研资源、提升科研组织与领导能力，在实践中锻炼成长。从 2010 年到目前，天津市获得国家自然科学青年基金项目 1082 项，获得资助总额为 2.4 亿元；23 人获得“优秀青年科学基金”资助项目，获得资助总额为 2300 万元，为天津市继续培养出高层次科技创新人才和学科带头人提供了人才储备。

（四）大力加强创新团队建设，稳定支持了一批优秀的创新人才群体，进一步提高了天津市自主创新能力和重点产业、行业的核心竞争力

一是围绕天津市重点学科、重点领域，依托国家和市重大科研项目、实验室、工程中心、重点研发机构等创新平台作用，以科技领军人才为核心，对优秀科学家及其研究团队的前瞻性研究提供持续稳定的支持。近年来，重点支持了一批天津市长期需要、有基础、有潜力的技术创新团队，为科技人员创新创业和成长发展创造了良好条件，培育和汇聚了高层次的创新团队，形成了一批梯次合理、素质优良、新老衔接、在国内外有影响力的国家级和部市级创新团队。截至目前，获得国家自然科学基金资助的优秀创新群体 4 个，教育部资助的创新团队 26 个，国家科技部重点领域创新团队 1 个，这些优秀的创新团队保持和提升了天津市在相关重点领域的科技创新能力。

二是充分发挥国家和天津市海外高层次人才创新创业基地以及各类产业化基地的作用，吸引更多的海内外高层次人才、研发团队，聚集壮大天津市高端人才队伍。近年来，天津市相继建成了天津国际生物医药联合研究院、国家超级计算天津中心、中科院天津工业生物技术研究所、天津大学工业技术研究院等一批重大创新平台和研发转化基地，启动 863 成果转化交易平台和国家中医药研发中心建设，引进了中国电子科技集团光电研究院、中国直升机研究所等多家国家级科研院所，建成了生物医药、航空航天、高性能计算机等一批高端研发制造基地。着力打造具有国际影响的高层次人才聚集地、高科技产业和先进技术成果研发基地、转化基地。以国家海外高层次人才创新创业基地——天津国际生物医药联合研究院为例，为天津市生物医药领域海外高层次人才的引进发挥了重要的作用。在天津市 28 名生物医药领域国家“千人计划”入选者和 69 名生物医药领域天津市“千人计划”入选者中，分别有 19 人和 40 人在联合研究院担任项目负责人或在联合研究院进行创业。

（五）实施了《新型企业家培养工程》，加快培养和造就一批优秀的企业家及企业家后备人才队伍，为科技型中小企业的成长提供坚强的人才支撑

为贯彻落实《天津市中长期人才发展规划（2010—2020 年）》及《天津市科技小巨人发展三年（行动）计划（2013—2015 年）》，紧紧围绕大力发展高新技术产业、积极培育战略性新兴产业和加快发展现代服务业，2011 年制定了《天津市“新型企业家培养工程”实施意见》，采取国（境）

内外培训、政策支持、重大项目历练、重点联系服务等方式，用5—10年时间培养1000名科技型、知识型、创新型企业家和创新创业团队。通过实施计划，发挥新型企业家的引领作用，推动高新技术企业和科技型中小企业做大做强，培育一批水平高、规模大、竞争力强的龙头企业和企业集群，形成天津市的经济增长点，为构筑高端产业高地、自主创新高地提供重要支撑。2012年启动首批选拔工作，共有145人入选。入选的企业家主要具备年龄结构合理、学历层次较高、创新能力较强、所在企业发展潜力较大等特点。而且，入选人才所在企业产业领域分布广泛，覆盖了天津市八大优势支柱产业，1/2的企业为高新技术企业；3/4的企业是科技“小巨人”企业，充分体现了入选企业家所在企业的科技创新能力和市场竞争的发展潜力。

按照《天津市“新型企业家培养工程”实施意见》，制订了《2013年天津市“新型企业家培养工程”培养工作方案》，开展了一系列企业家培训活动。在举办的天津市科技小巨人企业家培训会上，黄兴国市长出席会议并作培训报告，主管市长亲自带队率领企业家赴深圳学习考察；多次举办“天津市新型企业家大讲堂”；组织部分企业家赴瑞典培训学习；依托天津市新型企业家培训基地之一“中科院联想学院”，举办了首期培训班；建立了新型企业家培训体系，成立了4个天津市新型企业家培训基地和天津市新型企业家俱乐部。由市科委会同有关区县联合组建了“河西区新型企业家俱乐部”“津南区新型企业家俱乐部”，并多次举办沙龙活动；开通了“新型企业家培养工程”网络平台，建立政府与企业家之间的工作与沟通交流平台，有效推进新型企业家培养工程的实施。

三、科技人才政策措施及成效

（一）实施产学研合作培养人才政策

完善了《天津市科技创业导师实施管理办法》《天津市认定企业技术中西管理办法》，制定了《天津市重点实验室管理办法》《天津市“高校科技创新工程”实施意见》《天津市工程技术中心管理办法》《天津市企业重点实验室认定实施细则（试行）》《天津市科技特派员工作实施细则（试行）》和《天津市大学生创业实习基地认定办法（试行）》。优先支持天津市重点实验室创新战略联盟、科技特派员及其团队、领办和创办科技型中心企业的高校教师及其团队、协同创新中心及校企联合申请的项目。积极推行产学研一体化的协同策略，积极推进高校和科研机构之间优势互补的有效合作机制，积极倡导重点实验室仪器设备向科技型中小企业开放，鼓励重点实验室加强与科技型企业的学术合作与需求互动，以多种形式促进实验室的发展。先后建立了涵盖先进制造、新材料、医学健康、生物与医药、化学与化工、信息与电气工程、农业与食品、城建与环境等领域的8个重点实验室创新联盟。积极引导高校融入滨海新区开发开放的经济社会发展，加速科技成果转化。

2011 年，启动了企业重点实验室建设，紧密结合天津市战略性新兴产业培育和科技小巨人成长计划，依托于高校和科研机构建设了 13 家企业重点实验室，批准筹建了 31 家企业重点实验室；通过天津科技计划，支持高校创新与转化项目 300 余项；派出 301 位科技特派员到科技型中小企业服务。据初步统计，天津市重点实验室向科技型中小企业转让了 215 项科技成果和 54 项专利，509 台套仪器设备为 194 家科技型中小企业开放运行，服务时间累计达到 81740 小时，给科技型中小企业带来直接经济效益 54838 万元，为企业节约成本 9700 万元。

（二）实施了支持青年科技人才脱颖而出的政策

天津市委、市政府高度重视青年人才工作，统筹抓好各类青年人才培养，注重加强顶层设计，全市人才发展规划就提出了以培养造就青年人才为主体的人才工程。完善了《天津市自然科学基金和青年科学基金管理办法》，专门设立了青年科学基金，加大对青年科技人员的培养力度。同时，实施了《留学回国人员绿色通道》《归国青年留学生创业项目》《国际青年科技合作项目》《青年国内科技合作项目》加大了对海外高层次青年回国人员的海外研发工作持续性的支持。近年来，天津市共组织实施科技计划项目 3323 项，资助经费达 12.8 亿元。在这些项目顺利实施的背后，青年人才发挥了主力军的作用，成长了起来。截至目前，全市人才资源总量约 202 万人，45 岁及以下人才比例约为 79%，35 岁及以下人才比例约为 53%。其中国家杰出青年科学基金获得者 63 人、国家有突出贡献的中青年专家 179 人、“新世纪百千万人才工程”入选 94 人、教育部“新世纪优秀人才支持计划”入选 359 人，天津市杰出（优秀）留学人员 110 人、中国青年科技奖获得者 20 人、天津青年科技奖获得者 250 人。天津市已经形成一支以青年人才为主、具有较强竞争比较优势的人才队伍。

（三）实施鼓励人才创新创业创优政策

制定了科研机构、高等学校科技人员创办科技型企业的激励保障办法。出台了《天津市科技金融对接服务平台认定及考核奖励办法（试行）》《天津市鼓励股权投资企业投资初创期和成长期科技型中小企业补贴办法（试行）》《天津市过渡期高新技术企业优惠政策的实施意见》《天津市工程中心落实促进科技型中小企业发展政策措施的实施细则（试行）》《关于支持国家级科研院所来津发展政策的实施细则（试行）》《关于科技型中小企业购买高校、科研所的科技成果或开展产学研合作项目给予财政补贴的实施细则（试行）》《关于对科技型中小企业引进国（境）外先进技术给予财政补贴的实施细则（试行）》《天津市科技企业孵化器落实促进科技型中小企业发展政策措施的实施细则（试行）》和《天津市科技型中小企业发展专项资金使用管理暂行办法》等政策，优化了天津市科技创新创业环境。

截至 2012 年年底，全市科技型中小企业达到 3.5 万家，比 2010 年增加 2.25 万家，科技小巨人企业达到1800家，比2010年增加1073家。科技型中小企业占全市企业总数的比重从2010年的9%提高到16%，占全市规模以上工业企业比重达到70%，完成工业总产值8600亿元，占全市工业的比重超过30%，成为推动产业结构优化升级的重要力量。全市科技型中小企业承载就业人数162万人，占全市就业总数的21%；科技型中小企业从业人员年均收入5.5万元，比全市企业职工平均工资高出40%，促进了就业增加和收入提高。

（四）实施知识产权保护政策

发布实施《天津市知识产权“十二五”规划》，成为全国唯一一个省市级重点知识产权规划。《天津市专利促进与保护条例》正式颁布施行，实现本市知识产权地方立法“零”突破。《加强知识产权司法保护促进经济发展方式加快转变的实施意见》，明确采取九项措施为加快转变经济发展方式提供有力司法保障和支持。制定《天津市加强知识产权工作促进战略性新兴产业发展的实施意见》，为新兴产业的培育与发展提供保障，启动“333”人才培养计划和知识产权工程师职称评定工作，加强本市知识产权专家和骨干人才培养。知识产权战略全面实施，促进全市知识产权综合实力和总体水平进入全国先进行列。

（五）创新科技人才工作体制机制

根据天津市出台的《借重首都人才资源实施细则》《关于天津市“用三年时间引进千名以上高层次人才”工作的实施意见》等，积极为引进高层次人才在项目、政策、机制、服务等方面提供保障。在重点项目、重点课题研发单位，试行“特区”政策，对领军人才和创新团队，采取优先立项、优先给予资金支持等政策。完善科技经费管理办法和市级科技计划管理办法，对高水平创新团队给予长期稳定支持。加强科技部门之间的协作，强化内部配合，共同推动各项政策、人才工程的落实，在全市范围建立了科技人才服务专员，形成了100人的科技人才服务队。

河北省科技人才发展报告

■ 河北省科学技术厅

近年来，河北省大力实施人才强省战略，围绕经济社会发展需求，积极构建人才支撑体系，探索人才工作新机制，推进各类人才的引进、选拔和培养。

一、科技人才队伍总体情况

截至2012年年底，全省人才总量709万人，其中专业技术人才116.42万人，研发人员12.49万人，技能人才318万人，农村实用人才53万人，人才资源总量占全省人口总量比重为9.8%。全省有“两院”院士15人，国家“千人计划”专家22人，国家百千万人才工程人选34人，国家有突出贡献的专家61人，享受国务院政府特殊津贴专家2243人，省管优秀专家334人，省有突出贡献专家1643人。

二、科技人才工作总体部署

2010年，河北省委、省政府正式印发了《河北省中长期人才发展规划纲要（2010—2020年）》（以下简称《纲要》），明确了到2020年全省人才工作的指导思想、目标任务和主要举措。《纲要》紧紧围绕河北经济社会发展大局，扭住破解突出人才制约问题，以高层次创新型科技人才、高技能人才和经济社会发展重点领域人才开发为重点，以创新人才工作体制机制为动力，以优化人才发展环境为保障，着力抓好各方面人才队伍建设的统筹推进，着力抓好重点人才工程的组织实施，着力抓好促进人才发展的配套体系建设，努力为推动河北科学发展、实现富民强省提供有力的人才保证和智力支持。

《纲要》提出了到2020年河北人才发展的总体目标：人才总量稳步增长，人才素质、结构、布局、环境得到明显优化，人才工作体制机制改革取得重点突破，与现代产业体系相适应的人才支撑体系得以建立，支柱产业和一些重点科技领域的人才优势基本形成，人才资源开发能力、人才队伍整体实力、竞争力及人才使用效能大幅度提升，使河北进入人才强省之列。《纲要》指出今后一个时期人才工作的主要任务是要统筹推进各类人才队伍建设，加强重点产业人才队伍建设，搞好主要社会事业人才队伍建设。

围绕落实《纲要》，省委省政府加大了对人才引进、培养的支持力度，实施了八项重点人才工程、高层次创新创业人才开发“巨人计划”等人才引进培养计划，以创新创业领军人才、专业技术人才和青年人才为骨干的科技人才队伍不断壮大。

三、科技人才政策措施及成效

（一）培养和开发政策

1. 实施自然科学基金和杰出青年科学基金项目

为加强基础研究，提升原始创新能力，加快培养青年创新人才和建设高水平研究团队，1992年，省政府设立了省自然科学基金，本着“结合省情，统筹兼顾，突出重点，培育优势”的原则，基金重点资助围绕河北战略目标的应用基础研究，兼顾自由探索的基础研究和社会公益研究，较好地发挥了基础研究引导作用。为突出对青年人才的培养，2009 年，省科技厅、省自然科学基金会设立了“青年科学基金”，用于资助省内 35 岁以内的青年学者，开展与河北经济、社会和科技发展密切相关的自然科学基础研究，特别是应用基础研究工作，每年资助河北自然科学基金青年科学基金 110 项左右。同年，河北省设立杰出青年研究基金，每年资助 10 位左右 45 岁以下的杰出人才，每项资助 30 万元，资助期限为 3 年，截至 2012 年，共资助了 45 个杰出青年科学基金项目，资助经费 1350 万元，一批高水平人才脱颖而出。到目前，省基金项目主持人中 35 岁及以下人员占总人数的 43%，比 2006 年（9.4%）提高了 33 个百分点，青年科研人员已经成为基础科学研究的中坚和骨干，人才结构明显改善，基本形成了专业与年龄结构日趋合理的人才梯队。

为鼓励和支持高校、科研机构科研人员面向产业需求开展研究，推动产学研更紧密、更全面地结合，提高主导产业科技创新能力，省科技厅、省自然科学基金委员会于 2008 年、2010 年分别启动了河北省自然科学基金——钢铁联合研究基金和石药集团联合研究基金，由政府、大学、企业共同出资，采用自然科学基金管理模式，由企业提出项目申报指南，引导科研人员面向企业需求开展研究，旨在解决制约企业发展重点、共性和关键科学技术问题，提高自主创新能力。自 2008 年设立联合研究基金以来，到 2012 年在钢铁、医药行业投入经费共 1385 万元。取得了一批高水平的研究成果，一批面向企业需求的高级人才涌现出来，大学、研究院所与企业的联系更加紧密。

2. 实施河北省青年拔尖人才支持计划

该计划重点支持年龄在 35 岁以下、具有较高学术造诣和专业水平、具有很好发展潜力和紧缺急需的青年拔尖人才。支持计划从 2013 年开始实施，每两年选拔一次，每次遴选 120 名左右 35 岁以下自然科学、哲学社会科学和文化艺术等重点学科领域的青年拔尖人才，给予重点培养支持。

对入选计划的青年拔尖人才，由省财政拨付专项资助资金，自然科学领域每人每年 10 万元，哲学社会科学、文化艺术领域每人每年 3 万元，主要用于承担前瞻性、预研性自主选题工作，参加国内外重要学术交流活动等，连续支持 3 年。由省委组织部协调中直驻冀科研单位与青年拔尖人才开展项目合作，利用其先进的科研条件，联合培养青年拔尖人才；省科技厅等项目管理部门在青年拔尖人才申报国家级重大工程建设项目或重大科技专项时给予全力支持，申报省级相关项目时给予政策倾斜；由用人单位为青年拔尖人才提供良好的科研、生活条件，并将其放到重要岗位进行锻炼培养；由省委组织部负责组织实施“老带新”的结对帮带计划。每名青年拔尖人才，确定 2—3 名同行业、同领域的院士、省管优秀专家等省内知名专家定期对其进行专业指导，吸收其参与重大项目，强化对其进行创新规律和创新方法的培训，以促进青年拔尖人才快速成长。

3. 建立高层次人才帮带机制

帮带机制是按照河北省高层次专家在各自领域的专业研究方向，根据青年人才的兴趣爱好和预期目标，通过高层次专家与青年人才的双向自愿选择，结成帮带对子，力争通过 3 年有目标、有计划的帮带工作，在全省培养近千名青年业务骨干或学科学术带头人。帮带导师按自愿原则在“两院”院士、高端人才、“国家特支计划”领军人才等 13 类一线专家中产生，对帮带对象从职称和工作年限、工作基础、提升潜质、事业心和责任感、年龄等 5 个方面提出相应要求，让最优秀的专家帮带优秀的青年人才。导师根据自己的特长经验和帮带对象的个性特点与需要，因人制宜，灵活采取教学培养、跟班学习、压担锻炼、定期交流等方式开展帮带，确保达到导师、帮带对象及所在单位三方满意的效果。每年给予帮带导师一定数额的帮带工作资助经费，对成绩特别突出且符合条件的帮带对象在各类省级专家人才评选时，对帮带双方在出国研修、国内考察和参加高级研修等方面，分别予以优先考虑和重点推荐。

目前，全省宣传文化、教育、农业、医疗卫生、工业企业、城乡规划建设等 6 个行业领域的 366 名帮带导师，已与 725 名帮带对象和帮带对象所在单位签订了《帮带协议书》。

4. 抓好农村实用人才和科技人才队伍建设

2013 年，河北省出台了《河北省农村实用人才和农业科技人才队伍建设中长期规划（2012—2020 年）》。《规划》围绕农业农村经济发展中长期目标和重要任务，建立健全农村实用人才和农业科技人才开发体系。着眼于引领农业科技发展，着力培养高层次创新型科技人才；着眼于农村经济结构调整，着力优化人才结构；着眼于解决农业发展中的突出问题，着力培养引进短缺急需人才。

《规划》指出，当前和今后一个时期，农村实用人才和农业科技人才队伍建设的主要任务之一是大力培养引进农业科研人才。强化政策措施，加大农业科研人才培养引进力度。加强对农业类院校以及农业科研机构的指导支持力度，创新农业科研人才培养模式，扩大培养数量，提高培养质量。着力培养农业科技领军人才和拔尖人才，发挥河北省院士联谊会平台作用，加强涉农院士工作站建设，建立培育院士的支持和依托体系，加速农业顶级科研人才的培育步伐。完善农业科研人才激励机制，健全以科研质量、创新能力和成果应用为导向的评价标准和分配奖励制度。

实施农业科技人才推进工程。依托重点实验室、科技项目等载体，通过给予专项经费支持，重点培养一批创新意识和能力强的农业科研领军人才及其后备人才，在全省建立一批农业科技创新团队。围绕现代农业科技需求和农业发展需要，努力引进海内外创新创业型领军人才。依托农高校和职业院校建立一批农业科技人才培养的重要基地。在省管优秀专家、享受政府特殊津贴专家、有突出贡献中青年专家等专家评定中向农业科技人才倾斜。深化农业科技体制改革，健全有利于农业科技人才成长发展和作用发挥的科技体制机制。增加编制数量，稳定和扩大农业科技创新人才队伍。

5. 实施新世纪三三三人才工程并设立人才培养工程资助经费

根据《河北省专业技术人才队伍建设中长期规划纲要（2013—2020）》文件要求，结合河北省实际，从 2014—2024 年，用 10 年时间，选拔培养 12000 名左右。“工程”人选面向河北省各类、各级企事业单位以及中直驻冀单位中青年专业技术人员选拔，各级党政机关、参公单位的人员不纳入选拔范围。重点选拔瞄准国际、国内科技前沿，能引领和支撑河北省重大科技、关键领域实现跨越式发展的高层次青年专业技术人才。每年选拔一批，每批选拔培养 1200 名左右。利用十年时间在全省培养 30 名左右 45 岁以下，专业技术水平在国内领先并具有较大影响力的学术、技术带头人，其中特别优秀的人才力争成为进入世界科技前沿的科学家、工程技术专家和理论家，为“工程”第一层次人选。培养 300 名左右 45 岁以下，在全省各学科、各技术领域有较高学术、技术造诣，有较强发展潜力和培养前景，做出突出贡献或成绩显著的科技骨干，使之成为河北省新一代学术、技术带头人，为“工程”第二层次人选。培养 3000 名左右 40 岁以下，具有发展潜能的优秀年轻人才作为学术、技术带头人后备人选，为“工程”第三层次人选。选拔培养工作两年进行一次，四年为一个管理期，实行动态管理培养，充分调动了各层次人选勇攀科技高峰的积极性和争先意识。对“工程”一、二层次人选，省级财政每年投入培养经费 200 万元。各设区市政府和省直有关部门对“工程”各层次人选也优先给予资助。截至目前，河北省共选拔出一层次人选 79 人，二层次人选 761 人，三层次人选 5688 人，形成了一批高层次创新型优秀人才群体。

6. 加强高校科技人才队伍建设培养

按照《面向 21 世纪河北教育振兴行动计划》提出的“争取用 10 年左右的时间，培养出 2 至 3 名中国科学院或中国工程院院士”的战略目标，河北省自 2000 年开始实施燕赵学者计划。在省属普通高校重点学科和重点研究机构遴选 5—10 个特聘岗位，面向全国高等学校、科研单位以及国外从事科研、教学工作的专家学者公开招聘。“燕赵学者”的聘期一般为 3 年，每年向“燕赵学者”提供 30 万元的资助，其中个人生活补贴 5 万元，其余经费用于科学研究、学术交流等，所在学校要按不少于 50%的比例匹配经费。截至目前，河北省 12 名“燕赵学者”已有 4 人成功当选国家两院院士。

“河北省高校百名优秀创新人才支持计划”是河北省2007年开始实施的专项人才培养计划。计划支持河北省高校优秀中青年学术带头人在自然科学、人文社会科学开展的创新研究。计划支持100名，分期进行，自然科学70名，社会科学30名。资助期限为三年，自然科学每人资助20万元，社会科学每人资助10万元。2013年，河北省设立河北省高等学校创新团队领军人才培育计划项目，拟资助30个培育计划项目，三年为一个资助周期，自然科学每人资助60万元，社会科学每人资助20万元。

7. 出台《河北省专业技术人才知识更新工程实施方案》

围绕全省经济结构调整、发展方式转变和自主创新能力提高，从2014—2020年，利用7年时间，在14大领域和12个现代服务业领域，开展大规模的专业技术人才知识更新继续教育，分期分批建设一批省级专业技术人员继续教育基地，逐步形成分层分类的专业技术人才继续教育体系。

工程主要包括高级研修项目、急需紧缺人才培养培训项目、岗位培训项目、专业技术人员继续教育基地建设项目等。工程经费主要由政府、社会、用人单位和个人投入等构成。政策保障上，工程加强继续教育与人才使用政策的结合。将专业技术人才参加工程培养培训和学习情况作为个人专业技术经历和接受继续教育的重要记载，完善继续教育与工作考核、职称评聘、岗位聘任（聘用）、职业注册等人事管理制度的衔接。做好工程培养培训与人才培养政策的结合。探索“项目 + 人才”培养模式，在省重大专项、重大工程、重大项目中，衔接实施培养培训项目。

（二）评价与激励政策

1. 修订《河北省科学技术奖励办法实施细则》

为适应形势和要求，进一步推动河北省科学技术奖励工作的科学化、规范化、制度化，根据国家科学技术奖励新要求和河北省科技奖励工作实践，对2009年4月制发的《河北省科学技术奖励办法实施细则（试行）》进行了修订。新修订的《河北省科学技术奖励办法实施细则》于2011年正式印发。省科学技术突出贡献奖奖金数额为每人50万元，其中15万元属获奖者个人所得，35万元由获奖者个人自主选题，用作科学研究经费。自然科学奖、技术发明奖、科学技术进步奖一二三等奖奖金标准由过去的5万元、3万元、1万元调整为8万元、5万元、2万元，进一步激发了全省科技人才开展创新活动、加快成果转化的积极性。

2. 印发《河北省院士特殊贡献奖实施办法》和《关于提高在冀院士相关待遇的通知》

2009年，省政府设立“河北省院士特殊贡献奖”。奖励对象为：参与河北省重大经济和社会发展的决策咨询、重大项目论证，为河北省经济建设和社会发展提出重要方案、技术报告、施政建议，被采纳并取得重大经济社会效益的院士；与河北省企事业单位合作，在河北省申报立项的科研课题，获国家科技进步、自然科学、技术发明奖或省科技进步一等奖的院士；被河北省有关单位聘为顾问、兼职教授、博士生导师，为河北省学科建设、科研平台建设、人才培养、人才引进做出突出贡献的院士；在河北省创新创业，所带高科技成果在河北省推广转化并取得显著经济社会效益的院士；为河北省解决重大关键技术难题，在促进企业自主创新、技术产品升级中做出突出贡献并取得重大经济社会效益的院士。对获“河北省院士特殊贡献奖”的院士，由省政府颁发证书和 10 万元奖金，免征个人所得税。同时，对院士协作单位给予表彰奖励。2010 年，出台的《关于提高在冀院士相关待遇的通知》明确了“同河北单位签订 5 年以上合作协议，每年在河北实际工作 6 个月以上的院士，享受在冀院士待遇”，每年生活补助由过去的 6 万元提高到 20 万元；对新引进院士一次性给予 20 万元的住房补贴；医疗享受副省级待遇。

3. 开展河北省“杰出专业技术人才”“优秀留学回国人员”和“科技创新团队”评选表彰活动

“杰出专业技术人才”和“优秀留学回国人员”主要推荐在河北省工业、农业、科技、教育、文化、卫生、国防等领域专业技术水平高、业绩贡献突出的优秀专业技术人员。“科技创新团队”重点推荐在构建现代产业体系中，为河北省经济社会发展做出突出贡献，科技研发和应用前景具有较强发展后劲和创新潜力的先进集体。以省政府名义对评选通过的河北省“杰出专业技术人才”“优秀留学回国人员”和“科技创新团队”进行表彰并颁发证书。向受表彰个人授予河北省“杰出专业技术人才”或“优秀留学回国人员”称号，每人一次性奖励人民币 5 万元；向受表彰团队授予河北省“科技创新团队”称号，每个团队一次性奖励人民币 60 万元。以上奖励免征个人所得税。

4. 出台《河北省技术市场条例》和《河北省知识产权优势培育工程专利奖评选办法（2014 年修订）》

2012 年 11 月《河北省技术市场条例》在省十一届人大常委会第三十三次会议上获得通过。《条例》规定，技术交易不受地区、行业、隶属关系和专业范围的限制。一切有利于经济建设、社会发展和科学技术进步的技术都可以进行交易，国家另有规定的除外。《条例》还对工作人员在正常工作中所取得的职务技术成果能否转让及可否利用业余时间进行技术开发等作出规定：职务技术成果应当依法进行交易，经成果所有权单位允许，方可转让职务技术成果。法人或者其他组织的工作人员在完成本职工作和不侵犯所在单位技术权益及经济利益的前提下，可以依法转让非职务技术成果，可以利用自己的技术和相关知识在业余时间进行技术开发、技术咨询、技术服务活动。《条例》于 2013 年 1 月 1 日起施行。这对于规范河北省的技术市场秩序，保障技术交易当事人合法权益，促进技术转移，推动经济建设和社会发展有着重要意义。

为表彰在河北省经济社会发展中做出突出贡献的专利权人和发明人、设计人，促进河北省知识产权优势培育工程深入实施，加快专利技术转化和产业化，制定了《河北省知识产权优势培育工程专利奖评选办法》并于 2014 年进行了修订。河北省知识产权优势培育工程专利奖（以下简称省专利奖）每年评选一次。奖励经费由省知识产权优势培育工程专项资金列支。省专利奖的推荐、评审和授予，遵循公开、公平、公正的原则，注重效益，择优奖励。由省知识产权优势培育工程联合组织单位共同对获奖项目的专利权人和发明人、设计人给予通报表彰，并颁发奖牌、证书和奖金。奖金应全部用于获奖项目的专利发明人、设计人和在组织实施专利转化中做出突出贡献人员的奖励。对当年获得省专利奖二等奖以上且符合有关申报条件的专利，优先推荐下一年度申报中国专利奖。对获奖项目和单位在省知识产权局门户网站公布，并适时在新闻媒体上宣传，结合省知识产权优势培育工程相关项目和工作的实施给予重点扶持。

（三）流动与配置政策

1. 加强博士后两站、留学人员创业园和环首都人才家园建设

2006 年经省政府批准，河北省建立了博士后工作专项经费资助制度，每年由省财政列支 200 万元作为博士后工作专项资助经费。截至目前，经国家批准全省设站总数已达 113 个，全省博士后科研流动站、工作站共招收和培养博士后研究人员 500 余人，在站 240 余人，期满出站 250 多人。其中从京津高校和科研院所引进博士 80 人。

围绕留学人员创业园建设，以省政府名义出台《关于鼓励留学人员来河北工作和为河北服务暂行规定》，采取团队引进、核心人才带动引进等方式，大力引进海外高次层人才回国来河北省创新创业；与省财政厅联合印发《河北省引进留学人员资助经费使用管理办法》，省级财政每年安排专项经费 180 万元，用于支持留学回国人员开展科技研发活动。目前，河北省共建立了 9 个留学人员创业园，吸引留学人员创办企业 123 家，吸引各类创业人才 700 多人，年产值达 15.85 亿元，年利税达 1 亿多元，5 名留学人员被授予“全国留学回国人员先进个人”。

河北省在环首都 14 个县（市、区）各规划建设了一批以公共租赁房为主体的人才家园，以重点产业园区和工业聚集区为依托，坚持人才家园建设与创业园对接、与企业对接、与高校对接、与科研院所对接，为高层次人才来冀创新创业提供全方位服务。

2. 实施高层次创业人才资助项目

为加强高层次创业人才队伍建设，进一步激发高层次人才的创造活力和创业热情，尽快培养一批具有创业能力的领军人才，河北省从 2012 年起开始实施河北省高层次创业人才项目资助计划。对申报并通过专家评审会确认的高层次创业人才，给予 10 万—20 万元的资助。对受到资助的高层次创业人才，业绩突出的，在申报省“百人计划”人选、省“三三三人才工程”人选等方面优先考虑。受资助项目列入省人力资源和社会保障厅研究项目资助计划，在职称评审时按厅级研究课题对待。

3. 印发《关于支持鼓励科技人员创办科技型企业的实施办法》

为充分释放科技人员创新创业的活力和热情，促进科技成果资本化、产业化，着力促进全省科技型企业的培育和发展，2013 年河北省科技厅会同省委组织部、省教育厅、省财政厅等八部门联

合印发了《关于支持鼓励科技人员创办科技型企业的实施办法》(以下简称《办法》)。《办法》鼓励各类科技人员创办科技型中小企业；鼓励保留原有身份科技人员以非职务专利、非职务技术等知识产权创办科技型企业，包括科技成果在内的无形资产最高可占注册资本的70%。高校、科研院所科技人员在完成本职工作基础上，可采取兼职兼薪方式创业或服务科技型企业。

为充分发挥河北环京津区位优势，《办法》指出，河北省支持鼓励京津等省外人才来冀创办科技型中小企业，科技成果转化项目符合河北省产业化发展方向的，可优先纳入省市各类科技计划项目，创办科技型企业初期择优给予不超过100万元贷款的政府创业基金贴息支持。创办科技型企业，经省级科技、财政、税务等部门审核认定为高新技术企业的享受15%的企业所得税优惠，产品符合政府采购要求的纳入采购名录，优先推荐使用。

在职务科研成果积极转化方面，《办法》指出，省内高校科研人员所形成的职务科研成果，1年内未实施转化的，在不变更职务成果权属的前提下，由成果完成人创办科技型企业转化的，创办企业实施人可拥有该成果在企业中享有股权收益最高可达70%；非成果完成人创办科技型企业转化本单位其他职务成果的，可拥有该成果在企业中享有股权收益的40%。

4. 出台《关于支持“千人计划”人才在河北创新创业的若干措施》

2013年12月，河北省科技厅出台《关于支持“千人计划”人才在河北创新创业的若干措施》(以下简称《措施》)，对入选国家“千人计划”并在河北工作的科技人才给予大力支持，鼓励其在河北省开展科技创新创业活动。《措施》鼓励和支持“千人计划”人才申报和承担国家重大科技专项、“863计划”“973计划”“科技支撑计划”等各类重大科研项目，列入国家科技计划的，省科技厅给予一定配套资金支持。“千人计划”人才申报省级科技计划项目，采取属地化申报途径，不受推荐指标和限项限制，优先立项；在河北省转化重大科技成果，对符合申报条件的，优先纳入省重大科技成果转化专项予以支持。对解决河北省行业领域重大技术瓶颈和促进河北省战略性新兴产业发展的重大转化项目，采取一事一议方式给予经费支持。

“千人计划”人才在河北省牵头组建省级以上创新平台的，优先纳入建设计划；在河北省领办或创办科技型企业，在高新技术企业、科技型中小企业认定方面给予重点扶持和辅导，并帮助指导企业研发费用税前加计扣除、技术转让、高技术企业税收优惠等政策在企业的落实，优先给予省科技型中小企业创新资金支持，并积极推荐申请国家科技型中小企业创新基金资助；在河北省取得科技成果，在专利申请资助金、中央财政资助向国外申请专利专项资金、专利权质押贷款补助经费等方面给予优先支持。

对河北省新申报入选的和新引进的“千人计划”人才，给予一定的科研启动经费。将河北省“千人计划”人才纳入省级科技项目立项、奖励评审专家库，并优先推荐为国家“973计划”“863计划”、科技支撑计划等项目评审专家。在科技成果鉴定登记、技术合同认定登记、科技文献使用和检索查新等方面，为“千人计划”人才优先、及时办理。

5. 出台《关于加强企业引进京津人才智力工作的若干意见》

2012 年 10 月，省委省政府联合印发《关于加强企业引进京津人才智力工作的若干意见》（以下简称《意见》）。《意见》指出，大力加强企业引进京津人才智力载体建设，“十二五”时期，建成省级以上高新技术开发区 20 个，高新技术特色产业基地 60 个，省级以上科技企业孵化器 100 个，农业科技示范园区 50 个，对遴选出的 10 家河北省引进京津人才智力示范基地给予每家 50 万元的一次性奖励。对河北省企业在京津单独或合作设立企业研发机构的，要比照省内同类研发机构给予认定和支持。鼓励博士后科研工作站、科研流动站和博士后创新实践基地针对工作所需到京津招引博士生。

《意见》对重点人才实施省级直接资助服务政策，包括省内企业和入冀央企引进的人才。鼓励地方打破常规，在强化扶持政策、提高政治待遇、完善人才服务等方面大胆尝试。“十二五”时期，承德、张家口、廊坊、保定等市要各扶持 10 个以上在本地创新创业的京津高层次人才团队，环首都各县（市、区）要各扶持 5 个以上在本地创新创业的京津高层次人才团队。实施财税倾斜政策，凡是企业用于引才引智的投入实行税前扣除，省内企业引进京津人才年薪在万元以上的，其个人所得税形成的地方财政收入，3 年内奖励给个人。

《意见》要求，根据省、市人力资源和社会保障部门每年度组织一次面向全国特别是京津人才的公开招聘活动。推进柔性引才引智，采取包括挂任管理职务、选聘外部董事、安排技术职务、兼任高校职务、实施以才引才等多种方式。要建立完善常态化的引进京津人才智力市场，强化提升对引进京津人才智力的公共服务，充分发挥市场在引进京津人才智力方面的基础作用。

6. 印发《关于大力实施人才强市战略的指导意见》

2012 年 1 月，省委办公厅、省政府办公厅联合印发了《关于大力实施人才强市战略的指导意见》。《意见》指出，承德、张家口、廊坊、保定要加快建设环首都人才强市，唐山、秦皇岛、沧州要加快建设沿海人才强市，石家庄、衡水、邢台、邯郸要加快建设冀中南人才强市。要确立人才优先发展的战略布局，突出抓好重点领域和产业人才队伍建设，全力推进重点人才工程实施和重要人才政策创新，大力推进县域人才队伍建设。

四、科技人才工程／计划及实施效果

1. 重点引智工程——院士智力引进工作

工程大力推进与中国科学院、中国工程院和“两院”院士科技合作，通过科研开发、项目合作、成果转化、人才培养等方式，加强院士智力引进。巩固扩大河北省院士联谊会会员范围，到 2020 年达到 400 名以上，其中每年在河北省工作 3 个月以上的达到 50 名以上。省委、省政府高度重视院士智力引进工作，不断加大对院士智力引进的政策扶持力度，对院士参与河北建设，在资源利用、效益分配、劳务报酬、奖励措施等方面给予了优惠政策。

加大政策扶持力度。2009 年，河北省委组织部、省科技厅、省财政厅对原《河北省院士特殊贡献奖实施办法》进行了修订，扩大了奖励范围，提高了奖金数额。此外，在省委、省政府决定启动的其他重点人才工程实施方案和政策措施中，也都对院士智力引进做了相应规定。各市、省直相关部门、各相关单位也都程度不同地制定了院士智力引进的政策措施。省科技厅连续两年增加院士引智工作经费，对院士参与的重大科技项目给予优先立项，在经费上给予重点保障。保定市科技局决定，企业引进院士智力并建立院士工作站的，给予 40 万元的经费资助。

建立和完善工作机制。2010 年年底，省委组织部、省科技厅研究决定，在各市建立院士工作站，作为市级院士智力引进工作的管理机构，明确了职责任务，配备了专门人员和办公场所。在职责分工、工作开展、信息沟通等方面理顺了省市两级关系。2011 年，省委组织部、省科技厅、省科协又决定在联络院士较多、同院士合作较好的企事业单位建立院士工作站，作为基层单位院士智力引进工作的服务机构，进一步完善了服务机制。截至目前，全省在企业、高校和科研机构建立了 138 家“院士工作站”，院士工作站已成为与“两院”院士合作的重要载体，为院士在河北开展科技活动发挥了重要作用。院士联谊活动日益活跃。2014 年，河北省院士联谊会会员由最初的 70 位院士增至 330 位。院士会员大会每两年召开 1 次，已成功召开 8 次，每次都有百名左右院士到会，成为全国影响最大的地方性院士盛会。

2. 高层次创新型人才开发工程——高端人才支持计划

该计划重点培养支持省内自然科学领域高级专家队伍中有望达到国内国际领先水平的高端人才，建设一支具有国际科研视野和卓越创新能力、适应提升河北省科技创新水平需要、与“国家特支计划”相对接的高端人才队伍，为全省奋进崛起、科学发展提供强有力的人才智力支撑。

选拔原则：突出创新先导原则。把具有创新特质和能够实现创新跨越作为核心要求，重点选拔支持在自然科学领域具有较强创新意识、较高创新能力、较大创新潜力的高层次创新型人才。体现高端定位原则。把争进“两院”院士、对接“国家特支计划”杰出人才培养要求、适应全省发展转型对高层次紧缺人才需求作为着力点，全力打造一支层次拔尖的高端人才队伍。注重业绩贡献原则。在坚持德才兼备的前提下，把业绩贡献作为评价高端人才的重要基础和依据，重点选拔支持那些在专业研究领域取得国家级高层次科研成果、得到业内认可、为河北省经济社会发展做出重要贡献的高端人才。坚持公平公正原则。坚持标准，规范程序，严格监督，体现业内公认和社会认可。

支持人选主要在“巨人计划”领军人才、省管优秀专家、享受国务院特殊津贴人员和国家级有突出贡献中青年专家等专家队伍中遴选，在河北省重点学科和优势学科领域中产生，目前，共有 36 人作为重点培养对象纳入支持计划。

3. 高层次创新型人才开发工程——巨人计划

“巨人计划”是河北省为推动发展方式转变、构建具有区域特色和比较优势的现代产业体系，使经济社会发展转入科技引领、创新驱动的轨道而组织实施的一项重大人才工程。通过计划实施，利用“十二五”时期5年时间，有计划有目的地培养引进100名左右创新创业领军人才，在领军人才的凝聚下打造100个左右创新创业团队，力争实现推出一个领军人才，带出一个创新创业团队，促进一批具有自主知识产权的重大科技成果加速转化和产业化，带动和形成一批在核心技术及重大产品自主创新方面居于国内外领先水平的产业集群，使“巨人”在推动具有区域特色和比较优势的现代产业体系形成方面真正起到引领、带动作用。

对评为“巨人”的创新创业团队及其领军人才，省财政给予200万元创新创业支持资金，主要用于改善科研条件或开展研发活动，资助出国培训进修和参加国内外重要学术技术交流活动等。企业或研发机构被评为“巨人”后3年内所得税形成的地方财政收入，由省和“巨人”所在市、县（市）根据“巨人”上交地方税收收入情况给予一定比例的奖励，主要用于开展研发活动或加速新项目的产业化；企业的产品符合政府采购产品目录和标准、具有自主知识产权的，实行政府优先采购；“巨人”中的领军人才和团队骨干成员年薪在10万元以上的，其个人所得税形成的地方财政收入，3年内奖励给个人。

2012年，河北省评选出首批40家“巨人计划”创新创业团队和40名领军人才。团队的研究开发活动与省“十二五”规划提出的重大项目、重大工程紧密对接，在调整优化产业结构、改造提升传统制造业、培育战略性新兴产业、形成具有区域特色和比较优势的现代产业体系中作用突出，对推进加快发展、加速转型支撑能力较强。多家团队主持或参与编制国家级、省级行业标准，在全国同行业领域处于领先水平，团队自主创新能力和市场竞争力较强，如以岭药业、长城汽车、廊坊新奥、石家庄农科院小麦育种团队等，另外，还有一批竞争力强、发展潜力大的创新创业团队也脱颖而出，如河北先河环保科技股份有限公司是国内唯一一家同时拥有六大在线监测系统的环境监测仪器专业生产企业，是国内本行业的首家上市公司；河北华美光电子有限公司自主研发的1x4、1x12并行光发射和接收模块技术是国内独家拥有的高端技术；中信戴卡轮毂公司被美国通用汽车公司授予最佳供应商称号，是目前全球唯一一家获此殊荣的铝车轮供应商；沧州恒通管件制造有限公司开发的一系列新产品有较高的市场占有率，有的产品市场份额占全国40%—50%；中钢集团邢台机械轧辊有限公司是目前世界上最大的轧辊研发生产企业，曾荣获“中国轧辊行业最具影响力领军品牌”称号。他们在本行业本领域内地位突出、影响力大、代表性强、优势明显，对推动传统产业转型升级和新兴产业培育壮大方面有较强的引领带动作用。

4. 重点引智工程——海外高层次人才引进“百人计划”

对应国家“千人计划”，河北省2009年年底以省委办公厅、省政府办公厅名义出台了《关于实施海外高层次人才引进计划的意见》，计划从2010年开始，用5—10年时间，支持和引进100名左右能够突破关键技术、带动新兴产业、发展高新技术的海外高层次人才（简称“百人计划”），同时对引进人才实行“省级特聘专家”制度。按计划引进的海外高层次人才，省财政给予每人人民币100万元的资助，划拨到用人单位，用于相关项目研发。引进的海外高层次人才可直接申报参加省各类专家的评选，符合条件的经省委人才工作协调小组批准，直接进入院士后备人才、省管优秀专家、省有突出贡献中青年专家队伍。自 2010 年以来，河北省已引进 4 批、共 49 名“百人计划”人才。其中 3 人相继入选“千人计划”、3 人入选省管优秀专家、13 人入选河北省有突出贡献的中青年科学技术管理专家。“百人计划”引进人才所专长的项目多数填补了省内空白，有的填补了国家空白，在一些重要领域做出了突出贡献。已有 1 人获河北省自然科学奖一等奖，另有 1 人获河北省科技进步奖一等奖。

围绕进一步优化人才引进、培养的环境，河北省研究制定和出台了一系列促进科技人才发展的政策。通过强化政策措施，积极营造尊重、关心、支持和培养高层次人才的环境和氛围，努力做到待遇招人、事业留人、情谊感人、服务到人，使他们能够全力以赴地进行创新创业活动，充分发挥其在建设创新型河北和推动河北科学发展中的重要作用。

山西省科技人才发展报告

■ 山西省科学技术厅

2013 年度，山西省科技厅认真落实全省人才工作会议精神和人才发展规划，坚持以用为本、聚才留才的原则，建立了人尽其才、才尽其用的良好机制，为全省转型跨越发展提供有力的人才支撑。

一、山西省科技资源基本情况

目前，全省共有两院院士 5 名，“三晋学者” 16 名，省青年拔尖人才 7 名、新兴产业领军人才 49 名，省级学术技术带头人 397 名，享受国务院特殊津贴专家 1895 名。科技部科技创新领军人才 4 名、创新创业人才 1 名、国家杰出青年基金获得者 14 名，科技部重点领域创新团队 1 个。前 5 批共引进海外高层次人才 137 名，第 6 批已有 60 多人经过专家评审。国家级重点实验室 3 个、省部共建重点实验室 3 个、省级重点实验室 27 个、省工程技术研究中心 56 个；院士工作站 28 个，博士后科研流动站 23 个，国家级、省级高技能人才培训基地 9 个。

二、山西省开展科技高层次人才发展情况

（一）创新人才推进计划

2012 年，山西省共有 5 名科研人员和 1 个创新团队入选国家首批创新人才推进计划，分别是山西大学张靖、山西师范大学张献明、太原理工大学梁卫国、中北大学熊继军入选科技部中青年科技创新领军人才、中绿环保科技股份有限公司的白惠峰入选科技部科技创新创业人才，太原理工大学张文栋创立的煤矿水害超前探测预警及快速救援科技创新团队入选科技部重点领域创新团队。2013 年推荐李新年等 20 人为中青年科技创新领军人才，孙雁卿等 12 人为科技创新创业人才，山西大学的工业废弃资源高效利用技术创新团队等 2 个单位为重点领域创新团队；亚宝药业太原制药

有限公司为创新人才培养示范基地，推荐人员的范围和数量比去年有很大的提高。

（二）出台《山西省创新人才推进计划实施方案》

从 2013 年度开始，全面实施科技创新人才推进方案，通过创新体制机制、优化政策环境、强化保障措施，培养和造就一批具有世界水平的科学家、高水平的科技领军人才和工程师、优秀创新团队和创业人才。《实施方案》着重解决以下问题。

一是设立科学家工作室。为积极应对国际科技竞争，提高自主创新能力，重点在山西省具有相对优势的科研领域设立 10 个科学家工作室，支持其潜心开展探索性、原创性研究，努力造就世界级科技大师及创新团队。

二是造就中青年科技创新领军人才。瞄准世界科技前沿和战略性新兴产业，重点培养和支持 300 名中青年科技创新人才，使其成为引领相关行业和领域科技创新发展方向、组织完成重大科技任务的领军人才。

三是扶持科技创新创业人才。着眼于推动企业成为技术创新主体，加快科技成果转移转化，面向科技型企业，重点扶持 200 名运用自主知识产权或核心技术创新创业的优秀创业人才，培养造就一批具有创新精神的企业家。

四是建设重点领域创新团队。依托国家重大科研项目、国家重点工程和重大建设项目，建设 50 个重点领域创新团队，通过给予持续稳定支持，确保更好地完成国家、省重大科研和工程任务，保持和提升山西省在若干重点领域的科技创新能力。

五是建设创新人才培养示范基地。以高等学校、科研院所和高新区为依托，建设 30 个创新人才培养示范基地，营造培养科技创新人才的政策环境，突破人才培养体制机制难点，形成各具特色的人才培养模式，打造人才培养政策、体制机制“先行先试”的人才特区。

（三）完善人才发展机制，激发科技人员积极性创造性

2013 年度，中共山西省委山西省人民政府出台了《关于深化科技体制改革加快创新体系建设的实施意见》，其中第 14 条款就是鼓励科技人员创新创业。高校、科研院所和国有事业、企业科技人员创办、领办或合办科技型企业的，3 年内保留其原有的身份和职称，档案工资正常晋升。允许和鼓励高校、科研院所科研人员在完成本职工作前提下在职创业，其收入归个人所有。允许和鼓励高校、科研院所的科技人员以其专利技术入股或科研成果参股，科技人员的专利技术或科技成果作价出资最高可占注册资本的 70%。例如：太原理工大学的寇子明教授，多年来一直从事矿山机电液一体化的研究，开发并研制了一系列实用、先进的新技术产品，于 2002 年成立了太原市博世通机电液工程有限公司，公司年产值达到 6000 万元，拥有生产场地 1000 余平方米，解决了 80 多个就业岗位。

三、山西省高层次科技人才发展趋势及流动趋势分析

高层次科技人才作为科技创新的领军人、引导者，是该地区的核心竞争力，对经济发展起着关键的作用。高层次科技人才是山西省实现现代煤化业、现代装备制造业、新型材料工业、特色食品工业等新兴产业的核心因素，也是提升国际竞争力的重要前提和得力保障。随着山西省资源型经济转型进程的进一步发展，人才的发展及流动对实现山西省经济转型跨越发展的目标起着决定性的作用，尤其是高层次科技人才的发展及流动。而山西省产业结构调整、经济增长方式的转变也将对高层次科技人才的发展带来新的影响，因此，准确把握高层次科技人才的发展趋势，不但有利于推动山西省的高层次科技人才工作，而且也为山西省经济转型得以顺利进行提供了有力的保障。

（一）高层次科技人才现状统计分析

截至 2011 年，山西省 12 类高层次科技人才共有 3542 人，具体结构分布如图 1 所示。

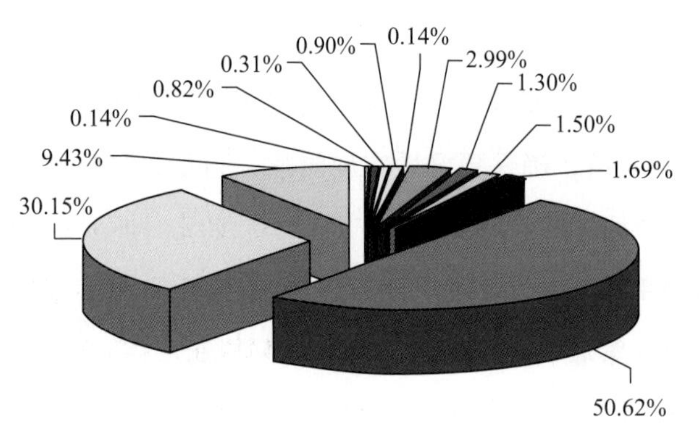

图 1　高层次科技人才结构图

山西省高层次科技人中两院院士 5 名，与我国东部沿海省市相比差距较大，江苏省 91 人，广东省 47 人，浙江省 42 人；入选国家“百千万人才工程”专家 29 名，国家杰出青年科学基金获得者 11 名，国家科技计划项目负责人 32 名，长江学者 5 名，“千人计划”和“百人计划”人才 106 人，国家科技奖励获得者 46 人，教育部新世纪优秀人才 53 人，国家省级突出贡献专家 60 名。享受国务院特殊津贴专家 1793 名，占 50.62%。中央、省委联系专家 1068 名，占 30.15%。“333”人才 334 名，占 29.43%。与“十五”末相比，山西省高层次科技人才数量大幅度增加，高层次科技人才的队伍建设水平显著提升。但是除去人员交叉部分，山西省高层次科技人才总量不足 3000 人，山西省高层次科技人才不容乐观，远远满足不了实际需求，对山西省经济的转型跨越发展带来诸多不利。

1. 性别现状

截至 2011 年，在现有的 8 类高层次科技人才中，男性 242 人，占 84.32%；女性 45 人，占 15.68%（表 1）。

表 1　高层次科技人才性别统计表

编号	类　别	总数	男	女	男性比例（%）	女性比例（%）
1	两院院士	5	5	0	100.00	0.00
2	国家杰出青年科学基金获得者	11	10	1	90.91	9.09
3	入选国家“百千万人才工程”专家	29	20	9	68.97	31.03
4	“千人计划”和“百人计划”人才	106	95	11	89.62	10.38
5	长江学者	5	4	1	80.00	20.00
6	国家科技奖励获得者	46	43	3	93.48	6.52
7	教育部新世纪优秀人才	53	36	17	67.92	32.08
8	国家科技计划项目负责人	32	29	3	90.62	9.38
	合计	287	242	45	84.32	15.68

2. 年龄现状

截至 2011 年，287 名研究对象年龄分布，65—70 岁、77 岁以上这两个年龄段的人数分别为 2 人；29—34 岁 9 人；59—64 岁 4 人；71—76 岁 6 人；35—40 岁 42 人，占 14.63%，最大年龄 42 岁，平均年龄 38 岁；41—46 岁 76 人，占 26.48%，最大年龄 46 岁，平均年龄 43 岁；47—52 岁 101 人，占 35.19%，最大年龄 52 岁，平均年龄 48 岁；53—58 岁 45 人，占 15.68%，最大年龄 58 岁，平均年龄 54 岁。山西省高层次科技人才年龄梯队出现断层，老龄化趋势严重，中青年人才队伍严重不足（图 2）。

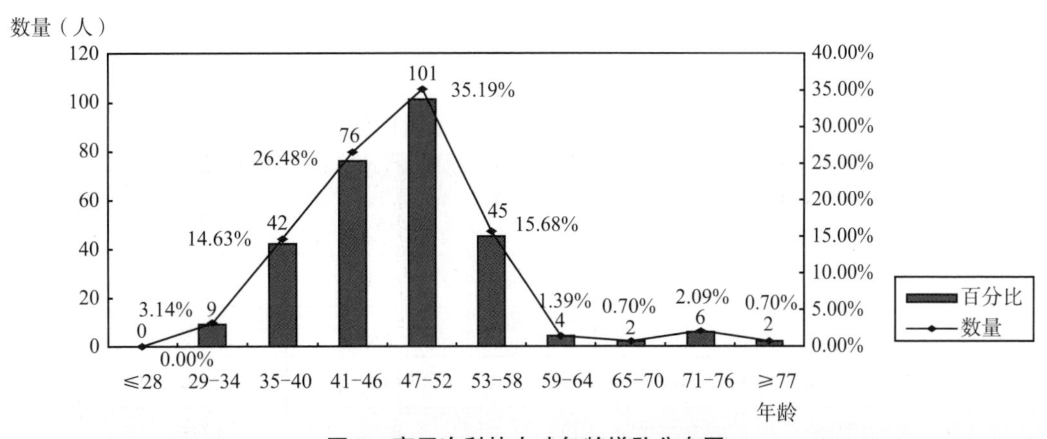

图 2　高层次科技人才年龄梯队分布图

3. 学历现状

截至 2011 年，287 名高层次科技人才学历，大学本科 17 人，占 5.92%；硕士 19 人，占 6.62%；博士 203 人，占 70.73%；博士后 48 人，占 16.72%（图 3）。

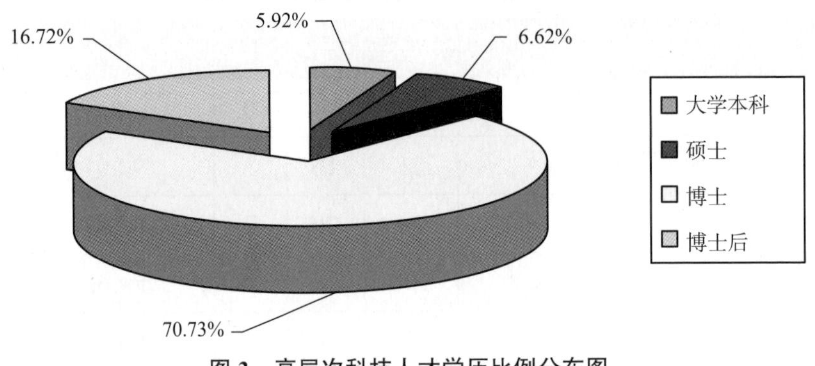

图 3　高层次科技人才学历比例分布图

（二）高层次科技人才发展

高层次科技人发展成为山西省人才质量提高以及资源型经济转型跨越发展的必要前提，为山西省“十二五”规划既定目标的实现奠定了坚实的人才基础，为综改试验的成功提供了良好的智力保障。

1. 高层次科技人才

“十一五”期间，随着山西省经济实力的进一步提高，科技人才政策的逐步完善，高层次科技人才的数量大幅度增加，不仅壮大了科技人才队伍，而且科技人才的质量也有了明显提升，为山西省经济社会的发展提供了强有力的人才保障和智力支撑。“十一五”期间山西省 8 类高层次科技人才包括：两院院士、国家杰出青年科学基金获得者、入选国家“百千万人才工程”专家、“千人计划”和“百人计划”人才、长江学者、国家科技计划项目负责人、国家科技奖励获得者、教育部新世纪优秀人才（表 2）。

表 2　高层次科技人才数量统计表

高层次科技人才	数量（人）
两院院士	5
国家杰出青年科学基金获得者	11
入选国家“百千万人才工程”专家	29
“千人计划”和“百人计划”人才	106
长江学者	5

续表

高层次科技人才	数量（人）
国家科技奖励获得者	46
教育部新世纪优秀人才	53
国家科技计划项目负责人	32
合计	287

2. 高层次科技人才发展特征

“十一五”期间山西省高层次科技人才的数量、质量都得到了大幅度的提高，有力地推动了山西省经济社会的发展。但是也存在一些问题，比如人才结构的不均衡，人才发展速度相对缓慢等。这些问题的存在势必会影响到山西省经济的发展速度及发展质量。

（1）性别发展特征。山西省 287 名高层科技人才，男性比例为 84.32%，女性占 15.68%。迫切需要加强女性人才的培养。两院院士全部为男性，国家杰出青年科学基金获得者、长江学者中女性各 1 人；国家科技奖励获得者和国家科技计划项目负责人这两类人才中女性人数均为 3 人，分别占 6.5%，9.38%；入选国家“百千万人才工程”专家、“千人计划”和“百人计划”人才、教育部新世纪优秀人才这三个类别中女性人数分别为 9 人、11 人、17 人，分别占 31%、10%、32%。

（2）年龄发展特征。“十一五”期间，山西省一大批 35—58 岁的高层次科技人才成长起来，在当前山西省的科技事业中发挥着中流砥柱的作用。通过对“十一五”期间山西省高层次科技人才年龄分布的统计，山西省高层次科技人才的年龄主要分布在 35—58 岁，最高峰值在 47 岁，共 30 人，占统计总人数（287 人）的 15.96%（图 4）。

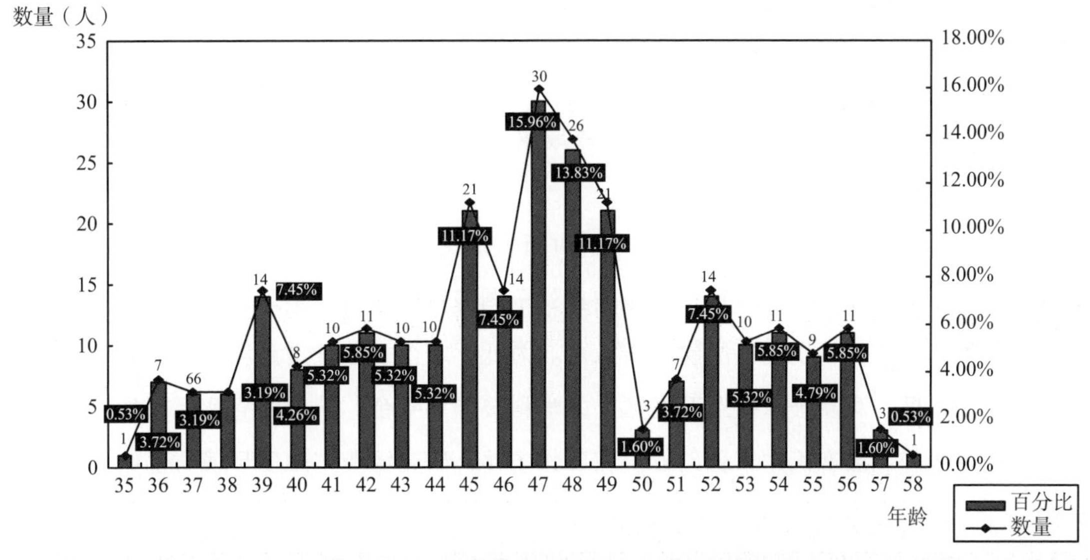

图 4　35—58 岁高层次科技人才数量分布图

45—49 岁这一年龄段共 112 人，占总人数的 39%。而 35—44 岁这一年龄段的中青年高层次科技人才严重缺失，仅有 83 人，占总数的 28.92%。大力加强山西省青年人才队伍的建设势在必行。

（3）学历特征。截至 2011 年，在 287 名统计对象中，取得博士学位的 203 人，占总人数的 70.73%；博士后 48 人，占 16.72%，其中具有博士学历的高层次科技人才已达到总数的一半以上，反映了山西省高层次科技人才知识含量高，比较符合我们对高层次科技人才内涵的界定，但是总量、年龄不容乐观。据不完全统计，截至 2011 年，山西省高层次科技人才总量不足 3000 人，远远满足不了山西省当前经济社会发展的需要。客观地说，山西省高层次科技人才的数量偏低，与山西省的人口数量不够匹配。由于数量少、年龄老化趋势严重，这些状况势必会影响山西省转型经济发展的顺利进行，应该引起社会各界的足够重视。

3. 高层次科技人才流动趋势

（1）总量流动趋势。山西省 8 类高层次科技人才从 2006 年的 58 人增加至 2011 年的 287 人。（图 5）

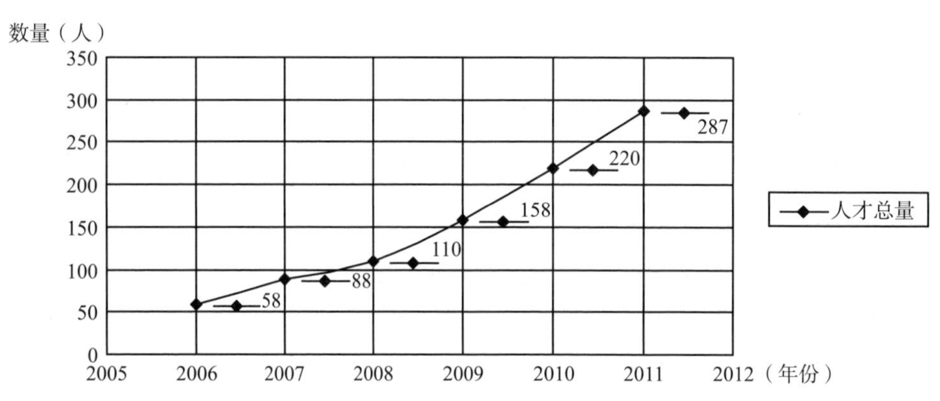

图 5　8 类高层次科技人才年份数量分布图

总体来说，山西省高层次科技人才呈现良好的流入状态，这种态势的出现充分体现了山西省“十一五”期间大力培养、引进人才取得的可喜成果，随着“十二五”规划的出台，这一态势将继续保持良好的上升趋势。

（2）人才流入与流出。高层次科技人才是山西省的稀缺资源，对山西省科技进步和经济社会发展起着重要的人才支撑作用。当前，山西省正处于调整经济结构、实现转型发展的关键时期，需要大量高层次优秀人才，特别是高层次科技人才。为此，山西省依托重点实验室、企业技术创新中心、经济技术开发区、高新技术产业开发区、大学科技园等平台，从山西省实际出发，推出一批特色项目，吸引海内外高层次人才来晋创业。在工作条件、研究经费、生后环境方面给予高层次人才优先支持。

2009 年山西省在中共中央推出“千人计划”的基础上，转发了中共中央《海外高层次人才引进计划实施意见》，同时推出了引进海外高层人才的“百人计划”，旨在广揽海外高端人才回国回省创业，并且积极争取国家有关部门的大力支持，加强与国外各知名高等院校、科研院所、大型企业人才智力的联系沟通，实施“引进来”的战略，进一步拓宽视野，为山西省全面协调可持续发展提供强有力的人才保障和智力支持。这一政策的出台，“凤凰归巢”现象明显增多，尤其是受2008年世界次贷危机的影响，国外一大批高层次科技人才目睹了国内经济良好发展的势头，非常欣赏国内发展的态势，纷纷选择回国创业发展。20年来首次出现了流入大于流出的现象，而且流入人才的职称、学历都有明显的改变，有的甚至是带项目而归。资料显示，山西省从海外引进高层次科技人才的数量明显增多的主要原因是，山西省良好的经济发展前景、省委省政府所大力实施的引才计划及人才培养策略。通过国内外人才引进计划的实施，大批年轻高层次科技人才加入到山西省的科技队伍中。

“十一五”期间山西省有一定量的人才流入，但流出问题也相当严重。由于待遇、环境等问题，近几年山西省各高校、科研院所人才，特别是高层次科技人才流失现象依然严重。例如：长治学院近10年筹款1000万元，先后派300余名中青年教师到全国各著名高校攻读硕士、博士，但学成返校的不到100人。甚至在高校、科研单位中对于年轻人攻读了高学历后，其导师、部门主管亦建议其到外地发展。比如山西大学申某，到外地后成了学部委员；教育学院王某，研究敦煌学很有成就，到北大成了著名学者；山西师大程某，博士毕业后留不到太原，到了上海交通大学；山西大学李某，到上海政法大学后当了院长，给了一套房子、科研经费50万元；全国著名人口专家、省经济研究中心梁某，58岁离开贡献了一生的故乡山西，到上海当了博士生导师。

因此，人才引入工作是一项长期而艰巨的任务，引进人才是加强科技人才队伍建设的重要手段，在引进的同时，大力培养更多愿意留下来且留得住的本地人才也显得尤为重要。只有以强大的人才队伍作为支撑点，培养出更多高素质、高技能的人才，才能使山西省的人才数量与人口数量更加匹配，山西省的经济才能更好更快地发展，才能顺利实现山西省经济转型跨越发展的目标。

四、山西省高层次科技人才存在的主要问题

近年来，山西省大力实施人才强省战略，着力加强以高层次科技人才为重点的人才队伍建设，通过实施山西省“新世纪学术技术带头人333人才工程”“三晋学者”“百人计划”“创新人才推进计划”等一系列措施，积极加强对高层次科技人才的培养和选拔，取得了一定成效，提高了科技自主创新能力，但与经济社会发展的需求相比，山西省高层次科技人才总量不足、结构失衡等一系列比较突出的矛盾，严重制约着山西省的创新发展以及经济转型跨越的顺利进行。

1. 高层次科技人才总量不足

从山西省人才的长远需求来看，仍然存在高层次科技人才数量严重短缺的问题，人才发展总体

上不利于经济又好又快发展，并不能完全适应经济转型跨越的需求，另外还存在人才分布严重不均衡，人才队伍发展相对缓慢，老龄化比重高，青年人才得不到及时补充等一系列的问题。作为科技领军人物的两院院士只有区区 5 位，而江苏省有 91 位，广东省有 47 位，浙江省有 42 位，遗憾的是在山西省出生的两院院士有 22 位，但只有一位在山西省工作。这些负面状况与山西省人才的成长环境具有较大的相关性，由于改革开放以来，国家对东南沿海地区实施了一系列有利于经济发展的引才政策，中西部广大地区的高层次人才陆续涌向东南沿海地区，山西省也不例外，许多优秀人才都流向外地，“孔雀东南飞”的现象日益严重，成为制约山西省人才队伍建设的一大难题。

2. 高层次科技人才结构失衡

从性别分布来看，男性比例高达 84.32%，而女性仅占 15.68%，这一性别比例严重失衡。两院院士均为男性，其他层次的人才女性所占比重也是微乎其微，尤其是 35—40 岁中青年女性人才屈指可数只有 10 人，仅占总人数的 3.48%。在山西省的“百人计划”人才中性别比例的差距也相当严重，男性 95 人，占 90%；女性 11 人，仅占 10%，性别失衡的问题非常突出。

从年龄分布来看，青年人才的培养、管理机制还不能很好地适应当前经济快速发展的要求，中青年拔尖人才队伍的构建相对滞后。35—44 岁的中青年高层次科技人才数量严重缺失，仅 83 人，占总数的 28.92%，50—58 岁的老年科技人才数量为 69 人，占总数的 24.04%，山西省高层次科技人才年龄比例出现中间高两头低的状况，但 10—15 年之后，将会出现严重的老龄化趋势，如果中青年人才得不到及时补充，将会出现严重的人才断层现象，而 36—45 岁是最富有创新能力的研究年龄，又是人才极易流失的年龄段，如果这一群体得不到应有的重视，那么山西省的人才缺口将严重扩大。山西省“百人计划”引进的高层次科技人才主要分布在省会太原或周边中心城市，而且人才的辐射区域较小，不能对周边城区起到有效的带动作用，其中仅太原就占到引进人数的 4/5，而资源型经济转型的重要地区朔州、吕梁、大同、阳泉却没有一人引进，这种状况势必会严重影响到山西省经济转型的顺利进行。由此可见，山西省高层次科技人才的流动趋势极不平衡，人才高度集中化，严重缺乏有效的辐射力和强大的带动力。

五、山西省高层次科技人才培养与管理对策

在当前人才竞争十分激烈的形势下，高层次科技人才队伍建设要立足于自主培养和自我发展，要通过多种培养途径，明确培养目标，动用一切可以动用的资源，建立以山西省资源型经济转型跨越发展为向导，以增强创新能力为标准，产学研三位一体的多元化人才培养体系，培养和锻造适应山西省煤化工、装备制造、新材料、新能源、生物技术、物联网、生态环境等新兴产业的高精尖人才，迅速增加高层次科技人才的总量，大幅度提升高层次科技人才的素质。本节建立在对山西省高层次科技人才的现状及存在的问题这一基础之上，从培养人才、引进人才、激励人才三个维度，提

出针对山西省高层次科技人才培养及管理的具有创新性的对策及建议。

（一）创新培养模式

1. 着眼国际，互动式协作培养高层次科技人才

公派留学人员前往美、英、德、法等多个发达国家和地区学习交流。广大留学人员也成为沟通山西省与国际交往的桥梁，他们以国际视野打破山西省封闭状态，跟踪国际科技发展前沿，一批具有自主知识产权、国际领先水平的科研成果不断涌现，直接推动了山西省经济社会的快速发展。留学人员学成归国后从整体上为山西省经济社会的全面发展注入了强劲的动力，成为山西省教育医疗、科技文化、经济结构调整、高新技术产业化的重要生力军。“十一五”期间，山西省公派留学回归率达到了 99%。目前，山西省绝大部分高校校长、科研院所负责人、省属医院院长都由归国留学人员担任，更多的同志被选任为重点学科、重点实验室的带头人，成为教学科研和管理骨干，在很大程度上缓解了山西省高精尖人才匮乏局面。如农科院副院长乔雄梧在农药残留方面的研究在国际领先，太原科技大学黄庆学教授主持的国家重大科技攻关项目“延长大型轧机轴承寿命研究”获国家科技进步奖二等奖，为山西省转型发展、跨越发展起到了积极的推动作用。因此我们应从以下几个方面来加强公派留学生的培养：第一，加大资金投入力度，拓宽公派留学渠道，扩大留学规模，扶持单位国际合作交流培养人才项目，发展地市筹资金公派留学。第二，要加强选拔培训工作，注重提高公派留学人员质量。要重点选拔培养年轻的、有培养前途的科技骨干和学科带头人到美、英、德等发达国家学习深造、访问进修。同时要注意选派培养山西省经济结构调整急需发展的重点企业、特色产业中的高层次专业人才，培养服务转型发展需要的人才。下大力气培养和造就一批世界领先、国内一流的科技领军人才和年轻的科研团队，特别是复合型创新创业领军人才。第三，健全留学管理服务机构，修订完善有关政策规定，注重规范管理。管好省筹留学资金，提高资金使用效益。充分发挥专家作用，公开办事程序，增强工作透明度。第四，继续贯彻“支持留学，鼓励回国，来去自由”的方针，鼓励留学人员以不同方式为祖国服务。继续加大对留学人员科研项目的扶持，引导他们为企业技改和产品开发服务，为山西省转型发展献计献策。要加强与留学人员的联系，加强联谊活动，定期组团慰问走访海外留学人员。大力宣传留学人员中的先进人物和先进事迹，引领留学人员为山西建设服务。第五，积极开展与国家留学基金委的合作，寻求政策支持。

2. 立足国内，多渠道自主培养高层次科技人才

依托国家重大科研项目培养人才。国家重大科研项目是高层次科技人才事业的载体，是实现高层次科技人才人生价值的途径，实施科技项目带动高层次科技人才战略，把科研项目作为高层次科技人才培养的平台和载体是提高科技人才创新能力的关键所在。要抓住山西省当前经济转型、综改试验的有利时机，大力培养经济转型中紧缺的高层次人才。通过分析，山西省两院院士仅有 5 名，可谓是少之又少，更可惜的是，在山西省出生的两院院士有 22 位，却只有 1 人在省内工作，这不

仅要求我们高度重视人才培养工作，更重要的是，能将培养出来的现有人才留下来。因此，这就需要我们革新以往的单一培养模式，采用多渠道、多元化的培养策略。一方面通过立项培养、招揽人才。尽全力争取国家重大项目，紧密围绕山西省“863 计划”“973 计划”等重大项目，通过项目的实施，全方位、多角度整合人才资源，优化人才队伍，带动和培养一批在山西省国民经济重点领域能够突破关键技术、带动产业升级或实现成果转化的高层次创新型科技人才和优秀创新团队，为人才的培养创造良好的学术环境，为人才引进构建更多的创业平台。另一方面，为人才扎根于山西创造一片沃土。彻底解决诸如收入、福利、住房、子女入学就业等方面的后顾之忧。加大科研经费的投入，建立坚实的物质基础。除此之外，也要给科研人员精神层面的支持和鼓励，从外到内体现一种人文主义的关怀，确保山西省高层次科技人才生在山西，长在山西，留在山西。

依托高等院校、科研机构、企业科技研发机构培养人才。高等院校是国家创新体系的重要组成部分，是培育人才、集聚人才的战略高地，科研机构是培育人才的最有效平台。要充分有效地利用高校、科研机构及企业的人才资源，构建产、学、研三方合作的多元化高层次科技人才培育体系及终身教育体系。从山西省的高层次科技人才分布情况来看，大量人才聚集在科研院所和高等院校，远离市场，做不出更有效的技术创新成果，而企业作为高技术创新和吸纳科技人才主体的配套政策体系不够健全，在人才开发和技术创新中还存在一定困难。要推动高校人才走出去，进入企业创新的主战场也是高层次人才培养的重要手段。通过高校与企业的紧密对接、学科与产业的紧密对接，高校、科研机构与企业共建创新研发中心等形式，促进高校、科研机构和企业间的真正融合，把研究生、博士生、教授与工程师、技术专家组织起来，围绕产业发展的前沿问题、核心技术等方面的问题进行研究，让研究生们参与到重大科研项目之中，能够真正接触到专业研究的前沿问题，这样既推动了技术创新，又扩大了学生们的眼界，使高层次科技人才的培养和成长有了更广阔的空间。同时要制定出台《山西省高层次科技人才培育办法》，扩大高等教育的总体规模，增加高层次科技人才的有效供给。加快教育信息网络平台的建设步伐，建立高层次科技人才网络教育基地，利用网络培训教育层次多样化、培养目标多样化、培训内容多元化的特点，加快全省高层次科技人才培养进程。还要积极主动与省外科研院所合作培养人才。如建立与京津地区的人才交流机制，互设人才实习和培训基地，依托两地知名大学、跨国公司和其他培训机构培训山西省急需的高层次人才。

依托“三晋学者”计划培养人才。2011 年 12 月，经省政府批准，针对高等学校、科研院所和大型企业推出了“三晋学者”人才培养计划，预计用 10 年的时间，在全省高校、科研、企事业单位设立 60 个“三晋学者”特聘教授岗位，聘任一批科研能力较强、学术造诣深厚、具有统领本学科能够保持或紧跟国内外先进水平的高级全职学者。这一重大举措将带动一批特色优势学科的发展，提升自主创新能力，更为高层次科技人才的培养提供了广阔的舞台。

（二）加大引进力度

随着中央引进海外高层次人才的“千人计划”规模进一步扩大，全国各省市都在千方百计招揽引进人才，山东省亮出“人才山东”品牌，湖南省提出跨进“全国人才强省”行列，江西省要打造区域性人才高地，河南省提出要从“人口红利”转向“人才红利”，河北省唐山推行“一个名人、一个品牌、一个产业”的人才开发模式。高层次人才是最稀缺的人才资源，如果缺乏战略眼光和超前意识，行动迟缓，在竞争中就会陷于被动。对于高层次的科技人才来说，更看重的是一个地区的创业机会和自身事业的发展空间。山西省是资源大省，一定要充分发挥资源优势的先天条件，以重点研究领域为支撑点，从国内外引进高层次科技人才，为他们的创业及个人发展提供一个高效、坚实的平台。因此，必须抢抓时机，建立健全人才引进机制，采取国内、国外联合引进的方式，全方位、多角度引进人才，改善山西省现有高层次科技人才的结构。

1. 采取多种方式加大引进海外人才和海外智力

要把海外智力的引进作为山西省对外开放的一项重要战略。山西省目前正处于经济转型的关键时期，因此应把引才的重点放在具有学术专长、成绩显著的优秀人才上，特别是那些具有国际先进水平、巨大发展潜力的高端人才。另外国外有一大批华裔人才，要格外重视海外华人高级专家，积极为他们创造条件、鼓励华裔高层次科技人才，特别是在山西省出生、学习后又出国深造的山西籍海外华人回国回省工作、创业，以各种方式为山西省经济社会发展服务。在引进人才的同时要迅速建立健全一系列适合海外高层科技人才发展的配套政策。要建立海外高层次科技人才“绿色通道”“跟踪档案”，实施引进人才良好居住制度，做好引进人才良好起居后勤保障。对具有知识产权的原始创新人才、带项目回国创业人才，优先给予引进的考评制度，同时科学制定引进人才项目资助计划，大力开展与国际高级人才的交流与合作，把引才列为政府工作的一项重要议事日程。

2. 大力引进海外留学人才回晋创业

据有关调查表明，海外留学人才回国所关注的并不是待遇如何，而是担忧国内是否具备良好的创业环境。因此要完善留学人员创业园区、创业基地和服务机构建设，为来山西省工作、创业和服务的各类人才提供身份确定、就业推荐、企业注册和人事代理等“一站式”优质高效服务。各级政府和用人单位应对携带高新技术成果来山西转化的归国留学人员在高新技术成果认定、成果转化、知识产权保护、产学研合作、政府采购、落户、医疗待遇、社会保险、配偶安置、子女入学等方面“量身定制”相应政策，并提供一定的科研和项目启动经费。入选山西省“百人计划”创业人才的海归博士伍永安从美国返回家乡晋城创建了乐百利特半导体发光照明公司，经过以他为首的科研团队的不懈努力和山西省科技创新计划、国际科技合作计划等科技计划的不断支持，成功研发出“每100瓦流明功率型白光LED制造与生产技术”，成为世界首例。罗克佳华工业有限公司总经理李玮2003年自美国回国来晋创业以来，带领罗克佳华坚持走引进消化吸收再创新的道路，在山西省科研计划的大力支持下，其主要产品和技术已广泛应用于山西省煤矿安全和节能环保等领域，罗克佳华已成为了山西省能源和环保领域的领军企业。实践证明，通过搭建高水平的人才创新创业基地，使这些高科技人才与基地共同成长，共同发展，形成血脉相连的共同体，才能真正留住人才。

3. 积极推行人才柔性引进机制

坚持“不求所有、但求所用，不求常住、但求常来”的原则，并适应人才资源配置社会化、全球化的发展趋势，打破地域、户籍、身份、所有制、地域、等对人才流动的制约，采用柔性引进的办法，建立政府引导、市场调节、资源共享、互利合作的人才智力流动机制，以人才引进带动项目引进，以项目引进推动人才引进。同时还要鼓励省内外高层次科技人才通过兼职、讲学、咨询、讲座、对话、科研合作、投资办厂等柔性方式，制定出台吸引人才的相关政策，增强吸引力度。随着信息技术和交通网络的日益发达，充分发挥山西省资源大省和地理位置的优势，进一步扩大引才辐射区域，把京、津、陕作为引才的核心圈，把江、浙、沪作为引才的辐射圈。

（三）完善激励政策

激励是主体通过运用某些手段或方式让激励客体在心理上处于兴奋和紧张状态，积极行动起来，付出更多的时间和精力，以实现激励主体所期望的目标。激励是能量释放的催化剂，激励过程也是一个满足需求的过程。通过有效的激励可以不断增强高层次科技人才的成就感和责任感，激发持续创造潜能，激活进取心和竞争意识，弘扬崇高精神，并形成巨大的向心力和聚集力，发挥更好的带头作用，从而对高层次科技人才队伍建设的全面发展将起到巨大的提升作用，对进一步形成“尊重劳动、尊重知识、尊重创造、尊重人才”的良好环境也将产生重要影响。因此，要努力构建一套与社会主义市场经济体制相适应，与工作业绩紧密联系，充分体现高层次科技人才价值，鼓励人才创新创造的分配激励机制。优化能够发挥高层次科技人才专长的岗位，在学术、科研和管理等方面充分给予其脱颖而出的机会，运用多种激励方式，以培养高层次科技人才对所在岗位的归属感、认同感和责任感，从而进一步满足其自尊和自我实现的需要。

根据山西省高层次科技人才的特征、特点，我们应该着重从以下几个方面完善相应的激励政策。

首先，山西省高层次科技人才的性别比例严重失衡。因此，对于女性人才的培养与引入，更需要相应的激励政策。由于女性自身的特点，她们承担着更多的社会、家庭压力，一般都规避风险大、创新高的项目，而从事风险小的研究。因此，相比男性来说，科学研究缺少原始创新，缺少具有自主知识产权的重大发明等等。那么，以当前量化的评价体系或主观评价来考核女性人才的科研活动，确实存在不尽合理的问题。因此，我们应从当前科研成果量化的评价体系入手，放宽对女性人才的考核标准，制定具有针对性的且适合于女性人才培养、发展的评价政策。

其次，山西省高层次科技人才的老龄化发展趋势也相当严重，年龄梯队出现断层，中青年人才梯队补给不足。科学社会学研究表明36—45岁这一年龄段是最富创新能力的研究年龄。因此，对于这一人群的激励格外重要。在物质上，薪酬待遇逐步建立与发达地区和国际惯例接轨的薪酬制度，不仅要实行年薪制，还要建立产权激励机制，探索提高科技、知识等要素在中青年中权重的办法，重点鼓励条件较好的企事业单位对具有突出贡献的高层次科技人才实行股权、期权鼓励等。在精神上，实施多种形式、内容丰富的精神激励，逐步建立综合奖励为主、单项奖励为辅，特殊人才专门奖励的激励机制。广泛开展“优秀科技人才”“科技功臣奖”“科技进步奖”等评选活动，树立先进典型，在提高其政治待遇的同时，要对科研成果转化和技术创新方面有杰出贡献的人才给予物质上重奖。改善高层次科技人才的工作环境，优先解决他们承担科研项目、课题及建设实验室等所需经费等。最后，改善高层次科技人才的生活质量，在住房、交通、通讯等方面做一些实实在在的事情，解除高层次科技人才子女入学、升学、就业、落户、配偶工作等方面的后顾之忧。例如，针对配偶工作的安置就要打破当前就业门槛的限制，专门为高层次科技人才配偶制定相应的优惠政策。比如，用人单位具备接收能力的，应为其安排相应的工作，确实存在困难的，人事部门应当积极为其推荐就业，并发放一定的生活补助，通过各种途径解决其就业难的问题；针对子女入学问题的解决，建立海外归国高层次科技人才子女学校，并为其制定一系列优先原则。例如，入学、转学优先，不能收取任何额外费用，中、高考优先录取，并给予相应的分数照顾。

内蒙古自治区科技人才发展报告

■ 内蒙古自治区科学技术厅

近年来，内蒙古科技厅深入贯彻中央、自治区人才工作部署，积极落实《内蒙古自治区中长期人才发展规划纲要》提出的工作任务，紧密围绕自治区经济结构战略性调整的需要，加快人才优先发展战略布局，以科技计划为支撑手段，从加强科技人才队伍和创新创业平台载体建设、促进合作交流、强化基础工作入手，扎实推进各项科技人才计划，努力开展人才引进和培养工作，为自治区经济社会和科技事业发展提供了人才支撑。

一、科技人才队伍总体情况

进入 21 世纪以来，自治区紧紧抓住经济社会快速发展的有利时机，认真贯彻落实党中央、国务院关于人才工作的一系列方针、政策，大力实施人才强区战略，科技人才工作取得了明显进展，呈现出总量持续增长，素质逐步提高，结构有所改善，效能不断提高的发展态势。截至目前，自治区科技活动人员 76928 名，其中高校 18267 名、科研机构 7076 名、企业 47244 名，其他 4341 名。R&D 人员 41974 名，其中高校 7165 名、科研机构 3836 名、企业 28672 名，其他 2301 名。

二、科技人才工作总体部署和进展

（一）制定完善科技人才发展规划、计划和政策

为深入贯彻落实科学发展观和科学人才观，更好地实施“人才强区”战略，切实加强对全区科技人才工作的宏观指导，自治区科技厅研究制定了《内蒙古自治区“十二五”科技发展规划》，其中对壮大科技人才队伍，优化高层科技创新人才做出了专章规划，提出科技活动人员总量保持 3% 增长速度，分层次引进培养领军人才、学科技术带头人、研究开发骨干的工作目标。在此基础上，根据《内蒙古自治区中长期人才发展规划纲要（2010—2020 年）》和《内蒙古自治区“草原英才”

工程实施方案》的要求，科技厅制定了《百名高层次创新型科技人才计划实施方案》。《百名高层次创新型科技人才计划》定位于引进和培养高层次创新型科技人才，计划每年引进和培养100名左右的高层次创新型科技人才。围绕科技人才队伍建设，科技厅先后制定和完善了一系列政策制度，主要包括：

（1）《内蒙古科学技术厅高层次科技人才引进和培养实施意见》。明确了2010—2015年高层次科技人才引进和培养目标，对人才的引进和培养标准、条件、程序、方法进行了规定，对引进和培养的科技人才申请科技项目、创办重点实验室和工程技术研究中心、落户园区基地等创新创业活动提出相关优惠政策。

（2）《内蒙古科技创新团队建设管理办法》。旨在进一步提高自治区科技创新人才队伍建设水平，培育和支持一批在自治区相关领域具有较大影响、创新能力强、产学研结合的科技创新团队。

（3）《内蒙古院士专家工作站管理办法》。针对内蒙古高端科技人才缺乏的现实，通过强化与中国科学院、中国工程院的科技合作，引进高层次科技创新人才，培育以企业为主体的科技创新团队。

（4）《内蒙古大型科学仪器协作共用网补贴高层次科技人才实施细则》。对引进和培养的高层次科技人才使用内蒙古大型科学仪器协作共用网内的科学仪器进行分析测试给予50%—80%的补贴。

（二）创新科技人才工作体制机制

（1）完善科技人才工作管理体制。自治区科技厅按照自治区党委、政府的统一部署和要求，在自治区人才工作协调小组的领导下，深入贯彻党管人才工作原则，切实强化党组对人才工作的领导。为统筹实施“草原英才”工程三个子工程，成立了由厅党组书记任组长，分管副厅长担任副组长，各相关部门负责人为成员的科技厅人才工作领导小组，以推动科技人才队伍建设。领导小组研究出台了《科技厅人才工作领导小组例会制度》，定期召开协调会议研究重大事项，了解阶段工作进展，研究落实人才工作。建立人才工作责任制，明确分工、责任到人，确保人才工作有人抓、有人管，使人才工作步入制度化和规范化的轨道。

（2）凝练人才引进和培养模式。根据人才配置理论和自治区实情，总结提出了政府参与引导模式、产学研技术创新联盟模式、中介机构介入人才入股模式、企业引进政府支持模式和搭建平台引进模式五种人才引进和培养模式。

（3）立足实际，坚持“不为我有，但为我用”的人才引进原则。将人才引进与科技计划项目实施、创新平台载体建设、科技资源统筹紧密结合，对高层次人才、特殊人才、急需人才，采取技术合作、项目开发等办法柔性引进，积极打造聚才引智的“绿色通道”。

（4）在人才使用与培养机制方面，采取“项目、人才、平台、环境”四位一体的工作制度，突出“人才优先发展”战略，在人才和培养工作中，统筹安排项目、创新平台和产业化载体建设，优先支持高层次创新型科技人才成长。

（5）注重个性化培养，针对高层次领军人才进行了一对一培养。在培养中，突出科技项目推进作用，对具有发展潜力、符合自治区研究方向的科研项目优先立项，为人才提供发展平台。

（三）科技人才计划实施效果

（1）百名高层次创新型科技人才计划。计划实施 3 年来，科技厅累计投入经费近亿元，共引进和培养高层次科技人才 326 名，培养了创新团队 6 个、创新创业基地 8 个。经自治区人才工作协调小组审定，有 134 人被授予“草原英才”称号，有 4 个团队被授予自治区创新团队，有 5 家基地被授予自治区高层次创新创业基地。其中 2012 年度科技厅共引进了 11 名、培养了 91 名高层次科技人才，培育了 4 个产业创新创业团队和 2 个高层次创新创业基地。

（2）内蒙古科技创新团队建设计划。制订出台了《内蒙古科技创新团队建设管理办法》，规范了选拔评审程序，完善了评价指标体系和考评标准。认定了“哺乳动物生殖生物学及生物技术创新团队”等 24 个“内蒙古自治区科技创新团队”，为每个创新团队提供 40 万元的经费，用于团队开展创新研究，提升创新水平，培养创新人才。建立科学合理的激励和约束机制，对认定的科技创新团队进行跟踪，定期组织专家检查运行情况和业绩考核，对成绩显著、状态良好的创新团队将给予连续支持。

（3）内蒙古院士专家工作站建设计划。作为实施“草原英才”工程的一项重要举措，自 2011 年启动院士专家工作站建设以来，自治区党委组织部、科技厅、科协共审核批准建立院士专家工作站 32 家，协议引进“两院”院士 47 名，与入站院士专家团队签约联合开展科技合作攻关项目合计 74 项。

通过实施以“草原英才工程”为核心的各类科技人才计划，引进和培养科技人才工作取得了实实在在的效果，推动了自治区科研能力的提升，产生了一批科技发展制高点和新兴科技产业。

一是培养人才首次获得国家杰出青年基金资助。列入“草原英才”工程高层次科技领军人才培养计划的张和平教授（内蒙古农业大学乳酸菌研究团队）和李梅教授（内蒙古科技大学稀土冶金新技术研究创新团队）在激烈的竞争中脱颖而出，实现了自治区在这一领域的重大突破，标志着自治区基础研究水平有了新的跨越。

二是自治区重点实验室升级工程取得明显成效。内蒙古大学“哺乳动物生殖生物学实验室”和内蒙古科技大学“稀土铌资源综合利用实验室”被国家科技部批准成为省部共建国家重点实验室培育基地，为自治区争取国家重点实验室零的突破迈出实质性的一步，也为进一步吸引集聚国内外高水平研究人才创造了条件。

三是高层次科技创新人才团队引进取得突破性进展。引进了一批具有国际影响力的高水平研究团队，其研究方向与自治区能源煤炭产业、干细胞技术应用产业、磁悬浮技术应用产业的发展密切相关，这些人才团队的引进对于提升自治区支柱产业和战略性新兴产业的自主创新能力，实现技术跨越具有重要意义。

四是引进海外人才来内蒙古创新创业已形成示范效应。引进的高层次创新创业人才中，多半是来自国外知名大学、研究机构的教授或研究员。通过他们的宣传和推介，更多的海外、区外人才被内蒙古经济高速发展所吸引，区外人才来内蒙古创新创业已形成示范效应。

五是人才与科技合作不断深入。自治区先后与武汉大学、上海交通大学、中国矿业大学签署了人才与科技合作协议，与中科院、工程院合作建设的院士专家工作站也不断向前推进。

三、内蒙古重大人才工程简介及实施成效

（一）内蒙古“草原英才”工程简介

根据《国家中长期人才发展规划纲要（2010—2020）》精神，2010 年内蒙古自治区党委、政府结合自治区实际，制定了《内蒙古自治区中长期人才发展规划纲要（2010—2020 年）》，并启动实施了内蒙古“草原英才”工程。“草原英才”工程分为 10 个子工程，分别是：

（1）“两院”院士引进和培养工程。采取特殊政策，刚性或柔性引进中国科学院或中国工程院院士，重点选拔培养院士后备人选。

（2）领军人才引进和培养工程。通过组织实施自治区后备人才特别扶持计划、科技领军人才及创新团队计划、重大科技项目人才引进和培养计划，引进重点领域领军人才 10 名左右，培养领军人才 100 名左右。

（3）重点学科人才引进和培养工程。采取刚性和柔性相结合的方式，引进国家长江学者奖励计划特聘教授、国家杰出青年基金获得者、国家有突出贡献的中青年专家、国家百千万人才工程一层次专家等重点学科带头人 30 人左右；通过组织实施青年后备学科人才和学术带头人培养计划、科技创新团队建设计划等，资助培养国家重点学科带头人 15 人，长江学者后备人选 25 人，自治区高等教育“111 人才工程”一、二层次人选 110 人，建设自治区高校创新团队 30 个左右。

（4）重点实验室和工程技术研究中心高层次人才引进和培养工程。围绕自治区优势特色学科、新兴产业研究方向和发展需要，依托重点实验室、工程技术中心两大平台，引进高层次创新人才 30 人，培养高层次创新人才 100 名。

（5）重点产业和重大建设项目人才引进和培养工程。通过实施“重大项目人才跟进计划”“重点产业人才支持计划”，引进高层次人才 35 人，培养高层次人才 60 人。

（6）创新创业基地高层次人才引进和培养工程。通过加大自治区高新技术产业开发区、特色产业化基地、科技企业孵化器等创新创业载体培育升级力度，引进高层次创新人才 10 人、创业人才

40 人，带动培养创新人才 30 人、创业人才 70 人。

（7）国有（控股、参股）企业高层次经营管理人才和技术研发人才引进和培养工程。依托自治区直属国有（控股、参股）企业，引进或培养高层次经营管理人才和技术开发人才 95 人左右；自主培养高层次经营管理人才和技术开发人才 200 人左右。

（8）工业园区招商引资人才和复合型管理人才、非公有制骨干企业高层次经营管理人才和技术研发人才引进和培养工程。采取重点培养、重点引进、重点保障的措施，引进、培养招商引资人才和复合型管理人才各 150 人；非公有制骨干企业引进具有带动示范作用的高层次经营管理人才和技术研发人才 300 人，培养 300 人。

（9）卫生系统高层次人才引进和培养工程。以自治区医疗卫生领先学科、重点学科、重点实验室建设为突破口，自治区直属医疗卫生单位引进急需高层次卫生人才 10 人，从全区盟市以上医疗卫生机构中选拔 50 名高层次人才重点培养。

（10）自治区先期已经实施的“321”人才工程、“666”人才工程、“511”人才工程，等等。

（二）“草原英才”工程支持政策

自治区出台《内蒙古草原英才工程若干政策规定（试行）》，支持人才在内蒙古的创新创业活动，主要的政策措施有：

（1）引进的“草原英才”到事业单位工作，没有空余编制的，可带编制进入；没有空缺岗位的，可根据引进人才条件，增设专业技术或管理人员特设岗位。

（2）引进的“草原英才”按类别由用人单位按照特事特议协商解决、提供 170 平方米、提供 150 平方米住房等方式提供住房。

（3）引进的“草原英才”要求安排配偶、子女到自治区工作、上学、落户的，由当地组织、人力资源和社会保障、教育和公安等部门予以解决。

（4）引进的“草原英才”需要晋升专业技术资格的，由自治区人社部门组织专家根据其业绩直接认定；具有省级政府部门认定的各种资格，到自治区后均予承认，享受区内同类人员相应待遇。

（5）引进的“草原英才”带新型项目或高科技成果到自治区创业的，按照相关法律、法规优先办理创业手续。

（6）引进和培养的“草原英才”分别给予每人最高不同额度的创新创业资金。

（7）“草原英才”申请国家和自治区重大科研项目、参与重点科技计划和产业化项目、实施科技成果转化项目、组建创新创业团队、申报国家重点人才培养计划等，自治区予以优先支持，并优先推荐为自治区院士后备人选。

（8）鼓励、支持用人单位有计划地选派“草原英才”到国内外的科研机构、高等院校、工程技术研究中心等进行考察、深造、挂职培养，并在学术交流、著作出版和成果展示等方面给予资金资助。

（9）对担任重点项目、重点学科、重点实验室、重点工程技术研究中心学术（技术）带头人的“草原英才”，实行项目负责制，给予相应的科研自主权、人事管理权和经费支配权。

（10）在尊重本人意愿的前提下，自治区聘请“草原英才”担任相关领域的咨询专家、顾问，参与自治区经济社会发展重大政策、重要科研计划、重要项目的咨询论证等；组建“草原英才”智囊团，定期开展活动，为自治区经济社会发展献计献策。

（11）鼓励、支持用人单位采取技术入股、成果分红、协议工资以及股权期权等多元化分配形式，在收入分配方面对“草原英才”予以倾斜。

（12）支持“草原英才”申请国内外专利。对专利的申请费和维持费，科技部门和用人单位各给予 50%的资助；知识产权部门应无偿提供专利战略信息服务和知识产权维权援助。

（13）用人单位将“草原英才”（或其团队）的科技成果转让的，应从转让所取得的净收入中，提取不低于 50%的比例用于对其奖励；将科技成果转化的，应连续 3—5 年从实施该成果新增税后利润中提取不低于 10%的比例用于对其奖励。

（14）在工程实施期内，“草原英才”从事技术成果转让、技术开发业务和与之相关的技术咨询、技术服务取得的收入，免征营业税及附加征收的城市维护建设税、教育费附加、地方教育附加费。

（15）“草原英才”以其成果、项目在自治区创办科技型企业的，工商、财税、国土等相关部门给予相应的政策支持。技术成果作价出资占注册资本的比例，按照《公司法》规定的最高限额执行；政府在土地使用、城市配套费、仪器设备进口等方面给予优惠，并通过风险投资、贷款担保、项目资助等方式予以支持。

（16）“草原英才”（或团队）承担自治区科技重大专项的，可在项目（课题）总经费中扣除设备购置费、材料费、测试化验加工费和基本建设费后，提取 5%—10%的激励支出。

（17）用人单位应按现行政策及时为“草原英才”办理养老、医疗等各项社会保险，可根据“草原英才”的贡献大小为其购买人身、财产等商业保险；人力资源和社会保障部门要妥善解决社会保险关系转移接续等相关事宜；“草原英才”享受厅级或厅级以上医疗保健待遇。

（三）“草原英才”工程实施成效

自 2010 年实施“草原英才”工程以来，自治区投入专项经费 2.2 亿元，评审支持了 346 名“草原英才”，引进院士团队 32 个，11 人入选国家千人计划，2 人入选国家万人计划。建设 62 个高层次人才创新创业基地，217 个创新团队，55 个创业团队，32 家院士工作站。

辽宁省科技人才发展报告

■ 辽宁省科学技术厅

近年来，辽宁省坚持深入实施人才强省战略，根据“服务大局、优先发展、以用为本、改革创新”的原则，按照省人才工作领导小组的统一部署，全面开展科技人才队伍建设工作，不断创新工作机制，完善政策体系，实施各类人才计划，加大科技人才培养和引进力度，为辽宁新一轮全面振兴提供了有力的人才保障。

一、辽宁省科技人才队伍基本情况

（一）全省科技人才总量现状

截至2012年，全省科技活动人员总量达到25.5万人，比上年增加2.7万人，同比增长11.8%，其中，R&D人员全时当量为8.7万人年，比上年增加0.6万人年，同比增长7.7%。“十一五”以来，全省R&D活动人员的数量总体呈增长之势，年均增幅约为4.0%。从执行部门分布看，2012年，企业R&D人员投入5.6万人年，比上年增长8.8%，占全省总量的64.2%；研究机构1.3万人年，增长5.3%，占14.8%；高等院校1.6万人年，增长6.4%，占18.8%。由此可见，企业在全省R&D投入中占主体地位。

（二）全省高层次科技人才队伍现状

截至目前，辽宁省拥有两院院士56人，其中，中国科学院院士26人，中国工程院院士31人（其中1人为双院士）；入选国家“千人计划”70人；入选国家“万人计划”20人，在三个层次七类人才中均有入选；入选科技部创新人才推进计划35人（个），其中，中青年科技创新领军人15人、科技创新创业人才12人、重点领域创新团队6个、创新人才培养示范基地2个；拥有50位长江学者特聘教授和19位长江学者讲座教授；入选中科学“百人计划”88人；获“国家杰出青年科学基金”资助98人。

（三）科技人才研发成果情况

2001 年以来，辽宁省科技人才主持完成的科研项目先后获 107 项国家科技奖，其中，2 人获国家最高科技奖，获国家科学技术奖一等奖 3 项、二等奖 102 项，35 位科学家获何梁何利基金奖。

二、辽宁省科技人才工作进展情况

（一）建立完善科技人才工作机制

根据党管人才的原则，辽宁省成立了省人才工作领导小组，明确在其统一领导下，省委组织部、省人力资源和社会保障厅、省教育厅、省科技厅等成员单位按照“整体部署、分类推进、试点先行、逐步完善”的工作方式，有重点、有步骤地系统组织开展科技人才工作体制机制创新、重大政策制定、重大工程实施等科技人才队伍建设工作。根据不同类别人才的特点及层次，由相关部门分类组织科技人才工作，不断健全科技人才培养、引进和使用机制，促进项目、平台与科技人才紧密结合，及时解决科技人才成长工程中出现的相关问题。同时，通过建立各部门间的协调机制，实现科学统筹与分工协作，形成了科技人才工作的有效合力。

（二）制定出台科技人才发展规划

1. 制定出台《2010—2020 年辽宁省人才发展规划》

为抢占科技人才竞争制高点，辽宁省紧密围绕老工业基地全面振兴目标，制定了《2010—2020 年辽宁省人才发展规划》，明确了以培养造就创新型科技人才为主要任务，以提高自主创新能力为核心，以高层次创新型科技人才为重点，重点采取创新人才培养模式，加强领军人才培养，加大海外高层次人才引进力度等举措，通过进一步完善科研管理制度，建立以学术和创新绩效为导向的学术发展模式，制定鼓励科技人员创新政策，努力培养一批一线创新人才和青年科技人才，造就一批辽宁省关键领域掌握前沿核心技术、拥有自主知识产权的创新型领军人才和高水平创新团队。按照规划确定的目标要求，辽宁省探索构建了产业、项目、平台、人才、基地“五位一体”的工作模式，组织实施了辽宁省高层次人才特殊支持“双千计划”、辽宁省“十百千”高端人才引进工程、辽宁省院士后备人选培养工程、辽宁省引进海外研发团队等一系列重大人才工程，制定出台了《关于进一步做好高技能人才引进、培养和激励工作的若干政策规定》等一系列政策文件，在科技人才队伍建设方面取得了实效。

2. 制定出台《辽宁省科技人才队伍建设“十二五”规划》

为加快推进实施人才强省战略，切实提高辽宁省科技人才创新能力，辽宁省制定了《辽宁省科技人才队伍建设“十二五”规划》。规划指出要按照“服务大局、优先发展、以用为本、改革创新”的原则，到“十二五”期末培养和造就一支数量充足、结构优化、布局合理、素质优良的科技人才队伍。规划提出要结合辽宁省产业结构升级和战略新兴产业发展需要大力培育和引进科技创新人才和团队，促进中青年领军人才快速成长、扶持一批科技企业家和农村科技人才。围绕科技人才培养、吸引、使用三个关键环节，规划明确了要建立产学研合作培养体制；建立以学术和创新绩效为主导的资源配置和学术发展模式；创新科技人才选拔任用机制；开展海外人才引进和交流活动；通过资源配置引导人才在地区、行业、部门间的流动；形成多元化的科技人才开发投入体系等对策措施。“十二五”规划实施以来，辽宁省遵循科研发展和科技人才成长规律，按照规划提出的主要任务和对策措施组织实施各项配套工程，有重点、有步骤地推进科技人才队伍建设工作，基本按照预期实现了各项规划目标。

（三）积极创新科技人才培养方式

1. 以科技计划实施为杠杆，在实践中培养和造就人才

近年来，针对制约先进装备、新材料、新能源等重点产业发展的技术瓶颈问题，辽宁省进一步整合资源、采取自上而下的方式凝练了一批重大攻关项目。在项目组织实施过程中，按照项目与人才统筹安排的原则，加强在实践中培养科技人才和建设创新团队。据统计，“十一五”期间，辽宁省承担实施了国家数控机床、IC 装备和新药创制等重大专项，累计争取到国家各类科技经费 45 亿元，在专项中培养和造就了一批先进装备、新材料、新能源等重点产业科研人才。

2. 构建科技创新平台，促进聚才引智

近年来，辽宁省积极推动科技创新创业平台建设，使其成为吸引人才、培养人才、人才创业的重要载体。具体包括：提升特色产业基地内涵，支持基地的研发中心、公共技术服务平台、技术攻关、新产品研制和产学研合作等项目，为科技人才的创新创业创造良好条件；加强高新区环境和能力建设，设立了高新区能力建设专项计划，支持孵化器、公共技术研发和服务平台建设，在全省掀起了新一轮高新区建设的热潮，将高新区打造为聚集科技人才的高地；加强重点实验室和工程技术研究中心建设，共建有省级以上各类企业研发中心 878 个，国家级工程技术研究中心 10 个、国家重点实验室 13 个，省级重点实验室 254 个，目前，重点实验室和工程技术中心已成为全省吸引、凝聚优秀科技人才开展科技创新的重要平台。

3. 构建产学研合作平台，加强科技人才的交流与合作

辽宁省每年设 5000 万元产学研专项资金，鼓励高等院校、科研院所的科研力量走进企业、走向生产一线，使产学研合作视野由省内向省外乃至国外延伸，不断扩大产学研合作的规模和范围。目前，辽宁省已与中国科学院、中国工程院、清华大学等“二院十校”签订了省院校战略合作协议；全省 90% 以上的大中型企业与省内外 150 多家重点科研机构和高等院校建立了密切的技术合

作关系；全省建有产学研技术联盟500余个，其中围绕重点产业和领域，建立了16个省级产业技术创新战略联盟，多种形式的成果对接活动较为活跃。

4. 实施科技特派行动，解决农村科技人才缺乏问题

辽宁省创新性地组织开展了科技特派团、科技特派组、科技特派员和农民技术员培训“四位一体”的科技特派行动。目前，全省所有涉农县（市、区）都开展了科技特派行动，已派出科技特派团243个、科技特派组136个、农业科技人员5235名，培养半年制、非学历的农民技术员8558名。几年来，共有25562名科技特派员活跃在农村生产一线，创办农民专业技术合作组织2256个，建成10个农业特色产业示范基地，初步构建起了新型农业技术服务体系。

三、辽宁省科技人才工程实施情况

（一）辽宁省高层次人才特殊支持“双千计划”（以下简称“双千计划”）

为进一步加强与国家“万人计划”和科技部创新人才推进计划相衔接，加快培养造就对辽宁全面振兴具有关键支撑作用的高层次科技人才，在省人才工作领导小组领导下，由省委组织部、省科技厅等7个部门共同组织实施“双千计划”。“双千计划”主要以选拔培养具有一流水平和领军才能的高层次人才为重点，力争利用10年时间，在辽宁省具有相对优势的科研领域选拔20名杰出人才，培养300名科技创新领军人才，扶持200名运用自主知识产权或核心技术创业的科技创业人才。针对“双千计划”入选对象，根据其开展创新性研究的需要，有重点地提供经费支持，并由省人才工作领导小组协调有关部门在科研管理、事业平台、人事制度、经费使用、考核评价、激励保障等方面，制定落实重点培养支持政策。目前，“双千计划”首批评选工作已经启动。

（二）辽宁省“十百千”高端人才引进工程（以下简称“十百千工程”）

为进一步加强与国家“千人计划”相衔接，提高辽宁省自主创新能力，大力引进海内外高层次创新创业人才，省委组织部牵头组织实施了“十百千工程”。“十百千工程”主要围绕辽宁省重点产业，力争通过从海内外引进数十名能够引领重点支柱产业发展的顶尖科技人才，引进数百名在国际科学技术前沿取得重大突破并能够带领国际水准研发团队的科技领军人才，引进数千名拥有自主知识产权、具有较强自主创新能力的学术技术带头人和熟悉国际惯例、具有国际运作能力的高级经营管理人才，促进一批具有自主知识产权的重大科技成果转化和产业化，孵化一批高成长性的科技型企业，带动一批高新技术企业在核心技术及重大产品的自主创新方面进入国内一流或国际先进行列，打造一批快速发展、竞争优势明显的高新技术企业群和产品群。“十百千工程”入选对象将获得一定经费支持，并享受优先推荐申报各类国家人才计划等相关优惠政策。目前，辽宁省通过

“十百千工程”已引进129名海外人才。

（三）辽宁省引进海外研发团队工程

为加快实现全省经济结构调整和经济发展方式转变，省人社厅牵头组织实施了辽宁省引进海外研发团队工程，重点围绕新兴产业发展、产业机构升级，力争利用5年时间，引进1000个高层次海外研发团队，逐步确立辽宁省在先进装备制造、新材料、电子信息、生物医药、新能源、节能环保等领域的优势地位，突破一批关键技术、创造一批自有品牌、制定一批行业标准，全面提升辽宁省的产业核心竞争力。目前，全省已累计引进并支持了782个海外研发团队。

（四）辽宁省高等学校攀登学者支持计划

为努力培养造就学术大师和国家重点学科带头人，全面推进全省高校实施人才强校战略，省教育厅牵头组织实施了辽宁省高等学校攀登学者支持计划，力争利用5年时间，引进100名左右海内外高层次创新人才作为学科领军人才。目前，已分5批选拔支持了86名高等学校攀登学者。

（五）辽宁省院士后备人选培养工程

为打造辽宁省高层次人才第一梯队，加快形成一支适应辽宁老工业基地振兴发展需要、在国内乃至国际上处于领先地位的科技领军人才队伍，省人社厅牵头组织实施了辽宁省院士后备人选培养工程，重点围绕辽宁省优势学科和重点产业，集中整合人力、物力和财力等资源，加大力度培养有实力当选两院院士的顶尖科技人才和学术带头人，利用5年时间，选拔培养40名左右院士后备人选，力争实现全省新增两院院士10名以上的目标。目前，已分2批选拔支持了37名院士后备人选。

（六）辽宁省百千万人才工程

为培养造就一批适应时代发展和科技进步的中青年学术技术带头人，省人社厅牵头组织实施了辽宁省百千万人才工程，重点围绕辽宁省经济社会及科学技术发展重点领域，利用10年时间，在各学术技术领域选拔培养10000名左右人才，从中择优选拔一批从事基础学科和基础领域研究的中青年高层次人才推荐至国家百千万人才工程。辽宁省百千万人才工程的入选对象将获得一定的经费支持，并享受对其申报项目重点支持、优先立项等优惠政策。截至目前，全省已分8批评选出5520人。

（七）中国海外学子创业周

为加快推进海外留学人员特别是高层次人才回国创新创业，满足我国经济和社会发展对海外高端人才的大量需求，推动科技进步和高新技术产业发展，从 2000 年，辽宁省在中央海外高层次人才引进工作小组的有力指导下，以及各主办部委的正确领导下，组织实施了中国海外学子创业周活动，秉承“海纳英才、创业中国”的主题，以打造海外人才归国创业的国家级平台为主线，通过组织特色鲜明的主体活动，全方位展示了国家、省、市及各地、各企业的创新创业环境和政策，搭建了留学人员项目、人才、资本、信息四大对接平台，全方位构筑了海外学子归国创新创业的桥梁，极大地激发了留学人员归国创新创业热情。十多年来，中国海外学子创业周共吸引来自 60 多个国家和地区 20000 余名留学人员、1600 余位国外客商，与 20000 多家企业、科研院所、大专院校等单位进行了合作洽谈，共签订 5200 余项合同；有 7900 多名海外学子通过海创周回国就职，有 3600 多名海外学子通过海创周回国创业，共创办企业 2600 多家，获专利 5700 多项，累计创造产值 5000 多亿元，取得了良好的经济和社会效益。

四、辽宁省科技人才激励部分政策

（1）鼓励和支持在辽高校、科研院所科研人员离岗创办科技型企业，或者以个人股份进入科技型企业，3 年内保留原有身份和职称，档案工资正常晋升；同等条件下，优先晋升专业技术职务。重返原单位的，工龄连续计算。支持科研人员在高等学校与企业之间双向兼职、任职，联合开展科研攻关、成果转化和技术创新服务活动。对在自主创新方面做出突出或者重大贡献的，允许破格晋升专业技术职称，并在国家高层次人才特殊支持计划（万人计划）、“千人计划”以及辽宁省高层次人才特殊支持“双千计划”“十百千高端人才引进工程”评选中优先推荐（《中共辽宁省委辽宁省人民政府关于加快推进科技创新的若干意见》《关于支持鼓励科研院所及科研人员创办科技型企业的实施意见》《辽宁省自主创新促进条例》）。

（2）科研人员创办科技型企业，包括科技成果在内的无形资产最高可占注册资本的 70%。允许科研人员（包括单位负责人）以资金、非职务科技成果或者有效专利入股、参股创办企业并分红。职务科技成果以技术转让、股权投入等方式实施转化的，应当将不低于 30% 的技术转让净收入或者职务创新成果作价所得的股权，一次性奖励给职务创新成果完成人以及为成果转化做出重要贡献的人员。职务科研成果未实施转化的，在不变更职务成果权属的前提下，可由成果完成人或团队创办企业自主转化，转化收益最高可达 80%。高等学校、科学技术研究开发机构和企业按照国家有关规定，可以采取知识产权入股、科技成果折股或者收益分成、股权奖励、股权出售、股票期权等方式对科学技术人员和经营管理人员进行股权和分红激励。科研人员出资创办科技型企业，科研院所转化职务科技成果，以股份或出资比例等股权形式给予科研人员个人奖励，暂不征收个人所得税（《关于支持鼓励科研院所及科研人员创办科技型企业的实施意见》《辽宁省自主创新促进条例》）。

（3）对入选国家高层次人才特殊支持计划（万人计划）和辽宁省高层次人才特殊支持“双千计划”的高层次创新创业人才，按照有关规定给予相应经费或政策支持。新从外省引进或者本省培养出一名院士，对引进或者培养单位给予1亿元的奖励。对引进长江学者特聘教授的单位，给予500万元的奖励。对入选国家“千人计划”和辽宁省“十百千高端人才引进工程”的海外高层次人才，可依照有关法律规定，担任高等院校、科研院所、中央企业、国有商业金融机构中级以上的领导职务或高级专业技术职务。引进的高层次人才，聘任专业技术职称不占单位职数限额，享受引进人才表彰激励、个人薪酬税收优惠、知识产权入股获益等优惠政策，以及住房、家属就业、子女入学等方面的生活待遇（《中共辽宁省委辽宁省人民政府关于加快推进科技创新的若干意见》《国家特聘专家服务与管理办法》《关于实施辽宁省高层次人才特殊支持“双千计划”的意见》《关于组织实施第二批“十百千高端人才引进工程”的意见》）。

（4）遴选1000户高层次人才创办的科技型中小企业，每年给予每户100万元专项资金扶持，连续支持5年（《中共辽宁省委辽宁省人民政府关于加快推进科技创新的若干意见》）。

（5）鼓励工业产业集群、高新区设立种子资金，为高层次人才创办科技型企业提供初期融资。对种子资金规模达到3亿元以上的，给予1000万元补助（《中共辽宁省委辽宁省人民政府关于加快推进科技创新的若干意见》）。

（6）高层次人才创办科技型企业在境内外证券交易市场实现挂牌上市的，每户给予300万元补助。（《中共辽宁省委辽宁省人民政府关于加快推进科技创新的若干意见》）

（7）支持高新区建设公共研发平台和检测平台，为高层次人才创办科技型企业提供技术支持和人员培训，按照平台投资总额的1/3，最高不超过1000万元的标准给予资金补助。支持在辽高校在大学科技园建立技术转移中心，对研发、试验、推广、生产等各个环节给予资助。大学科技园内的科技型企业申报科技计划，符合条件的予以优先支持。鼓励和支持高校师生入驻大学科技园创新创业（《关于加快高新技术产业开发区的意见》《辽宁省大学科技园管理办法》）。

（8）高层次人才创办科技型企业，经有关部门认定的高新技术企业、软件企业、符合国家规定的高新技术产品出口企业，按照相关规定享受财税优惠政策。企业引进高端人才形成的住房补贴、安家费、科研启动经费等费用，可依法列入成本核算（《中共辽宁省委辽宁省人民政府关于加快推进科技创新的若干意见》《关于支持鼓励科研院所及科研人员创办科技型企业的实施意见》）。

（9）设立省科技创新贡献奖和科技创新企业标兵奖，对取得突出成绩的相关人员给予奖励，每两年评选表彰1次。对获得国家科学技术奖的重大项目和有功人员予以嘉奖（《中共辽宁省委辽宁省人民政府关于加快推进科技创新的若干意见》）。

吉林省科技人才发展报告

■ 吉林省科学技术厅

一、吉林省科技人才基本概况

（一）吉林省科技人才总量及结构

截至 2012 年年底，吉林省共有科技活动人员 14.58 万人，研究与试验发展（R&D）人员数量为 7.63 万人，其中基础研究 R&D 人员 0.94 万人；应用研究 R&D 人员 1.17 万人；试验发展 R&D 人员 2.90 万人。

目前高技能人才 38 万人，占技能人才总量的 26%；其中高级工程师 31.13 万人，占高技能人才总量的 21%；技师、高级技师 7 万人，占技能人才总量的 5%。

（二）科技人才规划相关政策总体概况

1. 人才培育政策

（1）为了加快实施科教兴省和人才强省战略，进一步提升吉林省自主创新能力，培养造就一支适应吉林省经济社会发展需要的科技领军人才队伍，为吉林省经济快速发展提供人才支撑和智力保障，吉林省科技厅制定了《吉林省培养引进百名中青年科技创新带头人的实施意见》（吉政办明电〔2009〕108 号），为了全面贯彻落实此意见，又制定了《吉林省培养引进百名中青年科技创新带头人实施方案》。确定了创新带头人的选拔目标：用 3 年时间培养引进三类人才，授予吉林省中青年科技创新带头人称号。原始创新型人才：主要针对大专院校与科研单位，培养和引进有明确稳定的研究方向、开展具有创新性、探索性和前瞻性的应用研究的科技创新人才。技术创新型人才：主要针对科研单位和大、中型企业，培养和引进从事对促进全省经济社会发展起关键作用、具有广阔发展前景并能进行转化和产业化项目的科技创新人才。企业创新型人才：主要针对中小型科技企业，培养和引进能够帮助企业应用新知识、新技术和新工艺，采用新的生产方式和管理模式，提高产品质量，开发新产品，增强市场竞争力的科技创新人才。以上三类人才，共选择 150 人左右作为科技创新带头人的备选人选。通过三年的培养后进行考核，选择业绩突出的 100 人授予吉林省中青年科技创新带头人称号。

（2）通过项目带动、政策引导，积极创造条件，鼓励科技人才创新创业。组织实施了科技创新人才培育计划，包括中青年科技领军人才及优秀创新团队计划、青年科研基金计划和大学生创业资金计划，培育中青年创新创业人才，构建起层次分明、结构合理的科技人才队伍，为吉林省科技创新和科技成果转化工作提供丰富的人力资源。2013 年，共支持中青年科技创新领军人才及优秀团队计划项目 25 项，投入资金 450 万元；支持青年科研基金项目 189 项，投入资金 567 万元；支持大学生科技创业项目 15 项，投入资金 130 万元。2013 年的科技创新人才培育计划，可培养科技创新创业人才 220 多人。

鼓励科技人员投身经济建设主战场，坚持开展千名科技人员服务千户企业的“双千”行动。进一步落实人员、落实企业、落实项目、落实责任。目前，全省科技人员与企业实现对接达到 1200 余对，完成了预期目标。全省各地科技主管部门开展了科技人员服务企业走访活动，组织科技人员，深入企业开展调研，召开科技服务推介会和洽谈会，开展科技成果对接活动，重点解决企业技术创新难题。

（3）2010 年吉林省正式启动实施千名创新人才科技成果转化支持计划，用 3 年时间重点支持 300 个左右科技成果转化项目、1000 名科技创新人才在吉林省开展科技成果转化。实施千名创新人才科技成果转化支持计划，通过支持科技成果转化项目，引导资金、政策、人力资源向科技成果转化上集聚。

吉林省将整合现有政策、资金和科技成果，鼓励创新人才进行科技成果转化和产业化，支持他们承担各类科技成果转化项目，每年选定 100 个左右科技成果（包括省内企事业单位引进的域外科技成果）作为支持对象，实施科技成果转化。每年筛选凝练 30 个左右科技成果转化项目，对每个项目给予资金扶持。鼓励科技型中小企业中的科技人员致力于应用新技术、新工艺，开发新产品和进行科技成果转化活动，实施科技型中小企业创新资金项目。每年支持 70 项左右，对项目给予资金支持。用 3 年时间为吉林省科技型中小企业培养出一支能够帮助企业提高市场竞争力、创造显著经济效益的科技人才队伍。

2. 人才引进政策

吉林省的科技人才引进政策主要包括：《吉林省培养引进百名中青年科技创新带头人的实施意见》（吉政办明电〔2009〕108 号）；《吉林省柔性引进高层次人才项目实施方案》（吉人才办通字〔2006〕2 号）；《吉林省鼓励留学人员来吉工作的优惠政策》《吉林省引进高层次创新创业人才实施办法》（吉办发〔2008〕35 号）等。主要的吸引人才的措施包括：资金资助、税收优惠政策、担保贷款等方面。

3. 人才激励政策

在人才激励政策方面，出台了《吉林省科技人员领办、创办科技企业和从事科技服务活动的若干规定》（吉林省人民政府令第 131 号）、《吉林省科学技术奖励办法》（吉林省人民政府令第 231 号）、《吉林省培育引进百名中青年科技创新带头人的实施意见》（吉政办明电〔2009〕108 号）。省人社厅制定下发了《关于印发〈吉林省专业技术人才队伍建设中长期发展规划（2011—2020 年）〉的通知》（吉人社联字〔2012〕15 号），对提高专业技术人才创新创业能力做出了专门安排。省人社厅还会同省科技厅、省教育厅制定下发了《关于印发吉林省关于激励科研人员加速科技成果转化的暂行办法的通知》（吉人社联字〔2012〕67 号），对从事科技创新并取得一定效益的全省各级各类企事业单位（包括非公有单位）的科研人员，在专业技术职务评聘、人才培养方面给予优惠政策，促进了科技与产业结合、科研人员与企业结合、科研成果与市场结合，提高了科技成果转化率、人才对经济发展的贡献率。

4. 领军人才选拔政策

吉林省先后实施了《吉林省“双百千万”人才计划实施方案》《吉林省拔尖创新人才工程实施方案》《中共吉林省委关于进一步加强高技能人才工作的实施意见》，加快领军人才的选拔。

主要优惠措施包括：

（1）省人事厅依照《吉林省人才开发资金管理暂行办法》的有关规定，每年组织开展一次以培养第一、第二层次人选为目标的科研项目资助申报受理工作。资助的重点对象是承担符合吉林省高新技术发展及老工业基地技术改造和技术创新的国家级和省（部）级科技计划项目及开发具有自主知识产权的高新技术创新项目的人选。经费资助申请由“工程”领导小组办公室统一受理。申报材料由“工程”领导小组办公室按有关规定初审后，报省人才开发资金管理办公室专家评审委员会审定。

（2）充分发挥各类基金、专项经费在高层次人才培养中的重要作用。省自然科学基金、省成果转化基金、省科技型中小企业创新基金以及省各类计划项目对各层次人选承担的项目给予重点扶持；对申请“留学人员科技活动项目择优资助经费”的各层次人选给予配套资助和重点倾斜。

5. 人才发展资助政策

吉林省科技发展计划每年提供三种人才发展资助项目：①中青年科技创新领军人才及团队项目；②青年科研基金项目；③大学生创业资金项目，为每个项目提供 5 万—20 万元的资金扶持。

6. 职称评定政策

为了激励吉林省科技人员科技创新，推进科技成果产业化，2012 年开始吉林省的职称评定与科技成果转化挂钩。《关于激励科研人员加速科技成果转化的暂行办法》（吉人社联字〔2012〕67 号）中规定了以下 10 条科技人员聘用及破格评定职称的政策。

（1）凡在科技研发和成果转化中做出贡献的科研人员，在参加专业技术职务评聘时，均可根据其贡献大小，享受相应倾斜政策。

（2）在科技成果转化中取得一定效益的科研人员，参评高一级专业技术职务任职资格时，将其转化成果量化，达到相关标准的，相应免除学术技术著作、论文和职称外语、计算机应用能力水平考试限制。未达到相关标准的，将其科技成果转化实际效益作为参评依据。

（3）从事科技成果转化但暂未取得直接经济效益的科研人员，参评高一级专业技术职务任职资格时，将其研究成果市场化和产业化的潜在效益作为参考指标，同等条件予以倾斜。

（4）在已经转化的科技成果中做出贡献的和将实施成果转化的科研人员在参评高一级专业技术职务任职资格时，将其研发成果作为重要条件。

（5）取得相应专业技术职务任职资格的上述人员，竞聘相应专业技术岗位时，同等条件下单位优先聘任。经高等院校评聘委员会通过的上述人员，由单位直接聘任。

（6）对从事科技成果转化并取得显著效益的科研人员，除不受学术技术著作、论文和职称外语、计算机应用能力水平考试限制外，还可不受专业技术职务任职资格评审规定的标准条件限制，按照规定程序破格参评相应系列专业技术职务任职资格。

（7）近3年职务科技成果转化取得利税1000万元以上的个人、5000万元以上创新团队中的3名主要完成人，可不受专业技术职务任职资格评审规定的标准条件限制，按照规定程序破格参评相应系列正高级专业技术职务任职资格。

（8）近3年职务科技成果转化取得利税600万元以上的个人、3000万元以上创新团队中的3名主要完成人，可不受专业技术职务任职资格评审规定的标准条件限制，按照规定程序破格参评相应系列副高级专业技术职务任职资格。

（9）近3年职务科技成果转化取得利税300万元以上的个人、1500万元以上创新团队中的3名主要完成人，可不受专业技术职务任职资格评审规定的标准条件限制，按照规定程序破格参评相应系列中级专业技术职务任职资格。

（10）经破格评审取得相应专业技术职务任职资格的各级各类事业单位科研人员，不受单位专业技术岗位核定职务级别和岗位数额限制，按照规定程序实行超职务级别和超岗位聘任。

二、吉林省高层次人才发展情况

近年来，吉林省通过省人才开发资金、青年科研基金、中青年科技创新领军人才及团队计划、大学生创业引导计划、千名创新人才科技成果转化计划等的引导作用，培养造就一批国内一流的科学家、工程师、创新团队和科研生产一线高层次专业技术人才和高技能人才。

（一）高层次人才引进计划

2009年，为贯彻落实《吉林省引进域外高层次创新创业人才实施办法》（吉办发〔2008〕35号），大力推进吉林人才引进工作的深入开展，经省人才工作领导小组研究决定，省委组织部、省人力资源和社会保障厅开展了吉林省引进高层次人才需求计划征集工作。

吉林省2010年引进高层次创新创业人才引才重点：

（1）吉林省经济社会发展重大战略、重大决策实施、重大项目建设所需要的高层次人才。

（2）吉林省重点产业发展所需要的，特别是汽车、石油化工、农产品加工、电子信息、医药、冶金建材、新材料和装备制造业等领域从事研发或经营管理的高层次人才。

（3）吉林省重大科技成果转化项目和重大科技攻关项目开发所需要的高层次人才。

（4）地方经济社会发展所急需的，且地方有专门人才计划实行配套支持的关键性高层次人才。

吉林省2010年引进高层次创新创业人才支持政策：

（1）对于引进的创办科技型企业的创业人才，给予每人（团队）不低于100万元的一次性资助。提供不少于200平方米工作场所和不少于150平方米住房（公寓），3年内免收租金。对于引进的创新人才，给予每人（团队）50万元的一次性资助。

（2）引进人才从事科技开发项目的，经论证审批，根据项目投资需求，由企业落户园区通过提供风险投资、担保贷款等方式，协调解决不低于100万元的创业投资。

（3）引进人才从事技术成果转让、技术开发业务和与之相关的技术咨询、技术服务业务取得的收入，免征营业税、城市维护建设税和教育费附加。引进人才拥有的知识产权经评估作价后，可作为注册资本。

（4）优先推荐申报相关的国家科技计划；省级各类科技计划优先支持引进人才带领实施的研究开发和科技成果转化项目；优先向国内金融机构、风险投资公司推荐引进人才的项目；优先推荐为国家有突出贡献专家、享受国务院特殊津贴、省高级专家人选，积极推荐为两院院士人选。

（5）不受学历、资历限制，直接申报高级专业技术资格。事业单位确因工作需要引进高层次人才，经批准后可超编调入。

（6）按照国家、省有关政策，妥善解决引进人才落户、保险、税收、配偶安置、子女入学等方面问题。

2012年，吉林省将继续加大力度开展“吉林省高层次创新创业人才引进计划”。

1. 引进对象和重点

围绕吉林省实施支柱优势产业、现代农业、特色资源、战略性新兴产业和现代服务业等十大产业发展计划的需要，面向省外、海外重点引进以下创新创业人才：

（1）汽车、石油化工、农产品加工、医药、生物技术、电子信息、新材料、新能源、装备制造、轻工纺织等重点产业领域从事技术研发和成果转化的高层次创新人才。

（2）拥有自主知识产权和发明专利、其技术成果国际先进，填补国内空白或引领相关产业发展，具有市场潜力，并能够进行产业化生产，熟悉相关领域和国际规则，在吉林省投资创（领）办科技型企业的高层次创业人才。

（3）重大科技成果转化项目、重大科技攻关项目开发和从事基础研究所需要的领军型人才或学术技术带头人。

（4）现代物流、金融、信息服务、旅游、文化、商贸流通等现代服务业发展急需紧缺的高层次复合型人才。

（5）地方经济社会发展急需，且地方有专门引才计划配套支持的高层次人才。

2. 引才形式和标准

吉林省 2012 年高层次创新创业人才引进计划主要分全职创新人才引进、柔性创新人才引进、创业人才引进和现代服务业高端人才引进 4 类；对于特需、关键的人才，可一人一策、一事一议。

3. 引才支持政策

（1）对于引进的创办科技型企业的创业人才，由省财政给予每人（团队）不低于 100 万元的资金资助。提供不少于 200 平方米工作场所和不少于 150 平方米住房，3 年内免收租金。

对于引进的创新人才和现代服务业人才，给予每人（团队）50 万元的资金资助。

（2）引进高层次创新创业人才资助资金，视同省级奖金，按相关规定免征个人所得税。

（3）引进人才从事科技开发项目的，经论证审批，根据项目投资需求，由企业落户园区通过提供风险投资、担保贷款等方式，协调解决不低于 100 万元的创业投资。

（4）引进人才从事技术成果转让、技术开发业务和与之相关的技术咨询、技术服务业务取得的收入，免征营业税、城市维护建设税和教育费附加。引进人才以知识产权入股的，作价金额可达公司注册资本的 70%。

（5）企业引进人才的购房补贴、安家费、科研启动经费可列入成本核算。

（6）优先推荐申报国家科技计划；省级各类科技计划优先支持引进人才带领实施的研究开发和科技成果转化项目；优先向国内金融机构、风险投资公司推荐引进人才的项目；优先推荐为国家有突出贡献专家、国务院特殊津贴、省高级专家人选，积极推荐为两院院士人选。

（7）为吉林省企业做出重大贡献的引进人才，由当地财政部门按其上一年度所缴个人工薪收入所得税地方留成部分 80% 的标准予以奖励，每年申报一次，奖励总额最高上限可达 30 万元。

（8）引进人才研发的产品进行产业化和规模化生产时，可申请科技成果转化资金，对符合规定的，给予 3 年期内 300 万元贷款额度以内的贷款贴息补助。

（9）不受学历、资历限制，直接申报高级专业技术资格。事业单位确因工作需要引进高层次人才，经批准可超编调入。

（10）按照国家、省有关政策，妥善解决引进人才落户、保险、税收、配偶安置、子女入学等方面问题。

2014 年，吉林省开展了第六批吉林省高层次创新创业人才的引进计划，其引进的对象和重点是：

一是汽车、石油化工、农产品加工、医药、生物技术、电子信息、新材料、新能源、装备制造、轻工纺织等重点产业领域从事技术研发和成果转化的高层次创新人才。

二是拥有自主知识产权和发明专利、其技术成果国际先进，填补国内空白或引领相关产业发展，具有市场潜力，并能够进行产业化生产，熟悉相关领域和国际规则，在吉林省投资创（领）办科技型企业的高层次创业人才。

三是重大科技成果转化项目、重大科技攻关项目开发和从事基础研究所需要的领军型人才或学术技术带头人。

四是现代物流、金融、信息服务、旅游、文化、商贸流通等现代服务业发展急需紧缺的高层次复合型人才。

五是地方经济社会发展急需，且地方有专门引才计划配套支持的高层次人才。

（二）高技能人才工程计划

根据《吉林省中长期人才发展规划纲要（2009—2020 年）》要求，结合本省高技能人才队伍建设实际，吉林省特制定了高技能人才“十二五”发展规划。

其发展目标为：按照新型工业化道路和产业结构优化升级要求，以提升职业素质和职业技能为核心，以技师和高级技师培养为重点，形成一支门类齐全、技艺精湛的高技能人才队伍。到“十二五”期末，高技能人才总量达到 48 万人左右，占技能人才总量的 28%左右；其中高级工达到 38 万人，占技能人才总量的 25%；技师、高级技师达到 10 万人左右，占技能人才总量的 7.1%左右。

其重点工程为：

（1）实施“千名首席技师”打造计划。着眼产业升级和新型工业基地建设，建立高技能人才带头人制度，计划到 2015 年，依托全省行业、骨干企业中建立 30 个（工种）首席技师工作站，培养 1000 名首席技师。

（2）实施高技能人才实训基地建设工程。会同有关部门共同实施高技能人才实训基地建设工程。根据组织认定的实训基地建设情况每年给予相应的资金支持。同时向国家申报高技能人才培养示范基地，努力在全省打造 50 所重点高技能人才实训基地。

（3）实施汽车维修工培养工程。利用 5 年时间培养 5 万名汽车维修技能人才，打造吉林汽车维修工品牌。

（4）开展“吉林技能大奖、吉林省技术能手”评选表彰活动。计划于 2012 年、2014 年开展第三届、第四届“吉林技能大奖、吉林省技术能手”评选表彰活动，每届评选表彰10名“吉林技能大奖”和50名“吉林省技术能手”。

（5）开展多种形式的职业技能竞赛活动。积极参加国家举行的各类职业技能竞赛；努力组织好吉林省每两年一届的职业技能竞赛活动，探索举办职业技能博览会，提高本省人才选拔层次。

吉林省委、省政府高度重视高技能人才工作，大力实施人才兴业战略，“十一五”期间，技能人才的总量、素质和结构都有了较大提高和改善。目前高技能人才38万人，占技能人才总量的26%；其中高级工31.13万人，占高技能人才总量的21%；技师、高级技师7万人，占技能人才总量的5%。“十二五”期间是吉林省实施长吉图开发开放先导区建设战略、振兴老工业基地、全面建设小康社会的关键时期。加强高技能人才培养对于加快产业优化升级，提高企业自主创新能力，实现吉林省经济持续快速协调发展，构建社会主义和谐社会具有重大意义。

2013年全国科技创新大会召开后，吉林省认真贯彻落实大会精神和《中共中央、国务院关于深化科技体制改革加快国家创新体系建设的意见》（中发〔2012〕6号），经过省领导多次审阅，几易其稿，出台了《中共吉林省委、吉林省人民政府关于深化科技体制改革加快推进科技创新的实施意见》（吉发〔2012〕24号）（以下简称《意见》），确定了“十二五”时期科技工作在企业技术创新、科技创新体系建设、科技管理体制改革、创新人才队伍建设、创新环境优化方面的主要目标。从推动企业成为技术创新主体，促进科技与经济紧密结合；深化科技体制改革，促进科技资源高效利用；完善人才发展机制，激励科技人员创新创业；加快平台和基地建设，提高科技成果转化和产业化能力；加强科技创新服务体系建设，完善服务功能；营造良好环境，为科技创新提供有力保障等6个方面提出了明确的工作任务和目标、操作性较强的政策保障措施。

（三）拔尖创新人才工程

为贯彻落实省委，省政府吉发〔2003〕13号文件精神，加快实施人才兴业战略，加强吉林省专业技术人才队伍建设，积极营造尊重劳动，尊重知识，尊重人才，尊重创造的良好环境，培养造就适应经济全球化和新科技革命要求，适应老工业基地振兴和全面建设小康社会需要的高级专门人才队伍，促进吉林经济的跨越式发展，决定实施吉林省拔尖创新人才工程。

2013年，吉林省第四批拔尖创新人才开始申报。此次人才选拔采取自上而下、逐级推荐、综合评议、公示监督的办法进行。其符合选拔的范围及条件为：各层次推荐人选主要在吉林省各地区及中省直企事业单位拔尖人才培养计划人选中产生。申报人年龄不超过55周岁，在近5年内取得重要科研成果或突出业绩，在各自领域发挥学术技术带头或领军作用的均可申报。最后，经过个人申报、单位推荐、专家委员会评审、市政府批准，确定王春生等305名同志为吉林省第四批拔尖创新人才人选。

（四）青年人才培养计划

2011 年，吉林省启动“青年人才培养计划”。11 月 1 日上午，吉林省委组织部、团省委联合召开新闻发布会，团省委副书记栾国栋就吉林省启动实施“吉林青年人才培养计划”情况作了介绍。

该计划是贯彻落实《吉林省中长期人才发展规划纲要（2009—2020）》，深入推进吉林省“双百千万”人才计划的一项重要举措，是吉林省共青团组织着眼于服务青年成长成才谋划的一项重要人才工程。计划由团省委牵头实施，利用 3 年时间，培养一大批行业领军、社会影响广泛的创新型、创业型和技能型青年人才，打造一支素质优良、服务能力强的青年志愿者骨干队伍，吸引一批业绩突出、富有创新能力的海外高层次人才，初步形成各类青年人才竞相涌现的良好局面。具体包括城市青年创新创业人才培养计划、城市青年技能型人才培养计划、村村青年致富星火培养计划、青年志愿者骨干培养计划、吸引青年海外留学人员来吉创业计划等 5 个子计划。

城市青年创新创业人才培养计划，将采取活动引导、导师扶持、园区孵化、政策保障等措施，培养 100 名大学生创新创业人才；采取加大创业培训工作力度、加大资金扶持力度、加大政策扶持力度、做好跟踪服务、为培养对象搭建平台等措施，培养 1 万名城市青年创业人才。

城市青年技能型人才培养计划，将采取完善青年技能型人才培养体系、创新模式支持技能型人才培养、加大对青年技能型人才待遇和使用方面的支持力度等措施，重点在“十大产业发展计划”的行业中，培养、选拔出 100 名“吉林省杰出青年岗位能手”、1000 名“吉林省青年岗位能手”。

村村青年致富星火培养计划，将采取建立村村青年致富星火培养计划数据库、开展创业和科技培训、开展结对帮扶活动、实施农村青年创业小额贷款项目、用好优惠政策重点扶持、典型示范等措施，按照“一村一人、一人一业”（即一个村至少有一名致富星火带头人，每个带头人都有一项产业）的目标，对 1 万名优秀农村青年进行跟踪服务和指导。

青年志愿者骨干培养计划，将采取培养基层青年志愿者骨干、培养高校大学生志愿者骨干、培训志愿服务组织负责人、培养具有较高专业技能的青年志愿者等措施，在全省社区社会事务工作者中培养 500 名青年志愿者骨干；在高校培养 3500 名大学生志愿者骨干；培训 500 名志愿服务组织负责人；培养 500 名具有较高专业技能的青年志愿者。

吸引青年海外留学人员来吉创业计划，将采取成立吉林青联海外学人联谊会、开展海外学人回国创业周吉林行活动、实施青年海外留学人员来吉创业贷款项目、实施优惠政策重点扶持、发挥园区作用等措施，吸引 50 名青年海外留学人员来吉创业。

最后，通过项目带动、政策引导，积极创造条件，鼓励科技人才创新创业。组织实施了科技创新人才培育计划，包括中青年科技领军人才及优秀创新团队计划、青年科研基金计划和大学生创业资金计划，培育中青年创新创业人才，构建起层次分明、结构合理的科技人才队伍，为吉林省科技创新和科技成果转化工作提供丰富的人力资源。2013 年，共支持中青年科技创新领军人才及优秀团队计划项目 25 项，投入资金 450 万元；支持青年科研基金项目 189 项，投入资金 567 万元；支持大学生科技创业项目 15 项，投入资金 130 万元。2013 年的科技创新人才培育计划，可培养科技创新创业人才 220 多人。

三、吉林省科技人才政策实施情况及成效

（一）培养和开发政策及成效

1. 培养引进百名中青年科技创新带头人

为了深入贯彻落实吉林省自主创新与科技成果产业化推进大会精神，加快实施科教兴省和人才强省战略，进一步提升吉林省自主创新能力，培养造就一支适应吉林省经济社会发展需要的科技领军人才队伍，为吉林省经济快速发展提供人才支撑和智力保障，省科技厅制定了《吉林省培养引进百名中青年科技创新带头人的实施意见》，该实施意见计划用 3 年时间，培养引进 100 名政治素质过硬、创新能力卓越、引领作用突出、团队效应显著的中青年高素质科技人才，正式命名为省科技创新带头人，形成一批具有自主知识产权的核心技术，突破一批重大共性关键技术，使吉林省在高新技术尤其是前沿科技领域保持高水平发展，使优势学科保持全国领先地位，进一步提升吉林省产业整体创新水平和竞争实力。政策实施以来，各实施部门创新思路、合力推进，八大子计划齐头并进，成效斐然，截至 2012 年，已培养选拔 804 名省级各类优秀人才，引导了大批优秀人才向现代服务业、科技成果转化、新农村建设、社会管理等经济社会发展一线集聚。

2. 培育百户科技型创新企业

根据《中共吉林省委、吉林省人民政府关于加强自主创新建设创新型吉林的决定》的要求，为了进一步强化吉林省高新技术产业发展主体建设，提升企业自主创新能力，加快促进吉林省产业结构调整和经济增长方式转变，实现建设创新型吉林的总体目标，吉林省科技厅制定了《百户科技型创新企业培育工程实施方案》。该方案计划从 2009 年开始，在吉林省高新技术企业和创新型企业范围内，选择一批在技术创新、品牌创新、机制体制创新、经营管理创新、文化与理念创新等方面已有一定基础的企业，通过 3 年的培育，从取得实效和形成典型示范作用的企业中，认定省级科技型创新企业 100 户左右。使企业的自主知识产权和核心技术水平得到提升；通过竞争发展，能够形成企业独特的品牌，并在市场获取相当的知名度；通过人才培养和引进提高企业的持续创新能力；提升企业的盈利能力和经营管理水平。目前，吉林省已形成了清洁汽车与高速轨道客车、光电子技术、新材料、应用软件和网络技术、科学仪器仪表、现代中药和生物制药等一批具有竞争优势的技术领域。

3. 加强对全省农村实用人才的培训

为贯彻落实中央关于建设社会主义新农村的部署和全国人才工作会议精神，大力推进吉林省社会主义新农村建设，结合吉林省"十一五"人才队伍建设的总体规划，2006 年 7 月，吉林省人事厅、省农委、省财政厅共同下发了《关于进一步加强全省农村实用人才培训工作的意见》。在党的方针、政策，法律、法规和公民道德知识；市场观念、市场营销与农村经纪人技能知识；大田作物优良品种、烟草、蔬菜、花卉、水果等优质高产无公害生产技术和操作规程；畜、禽、鱼等优质高产无公害养殖技术操作规程；农产品、畜产品、水产品的加工、贮藏；食用菌栽培技术，人参、西洋参规范化栽培与加工技术，茸鹿饲养及疾病预防技术；计算机互联网信息技术在农业中的应用与普及；现代设施农业技术的应用；农业机械、电机、电器的操作；非农产业就业人员创业技能等方面对农村实用人才进行职业化、规范化、专业化、标准化培训，提高农民的科技致富能力，市场竞争能力和自主发展能力。从 2006 年开始，每年培训农村实用人才 5 万人，利用 5 年时间，到 2010 年，全省新增农村实用人才 25 万人，农村实用人才总数力争达到 35 万人，占农村劳动力总数的 5%。

4. 培养村级医疗卫生专业技术人才

为贯彻落实吉林省政府 2005 年第九次常务会议精神，大力加强农村卫生人才队伍建设，2006 年中共吉林省委组织部、吉林省卫生厅和吉林省财政厅联合发布《吉林省村级医疗卫生专业技术人才培养项目实施方案》。

根据《吉林省村级医疗卫生专业技术人才培养项目实施方案》，吉林省从 2006 年起，利用 5 年时间，为全省 10107 个行政村各培养 1 名具有专科以上学历的医疗卫生专业技术人才，使全省每个行政村都有 1 名在村级卫生机构服务的大专以上学历的医疗卫生专业人员，每年计划培养不少于 2000 名专业人员。通过培训，使农村乡村卫生专业技术人员熟悉全科医学的基本理论、基础知识、基本技能，提高对农村人群防治常见病、多发病的能力。

（二）评价与激励政策

1. 开展吉林省杰出创新创业人才评选表彰工作

为了深入落实党的"十七大"和省九次党代会精神，贯彻"尊重劳动、尊重知识、尊重人才、尊重创造"的方针，全面推进吉林省人才兴业战略向纵深发展，鼓励人才创新创业，充分发挥高层次人才在全民创业尤其在民营经济发展进程中的导向、表率作用，激励更多的人才投身创新创业行列，为振兴吉林、富民强省做出更大贡献，根据《吉林省人才兴业战略纲要》中关于"重奖对本省经济社会发展做出重大贡献的高层次创新创业人才"的要求，吉林省政府于 2007 年开展了"吉林省杰出创新创业人才"评选表彰活动。

本次评选活动共计表彰"吉林省杰出创新创业人才"30 名。每位获"吉林省杰出创新创业人才"荣誉称号者，由省政府奖励人民币 20 万元，并颁发奖励证书和奖章。

2. 落实全省人才重点项目经费

为了保证吉林省"三支一扶"行动计划的顺利实施，中共吉林省委组织部和吉林省财政厅发布了《关于落实全省人才重点项目经费有关问题的通知》。根据《关于落实全省人才重点项目经费有关问题的通知》的要求，"全省'三支一扶'行动计划""人才服务新农村建设项目（除村级医疗卫生专业技术人才培养项目）"所需资金由单位所在地财政先行垫付。每年 10 月底前，当地组织部门与财政部门将当年人才重点项目经费支出情况报送到省委组织部和省财政厅，省财政按审核后的经费支出数额和省级负担比例将项目资金一次性拨付给相关市县财政部门；"一村一名大学生项目"和"村级医疗卫生专业技术人才培养项目"，所需资金由各级财政按负担比例直接拨付到相关高校；人才服务民营经济发展项目相关承办单位，所需资金由各级财政按负担比例直接拨付到相关承办单位；人才重点项目工作经费由省财政直接拨付到各项目牵头单位；涉及市（州）县（市）共同负担项目资金的具体资金分担比例，由市（州）县（市）研究确定。

3. 为贯彻落实全国科技大会精神，进一步发挥科学技术对振兴吉林老工业基地的促进作用。吉林省人民政府印发《关于激励增强自主创新能力若干政策》的通知

根据《关于激励增强自主创新能力若干政策》通知的要求，大幅度增加科技投入，到 2010 年，R&D 经费占地区生产总值比重达到 2%；到 2020 年，R&D 经费占地区生产总值比重达 3% 以上；确保财政科技投入的稳定增长，在保证应用技术研究与开发资金（原科技三项费）按法定比例增长和每年安排 5000 万元科技创新及科研成果转化补助费的基础上，从 2007 年起，每年再安排重大科技专项资金 3200 万元，科技基础条件平台建设资金 2000 万元。优化财政科技投入结构，加强对增效增量作用大的高技术产品开发和具有优势的前沿技术研究。对重点实验室和公益型研发机构保持稳定的财政投入机制。加大对企业自主创新投入的所得税前抵扣力度，允许企业加速研究开发仪器设备折旧，完善促进高新技术企业发展的税收政策，支持企业加强自主创新能力建设，推进转制科研机构发展，建立支持自主创新的多层次资本市场，支持创业风险投资企业的发展，扶持科技中介服务机构，促进科技企业快速发展，鼓励社会资金捐赠创新活动。

4. 鼓励科技人员领办、创办科技企业和从事科技服务活动

为了鼓励和推动科技人员领办、创办科技企业和从事科技服务活动，从而促进科技成果尽快转化为生产力，吉林省人民政府发布了《吉林省科技人员领办、创办科技企业和从事科技服务活动的若干规定》。

科技人员在完成本职工作的前提下，可以兼职领办、创办科技企业和从事科技服务活动。并且兼职科技人员享有与所在单位其他科技人员同等的福利和待遇。科技人员离岗期间的工资、医疗待遇、意外伤害保险等和其他有关保险，应由用人单位负责。鼓励高等院校设立专职从事技术开发、技术转让、技术咨询、技术服务和科技产品的研究、开发、生产、经营的工作岗位，组织科技人员进行集体创业。

（三）流动与配置政策

1. 实施高新技术企业培育工程

为促进吉林省高新技术产业的快速发展，提升企业自主创新能力，培育一批具有自主创新、科技成果转化和持续发展能力的高新技术企业。根据吉林省政府《关于加快发展高新技术产业的意见》和科技部、财政部、国家税务总局联合下发的《高新技术企业认定管理办法》，吉林省科技厅编制了《高新技术企业培育工程实施方案》。

根据《高新技术企业培育工程实施方案》，选择一批在技术创新、品牌创新、机制体制创新、经营管理创新、文化与理念创新等方面已有一定基础的企业，通过三年的培育，使其在国内同行业中达到先进水平，在创新能力、企业规模、经济效益、市场竞争力等方面有明显优势。

对纳入培育对象的企业，定期组织开展对培育企业的管理者、高层技术开发人员的辅导；加大对企业研发投入力度，引导企业提高科技投入水平；支持推动企业技术进步的创新活动，发挥科技型中小企业创新资金、科技成果转化资金作用，着力研究解决成果转化和技术应用中的关键技术难题，鼓励企业应用先进技术，为企业技术进步提供科技支撑。

目前，吉林省大学科技园已达 6 家，其中国家级大学科技园 3 家。长春理工大学科技园是依托长春理工大学和长春高新技术产业开发区建立，以光机电为特色，光、机、电、算、材相结合为优势的科技成果转化基地、科技企业孵化基地和创新创业人才培养基地。园区企业总计 66 家，在孵企业 61 家，非在孵企业 5 家；已建成 1 个国家级工程中心，7 个省部级工程研究中心，7 个科技创新中心，3 个企业公共技术服务平台。东北电力大学科技园是依托东北电力大学和吉林高新区建立，以低碳能源与智能电网产业为特色的科技园区。园区在孵企业 56 家，毕业企业 17 家，其中高新技术企业 19 家。

2. 促进高新技术企业发展

为贯彻落实中共中央、国务院《关于实施科技规划纲要增强自主创新能力的决定》和省委、省政府关于加快高新技术产业发展的决策部署，培育和支持高新技术企业发展，增强自主创新能力，加速科技与经济结合，促进产业结构优化升级，吉林省人民政府办公厅制定了《关于促进高新技术企业发展的若干政策》。

根据《关于促进高新技术企业发展的若干政策》规定，鼓励各类组织和个人利用专利、专有技术等科技成果领办、创办科技型企业，以技术成果作价出资的，不受出资比例限制；新创办的科技型企业注册登记，暂停征收注册登记费；新创办的科技型企业。自创办之日起 2 年内免收各类行政事业性收费，享受高新技术企业相关优惠政策（税收政策除外）。企业取得符合条件的技术转让所得，一个纳税年度内，不超过 500 万元的部分，免征企业所得税，超过 500 万元的部分，减半征收所得税。

3. 加强新型企业家队伍建设

为贯彻落实《中共中央办公厅国务院办公厅印发〈贯彻落实中央关于振兴东北地区等老工业基地战略进一步加强东北地区人才队伍建设的实施意见〉的通知》精神，切实加强企业经营管理人才队伍建设，确保吉林省经济持续、稳定和健康发展，吉林省人民政府制定了《关于加强新型企业家队伍建设的指导意见》。

《关于加强新型企业家队伍建设的指导意见》计划用 5 年左右时间，实现新型企业家总量大幅增加，结构明显优化，综合素质显著提高，逐步造就一支既有企业经营管理聪明才智，又有理论知识和实践经验，并在企业经营管理实践活动中大胆改革，勇于创新，精于管理，善于发展，成功地实现生产要素和生产条件新组合的新型企业家队伍。

4. 实施志愿者服务中小企业项目

2006 年，吉林省人才工作领导小组第一次会议确定实施志愿者服务中小企业项目。在调查研究的基础上，中共吉林省委组织部和吉林省中小企业发展局制定了《吉林省志愿者服务中小企业项目实施方案》。

《吉林省志愿者服务中小企业项目实施方案》计划按照公开招募、自愿报名、双向选择、组织把关的原则，连续 3 年，每年从党政机关、事业单位选派 100 名志愿者，为中小企业服务，促进全省中小企业和民营经济的发展。

四、吉林省科技人才发展存在问题

吉林省在 2004 年 5 月发布了《中共吉林省委吉林省人民政府关于贯彻〈中共中央国务院关于进一步加强人才工作的决定〉的意见》，将实施人才兴业战略作为振兴吉林经济的一个重大任务来抓，“将人才工作摆上战略地位，加大对人才资源开发的投入、为各类人才创新创业提供良好条件。”以此为契机，在至今为止的十年间，吉林省的人才发展环境发生了重大的变化。无论是吉林省本土的人才培养、输送能力还是对于外省、外国科技人才的吸引力都得到了大幅度的提高。但是，相对于其他省份，吉林省还有很多亟待解决的问题，从总体上来看，创新型人才发展主要包括人才的积累和人才的运用两个方面的内容，从这两个方面来说，吉林省科技人才发展具体存在的问题如下。

（一）吉林省科技人才积累方面的问题

1. 吉林省科技投入强度仍然落后于世界平均水平

我国 R&D 总经费的投入强度（研发费用占 GDP 的比例）在近 5 年内保持一个相对稳定的水平（图 1），为 1%左右。不仅低于全国平均 2%的水平（2012 年数据），更低于 1.6%的世界平均水平。与发达国家 2.2%的平均水平相比，差距十分明显。根据相关统计，2010 年，吉林省的科研条件综合评价指标列全国第25位，其中，每名R&D人员新增科研仪器设备费居全国第30位；科技活动财力投入综合指标居全国第22位，其中，地方财政科技支出占地方财政支出比重位列全国第20位，企业R&D经费支出占主营业务收入比重位列全国第27位。从这一数据上来看，吉林省在科技研发投入上明显不足。不仅如此，根据《全国科技经费投入统计公报》中的数据显示，2013年全国共投入R&D经费11846亿元，比上年增加1548亿元，增长15%；R&D经费投入强度达2.08%，比上年的1.98%提高了0.1个百分点。全国科研投入的平均水平在这几年呈上升态势。换句话说，吉林省与全国平均水平的差距有扩大的趋势。研究投入力度的不足，在硬件层面上难以保证科研人员的科研条件，进而会影响科研人员的科研成果。这将制约本省实现科技人才资源的长期持续发展。

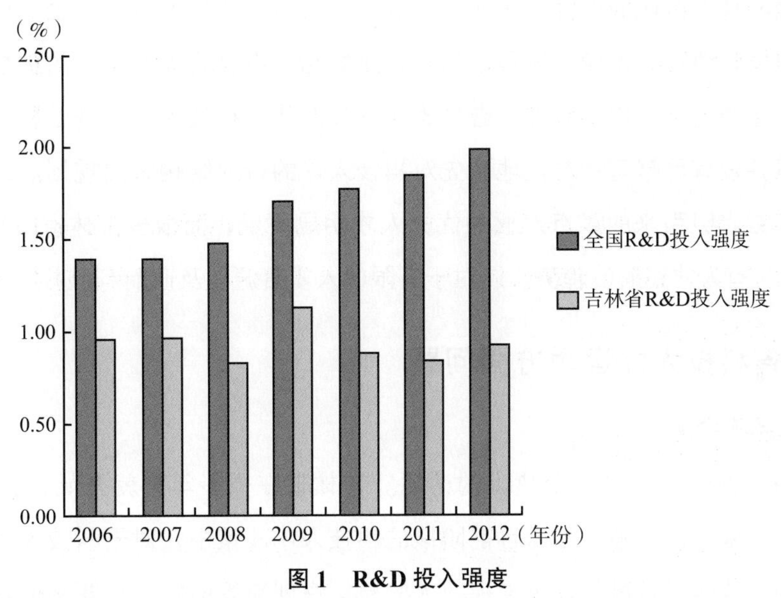

图1 R&D投入强度

数据来源：《中国科技统计年鉴（2007—2013）》。

2. 科技人才外流严重

由于我国各省（直辖市、自治区）在政治、文化、经济等方面存在着差距，所以科技人才在省间流动非常频繁。京津沪等较发达省市在经济发展和科技投入上较为领先，而且比吉林省先行一步开展了人才引进战略，使得吉林省每年有大量科技人才流向这些省市。同时，吉林省还有一些优秀的学生、优秀的科研人员流向发达或较发达国家。与之相比，每年从外省迁移到吉林省发展的科技人才以及海外学成归国的科技人才人数不容乐观。根据吉林省人社厅发表的《吉林省高层次科技人才外流情况调查报告》中的数据，近年来，吉林省从国外、省外共引进硕士学位以上、副高职称以上优秀人才253人，但同期吉林省流失的优秀人才约3000人。流出、流入比例为12∶1，呈严重的逆差现象。吉林省流出的人才不仅数量多，而且层次高，其中包括国务院特贴人员、国家突出贡献专家、国家“百千万人才工程”第一、第二层次人员共81人，省突出贡献专家56人。在吉林省引进的253名优秀人才中，只有4名双聘院士、23名学科带头人，而且90%集中在中职大专院校和科研院所。在流失的高层次人才中，大多数是吉林省的学科带头人或国家和省科研项目主持人。他们的调出，使吉林省一些重大项目处于停滞或瘫痪状态。在这些高层次人才外流的同时，往往都带走一批人，特别是中青年专业技术人才。高层次人才的严重外流，成为制约吉林省经济、社会发展的瓶颈。

3. 科技人才资源分布不合理

首先，吉林省科技人才资源的地区分布结构不合理。根据《2011年吉林科技统计年鉴》的数据，吉林省从事自然科学技术领域科学研究与技术开发机构中在职科技活动人员中，长春市和吉林市的总人数为6533人，占科研人员总人数的86.7%，地区分布极不平衡。其次，从科技人才工作单位的性质看，吉林省高级专业技术人员，大都集中在高校和科研院所等国有事业单位，与此相比，分布在企业里的高级科技人员比例很低，企业中高级专业技术人员极度缺乏。企业科技人员缺乏，势必造成企业自主研发和消化吸收能力偏弱，这也直接影响了吉林省民营企业的科技水平和核心竞争力。最后，科技人才的专业结构不合理。吉林省在重点产业的科技人才引进上和一般的产业享受同等待遇，很多政策并没有足够有针对性地预先对科技人才的行业结构做出规划。这就使得在同等的优惠条件下，培养或者吸引来的重点产业的优秀人才明显不足，而很多吉林省内配套设施不足、研究基础薄弱的产业又有人才过剩的趋势。这对于有限的人才资源以及政府科技投入都是极大的浪费。

（二）吉林省科技人才运用方面问题

1. 科研评价体系不合理

科研评价体系的改进一直是一个热议的话题。吉林省在很多年前就开始探索科研评价体系改革，但是至今为止尚未取得突破。因而目前阶段的科技人才政策中，对于科技人才的选拔和评价仍然存在为减少选题失败而回避风险，不重视新人的原始性创新等问题。这些都很容易导致创新思想受到扼制，使得优秀创新人才特别是处于创新思维最活跃时期的年轻人往往难以脱颖而出。这种过度审慎表现为对创新性强的小项目、非共识项目，以及学科交叉项目没有给予特别关注和支持；对高技术研究成果的评价，还是主要以发表论文数量和水平为主。即使在一定程度上将传统的论文评价与发明专利结合，也只是促使了某些科研人员“为了评职而申请专利”，而并非在市场中实现其科研的价值和取得相应回报。这也造成了科技界普遍存在的学术浮躁、急功近利等不良倾向，以及科技评价中急于求成的短期行为。

2. 对于科技人才的职业生涯管理缺少关注

现代科学体系分工非常细致，作为具有某种知识和技能的科技人才，由于其存在难以替代性，一旦选择在某一组织工作，事实上无论是学科上的转行还是研究项目上的迁移都会付出很大的机会成本。所以，他们对本身的职业生涯发展非常重视。这也是科技人才普遍会拥有的顾虑。吉林省的人才政策更多强调的是硬件研究设施的保证以及生活条件上的保障等最基础的待遇，根据马斯洛的需要层次理论，人的需要有生理、安全、社交、尊重和自我价值实现五个层次，而人才需要更多的是集中在尊重和自我价值实现层次上。因此，为人才提供充分发挥其作用的事业才是留住人才的有效方法。也就是说，要结合本企业的发展方向与人才共同制定其生涯规划，才能减少科技人才的后顾之忧。吉林省在对科技人才职业生涯规划的保障管理上面还有所欠缺。

3. 对于现有人才的科研产出水平缺少控制和激励

根据《全国科技进步统计监测报告》的数据，吉林省科技进步指数由2012年的第15位下降到了2013年的第17位，科技活动投入指数由21位下降到22位。吉林省科技活动产出水平居全国第16位，其中，高技术产业的产业化指数由16位下降到了20位。科技促进社会经济发展指数由第9位下降到第10位。万名R&D活动人员科技论文数居全国第21位，获国家级科技成果奖系数居于全国第12位，万名就业人员发明专利拥有量居第10位。以上数据均说明吉林省科技人才整体产出的数量和质量还有待提高。吉林省在探索对人才的引进和培养方法的同时，也应该对现有人才的科研产出加以控制和激励。

五、吉林省科技人才发展趋势与未来管理对策

为了推进吉林省科技人才建设工作，实现新时期吉林省科技人才的战略发展，结合吉林省科技人才政策环境的实际状况，解决吉林省科技人才相关政策存在的问题，对吉林省科技人才的未来管理趋势，提出以下对策。

1. 探索体现人才价值的多元激励机制

完善薪酬体系，报酬的内外公平性与合理性是科技人员比较关心的，让科技人员感受到自身价值的存在，因此可以将技术创新成果参与到分配中来，将技术作价入股，科技人员持股经营、对技术开发成果进行奖励等。首先，完善机制，逐步形成培训、鉴定与使用待遇相统一的激励政策。企事业单位的高技能人才在不影响本单位技术权益和物质利益的前提下，可采用兼职、借调、技术开发、技术服务、人才租赁、专利转让等多种形式实现合理流动。其次，对获得全国技术能手或在全国、全省性技能大赛中取得优异成绩的人员，授予相应的技术状元或技术能手称号，并可破格晋升为技师、高级技师，对符合劳动模范基本条件的技术能手，优先推荐参加省劳模、“全国五一劳动奖章”的评选。有突出贡献的高技能人才可申报省政府特殊津贴。此外，企业聘用的高级技工、技师、高级技师等高技能人才，可比照助理工程师、工程师、高级工程师的水平，享受相应待遇。再次，加快收入分配制度的改革，出台高技能人才工资分配的指导价位，加大技能水平在薪酬分配中的比重，并在薪酬、福利、培训等方面向技术岗位的高技能人才倾斜。

2. 加强与协调科技人才配套政策

加强吉林省科技人才相关政策的配套与协调，首先要建立完善的科技人才政策体系，科技人才

政策的制定与实施必须具备全面而长远的眼光，按照科学的指导方案，随着吉林省科技人才状况的变化，适时地推出和执行相应的科技人才政策。其次，要及时跟进、充分借鉴其他省市科技人才政策。同时要密切关注科技人才的实际需求，收集并分析他们对现行政策的反馈意见，科技人才政策的服务对象是广大的科技人才队伍，他们的需求和意见就是科技人才政策不断完善的依据，具有重要的价值。

3. 增加特色产业科技人才引进的专门政策

吉林省的科技人才政策，针对的都是广泛的行业人才政策，缺少按照专业或者行业分类的科技人才政策。例如《吉林省人民政府关于加快推进医药产业发展的意见》（吉政发〔2008〕23 号）中，提到了关于对医药专业技术人才的相关政策，但只是占用其中一条的空间草草了事，没有详细地规定其实施方案，仅说明按有关规定进行处理。所以建议制定吉林省汽车产业、现代中药产业、生物医药产业等重点行业的专门人才政策，以激励相关人才的流动与发展。

4. 完善科技人才管理的制度规范

当前需要推进吉林省科技人才相关政策的执行体制改革，完善政策执行活动中的各种制度规范，约束政策执行单位及人员，通过对政策管理方式、管理手段、管理技术、运行过程等方面的改革，可将科技人才政策的前期调研、效果评估、控制反馈等工作交由非政府组织，以实现政策运行的良性循环，建立有效的政策运行机制，推动政策的有效执行。另外要完善监督制度，努力形成科学、多元的监督制度体系，除政府部门自身的内部监督以外，可以考虑吸纳外部监督力量，设立专门的监督机构，强化监督机构的独立地位，将多种监督方式结合起来，健全科技人才政策的执行环境，提高科技人才政策的执行效率。

5. 构建有利于创新人才成长的文化环境，加强科普能力建设

合理布局并切实加强科普场馆建设，提高科普场馆运营质量。建立科研院所、大学定期向社会公众开放制度，在科技计划项目实施中加强与公众沟通交流，鼓励著名科学家及其他专家学者参与科普创作，制定重大科普作品选题规划，扶持原创性科普作品。向全社会倡导拼搏进取、自觉奉献的爱国精神，求真务实、勇于创新的科学精神，团结协作、淡泊名利的团队精神。提倡理性怀疑和批判，尊重个性，宽容失败，倡导学术自由和民主，鼓励敢于探索、勇于冒尖，大胆提出新的理论和学说。激发创新思维，活跃学术气氛，努力形成宽松和谐、健康向上的创新文化氛围，加强科研职业道德建设，严厉遏制科学技术研究中的浮躁风气和不良学术风气，为科技人才特别是青年科技人才的成长营造一个良好的环境。

总之，根据本省的经济发展特色，结合优势产业制定科技创新人才政策有利于缩小地区差异，促进地区科技和谐发展。科技创新是区域竞争力的和谐要素，人力资源又是科技创新的核心，通过制定完善的科技创新人才政策，有助于提高科技创新人员的素质，加强人员的流动，简化优秀人才的引进手续，完善和改进现有的引进体系。

黑龙江省科技人才发展报告

■ 黑龙江省科学技术厅

新的历史时期，高素质的科技人才队伍已经成为一个国家、一个地区持久保持经济活力的关键因素。黑龙江省委、省政府历来高度重视人才队伍工作，特别是全省人才工作会议以来人才发展取得了显著成绩，各类人才队伍不断壮大，人才成长环境逐步优化，人才发展体制机制不断创新，人才推动经济社会发展的成效日益明显。

一、黑龙江省科技人才队伍总体情况

2012 年黑龙江省 R&D 人员总量达到 6.5 万人，其中，研究人员 4.1 万人。其中，从事基础研究的占 15.6%，从事应用研究的占 13.4%，从事试验发展的占 71%。每万就业人员中 R&D 人员和 R&D 研究人员分别达到 37.3 人年和 23.6 人年，每万人大专以上学历人数 1010.52 人。全省每万人发明专利拥有量达到 1.93 件。

高层次人才不断涌现，截至 2013 年年底，拥有中国科学院院士 2 人，中国工程院院士 31 人，国家杰出青年科学基金获得者 310 人，入选国家“千人计划”41 人，入选国家“创新人才推进计划”中青年领军人才 14 人，创新创业人才 7 人，国家重点领域创新团队 3 个。入选国家自然科学基金资助的创新研究群体 6 个，重点领域创新研究团队 120 个，高层次领军人才队伍和科技创新团队得到进一步壮大。

科技人才发展的体制机制改革取得实质性进展，政策环境明显改善，人才投入大幅增加，截至 2012 年年底，全社会 R&D 经费投入占地区生产总值比重为 1.07%，R&D 人员和 R&D 研究人员人均 R&D 经费分别达到 22.4 万元 / 人年和 35.4 万元 / 人年，R&D 经费中的人力成本比例逐步得到提高，有利于科技人才健康成长、脱颖而出和人尽其才的环境逐步形成。

二、科技人才工作总体部署

（一）《黑龙江省中长期科技发展规划纲要（2006—2020 年）》

为全面落实科学发展观，加快科技进步和创新，促进经济社会全面协调可持续发展，黑龙江省制定《黑龙江省中长期科技发展规划纲要（2006—2020 年）》（以下简称《规划纲要》）。《规划纲要》强调要充分发挥创新型人才在科技发展中的核心作用，通过制度建设、机制创新、环境优化，促进优秀科技人才脱颖而出，最大限度地激励科技人才的创新精神和创业潜能。明确提出高层次研发人才、高技能实用人才、高素质的经营管理人才队伍以及科技中介服务队伍建设取得新进展，科技人才队伍整体素质明显提高，培养、凝聚和使用人才的政策环境更加优化的目标。《规划纲要》把“加强科技人才队伍建设，夯实科技创新的基础”作为全省科技创新体系建设的重要组成部分，并作出如下战略部署。

1. 培养高层次创新人才

实施高层次创新人才培养工程。继续发挥院士和高层专家学者的领军作用，以“百千万人才工程”人选、有突出贡献中青年专家、杰出青年自然科学基金获得者、博士后人员等现有高层次人才队伍为主，着力培养造就新一代科技领衔人才、学科带头人和技术带头人。

2. 加强创新型科技人才培养

依托高校、科研机构，利用重大科研和建设项目、重点学科和科研基地以及国际学术交流与合作项目，加快高素质创新型科技人才的培养，探索建立创新型人才团队。在全省科技计划项目评审、验收、重点实验室和工程技术研究中心评审、产业化基地建设综合绩效评估中，把创新型科技人才培养作为重要的考核指标。

3. 支持企业培养和吸引创新人才

支持企业聘用高层次科技人才和培养优秀科技人才，探索劳动、技术、资本、专利等生产要素参与分配制度，实行收入分配向优秀人才和关键岗位倾斜，引导企业与高等院校、科研院所合作培养技术人才，推进企业博士后科研工作，加大对专业化高技能人才队伍和培训基地建设的投入，制度化地开展技术工人岗位培训，实施群众性技术发明和技术革新活动，促进劳动生产率与经济效益的提高。

4. 加强农村实用技术人才培养

通过普及农村实用技术、送科技下乡和举办农业先进适用技术培训班等形式，培育农村实用的专业技术人才和乡土人才，提高广大农民接受和应用先进技术的能力。扎扎实实做好农民教育培训工作，造就有文化、懂技术、善经营、会管理的新型农民。对科技人员面向农村和贫困地区开展技术创新服务予以政策支持。

5. 积极引进海外优秀人才

制定和实施吸引优秀海外人才来省工作和服务计划，重点引进具有创新潜力、能承担黑龙江省经济建设和科技发展重大项目的高层次技术人才和紧缺人才。建立符合留学人员特点的引才机制，加大对高层次留学人才来黑龙江省服务的资助力度。通过联合办学办院的方式，吸引俄罗斯、白俄罗斯等国的优秀科学家和专家来省工作。培养一批既懂专业又懂俄语的人才。建立人才智力合作交流中心，加强哈尔滨海外学人创业园、大庆留学人员创业园等留学人员创业基地建设。

（二）《黑龙江省中长期人才发展规划纲要（2010—2020年）》

为加快实施人才强省战略，根据《国家中长期人才发展规划纲要（2010—2020年）》和黑龙江省经济社会发展对人才的需要，制定了《黑龙江省中长期人才发展规划纲要（2010—2020年）》（以下简称《人才规划》）。《人才规划》将突出培养造就高层次科技创新创业人才作为黑龙江省人才建设的主要任务之一，提出要围绕提高自主创新能力和建设创新型省份的需要，以高层次科技创新创业领军人才和团队为重点，培养造就一批能够突破关键技术、具有自主知识产权的创新型科技领军人才、工程师、高水平创新团队和依靠核心技术自主创业的科技企业家，注重培养一线创新人才和青年科技人才，建设宏大的创新创业型科技人才队伍。到2020年，研发人员总量达到10万人年，高层次科技创新创业人才总量达到1100人左右，高层次科技创新团队达到50个左右。其主要举措包括：创新人才培养模式，建立学校教育和实践锻炼相结合、国内培养和国际交流合作相衔接的开放式培养体系。组织实施科技创新创业人才推进计划、高层次学术英才支持计划，推进海内外高层次人才引进工程、院士后备人选支持计划、长江学者支持计划，完善龙江学者计划和科技创新团队建设计划。组织实施科技企业家培育计划、优秀企业家培养工程和高端经营管理人才引进工程。推进产学研合作，重视发挥企业引才用才的主体作用，建设一批高层次人才创新创业基地，引导校企、校地共建各类创新创业载体，推动高层次创新型科技人才向企业集聚或依靠核心技术自主创业。

三、科技人才工程/计划及实施效果

“黑龙江省科技创新创业人才推进计划”是《人才规划》33项工程之一，是黑龙江省科技人才队伍建设一项最为核心的任务。人才推进计划与科技主体计划相结合，把科技计划作为推进科技人才工作的重要手段和实施载体，确保人才工作的扎实推进，为推进黑龙江省“八大经济区”建设和“十大重点产业”发展、培养造就高层次科技人才队伍、大幅提升龙江科技创新能力奠定了坚实基础。黑龙江省科技厅高度重视，认真落实，制定年度科技创新创业人才推进计划实施方案，明确工作目标、确定工作重点、分解工作任务、落实工作责任，确保了人才推进计划的顺利实施。

（一）以科技计划项目和产业技术联盟为载体，培养科技创新创业人才和团队

一是以省级项目为依托，在组织实施科技攻关、高新技术产业发展专项、重大新产品专项、科技成果转化、科技型中小企业技术创新资金、省科学基金等计划项目中，从生物、新材料、新能源、节能环保、新一代信息技术、高端装备制造及新能源汽车领域中初选成长性强、发展潜力大、具有一定领域代表性、有希望成为领军型人才的科技人才，将其引导组织到各类科技项目技术研发示范团队中，借助科技创新创业团队的环境和力量来促进人才的培养。

二是以国家项目为依托，聚焦国家目标，以石墨、能源、交通、重型装备、生物医药、现代农业等产业发展科技需求为重点，组织相关领域专家、省内骨干企业、高校及科研院所对国家“十二五”科技规划工作重点进行深入分析研究，优化资源配置，强化统筹集成，组织设计项目，培育、造就科技创新创业人才和团队，助推省级科研团队晋升为国家队。截至 2012 年，黑龙江省已获得国家项目支持 266 项，经费总额 3.88 亿元。

三是创新人才培养模式，坚持项目—联盟—基地—人才培养的一体化链条，通过产业化链条加快人才的培养速度，通过组建产业技术创新战略联盟组成人才大团队。产业技术创新战略联盟极大地推进了相关产业的技术联合攻关、科技资源共享、科技成果转化落地、人才培养，进而促进了科技与经济紧密结合，为黑龙江省产业发展提供了科技人才支撑保障，成为创新创业人才及团队培养的重要载体。

截至 2012 年，共培养科技创新创业领军人才 10 人、产业技术创新领军人才 20 人，培养战略性新兴产业创新创业人才 100 人，其中：生物领域 20 人、新材料领域 20 人、新能源领域 15 人、节能环保领域 12 人、新一代信息技术领域 13 人、高端装备制造领域 15 人、新能源汽车领域 5 人。建设科技创新创业团队 60 个。

（二）以基金项目为依托，培养科技创新杰出青年和创新创业人才

围绕科技创新创业人才基础性培养和战略性开发，依托省杰出青年科学基金、青年科学基金、留学归国科学基金，培养科技创新杰出青年和创新创业人才。为充分发挥基金项目培养优秀中青年科技领军人才的引导作用，按照《黑龙江省科学基金资助项目及资金管理暂行办法》的规定，有针对性地选拔创新能力强、贡献突出、在本领域有一定影响的青年科技骨干。2012 年，共选拔省杰出青年科学基金获得者 20 人，青年科学基金获得者 130 人、归国人员科学基金获得者 40 人。在获得省杰出青年科学基金资助的 20 人中，有省五一劳动奖章获得者 1 人，国务院特殊津贴 1 人，新世纪优秀人才 8 人，中科院百人计划 1 人。

（三）以科技园区建设为载体，培养青年科技创新创业人才和建设科技创新创业人才基地

一是充分发挥哈尔滨高新区作为东北三省唯一的海外高层次人才创新创业基地的优势，加大《哈尔滨高新技术产业开发区鼓励和支持创新创业的暂行办法》《哈尔滨高新技术产业开发区鼓励创业投资暂行办法》《哈尔滨高新技术产业开发区鼓励和支持国际科技合作项目入驻哈尔滨科技创新城暂行办法》等政策措施的落实力度，依托哈尔滨科技创新城，大力扶持以中科院哈尔滨产业技术创新与育成中心为代表的高端科技创新资源集聚发展，全面打造“人才特区”，吸纳来自高等院校和科研机构的研发团队 14 个，其中：引进中科院百人计划 2 人，杰出青年 1 人，研究员 10 人，副研究员 2 人。大庆高新区实施人才培养引进“十百千万”计划，从改善创业融资、创业资助、知识产权保护等薄弱环节入手，打造开放活跃、接轨国际的创新创业环境，引导鼓励高端人才和社会资本从事创新创业活动。

二是以推动科技成果和产业项目园区落地，吸引科技人才创新创业。2012 年，各科技园区组织科技成果对接活动 53 次，省内外 900 多项科技成果参与对接，签约总额达 52.08 亿元。哈尔滨高新区以科技创新城为核心，新签约入驻项目 43 个，协议投资额达 50.5 亿元，各类项目新开工规模超过 10 万平方米。大庆高新区新引进重点项目 33 项，开复工项目达 145 个。齐齐哈尔高新区重点推进 18 个大项目建设，总投资近 80 亿元。牡丹江高新区开复工产业项目 32 个，投资完成 36.23 亿元。佳木斯高新区联系走访客户企业和投资商 142 个，储备有价值重点项目 14 个。

三是依托国家、省创新基金项目和创业投资引导项目，培养科技创新创业人才。向国家推荐技术创新项目 282 项，创新基金补助项目 34 项，创业投资引导项目 6 项。2012 年，共获国家创新基金立项 171 项，支持金额 10730 万元，分别比 2011 年增长 50%和 49.8%，获支持金额首次突破亿元大关。获创业投资引导项目国家立项 2 项，支持金额 75 万元。省创新基金将投入 2000 万元，用于国家创新基金各类项目匹配及项目培育，对黑龙江省科技型中小企业、中小企业公共服务机构和创业投资机构进行补助。

四是促进科技金融结合，为科技人才创新创业营造良好融资环境。组织 61 家有融资需求的企业与银行、投资担保机构签订了投资或贷款承诺书、合同书，贷款总额 5 亿多元。省创新资金拟加大对已具备申报资格并已申报国家创业投资引导基金项目的非银行金融机构的支持力度，按照国家创业投资引导基金支持标准给予支持。推动哈尔滨高新区举办“哈尔滨多层次资本市场上市培训会——哈高新区与金融机构合作签约仪式”，与深圳证券交易所、申银万国证券股份有限公司等近 30 家金融机构、投资机构签订了战略合作协议。大庆高新区、齐齐哈尔高新区邀请国信证券等机构对雪豹涂料制造、精铸良、东北变压器、红旭达等具有上市意向企业进行了上市辅导，签署了企业挂牌上市合作协议。

五是通过开展科技企业培育，提升科技人才创新创业水平。组织了对省级大学科技园、科技企业孵化器评估认定与复核工作，各科技园区新孵化和引进企业 261 家，1000 余家企业填报了科技型中小企业认定信息。深入哈尔滨、大庆、佳木斯、肇东及宾西经开区、利民开发区等地市和园区开展高新技术企业认定与复审申报宣传培训，组织企业申报，报国家备案 117 家。

截至 2012 年，共推荐申报青年科技创业人才 200 人，推荐申报组建省级创新创业人才示范基地 5 个。

（四）以加强对外科技合作为重点，引进海外高层次创新人才

一是充分发挥高等院校、科技园区在人才资源、技术资源、政策资源以及对外合作渠道等方面的优势，加强海外高层次人才的引进。2012 年，哈工大、哈工程、哈医大、哈尔滨高新区创业园及大庆海外留学创业园等 5 家单位，已成功引进 27 位创新创业海外高层次人才。

二是以国际科技合作基地和国际科技合作项目为依托，做好黑龙江省产业发展急需的海外高层次创新创业人才引进工作。2012 年，经省科技厅积极推荐争取，黑龙江大学、省科学院石化院和东金集团的国家级国际科技合作基地已通过评审，各基地平均引进海外高层次人才 5 人。此外，黑龙江省已有 16 个项目得到 2012 年度国家国际科技计划专项的支持，每个项目可为黑龙江省引进博士 1—2 人。

（五）实施“人才强县”战略，组织科技专家下基层

一是积极推动“人才强县”战略。支持县域经济发展和科技人才队伍建设。全面启动科技特派员农村科技创业行动，建立 100 个法人单位和 1000 名自然人组成的科技特派员队伍。加大支持县（市）生产力促进中心力度，提高县域创新驱动发展能力建设。加强基础科技管理干部培训，推进县（市）科技管理人才队伍建设。

二是组织科技专家下基层。为深入贯彻落实《黑龙江省“千名专家下基层行动”实施方案》的部署，省科技厅着眼于服务基层中小企业产业项目、提高县域经济的科技支撑能力和整体发展水平，制定《科技专家下基层具体推进方案》，依托科技成果转化落地行动、科技特派员科技创业行动等载体积极引导两院院士、科技专家深入科技园区、企业，在新材料、新能源、生物、绿色食品等重点产业领域开展对接合作和科技服务活动。共选派 200 名科技专家深入基层，取得明显阶段性成果，为黑龙江省经济社会跨越发展提供科技支撑。

四、科技人才政策措施及成效

近年来，黑龙江省陆续出台一系列政策，加快构建支撑全省自主创新活动的科技人才队伍体系，以培养高层次优秀科技人才为切入点，以建设创新型科技人才队伍为目标，把人才队伍建设与促进黑龙江省科技、经济发展和构建和谐社会的奋斗目标紧密地联系起来，不断加大投入、创新扶持模式，近些年来在全省高层次科技人才队伍建设中取得了显著的效果。

1.《中共黑龙江省委、黑龙江省人民政府关于深化科技体制改革加快科技强省建设的决定》

为贯彻落实《中共中央、国务院关于深化科技体制改革加快国家创新体系建设的意见》精神，深入实施《黑龙江省中长期科技发展规划纲要（2006—2020 年）》，充分发挥科技在转变经济发展方式和调整经济结构中的支撑引领作用，不断提高黑龙江省的综合实力和竞争力，制定出台了《中共黑龙江省委、黑龙江省人民政府关于深化科技体制改革加快科技强省建设的决定》（黑发〔2012〕11 号，以下简称《决定》)。把进一步培养和引进人才作为《决定》6 个部分之一，从形成科技人才培育的合力、加大高层次人才引进和培养力度、完善科技人员合理流动机制、强化科技人才的激励机制、建立优秀人才脱颖而出的选拔评价机制等 5 方面出台了政策。提出了实施科研关键岗位和重大科研项目负责人海内外招聘制度、科技人员（大学生）创办科技企业可保留原单位人事关系（学籍）三年、转让职务科技成果提取不低于 35% 的净收入奖励成果完成人等激励政策，同时提出完善科技创新和科技创业人员分类评价体系。

2.《黑龙江省人民政府关于进一步发挥高层次人才作用促进科技成果转化落地的意见》

制定出台了《黑龙江省人民政府关于进一步发挥高层次人才作用促进科技成果转化落地的意见》（黑政发〔2012〕37 号，以下简称《意见》)。从完善科技人才激励政策、加快科技人才队伍培养与引进、完善科技人员评价机制、强化科技园区和产业园区成果转化重要载体作用、充分发挥科技企业成果转化主体作用、全力营造有利于科技成果转化市场环境等 6 个方面提出了具体政策措施，为进一步发挥高层次人才作用、促进科技成果转化落地，努力实现“科教人才强省富省工程”目标，提供了有力的政策支撑。

《意见》提出六点突破性政策：

一是提出了让为龙江经济社会发展做出突出贡献的人才在经济上有所得的激励政策。为充分体现多劳多得，让科技工作者更体面更有尊严地从事科技成果转化工作，根据不同的科技成果投入方式，明确规定了成果完成人相应获得与之相当的股权、收益或奖励的最低份额，为成果完成人获得科技成果收益提供了政策依据。

二是提出了鼓励科技人才进行科技成果转化的有效措施。在《意见》第二部分的完善高层次人才评价机制部分中提出了对从事成果转化和产业化的人才单独采取一套科学合理的评价标准，进行规范管理。

三是提出了加快促进高新技术产业开发区发展的激励政策。为促进各市地加快省级高新技术产业开发区的建设，在《意见》第二部分的强化科技园区和产业园区对科技成果转化的重要载体作用部分中提出了鼓励省级高新技术产业开发区晋升为国家级高新技术产业开发区，加快黑龙江省各类高新技术产业开发区发展的激励政策。

四是提出了有关“支持企业购买科技成果”的奖励政策。在《意见》第二部分的充分发挥企业科技成果转化主体作用部分中提出了建立重大科技成果转化机制的内容。通过鼓励和引导企业购买成果，提升企业对科技成果转化的积极性。

五是提出了增加技术研发和科技成果熟化环节投入的相关政策。为加快企业、高校、科研机构科技创新能力的提升，特别是增强企业作为技术创新主体的技术研发实力和科技成果转化能力，在《意见》第二部分的充分发挥企业科技成果转化主体作用部分中提出了奖励政策内容。

六是提出了建立“黑龙江省科技成果转化引导基金”的政策。黑龙江省利用中央财政设立国家科技成果转化引导基金的有利契机，在《意见》第三部分的创新机制加强投入部分中提出了建立“黑龙江省科技成果转化引导基金”。

3.《黑龙江省实施产学研合作培养创新型人才的若干意见》

为加强黑龙江省产学研创新人才的培养、引进和管理，探索产学研合作培养创新人才的新机制，促进产学研合作互动融合与高层次人才培养，拓宽创新创业人才培养渠道，实现全省人才队伍能力的全面提升，制定《黑龙江省实施产学研合作培养创新型人才的若干意见》，提出了建立产学研战略联盟，依托科技创新平台、培养高层次产学研创新人才和创新团队；建立高等学校、科研院所、企业高层次人才双向交流制度，推行产学研联合培养研究生的“双导师制”；建立以产学研项目培养创新人才的培养模式；鼓励产学研创新人才互动和引进，培养产学研创新人才；高校学科链对接地方产业链，使学科建设的成果服务于地方经济，为企业提供人才和技术支撑；加强产学研创新人才的培养，提升企业、科研院所的研究开发和自主创新能力等 6 方面的具体措施。

4.《黑龙江省实施有利于科技人员潜心研究和创新政策的若干意见》

为加快黑龙江省人才队伍建设，促进科技人员潜心研究和创新，推动黑龙江省人才的创新发展，制定《黑龙江省实施有利于科技人员潜心研究和创新政策的若干意见》，从加强党对科技人员潜心研究的管理和服务、建立科学的人才评价和奖励制度、建立人才诚信管理制度、建立人才流动机制、建立优秀科研团队和优秀科技人员评选制度、提高科技人员待遇、注重培养年轻人才等方面提出了具体措施。

上海市科技人才发展报告

■ 上海市科学技术委员会

近些年来，上海市科技人才办公室始终秉承人才是第一资源、科技进步和创新关键是人才的理念，按照全市人才工作的总体部署，在市人才办的支持和指导下，始终坚持人才资源优先支持、人才结构优先调整、人才制度优先创新，遵循科技人才成长规律，加快完善并实施各类科技人才计划，加大科技人才培养、引进、使用和服务的力度，为上海科技事业的发展夯实了创新创业的科技人才基础，为上海创新驱动、转型发展提供了有力的科技支撑。

一、科技人才队伍总体情况

截至 2012 年年底，上海共有科技活动人员 38.89 万人，研究与试验发展（R&D）人员数量为 20.88 万人，其中基础研究 R&D 人员投入为 1.61 万人，应用研究 R&D 人员投入为 2.44 万人，试验发展 R&D 人员投入为 1.61 万人。

在高层次人才方面，截至 2013 年年底上海共有中科院院士 94 名，工程院院士 72 名，其中有 1 位为两院院士。截至 2013 年年底，上海共有 68 位科学家成为国家“973 计划”和重大科学研究计划项目首席科学家，上海市历年累计有 185 位科学家担任过国家“973 计划”项目和国家重大科学研究计划项目的首席科学家。截至 2013 年年底在沪国家“千人计划”入选者共有 626 人，上海地方“千人计划”442 人，其中科技人才 267 人。截至 2013 年年底，上海共有 81 位青年科学家获得国家杰出青年科学基金，上海历年入选的国家杰出青年科学基金获得者累计达 413 人（不含在外地获杰青资助后来沪工作者）。截至 2013 年年底，上海地区有 21 个团队获国家自然科学基金创新群体基金，上海历年入选的创新群体累计达 47 个。截至 2013 年，在“创新人才推进计划”入选名单中，上海共入选“中青年科技创新领军人才”36 名，“科技创新创业人才”16 名，“重点领域创新团队”6 个，“创新人才培养示范基地”7 个。

在引进人才方面，截至 2012 年年底来沪工作和创业的留学人员已超过 10 万人，留学人员在沪创办企业 4500 余家。常住上海的外国专家 8.5 万余人。在引进的高层次人才方面截至 2014 年

10 月，引进中央千人专家 10 批，共 626 人。在前九批 498 名中央千人中，45—55 周岁的约占 45%，40 周岁以下占 22%左右，专业领域主要集中在生命科学、工程与材料科学、信息科学等领域。引进上海千人专家三批，共 442 人，专业领域也主要集中在生命科学、工程与材料科学、信息科学等领域，其中 45—55 周岁专家人数约占 60%，40 周岁以下约占 12%。

二、科技人才工作总体部署和进展

近些年来，尤其是“十二五”以来，上海市科技党委、上海市科学技术委员会（以下简称“市科委”）不断加大对科技创新创业人才的引进和培养，通过深入实施各类科技人才计划和完善科技创业服务体系，最大化各类科技创新创业人才的作用。

在引进、培养和使用科技创新人才方面，上海市科技党委、市科委着力推进“创新型科技人才开发计划”，目前已经形成了从博士后基金、扬帆计划、启明星计划、浦江计划（海归）到优秀学术/技术带头人，阶梯式成长的自成体系的人才培养体系。“十二五”以来，不断深入实施科技人才计划，完善人才计划资助体系，加强人才梯度培育力度，扩大企业技术创新人才培育规模，增强对海外优秀人才的吸引，重视在科学研究、技术创新以及产学研合作等实践中培养创新人才，有效促进了高水平科技人才的成长和优秀青年科技人才的脱颖而出。

在引进、培养和使用科技创业人才方面，上海市科技党委、市科委工作重点是努力构建和完善城市科技创业服务体系，通过战略性新兴产业的培育及科技金融服务的完善，营造良好的创业环境，从而进一步推进创业载体建设、拓展科技金融服务、落实创业扶持政策、创新企业服务手段、加强科技创业培训，多方位扶持和培育创业人才的成长并吸引有创业理想的人才来沪创业。

（一）科技人才发展规划

1.《上海市中长期人才发展规划纲要（2010—2020 年）》

2010 年 8 月中共上海市委、上海市人民政府印发《上海市中长期人才发展规划纲要（2010—2020 年）》（以下简称《人才规划纲要》）。《人才规划纲要》是上海市第一个中长期人才发展规划，是今后一个时期全市人才工作的指导性文件，是更好实施人才强市战略的重大举措，对上海加快推进“四个率先”、加快建设“四个中心”和社会主义现代化国际大都市具有重大意义。

《人才规划纲要》制定的人才发展总体目标是：到 2020 年，培养和集聚一批世界一流人才，充分发挥各类人才在支撑和引领经济社会发展中的关键作用，把上海建设成为集聚能力强、辐射领域广的国际人才高地，建设成为世界创新创业最活跃的地区之一，为落实人才强国战略发挥先导作用。

具体目标为：到 2020 年，上海人才资源总量达到 640 万人。确立人才国际竞争比较优势，海外高层次人才集聚度进一步提高，本土人才国际化素质和参与国际竞争合作的能力显著增强，承载海内外人才发展的平台日益具有国际影响力，引进 2000 名海外高层次创新创业人才，在沪常住的外国专家达到 21 万人。增强人才队伍与产业结构融合度，知识型服务业人才占人才总量的比例达到 60%，高技能人才占技能劳动者的比例达到 35%，主要劳动年龄人口受过高等教育的比例达到 53%。提升人才自主创新能力，人才贡献率达到 54%，高层次创新型科技人才达到 9000 人，每万劳动力中研发人员（R&D）达到 148 人年，国内专利授予量达到 5 万件。优化人才发展环境，人力资本投资占上海市生产总值（GDP）比例达到 18%，全面改善居住、医疗、教育、人文环境，提供更好的科研公共服务平台，营造开放、宽容、充满激情的创新创业氛围，把上海打造成为最具创造活力、最富创新精神、最优创业环境的城市之一，使海内外人才近悦远来。

《人才规划纲要》规定的重要人才发展任务有：探索建立浦东国际人才创新试验区，建设一批海外高层次人才创新创业基地，大力集聚海外高层次人才，提高本土人才国际化程度，通过这些方面的努力使上海在人才构成、素质、管理服务等方面形成国际竞争比较优势，依靠人才优势推动国际大都市发展。

2.《上海市人才发展“十二五”规划》

为落实《上海市中长期人才发展规划纲要（2010—2020 年）》和《上海市国民经济和社会发展第十二个五年规划纲要》，2011 年上海市印发《上海市人才发展“十二五”规划》（以下简称《人才发展“十二五”规划》）。

《人才发展“十二五”规划》确立的上海市“十二五”期间人才发展的总体目标是：到 2015 年，以建设浦东国际人才创新试验区为发力点，集聚造就一批世界级高层次人才，充分发挥各类人才在支撑和引领经济社会发展中的关键作用，为上海建成集聚能力强、辐射领域广的国际人才高地和世界创新创业最活跃的地区之一奠定基础，为进入世界人才强国行列的国家战略发挥先导作用。

《人才发展“十二五”规划》确立的上海市“十二五”期间人才发展的具体目标是：①人才国际化水平大幅提升。引进海外高层次创新创业人才达到 1000 人，常住上海的外国专家达到 16 万人，留学归国人才达到 12 万人，本市重点领域本土人才国际化培训达到 5 万人；②人才队伍结构显著优化。主要劳动年龄人口受过高等教育比例达到 45%，每万劳动力中研发人员（R&D）达到 123 人年，高技能人才占技能劳动者比例达到 30%，知识型服务业人才占人才总量比例达到 52%，高层次创新型科技人才达到 5600 人，人才贡献率达到 50%；③人才市场体系与世界初步接轨。健全政府部门宏观调控、市场主体公平竞争、中介组织提供服务、各类人才自主择业的市场运行机制，率先建立统一规范灵活、国内国外双向开放的人力资源市场，基本建成专业化、信息化、产业化、国际化的人才市场服务体系；④人才发展环境初具国际竞争力。人才发展体制机制瓶颈基本破解，人力资本投资占国内生产总值比例达到 15%，人才发展的事业环境、生活文化环境和服务环境初具国际竞争力。

3.《上海“十二五”生物医药产业人才发展规划》

2011 年 9 月上海市科学技术工作委员会根据国家与上海“十二五”人才发展规划，制定印发了《上海“十二五”生物医药产业人才发展规划》。该规划是围绕“十二五”期间上海生物医药产业制造业、商业、服务外包业对人才发展的需要，制定的上海生物医药产业人才发展工作指导性文件。

《上海“十二五”生物医药产业人才发展规划》本着“以‘重点发展生产制造业，积极做大医药商业，着力培育服务外包业’的产业发展思路为基础，紧密围绕产业发展对人才的需求，遵循产业发展规律和人才发展规律，发挥上海生物医药领域现有的人才优势，开发利用国内国际人才资源，以培养和集聚高层次专业技术人才和经营管理人才、高技能人才为重点，统筹推进各类人才队伍建设，为实现健康上海的目标提供坚强的人才保证和智力支持”的指导思想和“产业引导、国际竞争、重点突破、整体推进”的指导方针，确立了“建立规模匹配、结构合理、素质优良的人才队伍，满足生物医药产业发展要求，使上海成为全国有重要影响力的生物医药产业人才高地之一”等发展目标。该规划提出了突出造就高层次创新创业人才和团队、大力开发重点领域的急需紧缺人才、统筹培养产业发展所需各类人才、营造良好的人才培养使用机制和环境等四项重点任务，并着重推出七项举措：编制《上海市生物医药产业人才开发专项目录》、设立生物医药产业人才队伍发展统计专项、建立生物医药产业人才发展专项基金、制定生物医药产业人才发展配套政策、实施高端人才工程和产业紧缺人才工程、优化和推进科技资源和产业资源配置及营造良好的创新文化环境。规划实施近两年来，上海市生物医药产业及相关人才发展取得了较好的成绩。

4. 配套措施

为进一步落实《人才规划纲要》和《人才发展“十二五”规划》，上海市又先后出台了《上海“十二五”生物医药产业人才规划》《上海市科学技术进步奖励规定》《关于海外高层次引进人才享受特定生活待遇的若干规定》《留学回国人员来沪工作申办本市常住户口实施细则》《上海市引进人才申办本市常住户口试行办法实施细则》等配套措施，加上 2010 年以前上海已经颁布实施的《关于实施〈上海中长期科学和技术发展规划纲要（2006—2020 年）〉若干人才配套政策的操作办法》《上海市青年科技启明星计划管理办法》《上海市鼓励专业技术人员和管理人员从事高新技术成果转化实施办法》《鼓励留学人员来上海工作和创业的若干规定》《上海领军人才队伍建设工作实施办法》《上海市海外留学人员来沪创办软件和集成电路设计企业创业资助专项资金管理暂行办法》《上海市人才发展资金管理办法》《上海市优秀学科带头人计划管理办法》《关于进一步做好本市高新技术成果转化中人才工作的实施意见》《上海市加强高科技产业人才队伍建设的若干规定》《上海市浦江人才计划管理办法（试行）》《上海市人才流动条例》《上海市吸引国内优秀人才来沪工作实施办法》《关于本市推进校企合作培养高技能人才工作的实施意见》《上海市科学技术奖励规定》《白玉兰科技人才基金管理办法》《上海市鼓励专业技术人员和管理人员从事高新技术成果转化实施办法》《上海市浦江人才计划管理办法》《上海市吸引国内优秀人才来沪工作实施办法》《上海市引进海外高层次留学人员若干规定》《鼓励留学人员来上海工作和创业的若干规定》《上海市人事局关于印发〈上海市博士后管理工作实施办法〉的通知》等政策文件共同构成了人才政策落实的配套文件系列。

（二）科技人才工作体制机制创新

1. 科技创新人才工作体制机制方面主要创新

一是青年人才培育前移，增设青年科技英才“扬帆计划”。为帮助崭露头角的优秀青年科技人才加快成长，为其开展创新性的科研活动提供起步资金，上海市科委决定，自 2014 年起，实施上海市青年科技英才扬帆计划，简称扬帆计划。扬帆计划鼓励创新、宽容失败，特别鼓励原始创新和大胆探索，鼓励发展新兴、边缘和交叉学科，期望推动新思想萌芽的生长和新领域科研的诞生。该计划主要面向在沪高校和科研院所等单位 32 周岁以下的在岗科研人员，要求具有硕士（含）以上学位，无省部级（含）以上项目主持经历，且非在站博士后。2014 年共资助 150 人，每人资助 10 万元，执行期 3 年。

二是灵活机制，鼓励产学合作，扩大对企业技术创新人才的培育范围。基于企业技术人才相对薄弱的现状，市科委经过多方调研和意见征询，主动宣传对接，并了解企业各类人才特点，酌情适度放宽企业人才申报门槛，同时提高了资助强度。为鼓励科研机构人才参与企业技术创新，加快科技成果转化，2012 年起在优秀技术带头人计划中试点探索，参与企业项目研究开发、前期有较好产学研合作基础的高校、研究院所科研人员，可以企业为依托单位申报优秀技术带头人，以促进科技人才在高校、科研院所和企业之间的流动与双向兼职。针对企业类人才计划的验收，在结题评估的前提下加强跟踪服务，帮助对接相关的各类计划和基金。

三是优化遴选方式，确保各类科技人才计划评审工作的公开公平公正。各类人才计划评审经过网上受理、网上评审和见面会等严格的遴选程序。在见面会时将第一轮网评成绩告知评审专家，并在结束时采取当场唱票当场开票的方式，体现公开公平公正。对浦江计划科技创业类（B 类）项目所依托企业还增加实地考察环节，以了解企业真实状况，确保项目顺利开展。

四是完善结题验收评价方式，提高项目管理效力。针对普遍存在的重立项轻监管的现象，市科技人才计划注重过程管理，强化绩效考核。“十二五”期间，采用集中验收方式，同一批验收较具可比性，评价时采用优良中差等级制，同时与之后的后续支持挂钩，比如启明星验收优秀者方可申报启明星跟踪计划，浦江验收优秀者才具备申报重点项目连续支持的资格。基础项目验收转变为按指南条目验收，组织同一条指南下的项目集中验收，由同一批专家采用同一评价标准评判把关。

五是探索连续稳定支持机制，保障人才潜心研究、持续成长。采用基于绩效评估的连续支持方式给予稳定的研究经费，让科学家们潜心研究，避免为了适应指南而经常调整研究方向以争取经费的状况发生。“十二五”开始，为浦江人才计划结题评估优秀者开辟连续支持通道。对连续支持项目的评审，采用网评结合答辩的方式，以便评审专家清晰地了解申请者前一项目的完成情况、本次申请项目和前一项目的关系，以及拟开展的新一轮项目的设想。

六是加强对接，争取更多国家资源。优秀学术（技术）带头人计划关注带头人在团队中的领衔作用，鼓励跨界合作，加强对领军人物及其优秀团队的稳定支持，帮助优秀团队在带头人引领下尽快脱颖而出，更好对接科技部创新人才推进计划、创新群体；浦江人才计划继续加大宣传、扩大品牌效应，进一步强化投入机制、加强协同联动，积极发挥留学人员回国第一桶金的作用，加强与中组部“千人计划”的对接；启明星计划继续做精做强，为青年人加速成长续力，从而更好对接基金委国家杰出青年基金和科技部中青年科技创新领军人才。

七是做好科技人才奖励工作，激励科技人才发展。《上海市人才发展“十二五”规划》实施两年来，上海市举办了第十二届上海市科技精英评选及第六届上海青年科技英才评选。在评选过程中，我们坚持“公平、公正、公开、择优”的原则，强调分布更趋合理，提高企业科技人才的入选比例，并加大对科技人才培养的投入力度，提高获奖者奖金。此外，中科院设立“卢嘉锡青年人才奖”，激励青年人才不断提高创新能力，为国家经济社会发展、区域发展争做贡献。上海地区研究所获卢嘉锡青年人才奖的有 24 人。

在做好科技人才表彰、奖励工作的同时，认真做好优秀科技工作者的举荐工作，在开展第十二届中国青年科技奖上海地区候选人推荐工作时，最终中国科学院上海药物研究所李佳、复旦大学附属华山医院赵曜入选。2012 年，复旦大学附属中山医院副院长樊嘉被推选为“十佳全国优秀科技工作者”并入选。此外，复旦大学附属华山医院吴志英获第九届中国青年女科学家奖，上海模具技术研究所有限公司总裁孔啸获第十六届中国科协求是杰出青年成果转化奖。

八是加强青年科技人才联谊组织建设，服务科技人才发展。一方面，加强青年科技启明星联谊会建设，2012 年换届选举产生第五届理事会，目前联谊会已成为优秀青年科技人才的“家园”。另一方面，中科院成立“青年创新促进会”，加强对优秀青年人才的培养和支持，提高其创新能力和社会竞争力。目前，青年创新促进会已在上海已成立上海分会，拥有会员 156 人，其中上海地区 130 人。

2. 科技创业人才工作体制机制方面主要创新

一是推进创业载体建设。为进一步推进创业人才队伍的成长与发展，在市区两级政府的支持下，上海创业服务载体建设掀起了新一轮的高潮。在这项工作中，我们重点放在引导创业苗圃、孵化器和加速器为主体的创新创业服务链建设上，向前对接各高校和科研院所开拓创新源头，免费向早期创业者提供场地及多项服务资源，向后对接上海战略性新兴产业延伸创业服务。同时我们积极引导多元资本参与载体建设，基本形成服务链延伸、共享商务服务、技术平台支撑、产业集聚、天使投资等多种模式，从而有效地把创新创业的扶持与服务工作引向一个新的阶段。

截至 2012 年年底，上海市共建设孵化基地 89 个，在孵企业 7234 家，其中专业孵化器 54 个。在 2012 年，有 13 家单位被认定为上海市新建科技企业孵化器，新认定的孵化器全部为专业孵化器，涉及互联网、智能电工、信息通信、环保等领域，新增孵化资金 2.6 亿元，新增孵化面积 15 万平方米。在原先 5 家试点创业加速器的基础上，2012 年共新增 7 家加速器，扶持加速阶段创业企业总数达 160 多家，总销售额达 20 亿元以上。建设创业苗圃 54 家，覆盖全市 14 个区县，新入驻项目 850 个，累计培育创业项目 2643 项，并组织立项资助 102 个，连续两年成倍增长。据不完全统计，各类苗圃、孵化器和加速器共服务于各类创业人才总计 20000 多名。

二是拓展科技金融服务。为解决上海市创业人才常见的资金瓶颈问题，帮助他们渡过难关，上海市科委积极开展科技金融工作，委托上海市科技创业中心分别与交通银行上海市分行、平安银行上海市分行、上海市创业投资协会、上海科技投资公司签署科技型中小企业投融资服务战略合作协议，鼓励风险投资机构、融资机构服务科技型中小企业，并在履约责任保证保险（担保）贷款、小巨人信用贷等多种新型金融产品的基础上，进一步探索推出了微贷通业务及投保贷融资业务。截至 2012 年年底，全年共为科技型中小企业争取投融资 12.2 亿元。

同时，上海市科委积极开展科技金融信息平台建设，在全市范围群建立了一批科技金融服务站和一支拥有 100 多名科技金融专员的服务队伍，为各类创业人才提供科技金融专项服务，并全面推进科技金融服务培训，按照科技贷款、股权融资、上市辅导、政府专项资金辅导等不同的辅导活动，开展银企对接会、产品宣传会、项目发布会、融资讲座、改制上市培训班、专项资金讲座等，近两年来累计服务达到 14000 多人次，取得了良好的社会效果。

三是落实创业扶持政策。将各类创业扶持政策抓紧落实和推进，是促进创业人才成长的一项重要措施。因此，上海市科委充分利用相关政策资源，从环境建设、企业扶持的角度出发，在积极推动上海市创业人才队伍的成长这一目标做出贡献。首先是把《关于鼓励和促进科技创业的实施意见》作为第一份明确上海孵化器发展政策的政府文件，鼓励社会资源参与建设孵化器，鼓励更多的科技资源向中小型科技创业企业集聚，对于上海孵化器发展具有里程碑式的意义。

截至 2012 年年底，上海市科委全年累计受理上海市创新资金创新项目 2715 项，国家创新基金项目立项数和立项金额再次获得全国第一，推荐申报创新基金中小企业公共技术服务机构补助资金项目 52 项，立项 35 项，立项金额 2330 万元；推荐申报科技型中小企业创业投资引导基金项目 37 项，立项项目 25 项，立项金额 2454 万元。累计受理提交评审高转项目 849 项，已完成 10 批 635 项高转项目认定和发证工作，绝大多数高转项目处于中试或小批量生产阶段，这些项目总投资额为 63.12 亿元，预计三年后将累计新增产值 944.68 亿元。经保守估计，本项工作可服务于创业人才 6000 人次以上，其他各类企业内创新创业人才 8000 人次以上。

而为了进一步提高对于大学生创业群体的支持力度，我们继续发挥“雄鹰计划”（股权资助）和“雏鹰计划”（债权资助）对不同早期创业人才支撑的积极作用。截至目前，本年度已受理各类项目申请 460 项，其中有 103 个得到我们的资助，并已 100% 转化为注册企业。并举办 8 场针对初创业者和潜在创业者的培训交流活动，服务对象总数达 700 余人次，对促进上海市的创新创业氛围起到良好的正面推动作用。

四是创新企业服务手段。如何帮助初创期企业人才提高管理和技术能力，加速业务开拓，提升经营管理水平是这几年来的一项重要任务。上海市科委依托上海市科技创业中心牵动本市各家孵化器，积极开拓思路、创新方法，先后推出了财务代理、委托招聘、创业导师、知识产权托管、项目申报辅导、法律咨询打包等十多项服务内容，有效地降低了创业之初的经营成本与风险，极大地提升了成功率和成活率。其中，上海市科技创业导师数量达到 108 名，组织创业导师手牵手、专题培训等活动 110 次，创业导师系列讲座 249 次，248 名（次）创业导师与创业企业一对一签约并予以指导，并为 7486 人（次）进行创业培训。

而为了更好地帮助企业人才队伍的发展壮大，上海市科委委托漕河泾创业中心等多家单位，为园区企业和孵化企业提供招聘推荐等服务，先后在漕河泾、上海大学创业园等园区内举办了 6 次现场招聘会，组织小巨人企业、园区企业、孵化器企业为本市的大学生提供 4000 多个就业或见习岗位。经初步统计，共有 2500 多个岗位落实了人员招聘，在帮助企业解决人才队伍问题的同时取得了良好的社会效益。

五是加强科技创业培训。通过培训手段提高创业人才的经营管理能力，可以从根本上帮助其不断发展壮大。上海市科委依托上海市科技创业中心和上海科技管理干部学院等单位，从企业人才培训和科技政策服务人员培训两个角度出发开展工作，针对各类科技型中小企业，开展“从技术走向管理”系列培训、“创新工程师”系列培训、“专业技术人才”系列培训、“生物医药专业”系列培训、“高层次人才”专题培训、“创业者培训”“创业导师培训”“科技金融及企业上市”“创业训练营”“创业大赛”等多种类型、覆盖全面的培训工作，同时结合诸多企业的需求，提供深入企业内训服务工作。

截至 2013 年 6 月，共举办针对企业高层决策人员的企业高管研修班 5 次，服务小巨人企业高管 160 余人次；针对企业中层管理人员和一线科研技术人员的“技术管理”“创新工程师”“专业技术领域培训”等 74 次，参加学员达 4000 余人次；针对初创业者和潜在创业者的“创业大讲堂”“创业沙龙”“创业周末”等培训或活动 21 次，服务创业者 1500 余人次；针对创新型企业管理人才的创新培训班 8 次，参加学员 230 人次。针对创业基地服务人才的“孵化器经营管理能力培训班”“长三角孵化器管理人才培训班”等共举办 9 次，培训人员达 630 人次。

三、科技人才工程／计划及实施效果

1. 科技人才 / 工程计划体系

一是青年科技启明星计划。瞄准具有独立承担国家科技项目潜在能力的 35 岁以下青年科技人才进行培养，并针对已完成启明星计划培养的 40 岁以下青年科技人才择优进行跟踪培养。

“十二五”前两年，该计划共资助 320 人，较“十一五”同期增长 14.7%。其中，A 类资助 140 人，B 类资助 122 人，跟踪资助 58 人。两年投入经费合计 5100 万元，较“十一五”同期增长 52.2%。

“十二五”期间，为提高遴选机制的科学性，启明星计划从个人能力、项目前景、科研环境等方面，加强了对申请人员发展空间的综合评估，以确保择优资助。为鼓励人才向产业转移，B 类资助数量不断扩增，直至目前已与 A 类资助数量相当。同时，加大了对优秀青年人才的资助力度，A 类和跟踪计划入选者计划人均资助额度从原来的 15 万元升至 20 万元，B 类的人均资助额度从原来的 10 万元加倍升至 20 万元。

自 1991 年启动实施以来，启明星计划已累计资助青年科学家 2026 人次，其中跟踪资助 345 人次，累计投入资助经费达 2.24 亿元。在历年资助的人群中，迄今已有 6 人当选两院院士，有 36 人成为国家“973”或重大科学研究计划首席科学家，116 人入选国家杰出青年科学基金（杰青），启明星品牌效应和群体辐射带动效应显著。与此同时，启明星计划借助启明星联谊会，搭建学习平台，架沟通桥梁，锻炼团队合作精神，增强启明星群体的凝聚力，也为学科间交叉融合创造条件。

二是博士后计划。旨在资助在站博士后中年轻优秀人员，分为 A 类和 B 类，A 类主要面向在高校、科研院所从事博士后研究的人员，经费为 4 万元 / 项；B 类主要面向在企业中从事博士后研究的人员，经费为 8 万元 / 项。2013 年 A 类和 B 类博士后计划共计资助 105 项。

三是优秀学术（技术）带头人计划。针对 50 周岁以下，在科研院所、高校本学科领域起引领带动作用的优秀学术带头人或在科技企业本技术领域起引领带动作用的优秀技术带头人给予支持。“十二五”前两年，优秀学术（技术）带头人计划共资助 220 人，较“十一五”同期增长 39.2%。其中，优秀学术带头人计划资助 139 人，优秀技术带头人计划资助 81 人。两年投入经费合计 7300 万元，较“十一五”同期增长 116.0%。迄今为止，该计划累计资助了 917 人，累计投入资助经费超过 2.1 亿元。

为了在优秀学科带头人计划中进一步突显对企业创新人才这一群体的培育，“十二五”开始，对计划进行了更名——A 类为优秀学术带头人，B 类为优秀技术带头人，这一更为确切的计划名称得到了广大企业科技人员的认可，该计划对企业科技创新人才的资助与培养力度也进一步加大。为发挥此项计划对人才培养的导向作用，“十二五”期间评审更加注重研发团队是否稳定、梯次结构是否合理、领衔作用是否突出。为促进产学研结合，技术带头人入选数量大幅提升，且鼓励高校、科研院所人员以企业为依托单位申报技术带头人，并遴选出服务企业的高校和科研院所技术带头人。

四是浦江人才计划。为回国不久的海外科技人才从事科研活动提供经费支持。“十二五”前两年，浦江人才计划共资助科技类人才 270 人。其中，A 类科研开发人才 234 人，B 类企业科技创新创业人才 66 人。该计划自 2005 年启动至今，累计资助科技领域人才 1131 人（含团队）。

为加强吸引海外优秀科技人才来沪创业，为上海企业的自主创新发展注入更多活力，“十二五”期间，浦江人才计划加大扶持企业力度，促进科技人才向产业流动，对浦江 B 类项目不预设淘汰比例，并扩大了 B 类的资助规模；把控学科资助权重，引导科技与产业融合发展，在保持生命学科人才适当资助率的同时，加大了对理工学科人才的资助力度；引入创业投资基金，由大学生创业基金会对入选浦江计划的企业进行配套投资或贷款担保，以加强对起步阶段急需资金企业的扶持。

五是中科院“百人计划”。不断完善和扎实推进中科院“百人计划”，目前已经形成包括“引进国外杰出人才”（A 类）、国内“百人计划”（B 类）、项目“百人计划”（C 类）、杰青入选“百人计划”（D 类）、自筹“百人计划”（Z 类）的本市“百人计划”体系，通过实施此计划，吸引德才兼备的青年学术技术带头人，培养和造就青年科技领军人才。

截至 2012 年年底，上海分院系统通过“百人计划”引进和支持的优秀青年人才共计 318 人，其中“引进国外杰出人才”入选者 232 人，国内“百人计划”入选者 11 人，项目“百人计划”入选者 17 人，35 位“国家杰出青年科学基金”获得者入选“百人计划”并获得支持，23 位获所级自筹“百人计划”支持。

六是上海市自然科学基金青年项目。

七是紧缺人才培训工程。上海市科委针对上海市新兴产业紧缺人才进行专门的立项培训工作，为战略性新兴产业发展提供扎实的人才支撑，在纳米科技、RFID 高端人才、科技管理人才、节能与新能源汽车紧缺人才、生物医药紧缺人才等领域设立培训计划，仅 2013 年围绕新能源汽车、纳米科技、RFID、生物医药等专题分别培训 310 多人、600 多人、370 多人、850 多人，累计培训 2100 余人。同时在科技型企业中针对管理人才开展技术管理培训 500 多人次，针对创新工程师开展了 10 多次培训，覆盖 6 个高新区、80 多家企业。

2. 重大人才工程 / 计划组织实施和成效总结

上海地方“千人计划”：2010 年，为抢占新一轮产业发展制高点，把上海建设成为最具创新力、最具竞争力和最具影响力的国际人才高地之一，参照中央“千人计划”项目实施情况，上海市发布《上海市实施海外高层次人才引进计划的意见》（沪委办发〔2010〕28 号，简称“上海千人计划”），计划用 5—10 年时间，围绕国家重大战略和上海重点发展战略目标的人才需求，引进一批紧缺急需的海外高层次人才，并争取其中一批引进人才入选中央“千人计划”。

上海“千人计划”引进人才分为创新和创业两大类，基本条件参照中央千人计划引进人才标准，但对创新类别的职称条件有所降低，要求在国外著名高校、科研机构单位相当于副教授及以上职务专家学者（或单位国际知名企业、金融机构担任重要职务的专业技术和管理人才）。

“上海千人计划”引进对象主要有三类：一是依托重大专项、重点创新项目、重点学科和重点实验室、工程（技术）研究中心、工程实验室和创新创业基地等，重点引进并支持一批有重大发明创造或重大技术创新，能够突破关键技术、培育战略性新兴产业、发展高新技术产业、带动新兴学科发展的创新创业人才。

二是聚焦高新技术产业化九大领域，重点引进和支持一批掌握核心技术，擅长知识产权战略谋划和知识产权运作，能够提高自主创新能力、形成自主知识产权、实现知识产权价值最大化的海外高层次创新人才、科技创业领军人才和创新团队。

三是围绕加快“四个中心”和现代化国际大都市建设的需要，重点引进和支持一批国际金融、航运、贸易、经济领域高端人才以及有一定国际知名度的文化艺术大师和创意人才。

截至 2013 年年底，上海地方“千人计划”进行了 3 次评审，共有 442 人入选。

四、科技人才政策措施及成效

1. 培养和开发政策

一是上海市青年科技启明星计划。上海市青年科技启明星计划（以下简称“启明星计划”）由市科委于 1991 年设立，旨在选拔和培养优秀青年科技人员，以项目扶持的方式，为青年科技人员起步，领衔开展科学技术研究、应用开发、成果转化等工作提供经费资助，通过科研实践和其他实践活动，促进优秀青年科技人员脱颖而出，成为学科、技术带头人。

2005 年，为提高上海企业的核心竞争力，加强企业科技人才队伍建设，选拔和培养一批优秀企业青年科技人才，市科委特设立上海市青年科技启明星计划（B 类）旨在以项目扶持的方式，支持企业青年科技人才领衔开展研发实践，促进企业优秀青年科技人才脱颖而出，成为企业科技骨干和技术带头人。

对取得较好成果并有发展前景的启明星计划完成者或取得显著科研成果和社会经济效益的启明星计划完成者，市科委又设立了“上海市青年科技启明星跟踪计划”，在启明星计划资助期结束后三年内，予以跟踪资助。

二是上海市优秀学科带头人计划。上海市优秀学科带头人计划（以下简称“学科带头人计划”）由市科委于 1995 年设立，旨在支持在某一学科、专业技术领域做出过具有国际水平的研究成果；或对本学科以及相关学科领域发展有较大影响，被国内外同行公认有创新性成果或业绩；或掌握某一学科、专业技术领域能影响高新技术产业化的关键技术并对上海市经济和社会发展做出突出贡献者。

2005 年，为实现上海市科技和产业发展的总体目标，提高企业的科技创新能力，培养和选拔一批引领企业技术创新的学科和技术带头人，市科委设立了“上海市优秀学科带头人计划（B 类）”，旨在支持某一行业、专业技术领域做出过具有国际水平的科技成果；或对本行业或专业技术发展有较大影响，被国内外同行公认有创新性成果或业绩；或成功完成国外先进技术引进消化吸收工作的核心技术骨干；或掌握能影响高新技术发展的关键技术并对上海市经济和社会发展做出突出贡献者。

三是上海市浦江人才计划。上海市浦江人才计划（以下简称“浦江计划”）由上海市人力资源和社会保障局（以下简称“市人保局”）和市科委于 2005 年联合设立，旨在进一步贯彻中共中央、国务院《关于进一步加强人才工作的决定》，全面实施“科教兴市”主战略，落实《上海实施人才强市战略行动纲要》，加快集聚海外优秀留学人员，进一步优化科技创新和自主创业环境。

四是上海市地方“千人计划”。

五是 2010 年修订了《上海市科学技术进步条例》，为促进科技创新和培养开发科技人才奠定了基础。新修订的《上海市科学技术进步条例》第三章“科学技术研究开发机构与科学技术人员”，五个条款阐述了科技人才，在鼓励创新，保障继续教育，鼓励人才流动、从事四技工作，促进科技人才成果转化，推进科技人员学术诚信，鼓励科技人才自由探索等相关政策。

六是区县人才开发政策，如杨浦区加大人才资助力度。设立杨浦区人才发展专项资金（又称鼎元资金），主要用于高层次拔尖人才及各类紧缺人才的开发、引进、培养、服务、奖励，高层次人才科研转化，科技创业人才资助等。具体政策包括：①两院院士及其团队等高层次人才进行高新技术科研成果转化（经上海市高新技术成果转化项目认定），可以申请高层次人才科研成果转化资助资金，最高金额为 10 万元；②高校、科研所在册硕士生、博士生创业、最后一年在读的本科生，是其创办公司中的最大股东，在创业团队中起主导作用，且携带的创业项目获得上海市大学生科技创业基金资助，可以申请科技创业人才资助资金，最高金额为 8 万元；③工商税务注册在杨浦的机关、企事业单位、科研院所、高新技术企业根据《杨浦知识创新区人才开发目录》引进重点领域人才、海外人才时，可以申请重点领域人才开发、海外人才引进专项资金，最高金额为 4 万元；④在学术、技术岗位上连续工作五年以上，且在文化、教育、卫生、创意设计、电子信息、新材料、环保、现代纺织等领域中做出重大贡献和取得突出业绩的副高职称以上的“创业人才”，可以申请高层次人才学术津贴，最高金额为 2 万元。

2. 评价与激励政策

（1）2009 年市科委和市财政局出台《上海市科研计划课题预算编制要求的说明》和《国家重要科技计划项目上海市地方匹配资金管理暂行办法》。

根据《上海市科研计划课题预算编制要求的说明》文件规定，提高上海市科研课题中科技人员劳务费的支持力度，劳务费占课题经费总额的比例上限，由原来的 15%提高到 20%。对于人力资本投入比重较高，硬件投入较少的软科学研究和软件开发类课题，劳务费的比例上限可达 50%。

根据《国家重要科技计划项目上海市地方匹配资金管理暂行办法》，上海市将按国家拨款总额的 10%予以资助，这笔资助金额可主要用于劳务费支出。

这两项规定有利于上海市吸引更多高端人才，加强科技创新人才队伍的建设。

（2）2011 年出台《上海市人民政府关于推动科技金融服务创新，促进科技企业发展的实施意见》。

文件提出了完善科技企业信贷服务体系、建立健全科技型中小企业信贷风险分担机制、加大科技融资担保支持力度、扩大科技企业直接融资等利于科技中小企业融资发展的意见。

目前主要推进以下几点政策落实工作：一是深化履约贷款试点工作；二是创新科技金融服务产品；三是开展科技金融研究，参与完成《上海市促进科技和金融结合试点实施方案》和上海市科技中小企业贷款贴息政策调研；四是全面推进科技金融服务平台建设。

（3）张江示范区的一些人才培养和激励政策。

张江示范区在近几年一直在推行人才激励政策，先后出台了一批相关管理办法，如《上海市张江高科技园区研究生联合培养基地资助及奖励办法（试行）》《上海市张江高科技园区研究生联合培养基地暂行管理办法》《张江区域人才公寓租赁管理暂行办法》《张江区域人才安居工程（青年公寓）实施办法》《张江核心园以市场为导向的人才奖励试行办法》等，对张江示范区人才引进、培养和激励都起到了良好的示范作用，如《张江核心园以市场为导向的人才奖励试行办法》规定张江园区管委会设立“张江创新人才奖励资金”，每年安排 1500 万元，帮助企业吸引和留住关键、骨干人才，每年评出 5 名张江卓越人才、15 名张江优秀人才进行奖励。

（4）强化应用导向，完善专业技术职务评聘制度。

关于贯彻《杨浦区科技发展“32 条”配套政策》若干人才配套政策的实施细则规定，充分发挥高级职称评审在专业技术人员评价中的指导作用，将在科教兴市创新创造中业绩突出，取得具有自主知识产权等创造性成果，在推动高新技术成果转化中成效显著，积极推进产学研结合，并取得良好的经济和社会效益等因素作为评审的重要条件。对实践性较强的专业，申报人员在专业技术工作中取得重要成果后撰写的技术总结等，可以作为参加评审的依据（包括申报人在其中作出创造性贡献的说明）。

对取得以下奖励或入选相应培养计划，但学历、资历等未达到正常申报条件的优秀中青年专业技术人员，在破格申报高一级专业技术职务任职资格时，开辟“绿色通道”：①国家级科技进步奖、自然科学奖、技术发明奖，具有个人证书；②取得省部级科技进步奖、自然科学奖、技术发明奖主要贡献者，具有个人证书；③取得发明专利授权的前三位发明者；④享受政府特殊津贴人员；⑤列入上海市领军人才“后备队”人选；⑥列入省部级以上重点攻关项目、产学研项目，科研经费超过 1000 万元的项目负责人；⑦属于优先发展的高新技术产业，并通过上海市高新技术成果转化项目 A 级认定，产业化状况完全符合预期目标，年利润超过 100 万元的高新技术成果转化项目负责人。

3. 流动与配置政策

（1）2010 年上海市出台《关于鼓励和促进科技创业的实施意见》。

2010 年市科委、市发改委、市财政局联合发布《关于鼓励和促进科技创业的实施意见》，进一步营造有利于科技创业和创新发展的外部环境，帮助科技创业者和科技创业企业实现科技成果转化和产业化，加速高新技术产业化进程，加快经济发展方式转变，提出以下具体实施意见：①鼓励科技人员创业：鼓励大学生和各类科技和管理人员以各种形式开展科技创业，大专院校和科研院所的科技人员和管理人员开展科技创业的，在3年内保留其在原单位的工作关系；②设立“创业苗圃”：进一步降低科技创业门槛，支持科技创业孵化器、大学科技园、大学生科技创业基地等各类科技创业服务机构设立“创业苗圃”；符合条件的科技创业项目，可在“创业苗圃”内享受一定期限、免费的办公场地、基本商务服务、创业指导和咨询、专业支撑等公共孵化服务；③加强科技创业孵化环境建设：大力支持科技创业孵化器的建设；按照国家有关规定，对符合条件的孵化器自用以及无偿或通过出租等方式提供给孵化企业使用的房产、土地，免征房产税和城镇土地使用税。进一步健全科技创业孵化器考核评价体系，提升科技创业孵化器的服务水平和服务质量；依托一批具有创业经验和社会责任感的专业人士，建立为科技创业提供指导的“创业导师”队伍，开设创业培训，提供咨询服务；④完善研发公共服务平台：完善研发公共服务平台共享奖励机制，推进创新创业资源共享，加强专业化服务；通过发放“创新服务礼包”和对企业使用加盟上海研发公共服务平台的仪器设备给予补贴等方式，鼓励和引导科技企业通过上海研发公共服务平台开展技术创新，降低创新创业成本；⑤发展科技中介服务：大力发展科技中介服务，积极推进“创新驿站”建设，鼓励提供技术转移、成果转化等服务的相关机构面向科技创业企业的需求；建设区县科技创新服务中心，集聚市、区县科技公共服务资源，为科技创业者和科技创业企业提供“一门式”的科技创新政策咨询、“一站式”的科技创新相关事务受理以及创新创业需求采集与反馈等各类科技公共服务；⑥推动科技创业投融资体系建设：促进科技与金融的结合；鼓励创业投资机构投资种子期、成长期的科技创业企业，加大对创业投资机构风险救助的力度；⑦加强科技诚信体系建设和考核评价：积累科技创业企业的诚信记录；将科技创业企业的发展状况作为对各区县及有关部门工作绩效评价的一项重要内容。

（2）2011年建设“千人计划”科技事业发展服务专窗。

根据市委组织部领导关于“加强高层次人才服务，搭建科技服务专窗”的指示要求，深入“千人计划”专家所在单位调研，了解专家对创新创业政策的了解情况和目前申报科技项目存在的问题，并根据调研情况编制了“科技服务手册”，研究确立了以“科技专窗”为平台窗口的相关服务体系，力争将“科技专窗”打造成为“千人计划”人才从事科技创新事业的得力助手。中组部和市委组织部的有关领导前来调研，给予了充分肯定和评价。

（3）2011年完善《上海市引进人才申办本市常住户口试行办法》中引进紧缺急需人才认定办法，为人才引进提供便利。

经过研究讨论，将承担国家科技部极大规模集成电路重大专项的相关企业以及承担市发展改革委、市科委生物医药产业化项目的有关单位共计100多家单位作为重点引进机构，并经人社局认可，成为科技人才引进工作重要配套政策。

（4）实施科技小巨人工程，推进科技创业人才发展。

自2006年上海市科委联合市经信委实施“上海科技小巨人工程”以来，该计划支持企业733家，累计支持经费8.19亿元，带动区级财政资金1∶1配套投入。科技小巨人工程的实施显著推动了科技中小企业的自主创新，提高企业核心竞争力，促进地区经济增长。

据统计，全市科技小巨人（含培育）企业2010年主营业务收入总额超过1955亿元，占当年上海GDP比重超过11%；民营企业占全市科技小巨人（含培育）企业比81.8%；经省部级以上科技管理部门认定的高新技术企业数占比93%；34家科技小巨人成功登陆资本市场；创业板和中小板上市的科技小巨人（含培育）企业数占上海创业板和中小板上市企业总数的61.2%，尤其在上海创业板上市的企业中，科技小巨人（含培育）企业19家，占比达到82.6%。

2011年，上海市财政局委托上海社会科学院开展了科技小巨人工程的绩效评价，评价等次为良好，报告指出专项战略适应性强，立项合理；项目管理制度健全，规范有序；绩效良好，产出显著，社会满意度较高，在能力建设和可持续发展方面获得较好评价。这一结论从客观角度体现了科技小巨人企业对全市经济和社会的显著贡献。

（5）实施上海科技型中小企业技术创新资金，助推创业人才发展。

自1999年科技部科技型中小企业技术创新基金设立后，上海市政府于2000年拨款设立上海市科技型中小企业技术创新资金（简称创新资金），支持上海科技型中小企业的技术创新活动。

截至2011年12月，创新资金累计支持项目数4514个，市区两级联动累计资金资助额10.9亿元，争取国家创新基金累计支持项目数2682个，累计资金资助额17.1亿元。2011年，上海市创新资金项目争取国家创新基金立项536项，立项金额3.8375亿元，项目立项数和立项金额均居全国首位，创下上海市12年以来争取国家创新基金的新高。

10多年来，创新资金积极发挥财政资金的引导作用，培育了一大批诸如展讯、微创、康鹏化学、新傲、神开等具有创新活力和发展潜力的科技型中小企业，为提高中小企业竞争力，推进高新技术产业发展，促进产业结构调整，推动创业就业做出了重要贡献。据了解，目前已有15家企业成功登陆资本市场；2011年，已有31家企业参与国家或上海的重大工程，5家企业获得国家科技进步奖；27家企业获得28项上海市科技进步奖，其中一等奖6家。目前，创新资金被写入上海市新修订颁布的《上海市科学技术进步条例》，从而进一步加强了创新资金在资助科技型中小企业开展技术创新，推动中小企业创新创业中的地位。

江苏省科技人才发展报告

■ 江苏省科学技术厅

近年来，江苏省坚持以科学发展观统领经济社会发展全局，深入实施科教与人才强省基础战略和创新驱动核心战略，大力引进、培养高层次科技创新人才，努力营造有利于科技人才创新创业的社会环境，取得了明显成效。

一、江苏省科技创新人才队伍建设现状

科技创新人才总量居全国前列，在若干领域拥有一批科技领军人才。2013 年，科技进步贡献率 57.5%，人才贡献率 34.2%。人才综合竞争力由全国第四位上升到第 2 位，研发人员达 60.96 万人，规模全国第一。2010—2013 年，全省科技活动人员平均增长 16.69%，R&D 人员平均增长 17.05%。在科技人才关键指标上，实现了较大突破，2013 年江苏省每万名从业人员中 R&D 人员为 95 人年，百万人口研发人员数超过 7500 人，达到了创新型国家的中等以上水平。全省拥有两院院士 93 人，位居省份之首。

1. 企业成为集聚人才的主体

近年来，江苏企业共有 R&D 人员占全省比重一直稳定保持在 80%左右，达到创新型国家的平均水平。2010—2013 年，企业 R&D 人员年均增长 10%左右。2007 年以来，江苏省企业通过“双创”人才计划支持引进人才，占全省引才总数的 90%以上。272 名千人计划入选者在企业创新创业，其中创业类 204 人，接近全国的 1/3，位居全国第一。在企业人才载体建设方面，江苏省支持各地建设 6 个“千人计划”研究院，重点建设 1064 家企业院士、博士后、研究生等企业高端人才工作站，其中诺贝尔奖得主工作站、外籍院士工作站 9 家。

2. 重大人才工程成为引才育才的加速器

作为国内较早系统开展高层次人才引进和培育工作的省份之一，自 2007 年以来，江苏省先后启动省创新创业人才引进计划、省科技创新团队建设计划以及省企业博士集聚计划等重大人才工程，使得重大人才工程成为引才的加速器。截至目前，仅省财政就累计资助引进双创人才 2709

名，创新团队 186 个。国家人才计划中，江苏省拥有千人计划 480 人，人数仅次于北京、上海。在创新人才推进计划中，江苏省共有 36 名创新创业人才、46 名中青年科技领军人才、12 个创新团队、2 个人才基地入选。在省级“引才计划”的示范带动下，江苏省 13 个省辖市都先后出台了相关的人才引进配套政策，已经形成了覆盖省、市、县三级的高层次人才引培体系，全省各级引才计划共引进高层次创新创业人才 11540 人。在人才引进方面，南有苏州的姑苏人才计划、无锡的 530 计划、南京的 321 计划、常州的龙城英才计划，北有徐州的“十百千高层次人才引进计划”、淮安的“淮上英才计划”。在人才培养上，省 333 人才培养工程累计培养 6000 多名人才，其中有一部分已经成长为院士。采取及早选苗、重点扶持、跟踪培养等特殊措施，新设杰出青年科学基金和青年科学基金专项，投入 3.9 亿元资助 1550 位青年科研骨干，储备优秀学术带头人。江苏省积极发挥科技部门的综合优势，加快人才、项目、基地和服务的“四位一体”联动，加大对优秀科技人才的科技项目支持、支持建设院士工作站、重点实验室等创新载体，全方位建设科技企业孵化器等创业载体，为人才发挥作用创造更好条件和更优环境。7 年来，“双创计划”引进人才已获得省重大科技成果转化项目 277 个、优势学科建设项目 65 个，平均每个项目得到 1000 万元经费支持。在加强资金资助的同时，优先推荐引进人才入选本土人才培养工程。目前，双创人才有 195 人入选省“333 高层次人才培养工程”，有 91 人入选省“科技企业家培育工程”。

3. 战略新兴产业成为引才的主战场

2012 年，江苏高技术产业 R&D 人员总量为 11.4 万人，在全国范围内高于浙江、山东、湖北、辽宁等兄弟省份，仅次于广东，位居全国前列。据统计，2007—2013 年，江苏省通过省双创计划引进的 2296 名高层次人才主要集中在新材料、物联网和新一代信息技术、光机电一体化及生物技术等战略性新兴产业领域，其中，新材料领域 334 人，物联网和新一代信息技术领域 312 人，光机电一体化产业领域 312 人，生物技术领域 287 人，分别占比约 18.9%、13.6%、13.6%、12.5%。2007—2013 年，新材料、生物技术、物联网和新一代信息技术以及光机电一体化始终是企业引才的重点领域，这也与江苏省近年来战略性新兴产业发展重点领域相契合，符合江苏省的经济发展实际。

4. 科技镇长团成为人才向基层集聚的助推器

自 2008 年选派以来，在不断总结经验基础上，科技镇长团选派规模逐年扩大，先后共实施六批，选派了 1872 人到全省 13 个省辖市的 79 个县（市、区）的 619 个乡镇、街道、开发区任职，取得了显著成绩，受到省内外各方面的广泛欢迎。五年来，科技镇长团累计走访企业 35853 家，举办各类科技创新报告会、交流会和培训班 1374 场，培训各类人才 5.4 万人次，邀请来访专家 19929 人次，达成校企合作或意向 2744 项；签订合同 4000 多份，合同金额 49 亿元；建立科技企业孵化器 197 个；促成企业建立各类科技创新载体 1976 个，帮助企业申报国家、省级等各类科技项目 6000 多项，引进国家“千人计划”159 人、省“双创计划”264 人，培训各类人才 5.4

万人次。科技镇长团背靠高校院所、立足乡镇、服务企业，不仅起到了高校院所、企业、政府产学研合作三螺旋结构的轴心作用，也在很大程度上提升了基层政府的科技管理和服务能力，成为人才向基层集聚的助推器，对加快县域经济转型升级起到了重要的促进作用。

5. 人才创新创业产出成果丰硕

2013 年，全省申请专利 504500 件，是 2010 年的 2.14 倍，授权专利 239645 件，是 2010 年的 1.73 倍。2010—2013 年，企业专利申请占全省专利比重上升了 18 个百分点。48 个通用项目获得国家科技奖励，获奖总数位居全国第二。2013 年，共争取国家自然科学基金计划项目 3459 项，经费总额近 18.57 亿元，位居全国省份第一。在千人计划创业方面，据苏州市 2012 年对该市创业类千人计划的跟踪统计，59 位创业类“千人计划”累计为公司吸引风险投资近 4 亿元；引进博士 102 人、硕士 336 人；累计实现销售 132.8 亿元，实现利税 8.6 亿元；申请专利 861 件，其中发明专利 584 件；累计获市级以上科技经费资助 15000 万元。5 位企业创新类“千人计划”累计承担市级以上重大科技项目 55 项，获科研经费 8100 万元；所实施创新项目为企业新增利税 4.6 亿元；申请专利 374 件，其中发明专利 150 件。

二、下一步工作思路

为进一步贯彻《江苏省中长期人才发展规划纲要（2010—2020 年）》，落实省委、省政府实施创新驱动战略部署，江苏省将围绕推进科技创新工程、加快建设创新型省份的目标任务，以科技部、教育部和江苏省科技教育结合推进战略性新兴产业培育发展和建设苏南自主创新示范区为契机，以改革为主要抓手，推动重点人才政策先行先试，注重人才使用，创新体制机制，突出青年科技人才和科技创新团队的培育，积极发挥人才引领支撑作用，整合科教资源，集成各类项目，打造高端平台，加快科技创新，大力提升科技人才创新创业能力，不断优化科技人才结构和发展环境，为江苏实现创新驱动发展提供科技人才支撑。

三、江苏省下一步科技人才工作举措

下一步，江苏省将大力实施科技人才提升工程，加快以青年科研人才和创新创业人才为重点的科技人才队伍建设。到 2015 年，以抢占国际前沿科技高地为目标，造就 100 名杰出科学家；以突破重大产业技术为目标，打造 500 个科技创新团队；以激励最具创新活力的青年人才脱颖而出为目标，遴选 2000 名优秀青年科研人才；以做大做强高新技术产业为目标，提升一批骨干科技企业家；以加快形成战略性新兴产业新的增长点为目标，扶持一批优秀科技创新创业人才，积极促进科技人才队伍的结构优化，为建成创新型省份提供科技人才支撑。

1. 合力造就一批杰出科学家

瞄准基础研究和高技术应用领域的世界前沿，以国家科学家工作室、国家重点实验室、国家工程技术研究中心、国家“973”、国家自然科学基金和江苏省重大科技计划为依托，以抢占科研制高点、提升国际影响力为目标，造就一批具有原始创新能力、具备国际水准和国内一流水平的领军科学家。积极组织、申报国家各类重大科技计划项目，承担国家重大科学研究任务，在高研究平台上提升研究水平。省有关科技计划将创新组织模式，强化对科学家的支持。到 2015 年，支持 100 名有国际影响的科学家。

2. 着力打造一批有影响力的科技创新团队

围绕江苏省战略新兴产业发展需求，面向国内外，引进和培育相结合，选择一批在高端领域已取得杰出成绩或具有显著创新潜力，主要从事产业技术研发，有望突破核心技术和产业技术跨越的优秀科技创新团队向产业顶端攀升，通过实施重大科技项目，建设重大研发平台，推动人才与各类创新要素实现有效整合，促进团队不断壮大，持续创新和核心竞争力迅速提高。通过“江苏省创新团队计划”的实施，集成省科技成果转化专项资金、省科技基础设施建设计划、产学研合作计划等科技计划，重点支持海归人才团队、省内外高校科研院所的创新创业人才团队及其他高层次科技创业人才团队。到 2015 年，计划支持 500 个国内领先的创新团队。

3. 重点培养一批优秀青年创新人才

优秀青年科研人才的培养分为三个层次：一是杰出青年科研人才的培养。以培养能进入国家杰出青年基金人选等高层次青年科研人才为目标，通过实施江苏省杰出青年基金项目，支持省内具有博士学位或副高级以上专业技术职称、年龄不超过 40 周岁、在其研究领域有明确的学术建树和国内外影响的杰出青年科研人才，面向国家和江苏地方需求开展创新研究。到 2015 年，计划支持 200 名有较大国内外影响的杰出青年科研人才。二是青年后备人才的培养。通过省自然科学基金中的青年基金项目实施，鼓励青年科研人员积极投入创新活动、自由探索，主要从具有博士学位或副高级以上专业技术职称、年龄不超过 35 周岁、未主持过省级及以上科技计划项目的青年科研人员中，培养、选拔优秀青年科研人才，支持其在发展创新型经济、建设创新型省份中做出贡献。到 2015 年，计划支持 2000 名优秀后备青年科研人员。三是支持青年博士向一线集聚。通过“江苏省企业博士集聚计划”的实施，鼓励青年博士面向企业一线开展创新，夯实企业研发团队实力。

4. 大力提升一批骨干科技企业家

在高新技术企业培育、创新型领军企业及科技型上市企业培育过程中，重点发现、支持对企业发展起重要作用的创新能力强的科技人员，特别是企业家等高层管理人员。通过实施“江苏省科技企业家培育工程”，集成省科技基础设施计划、省科技成果转化资金、产学研联合创新资金等计划给予重点支持，持续支持企业家领衔科技平台建设、转化重大原创技术与成果、引进国际顶尖创新人才团队、研发产业前沿重大技术等重大创新项目，培育一批领军型科技企业家。建立完善省、市科技企业家培育机制。集成人才、科技、金融、政府采购等资源，搭建投融资合作、成果产业化等平台，为科技企业家提供支持和服务。

5. 积极扶持一批优秀科技创新创业人才

重点依托“江苏省创新创业人才引进计划”和通过国家和省科技计划项目的联动支持，引导更多的优秀科技人才创新创业、更多的科技成果转化为现实生产力、更多的社会资本参与企业技术创新活动，提升全社会创新创业水平。通过国家和省科技型企业技术创新资金计划，支持优秀科技创新创业人才创办科技型企业。通过科技支撑、产学研等计划的实施，支持优秀青年科技人才参与企业技术创新，扶持一批优秀科技创新创业人才。

6. 推动重点地区人才政策先行先试

围绕《苏南现代化建设示范区规划》的实施，结合苏南自主创新示范区建设需求，制定关于建设苏南人才管理改革试验区的意见，突破政策、创新机制，推进区域人才、科教与经济社会一体化发展，努力把苏南地区建设成为高端人才密集区、自主创新示范区、科学发展先行区。支持南京市深入推进科技体制综合改革试点，在全省总结推广南京科技体制综合改革“1+8”“科技九条”“创业七策”等政策举措，放大政策效应。积极推进科技成果使用、处置和收益权管理改革，完善科研人员收入分配政策，健全与岗位职责、工作业绩、实际贡献紧密联系的分配激励机制，充分激发科学家、科技人员、企业家等创新创业激情。支持南京市依照《南京市紫金科技创业人才特别社区条例》，打造紫金科技创业特别社区等一批具有国际影响力的人才创业平台，加快形成一支规模宏大、富有创新精神、敢于承担风险的创新创业型人才队伍。

浙江省科技人才发展报告

■ 浙江省科学技术厅

截至2013年年底，浙江省从事科技活动人员为645070人，其中来自科研机构的有11590人，占1.8%；来自高等院校的有64507人，占10.0%；来自工业企业的有491997人，占76.3%；来自其他部门的有76976人，占11.9%。R&D人员数量为311042人年。

第一部分　科技人才工作总体部署和进展

一、科技人才发展规划

（一）《浙江省人才发展十二五规划》

（二）《浙江省中长期人才发展规划纲要（2010—2020年）》

二、科技人才工作体制机制创新

（一）健全政策机制，优化工作格局

在政策机制上，省委、省政府2006年召开全省自主创新大会，2007年全面实施“两创”总战略，2008明确把“自主创新能力提升行动计划”作为“全面小康六大行动计划”之首来抓。“十一五”以来，相继出台了《关于加快提高自主创新能力 建设创新型省份和科技强省的若干意见》（2006年）、《浙江省科技强省建设与“十一五”科学技术发展规划纲要》（2006年）、《浙江省自主创新能力提升行动计划》（2008年）、《关于加快推进创新团队建设的意见》（2008年）、《关于大力实施海外优秀创业创新人才引进计划的意见》（2009年）、《关于在推进经济转型升级中充分发

挥人才保障和支撑作用的意见》（2009 年）、《关于印发国家技术创新工程浙江省试点方案的通知》（2009 年）、《浙江省中长期人才发展规划（2010—2020 年）》（2010 年）等一系列加强推动人才创业创新的政策措施。

在工作机制上，浙江省在全国首批开展“市县党政领导科技进步与人才工作目标责任制考核”和“科技强市和科技强县”创建活动，并形成了组织部门牵头抓总，人力社保、科技、教育部门协同推进的“一体三翼”的工作格局。“十一五”以来，省科技厅形成了“环境、人才、平台、项目”四位一体的工作布局，改变以往单纯“以项目带人才”的人才工作模式，把持之以恒深化科技管理体制改革、优化科技资源配置和科技人才发展环境作为推动科技工作不断取得突破的根本出发点。

高校、院所不断增强人才工作力度，推出人才工作新举措。如浙江大学积极实施“1311 人才工程”战略，省农业科学院推出“人才奔腾计划”。各市县区也不断出台人才新政，引进人才，建设科技人才团队，加大工作力度。比较有代表性的有湖州“南太湖精英计划”、嘉兴“创新嘉兴·精英引领计划”、衢州“四个一百”引才新政、金华“领军人才与创新团队培育办法”以及杭州高新区“5050 计划”，等等。

（二）设立直接激励人才创新的科技计划

“十一五”以来，省科技厅启动了“百千万科技创新人才工程”，设立了一系列直接支持科技人才创新创业的专项科技计划。其中，2006 年启动了“钱江人才计划”，在国内较早对处于种子期和幼苗期的留学回国人员进行扶持，共资助青年归国人才团队 486 个，培养青年人才 3068 人；2007 年启动了“新苗人才计划”，在全国率先设立专项计划，提升高校本科生和硕士研究生的科技创新意识和能力，把科技人才工作阵地进一步前移，迄今共培育“科技新苗”44455 人；2007 年设立了“高技能人才计划”，在全国率先设立专项计划，支持企业生产一线的高技能人才进行“小发明、小创造、小革新、小设计、小建议”等创新活动，迄今共资助了 314 个技能型科技人才团队，培养技能型科技人才 2187 人；2006 年迄今，省自然科学基金共资助“杰出青年科学基金项目”304 项，在基础研究领域培养了一批青年战略科学家，2011 年又新增设“青年科学基金项目”，支持 35 岁以下的青年科技人员自主选题和探索。

（三）率先开展科技创新团队建设工作

2009 年以来，作为深化科技管理体制改革、创新人才培育模式的重要探索，浙江省在全国首批启动科技创新团队建设工作，省科技厅迄今已牵头遴选了三批共 130 个省重点科技创新团队。在团队命名和管理上，浙江省重点推出五项举措，建立激发科技人才创新创业的新机制。第一，团队由省委、省政府命名，强化激励作用；第二，在为期 3 年左右的一个支持期内，省财政每年对每个团队给予 100 万元的稳定扶持；第三，创新经费投向模式，团队经费由带头人分配，但带头人和核心成员不使用经费，经费定向用于团队青年成员围绕主攻方向自主设计的一般项目研究以及进修培养等方面的开支，前两批团队共自主设立纳入省级科技计划的项目1295项，青年占了项目负责人总数的89.3%；第四，加大对科技人力资源的直接投入，允许劳务费提高到占经费总额的1/4；第五，下放科研自主权，团队依托省财政专项经费自主设计的项目，经省科技厅审核后，直接批准为省级科技计划项目。

（四）大力引进高层次科技人才

2009年以来，浙江共引进939名入选“国家千人计划”和“省千人计划”的海外高端人才，其中有333名入选“国家千人计划”，位居全国第四。2011年，浙江省决定在杭州市余杭区启动建设规划面积113平方千米浙江杭州未来科技城（浙江海外高层次人才创新园），该城被中组部、国资委确定为全国4个未来科技城之一，是第三批国家级海外高层次人才创新创业基地。2011年浙江省委、省政府出台《关于在浙江杭州未来科技城（浙江海外高层次人才创新园）建设人才特区打造人才高地的意见》（浙委办〔2011〕153号），为落户科技城创新创业的高端人才提供特殊政策扶持，在科技项目布局和科研投入、创业投融资、税收优惠、建设用地、外汇账户管理与结汇、人才培养、生活保障等方面提供“最优”保障。上述文件规定：引入园区的国际一流的创业创新领军人才，将得到总额不低于1000万元支持；国内一流的创业创新领军人才及其团队，将得到总额不低于500万元支持；支持海内外高层次人才以技术入股或者投资等方式创办企业，允许以商标、著作权（版权）、专利等知识产权（须在国内注册或登记并受保护）出资创办企业，非货币出资金额最高可占注册资本的70%；创办高新技术产业企业冠“浙江”省名的，注册资本放宽到200万元；创办的中介服务企业和拥有自主知识产权的科技型企业组建企业集团的，母公司和子公司合并注册资本放宽到3000万元。

（五）引进大院名校、搭建公共平台

在打造承载人才的平台以及为创新创业提供条件支撑方面，浙江除了与其他省市一样建设高新技术产业园区和各类科技孵化器以外，还针对浙江创新资源短缺的状况，突出抓了两方面工作，以增量提质，集约使用资源，强化对创新创业的公共服务。

一是引进大院名校，共建创新载体。这项工作从2003年启动，2005年省财政设立专项经费持续进行支持，2009年在临安市启动规划面积115平方千米的青山湖科技城（浙江省科研机构创新基地）建设。迄今，全省共引进共建创新载体882家，（从国外、境外引进共建创新载体73家），在上述引进共建的创新载体中，以企业引进共建为主的664家，政府为主的118家，高校院所为主的100家。

二是建好公共科技创新平台。从2004年起，浙江按照“整合、共享、服务、创新”的基本思路和“政府扶持平台、平台服务企业、企业自主创新，创新推动升级”的总体要求，以“跨单位整合，产学研结合，市场化运作”模式，采取股份制、理事会和会员制等多种形式，共启动建设三类重大创新平台 80 个。

（六）强化创新创业的保障和纠偏机制

在保障体系建设方面。“十一五”以来，浙江更加重视专利开发和保护工作。省人大修订完善了《浙江省技术市场条例》《浙江省专利保护条例》《浙江省促进科技成果转化条例》等地方法规；省政府出台了《浙江省企业技术秘密保护办法》等政府规章；省科技部门牵头制定了《知识产权发展规划纲要》《浙江省应掌握的具有自主知识产权的关键技术和重要产品目录》《关于在科技工作中全面实施知识产权战略的若干意见》《知识产权、标准化、品牌战略实施计划》《浙江省区域知识产权创建与示范工作实施意见》《浙江省专利行政委托执法暂行办法》《浙江省发明专利引进项目经费管理办法（试行）》《浙江省专利权质押贷款管理办法》等重要政策文件；省科技、财政、税收、统计部门联合出台了《企业新技术、新产品、新工艺研究开发费用享受所得税优惠政策》，建立了自主创新政策落实例会制度，确保企业研发费加计抵扣、高新技术企业所得税优惠等系列政策落到实处。

在运用金融工具推动创新创业方面，研究制定了《关于进一步促进科技与金融结合的若干意见》，积极推进杭州、温州、湖州开展国家科技金融试点工作；成立了注册资金 3 亿元的浙江中新力合科技金融服务有限公司；“数银在线”开通科技金融服务平台，专门为中小企业提供金融信息服务。着手开展总贷款额 1 亿元的科技型中小企业贷款履约保证保险试点工作。目前，在浙的创投企业达 78 家，创投管理资本超过 300 亿元，创投机构和管理资本均居全国第 3 位；全省 300 多家信用担保机构累计为中小科技企业担保 7 万多次，担保总额达 1100 亿元。企业专利权质押贷款 2 亿多元。

在诚信监督体系建设方面，省科技部门制订了《浙江省科技计划项目评审行为准则与督查办法》，规范项目评审过程中有关单位和个人的科技项目评审行为；出台了《浙江省科技计划信用管理和科研不端行为处理办法》，对各有关科研单位、个人在参与和执行省科技计划项目中践行承诺、履行义务、奉行准则的诚信程度进行管理，并对违反科研行为准则者作出相应的行政处置。

第二部分　科技人才工程计划及实施效果

一、科技人才／工程计划体系

为突破要素和人才资源匮乏的制约，冲破僵化思想和陈旧体制的藩篱，浙江省一直把加强科技人才队伍建设作为科技发展的主导战略，省科技厅在“环境、人才、平台、项目”四位一体的工作布局引导下，改变以往单纯“以项目带人才”的人才工作模式，把持之以恒深化科技管理体制改革、优化科技资源配置和科技人才发展环境作为推动科技工作不断取得突破的着力点。自2006年以来，浙江省启动了“百千万科技创新人才工程”，陆续设立了“海外高层次人才引进计划”“领军型创新创业团队引进培育计划”等九个人才计划，统筹推进“研究开发人才”“科技管理人才”“科技创业人才”“创新性技能人才”和“科技服务人才”五支人才队伍建设，初步形成以科技人才优先发展引领科技和经济社会全面发展的新局面。

主要的科技人才计划：

（1）海外高层次人才引进计划。

（2）领军型创新创业团队引进培育计划（2013年尚在起草中）。

（3）重点科技创新团队培育计划。

（4）青年科学家培养计划。

（5）海外工程师引进计划。

（6）科技管理人才培养计划。

（7）钱江人才计划。

（8）新苗人才计划。

（9）高技能人才创新活动资助计划。

二、重大人才工程／计划组织实施和成效总结

（一）高层次人才引进计划

截至2012年7月，浙江省共引进海外高层次人才419名，其中高校院所引进创新人才200名、企业引进创新人才71名，创业人才148名。经过几年的培育，引进人才已经在所属技术领域发挥各自专长，积极创新创业，取得了一定的成效：

据不完全统计，高校院所引进的200余名创新人才中，已有146人被聘为博士生导师，协助建立博士点11个，培养博士366人。作为牵头人申请国家科研项目204项，获得科研资助经费4.99亿元，申请省部级科研项目197项，获得科研资助经费1.65亿元；获得专利授权165项；发表三大索引论文1363篇。回国后，有185人参与国内评审工作，156人参加国际重要学术组织，其中127人担任重要国际学术期刊编委，在相应领域发挥了重要作用。

企业引进的71名创新人才，在协助企业进行技术革新、转型升级中发挥了积极作用，所取得的科研成果填补国内空白71项，省内空白65项；获得国家级奖项24项，省部级奖项15项；以第一完成人获得专利262项。海正药业股份有限公司的朱天民带领企业研发团队研制出11个创新

药物，已有2个成功申报一期临床，其中1个已经顺利进入美国的新药临床试验。浙江开山压缩机股份有限公司汤炎博士主持开发的中高端螺杆空气压缩机等7个产品，填补国内空白9项，技术达到世界一流水平。

引进的148名创业人才共在浙江省创办158家企业，总注册资本50.1亿元。几年来共获得国家级奖项41项，省部级奖项53项；产品填补国内空白206项；企业获得专利1032项。浙江贝达药业有限公司创办人丁列明博士自主研发的国家一类抗癌新药凯美纳已正式获准上市，被卫生部原部长陈竺誉为民生领域的“两弹一星”。

（二）重点科技创新团队培育计划

迄今为止，该计划已遴选了三批共130个“浙江省重点科技创新团队”。并重点推出了五项举措：第一，团队由省委、省政府命名，强化激励作用；第二，在为期3年左右的一个支持期内，省财政每年对每个团队给予100万元的稳定扶持；第三，创新经费投向模式，团队经费由带头人分配，但带头人和核心成员不使用经费，经费定向用于团队青年成员围绕主攻方向自主设计的一般项目研究以及进修培养等方面的开支；第四，加大对科技人力资源的直接投入，允许劳务费提高到占经费总额的1/4；第五，下放科研自主权，团队依托省财政专项经费自主设计的项目，经省科技厅审核后，直接批准为省级科技计划项目。

经过五年的实践和探索，重点科技创新团队在强化产学研合作、推进协同创新、培养青年人才、推行科学管理等方面取得了一定进展：有9个团队入选“国家创新人才推进计划”重点领域创新团队，居全国第三位。团队带头人与核心成员中，有2人被遴选为中国工程院院士，有55人成为国家重大科技项目首席科学家。团队培育出了不到40岁的国家杰出青年科学基金获得者和30岁刚出头的千万级国家科技项目负责人、中国青年科技奖获得者等杰出青年人才。团队有36项研究成果荣获国家“三大奖”。

（三）青年科学家培养计划

截至2013年7月底，第一批青年科学家培养计划共签约109人。第一批入选签约的青年科技人才表现出几个特点：一是综合水平高。入选者中，副高级以上职称的有82人，约占75%。有“千人计划”专家、杰青、151人才等学科带头人，也有获得国际较高专业奖项和称号的青年科学家。二是创新实力强。入选者都属于浙江省经济社会、科技发展和战略性新兴产业等规划提出的重点领域，很多都主持或参与了国家和省的科技计划项目，有的还担任了省科技项目首席。三是发展潜力大。入选者中有21名“80后”，最年轻的仅29岁。有的课题研究方向和技术路线有重大创新前景，有的还有望解决重大性技术难题、展现较大发展潜力。

（四）钱江人才计划

自 2006 年实施以来，共资助项目 570 项，资助经费 6500 万元，打造了一批以优秀海外留学人才为核心的创新创业团队，支持和培养科技创新人才近 3589 人。截至 2013 年年底，钱江人才计划到期项目 456 项，已通过验收 376 项，验收率 82.5%。在已验收的项目中，申请国家专利 484 项（其中发明专利 401 项），授权专利 141 项（其中发明专利 83 项），发表论文 1377 篇（其中 SCI 论文 838 篇）；成果获国家级奖项 1 项、省部级奖项 8 项；晋升高级职称 135 人、中级职称 76 人，培养博士和硕士研究生 445 名。

（五）新苗人才计划

自 2006 年实施以来，共资助项目 10491 项，资助经费 4100 万元。各高校以新苗项目为基础，申请专利 1283 项，公开发表论文 4047 篇，撰写各类报告 1374 份，落地转化项目 209 项，实物作品 938 件，开发软件 388 项，获得省级以上奖项 654 项，产生经济效益的项目 269 个。该项计划实施以来，在学校和社会上引起了良好的反响，中央电视台、浙江卫视、光明日报、中国青年报、浙江日报等多家媒体都做了相关报道。

（六）高技能人才创新活动资助计划

自 2007 年实施以来，共资助项目 382 项，资助经费 1700 万元，截至 2013 年年底，高技能人才计划到期项目 302 项，已通过验收 270 项，验收率 89.4%。在已验收的项目中，申请国家专利 331 项（其中发明专利 96 项），授权专利 262 项（其中发明专利 34 项），发表论文 569 篇（其中 SCI 论文 32 篇）；成果获国家级 102 项、省部级 216 项；晋升高级职称 169 人、中级职称 232 人，培养博士和硕士研究生 129 名。

高技能人才计划对加快高技能人才队伍建设，充分发挥高技能人才在国家经济社会发展中的重要作用做出巨大贡献。该计划自实施以来，培养了一大批数量充足、结构合理、素质优良的技术技能型、复合技能型和知识技能型高技能人才，提升了企业生产一线技术工人队伍的整体素质，增强了浙江省企业和产品竞争力。

第三部分　科技人才政策措施及成效

一、培养和开发政策及成效

（一）产学研合作培养人才政策

《关于进一步支持企业技术创新加快科技成果产业化的若干意见》

（二）依托重大科技项目、产业化攻关项目等培养人才政策

《浙江省十二五重大科技专项实施办法（试行）》和《浙江省十二五重大科技专项实施方案》

政策要点：鼓励引进的海外高层次专家领衔或作为项目组重要成员，与浙江省企业合作申报重大科技专项项目。鼓励科技重点创新团队、重大创新平台等主动对接企业，领衔或参与企业重大专项项目的申报。

（三）支持青年科技人才脱颖而出的政策

1.《浙江省自然科学基金青年科学基金项目管理实施细则》

2.《浙江省杰出青年科学基金项目管理实施细则》

实施成效：项目实施以来，浙江省优秀的基础研究成果不断涌现。2013 年上半年，省杰出青年科学基金项目获得者高超课题组制备出一种 0.16 毫克 / 立方厘米的超轻气凝胶，刷新了目前世界上最轻固态材料 0.18 毫克 / 立方厘米的纪录，成为“世界上最轻材料”。《自然》杂志在“研究要闻”栏目中重点配图评论了这一成果。同为省杰青项目获得者的唐睿康团队采用生物矿化技术在疫苗表面形成一个磷酸钙外壳，这种矿化外壳能封闭疫苗而产生很好的热稳定性，使疫苗能在 26℃下储存超过 9 天，在 37℃下保存约 1 周。《美国科学院院刊》（*PNAS*）将该项“疫苗常温保存技术”列为“热点文章”，并以《为发展中国家设计的耐热疫苗》为题进行了报道。由“省杰青”成长为“国家杰青”的鲁林荣团队在影响因子高达 26.008 的国际权威学杂志《自然・免疫学》（*Nature Immunology*）上发表了他们发现并命名的一个名叫 *Tespa 1* 的免疫细胞重要功能新基因，这项研究为免疫相关疾病的临床诊断和治疗提供了新的研究靶点和思路。省基金资助的 80 后博士孙东昌课题组发现了抗性基因转移导致细菌耐药的新机制，在《美国公共科学图书馆期刊》（*PLoS ONE*）上连续发表多篇相关研究论文，其中一篇被加拿大全球药物咨询机构（Global Medicine Discovery）列为关键性科学文章（Key Scientific articles）。而孙东昌博士亦因其在该领域所取得

的成果应邀参加了 2013 年第 113 届美国微生物学大会，并作大会学术报告。

3. 启动实施领军型创新创业团队培育计划（起草中）

政策要点：引进、培育和造就一批以领军人才为核心、以团队协作为基础、以从事企业创新研究和创业活动为目标，具备国际领先、国内一流水平，对全省产业发展有重大影响、能带来重大经济效益和社会效益的领军型创新创业团队。通过团队式的人才引进和培育，实现人才工作从个体到团队的深度发展，进一步激发人才创新创业活力，提升自主创新能力，推动产业转型升级，加快创新型省份建设。

该计划力争到 2017 年，建设 100 个左右符合全省产业发展导向、创新路径清晰、创业成果显著、预期效益明确的领军型创新创业团队，切实提升企业自主创新能力和核心竞争力，培育一批战略性科技型企业，引领江苏省经济社会科学发展。

该计划为了鼓励人才向企业流动聚集，促进人才资源转化为现实生产力，领军型创新团队和创业团队均依托企业进行申报，领军型创新团队由引进企业进行申报，领军型创业团队由团队创办企业进行申报。领军型创新创业团队应包括 1 名负责人和至少 5 名核心成员，核心成员原则上具有博士学位，年龄不超过 55 周岁，团队平均年龄不超过 45 周岁。

首个资助周期为 3 年，资助期内对团队投入不低于 2000 万元，其中省级财政不低于 500 万元。对具有国际顶尖水平的团队采取“一事一议”方式专题论证支持方式与额度，最高可获得 1 亿元的省级财政资助。

（四）支持科技人才继续教育政策

《浙江省科技管理人才队伍建设若干意见》

政策要点：科技创新，既需要高层次的科技专业人才，也需要优秀的科技管理人才。为充分发挥科技管理社会服务能力，充分激发科技管理人才支撑引领作用，浙江省科技厅于 2013 年在全国率先制定出台《浙江省科技管理人才队伍建设若干意见》，启动了“科技管理人才培养计划”，以科技管理人才的成长和发展促进科技管理体制的创新和改革。

该计划的创新之处在于：

一是把科技管理人才培养纳入科技人才队伍建设的总体规划，明确目标任务，完善政策措施，落实培养计划，打通科技管理人才的职业通道，使其更好地为浙江省科技事业发展贡献力量。

二是提升人才培训软、硬件条件。建设省、市两级培训基地，建立一流的师资队伍和科学合理的课程体系，对各个层面的科技管理人才进行全方位的培训与提升。

三是明确对象实施各类培育计划。计划分为“科技管理领导人才培育计划”“科技管理英才培育计划”和“创新型科技企业家培育计划”。除此之外，还注重对科技中介服务机构中科技管理人才的培养，强化科技中介服务机构能力建设。

四是高标准、高起点建设“浙江创新学院”。通过计划的实施，将“浙江创新学院”建成国内一流的科技创新管理培训基地，争创国家创新人才培养示范基地。市、县利用浙江创新学院和当地教学资源对科技管理人才进行培训。

“科技管理人才培养计划”的实施，在观念到体制创新上积极探索了加强科技管理人才队伍建设的有效方式，是对科技管理人才发展诉求的积极回应，是拓展科技管理人才发展空间的有力抓手，将对提高浙江省科技管理科学化水平具有深远的现实意义。

二、评价和激励政策及成效

（一）科技人才评价政策

1.《浙江省自然科学研究系列中高级专业技术资格评价条件》（起草中）

政策要点：浙江省科技厅正会同有关部门，研究制定省《自然科学研究系列中高级专业技术资格评价条件》。以职称评审工作为突破点，倡导树立正确的人才评价导向，探索建立定性与定量相结合的人才评价机制。在新的评价条件中将坚持能力、业绩导向，突出科研成果对经济社会的贡献；同时提倡分类评价，根据专业技术人员的工作特点从基础研究、应用研究、科技咨询与科技推广、专利服务等几方面入手，设置不同的成果评价标准，不惟论文、项目和奖项。

2. 关于印发《浙江省特聘专家管理暂行办法》的通知

3.《浙江省特级专家管理办法（试行）》的通知

（二）科研机构和高等学校收入分配制度改革

1. 关于印发《浙江省鼓励技术要素参与收益分配的若干规定》的通知

2.《关于进一步支持企业技术创新加快科技成果产业化的若干意见》

政策要点：1998 年省政府研究出台了《浙江省鼓励技术要素参与收益分配的若干规定》，浙江省在全国率先推行技术要素参与收益和股权分配，推行技术入股、技术承包等各种形式的技术要素参与分配。2012 年省政府颁发的《关于进一步支持企业技术创新加快科技成果产业化的若干意见》文件进一步明确，职务发明成果的所得收益，高校可按 60%—95% 的比例、科研院所可按 20%—50% 的比例，划归参与研发的科技人员及其团队拥有。允许有条件的企业按不低于企业销售收入的 0.6% 设立人才发展专项资金。对民营企业引进的国际一流科技创新团队，符合条件的，可给予不低于 1000 万元的支持。

（三）科技奖励制度

1.《浙江省科学技术奖励办法》

2. 关于印发《浙江省科学技术奖励办法实施细则（修订）》的通知

政策要点：省科学技术奖分为重大贡献奖、一等奖、二等奖、三等奖 4 个等级。重大贡献奖每 2 年评审 1 次，每次授予人数不超过 3 名；一等奖、二等奖、三等奖每年评审 1 次，奖励科学技术成果项目每年不超过 280 项。

省科学技术重大贡献奖授予符合下列条件之一的个人：

（1）在当代科学技术前沿取得重大突破或在科学技术发展中有重大成就的。

（2）在科学技术创新、科学技术成果转化和高新技术产业化中，为本省创造巨大经济效益或社会效益的。

省科学技术奖一等奖、二等奖、三等奖授予符合下列条件之一的人员、单位：

（1）在基础研究或应用研究活动中做出重要贡献的。

（2）在产品、工艺、材料及其系统等方面有重大技术发明，并创造显著经济效益或社会效益的。

（3）在实施技术开发、社会公益、国家安全、重大工程等项目中，应用推广先进科学技术成果，创造显著社会效益或经济效益的。

（4）在管理科学、决策科学等研究中取得突破，并对实践产生重要指导作用。

3.《浙江省科技成果转化奖励办法》

政策要点：省科技成果转化奖分设特等奖、一等奖、二等奖、三等奖 4 个等级。其中三等奖的奖励对象是个人，获奖人员每年不超过 50 人，每人奖励 2 万元。2012 年，增设省科技成果转化奖突出贡献奖，重奖在科技成果转化产业化中做出突出贡献的领军人物、创新团队，最高奖励金额可达 1000 万元。对科技成果转化产业化成效突出的市、县（市、区）进行奖励，设区市每个补助 100 万元，县（市、区）补助 50 万元；对技术市场业绩突出的专业市场、科技中介机构，每个奖励 30 万—50 万元。

4.《关于印发〈浙江省农业科技成果转化推广奖励办法〉的通知》

政策要点：省农业科技成果转化推广奖以精神奖励为主，物质奖励为辅。每年评审一次，每次奖励 100 名，其中从事农业科技成果转化及产业化方面的先进工作者 30 名，从事农业技术推广方面的先进工作者 70 名。奖金每人 1 万元。对贡献特别重大的农业科技工作者可报省政府批准，增设浙江省农业科技突出贡献奖，每 5 年表彰一次，每次奖励 10 人，奖金每人 20 万元。

5. 其他激励政策

《关于进一步支持企业技术创新加快科技成果产业化的若干意见》

政策要点：允许有条件的企业按不低于企业销售收入的 0.6% 设立人才发展专项资金，用于企业人才的引进、培养和使用。对创新人才个人获省政府及以上单位颁发的科学技术方面的奖励，免征个人所得税；对报经省政府认可后发放的对优秀创新人才的奖励，免征个人所得税。

支持科技人员到企业转化创新成果。修订完善鼓励技术要素参与股权投资和收益分配的若干规定。总结推广“民间资本 + 科技成果项目 + 高层次人员”相结合的成功投资模式，引导工业资本与创业“知本”、人力资本有效结合的投资。高校、科研院所取得的具有实用价值的职务创新成果，在约定的实施转化期限届满之日起一年内未实施转化的，在不变更职务创新成果权属的前提下，创新成果完成人可以根据与本单位的协议或者经本单位同意，进行创新成果转化，依法或者依协议享受权益。高校、科研院所主要利用财政性资金项目取得的具有实用价值的职务创新成果，本单位在约定的实施转化期限届满之日起 3 年内仍未实施转化的，在不变更职务创新成果权属的前提下，经项目立项部门同意，创新成果完成人可以实施转化。职务发明成果的所得收益，高校可按 60%—95% 的比例、科研院所可按 20%—50% 的比例，划归参与研发的科技人员及其团队拥有，合同约定的从其约定。高校、科研院所转化职务科技成果以股份或出资比例等股权形式给予科技人员个人奖励，获奖人在取得股份、出资比例时，暂不征收个人所得税。

三、流动与配置政策

（一）科技人才向企业流动和科技人才服务企业的政策

1. 关于印发《浙江省青年科学家培养计划实施方案》的通知

政策要点：“青年科学家培养计划”，是着眼于提升浙江省未来人才竞争力，根据企业产业技术创新的需要，从高校院所选派一批青年科技人才，到浙江省电动汽车、智能纺织印染装备等产业重点企业研究院工作。该计划由省委组织部牵头，会同教育厅、科技厅、人力社保厅共同实施。

实施成效：自 2012 年 10 月启动以来，经过调查研究、细化政策、征集需求、组织对接等深入细致的工作，遴选产生了首批 109 名培养计划人选。总的看，首批入选者有以下特点：一是综合水平高。入选者中，副高级以上职称的有 82 人，约占 75%。有“千人计划”专家、杰青、151 人才等学科带头人，也有获得国际较高专业奖项和称号的青年科学家。二是创新实力强。入选者都属于浙江省经济社会、科技发展和战略性新兴产业等规划提出的重点领域，很多都主持或参与了国家和省的科技计划项目，有的还担任了省科技项目首席。三是发展潜力大。入选者中有 21 个“80 后”，最年轻的入选者仅 29 岁。有的课题研究方向和技术路线有重大创新前景，有的还有望解决重大性技术难题、展现较大发展潜力。首批入选者于 2013 年 9 月上旬进驻企业研究院。下一步，根据省产业技术创新综合试点工作进展，将适时启动第二批人选选派工作。为进一步落实浙江省“青年科学家培养计划”配套支持措施，鼓励青年科学家参与企业技术创新活动，依据国家和省科技计划管理的有关规定，10 月中下旬，省科技厅印发了《浙江省省级重点企业研究院自主设计自筹经费项目管理办法（试行）》（浙科发计〔2013〕239 号），对自筹项目的内容设计、实施管理、结题验收等方面做出明确规定，并且启动青年科学家企业研究院自主设计、自筹经费项目申报工作。

2.《关于进一步支持企业技术创新加快科技成果产业化的若干意见》

政策要点：鼓励支持科技人才向企业流动集聚。支持从事技术研发、成果转让工作的事业单位高层次人才到企业工作，经本单位同意，报人事部门备案，其人事关系 5 年内可保留在原单位，由原单位继续为其缴纳单位部分的养老、失业、医疗等社会保险；允许其回原单位申报专业技术资格，其在企业从事本专业工作期间的业绩，可作为专业技术资格评价的依据。对距离法定退休年龄不足 5 年（含 5 年）且工作年限满 20 年或工作年限满 30 年的事业单位人员，自愿到企业工作的，允许所在单位提前办理退休手续。

（二）鼓励科技人才创新创业政策

1.《关于大力实施海外优秀创业创新人才引进计划的意见》和《浙江省“海外高层次人才引进计划”暂行办法》

2.《关于加大人才培养引进力度支持浙商创业创新的若干意见》

3.《关于引导各类资本支持高层次人才创业创新的政策意见》

（三）鼓励科技人才到农村和艰苦边远地区工作政策

1.《关于向欠发达乡镇派遣科技特派员的通知》

2.《关于全面推行科技特派员制度的通知》

实施成效：省派个人科技特派员每年 218 人，市县级特派员累计 1200 人，实现“乡乡都有科技特派员”。每年组织特派员下派、项目申报、组织评优，并由省委省政府表彰。共实施省级特派员项目 654 项。2011—2012 年科技特派员项目每年投入经费 2700 万元，包括个人科技特派员 1500 万元，团队科技特派员 1200 万元。全省各级科技特派员牵头实施科技项目每年 950 项，创建科技示范基地 12 万亩，建立科技示范户 3400 余户，培育发展农业企业 40 家，解决农村劳动力就业 20 万人。

（四）人才引进政策

1.《浙江省海外高层次人才浙江大学工作驿站聘用人员管理办法（试行）》

2.《关于建立海外高层次人才浙江大学工作驿站的意见（试行）》

3.《关于实施“海鸥计划”完善省“千人计划”人才引进体系的意见》

4.《“千人计划”高层次外国专家项目工作细则》

5.《关于做好国家“千人计划”与省“千人计划”衔接工作的若干意见》

实施成效：为大力引进海外优秀创业创新人才，进一步加强浙江省高层次人才队伍建设，浙江省于2009年设立了“高层次人才引进计划”，引导和支持浙江省高校院所、企业引进海外优秀留学人才。该计划对引进人才在科研经费、项目申报和在浙创业投融资、税收、金融等方面提供了优惠政策，以及在医疗保健、子女就学等生活方面享受一系列优惠政策。截至2012年7月，浙江省共引进海外高层次人才419名，其中高校院所引进创新人才200名、企业引进创新人才71名，创业人才148名。经过几年的培育，引进人才已经在所属技术领域发挥各自专长，积极创新创业，取得了一定的成效：高校院所引进的200名创新人才中，已有146人被聘为博士生导师，协助建立博士点11个，培养博士366人。作为牵头人申请国家科研项目204项，获得科研资助经费4.99亿元，申请省部级科研项目197项，获得科研资助经费1.65亿元；获得专利授权165项；发表三大索引论文1363篇。回国后，有185人参与国内评审工作，156人参加国际重要学术组织，其中127人担任重要国际学术期刊编委，在相应领域发挥了重要作用。企业引进的71名创新人才，在协助企业进行技术革新、转型升级中发挥了积极作用，所取得的科研成果填补国内空白71项，省内空白65项；获得国家级奖项24项，省部级奖项15项；以第一完成人获得专利262项。引进的148名创业人才共在浙江省创办158家企业，注册资本总额50.1亿元。几年来共获得国家级奖项41项，省部级奖项53项；产品填补国内空白206项；企业获得专利1032项。

6. 关于印发《浙江省“钱江人才计划”管理办法（试行）》的通知

自2006年实施以来，共资助项目570项，资助经费6500万元，打造了一批以优秀海外留学人才为核心的创新创业团队，支持和培养科技创新人才近3589人。截至2013年年底，钱江人才计划到期项目456项，已通过验收376项，验收率82.5%。在已验收的项目中，申请国家专利484项（其中发明专利401项），授权专利141项（其中发明专利83项），发表论文1377篇（其中SCI论文838篇）；成果获国家级奖项1项、省部级奖项8项；晋升高级职称135人、中级职称76人，培养博士和硕士研究生445名。

7. 领军型创新创业团队引进培育计划

政策要点：引进、培育和造就一批以领军人才为核心、以团队协作为基础、以从事企业创新研究和创业活动为目标，具备国际领先、国内一流水平，对全省产业发展有重大影响、能带来重大经济效益和社会效益的领军型创新创业团队。通过团队式的人才引进和培育，实现人才工作从个体到团队的深度发展，进一步激发人才创新创业活力，提升自主创新能力，推动产业转型升级，加快创新型省份建设。

该计划力争到2017年，建设100个左右符合全省产业发展导向、创新路径清晰、创业成果显著和预期效益明确的领军型创新创业团队，切实提升企业自主创新能力和核心竞争力，培育一批战略性科技型企业，引领江苏省经济社会科学发展。领军型创新创业团队首个资助周期为3年，资助期内对团队投入不低于2000万元，其中省级财政不低于500万元。对具有国际顶尖水平的团队采取“一事一议”方式专题论证支持方式与额度，最高可获得1亿元的省级财政资助。

该计划充分发挥企业、地方政府的引才主体作用，集中资源，重点支持引进产业领域先进、以浙江省重点产业发展需求为导向的高层次科技创新团队，具有以下几个特点：

一是技术上的先进性和科研水平的稳定性。引进团队的领军人才及团队核心成员是近年来从省外引进的高层次人才，有与国内外科研机构、企业或重大项目稳定合作的经历，保证团队在技术上和科研水平上处于较高的水平。

二是对青年人才的重视和培养。团队应包括1名负责人和至少5名核心成员，核心成员年龄不超过55周岁，团队平均年龄不超过45周岁，突出了对中青年人才的培育。

三是技术的独创性和可转化性。团队负责人在相关研究领域达到国际领先或国内一流水平，团队项目目标处于重大技术领域和行业水平的前沿，拥有核心自主知识产权，技术成熟并已进入开发阶段，并制定项目实施方案及产业化实施方案。

四是坚实有力的保障措施。引才企业要具备良好的经营运行情况、较强的技术创新能力、完善的配套支持措施等，保证团队科研的可持续性。团队所在地方政府按照不低于省级财政投入额度进行配套，创新团队所在企业按照不低于各级财政资助资金总额对团队进行配套资助。

8. 海外工程师引进计划

政策要点：为推动引智工作服务浙江省产业发展，鼓励省级重点企业研究院引进海外高层次工程技术人员，提升企业创新能力，加快浙江省经济转型升级，特设立“海外工程师引进计划”，对省重点企业研究院引进的海外高层次工程技术人员进行资助。

该计划主要引进在国外企业和机构从事工程、技术、管理，掌握核心技术、关键工艺的，且能够承担企业研究院技术攻关项目和关键工艺研发的外籍高层次人才。

“海外工程师引进计划”遵循“企业主体、政府引导”的原则，充分尊重企业自主权，在薪酬大部分由企业支付的前提下，由省和当地财政分别对企业给予一定的扶持和奖励，并实行年薪分层资助。年薪分为50万—100万元和100万元以上两个层级，省级财政分别按每人每年10万元、20万元的标准资助企业，企业所在地财政按不低于省级财政资助标准，给予相应的配套资助。

（五）人才市场和人才服务体系建设

1. 关于印发《浙江省海外高层次人才引进服务窗口暂行办法》的通知

2.《关于明确中央“千人计划”入选者和授予省“特聘专家”称号的“浙江省海外高层次人才引进计划”入选者享受二级医疗照顾待遇的通知》

3. 关于印发《浙江省海外高层次人才居住证管理暂行办法》的通知

4. 关于印发《省委、省政府领导联系高层次人才制度》的通知

5. 关于印发《省委人才工作领导小组服务人才专项例会制度》的通知

（六）其他特色政策

1. 关于印发《浙江省重点技术创新团队建设办法（试行）》的通知

实施成效：省重点科技创新团队自 2009 年启动遴选至今，经过几年的实践和探索，在强化产学研合作、推进协同创新、培养青年人才、推行科学管理等方面取得了一定进展：有 6 个团队入选首批“国家创新人才推进计划”重点领域创新团队，居全国第三位。团队带头人与核心成员中，有 2 人被遴选为中国工程院院士，有 55 人成为国家重大科技项目首席科学家。团队培育出了不到 40 岁的国家杰出青年科学基金获得者和 30 岁刚出头的千万级国家科技项目负责人、中国青年科技奖获得者等杰出青年人才。2010 年迄今，团队有 20 项研究成果获国家“三大奖”，占浙江省获奖总数的 63%。

2. 关于印发《浙江省重点企业技术创新团队管理办法（暂行）》的通知

3. 关于印发《浙江省重点创新团队（文化创新类）建设管理办法（试行）》的通知

4.《关于浙江省 151 人才工程（2011—2020 年）实施意见》

政策要点：省财政对省 151 人才工程重点资助及第一、二层次培养人员，分别给予一次性 12 万元、8 万元和 4 万元经费资助。第三层次培养人员资助人数控制在培养人员总数的 20%，由省财政一次性给予每人 3 万元经费资助。

5. 关于印发《浙江省 151 人才工程导师制管理实施办法（试行）》的通知

6. 关于印发《高技能人才培养和技术创新活动资助办法（试行）》的通知

实施成效：“高技能人才计划”自 2007 年实施以来，共资助项目 382 项，资助经费 1700 万元，截至 2013 年年底，高技能人才计划到期项目 302 项，已通过验收 270 项，验收率 89.4%。在已验收的项目中，申请国家专利 231 项（其中发明专利 96 项），授权专利 262 项（其中发明专利 34 项），发表论文 569 篇（其中 SCI 论文 32 篇）；成果获国家级 102 项、省部级 216 项；晋升高级职称 169 人、中级职称 232 人，培养博士和硕士研究生 129 名。

高技能人才计划对加快高技能人才队伍建设，充分发挥高技能人才在国家经济社会发展中的重

要作用做出巨大贡献。该计划自实施以来，培养了一大批数量充足、结构合理、素质优良的技术技能型、复合技能型和知识技能型高技能人才，提升了企业生产一线技术工人队伍的整体素质，增强了浙江省企业和产品竞争力。

7. 关于印发《关于开展“浙江省海外高层次人才创业创新基地”创建工作的方案》的通知

8. 关于印发《浙江省博士后试点工作管理实施办法》的通知

9.《关于推进院士专家工作站建设的实施意见》

10.《浙江省院士专家工作站管理办法》

11.《关于建立浙江省技能大师工作室的通知》

12.《关于在浙江杭州未来科技城（浙江海外高层次人才创新园）建设人才特区打造人才高地的意见》

安徽省科技人才发展报告

■ 安徽省科学技术厅

一、科技人才队伍总体情况

（一）本地区近年来科技人才的总量及结构

2008—2012 年安徽省科技活动人员数量如图 1 所示。截至 2012 年年底，安徽省科技活动人员总数达 30.52 万人，较 2008 年人数翻一番，安徽省科技活动人员总量增幅明显加快。其中，全省大学本科及以上学历占科技活动人员总数比例达 42.6%，高层次科技活动人员所占比例逐步扩大。

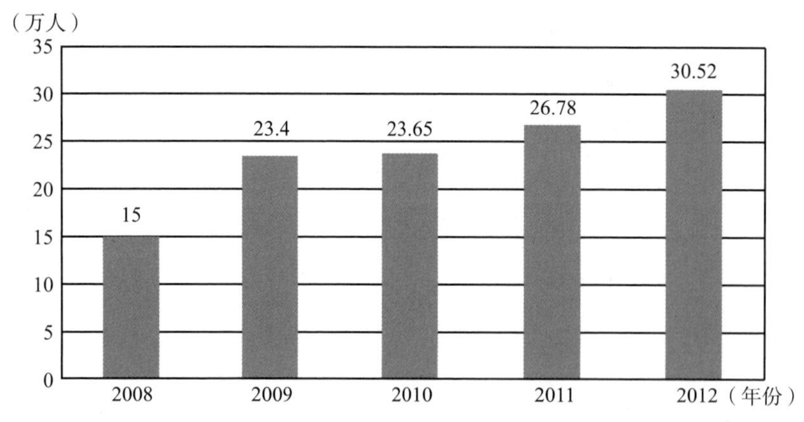

图 1　近五年来安徽省科技活动人员总数

2011 年度安徽省国家重点科技基础资源调查显示。安徽省重点科技基础资源科技活动人员总数达 51705 人，学历组成如图 2 所示，博士研究生占比 11%、研究生占比 31%、本科占比 46%、其他学历占比 12%；职称结构如图 3 所示，正高级占比 7%、副高级占比 21%、中级占比 37%、其他职称占比 35%；性别组成如图 4 所示，男性占比 64%、女性占比 36%。

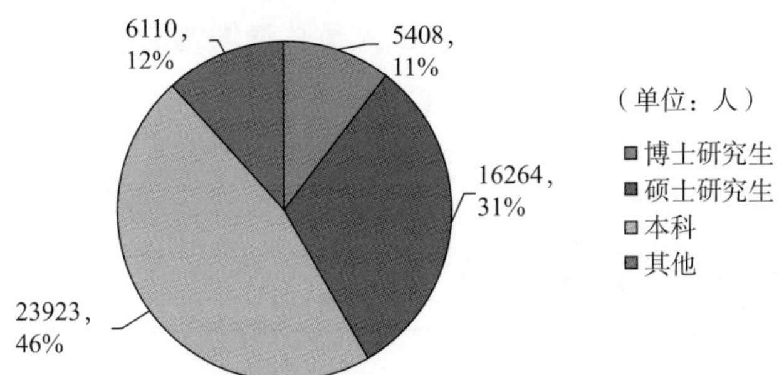

图 2　2011 年度安徽省重点科技资源科技活动人员学历组成

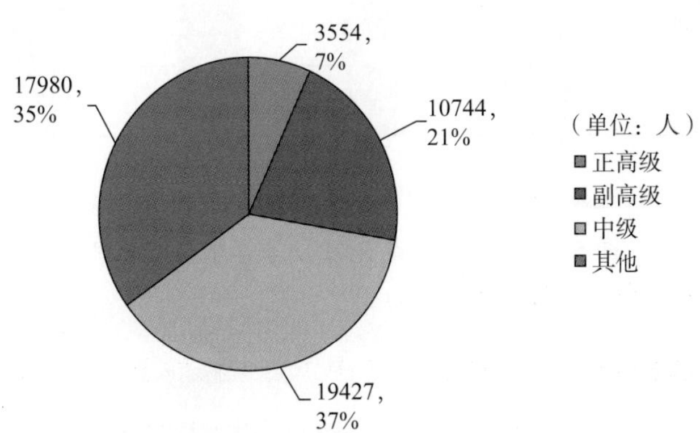

图 3　2011 年度安徽省重点科技资源科技活动人员职称组成

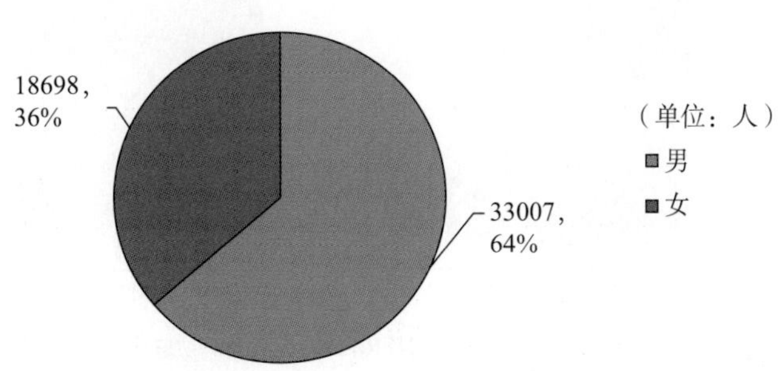

图 4　2011 年度安徽省重点科技资源科技活动人员性别组成

（二）R&D 人员数量

2008—2012 年安徽省 R&D 人员总量及增长率情况如图 5 所示。截至 2012 年年底，安徽省 R&D 人员总量达 10.3 万人，“十一五”期间安徽省 R&D 人员总量增长率达 21.8%，安徽省科研人力资源总量得到了大幅度提升。

2011—2012 年安徽省 R&D 人员结构分布情况如图 6 所示。截至 2012 年年底企业 R&D 人员占全省 R&D 人员比重达 78.4%，同时 2011—2012 年企业、科研院所、高等院校 R&D 人员总量增幅分布为 29.8%、21.2%、13.7%，企业 R&D 人员总量增幅最快，企业科研人力资源总量得以迅速提升，为企业创新能力的提升提供了人力基础。

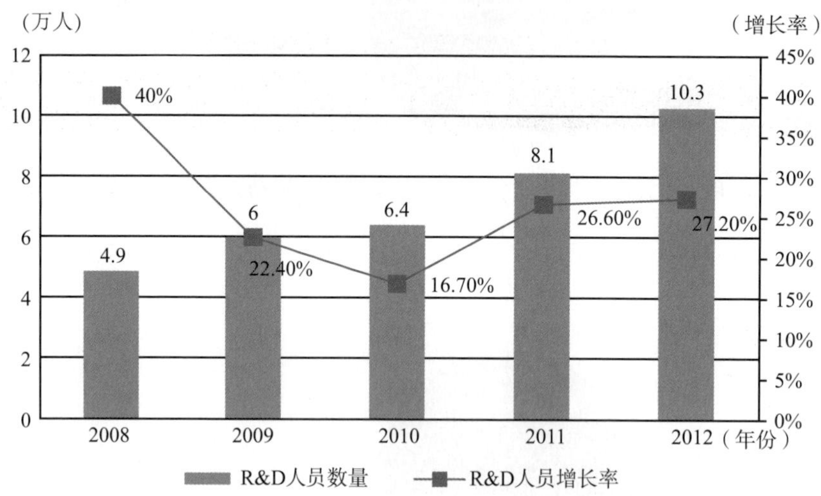

图 5　近五年安徽省 R&D 人员总数及增长率

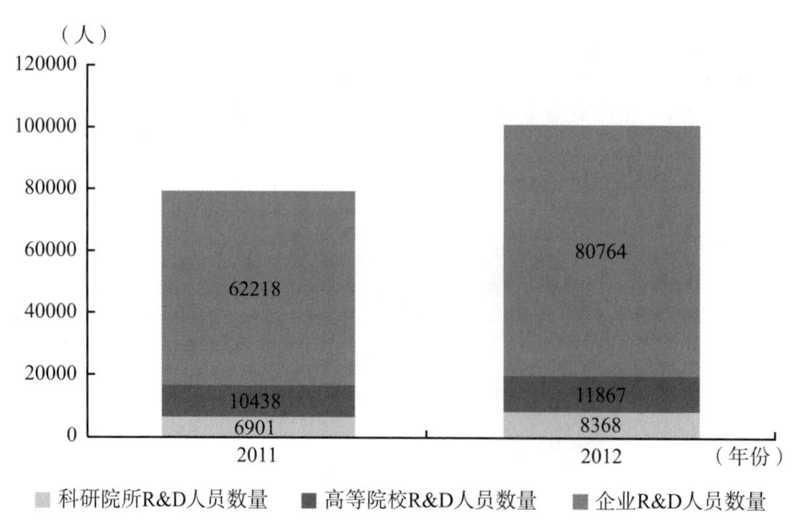

图 6　2011—2012 年度安徽 R&D 人员结构组成

（三）高层次人才总体情况数量及结构

截至 2012 年年底，全省人才总量达到 541.8 万人（2010 年年底 479.4 万人，2010 年、2012 年全省人才占人口比例分别为 7.02%、7.85%），其中党政人才 24.3 万人，企业经营管理人才 83.2 万人，专业技术人才 243 万人，高技能人才 91.6 万人，农村实用人才 94 万人，社会工作人才 5.7 万人。全省现有两院院士 25 人，院士工作站柔性引进院士 72 人，国家级"百千万人才工程"人选 49 人，安徽省杰出专业技术人才 40 人，省学术和技术带头人 403 人、后备人选 847 人，享受国务院特殊津贴 1685 人，享受省政府特殊津贴 1859 人，战略性新兴产业技术领军人才 353 人。表 1 列举了安徽省高层次人才总体情况。

表 1　安徽省高层次人才总体情况

高层次人才类别	总数（人）
中国科学院院士	17
中国工程院院士	7
两院院士	1
院士工作站引进院士	72
千人计划	110
百人计划	43
外专百人计划	16
万人计划	11
省学术技术带头人	403
战略性新兴产业技术领军人才	353

（四）引进高层次人才情况

2012 年全省引进高端人才 9036 人，实施引智项目 301 项，引进外国专家 1650 人次，培育建立国家、省引智成果示范推广基地（单位）30 个。全省 12 家高新区转化重大创新成果 1000 余项，引进各类创新人才 3000 多人，其中合、芜、蚌 3 家高新区占 70% 以上，与中关村示范区建立了战略合作关系，实施了 27 个重大合作项目，支持两区人才流动，从清华大学、中科院等高校、科研院所柔性引进一批高层次人才来安徽省转化重大科技成果。

二、科技人才工作总体部署和进展

（一）科技人才发展规划

按照《安徽省中长期人才发展规划纲要（2010—2020 年）》《安徽省“十二五”科技发展规划纲要》等安徽省科技人才发展纲领性文件的工作部署，安徽省科技人才工作紧扣创新驱动发展战略，高度重视创新型科技人才培养，创新科技人才工作体制机制，以创新项目吸引人才，以创新载体培育人才，以创新政策留好人才，以科技创新创业人才的培育与发展，支撑引领全省自主创新能力提升。截至2012年年底，全省R&D人员总量达10.3万人，企业R&D人员比重达78.4%，全省49人入选国家级“百千万人才工程”。一批结合地方产业发展与经济社会发展重大需求的重点人才工程不断推进。全省建设院士工作站55家，“柔性引进”院士72人，分布在全省16个地市。全省组织实施了“115”产业创新团队建设工程，分五批共建立153支创新团队。全省组织实施战略性新兴产业“111”人才聚集工程，目前已评选认定353名产业技术领军人才。2012年3月，省委省政府作出在合芜蚌试验区开展人才特区建设的战略部署，人才特区建设一年多来，发展方向逐渐明晰，运行机制初步形成，人才政策体系不断完善，人才特区吸引力和国内外的影响力日益提升，先后吸引9700多名高层次人才创新创业。

1.《安徽省中长期人才发展规划纲要（2010—2020年）》

《安徽省中长期人才发展规划纲要（2010—2020年）》将突出培养造就创新型科技人才作为全面实施人才强省战略的主要工作任务。安徽省创新型科技人才的发展目标是围绕提高自主创新能力、建设创新型安徽，以高层次创新型科技人才为重点，努力造就一支学术品德好、专业素质高、创新能力强、团队结构优的创新型科技人才队伍。到2020年，研发人员总量达到18万人年，高层次创新型科技人才总量达到1500人左右。

2.《安徽省“十二五”科技发展规划纲要》

《安徽省“十二五”科技发展规划纲要》将培养和造就创新型科技人才作为当前科技人才工作的重要抓手。提出到2015年企业研发人员占全社会比例达75%以上，到2015年全省R&D人员总数达15万人，“十二五”期间全社会R&D人员平均增长率达26.2%。其主要举措包括：

（1）培养和引进科技领军人才。统筹项目、基地和人才，实施“十百千创新型科技人才工程”。“十二五”期间，争取有30人入选国家“科学家工作室”“长江学者”和“千人计划”，培养具有世界水平的科学家。组建50个院士工作站，柔性引进100名院士。继续实施“115”产业创新团队计划和“百人计划”，引进100名海外高层次创新创业人才，培养和引进100个掌握核心技术、国内一流的创新团队，培养和引进1000名学术技术带头人和10000名左右高技能人才。

（2）壮大和优化科技人才队伍。稳步发展高等教育尤其是研究生的培养规模，壮大安徽省科技人才队伍总量，到2015年，研发人员达到15万人。改革创新型人才培养模式，开展高校、科研院所、重点企业联合培养研究生工作试点和双向挂职，鼓励科技界和产业界的人才流动和交叉兼职，培养创新型企业家。建立以企业为主体，职业院校为基础，学校教育与企业培养相结合的高技能人才培养体系，探索建立“首席工人”“首席技师”等制度。

（3）完善科技人才使用和激励制度。实施人才强省战略，努力营造平等竞争、人尽其才、才尽其用的宽松环境，加强科技人员继续教育，系统选派优秀人才赴国外学习、深造，在重大科研项目经费中，划出一定比例专门用于人才培养。建立科学的人才考核评价体系，完善对科技人员的股权激励、职称评定、成果奖励、知识产权保护等政策，鼓励优秀科技人才脱颖而出，激发全民创新创业热情。

3.《中共安徽省委安徽省人民政府关于深化科技体制改革加快区域创新体系建设的实施意见》

2012 年 9 月全省科技创新大会召开，省委省政府出台《中共安徽省委安徽省人民政府关于深化科技体制改革加快区域创新体系建设的实施意见》(皖发〔2012〕20 号),《实施意见》明确提出深化科技体制改革、加快建设具有安徽特色区域创新体系建设人才方面的总体要求和主要目标。

在加快区域创新体系建设方面，推进合芜蚌试验区人才特区建设。一是坚持把人才作为第一资源，把人才发展作为强区之基，加快实施“611 人才行动”。优先积累人才资本，优先保证人才投入，支持合芜蚌 3 市分别建立人才发展专项资金。二是重点引进培育一批掌握国际领先技术、引领战略性新兴产业发展的领军人才，一批从事主导产业关键核心技术研发及重大科技成果转化的高端人才，一批科技企业家队伍。

在深化科技管理体制改革方面，推进人才管理、科技奖励等制度改革。一是建立健全鼓励科技人才柔性流动的政策体系，建立以科研能力和创新成果为导向的科技人才评价标准，完善科技人员收入分配政策，支持 35 岁以下优秀青年科技人才主持科技项目。二是建立公开提名、科学评议、实践检验、公信度高的科技奖励机制，完善省科技奖评审标准和办法，重点奖励重大科技成果和杰出科技人才，强化对青年科技人才的奖励导向。完善创新型企业、创新型园区和合芜蚌试验区创新人才奖励办法。

《实施意见》提出“十二五”时期，实施“34122”目标行动。其中科技人才方面，要求培育引进领军人才和高端人才突破 2000 人。

(二)科技人才工作体制机制创新

高度重视，摆上重要工作位置。省科技厅把科技人才队伍建设作为工作重中之重，纳入厅年度工作要点，对承担的相关工作任务在厅内进行了细化分解，分工到处室、责任到人。通过全厅上下扎实有效地工作，充分调动了广大科技人才创新创业的激情与活力，为提升全省自主创新能力和产业核心竞争力提供了有力支撑。

全面统筹，深化人才培养载体建设。一是紧密结合实际，加强全省各类高层次创新人才的载体建设，努力在全省形成多层次的领军人才培养体系。二是依托合芜蚌试验区建设，建立覆盖全省的产学研合作平台，支持建设多种类型的科研平台，促进高层次人才集聚。

截至 2012 年年底，安徽省建设省级以上(重点)实验室、工程(技术)研究中心、企业技术中心等科研平台 1260 个，合芜蚌试验区共建设 674 个科研平台及 30 多家产业技术创新战略联盟，表 2 列举了安徽省及合芜蚌试验各类科研平台的建设情况。

表 2　安徽省及合芜蚌试验区科研平台建设情况（截至 2012 年年底）

	安徽省	合芜蚌	合芜蚌占比（%）
国家大科学工程	5	5	100
国家实验室	2	2	100
重点实验室	166	146	88.0
工程实验室	38	22	57.9
工程技术研究中心	343	166	48.4
工程研究中心	56	36	64.3
企业技术中心	616	279	45.3
院士工作站	34	18	52.9

数据来源：2013 年安徽省科技统计公报。

加强合作，协力推进人才队伍建设。一是加强部门间合作联系。省科技厅协助省委组织部，制订印发《建设合芜蚌自主创新综合试验区人才特区细化分解方案》。同时会同省委组织部、省财政厅、省发改委、省人社厅、省经信委等有关部门开展“115”产业创新团队建设、战略性新兴产业领域技术领军人才评审工作，配合省财政厅开展企业股权和分红激励等重大政策试点。初步建立了全省科技人才工作科学决策、分工协作、沟通交流和督促落实工作机制。二是搭建高层次人才交流平台。由省科技厅为业务主管单位的安徽省院士专家联谊会在合肥成立，目前，省院士专家联谊会已有会员 442 名，其中，院士 96 名、专家 346 名。三是开展高层次学术交流活动。由中国工程院和安徽省人民政府联合主办、省科技厅等单位承办的第六届中国工程管理论坛在合肥举行，中国工程院院长周济等 24 位中国工程院院士及 200 余位有关知名专家学者出席论坛。

强化支持，激励人才创新创业。一是落实人才奖励政策。合芜蚌试验区已有 56 家企业开展了股权和分红激励政策试点工作，调动了科研骨干的积极性。二是积极推进人才创新载体建设。积极推进各类实验室、工程技术中心、科技企业孵化器和高新技术产业基地等载体建设，建立 55 家院士工作站和 64 个博士后科研流动站，建成 8 个留学人员创业园，组建了 46 家产业技术创新战略联盟，成立了合肥公共安全技术研究院、中科大先进技术研究院、省应用技术研究院、新能源汽车研究院等 50 多个省级以上产学研实体。引导企业与高校、科研院所共建 175 个经济实体和 478 个研发机构，去年全省 12 家高新区转化重大创新成果 1000 余项，引进各类创新人才 3000 多人。通过项目带动、平台培养，集聚一批企业和产业发展急需的创新人才。

优化环境，扫除人才创新创业障碍。一是强化科技金融结合，全省共设立创业投资基金 18 只，资金总规模达 58 亿元，投资 117 个项目，总投资额 40.7 亿元。继续推进股权、专利权、商标使用权等专属质押方式，截至 2013 年 6 月底，全省共有 93 家企业 532 件专利获 95 笔专利权质押贷款，融资总额达 6.39 亿元。二是加强知识产权保护，合肥、芜湖两市入选国家知识产权示范城市。2012 年全省知识产权系统共受理专利案件 162 件，结案率高达 80%。中国（安徽）知识产权维权援助中心帮助安徽省重点企业成功维权，为企业挽回经济损失近 10 亿元。三是突出人才创新典型，配合省委组织部和宣传部，广泛组织开展专题宣传，进一步营造了激励支持人才创新创业的舆论氛围。

三、科技人才工程／计划及实施效果

（一）科技人才 / 工程计划体系

安徽省科技人才工程体系建设按照国家级百千万人才工程工作部署，重点组织实施省级百人计划、外专百人计划；围绕安徽省产业发展需求，重点组织实施“115”产业创新团队、战略性新兴产业人才“111”聚集工程；围绕产学研长效合作机制建设，重点组织实施院士工作站建设。围绕青年科研人才培育，重点组织实施杰出青年基金项目。针对合芜蚌试验区急需引进紧缺高层次人才的需求，大力推进合芜蚌试验区人才特区建设。一系列围绕地方发展需求具有安徽特色的科技人才工程不断推进，政策创新力度进一步加大，资金投入逐年增多，发展环境不断优化，高层次创新创业人才培养得到强化。

（二）重大人才工程 / 计划组织实施和成效总结

院士工作站：以省科技厅为主管单位依托安徽省相关领域骨干企事业单位设立的产学研新型研发组织。自 2009 年起，省科技厅印发了《安徽省院士工作站实施意见》，启动院士工作站组建计划。目前，全省“柔性引进”院士 72 人，分布在全省 16 个市，为安徽省经济建设和社会发展提供了有力的智力支撑。院士工作站在院士及其创新团队指导下，合作承担包括国家自然科学基金、国家“863 计划”在内的各类科研项目 172 项，开发新产品 64 个，取得了良好的社会和经济效益。省级财政累计资助院士工作站建设经费 900 万元，有力推动了院士工作站建设。

“115”产业创新团队：由省委组织部、省发改委、省经信委、省科技厅、省人社厅五家单位牵头组织实施围绕我主导产业和战略性新兴产业培养创新型人才队伍。从 2006 年起组织实施了“115”产业创新团队建设工程，分五批共建立 153 支创新团队（1 名领军人才和 5 名助理组成），覆盖电子信息、汽车装备、新能源、新材料、食品医药、文化等产业。集聚 8000 多名优秀创新创业人才参与创新项目研发，取得达到国际、国内领先水平的创新成果 300 多项。淮南矿业集团“煤矿瓦斯综合治理”创新团队，攻克了煤矿低浓度瓦斯利用中的世界性难题，团队带头人袁亮当选中国工程院院士。铜陵有色黄铜棒材、奇瑞新型发动机、科大讯飞语音、黄山永新包装材料等为代表的创新团队都取得行业一流的科研成果，大大提升了企业核心竞争力。与此同时，省里积极发挥示范和辐射带动作用，指导各地围绕重点产业发展开展创新团队建设，市一级共建立了600多支创新团队，在全省形成上下联动、广泛覆盖的多层次领军人才培养体系。合肥“228”产业创新团队建设工程，建立了60个市级产业创新团队，集聚1000多位优秀创新人才，申请专利50余项，获得省级科技成果鉴定56项。

战略性新兴产业人才“111”聚集工程：由省委组织部、省人社厅、省发改委和省科技厅四家单位牵头组织实施的围绕安徽省战略性新兴产业“千百十工程”的工作部署开展的重点人才工程。首批评选全省共有627家单位推荐1089名人才参评，经各市组织评审、实地考察、复核公示等程序，确定353名安徽省战略性新兴产业技术领军人才备案认定。认定的领军人才具有以下特点：一是产业关联度高。涵盖安徽省优先发展的八大战略性新兴产业，其中，高端装备制造、新材料、电子信息三大产业的人才数量占60%。企业人才占97%，其中民营企业占63%。二是区域集聚度高。分别来自安徽省16个市和2个省直管县，其中合芜蚌地区占总数的40%。三是人才层次高。入选人员基本涵盖各地重点发展战略性新兴产业企业研发、生产一线岗位工作的技术研发专家和业务骨干。其中既有国家“千人计划”、国务院津贴获得者等外籍专家、高端人才，也有管理经验丰富、创新创业成效显著的高层管理精英，更有大量创新思维活跃、才华出众的新成长起来的技术研发人才。

百人计划：安徽省组织实施了引进海外高层次人才“百人计划”，于2010年、2012年分两批共评审入选43人，并设立11个省级海外高层次人才创新创业基地。在全国率先实施“外专百人计划”，首批选拔16名外国专家入选计划及其培育项目。奇瑞汽车公司、马钢公司通过引智解决了一系列技术难题，绿旱一号、长丰草莓等重大农业引智成果获得大面积推广。

杰出青年科技基金：安徽省开展了五批安徽省优秀青年科技基金项目申报工作，立项项目总数218项，共计支持优秀青年科技人才200余人。自2011年起安徽省开展了两批安徽省杰出青年科技基金项目申报工作，两批杰青计划共计支持30余名杰出青年科技人才，科研项目研究方向涵盖农业科学、信息科学、生物与医药、工程与材料、资源与环境、基础科学等多个学科领域。

合芜蚌人才特区：2012年3月，为贯彻落实安徽省第九次党代会精神，深入推进合芜蚌自主创新综合试验区建设，中共安徽省委、安徽省人民政府出台了《关于建设合芜蚌自主创新综合试验区人才特区的意见》（皖发〔2012〕7号）。

该《意见》提出实施“611人才行动”，即通过实施六项工程，重点引进培育100名领军人才、1000名高端人才，在特定区域针对特殊对象，实行特殊政策、特殊机制和特事特办，大力建设试验区人才特区。合芜蚌三市和省直有关部门，围绕建设合芜蚌人才特区的政策文件，出台了50多项配套政策，形成了以省委文件为主导，省直有关单位和三市具体政策措施为支撑的人才特区政策创新体系。人才特区建设一年多来，发展方向逐渐明晰，运行机制初步形成，人才政策体系不断完善，人才特区吸引力和国内外的影响力日益提升。先后吸引9700多名高层次人才创新创业，柔性引进院士12人，新增75名国家“千人计划”专家，有42项科研成果获国家科技奖励，在汽车、装备、语言合成等技术领域，形成了一批国内乃至国际具有领军水平的优势技术。56家企业开展股权和分红激励政策试点工作，调动了科研骨干的积极性。美菱电器公司拿出1820万元向30名符合条件的激励对象进行分配。

四、科技人才政策措施及成效

（一）培养和开发政策

1. 产学研合作培养人才政策

安徽省科学技术厅印发《关于印发安徽省院士工作站实施意见的通知》（科人〔2009〕169号）。

院士工作站的主要内容是开展战略咨询和技术指导；围绕发展急需解决的重大关键技术难题，组织院士及其创新团队与安徽省研发人员开展联合攻关；引进院士及其创新团队的技术成果，共同开展转化和产业化，培育自主知识产权和自主品牌；与院士及其创新团队共建人才培养基地，联合培养高层次创新人才。省科技厅各类科技计划积极支持院士工作站开展的科研和成果转化等项目，并通过各种政策措施支持院士工作站建设。省科技厅定期委托中介机构对院士工作站运行情况进行绩效评估。对评估优秀的院士工作站，给予奖励。

截至目前，全省建设院士工作站55家，“柔性引进”院士72人，均为安徽省急需的应用型高端创新人才，分布在全省16个市，据不完全统计，院士工作站为企事业单位培养引进博士62人、硕士134人。院士工作站在院士及其创新团队指导下，合作承担包括国家自然科学基金、国家“863”计划在内的各类科研项目172项，开发新产品64个，取得了良好的社会和经济效益。

2. 依托重大科技项目、产业化攻关项目等培养人才政策

中共安徽省委办公厅、安徽省人民政府办公厅印发《关于转发省人才工作领导小组关于实施“115”产业创新团队建设工程的意见的通知》（皖办发〔2006〕12号）。《意见》提出设立“115”产业创新团队、创新带头人、创新带头人助理，在申报职称、科研项目、经费方面给予重点支持。在设立期间，安徽省人才开发专项资金将按创新团队带头人每人每年5万元、带头人助理每人每年1万元的岗位津贴标准，拨给创新团队设立单位。

按照“项目＋创新团队”模式，围绕省“861”行动计划重要项目，从2006年起组织实施了“115”产业创新团队建设工程，分五批共建立153支创新团队，覆盖电子信息、汽车装备、新能源、新材料、食品医药、文化等产业。集聚8000多名优秀创新创业人才参与创新项目研发，取得

达到国际、国内领先水平的创新成果 300 多项。

中共安徽省委组织部、安徽省人社厅、安徽省发改委、安徽省科技厅印发《安徽省战略性新兴产业“111”人才聚集工程建设意见》（皖人社发〔2011〕70 号）。设立“战略性新兴产业‘111’人才聚集工程专项资金”，用于引进、培养和奖励三大项目。对建设的 100 个战略性新兴产业创新创业团队，每个团队给予一定的专项资助经费，同级政府或用人单位同时给予适当的经费配套；对引进培养的 1000 名战略性新兴产业技术领军人才，每人给予一定专项资助经费，用人单位对引进培养的领军人才按照不少于 1:1 的比例给予配套项目经费支持；对企业或技师学院培养的 10000 名高技能人才，按照不同层次，每培养一人给予培养单位一定的资金补贴。省科技重大专项在同等条件下对领军人才优先安排。领军人才、高技能人才申报的各类科技项目、产业化项目和技改工程项目，在同等条件下予以优先立项。

围绕安徽省八大战略性新兴产业“千百十工程”，实施战略性新兴产业“111”人才聚集工程，目前已评选认定 353 名产业技术领军人才。

（二）评价与激励政策

1. 股权和分红激励政策

安徽省人民政府印发《关于印发合芜蚌自主创新综合试验区企业股权和分红激励试点工作指导意见的通知》（皖政〔2011〕100 号）。

2011 年 7 月，股权和分红激励政策在安徽省合芜蚌试验区落地，合芜蚌试验区成为继北京中关村、武汉东湖和上海张江等国家级示范区后，第 4 个执行该政策的试点区域。全省已经形成以《指导意见》为基础的股权激励“1+7”政策体系，企业参与试点规模逐步扩大。

截至 2012 年年底，试点企业达 56 家。其中，实施激励方案 21 家，已完成《指导意见》确定的“十二五”试点工作目标。截至 2013 年 9 月，合肥、芜湖、蚌埠三市中，合肥市已经批复六批共 127 家企业参加试点，提前超额完成“十二五”预定目标；2013 年蚌埠确立第一批试点企业 35 家，达到“十二五”蚌埠试点企业数目标要求。目前试验区的试点企业数已达 185 家，试点、实施数量在“3+1”序列中仅低于中关村。截至 2013 年 9 月，政策在合肥市共激励科技人才 395 人，激励股权数量超过 2000 万股，总金额接近 7000 万元。芜湖市实施激励方案的企业共 4 家，激励科技人才 52 人，激励金额达 2390 万元。美菱电器公司拿出 1820 万元向 30 名符合条件的激励对象进行分配。

2. 科技人才评价政策

安徽省人力资源和社会保障厅印发《关于落实合芜蚌自主创新综合试验区人才特区相关人才政策的通知》（皖人社秘〔2012〕297 号）。

领军人才标准：①具有国际领先学术技术水平，掌握对产业发展具有主导作用的核心关键技术；

②拥有自主知识产权和发明专利，技术成果先进，能够填补国内空白，具有较好市场潜力和产业化发展前景；③在安徽省经济社会发展重点产业、重点学科等领域能够突破关键技术、带动新兴学科、发展高新产业；④具有较强的科研管理能力和团队组织协调能力，能引领团队发展的高层次创新创业人才。

高端人才标准：①在国内外知名高校、科研院所从事重大项目、关键技术或新兴学科研究工作，具有高级职称或相当职务的专家学者；②在国内规模以上大型企业或曾在国外知名企业（机构）担任高级职务、熟悉相关产业发展和国际规则的专业技术或经营管理人才；③符合安徽省重点产业、重点学科发展方向，学术技术达到国内领先水平，或能显著提升安徽省某一领域（学科）研究水平和产业创新能力的人才；④携带自主知识产权（核心技术）、资金（占企业投资30%以上）或项目来试验区创办（领办）企业，所办企业符合安徽省产业发展方向，近3年主要经营管理指标处于国内同行业先进水平的创业人才；⑤在攻克技术难关、推广应用先进技术等方面做出突出贡献，代表本行业本工种最高技术水平的高技能人才；⑥其他急需紧缺的高层次人才。

《意见》制定了符合试验区实际的市场化人才评价办法，确定了领军人才、高端人才、突出贡献人才认定标准。截至目前，共有834位高层次人才前来对接，引进高层次人才126人，人才评价方法的出台为各项人才政策的有效落实提供科学的评判依据。

3. 科技奖励制度

安徽省创新办印发《合芜蚌自主创新综合试验区创新人才奖励试行办法》（皖创新组字〔2009〕2号）。创新人才奖旨在奖励在合肥、芜湖、蚌埠三市登记注册的企业事业单位和相关机构（包括省直、中央驻皖单位）中工作或创业、服务，在科技研发、产业发展、管理创新等方面为合芜蚌自主创新综合试验区经济社会发展做出突出贡献的人员。创新人才奖每年评选一次，每次授奖人数10人左右。省合芜蚌自主创新综合试验区工作推进领导小组向创新人才奖获得者颁发荣誉证书，每人奖励10万—20万元。奖金依法免征个人所得税。

目前已进行两届合芜蚌创新人才奖评选，评选出15名在合芜蚌试验区经济社会发展中做出突出贡献的创新创业人才和4家人才工作先进单位。

（三）流动与配置政策

1. 科技人才向企业流动和科技人才服务企业的政策

《安徽省人民政府办公厅转发省科技厅等部门关于动员广大科技人员服务企业实施意见的通知》（皖政办〔2009〕43号）。实施“千人服务千企”行动。从2009年起，3年内组织1600名科技人员和科技管理人员为1000家企业服务。其中，从高等院校、科研院所选派1000名“科技特派员”，宣传自主创新政策，帮助企业制定技术创新发展战略，开发新技术、新产品，推广应用科技成果；从驻外科技外交官和省外高等院校、科研院所中聘请100名“科技特聘员”，帮助企业引进国内外科技成果和人才；从全省各级科技管理部门中选派500名机关干部担任“科技联络员”，开展创新创业服务，帮助企业协调解决实际问题。

通过选派农业科技特派员，实施一批科技项目，开展多种形式的创新创业培训活动，构建了新型社会化、市场化农村科技服务体系，促进了优势特色产业的发展，共选派科技特派员9499名，带动了40多万农村劳动力就地就业。科技特派员带项目、带技术、带信息、带资金，开展了多种形式的科技创业与服务“三农”活动，取得了明显成效，培育和造就了一大批乡土科技人才。

2. 鼓励科技人才创新创业政策

措施一：高校、科研院所等单位的科技人员携带科技成果在合芜蚌试验区创办企业的，给予公司注册资金50%、最高200万元资助；6年内保留其编制，保留期间要求返回的，由原单位按原职级待遇安排。留学回国和民间科技人员来试验区创办企业的，给予同等额度的资助。在试验区设立高校师生创业资金，鼓励高校老师、学生创业。

措施二：合芜蚌试验区内高新技术企业、创新型企业和创业风险投资机构的高层技术、管理人员，年薪10万元以上的，实际缴纳的个人所得税省、市留成部分，全额奖励个人创新创业。

措施三：改革职称评价办法，强化实际贡献和创新能力的考核。高校、科研院所从事技术开发、科技成果转化或中介服务的科技人员，取得显著经济社会效益的，可作为评定专业技术资格的重要依据。评聘农业专业技术职务时，拥有品种权视同专利权。

措施四：对企业聘请国外知名科学家、高端技术专家、创新咨询专家来合芜蚌试验区工作，给予聘用费50%、最高50万元的资助。

措施五：国有及国有控股的创新型企业，可比照执行国有高新技术企业股权激励试点政策，对企业科技人员和管理人员进行股权激励。

对合芜蚌305家高新技术企业、创新型企业等单位抽样调查显示，2009—2011年享受政策总获益人数为623人，个人所得税奖励措施享受企业数最多，对上述政策表示清楚及熟悉的企业比例达75%，近半数的企业表示上述政策对于企业激励科研人员创新创业的作用很大。

3. 人才引进政策

安徽省委办公厅、安徽省人民政府办公厅印发《关于加强引进海外高层次人才工作的实施意见》（皖办发〔2009〕20号）。自2009年起，用5—10年时间引进并重点支持100名左右能够突破关键技术、发展高新产业、带动新兴学科的科技领军人才来皖创新创业。围绕这一目标，实施意见就引进条件、引进方式、保障措施、组织实施四个方面提出规范要求，在落实引进人才生活待遇方面，安徽省财政给予列入“百人计划”的人才每人50万元人民币的一次性补助。《实施意见》以重点区域、重点项目、重点产业为抓手，创新政策和方法，加快引进一批急需和紧缺的海外高层次人才，为区域产业的创新发展提供坚强的人才保障。

安徽省组织实施了引进海外高层次人才“百人计划”，于2010、2012年分两批共评审入选43

人，并设立 11 个省级海外高层次人才创新创业基地。

4. 人才特区建设相应政策

中共安徽省委、安徽省人民政府印发《关于建设合芜蚌自主创新综合试验区人才特区的意见》（皖发〔2012〕7 号）。《意见》提出实施“611 人才行动”，实行十条特殊政策、特殊机制和特事特办，大力建设合芜蚌试验区人才特区。

“611”人才行动——即通过实施六项工程，重点引进培育 100 名领军人才、1000 名高端人才。

六项工程——即重点计划引育人才工程、产学研实体集聚人才工程、重大科技成果转化工程、战略性新兴产业引领工程、创新创业载体建设工程、创新创业环境优化工程。

十条具体措施——包括市场化人才评价政策、个人所得税优惠政策、财政扶持政策、职称评定政策、住房优惠政策、居留与出入境政策、学术研修交流资助政策、医疗及配偶安置、子女入学政策、人才服务政策等。

重点计划引育人才：吸引凝聚了 9700 多名高层次人才创新创业，新增 75 名国家“千人计划”，新增 22 名省“百人计划”人选，培养的高层次人才中有 17 人入选国家“万人计划”。合芜蚌三市新增 16 支“115”产业创新团队，选拔 194 名省学术和技术带头人及后备人选。

产学研实体集聚人才：推进中科大与合肥市共建中科大先进技术研究院，已引进 10 家创新联合体入驻，孵化成立了 7 家博士创业公司，凝练了 68 个创业项目，今年工程类研究生招生规模将达 1000 人。合芜蚌三市新建 12 家院士工作站，柔性引进 12 名院士。

重大科技成果转化工程：与中关村示范区建立了战略合作关系，实施 27 个重大合作项目，支持两区人才流动，从清华大学、中科院等高校院所引进一批高层次人才来安徽省转化重大科技成果。

战略性新兴产业引领工程：合芜蚌三市引进 139 名战略性新兴产业领军人才，合芜蚌试验区高新技术产业实现产值 6171.4 亿元，比上年增长 16.8%，实现战略性新兴产业产值 2840 亿元。

创新创业载体工程：大力推进高新区等创新载体建设，2012 年全省 12 家高新区引进各类创新人才 3000 多人，其中合芜蚌试验区 3 家高新区占 70% 以上。引导企业与高校、科研院所共建 175 个经济实体和 478 个研发机构，新建国家级重点（工程）实验室、工程（技术）研究中心、企业技术中心等研发机构 12 家、省级 199 家。

创新创业环境优化工程：以产业项目支持用好人才，凝练实施主导产业项目 240 多项、战略性新兴产业项目 371 项，争取国家科技项目 1400 多项，绝大部分由高层次人才承担实施。强化科技金融结合支持人才创新创业，截至 2012 年年底，全省共设立创业投资基金 18 只，资金总规模达 58 亿元，投资 117 个项目，总投资额 40.7 亿元，同时继续推进股权、专利权、商标使用权等专属权质押方式，支持高层次人才创新创业。

福建省科技人才发展报告

■ 福建省科学技术厅

近年来，福建省把提高科技人才队伍建设作为福建科学发展的一项战略任务，大力提高福建科技人才的竞争力，以人才优先发展来引领和带动海峡西岸经济区建设。在省委人才工作领导小组和省人才办的指导下，福建科技人才工作认真贯彻落实省“海纳百川”高端人才聚集计划，坚持人才优先发展战略，形成人才、项目、资金、平台“四位一体”的工作格局。据科技部统计监测，福建省综合科技进步水平居全国第 11 位，其中科技促进经济社会发展指数居第 5 位、高新技术产业化指数和科技进步环境指数均居第 10 位。

一、福建科技人才总体概况

目前在福建工作的两院院士有 18 名，福建省属独立科研院所共有 55 家，其中公益类科研院所 39 家，开发类科研院所 16 家，省属 55 家科研院所共有从业人员 4287 人，占全省科研与开发机构从业人员的 73.28%。其中从事科技活动人员为 3160 人，占全省科研与开发机构从业人员的 68.43%，成为支撑福建创新发展和科技水平提升的主要力量。2013 年福建省万人 R&D 研究人员数为 9.15 人年 / 万人，较 2012 年提高了 6.52%，但比全国平均水平降低了 12.61%，比标准值高出 30.71%；企业 R&D 研究人员占比重为 68.42%，比 2012 年提高了 1.34 个百分点，比全国平均水平高出 13.83 个百分点，但比标准值低 1.58 个百分点；R&D 经费支出与 GDP 比值为 1.38%，比去年提高了 0.12 个百分点，但与全国平均水平相比仍低 0.6 个百分点，仅为标准值的 55.2%。

（一）每万名劳动力中的研发人员

2012 年，福建省每万名劳动力中的研发人员数为 44.57 人年（图 1），较上年增加了 13.18%；比 2005 年增加了 1.33 倍，年均增长 12.81%。

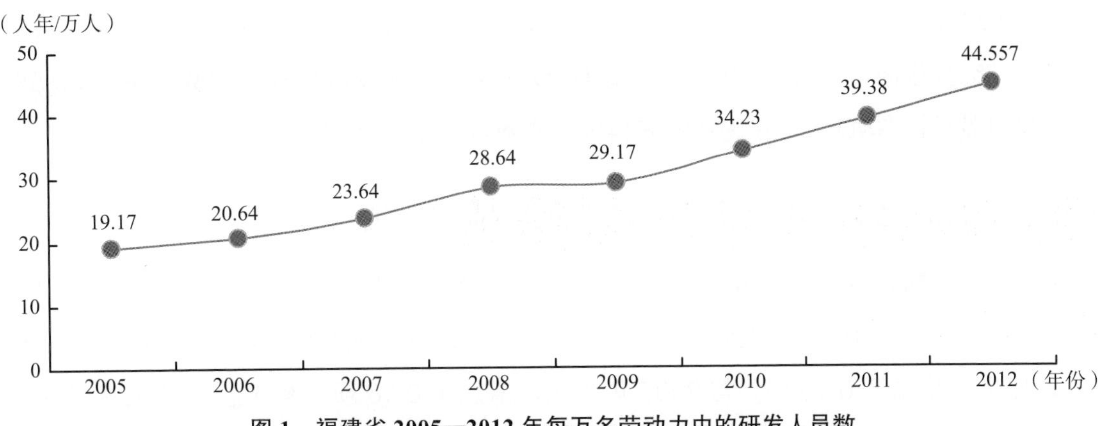

图 1　福建省 2005—2012 年每万名劳动力中的研发人员数

（二）获国家科学技术奖项数

2012 年，福建省以第一完成单位获国家技术发明奖二等奖 1 项，获国家科技进步奖二等奖 2 项，获奖总项数与上年持平，与 2005 年相比增加了 2 项（图 2）。

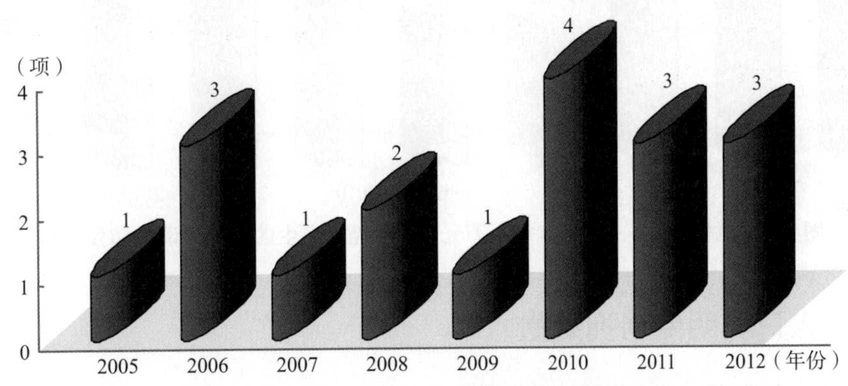

图 2　福建省 2005—2012 年获国家科学技术奖项数

（三）每万名 R&D 人员在国外发表科技论文数

2012 年，福建省每万名 R&D 人员在国外发表科技论文 380 篇（图 3），较上年减少了 185

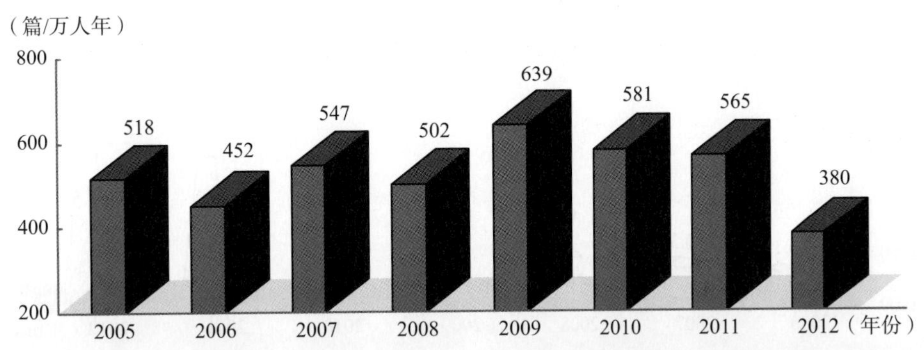

图 3　福建省 2005—2012 年每万名 R&D 人员在国外发表科技论文数

篇，减少 32.74%；与 2005 年相比，每万名 R&D 人员在国外发表科技论文数减少了 138 篇，下降 26.64%。究其原因，主要是 2012 年全省 R&D 人员在国外发表科技论文数下降了 20.5%，其中理工科高等院校的 R&D 人员在国外发表科技论文数减少了 23.05%。

（四）每百万元 R&D 经费产生的专利申请数和授权数

2012 年，福建省每百万元 R&D 经费产生的专利申请数为 1.58 项，比上年增加了 0.12 项，但与 2005 年的 1.76 项相比，却减少了 0.18 项；2012 年每百万元 R&D 经费产生的专利授权数为 1.12 项，比上年增加了 0.13 项，与 2005 年相比，增加了 0.16 项（图 4）。这表明多年来福建省科技经费的专利产出效率还处于较低状态，并且还难于显著提高。

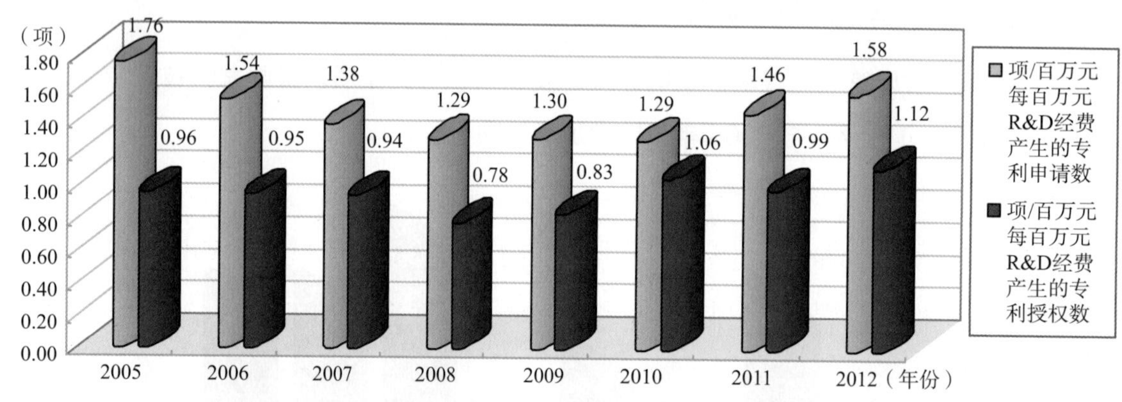

图 4　福建省 2005—2012 年每百万元 R&D 经费产生的专利申请数和授权数

（五）每万人口发明专利拥有量

2012 年，福建省每万人口发明专利拥有量达到 2.07 项，比上年增加了 0.72 项，提高了 53.33%（图 5）。特别是从 2006 年以来，这一指标出现了持续增长的趋势，2012 年的人均拥有量比 2006 年提高了 8 倍，这表明从"十一五"以来，随着福建省专利战略的落实，知识产权实力已经有了较大的提高。

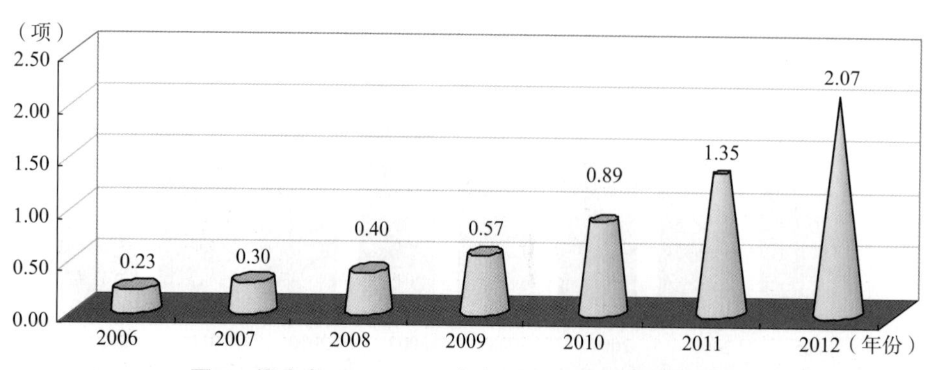

图 5　福建省 2005—2012 年每万人口发明专利拥有量

（六）院士专家成果

自 2009 年 4 月福建省首家“院士专家工作站”挂牌成立以来，全省已联合授牌工作站 129 家（工作站覆盖全省 9 个设区市 54 个县市区，其中：省直 5 家、福州 28 家、厦门 9 家、漳州 15 家、泉州 21 家、莆田 10 家、三明 11 家、龙岩 8 家、南平 11 家、宁德 11 家），进站工作院士 117 名，进站院士团队专家 831 名，企业科技团队 1253 人，工作站合作开展的技术项目 475 个。第一、二批 64 家工作站由省委组织部、省公务员局、省人才资源开发办公室和省科协联合授牌；第三批 31 家工作站由省委组织部、省财政厅和省科协联合授牌；第四批 34 家工作站由省委组织部、省财政厅、省科协和省科技厅联合授牌。省科协利用“6·18”“院士专家八闽行”等平台，借助中国科协年会契机，加大宣传，邀请中国科学院、工程院和省委、省政府领导为工作站授牌，体现了各级领导对工作站的重视，不断扩大工作站的知名度和影响力。

（七）重点实验室和工程研究中心

至 2012 年年底，全省共有国家级重点实验室 6 家、国家级重点实验室省部共建培育基地 4 家，福建省科技厅共批准省级重点实验室 50 家，依托省属科研院所设立的重点实验室 18 个，依托高校和中央各部直属研究机构设立的重点实验室 32 个。有国家级、省级（企业）工程技术研究中心 176 个，其中国家级 5 个，省级 171 个。

表 1 国家级重点实验室和工程技术研究中心

名 称	名 称	依托单位
国家级重点实验室	细胞应激生物学国家重点实验室	厦门大学
	低品位难处理黄金资源综合利用国家重点实验室	紫金矿业有限公司
	肉食品质量与安全控制国家重点实验室	厦门银祥集团公司
	近海海洋环境科学国家重点实验室	厦门大学
	结构化学国家重点实验室	中科院福建物构所
	固体表面物理化学国家重点实验室	厦门大学
国家级工程技术研究中心	国家传染病诊断试剂与疫苗工程技术研究中心	厦门大学、养生堂有限公司
	国家钨材料工程技术研究中心	厦门钨业股份有限公司
	国家光电子晶体材料工程技术研究中心	中科院福建物构所
	国家环境光催化工程技术研究中心	福州大学
	国家菌草工程技术研究中心	福建农林大学

二、福建省科技人才措施及成效

（一）从战略角度总体部署科技人才工作

1. 实施人才强省战略，推动创新型省份建设

近年来，福建着力实施人才强省战略，推动创新型省份建设，在专业技术人才的培养、引进和使用工作上呈现良好的发展态势。2006 年 9 月，福建省委省政府制定《福建省“十一五”人才队伍建设专项规划》，召开全省科技大会，制定《关于全面推进科技进步提高自主创新能力的决定》《福建省中长期科学技术发展规划纲要（2006—2020 年）》《福建省科技发展第十一个五年规划纲要》，提出紧紧围绕建设海峡西岸经济区，大力实施以科教兴省、人才强省、可持续发展为主要内容的创新推动战略，努力建设海峡西岸创新型省份。党的“十七大”报告和国家“十一五”规划纲要明确支持海峡西岸经济发展，建设海峡西岸经济区成为中央决策和国家战略的重要组成部分。2007 年 11 月，省委八届三次全会提出建设“两个先行区”的决定。2008 年 3 月，原人事部明确把福建作为“全国人事制度改革先行试验区和两岸人才交流合作先行试验区”，为福建先行先试，推动两岸人才交流合作提供了有力支持。2009 年 5 月，国务院出台《关于支持福建省加快建设海峡西岸经济区的若干意见》，强调大力推进人力资源建设，为海峡西岸经济区建设提供坚强的人才保证和智力支持。2010 年 1 月 24 日，省委办公厅、省政府办公厅印发了《福建省引进高层次创业创新人才暂行办法》《海西产业人才高地建设实施办法》和《海西创业英才培养实施办法》三个文件，加大吸引海内外高层次创业创新人才，推进人才强省战略的实施。

2. 科技人才工作体制机制创新，打造四位一体的人才培育和引进模式

随着社会经济的发展，福建省委、省政府对科技发展提出新的更高要求，科技工作既迎来重大机遇，又面临严峻挑战。科技部门积极用好用活人才，建立更为灵活的人才管理机制，通过科技项目培养人才，最大限度支持、鼓励和服务科技人员创新创业，让一切劳动、知识、技术、管理、资本的活力竞相迸发。为了聚集科技人才、激发科技人员的工作积极性，要实行按劳分配与按生产要素分配相结合的分配体制，积极推进科技创新机制改革实施方案工作，出台省级事业单位科技成果处置权和收益权改革的意见，省级事业单位对拥有的科技成果，在国家和省规定的期限内自主决定转让、许可、合作和投资，获得的收入全留归单位统一管理，自主规定或约定科技人员职务科技成果转化收益比例。积极打造人才、项目、资金、平台“四位一体”的人才培养模式，以科技重大专项为载体，完善首席专家制，培养造就复合型创新领军人才；以杰出青年科学基金为载体，探索滚动支持机制，培养造就中青年科技创新领军人才；以科技型中小企业技术创新资金项目为载体，培养造就科技创业领军人才；以重点实验室、工程技术研究中心为载体，稳定支持一批年龄结构、知

识结构合理的科技创新和技术创新团队，促进重点领域、重点学科、重点产业创新创业团队的形成。加强与科技创新人才的沟通，积极培育各类科技领军人才，梳理现有科技计划体系，明确各类计划人才培养导向，针对不同人才（团队）需求，配足配齐所需创新平台和项目。围绕福建省产业发展方向和社会发展需要，提高人才培养质量，加大力度引进和培养高层次、高水平创业创新人才和团队，加强院士专家、博士后流动（工作）站和留学人员创业园建设。设立医学联合基金，从省内科研实验较强的 15 家三甲医院开展试点，依托省自然科学基金平台，制定《福建省自然科学基金卫生行业联合资金项目管理办法》。

（二）从激励角度完善科技人才政策

1. 完善科技人才激励机制，科技创新领军人才与创业领军人才向企业倾斜

根据《中共福建省委办公厅、省人民政府办公厅关于印发〈福建省“海纳百川”高端人才聚集计划（2013—2017 年）〉的通知》（闽委办发〔2013〕3 号）和《中共福建省委人才工作领导小组关于印发福建省科技创新领军人才等 6 类特殊支持高层次人才和福建省文化名家等 5 类优秀人才的遴选办法的通知》（闽委人才〔2013〕3 号）等有关文件要求，福建省从 2013—2017 年开展科技创新领军人才和科技创业领军人才遴选工作。主要遴选在企事业单位和其他社会经济组织中，具备较强创新能力，引领本省学科建设和产业科技创新，在原始创新、集成创新、引进消化吸收再创新，组织重大科技任务、推动产业发展和关键技术研发中业绩突出，能够代表全省一流创新水平的科技创新领军人才；在科技型企业中，选拔具有创新创业精神，运用核心技术或自主知识产权创建科技型企业，推动企业技术创新，提升企业集成创新、引进消化吸收再创新能力，加速科技成果转化落地，能代表全省本领域或本行业一流创业水平的科技创业领军人才。科技创业领军人才主要针对企业，要求科技创业领军人才具备申报人为企业主要创办人或创业团队中的核心研发人员条件。

2. 深化科技体制改革，支持科研人员创新创业

为加快福建省属科研院所创新发展，营造更加宽松的发展环境，进一步提升省属科研机构的科技创新和成果转化，福建省科技厅牵头研究制定了《福建省人民政府关于进一步支持省属科研机构加快创新发展的若干意见》（闽政〔2013〕28 号）。重点包括以下几个方面：改革省属科研机构科研评价和奖励制度。转变科研以论文、职称和获奖驱动为市场驱动，引导科研人员深入基层或企业积极开展科技创新创业活动，加速推进科研成果落地转化；支持科技人员创新创业。鼓励省属科研机构及其科研人员自行创办或以技术入股兴办科技型企业。支持省属科研机构所属科技成果转化型企业进行股份制改造。职务成果经评估作价，可作为企业的注册资本，所占注册资本的比例最高可达 70%。职务成果完成人可以自行创办企业或以技术入股在福建产业化转化，其享有该科技成果在企业中收益的比例可高于 50%；支持省属科研机构自主开展对外合作交流。省属科研机构专业

技术人员出国（境）参加科学技术交流活动的次数、天数，根据实际需要予以安排，出访所需经费由省属科研机构按照有关规定安排和管理；加强人才队伍建设。省属科研机构引进科技人才的补贴，获科技成果奖的奖金以及科技成果转化的个人收益不计入单位绩效工资总额；增加科研机构高级专业技术岗位数5个百分点等。

3. 实施《福建省重大科技创新平台引进和建设资助办法》，促进高层次科技人才引进

围绕海峡西岸经济区发展战略目标，福建省科技厅重点围绕福建优先发展的装备制造业、高新技术产业、农产品加工、现代物流以及各类高新技术开发区、重大科技专项、重点实验室以及各类高新技术产业园区等领域，依托园区、高校、科研院所和其他事业单位，引进高层次创业创新人才。三明是个山区城市，和其他先进的兄弟城市相比，三明的产业层次较低，企业技术自给率较低、创新基础更为薄弱，70%以上企业为资源消耗型企业，设有研发机构的企业仅占规模以上工业企业总数4%，拥有专利的企业仅占规模以上工业企业总数6.4%，全市企业研发经费投入占销售收入比重不到0.5%，全社会研发投入仅占地区生产总值的0.81%。面临产业转型的迫切需要和企业的发展需求，三明市成功引进了机械科学研究总院合作建立海西分院，作为支撑机械及汽车零部件产业链补充、延伸与发展的公共服务平台，目前机械科学研究总院海西（福建）分院正式挂牌成立，各合作项目进入全面建设阶段并取得阶段性成果。晋江围绕打造“智造名城”，先后引进6家国字号科研机构，7家海外高校、科研管理机构落户晋江，与8家国内著名高等院校签订战略合作协议，设立2个国字号、5个省级人才交流平台，拥有23家国家级科技创新型企业和企业技术中心、重点实验室，形成了多层次、全方位、实用管用的四大类平台。

（三）从创新角度拓展福建科技人才工作特色

1. 鼓励科技人才到农村和艰苦边远地区工作，实施省级扶贫开发工作重点县人才支持计划科技人员专项计划

为加快福建省扶贫开发工作重点县科技人才队伍建设，提升科技创新能力，充分发挥科技人员在扶贫开发中的积极作用，制定并印发《省级扶贫开发工作重点县人才支持计划科技人员专项计划实施方案》，计划于2014—2020年，每年选派360名科技人员到23个省级扶贫开发重点县开展科技服务。每年为23个省级扶贫开发重点县培养50名本土科技人员和农村科技创新创业人员，为省级扶贫开发工作重点县经济社会发展提供科技人才服务和智力支持。

2. 设立“促进海峡两岸科技合作联合基金”，提升海峡西岸经济区的科技创新能力

福建省人民政府和国家自然科学基金委员会于2011年12月1日共同设立了“促进海峡两岸科技合作联合基金”。“促进海峡两岸科技合作联合基金”旨在发挥国家自然科学基金的导向作用，引导社会科技资源投入基础研究，进一步吸引和聚集海峡两岸科学家开展科技合作，重点解决福建及台湾地区共同关心的重大科学问题和关键技术问题，带动人才队伍建设，提升海峡西岸经济区的科技创新能力，促进区域经济与社会的可持续发展。2013 年度资助项目 11 项，资助经费 3150 万元。其中由福建省高校和科研机构主持承担的“稀土上转换荧光标记材料及其生物医学应用”“大尺寸蓝宝石衬底高效精密磨粒加工关键技术基础研究”等 10 个项目获得 2850 万元经费支持，这些项目的实施对提升福建省科技创新能力，促进海峡两岸的科技交流与合作将发挥重要作用。

3. 围绕产业建设人才虹吸平台，人才引进集聚效应凸显

福建省围绕产业转型发展需要，积极打造人才引进、集聚和成果转化等综合性平台，提升企业核心竞争力。南安市搭建高层次产业人才集聚平台，建设滨江机械装备制造业基地、天广消防博士后科研工作站、泉州（南安）光伏信息产业基地院士专家工作站及国家级水暖厨卫质量监督检验中心、石材建陶产品质检中心等高层次人才聚集平台，引进博士后 27 人次，院士专家团队 1 个，聚集国家级行业技术检测人才 56 人。借助省引进名校生项目，引进清华大学郭宁博士担任科技副市长，与清华大学合作共建研究生社会实践基地和就业实践基地。将乐县为科学开发利用旅游资源，建立了玉华洞景区院士工作站，进行旅游业发展的高端策划，为旅游业的可持续发展起到了积极作用。院士团队的带动和影响，有效地引导了高层次人才向龙头骨干企业聚集，向重大项目聚集，向重点行业和特色产业聚集，拓展了行业发展的新领域、新空间。

江西省科技人才发展报告

■ 江西省科学技术厅

一、江西省科技人才发展的总体情况

经济发展、社会进步，人才是关键。随着经济和社会的发展，人们越来越认识到，一个国家和地区要兴旺发达，必须有坚实的科技人才队伍。可以说，培养和造就一支具有创新能力的人才队伍，是实现江西崛起新跨越的决定性因素。进入21世纪以来，江西省委、省政府高度重视人才工作，各级各部门认真落实省委、省政府《关于贯彻〈中共中央、国务院关于进一步加强人才工作的决定〉的实施意见》《江西省中长期人才发展规划纲要（2010—2020年）》的精神，全面推进人才开发、人才集聚和领军人才建设等“三大工程”，积极创新机制，完善举措，人才发展取得显著成效：人才总量稳步增长，人才素质整体提高，人才结构继续优化，高层次人才队伍建设取得明显成效，人才环境进一步改善，党管人才工作新格局基本形成，人才对经济社会发展的作用日益凸显。

（一）人才总量稳步增长

统计资料显示（表1），2011年全省地方企业事业单位的专业技术人员达到70.80万人，比2006年增加1.11万人；从事科技活动人员数11.22万人，比2006年增加4.07万人；R&D人员全时当量3.75万人年。2010年，每万劳动力中R&D人员全时当量和R&D科工人员全时当量分别为10.18人年和8.51人年，均比“十一五”期末有较快增长，说明江西省科技人才队伍的总量明显增加，已经达到一定规模。

表 1　江西省科技人才队伍建设情况

指标名称	单位	2006 年	2007 年	2008 年	2009 年	2010 年	2011 年
地方企事业单位的专业技术人员	万人	69.69	70.40	70.52	70.93	69.60	70.80
科技活动人员	万人	7.15	7.26	7.28	10.47	10.06	11.22
R&D 人员全时当量	万人年	2.58	2.71	2.74	3.31	3.48	3.75
R&D 科工人员（研究人员全时当量）	万人年	2.00	2.16	2.31	1.84	2.91	—
每万劳动力中 R&D 人员全时当量	人年 / 万人	8.04	8.24	8.17	9.68	10.18	—
每万劳动力中 R&D 科工人员（研究人员全时当量）	人年 / 万人	6.23	6.56	6.89	5.39	8.51	—

注：根据科技部和江西省统计局有关统计数据整理。2009 年 R&D 研究人员代替 R&D 科工人员，口径略微缩小。

（二）人才结构不断优化

江西省科技人才队伍经过多年的建设，已逐步形成了比较完整的科研开发体系，科技人才的学科专业门类涉及自然科学、工程技术、农业科学、医学科学、文化教育等各个领域。至 2012 年年底，全省已有各类研究开发机构 783 个，科技人才专业涉及点多面广，中高级职称人员比例呈逐年上升趋势，全省各类研究开发机构中从事 R&D 活动的博士学历人员 904 人，占 4.06%，硕士学历人员 2782 人，占 12.48%，中青年高层次创新人才比重加大，表明江西省科技创新发展潜力较大；在一些非公经济组织中科技人员逐年增多，科技人员在城乡、行业、产业、区域等布局上日趋合理（表 2）。

表 2　2011 年和 2012 年江西省各设区市人力资源状况

设区市	2011 年		2012 年	
	每万人口中专业技术人员（人）	平均受教年限（年）	每万人口中专业技术人员（人）	平均受教年限（年）
南昌市	140	9.9	142	9.98
景德镇市	139	8.63	142	9.31
萍乡市	325	8.97	280	9.13
九江市	133	8.78	178	8.98

续表

设区市	2011 年		2012 年	
	每万人口中专业技术人员（人）	平均受教年限（年）	每万人口中专业技术人员（人）	平均受教年限（年）
新余市	135	9.09	131	9.41
鹰潭市	237	8.35	235	8.88
赣州市	132	8.19	146	8.40
吉安市	143	8.41	136	8.63
宜春市	136	8.54	138	9.01
抚州市	218	8.26	220	8.08
上饶市	128	7.99	129	8.43

（三）人才素质整体提高

近年来，江西省通过实施“院士后备人才培养计划”“主要学科学术和技术带头人培养计划”“自然科学基金计划”“青年科学家培养对象计划”“优势科技创新团队建设计划”等高层次科技人才队伍发挥了积极的作用。同时，省内高校和科研院所还面向海内外引进了一批具有博士学位的高层次人才，以柔性引进的方式聘请了一批“两院”院士来江西兼职工作，大大提升了江西省在相关领域的技术创新水平和学科优势。全省现拥有中国工程院院士 3 人，国家“百千万人才工程”人选 29 名，国务院特殊津贴专家 1870 余名，优势科技创新团队 73 个，总人数达到 3045 个，一大批具有博士学位的高学历科技人才来到江西建功立业。2012 年共获国家“973 计划”1 项；有 31 个单位获国家自然科学基金资助 628 项，总经费 28795.1 万元，比 2011 年分别增长 27.6%和 28.4%，创历史新高。几年来，江西省获得国家基金资助的项目和经费数上，在 12 个实施地区基金的省、自治区（州）中名列第一（表 3）。

表 3　江西省高层次科技人才情况

	至 2005 年	至 2009 年	至 2010 年
院士（人）	2	3	3
省学科带头人培养对象（人）	90	135	148
青年科学家培养对象（人）	0	63	86
优势科技创新团队（个）	0	41	73
优势科技创新团队总人数	—	1061	3045

续表

	至 2005 年	至 2009 年	至 2010 年
其中：博士及博士后		361	475
累计引进国内外高层次人才（人）	—	1321	—
其中：引进国外	—	74	—
其中：40 岁以下	—	838	—

注：根据有关统计数据整理。

（四）科技人才培养经费投入不断增加

近年来，江西省委、省政府高度重视科技工作，大幅度增加了对科技工作的经费投入，有力调动科技人才的积极性。2012 年全省 R&D 经费达到了 113.66 亿元，是 2007 年的 2.33 倍；R&D 人员人均研发经费由 2007 年的 18.06 万元上升到 2011 年的 25.81 万元；地方财政科技拨款大幅提升，2012 年年底达到 27.50 亿元，是 2007 年的 3.15 倍（表 4）。与此同时，科技人才培养的经费投入持续增长，省主要学科学术和技术带头人培养计划、青年科学家培养对象计划、自然科学基金计划、创新团队建设计划等人才培养计划的实施，加大了对科技人才培养的经费投入力度，有力地支持了科技人才特别是高层次科技人才的发展。其中，自然基金经费由 2008 年的 450 万元增加到 2013 年的 2000 万元；学科带头人经费由 2008 年的 200 万元增加到 2013 年的 285 万元；青年科学家经费由 2008 年的 160 万元增加到 2013 年的 288 万元；创新团队经费由 2008 年的 0 元增加到 2013 年的 580 万元。（表 5）

表 4　江西省科技经费投入情况

指标名称	单位	2007 年	2008 年	2009 年	2010 年	2011 年	2012 年
R&D 经费	亿元	48.79	63.03	75.89	87.15	96.80	113.66
R&D 人员人均 R&D 经费	万元/人年	18.06	23.00	22.93	25.04	25.81	—
地方财政科技拨款	亿元	8.74	11.14	13.40	18.26	21.32	27.50
地方财政科技拨款占地方财政支出的比重	%	0.97	0.92	0.86	0.95	0.84	0.91
其中：用于科技人才培养经费	万元	700	800	860	1530	—	—

注：根据科技部有关统计数据整理。

表 5　江西省人才经费统计　（单位：万元）

年份	自然基金	学科带头人	青年科学家	创新团队	合计
2008	450	200	160	0	810
2009	450	260	160	0	870
2010	600	240	150	520	1510
2011	1000	245	200	1010	2455
2012	1200	225	275	500	2200
2013	2000	285	288	580	3153
合计	5700	1455	1233	2610	10998

注：根据有关统计数据整理。

（五）科技人才的政策环境不断优化

江西省委、省政府对科技人才工作高度重视，尊重知识、尊重人才的氛围日益浓厚，科技人才的社会地位明显提高，人才政策逐步完善。“十一五”期间先后颁布了《江西省人民政府关于实施〈江西省中长期科学和技术发展规划纲要（2006—2020 年）〉的若干配套政策的通知》《江西省科学技术奖励办法》《江西省科学技术奖励办法实施细则》《江西省实施科技创新“六个一”工程若干配套政策》《江西省青年科学家（井冈之星）培养对象计划管理办法》等，启动了优势科技创新团队建设计划，已确定组建了 73 个优势科技创新团队。院士遴选工作取得了重要成绩，2007 年成功推选颜龙安同志当选中国工程院院士，2011 年黄路生同志当选中国科学院院士，同时启动了院士后备人才培养计划，目前江西省共确定 13 位院士后备人选。2012 年，推荐了国家“千人计划”人选 3 名、中青年科技创新领军人才人选 5 名、科技创新创业人才人选 5 名，进一步营造了激励人才发展的良好氛围。同时，开展了创新创业人才引进计划和高端人才柔性特聘计划，引导科技人员到经济社会发展第一线建功立业。建立了以科技政策指导，各地科技部门组织落实，科技行业协会、相关部门协调配合的科技人才管理格局，科技人才管理体制基本理顺。

（六）科技人才效能不断提升

近些年来，反映科技人才相关成果产出的专利申请受理量、发明专利受理量、专利申请授权量均翻了一番。表 6 显示，2007 年专利申请受理量 3548 项，2012 年专利申请受理量达到了 12458 项，增加了 8910 项；2007 年专利申请授权量 2069 项，2012 年专利申请授权量达到了 7985 项，增加了 5916 项；2007 年科技论文发表数 22839 篇，2011 年科技论文发表数达到了 30849 篇，增加了 8010 篇；2007 年技术市场成交合同金额 9.96 亿元，2012 年技术市场成交合同金额达到了 39.78 亿元，增加了 29.82 亿元。发表论文数量大幅度上升，技术市场成交合同金额的成倍增长，标志着科技应用广度在逐步地扩大，说明了科技人才为推动江西经济社会发展正发挥着积极的作用，科技人才效能不断提升。

表 6　江西省科技人才相关成果产出情况

指标名称	单位	2007 年	2008 年	2009 年	2010 年	2011 年	2012 年
专利申请受理量	项	3548	3746	5224	6307	9614	12458
其中：发明专利申请受理量	项	1012	1016	1502	1968	2796	3023
专利申请授权量	项	2069	2295	2915	4351	5550	7985
其中：发明专利申请授权量	项	176	218	386	411	679	892
科技论文发表数	篇	22839	21701	20000	29001	30849	—
技术市场成交合同数	项	2810	2266	2273	2250	2262	—
技术市场成交合同金额	亿元	9.96	7.76	9.79	23.05	34.39	39.78

注：根据科技部和江西省统计局有关统计数据整理。

二、江西省科技人才工作总体部署和进展

（一）发展思路

高举中国特色社会主义伟大旗帜，以邓小平理论和“三个代表”重要思想为指导，深入贯彻落实科学发展观，大力实施科教兴赣和人才强省战略，全面落实《科技中长期发展规划纲要》和《人才中长期规划纲要》的要求，坚持党管人才原则，牢固树立“人才是科学发展第一资源”的理念，紧紧围绕鄱阳湖生态经济区建设的重大战略需求和现实需要，把自主创新作为区域经济社会发展的重要推力，以实施科技创新“六个一”工程为抓手，以培养、引进、使用高层次科技创新人才为主线，以壮大和优化科技创新人才队伍为主要任务，实施高层次科技创新领军人才培养工程、青年科技才俊培养工程、优秀科技创业人才培养工程，立足优先发展的重点产业和重大项目，立足重大应用型科技成果的转化和产业化，以体制机制创新为动力，以创新创业人才集聚为重点，着力加强优势科技创新团队建设和创新人才载体建设，进一步解放思想、解放人才、解放科技生产力，遵循社会主义市场经济规律和科技人才成长规律，围绕大力提升科技人才的创新能力，充分发挥科技人才的作用，推进项目、资金、技术、人才的“四位一体”，加快人才体制机制改革和政策创新，优化人才环境，努力构建一支数量充足、素质优良、结构优化、布局合理、富有创新活力的科技人才队

伍，为实现江西科学发展、进位赶超、绿色崛起和全面建设小康社会的目标提供坚实的科技人才保证和智力支撑。

（二）基本原则

（1）人才优先原则。适应推动经济发展方式向主要依靠科技进步、劳动者素质提高、管理创新转变的要求，确立在经济社会发展中人才优先发展的战略布局，充分发挥人才的基础性、战略性作用，做到人才资源优先开发、人才结构优先调整、人才投资优先保证、人才制度优先创新，以人才优先发展促进经济社会又好又快发展和人的全面发展。

（2）以用为本原则。把充分发挥各类人才的作用作为人才工作的根本任务，围绕用好用活人才来培养人才、引进人才，积极为人才营造干事创业的良好环境，真正做到人尽其才、才尽其用，使人才价值在使用中得到体现、在使用中得到回报、在使用中得到提升。

（3）改革创新原则。把深化改革作为推动人才发展的根本动力，坚决破除束缚人才发展的思想观念和制度障碍，构建与社会主义市场经济体制相适应、有利于科学发展的人才发展体制机制，最大限度地激发人才的创新潜能和创造活力。

（4）统筹兼顾原则。坚持观念更新与工作创新相结合、一般性人才开发与优秀拔尖人才培养相结合、引进人才与用好人才相结合、宏观调控与市场配置相结合，以高层次创新型人才为先导，以应用型人才为主体，根据经济社会发展战略目标和不同时期建设重点，统筹各类人才队伍建设，推进城乡、区域、产业、行业和不同所有制人才资源开发，鼓励和支持人人都作贡献、人人都能成才、行行出状元。

（5）服务发展原则。把服务科学发展作为人才工作的根本出发点和落脚点，人才工作的目标任务围绕科学发展来确立，人才工作的政策措施根据科学发展来制定，人才工作的成效用科学发展的成果来检验。

（三）总体目标

今后 10 年，是江西省加快实现在中部地区崛起、全面建设小康社会的关键时期，也是江西省人才事业发展的重要战略机遇期。面对新形势新任务，我们必须大力实施人才强省战略，加快人才发展步伐，努力开创人才辈出、人尽其才的良好局面。到 2020 年，全省人才发展的总体目标是：在重大产业、重点领域集聚和培养若干在国际有影响力的拔尖人才、一批在国内有竞争力的领军人才，培养造就一大批在本职岗位创新创业创优的各类优秀人才；人才竞争力显著增强，人才体制机制更加完善，人才发展环境不断优化，各类人才结构和分布更加合理，基本建成具有一定影响力和较强竞争力、特色鲜明的区域性人才高地，实现建设人才强省目标。

（四）具体目标

人才队伍规模不断壮大。到 2015 年，全省人才资源总量达到 548 万人，全省 R&D 人员总量达到 5 万人年，R&D 研究人员达到 3 万人年；到 2020 年达到 658 万人，人才资源占人力资源总量的 17.6%左右。

人才素质大幅度提高。科技人员各类高级科技人才总量提升，到 2015 年和 2020 年，主要劳动年龄人口受过高等教育的比例分别达到 16%和 22%，每万劳动力中 R&D 人员分别达到 16 人年和 21 人年，高技能人才占技能劳动者的比例分别达到 29%和 30%。

人才结构更加合理。党政人才、企业经营管理人才、专业技术人才、高技能人才、农村实用人才、社会工作人才等各支队伍建设更加协调，重点行业、重点领域的高层次人才实现“倍增”目标，非公有制经济组织人才比例增大，三次产业人才分布更加合理，人才集聚与区域经济发展良性互动，地区、城乡之间人才队伍协调发展。

人才环境进一步优化。科技人才投资力度大幅提高，到 2015 年，全省 R&D 人员和 R&D 研究人员人均 R&D 经费达到全国平均偏上水平，分别达到 38 万元和 71 万元以上。人才发展体制机制创新取得突破性进展，人才使用效能明显提高。到 2015 年和 2020 年，人力资本投资占 GDP 比例分别达到 13.8%和 16.4%，人力资本对经济增长贡献率分别达到 30%和 36%，其中人才贡献率分别达到 34%和 38%。到 2015 年，力争科技进步综合水平排名在全国前移 5 位，科技进步贡献率达到 55%。

表 7　江西省人才发展规划主要指标

指　　标	单位	2009 年	2015 年	2020 年
人才资源总量	万人	387.68	548	658
每万劳动力中研发人员	人年 / 万人	11.2	16	21
高技能人才占技能劳动者比例	%	18	29	30
主要劳动年龄人口受过高等教育的比例	%	7.3	16	22
人力资本投资占国内生产总值比例	%	—	13.8	16.4
人才贡献率	%	—	34	38

（五）科技人才支持的配套政策

（1）对入选“创新创业人才引进计划”和“领军人才培养计划”的人员，自然科学类人选由省里分期给予每人 100 万—300 万元人民币的项目资助，人文社会科学类人选由省里分期给予每人

10 万—50 万元人民币的项目资助。同时，用人单位为引进人才提供不小于 120 平方米的住房（3 年内免租金，或提供相应租房补贴），并按不少于 1∶1 的比例给予配套经费支持。对入选“高端柔性特聘计划”的人员，由省里一次性给予用人单位 30 万—50 万元人民币的项目资助，用人单位、主管部门和当地财政提供配套经费支持，用于改善引进人才的工作和生活条件。

（2）对入选“创新创业人才引进计划”“高端柔性特聘计划”的人员，在评定或晋升专业技术资格、承担重大科技项目、参与重大项目决策咨询、申请科技资金和产业发展扶持资金、参加院士评选、参加政府及社会各种奖励评比等方面给予同等待遇。

（3）对入选“领军人才培养计划”的人员，省科技重大专项在同等条件下予以优先安排；申报的各类科技项目、产业化项目和技改工程项目，在同等条件下予以优先立项；对入选人员所在的企业，各级政府创业投资资金给予重点支持安排；符合上市融资、债券融资等条件的，有关部门优先列入计划。

（4）按照国家、省有关政策措施，积极为入选“创新创业人才引进计划”“高端柔性特聘计划”的人员提供居留和出入境、落户、医疗、保险、税收、住房、配偶安置、子女就学等方面的服务；帮助入选“领军人才培养计划”的人员解决在创业创新过程中遇到的困难和医疗、住房、子女入学等方面存在的问题。

三、江西省科技人才建设工程及实施效果

（一）科技人才建设工程

1. 鄱阳湖生态经济区人才开发工程

第一，建设鄱阳湖生态经济区人才高地。按照鄱阳湖生态经济区规划的湖体核心保护区、滨湖控制开发带、高效集约发展区功能区划，着力在构建以生态农业、新型工业和现代服务业为支撑的环境友好型产业体系中发挥人才作用。加强对优势高新技术产业的原始创新、应用开发和科技成果转化，通过产业集群发展聚集大量优秀人才，并以人才集群开发促进产业集群的发展，努力使鄱阳湖生态经济区成为高层次人才聚集地。第二，探索鄱阳湖生态经济区人才管理改革试验区建设。解放思想，积极探索，争取国家支持在江西省建立人才管理改革试验区，在南昌市、新余市、共青城开发区以及一些大型科技园区、工业园区、高等院校、科研院所和企业开展人才管理改革试验区试点建设。第三，加强鄱阳湖区域人才开发合作。打破体制、政策和地区壁垒，建立完善与鄱阳湖生态经济区战略相配套的人才交流合作机制。加强区域内宽领域、深层次人才合作，定期举办大型人才智力交流会，开展人才资源预测与规划，加强人才理论研究与经验交流，逐步推动区域人才一体化，实现人才规划协作、人才政策协调、人才资源共享、人才环境共营、人才信息互通、人才服务

互补，以人才区域合作推动鄱阳湖生态经济区建设全面、协调、可持续发展。

2. 院士后备人选的遴选和培育工程

院士后备人选的遴选和培育工程，对于推动科技人才队伍建设，促进江西省科学技术事业发展，不断提高科技应用水平，都具有重要意义。为此，要以科技和产业发展需求为导向，在全省优势科技和产业领域，遴选 8—10 名达到国际国内先进水平的杰出专家作为院士后备人选予以重点培养，力争在“十二五”期间新增本土两院院士 1—3 名。加大院士后备人选培养计划的实施力度，设立院士后备人选培养专项资金，着眼于出大成果、大人才和高等次科技奖励成果，通过各类国家和省级科技计划项目、重大科技成果产业化项目、自然科学基金以及科技基础条件平台和科技创新团队建设等重点科技工作的实施，统筹人才、项目和基地建设，加强院士后备人选的实践培养。

3. 赣鄱英才 555 工程

根据江西省重点工程、重大项目、重点产业和创新产业的需求，以鄱阳湖生态经济区建设为重点，围绕光伏、风能核能及节能、新能源汽车及动力电池、航空制造、半导体及绿色照明、金属新材料、非金属新材料、生物和新医药、绿色食品、文化创意等十大战略性新兴产业，从 2010 年开始，在 10 年之内，重在前 3—5 年，面向海内外引进 500 名急需紧缺的高层次人才来赣创新创业（简称“创新创业人才引进计划”）；柔性引进 500 名具有国际先进水平、国内顶尖水平的高端人才为赣发展服务（简称“高端人才柔性特聘计划”）；立足本省选拔 500 名高层次创新创业人才进行重点培养（简称“领军人才培养计划”）。赣鄱英才 555 工程自 2010 年实施以来，已遴选三批共 688 名人选，前二批累计下达项目资助经费 1.4 亿元，对江西省人才服务经济社会发展产生了强大的推动作用。

4. 高度重视青年科技英才的培养工程

高等学校、科研机构和科技型企业应进一步为青年科技人才的成长创造良好的条件和环境，大胆使用优秀青年科技人才，为他们担当重任和独立研发提供更多的事业平台和发展机会。继续加大青年科学家培养对象计划的实施力度，大力推进中青年科技创新领军人才的培养工作。2007 年，第一批江西省青年科学家（井冈之星）培养对象 18 人，2008 年第二批 22 人，到 2012 年第六批 33 人。同时，加大财政专项资助力度，每年重点支持一批具有创新潜质的优秀青年科技人才开展高水平研发活动。提高自然科学基金、青年科学基金、博士后基金等对青年科技人才的资助额度。2007 年启动了省青年科学家培养对象计划，分七批共确定了 187 名培养对象，累计下达培养经费近 1400 万元。

5. 科技创新人才及团队建设工程

围绕十大战略性新兴产业，坚持以学科建设为龙头、以平台建设为依托、以科技项目为支撑、以优秀科技人才为主体，组建一批具有江西省经济特色、结构合理、素质优良、在国内外有较大影响的优势科技创新团队，并安排一定经费支持人才培养和团队的建设。一是 2009 年开始至今分四批共组建创新团队 108 个。其中，在高等院校、科研院所和医院组建知识创新团队 52 个，在企业组建技术创新团队 56 个；二是加大团队的资助，从 2010 年至今分五批投入 2610 万元资助了 100 个创新团队建设；三是加大团队的调研。

6. 专业技术人才队伍建设工程

以提高专业水平和创新能力为核心，以高层次人才和紧缺人才为重点，以市场配置人才资源为取向，以深化体制改革、创新管理机制、优化发展环境为动力，培养和吸引一批高水平学科带头人和战略科学家，集聚一大批经济社会发展急需紧缺人才，打造一支规模宏大、素质优良、结构合理的专业技术人才队伍。培养一批思想政治素质较高、服务意识较强、善于组织重大科研项目、掌握科技发展和科技人才成长规律的科技管理专家。注重引导党政机关、科研院所和高等学校专业技术人才向企业、社会组织和基层一线有序流动，注意发挥科学技术群众团体在专业技术人才队伍建设中的作用。积极支持离退休专业技术人才发挥作用，切实维护离退休专业技术人才的合法权益。

7. 农村实用人才队伍建设工程

按照建设社会主义新农村的总体要求，以提高科技素质、职业技能和经营能力为核心，以农村实用人才带头人和农村生产经营型人才为重点，大力加强农村实用人才队伍建设。组织实施农村实用人才创业培训工程，积极落实国家“现代农业人才支撑计划”，整合现有培训资源，健全农民教育培训体系。充分发挥农村现代远程教育网络、各级农业技术推广机构、农函大、农民夜大和农业职业院校、农民学院等教育培训机构的作用，努力培养造就一大批生产型、经营型、技能带动型、技术服务型和社会服务型农村实用人才。制定鼓励农村实用人才创业兴业的支持政策，在创业培训、项目审批、信贷发放、土地使用等方面给予政策支持。深入开展农业科技入户直通车等活动，为农村实用人才创业兴业提供科技、信息等支持服务。鼓励、引导农村实用人才按区域、行业和产业组建各种协会，开展自我服务。加大对农村实用人才的表彰激励、宣传力度和城乡人才对口扶持力度。

（二）科技人才建设工作实施效果

（1）各地各部门普遍重视科技人才团队建设，形成了以人才团队支撑经济社会发展的良好局面。一是加强了组织领导。近年来，通过建立人才工作目标责任制，有效增强了各地各部门“一把手”抓“第一资源”的责任感和使命感，人才工作呈现出“三个前所未有”的良好局面，即各级党委、政府认真贯彻党管人才原则、对人才工作的高度重视前所未有，全社会关注、支持、参与人才工作的热情之高前所未有，各有关方面为培养、吸引、使用人才所采取的措施力度之大前所未有。全省上下针对科技人才团队建设逐步建立了上下协调、统筹联动的推进机制，科技人才团队建设整体合力明显增强。省主要领导亲自研究部署和调度科技人才团队建设，近两年先后安排 1010 万元资助优势科技团队。各设区市、多数县（市、区）和省直相关单位成立了主要领导为组长的科技人才团队建设领导小组，形成了协调推进机制，落实单位部门责任分工，各设区市财政投入6500多万元直接用于科技人才团队建设。南昌、鹰潭等市主要领导定期召开会议进行研究部署，与科技人才及其团队座谈听取意见建议。问卷调查显示，绝大部分被调查单位认为各级领导都比较重视科技人才团队建设。二是实行了规划管理。围绕鄱阳湖生态经济区建设和江西省十大战略性新兴产业发展，把科技人才团队建设放在突出位置进行谋划和布局。先后出台科技、人才、教育三方面的重大发展规划及配套措施，从战略层面部署推进科技人才团队建设。萍乡市注重搞好科技人才团队建设顶层设计，先后出台10多个关于科技人才团队建设的文件。省农科院出台科研创新团队建设的指导意见，把打造优秀科研创新团队作为中心工作来谋划和推进。三是营造了社会氛围。通过重点建设科技人才团队，有力促进了区域创新发展，形成了良好的科技人才团队建设氛围。新余市在实践中形成了推进人才强市建设、促进产业经济迅速发展的模式，引起社会的广泛关注。近年来，中央新闻媒体播发新闻稿件30多篇次，宣传报道全省科技人才团队建设情况。2011年，江西省在全国区域创新能力排名由第22位前移至第18位，跃升4位。

（2）启动实施了一批重大工程和项目，凝聚和造就了一批领军人才和科技人才团队。一是围绕重大人才工程，凝聚和培育了一批领军人才和科技人才团队。“赣鄱英才555工程”实施以来，共引进海内外高层次人才141人，确定了255名领军人才重点加以培养，优化了人才结构，提升了人才层次，聚集了一批优秀人才团队，为经济社会发展提供了强有力的人才支持。以“赣鄱英才555工程”为龙头，依托院士后备人才、学科学术和技术带头人、青年科学家培养等计划，带动引进1641名博士及正高级职称人才。据统计，各设区市启动实施人才工程76项，县（市、区）启动实施220项。目前，全省科技人才团队共柔性引进院士11人、“千人计划”8人、国家级“百千万人才工程”人选27人，招聘井冈学者特聘教授15人，培养青年科学家118人、主要学科学术和技术带头人163名，一批领军人才的成长带动了科技人才团队的发展，江西省人才流动进出比由2000年的1:7转变为2010年的1.4:1，实现了进大于出的转变。二是围绕重点项目建设，发展了一批领军人才和科技人才团队。坚持以实施重大科技项目为抓手，着力解决产业发展关键技术难题，推动科技人才团队建设。省优势科技创新团队建设采取“以项目聚集生产要素”“以项目聚集科技人才”的方式，实现了优势战略性新兴产业与创新团队建设的互促发展。江西师范大学纳米纤维技术创新团队研制的纳米纤维电池隔膜产品，先后获得9700多万元资助，并投资6亿元建立生产基地，该项目投产后预计年产值达60亿元。据统计，近两年全省248个省、市级科技人才团队共承担国家项目606项、获得经费资助17.35亿元，省级项目919项、获得经费资助4.84亿元。三是围绕重点产业发展，造就了一批领军人才和科技人才团队。根据战略性新兴产业优化科技人才团队布局，逐渐形成科技人才团队与产业发展相互支撑、相互促进的格局。依托高校、科研院所，在新能源等15个重点学科领域建设了一批科技人才团队；以企业为主体，在光伏材料等15个重点技术领域建设了一批科技人才团队。以生物及新医药产业为例，依托江西中医学院组建现代中药制剂创新团队的同时，以江中药业股份有限公司为主体建立中药固体制剂技术创新团队。两年来，江西省科技人才团队共开发新产品 789 项，转化科技成果 827 项，解决技术难题 1649 项，实现产值 240 亿元。

（3）加快建设了一批重要载体，为科技人才团队发挥作用提供了有效平台。一是加快高层次创新平台建设。近两年，全省新建省级院士工作站 9 个，特别是现代农业和工业两个综合性院士工作站的建站模式，开创我国院士工作站建设的先河，受到中国工程院领导高度评价。大力推进博士后工作站、重点实验室、工程技术研究中心、企业技术中心等创新平台建设。2010 年以来新组建重点实验室 35 个、工程技术研究中心 40 个。一批创新平台的建立，为科技人才团队开展科技创新提供了有利条件。江铜集团铜冶炼技术创新团队依托国家铜冶炼及加工工程技术研究中心，形成可进行中试研究的工艺路线 11 条，获国家级奖励 7 项、省部级奖励 25 项。到 2011 年年底，全省国家级创新平台承担科研项目 916 项，转化科技成果 154 项，解决关键技术难题 111 个，创造利税 13.1 亿元。二是打造创新创业基地。2011 年全省新增国家级高新技术产业化特色基地 2 家，总数达到 20 家，特别是南昌高新技术开发区获批第三批国家海外高层次人才创新创业基地，成为本省首个“千人计划”基地。组织申报的国家脐橙和离子型稀土两个国家级工程技术研究中心通过现场可行性论证，有望获批组建。依托已建成的江西省动物生物技术重点实验室，加快申报组建种猪遗传改良国家重点实验室。推动省科学院、江西师大等单位的省鄱阳湖重点实验室、省先进膜与催化材料重点实验室申报省部共建国家重点实验室培育基地。各设区市科技人才团队都有一批特色产业基地作为发展支撑。新余依托国家高新区和新能源科技城，重点发展光伏、节能产业科技人才团队。南昌市依托高新区海外高层次人才创新创业基地组建的各类科技人才团队，开发专利产品 1900 多项，获市以上科技进步奖 200 多项，承担的国家级科研项目占南昌市的 80%。2011 年，全省 20 个高新技术产业化特色基地实现工业总产值 5601 亿元，建立研发机构 323 个、公共技术服务平台 75 个、人才培养机构 47 个，承担省级以上研发项目 574 项。三是促进产学研结合。坚持把产学研结合作为科技人才团队建设和提高科技创新能力的重要途径。先后建成一批产学研合作示范基地，每年整合资金 2 亿元推进重大高新技术成果产业化，到 2011 年全省共实施项目 162 个。开展“科技入园”工程，全省建立 124 家生产力促进中心，服务园区企业 1.82 万家，提供技术服务 1.22 万次，引进人才 3582 人，增加销售收入 239.49 亿元。各地各单位结合实际，深入开展产学研结合。新余市与多个国内知名高校签订产学研战略合作协议。江西师范大学推进一“剂”、一“布”、一“膜”等科技成果转化，省科学院水污染控制与资源化知识创新团队对有共性的技术和产品进行推广，均取得显著经济效益。

（4）制定出台了一系列政策举措，有效激发了科技人才团队创新创业活力。一是创新评价发现政策。通过完善评价标准，改进评价方式，逐步建立科学化、社会化的科技人才及其团队评价发现机制。积极开展优势创新团队评选，实施科技创新团队年度考核，坚持“扶优扶强”和“择优劣汰”，建立科技创新团队科学评价和动态管理机制。新余市制定科技创新团队认定办法，对人员、经费、科技成果等均有明确评价指标。省农科院出台课题组考评办法，对考核优秀的课题组优先列入创新团队建设计划。二是创新激励保障政策。逐步建立与科技人才团队工作业绩紧密联系、充分体现价值、有利于激发活力和维护合法权益的激励保障机制。本省院士津贴提高到每月 1 万元，对柔性引进的院士每月发放 5000 元津贴。省、市、县全面建立领导联系优秀人才制度，联系服务专家 5500 多名，帮助解决优秀人才遇到的实际问题。深入开展两年一届的“江西省突出贡献人才”评选活动，以省委省政府名义表彰一批在各领域做出突出贡献的人才，省委主要领导亲自颁奖，科学技术一等奖 10 万元，二等奖 6 万元，三等奖 2 万元。在全社会引起强烈反响，激发了各类人才的创新创业热情。采取省市共建等方式，大力推进人才公寓建设。新余市投资 1.5 亿元建成首期 360 套高层次人才公寓。三是创新流动配置政策。健全宏观管理与市场配置相结合的人才团队流动机制，鼓励和引导科技人才和团队向最需要的地方流动。推进“博士服务团”、科技特派员、卫生人才服务团等工作，引导优秀科技人才在基层建团队、带队伍。将全省高校自然科学类的 1/3 专业围绕战略性新兴产业进行调整和设置，积极地向产业发展一线培育和输送人才。萍乡市投入 1.5 亿元建设综合科技服务大平台，10 余家科技中介服务机构进驻，为科技人才团队提供中介服务。新余市通过聘请政府顾问，柔性引进了大批科技领军人才。南昌大学根据科技人才团队建设需要，开辟聘任兼职教授制度，从国内外聘任兼职、客座、名誉教授 278 人。省科学院整合省内 4 家单位 52 名高层次专业技术人才和 10 多个专业团队，组建“鄱阳湖国家级重点实验室”团队，联合开展攻关。

四、江西省科技人才发展中存在的问题

近些年，在江西省委、省政府人才强省战略的大力推动下，江西省人才工作取得了较好成效，人才进出比发生了根本性变化，达到了动态平衡，进大于出；高层次人才队伍建设取得积极进展，培养了一批主要学科学术和技术带头人。但总的来看，人才问题仍然是制约江西省科技创新的瓶颈，领军人才的缺乏、人才素质的偏低、科技人才队伍结构有待优化、科技人才经费投入偏低等问题比较突出。

（1）缺乏领军人才。当前，世界资源开发的重心已由物力资源开发转向人力资源开发，而高素质、高质量的领军人才更是江西发展高技术产业的关键，因为科技创新最终要靠具有创新精神和创新能力的科技人才。目前，相比其他几个省份，江西省内拥有全国知名的高校甚少，而最终能留在江西省工作的科学家和工程师则更少。2005 年，全省 297 家高新技术企业中从事科技活动人员 166460 人，但有科技活动企业只有 235 家，科研人员 24315 人，占科技活动人员的比重只有 14.6%，明显低于全国平均水平（41.7%）；即便是到了 2011 年，全省的科研人员也只有 3.75

万人，仅占全国总人数 288.29 万的 1.3%。科技领军人才的缺失导致整体科技活动人员水平偏低，质量不高，2011 年全省科技人员中，两院院士人数只有 4 人。在 2012 年全国入选的 201 名中青年科技创新领军人才中，江西省只有 2 位入选。

（2）人才素质亟待提高。和其他省份相比，江西省科学教育总体水平比较落后，科研机构和研究型大学数量偏少，文化教育体系欠完善，人才资源结构性矛盾突出。高层次、高技能、创新型人才相对短缺，尤其是高新技术人才、优秀企业经营管理人才、现代服务业人才等严重不足，已成为制约江西省科学发展、加速崛起的突出问题。《江西科技统计数据 2012》显示，江西省 2011 年科技人力资源的监测值是 54.27 分，在全国排名仅是第 26 位。其中，万人专业技术人员数的监测值是 200.33 分，在全国排名第 29 位；万人大专以上学历人数的监测值是 684.74 分，在全国排名第 23 位。此外，江西省乡镇农业科研普遍缺乏科技人才，部分乡（镇）农技站工作人员不稳定。这里，我们以南丰县为例，蜜桔产业是该县支柱产业，种植面积达 70 万亩，全县园艺专业的农技推广人员仅有 16 人，连同农民技术员只有 23 人，远远达不到 1 万—1.2 万亩配备 1 名农技推广人员的标准。而且植保、水产等专业人员奇缺，难以适应农业产业结构的调整需要。江西省农民专业合作组织发展滞后且运行仍不够规范，服务水平和组织能力不足，与现代农业生产和经营规模化发展趋势要求不相适应。

（3）科技人才队伍结构有待优化。科技创新人才是人才队伍中具有研发能力和创新作用的特殊群体，是科技进步的主要推动力量。近些年来，全省上下积极推进人才强省战略，大力实施人才集聚吸纳和培养工程，全省人才总量稳步增长，各类人才对经济和社会事业发展的贡献度进一步提升，人才作用得到较好发挥，特别是高层次科技人才，为全省经济社会发展注入了生机和活力。尽管如此，江西省的科技人才队伍的结构却并不合理。例如，在进入第二轮国家领军人才选拔的答辩中，江西省共有 11 名科技人才参加，主要是集中在化学和材料两个学科领域，其他学科人数很少（如医学才 1 人进入），IT 行业信息技术、航天、生物工程等领域几乎空白；从人才分布结构来看，只有 1 人来自企业，其他 10 人均来自高校。

（4）科技人才经费投入偏低。随着经济的不断发展，江西省的 R&D 经费也在逐年提高，由 2001 年的 7.76 亿元增加到 2011 年的 96.80 亿元，增长了 11.5 倍；R&D 经费在 GDP 的比重也在逐步增加，由 2001 年的 0.36%增加到 2011 年的 0.83%。连年增多的科研经费为江西省科技事业的发展注入了强劲动力。但是，在全国各省市的排名中，2011 年江西省 R&D 经费总量只是第 20 位，R&D 经费在 GDP 的比重在全国排名第 21 位，远低于全国平均水平 1.84%的比重。从国际范围来看，江西省的 R&D 经费支出占国内生产总值比重仍然低于世界很多国家。例如，2009 年美国的比重是 2.9%，巴西的是 1.18；2010 年日本的是 3.26%，德国的是 2.82%，英国的是 1.76%，加拿大的是 1.81%，韩国的是 3.74%。

（5）吸收高层次科技人才的载体建设不够。良好的创新创业载体是吸引人才和留住人才的重要条件。与发达省市相比，江西人才载体相对不足，缺乏在国内具有绝对竞争力的知名企业、高校和科研院所，国家级重点实验室、工程技术中心等研究实验基地的数量不多，规模不大，层次不高，民营科技企业规模小，产品技术含量低。人才载体不足，导致对高层次创新型科技人才的承载、吸纳能力严重不足。

五、江西省科技人才发展的政策措施

（一）完善科技人才培养开发机制

坚持学习与实践相结合，培养与使用相结合，建立以经济发展需要和社会需求为导向、以提高思想道德素质和创新能力为核心的科技人才培养开发机制。优化发展江西省高等教育，重视发展研究生教育，大力发展民办教育，积极引进国外优质教育资源。创新科技人才培养模式，完善优秀中青年人才赴国内外培训进修制度，坚持每年选派一批“百千万人才工程”人选、学术技术带头人后备人选和优秀中青年专家人才赴国内外脱产培训。加强专业技术人才继续教育统筹规划，健全“政府调控、行业指导、单位自主、个人自觉”的继续教育运行机制，推进继续教育的社会化进程。统筹项目、基地、人才建设，注重在科技创新实践中培养和凝聚一流人才，以重大科技项目、科技产业化工程、科技基础条件平台以及产业技术创新战略联盟等为载体，更新用人观念，大胆使用人才，大力造就高层次创新型领军人才、科技创业人才和优秀科技创新团队。

（二）完善科技人才评价发现机制

坚持以岗位职责要求为基础、以品德、能力和业绩为导向，积极构建以科学合理的人才评价标准、完善准确的人才评价指标、严密规范的人才评价程序、简便适用的人才评价方法为主要内容的科技人才评价体系。健全企业科技人才评价机构，完善以任期目标为依据、工作业绩为核心的科技人员考核评价办法。完善年薪制，加快建立中长期激励机制。继续推进专业技术人才管理制度改革，完善以行政许可为基础的专业技术准入资格评价制度、以社会化为基础的专业技术水平评价制度和以工作岗位为基础的专业技术岗位评价制度。深化专业技术人员职称制度改革，完善“个人申报、业内评价、单位聘用、政府调控”的职称评聘工作机制，建立完善事业单位岗位管理制度，全面推行职业资格制度。加快建立健全以职业能力为导向，业绩和贡献为重点，注重职业道德和职业知识水平的高技能科技人才评价体系。坚持重能力、重效益、重贡献，把产业规模、经济效益、社会效益、服务能力和带动能力作为主要依据，制定科学合理的农村实用人才评价体系。把评价人才和发现人才结合起来，坚持在实践和群众中识别人才、发现人才。建立在重大科研、工程项目实施和急难险重工作中发现、识别科技人才的机制。健全举才、荐才的社会化机制。

（三）完善科技人才选拔任用机制

改革各类科技人才选拔使用方式，形成有利于各类科技人才脱颖而出、充分施展才能的选人用人机制。深化科技人才选拔任用制度改革，完善科技人才公开选拔、竞争上岗制度，探索公推公选等竞争性选拔干部方式。全面落实省委、省政府的各项科技人才工作部署，推动相关科技人才工程的实施。按照现代院所制度、现代大学制度的要求，探索符合科技人才成长和发展的科技人才选拔任用机制。

（四）完善科技人才流动配置机制

推进科技人才市场体系建设，完善市场服务功能，畅通科技人才流动渠道，建立以市场机制为主导，政府部门宏观调控、市场主体公平竞争、中介组织提供服务、科技人才自主择业的人才流动配置机制。逐步打破人才流动中的城乡、区域、所有制等限制，建立社会化的人才档案公共管理服务系统。加强政府对科技人才流动的宏观引导，建立科技人才供需预测和调控机制，建立科技人才需求信息定期发布制度，建立和完善柔性引进人才机制。改革户籍管理制度，制定机关、企业、事业单位人才流动中社会保险关系转移接续办法，构建公平与效率结合、保障方式多层次、有利于科技人才合理流动的社会保障机制。制定和完善向重点产业倾斜的人才流动政策，完善与江西省重点发展区域和主体功能区建设相配套的人才政策。积极依托长三角、泛珠三角和中部地区等区域科技合作平台，建立网上科技人才中介服务的信息资源共享、利益分享的协作机制，促进科技人才在区域间合理流动、优化配置。

（五）完善科技人才激励保障机制

建立健全与社会主义市场经济体制相适应，与工作业绩紧密联系，充分体现科技人才价值，有利于激发科技人才活力和维护科技人才合法权益的激励保障机制。积极推进收入分配制度改革，逐步提高劳动者报酬占初次分配的比重，努力缩小江西省工资水平与全国平均水平的差距。建立产权激励制度，制定知识、技术、管理、技能等生产要素按贡献参与分配的办法，提高技术成果转化和应用中科技人才的收益比例。对有特殊贡献的高层次科技人才试行协议工资、项目工资和年薪制度。加大知识产权保护力度，建立科技人才资本及科研成果有偿转移制度。完善专业技术人员兼职兼薪管理制度。健全以政府奖励为导向、用人单位和社会力量奖励为主体的人才奖励体系，支持社会团体、企业设立人才激励基金。健全“江西省突出贡献人才”评选表彰办法，完善省“科学技术奖”“庐山友谊奖”等奖励制度，加大对江西省经济社会发展做出重大贡献的省内外各类优秀科技人才及团队的表彰奖励力度。

山东省科技人才发展报告

■ 山东省科学技术厅

中共中央十八届三中全会指出，全面深化改革需要有力的组织保证和人才支撑，要“建立集聚人才体制机制，择天下英才而用之”。作为科技资源的重要构成部分，科技人才是把握时代发展前沿、引导改革创新的重要力量，是推动经济社会发展和科技变革的关键变量。培养造就一支规模较大、结构合理的科技人才队伍，不断提高科技人才使用效率，强化科技人才创新创业能力，对于提升山东经济科技发展水平，建设创新型省份具有十分重要的意义。近年来，山东省把自主创新作为核心推动力，加大高层次、高水平创业创新人才和团队的引进、培养步伐，通过人才与项目、资金、平台等创新要素的大幅升级和整合，筑就创新高地，从而为山东省跨越发展提供动力支撑。

一、科技人才队伍总体情况

在省委、省政府的正确领导下，山东省科技人才和科技创新工作取得了明显成效。截至 2012 年年底，全省共有住鲁两院院士 40 人，入选国家“千人计划”的高层次人才 107 人，泰山学者特聘专家 641 人，国家杰出青年基金获得者 57 人，国家突贡中青年专家 122 人，创新人才推进计划入选者（团队、基地）11 人。国家级创新平台方面，国家工程技术研究中心 34 家，国家产业联盟 17 家，国家级企业重点实验室 10 家，国家级创新型企业 45 家，总数均居全国第 1 位。全省已建成省级以上高新区 20 家、国家级农业科技园区 6 家。全省研究与发展经费支出（R&D）达到 1020.3 亿元，年均增长 23%，居全国第四位，占 GDP 的比重提升到 2.04%。发明专利申请量和授权量年均增长 53% 和 35%，2012 年达到 40381 件和 7454 件，分列全国第 4 位和第 6 位。科技部《中国区域创新能力报告（2012）》显示，山东省区域创新能力位居全国第 6 位，进入全国科技创新能力较强的地区行列。

二、科技人才工作总体部署和进展

（一）科技人才发展规划

1.《山东省中长期科学和技术发展规划纲要（2006—2020年）》

山东省政府于2006年正式发布实施《山东省中长期科学和技术发展规划纲要（2006—2020年）》（鲁政发〔2006〕17号，以下简称《科技发展纲要》）。《科技发展纲要》中明确提出“建立起吸纳科技人才的有效机制和良好环境，科技人才队伍日益壮大。全省专业技术人才队伍达到400万人以上；从事科技活动人员达到55万人以上；从事R&D活动折合全时人员达15万人年”的科技人才发展目标。

《科技发展纲要》在加强科技人才队伍建设方面明确了两项科技人才工作的重点。一是坚持科技人才培养与引进并重，建设合理的人才梯队。加强院士队伍建设。重点资助和培养具有深厚学术基础、学科方向明确、梯队构成合理、在国内外同行中有广泛影响、具有战略思维能力，有望成为两院院士的学科带头人。完善院士引进聘用的政策，支持院士以各种方式为山东省服务。加强博士、博士后队伍建设。把博士、博士后队伍建设作为山东省实施人才强省战略的重点任务来抓，加强政策和资金扶持，扩大现有博士点高学历人才的培养规模。调整学科和专业结构，重点支持有条件申报博士点的新兴学科。大力建设博士后流动站、企业博士后科研工作站，扩大进站人员规模并不断提高水平。实施“泰山学者”系列工程和“新世纪人才工程”。发挥山东省中青年科学家科研奖励基金、山东省自然科学基金的作用，实行人才和项目并重，培养造就具有创新能力的高水平学术团队，提升专业技术人才的创新能力，支持拥有自主知识产权或在科技成果转化、产业化过程中发挥重大作用的科技人才和项目。加强高技能人才队伍建设。实施境内外人才引进工程。鼓励企事业单位采取咨询、讲学、兼职、短期聘用、技术承包、技术入股、技贸结合、人才租赁、在境内外人才密集地设立研发机构等方式引进国内外人才和智力。加强留学人员创业基地建设，不断完善政策措施，加大投入支持力度，不失时机地引进高水平国外留学人才来山东省创业。积极开展高层次人才出境培训工作，逐步加大支持力度。二是坚持政府宏观引导与市场调节相结合，激发人才的创造活力。建立科学的人才评价和使用机制。完善以能力和业绩为导向，科学化、社会化的人才评价机制。推行聘用制和岗位管理制，实行因事设岗、按岗聘用、公开竞争、合同管理。逐步推进职称评审的社会化，完善专业技术职务聘任制。继续实施山东省有突出贡献中青年专家选拔，对高层次专业技术人才实行跟踪考核，动态管理。建立完善人才市场体系。破除人才流动中的城乡、区域、部门、行业、身份、所有制限制，实行单位自主择人、人才自主择业，实现人才无障碍流动。鼓励和支持企事业单位专业技术人才在完成本职工作、不侵害原单位合法权益的前提下，通过参与项目研发、技术入股、科技咨询、技术服务等多种方式，在不同地区、不同企事业单位兼职兼薪。建立健全人才分配和激励机制。落实知识、技术、管理等生产要素参与分配的相关政策，实行“一流人才，一流报酬”，使人才的收入和社会地位符合其劳动创造的价值和贡献。深化科技成果奖励制度改革，建立科学的成果评价体系，规范完善科技奖励评审机制。加快建立科研单位养老保险、医疗保险制度，为人才提供社会保障。

2.《山东省中长期人才发展规划纲要（2010—2020 年）》

《山东省中长期人才发展规划纲要（2010—2020 年）》（以下简称《人才发展纲要》）于 2010 年研究出台，其中提出的科技人才发展的重要任务和目标是：围绕提高自主创新能力、建设创新型省份，培养引进一批在国内处于领先地位、在国际上有影响的科学家、科技领军人才、工程师和高水平创新团队，注重培养一线创新人才和青年科技人才，建设一支创新能力强、结构合理的科技人才队伍。到 2020 年，研发人员总量达到 41 万人年，高层次创新型科技人才总量达到 4000 人以上。到 2020 年，科技人才发展的总体目标是：培养造就规模宏大、结构优化、布局合理、素质优良的人才队伍，形成山东人才竞争优势，进入人才强省前列。

《人才发展纲要》同时确立了科技人才中长期发展的重点，即：一是加强领军人才、核心技术研发人才队伍和创新团队建设，形成科研人才和科研辅助人才衔接有序、梯次配备的合理结构，提高自主创新能力；二是大力实施引进海外创新创业人才“万人计划”，支持拥有自主知识产权和核心技术的高层次人才来鲁创新创业，通过合作研究、兼职、咨询、讲学等方式柔性引进海内外高端智力；三是实施创新型科技领军人才培养计划，深化提升泰山学者建设工程，推进创新团队建设；四是加强实践培养，依托国家、省重大科研项目和重大工程、重点学科和重点科研基地、学术交流合作项目，建设一批高层次创新型科技人才培养基地；五是完善有利于科技人才创新创业的评价、使用、激励措施，进一步解放和发展科技生产力。注重复合型人才培养，破除论资排辈、求全责备观念，加大对优秀青年科技人才的发现、培养、使用和资助力度。加强高位人才平台载体建设，促进产学研合作，推动科技人才向企业集聚六是发展创新文化，营造科学民主、学术自由、严谨求实、开放包容的创新氛围。加强科研诚信与学风建设，从严治理学术不端行为。

（二）科技人才工作体制机制创新

一是建立科技人才工作联动机制。在省人才工作领导小组的领导下，成立由省科技厅厅长任组长，分管副厅长任副组长，省属科研单位、省级以上高新区、农高区和厅内相关处室主要负责同志为成员的省科技人才工作领导小组，建立领导小组例会制度和专题会议制度，加强对科技人才创新创业服务工作的组织领导。健全和完善科技人才工作监督落实机制，厅纪检组（监察室）全程参与全省科技人才工作，推进反腐倡廉建设，加强科技人才工作落实的督促检查。

二是健全科技人才工作机构。成立省科技人才工作领导小组办公室，作为厅属专职人才工作机构，具体负责科技人才工作日常事务。各级科技部门可参照省里做法成立相关机构，逐步建立起省、市、县三级科技人才工作联动机制。

三是完善科技人才工作推进机制。实行科技人才工作责任制，加强对省属科研单位、省级以上高新区、农高区和厅内相关处室服务科技人才工作目标责任考核，考核结果作为年终评先树优的重要依据；各责任考核单位根据责任分工，制定并实施相关措施，构建高效务实的工作运行机制。进一步发挥厅市会商、省部会商作用，根据区域经济社会发展实际，将人才需求对接、科技成果转化、创新人才培养等列入会商内容，共同协作完成。加强与党委和政府部门之间的横向协作，做好政策资源的衔接配套，协同推进科技人才队伍建设。试点推行科技副职选聘工作，有针对性地选聘复合型科技人才到县（市、区）担任科技副职。

三、科技人才工程、计划及实施效果

1. 实施“泰山学者”建设工程

该工程是一项集人才队伍与科研基地建设于一体的系统工程，通过实施这一工程，为山东省高校延揽一批学术精英，带出一批高水平学术团队，建设一批强势学科，造就一批学术大师。“泰山学者”建设工程的主要内容是：

一是在高等学校设置“泰山学者”特聘教授岗位。2003 年起实施第一期工程，在全省高等学校优势学科中分步设置 100 个特聘教授岗位，面向国内外公开招聘 100 名学术造诣深、发展潜力大、具有领导本学科保持或赶超国内外先进水平能力的中青年杰出人才。对受聘“泰山学者”特聘教授岗位的人员，要加大培养力度和工作支持力度，通过培养锻炼，力争使部分学者进入“两院”院士行列或成为国内知名的学术大师。

二是建设一批具有创新能力的高水平学术团队。充分发挥“泰山学者”特聘教授的带动示范作用，在全省高校中建成 100 个高水平的学术团队，培养 400—600 名学术骨干，使其成为全省知识创新、科技创新的先锋队和中坚力量，使山东省高层次创新型人才的数量与质量实现较大突破，适应山东省经济社会发展对高层次人才的需求。

三是建设一批在国内外具有较强竞争力的优势学科和科研基地。以“泰山学者”特聘教授为核心，以学术团队为依托，重点建设 100 个优势学科，形成与山东省经济社会发展紧密相联、体现山东省特色的优势学科群，建成一批高层次人才培养、高新技术研究与开发的重要基地。充分发挥基地优势，不断为社会输送优秀人才、辐射科学技术、传播先进文化，促进经济社会发展。

四是营造良好环境，为“泰山学者”特聘教授充分发挥作用创造条件。要加大措施，努力建设良好的政策环境、学术环境、人文环境和舆论环境，为“泰山学者”特聘教授施展才华提供广阔的舞台。用制度和协约的方式赋予“泰山学者”特聘教授在学科建设、人才培养、科学研究和学术队伍建设中的自主权。同等条件下优先支持“泰山学者”特聘教授的科研立项、科学研究、成果推广、著作出版，为他们多出成果、快出成果提供条件。优先为设置“泰山学者”特聘教授岗位的学科安排研究生招生计划，支持“泰山学者”特聘教授培养更多的高层次人才。营造“尊重特点、宽容失败、鼓励创新”的学术氛围，推动学术上的百花齐放，支持“泰山学者”特聘教授的学术创新。利用各种媒体和手段宣传“泰山学者”特聘教授献身科学、探求真理、勇攀高峰、无私奉献的精神风貌，表彰他们的先进事迹和取得的重大成就，激励“泰山学者”特聘教授在实施“科教兴鲁”战略中做出更大贡献。

五是为“泰山学者”特聘教授及所带团队提供岗位津贴和科研补助。为保证“泰山学者”建设工程的顺利实施，激励“泰山学者”特聘教授全身心地投入学术研究，省财政和设岗学校每年列专项资金支持“泰山学者”建设工程。在第一期工程实施中，省财政每年给予每位“泰山学者”特聘教授 10 万元、所带学术团队 5 万元岗位津贴，每年为每位“泰山学者”特聘教授提供 5 万元科研补助经费。获准设置“泰山学者”特聘教授岗位的高等学校要配套部分经费，每年为每个“泰山学者”特聘教授所带学术团队提供 5 万元岗位津贴配套经费，每年为每位自然科学类特聘教授提供 15 万元、每位人文社会科学类特聘教授提供 5 万元科研配套经费，5 年间为“泰山学者”特聘教授所在的自然科学类学科提供 200 万元、人文社会科学类学科提供 50 万元的学科建设经费。同时，学校还要从科研场地、科研条件、人员聘用等方面对设岗学科给予重点支持。

按照全省的统一部署，2010—2014 年实施泰山学者二期建设工程，在重点学科、重大工程、支柱产业、高新技术领域中，设置 200 个泰山学者岗位，选聘 200 名泰山学者特聘专家教授。

2. 实施“泰山学者攀登计划”

5 年内遴选 30—40 名学者予以重点培养扶持，争取培养成为“两院”院士或相当层次的高端科技创新领军人才。深入推进创新团队建设，努力建设形成 30 个纳入国家支持计划、达到国际一流水平的创新团队，形成 300 个左右以住鲁院士、泰山学者等高层次领军人才为核心的创新团队，带动建设 1000 个左右以各类优秀学术技术带头人为中心、各具特色的创新团队。

3. 实施海外创新创业人才“万人计划”

围绕经济社会发展重点领域，加快引进对山东省产业发展有重大推动作用、能带来重大经济效益和社会效益的创新创业人才。以高校、科研院所、企业和各类园区为载体，省市县联动，用 5—10 年时间引进 1 万名左右海外创新创业人才，建设 100 个左右海外人才创新创业基地，争取 100 名左右海外高层次人才进入国家“千人计划”。

4. 实施齐鲁青年英才成长工程

充分发挥省杰出青年基金、优秀中青年科学家科研奖励基金、高校青年教师成长计划、省有突出贡献中青年专家和省青年科技奖评选等在培养青年创新人才中的作用，在自然科学、人文社会科学重点学科领域，每年重点培养扶持 200 名青年拔尖人才。在重点高校建设一批青年英才培养基地，每年选拔一批拔尖学生进行专门培养，造就未来发展需要的高素质、专业化人才。

5. 实施创业人才推进计划

不断壮大创业人才规模，支持创业企业快速发展。建设 100 个创业人才培养示范基地。加强孵化器、加速器等各类创业载体建设，建立健全一批创业服务中心，提供良好的创业环境。充分发挥各类创业扶持基金作用，每年重点资助一批具备创业条件的科技人才等创办企业。设立“创业成就奖”，对创造重大经济社会效益并具有良好发展潜力的创业人才给予重点奖励支持。

四、科技人才政策措施及成果

1. 山东省科技厅党组出台《关于贯彻落实省委办公厅省政府办公厅〈关于加强党管人才工作的实施意见〉的暂行办法》

该办法始终把人才工作的出发点和落脚点放在加快创新驱动、服务科学发展上。进一步突出高端人才培养使用，加快提升科技人才队伍层次、壮大人才队伍规模。突出科技创新平台建设，搭建科技人才充分发挥作用的有效载体。突出人才科技产业一体化发展，统筹科技资源优化配置。突出科技体制机制创新，实施重要政策突破，全面提高科技人才服务管理水平，并明确提出了加快科技人才发展的 9 项重点政策措施。

一是实施高端科技人才培养工程。逐步完善高端科技人才认定办法，每年遴选一批进入省以上重大人才工程的杰出人才、具有学科带头人地位的领军人物、为主承担省级以上科研课题的创新人才，进入并建立高端科技人才库，进行重点培养。优先推荐申报相关国家科技计划，省级各类科技计划，在同等条件下优先支持相关人才团队领衔组织实施研发和成果转化项目，优先向合作金融机构、风险投资公司推荐相关创业项目，优先推荐享受省有关部门制定的引进高层次人才优惠政策。设计并鼓励承担省重大自主专项科研任务，凡入选每项给予不少于 1000 万元的研发经费支持，同时在创新成果产业化阶段给予科技风险投资、贴息贷款等方面的相应扶持。实施泰山学者药学特聘专家提升行动，对于全职引进携带重大临床研究成果和新药证书的药学特聘专家来山东省转化、创业，可以给予 500 万元研发经费支持；对于携带进入临床研究和产业化药物的高端人才、企业家来山东省转化，由自主创新专项分别给予 1000 万元和 2000 万元的资助。继续实施和深化山东信息通信技术研究院引进高层次人才（团队）工程。有计划、有重点地遴选和推荐技术水平高、发展潜力大、竞争力强的杰出人才、领军人物和青年拔尖人才申报参评“泰山学者”“千人计划”和“两院”院士等，加快实现高端科技人才队伍建设的质量提升、结构优化与规模壮大。

二是加强科技人才后备队伍建设。充分发挥各级科技管理部门职能和政府科技投入作用，全面掌握全省科技人才情况信息，在创新创业的不同阶段，选拔培育一批发展潜质好、专业特色突出、年龄结构合理、服务区域经济发展作用明显的科技人才，组建结构合理的后备科技人才梯队。对入选人才，实施动态管理，每年有计划地选送参加各类培训研修和学术交流，提升科研创新能力。在省科学技术奖中设立青年科技奖，重点奖励有发展潜力或处于上升期的40周岁以下杰出青年科技人才。增设“青年一面上连续资助项目”，形成青年基金项目、博士基金项目和杰出青年基金项目人才培养资助链。各级科技管理部门在科研项目安排、科研条件布局等方面，要对后备科技人才予以积极支持，各级生产力促进中心、科技企业孵化器、创新平台要优先满足人才需要，为其创新创业提供优质服务。力争用5年时间，全省形成万人科技后备人才队伍，为高端科技人才培养打牢基础。

三是促进优秀科技人才创新创业。围绕全省经济社会发展重点和需求，有针对性地在后备人才队伍中选拔具备较强创新创业能力科技人才，特别是山东省战略性新兴产业发展急需的优秀高端人才团队，省级各类科技计划要加强集成，围绕基础创新、关键技术攻关、成果转化、产业化技术开发等全过程，实行不同计划类型梯次跟踪扶持，实现产业发展与人才培养相互促进。每年选定50名优秀基础创新人才，50名优秀专业技术创新人才，50名优秀创业人才，每人每年给予30万元科研经费资助。全面落实省人民政府关于加快科技成果转化提高企业自主创新能力的各项政策，鼓励科技人员转化推广科技成果。积极争取科技部国家创新人才推进计划支持，选拔、推荐优秀科技人才参加中青年创新领军人才、科技创新创业人才、重点领域创新团队评比，争取获批更多资助。实施与国内知名高校、科研机构合作培养科技人才计划，采取定向培养、选派研修等形式，为山东省培养优秀科技人才。对具备条件的科技人才和团队，帮助申建国家、省级重点实验室，推荐进入院士工作站。争取5年内，在全省重点发展的每个产业领域，布局3—5个由优秀创新创业人才领军的国内一流的高端科技人才团队。

四是推进人才科技产业一体化发展。把人才工作与科技项目实施更加紧密结合起来，创新科技项目管理，加强资源统筹，完善“人才、项目、基地”有机结合运行机制，建立科技项目对科技人才成长的持续支持机制，切实把科技项目实施的过程变成人才培育的过程。充分发挥人才基地在科技成果转化方面的作用，每年安排5000万元科技成果转化资金，用于重点领域、重点人才、重大成果的转化扶持。安排5000万元良种工程项目资金，结合种业重点领域创新培育种业领军人才；安排3000万元科技惠民工程项目资金，鼓励支持科技人才以先进适用科技成果牵头、参与省科技惠民计划。安排4000万元科技型中小企业创新发展专项扶持资金，用于扶持企业优秀科技人才，支持其所在的科技型中小企业发展和壮大。完善科技协同创新机制，进一步发挥产学研相结合的优势，鼓励人才、技术等创新资源向生产一线流动，积极构建以企业为主体的产业技术创新战略联盟，加快形成人才科技产业一体化新格局。

五是拓展高端科技人才引进渠道。进一步加强科技引智、引才工作，设立海外科技引才窗口，加强与我驻外使领馆科技处、海外留学生组织、知名猎头公司等中介机构的联系和合作，借助驻外机构、跨国公司、高校院所国外合作基地等，引进海外高端人才。在高端科技人才聚集的大城市、科技园区、高校院所，建立人才引进联络站，拓展人才合作方式和引进渠道。选择省级以上高新区，支持其在海外设立科技创新创业人才孵化器试点，推动国外高端人才的成果和人才团队在山东省的转化、转移。加强国际科技合作基地（平台）建设，有重点地安排优秀人才参加境外培训研修和学术交流活动，拓展科技人才的国际视野，提高国际化水平。

六是打造科技人才创新创业综合服务平台。围绕重大项目、孵化器建设、中小微科技型企业等领域，加强科技与金融结合，引导科技银行、省科技融资担保平台和省级科技风险投资资金等对创新创业人才的支持。加大省科技型中小企业创新基金对科技人才的支持，对由高层次人才领军的创业企业优先立项，平均支持强度提高 50%。对入驻孵化器中小微科技型企业减免租金，落实税收政策，加速孵化培养。在有条件的市和高新区建立知识产权信息中心和培训中心，为科技人才提供高效、便捷的知识产权信息服务，提高掌握和运用知识产权的能力。建设完善全省科技人才信息库，构建为科技人才创新创业服务的信息平台，为定向引进、持续培养人才提供高效服务。组建全省科技人才联谊会，定期组织科技论坛等活动。建立科技管理部门领导干部联系高端人才制度，解决人才成长中的实际困难和问题，为科技人才提供个性化、专业化、全方位服务。争取新建一批省部、省市合作服务平台，整合相关资源，在更大范围、更高层次上为科技人才创新创业提供服务和支持。

七是加大科技人才队伍建设投入。省、市、县科技管理部门要积极向同级政府申请安排列支科技人才工作经费，设立科技人才发展专项资金，用于保障科技人才工程项目的实施，并以此作为扶持重大项目的必要条件。科技人才发展专项资金要随财政收入增加逐步增长，保证科技人才工作的顺利开展。各级科技管理部门要研究制定加强科技人才投入的措施办法，督促科技人才发展专项投入及时到位。要根据人才工作重大决策和部署，主动将本部门拥有的政策资源，积极与人才工作进行衔接和政策配套，实现优势政策资源向人才集聚倾斜。

八是优化科技人才创新创业条件。选拔符合条件的优秀人才和团队进入山东国家综合性新药研发技术大平台、山东信息通信技术研究院、黄河三角洲可持续发展研究中心、黄河三角洲国家现代农业科技示范区、现代种业孵化基地等人才平台载体，以项目为依托，给予必要研发经费支持。积极推荐并指导做好建立国家和省级重点实验室、工程技术研究中心、产业技术创新战略联盟的筹备工作，推荐承担国家和省重大科技计划项目，建立院士工作站等。

九是营造科技人才成长的良好氛围。组织开展科技人才创新创业系列大赛，建立科学引导和激励机制，促使创新型科技人才脱颖而出。加大对科技人才先进典型宣传力度，广泛宣传报道其典型事迹、成功案例、创新举措和重大成效，在全社会营造尊重劳动、尊重知识、尊重人才、尊重创造的良好氛围和社会共识。表彰奖励做出突出贡献的科技人才，在对其科研经费和科研条件进行扶持和资助的基础上，对其本人予以一次性物质奖励，特别是在国家和国际重要评比中获得重大奖项的优秀人才，给予配套表彰奖励。

2. 评价与激励政策

为贯彻落实党的“十八大”精神和全国科技创新大会精神，深化改革，加快科技成果转化，提高企业自主创新能力，推进创新型省份建设，根据中共中央、国务院《关于深化科技体制改革加快国家创新体系建设的意见》(中发〔2012〕6号)，山东省人民政府于2012年出台了《关于加快科技成果转化提高企业自主创新能力的意见(试行)》(鲁政发〔2012〕45号，以下简称《意见》)。《意见》全文共16条，主要包括以下四方面的内容：一是鼓励加快科技成果转化。《意见》规定，在鲁高等学校、科研院所职务发明成果的所得收益，按至少60%、最多95%的比例划归参与研发的科技人员及其团队拥有，省及市、县(市、区)科技计划对该成果转化项目给予优先立项；鼓励和允许企业从科研成果转化产生的经济效益中，按比例提成奖励核心技术和自主知识产权所有人，及对核心技术、自主知识产权研发有重大贡献的科技和管理人员。二是鼓励科技人才创业。《意见》规定，在鲁高等学校、科研院所科技人员创办的企业，其知识产权等折算为技术股份(至少50%，最高70%)，申请设立企业注册资本在10万元以下的(1人有限公司除外)，可以申请免缴首期注册资本；鼓励科技成果作价入股的企业实施企业股权激励以及分红激励；允许和鼓励科技人员进行科技创业、从事科技成果转化活动，其收入归个人所有；鼓励在校学生休学创业；鼓励产业技术创新合作社会组织登记为社会团体或民办非企业单位法人。三是加大财政扶持力度。《意见》规定，对在鲁高等学校、科研院所科技人员新创办的科技型企业和经认定的省级以上新产品，由各类科技专项资金、科技型中小企业等专项资金优先扶持、重点倾斜；企业的研究开发费用(包括企业委托省外或与省外合作开发先进技术的相关费用)，按规定以研究开发费用的50%在计算企业所得税应纳税所得额时加计扣除，形成无形资产的，按照无形资产成本的150%摊销，企业相关研发人员实发工资额可在计算企业所得税时据实扣除；获得非营利组织免税资格认定的国家大学科技园、科技企业孵化器的收入，按规定享受企业所得税优惠政策；符合规定的项目在土地指标安排、土地供应上予以支持。四是加强融资扶持力度。《意见》规定，加强对科技型企业的信贷融资服务，创新业务品种和服务模式。鼓励和引导科技型中小企业实现上市融资，支持科技型企业发行多种融资工具，加快推进区域集优债务融资和科技型中小企业私募债券试点步伐。积极推动符合条件的科技型中小企业利用场外股权交易市场进行融资。逐步扩大省级创业投资引导基金规模，建立政府引导资金和社会资本共同支持初创科技型企业发展的风险投资机制，引导创业投资机构投资科技型中小企业。

3. 流动与配置政策

一是关于建设“齐鲁人才特区”的意见。为了进一步贯彻落实国家和省市中长期人才发展规划、加快建设人才强市，济南市委、市政府2011年8月印发了《关于建设“齐鲁人才特区”的意见》，提出“依托济南高新区、面向全市、辐射全省，建设‘齐鲁人才特区’”。“齐鲁人才特区”紧紧围绕加快转变经济发展方式，整合创新资源，强化市场作用，以“五高”为目标，实施10项重点措施，推行 10 项政策保障，全力打造人才体制机制改革试验区和创新创业人才特别集聚区，为构筑城市长远竞争力提供人才保证和智力支持。其中 10 项重点措施从“筑巢、引凤、搭台、助力、服务、保障”等方面推进，主要是围绕提升人才承载能力，实施人才载体“四个百万”建设工程，分别打造不少于 100 万平方米的企业孵化器、加速器、重点产业公共服务区和人才国际社区；围绕提升创新活力，积极打造科技创新“三高”平台，建设 100 个协作程度高的合作平台、50 个国家和省级科研平台、30 个产业特色基地平台；围绕促进科技金融结合，政府出资设立 5 亿元规模创业投资引导资金，建立完善投融资体系；5 年内支持人才特区建设的各级投入不少于 150 亿元等。10 项政策保障围绕高层次人才最为关心和最需解决的问题来制定实施，涉及人才引进、创新激励、创业扶持、环境营造等方面，主要包括围绕增强人才吸引力，实行创新创业资金扶持政策，提高资助额度，领军型创业人才可获最高 500 万元资金扶持或 300 万元科研启动经费，优秀创新团队可享受最高 500 万元经费扶持；实行校地共助人才政策，引进人才可享有人才特区和受聘院校的双重扶持；实行税收优惠政策，高层次人才企业三年孵化期实现的财政收入按 80% 比例返还，高层次人才个人所得税补贴每年最高 50 万元等。

二是选派科技人才服务团。为引导优秀人才向欠发达地区和基层一线流动，提升县域科技创新能力和产业发展水平，近期省委组织部、省科技厅下发了《关于开展西部经济隆起带“科技人才服务团”成员选派工作的通知》，将从山东省范围内的高校、科研院所、企业和东部地区经济开发区和高新区选派一批高层次人才，到西部县（市、区）挂职担任科技副职。科技人才服务团人选条件为：获得博士学位或具有副高级以上专业技术职务，具有两年以上工作经历；有较高的专业技术水平和较强的协调能力；年龄 45 周岁以下。挂职时间为一年。一般安排挂任县（市、区）科技副职、园区副主任等职务，分管或协管科技、产业、金融、人才等工作。选派工作按照“按需选派、双向选择”方式实施，根据有关县（市、区）提出的岗位需求意向，省委组织部、省科技厅组织有关单位推荐，经协商调剂确定人选。挂职服务人才将在科技成果转化、职称评聘等方面享受一系列优惠政策。

三是实施山东省科技特派员示范工程和科技特派员基层创业行动。以建立科技服务“三农”的长效机制为方向，紧紧围绕全省农业发展和新农村建设的科技需求，探索建立科技服务于农村、农民和基层企业的科技特派员长效机制，选派农业科技人才以科技特派员身份深入农村基层，开展科技创新、科技服务和创业活动，转化推广一批农业科技成果和适用技术，培育一批农村企业和经济合作组织，培训一批新型农民，促进科技人才、科学知识与农村经济的结合，实现农业增效、农民增收，加速农业现代化和新农村建设进程，努力创建新型的科技人员服务于农村和企业的科技推广服务体系，进一步发挥科技支撑作用，促进山东省经济平稳较快发展。

河南省科技人才发展报告

■ 河南省科学技术厅

科技人才是河南省人才资源的重要组成部分，是科技创新的关键要素，是推动经济社会发展的重要力量。近年来，按照全省人才工作总体部署，以培育高层次创新型科技人才为重点，加快建设高素质科技人才队伍，科技人才工作取得明显成效。

一、“创新型科技人才队伍建设工程”结硕果

为提升河南省科技人才队伍的层次，推进“人才强省”战略的实施，河南省科技厅从2007年开始，与省委组织部、省财政厅等部门一起，组织实施了“创新型科技人才队伍建设工程”（以下简称《工程》)。“工程”在创新型科技人才培养上设立了三个方面，一是中原学者（即院士后备人才）；二是科技创新杰出人才和科技创新杰出青年；三是创新型科技团队。“工程”实施以来，全省中原学者数量达到了36人，其中有5位中原学者已分别当选为中国科学院和中国工程院院士；科技创新杰出人才329名，科技创新杰出青年442名；全省省级“创新型科技团队”达到328个；院士工作站达205个。

目前，高层次创新型人才工程已成为河南省积累高层次科技人才优势、进而积累发展优势的高端平台，支持培养的一批高层次创新科技人才在助推中原经济区建设、实现中原崛起河南振兴中发挥了突出重要作用。主要得益于以下三个方面。

（一）领导重视、科学谋划

高层次创新型科技人才是科技人才队伍中的领军者，是站在科技前沿、转变发展方式、引领创新实践、建设创新河南的生力军。河南省委省政府对高层次创新型科技人才培养高度重视，进一步将高层次创新型科技人才队伍建设摆上了人才优先发展的突出位置，下发《河南省中长期人才发展规划纲要（2010—2020年)》，省人才和知识分子工作领导小组专门研究制定《河南省科技人才发展中长期规划（2011—2020年)》，都把“高层次创新型科技人才队伍建设工程”作为全省重点推

进的人才工程之首。河南省科技厅、省委组织部等有关部门联合出台《河南高层次创新型科技人才队伍建设工程（2011—2020 年）实施方案》，进一步明确进度要求，保证经费投入，确保政策落实，有力推进了高层次创新型科技人才队伍建设。

（二）多措并举，整合资源

一是加大经费支持力度。坚持人才经费优先投入。省本级每年拿出 5000 万元科技经费用于人才投入，把领军人才培养作为重中之重，在项目、成果、资金等方面给予强力支持。二是强化平台建设。着力建设高端科技人才培养基地，目前已有国家海外高层次人才创新创业基地 1 个、国家重点实验室 7 个，国家工程技术中心 9 个。围绕人才培养开发，组织认定“国际联合实验室”“省重点实验室”“工程技术研究中心”“院士工作站”等平台。三是加强合作共建。2011 年 7 月，省政府与国家自然科学基金委联合设立“人才培养联合基金”，双方每年拿出 5000 万元，用于优秀科技人才开展创新研究。

（三）加强领导，强化服务

一是强化领导。成立了由河南省委组织部、省科技厅等六部门领导组成的河南省创新型科技人才队伍建设工程领导小组，组长由省科技厅担任，其他部门任成员。二是部门协作。成员单位结合工作实际，各负其责，分工协作，形成了推进工程实施的合力。省委组织部发挥在人才工作上牵头抓总的作用，定期协调、研究解决重大问题。省科技厅作为工程实施的主体单位，全方位支持、推进工程的实施。其他部门以及每位人才所在单位也结合自身实际在经费、学科建设、平台建设、人才培养等方面给予大力支持。三是规范管理。在组织实施科技人才工程时，始终把规范管理、强化服务和营造环境放在突出位置，着力引导全省科技人才能够潜心研究、创新创业。出台《河南省高层次创新型科技人才队伍建设工程实施方案》《“中原学者”遴选及管理办法》《河南省科技创新人才计划管理办法》和《“创新型科技团队”认定及管理办法》，在评审、评估、考核、验收等各个环节，严格程序，规范管理。在评估、考核、验收等方面均进行简化和创新，提高工作成效。

二、海外高层次人才引进工作稳步推进

根据河南省委办公厅、省政府办公厅《关于引进海外高层次人才的意见》（豫办〔2009〕18 号）精神，河南省科技厅积极组织开展海外高层次人才引进工作，目前已评选 23 名“百人计划”人选。同时，出台有关政策配合组织部积极做好中央“千人计划”工作。另外，郑州高新区 2009 年被中组部批准为河南省唯一的国家海外高层次人才创新创业基地，目前已先后引进了近 300 名海外留学归国人才，其中有 100 多人直接从事技术创新和成果转化工作，兴办了 80 多家留学生企

业。郑州高新区引进人才工作力度和科技人才密度居全省之首，位居全国高新区前列。

在积极做好海外高层次人才引进工作的同时，还采取多种方式加大对其进行后续支持。如郑州大学“千人计划”入选者王复明教授获500万元的省重大科技专项支持；洛阳双瑞橡塑科技有限公司“千人计划”“百人计划”入选者王安斌博士获500万元的省重大科技专项支持；河南飞孟金刚石工业有限公司“百人计划”入选者陈铮博士获国家国际科技合作专项500万元支持等。

三、科技特派员行动计划初显成效

为充分发挥科技人才服务经济社会发展的作用，动员广大科技工作者深入企业和农村开展创新创业，引导高校和科研机构与企业、农村加强合作，推动建立产学研结合长效机制，河南省科技厅于2009年启动实施了科技特派员行动计划。计划实施以来，取得了明显成效。据统计，省市县三级共派出科技特派员11700余人。

四、人才培养联合基金助推了青年科技人才的成长

2012年9月19日，国家自然基金委—河南省人民政府人才培养联合基金（NSFC—河南人才培养联合基金）管理委员会会议在北京召开，标志着人才培养联合基金正式启动。资助经费达5000万元，项目平均资助强度近30万元/项。他们承担了国家赋予的科研任务，为提升河南省的基础研究水平增强了后劲。

五、《河南省科技人才发展中长期规划（2011—2020年）》启动实施

河南省科技厅起草并印发了《河南省科技人才发展中长期规划（2011—2020年）》（以下简称《规划》），同时研究制定了《河南省科技人才发展中长期规划（2011—2020年）任务分工方案》和《河南省科技人才发展中长期规划（2011—2020年）任务进度表》，确保重点工作任务落在实处。规划明确要建立六支人才队伍，实施五大科技人才工程，到2020年实现建设一支规模宏大、素质优良、结构合理、富有活力的创新型科技人才队伍，确立河南省科技人才竞争比较优势，推动由人口大省向人才大省转变的目标。《规划》的出台对于河南省持续推进高层次科技人才队伍建设具有重要意义。

六、科技人才信息化建设逐步加强

为加强科技人才工作信息化建设，更好地为经济社会发展服务，先后开通运行了河南海外科技人才信息服务平台和科技人才网。河南海外科技人才信息服务平台旨在为留学人员来豫工作提供服务，自 2009 年 8 月开通至今发布海外科技人才需求信息 350 余条，国际技术转移项目 2100 多项，产品推广项目 2200 多项。科技人才网致力于打造综合性科技人才信息服务平台，努力实现全省科技人才信息资源共享。依托科技人才网，组建了高级专家数据库，目前已入库各类高层次专家 2300 余人。高级专家库具有信息咨询、中介服务、鉴定评价、统计分析等多项功能，为科技人才、企业、高等院校、科研单位、行政管理部门等架起了有效沟通和服务的桥梁。科技人才网开辟了科技人才供需服务平台，为广大用人单位和科技人才及时提供网上便捷服务，深受欢迎。

湖北省科技人才发展报告

■ 湖北省科学技术厅

湖北是科教资源大省、人才资源大省，省委、省政府高度重视科技创新和人才工作，大力实施科教兴鄂和人才强省战略。2012 年，湖北省第十次党代会明确提出“湖北最大的资源是创新资源，最大的优势是创新优势，最大的潜力是创新潜力。创新与人才，是推动湖北科学发展跨越式发展，加快构建重要战略支点、实现富民强省目标的动力之源。”

一、科技人才队伍总体情况

2010 年《国家中长期人才发展规划》颁布实施以来，湖北省制定了《湖北省中长期人才发展规划》，启动实施了 10 项重点人才政策和 13 项重大人才工程，全省科技人才事业呈现蓬勃发展的局面。截至 2012 年年底，全省科技活动人员达到 34 万人，居全国第 6 位；全省专业技术人才总量达到 318 万人，占全省人才总量的 48.8%；全省具有高级专业技术职称人员 21.67 万人，高、中、初级专业技术人才比例为 1:5:4，高层次专业技术人才队伍初具规模。在鄂两院院士 60 人，居全国第 4 位；入选国家“973 计划”首席科学家 58 人，居全国第 3 位；入选国家“千人计划”专家 175 名，居全国第 4 位；国家“百千万人才工程”人选 48 人，省级以上选拔的各类高级专家 6762 人，省“新世纪高层次人才工程”人选 5550 人，在站博士后研究人员 1600 多人。

“十一五”以来，湖北省科技人才专利申请、科技论文发表、获国家科技奖励等主要产出指标均位居全国前列、中部第一位，高新技术产业增加值年均增长 20%左右。2012 年，获国家科技奖励成果数量居全国第 4 位，发表科技论文数居全国第 5 位，发明专利授权量居全国第 8 位，有效发明专利和发明专利密度均居全国第 7 位；高新技术产业增加值占全省 GDP 的比重达到 13.3%，对调整结构、转方式、稳增长发挥了重要作用。

二、科技人才工作总体部署和进展

（一）科技人才发展规划

1.《湖北省中长期人才发展规划纲要（2010—2020 年）》

主要目标：到 2020 年，培养和造就规模宏大、结构合理、素质优良的人才队伍，实现由人才大省向人才强省的转变，在中部地区率先建成人才强省，进入全国人才强省行列。主要劳动年龄人口受过高等教育的比例达到 21%，每万劳动力中研发人员达到 45 人年，高技能人才占技能劳动者的比例达到 31%。人才发展体制机制和政策创新取得突破性进展，人力资本投资占 GDP 比例达到 17%，居中西部地区前列，形成鼓励人才干事业、支持人才干成事业、帮助人才干好事业的社会环境。

2.《湖北省高端人才引领培养计划》

主要目标：2011—2020 年每年遴选不少于 20 名共 200 名以上的优秀中青年科技人才进入高端人才引领培养计划，每一批培养周期为五年，通过连续支持，造就一批创新能力卓越、引领作用突出、团队效应显著的中青年科技创新领军人才队伍，着力培养 10 名左右有实力竞争中国科学院、中国工程院院士的后备人选（简称“院士人选”），150 名左右成为“863 计划”“973 计划”首席专家或入选“长江学者”、中科院“百人计划”“新世纪百千万人才工程”等重点人才工程（计划），成长为在国内外科学技术界具有较高知名度的优秀专家（简称“国家级重点人才工程人选”）。

3. 湖北省自主创新“双百计划”

主要目标：用 2—3 年的时间，在全省高新技术企业和创新型企业设立 100 个“湖北省自主创新岗位”，鼓励、引导一批高层次创新人才，担任“湖北省自主创新岗位”特聘人选，组建 100 个“湖北省自主创新团队”（含重点产业创新团队，下同），促进企业研发人才队伍建设，提升企业自主创新能力和核心竞争力，支持企业创新发展。“湖北省自主创新岗位”和“湖北省自主创新团队”，以联合捆绑的方式进行设置，形成以项目为依托、以岗位为核心、以团队为基础，项目、岗位、团队三结合的湖北省创新型高层次人才开发新模式。“湖北省自主创新岗位”依托企业的研发项目设置，主要用于引进高等院校、科研院所的高层次创新人才，以特聘的形式，到企业领军承担自主创新任务。

（二）科技人才工作体制机制创新

1. 集中力量建设中央人才基地

武汉未来科技城是中组部和国务院国资委确定的四家全国中央企业集中建设人才基地之一，也是中西部地区唯一获批建设的“未来科技城”。武汉未来科技城于2010年10月28日动工建设。湖北省、武汉市高度重视，分别成立领导小组，按照“国际领先、世界一流”的目标，举全省全市之力建设武汉未来科技城，打造世界级的科技创新中心、新兴产业高地和高端人才聚集区。武汉未来科技城重点在光电子信息、能源环保、高端装备制造等战略性新兴产业和高新技术服务业，面向央企、世界500强、知名民营科技企业以及科研院所、高等院校，引进世界一流研发机构和企业，聚集全球领军人才。三年来，签约入驻项目70余项，其中，包括德国电信、华为技术、中国移动、中国电信、国家电网等世界500强企业5家，中核工业等大型央企6家，行业龙头企业12家。另有中美清洁能源联合研究中心碳捕获试验基地、凯迪生物质能国家重点实验室等12家国家重点实验室或国家工程中心等高端研发机构入驻。到2020年，武汉未来科技城将引进和培养2000个高水平创新团队，研发和转化100项国际领先的研究成果，产生50家世界级水平的研发机构和创新企业，培育1—2项革命性的战略性新兴产业，科技人员突破10万人。

2. 推进人才工作重心下移

2013年，以科技人才为重点，整合省直相关部门工作资源，实施人才工作重心下移“六个一百”项目。“六个一百”项目的主要内容是，建设100个重点产业创新团队、设立100个急需紧缺专业技术人才特聘岗位、扶持100个科技创业领军人才和100个农业产业化领军人才、建设100个院士专家工作站和博士后创新实践基地（其中，院士专家工作站70个，博士后创新实践基地30个）、扶持100名大师级民间工艺传承人才。“六个一百”项目，除“大师级民间工艺传承人才”在全省范围内选拔外，其他项目主要实施范围为武汉市的远城区，其他市、州、直管市、神农架林区，并以县、市、区级申报项目作为重点扶持对象。“六个一百”项目由省委人才办负责综合统筹协调，采取“归口落实、统分结合”的办法推进实施。重点产业创新团队由省委组织部、省人社厅、省科技厅负责；急需紧缺专业技术人才特聘岗位由省人社厅、省教育厅、省卫生厅负责；科技创业领军人才由省科技厅、省经信委负责；农业产业化领军人才由省农业厅负责；院士专家工作站由省科协负责；博士后创新实践基地由省人社厅负责；大师级民间工艺传承人才由省人社厅、省文联负责。各市（州）党委组织部统筹人社、科技、农业、科协、文联等部门，实施本地“六个一百”项目。

3. 强化科技创新“人才导向”

一是以科技项目为纽带，强化科技人才培养。2012年，省科技厅六类科技计划共安排项目885项，支持全省近万名科技人员开展基础研究、技术开发和成果转化。其中，省自然科学基金创新群体项目和青年杰出人才项目重点支持32名杰出青年科技人才、17个优秀创新团队。2012年，湖北省新增8位国家“973计划”首席专家。二是以科技奖励为依托，加强科技人才表彰。2012年，湖北省科技人才获国家科技奖励35项，其中作为第一完成人的有15项；省科技奖励共评出305个获奖项目，获奖科技人员近2300人。三是以国际科技合作为平台，加强科技人才引进。

2012年，省科技厅国际科技合作计划鼓励和资助高层次科技人才赴美、德、俄、日、意、中国台湾等国家和地区交流百余次。同时，我们还积极参与"华创会"的举办，搭建海外华人华侨来鄂创业平台。今年"华创会"上，签订引进海外高层次人才和高新技术项目120个，引进海外高层次人才65人，一批海外高层次人才将在武汉留学生创业园创办高新技术企业50家。四是以创新基地为载体，凝聚科技人才。新建57家省级工程技术研究中心、46家校企共建研发中心、17家省级重点实验室，聚集了1000多名高层次科技人才，组成了一批创新特色突出、专业分布科学、年龄结构合理、综合实力较强的创新团队。五是以科技投融资平台为依托，综合运用创投引导、风险补偿、项目跟投、货款贴息、担保补助、天使基金等多种方式，引导产业资本、知识资本和金融资本的结合，充分利用多层次资本市场为科技人员创新创业提供投融资服务。2012年，省创投引导基金设立的子基金已完成投资11项，投资额1.6亿元；引导社会创投完成投资40项以上，投资额超过20亿元。

三、科技人才工程／计划及实施效果

1."百人计划"

【实施时间】2009年6月

【实施部门】省委组织部

【主要内容】"百人计划"是湖北省引进海外高层次人才的重要战略，计划5—10年的时间里从海外引进200名紧缺的高层次创新创业型人才，其中创业人才不低于50%，为支撑中部崛起战略提供人才保证和智力支持。在资金支持上，湖北省财政将对入选"百人计划"的海外高层人才一次性给予每人100万元或50万元的补助，并对创业人员的部分研发项目和规模生产项目给予贷款贴息政策。在准入政策上，被引进的海外高层次人才可享受永久居留证，并获得相应的国民待遇，具有参加社会基本保障等方面的权利和义务。此外，还可以获还可享受8项税收优惠政策，包括免征某些个人所得税以及减免某些企业所得税和营业税等。

2.高端人才引领培养计划

【实施时间】2011年

【实施部门】省委组织部、省科技厅

【主要内容】从2011—2020年每年遴选出不少于20名共200名以上的优秀中青年科技人才，旨在培养湖北省科技创新人才队伍中的顶尖人才，提高湖北省科技核心竞争力，推进科技创新，同时，省委人才工作领导小组设立专项资金，在培养周期内，给予入选的科技人才不少于100万元培养经费补助，入选人才所在单位提供1:1配套经费支持。

3.医学领军人才培养计划

【实施时间】2013年

【实施部门】省委组织部、省卫生厅

【主要内容】从 2013 年，3 年为一个培养周期，每个周期遴选 30 名培养对象。至 2020 年，实施 3 个周期，共培养 90 名。每个培养对象，将由省重大人才工程专项资金、卫生厅专项资金和单位配套资金共同资助 100 万元经费用于科研。力争到 2015 年，推出 1 至 2 名医学类院士，培养 5 名具有国际国内领先水平的学术带头人；到 2020 年，推出 3—5 名医学类院士，培养 10 名具有国际国内领先水平的学术带头人。

4. 名师培养工程

【实施时间】2003 年

【实施部门】省教育厅

【主要内容】在全省各级各类学校选拔、培养、造就一批能够发挥骨干示范作用的知名教师和高水平教师，以全面提高教师队伍整体素质，促进教师队伍建设，推进教育改革和发展。

5. 一村一名大学生计划

【实施时间】2005 年

【实施部门】省委组织部、农业厅、教育厅

【主要内容】主要采取远程教育、函授、成人自考等不脱产学习形式进行，同时适量举办全日制脱产班。其中，以不脱产形式培养 15600 人，每年招生 5200 人，主要由市、县负责组织实施，招生计划在省属高校成人招生计划中安排，学员参加全国成人高考，省里组织单独划线和录取工作，学制为 2—3 年，学员修完规定课程或学分，颁发国家承认学历的成人教育大专文凭；以脱产形式培养 3000 人，每年招生 1000 人，由省里负责组织实施，学制 2 年，招生计划在全省普通高校招生计划中单列，由省里组织单独考试和录取工作，学习期满并经考试合格的，颁发普通高等学校专科毕业证书。学员具体参加何种形式的学习，可根据本人经济状况和当地统一安排确定。同时，学员在学习期间参加相应职业资格和技能认定考试合格的，颁发职业资格和技能证书。

6. 急需紧缺专业技术人才培养工程

【实施时间】2011 年

【实施部门】省人社厅

【主要内容】适应推进科技创新、转变经济发展方式的需要，在湖北省高新技术产业和战略性新兴产业、制造业、现代农业和服务业等重点领域，每年培养 5 万名急需紧缺的专业技术人才，到 2020 年，累计培训培养 50 万名左右。依托高等院校、科研院所、大型企业现有施教机构，建设一批国家级、省级专业技术人才培养培训基地。

7. 专业技术人才知识更新工程

【实施时间】2006 年

【实施部门】省人社厅

【主要内容】专业技术人才继续教育公修课培训每人每年累计不少于5天或30个学时，专业课程培训每人每年累计不少于7天或42学时；采取集中培训、举办高级研修班、结合工作实践培训、开展网络远程教育培训以及自学等培训方式；学习情况将作为年度考核重要内容，并逐步和专业技术人员的职称评审、岗位聘任结合起来；省人事厅将定期发布列入知识更新工程的科目、课程及相关信息。

8.“123”企业家培养工程

【实施时间】2011年

【实施部门】省委组织部、省国资委、省经信委

【主要内容】围绕加快全省企业发展的实际需要，通过创新体制机制、完善政策措施、营造成长环境、加强培训交流、提供公共服务，力争在未来10年内，重点培养1名能够带领企业进入世界500强的卓越企业家；10名能够带领企业进入国内500强的优秀企业家；200名能够带领企业在同行业中处于领先地位的骨干企业家；3000名具有良好发展潜力的成长型企业家。

9.农村实用人才培养示范基地

【实施时间】2008年

【实施部门】省农业厅

【主要内容】支持建设一批农村实用人才培养示范基地。

【经费来源】省农业厅。

10.“六个一百”人才工程

【实施时间】2013年

【实施部门】省委组织部、省人社厅、省科技厅、省卫生厅、省经信委、省农业厅、省科协、省文联。

【主要内容】评选100个重点产业创新团队、100个急需紧缺专业技术人才特聘岗位、100个科技创业领军人才、100个农业产业化领军人才、100个院士专家工作站和博士后创新实践基地、100名大师级民间工艺传承人才，进行重点扶持。除“大师级民间工艺传承人才”在全省范围内选拔外，其他项目均以县市区申报的项目为重点扶持对象。项目申报成功后，申报团队或个人将获得5万—20万元不等的经费支持或岗位津贴扶持，相关人员可优先进入高层次人才职称评审“绿色通道”

11.农业产业化龙头企业人才支撑计划

【实施时间】2012年

【实施部门】省委组织部、省农业厅

【主要内容】用4年时间，投入2000万元，重点支持培养300名左右具有国际视野、掌握现代企业经营理念的农业产业化龙头企业管理人才、营销人才，引进、培植一批科研创新人才及创新

团队，引领和带动农业产业化发展。支持企业设立创新岗位，创建创新团队，给予引进或培养的创新团队带头人每人每年 5 万元的岗位补贴，团队核心成员（3 人左右）每人每年 1 万元岗位津贴。一次评审通过，连续支持 2 年。

12. 重点产业创新团队“双百计划”

【实施时间】2010 年

【实施部门】省委组织部、省人社厅

【主要内容】用 2—3 年时间，在全省高新技术企业和创新型企业设立 100 个“湖北省自主创新岗位”，鼓励、引导一批高层次创新人才，担任“湖北省自主创新岗位”特聘人选，组建 100 个“湖北省自主创新团队”（含重点产业创新团队，下同），促进企业研发人才队伍建设，提升企业自主创新能力和核心竞争力，支持企业创新发展（简称“双百计划”）。以联合捆绑的方式进行设置，形成以项目为依托、以岗位为核心、以团队为基础，项目、岗位、团队三结合的湖北省创新型高层次人才开发新模式。“湖北省自主创新岗位”特聘人选在聘期内享受政府自主创新岗位津贴。第一期政府自主创新岗位津贴标准为每人每年人民币 10 万元；同时，企业一般应给予不低于本企业相当层次技术人员的待遇。“湖北省自主创新团队”成员，在聘期内按每人每年 1 万元的标准给予政府岗位津贴，由团队带头人负责分配。

13. 现代服务业领军人才

【实施时间】2012 年

【实施部门】省发改委

【主要内容】围绕金融业、现代物流业、科技与信息服务业、商务服务业、商贸服务业、文化产业、旅游业、房地产业、服务外包产业等现代服务业重点领域，选拔 100 名左右高端人才。从 2012 年开始，利用 3 年时间对选拔出的高端人才进行培养，通过拓展知识，提升能力，使用提高，使其成为带动湖北省现代服务业发展的领军人才。

14. 院士专家工作站

【实施时间】2013 年

【实施部门】省委组织部、省科协

【主要内容】围绕地方经济社会发展需求，力争 2013 年建设 70 家主要以企业为主体的省级院士专家工作站（包括院士工作站和专家工作站），促进企业与院士专家及其创新团队资源共享、优势互补，努力研发和转化一批技术创新成果、培育一批自主知识产权和自主品牌、培养一批经济建设一线科技人才和创新团队。

15. 博士服务团

【实施时间】2011 年

【实施部门】省委组织部、团省委

【主要内容】从省内相关大专院校、大型企事业单位、科研院所、医疗卫生机构，择优遴选100名优秀青年博士，派往大别山、武陵山经济社会发展试验区和宜昌、十堰、神农架等地，开展为期一年的服务锻炼。

16. 科技副职选派工作

【实施时间】1988年

【实施部门】省委组织部、省委科技厅

【主要内容】从省内相关大专院校、大型企事业单位、科研院所、医疗卫生机构，择优遴选优秀科技人才，赴各市（州）、县（市、区）任科技副县（市）长，开展为期两年半的服务锻炼。

四、科技人才政策措施及成效

1. 促进高校、院所科技成果转化暂行办法

主要内容：《促进高校、院所科技成果转化暂行办法》对职务科技成果的权属、收益分配等各项政策进行了重大突破，具体涉及四项重要改革：一是改革科技成果类无形资产处置方式。将职务科技成果的使用权、经营权、收益权授予高校、院所的研发团队。科技成果处置后仅需报所在单位和国有资产管理部门备案。二是改革科技成果转化收益分配。高校、院所研发团队在鄂实施科技成果转化、转让的收益，其所得不得低于70%，最高可达99%。三是改革科技人员创新创业人事管理政策。离岗在鄂转化科技成果、创办科技型企业的科技人员，可以保留编制、身份、人事关系，档案工资正常晋升，5年内可回原单位。四是改革科技人员职称评审指标体系。高校、院所高级技术职称评聘，参与技术转移、科技成果转化的科技人员必须占有一定比例。将科技成果转化作为重要指标纳入科技人员考评体系。

实施效果：《促进高校、院所科技成果转化暂行办法》的出台，营造了国内最优的成果转化政策环境，在有关市州、高校、科研单位等中产生了很大的反响，普遍认为《促进高校、院所科技成果转化暂行办法》相关政策符合高校科技产业发展的定位和需求，有利于调动科技人员创新创业的积极性，有利于高校科技成果的转化和产业化。省内高校院所积极行动、科研人员创业热情空前高涨，一批技术成熟度高、市场前景明朗的科技成果转化项目，如雨后春笋般冒出。部分高校也结合自身的情况，在促进高校科技成果转化、职称制度改革等方面进行有益的探索。据了解，2014年1—5月，湖北工业大学科研人员依托科技成果，新成立14家科技型企业；武汉工程大学科技人员新创办的科技型企业比历年总和还多，武汉科技大学、武汉大学、华中科技大学等均正在出台或修订学校的成果转化操作细则，全力推进科技成果转化工作。.

2. 试点科技人才分类评价制度改革

主要内容：完善高校和科研院所支持创业的考核评价体系。对从事技术开发和科技成果转化的

科技人员职称评定，在按评审条件进行评审时，重点考核所产生的经济效益、社会效益和生态效益。其中，对在高等院校等事业单位作出重要贡献的科技人员，主管部门和高校要在岗位设置核定和按结构比例申报时予以倾斜。科技奖励、各类专家的推荐和选拔、人才计划、重点科研项目结题验收等，要突出技术开发和科技成果转化等相关经济指标。

实施效果：不断深化职称制度改革。积极探索企业高层次人才评价快速通道，制定出台了《湖北省高级专业技术职务任职资格特殊评审暂行办法》，为业绩贡献突出的享受政府特殊津贴专家，“千人计划”“百人计划”人选以及重点企业高层次专业技术人才开展特殊评审工作。组织开展职称量化评审试点，研究出台了《湖北省专业技术职务任职资格量化评审试行意见》，将参评对象的理论成果与实践贡献等参评因素进行量化，综合评价。不断加强非公企业人才评价工作，2011 年出台了《关于非公有制单位专业技术人员职称评审的试行办法》，启动了非公有制企业专技人才高级经济师专项评审工作，积极鼓励非公有制企业人才进行职称评审，引导各类人才到非公有制企业工作。稳步推进事业单位人事制度改革。2011 年以来，相继出台了《湖北省事业单位专业技术二级和三级岗位管理试行办法》《事业单位专业技术二级和三级岗位报审规程》和《关于加强事业单位岗位管理工作的指导意见》等事业单位岗位管理配套政策文件，指导湖北省事业单位专业技术二三岗位管理和岗位动态管理工作，推进全省事业单位岗位设置管理全面实施，目前，全省各级事业单位已基本完成岗位设置工作。

3. 试行国有高新技术企业股权激励

主要内容：选择部分高新技术企业，制定期权试点方案，以期权作为对企业管理层和技术骨干的激励。管理层和技术骨干可按规定将期权行权获取现金或运用行权获取的现金来购买本企业的股权。

实施效果：东湖高新区 2009 年 12 月成为国家自主创新示范区之后，股权激励成为重要试点工作之一。和中关村试点相比，该区的股权激励政策步伐更大：激励范围扩大到高等院校、科研院所、民营企业、创业投资、股权投资类企业，新增了绩效奖励和增值权奖励两种激励方式。迪源光电公司是首家股权激励方案获批的企业。武汉光迅科技股份有限公司股权激励方案获得国务院国资委批准，成为东湖国家自主创新示范区获批后首个实行股权激励的央企。截至目前，东湖高新区参加股权激励试点的单位 30 家。武汉邮科院、中冶南方等一批高新技术企业开展分红权激励试点。武汉理工大学、武汉工程大学、江汉大学等高校的科技成果转化试点已经启动。江汉大学成为湖北省首家进行股权激励的高校，允许科研成果完成人获得技术转让所得净收入的 85% 或持有成果入股形成股权的 80%。武汉凡谷、人福科技、健民制药等民营上市公司的股权激励也已启动。

4. “科技八条”支持大学生科技创业

主要内容：启动“科技促进大学生创业就业”专项行动，出台 8 项新政，通过“计划项目牵引、创新平台承载、孵化服务培育、创业投资引导”，扶持一批大学生科技创业，力促万名以上大学生就业。湖北省科技厅每年设立500万元大学生科技创业专项资金，支持各类科技企业孵化器和大学科技园内的大学生创业企业，重点支持从事软件与互联网行业的创新项目；并安排1000万元创新基金，优先资助科技型中小企业转化大学生的创新成果；鼓励科技企业孵化器设立“零房租”大学生创业专区，省科技厅给予专项补助。办好“东湖创新创业俱乐部”，建立“创业导师”队伍，开展“千名大学生创业”培训，提升大学生创业就业能力。设立面向大学生创业的“科技天使投资基金”等，拓展科技金融服务，支撑大学生创业。重点支持省属大专院校与当地政府合作建设大学科技园，吸纳大学生就近就地创业。鼓励科技计划项目吸纳大学生就业，科技创新平台承载大学生就业。在项目执行期内，允许新录用的大学毕业生和在科技见习岗位上见习的大学生，其劳务性费用和有关社会保险费补助可按规定从项目经费中列支；省级科技计划支持的数百个各类科技创新平台，设立应届大学毕业生科技见习岗位，见习岗位不少于2人。

实施效果：2013年度大学生科技创业专项计划项目已正式启动实施，重点支持在软件或互联网领域，具有一定创新性、技术含量较高、市场前景较好的创新创业项目。2010年以后在省级以上科技企业孵化器（含大学科技园）内注册的、具有独立法人资格的大学生初创科技企业，以及在省级以上科技企业孵化器（含大学科技园）内入驻，吸纳2013年应届毕业大学生创业团队的企业均可以申报。

湖南省科技人才发展报告

■ 湖南省科学技术厅

近年来，湖南省认真贯彻落实国家和省中长期人才发展规划纲要，坚持把人才工作摆在科技工作的突出位置，高度重视科技人才的培养、引进和使用，注重科技人才工作的体制和机制创新，科技人才队伍建设取得了长足进展，为推动创新型湖南和“四化两型”建设发挥了重要支撑作用。

一、科技人才队伍总体情况

（一）湖南科技人才概况

（1）科技人才总量较快增长。截至 2012 年年底，湖南省科技活动人员总量为 25.7 万人，其中，拥有大学本科及以上学历的 11.3 万人，占 44%。R&D 人员总量达到 10.0 万人年，较 2011 年增长 16.3%，其中，研究人员 4.4 万人年。从事基础研究的占 6.2%，从事应用研究的占 13.5%，从事试验发展的占 80.3%。截至 2011 年年底，每万名劳动力中 R&D 人员和 R&D 研究人员分别达到 25 人年和 14 人年，较 2010 年分别增长 36.6%和 35.4%（表 1）。

（2）科技人才能力逐步提升。截至 2011 年 6 月，全省每万人发明专利拥有量达到 1.1 件，2012 年科技进步贡献率达到 52%，综合创新能力进入全国前 10 位。

（3）科技人才环境日趋改善。科技人才发展的体制机制改革取得实质性进展，政策环境明显改善，人才投入大幅增加，截至 2011 年年底，全社会 R&D 经费投入占地区生产总值比重为 1.19%，R&D 人员和 R&D 研究人员人均 R&D 经费分别提高到 28.8 万元 / 年和 65.4 万元 / 年（表 1），R&D 经费中的人力成本比例逐步得到提高，有利于科技人才健康成长、脱颖而出和人尽其才的环境逐步形成。

表 1　科技人才现状与主要发展目标

年份	R&D 人员（万人年）	R&D 研究人员（万人年）	每万劳动力中 R&D 人员（人年 / 万人）	每万劳动力中 R&D 研究人员（人年 / 万人）	R&D 人员人均 R&D 经费（万元）	R&D 研究人员人均 R&D 经费（万元）
2010	7.3	3.6	18.3	9.04	25.7	51.25
2011	8.6	5.6	25.0	14.0	27.12	41.65
2012	10	4.4	—	—	28.8	65.4

（二）湖南省高层次人才培养情况及成效

湖南省从 2007 年开始，由省委组织部牵头、湖南省科技厅为主组织实施了“湖南省科技领军人才培养计划”，作为湖南省高层次科技人才的重要人才工程，其基本情况及成效如下：

（1）高校成为培养高层次人才的主营地。从所在单位性质看（图 1），45 名科技领军人才中，共有 27 名来自高校，占总人数的 60%；有 10 名来自科研院所，约占总人数的 22%；有 6 名来自企业，约占总人数的 13%；有 2 名来自政府部门，约占总人数的 5%。由此可见，高校是湖南省基础研究的主要承担者，同时依托众多科研项目，在高层次创新人才队伍建设中占据着绝对优势，已成为湖南省科技领军人才培养的主营地。

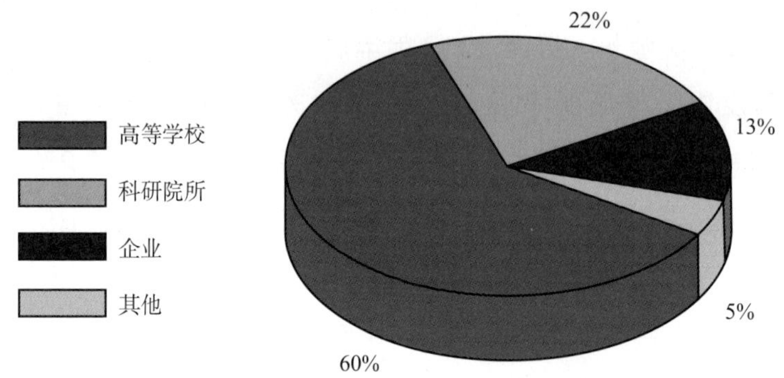

图 1　湖南省科技领军人才单位分布情况

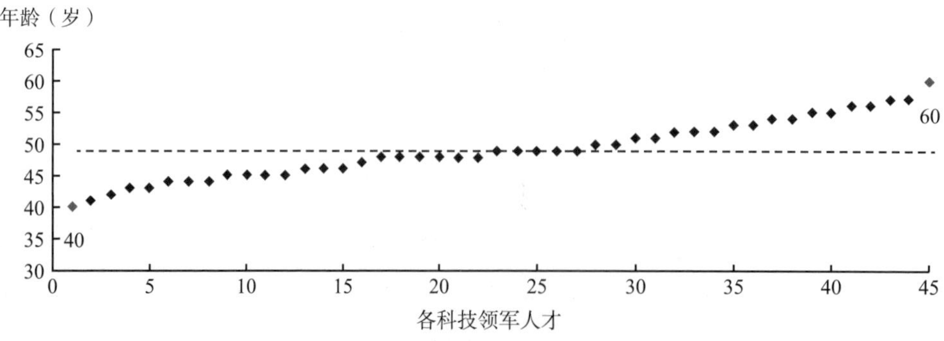

图 2　湖南省科技领军人才年龄分布情况

（2）中青年人才成为高层次人才队伍的生力军。从年龄分布上看（图2），45名科技领军人才中（均以申报时年龄计算），最大年龄为60岁，最小年龄为40岁，平均年龄为49岁，40—49岁年龄段的有27人，占总人数的60%；50—59岁年龄段的有18人，占总人数的37.8%；60岁及以上的1人，占总人数的2.2%。可以看到，大多数科技领军人才正处于人才成长的“黄金时期”，具有较高的学识水平，丰富的科研经历，以及较强的创新精神，科技领军人才队伍正形成“50后”引领、“60后”主导的中青年梯队格局，人才结构进一步优化。

（3）高层次人才成为打造科技创新团队的主心骨。科技领军人才在高效团队中往往扮演着教练和团队核心的角色，他们对团队提供指导和支持，对科技创新团队最终目标的达成起着至关重要的作用。“培养计划”实施以来，科技领军人才团队共引进或聘用海内外高级人才150多人次，培养博士后90多名，博士、硕士1400多名。截至目前，科技领军人才领衔创新团队50多个，共有科研人员1500多名，其中高级职称640人，中级职称538人（表2）。经过多年的磨合和锻炼，形成了一批在国内外有重要影响的优秀创新团队。

表2　湖南省科技领军人才培养期内人才培养情况表

项　　目	第一批	第二批	合计
引进高级人才（项）	63	88	151
培养博士后（人）	52	43	95
培养硕士、博士（人）	684	732	1416
培养高级职称（人）	352	288	640
中级职称（人）	214	324	538

（三）海外引进高层次人才情况及成效分析

海外高层次人才是推进创新创业、加快产业发展、推动产业经济结构转型升级和创新型湖南建设的生力军，湖南省通过组织实施国家“千人计划”和省“百人计划”，充分调动和发挥了海外高层次人才对湖南省科技事业和经济社会发展的积极作用，其具体成效分析如下：

（1）优化了湖南省高端人才结构。湖南省组织实施国家“千人计划”、省“百人计划”以来，根据湖南省“两型社会”建设中对高层次人才的需求，不断优化人才培养顶层设计，从“准入”“优待”“资助”“来去自由”等方面出台了一系列政策措施，受到社会各界的广泛关注和用人单位的欢迎，越来越多的单位踊跃参与，加入海外揽才行动。到目前为止，共引进“千人计划”专家63名，省“百人计划”专家77人。人才结构主要呈现三个特点：一是人才引进高端化。2009—2012 年，从北美地区引进的人才占总人数的 62%，欧洲引进的占 15%，亚太地区引进的占 23%（图 3），其中 94% 拥有博士以上学历学位，所涉学科广泛。二是人才引进本土化。71.7% 为在湘全职人员，其余非全职人员每年在湘时间均大于 6 个月。三是人才引进年轻化。“60 后”“70 后”“80 后”的中青年年龄层次占总人数的 77%（图 4），集聚了一大批年轻的高层次人才，一定程度上改善了湖南省创新型科技人才紧缺的现状。一部分已成长为业界标杆人物，并形成“以才引才”效应，吸引更多的海外人才来湘创新创业。

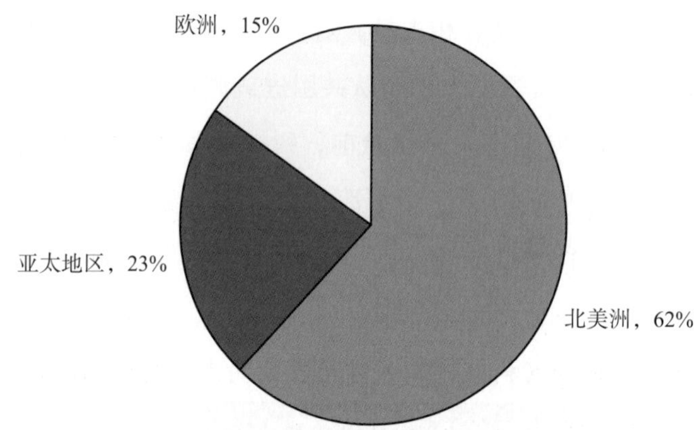

图 3　湖南省海外高层次人才引进地区分布

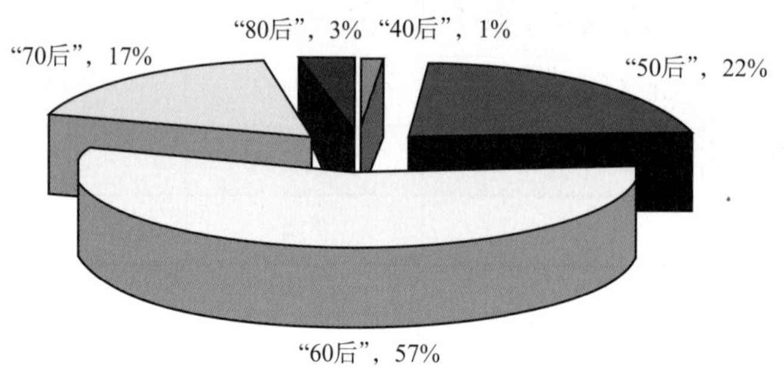

图 4　湖南省海外高层次人才年龄结构比例

（2）推动了湖南省产业结构升级。通过“百人计划”的引进，海外高层次人才涌向具备活力的高新技术产业，带来了涵盖工程材料、生物医药、化学工程、生命科学、数理科学、电子信息与现代服务等领域的国内外领先技术，领衔了高新技术产业发展的前沿，成为推动湖南省产业结构优化升级的能动力量。如在生物医药领域，湖南省引进了 11 名创业型人才，其中 7 人自主创办了生物医药企业，促进湖南省生物医药产业占领国内生物医药产业发展制高点，从而实现跨越式发展。可见，海外人才回湘创业已成为湖南省生物医药产业发展一大动力，生物医药产业创新能力在源源不断的高素质劳动者的带动下不断提高，形成良性循环，进而获得并将长期保持产业竞争优势。

（3）提升了湖南省技术创新能力。海外人才带回了国外的先进技术，他们主持或参与了湖南省重点创新项目、重点学科、重点实验室科研工作。其中，湖南省60%以上“百人计划”专家所在创新团队和创新平台得到省科技厅项目资助，“百人计划”入选领衔的科技重大专项和重点项目，给予倾斜支持。如郑群怡博士领衔申报的“湖南特色植物功能成分提取和精深加工关键技术研发与示范”、王海洋所在团队承担的“超级杂交稻分子育种研究”等，获得省科技重大专项支持。入选国家“千人计划”创新人才、湖南大学土木工程院院长肖岩，近年来发明的现代竹结构建筑技术获得多项国际领先成果，为推动土木工程领域的低碳节能提供了宝贵经验，被美国《科技新时代》杂志评为年度“最佳科技创新”，2010年获“中国侨界贡献奖”。

（4）促进了湖南省新兴企业崛起。引进的海外人才大多在海外有研发团队，通过他们为在国内创业人才提供技术攻关和指导，促进了湖南省新兴企业的崛起。如，硕医药化工公司董事长郑群怡，来湘后运用自己的国际人脉资源，引进了国际保健品领军企业康宝莱公司，一期在长沙经开区投入6000万元，建设全球原料基地。湖南大学教授韩志玉，来湘后主持建成了具先进水平的湖南大学动力总成研发基地，并建成了长丰集团15万台发动机研发与生产基地。圣湘生物有限公司戴立忠，其创办的公司已拥有15项自主创新专利，生产的生物诊断试剂比国内同类主流产品灵敏度高出50—100倍，价格却不到进口优质产品的1/10，目前正在兴建湖南首个也是唯一的“生物检测试剂盒科研生产基地”，计划用5年左右的时间完成上市。

二、科技人才工作总体部署和进展

为加强科技人才队伍建设，努力实施科教兴湘和人才强省战略，全力推动创新型湖南建设，加速推进创新驱动发展，湖南省根据《国家中长期科技人才发展规划（2010—2020年）》《湖南省中长期人才发展规划纲要（2010—2020年）》和《创新型湖南建设纲要》的总体部署和要求，制定了《湖南省中长期科技人才发展规划（2011—2020年）》，大力推进科技人才队伍建设，特别是加强高层次创新型人才队伍建设，带动各类科技人才队伍全面发展。

（一）科技人才发展目标

湖南省科技人才发展的总体目标是：培养造就一支规模宏大、质量优良、结构合理的科技人才队伍，到2020年，进入全国科技人才强省先进行列。

——科技人才数量较快增长。全省R&D人员总量达到18万人年，R&D研究人员总量达到9万人年；每万劳动力中R&D人员和R&D研究人员分别达到45人年和25人年。

——科技人才结构明显优化。通过政策推动，大力调整科技人才的分布结构，实现产业部门科技人才达到总量的75%以上，产业部门高层次创新型科技人才达到总量的60%以上，中青年人才成为科技人才队伍的主体。

——科技人才能力显著提升。每万人发明专利拥有量达到 2 件，研发人员发明专利申请量达到 15 件 / 百人年，国际科学论文被引用次数进入全国前 8 位；科技进步贡献率达到 60%，综合创新能力进入全国前 10 位。

——科技人才环境显著改善。科技人才发展的体制机制改革取得实质性进展，政策环境明显改善，人才投入大幅增加，全社会 R&D 经费投入占地区生产总值比重提高到 2.5% 以上，R&D 人员和 R&D 研究人员人均 R&D 经费分别提高到 45 万元 / 年和 100 万元 / 年，R&D 经费中的人力成本比例得到合理提高，形成有利于科技人才健康成长、脱颖而出和人尽其才的良好环境。

（二）科技人才发展主要任务

按照《湖南省中长期人才发展规划纲要（2010—2020 年）》和《创新型湖南建设纲要》总体部署，未来 10 年，着力建设五支科技人才队伍和一批人才培养基地。其中，力争 300 名左右科技创新和创业人才、20 个左右重点领域技术创新团队、10 个左右创新人才培养示范基地纳入国家高层次人才特殊支持计划或国家创新人才推进计划，10 个左右自科基金创新群体成为国家自科基金创新群体。

1. 造就一支高层次创新型科技人才队伍

围绕湖南省战略性新兴产业和重点学科发展需要，以国家和省重大科技任务为重要依托，以重点创新平台为载体，遵循科学研究和技术开发活动的特征和规律，深化科研管理体制改革，完善培养体系，加大引进力度，造就一支创新能力卓越、引领作用突出、在国际国内处于领先地位的高层次创新型科技人才队伍。

继续加强科技领军人才培养。进一步完善项目带动、团队建设、院士带培、培训进修等培养措施；完善科技领军人才考核办法，加强跟踪服务和目标管理；支持科技领军人才承担国家和省重大科技计划项目，领衔国家和省重点创新平台。到 2020 年，在战略性新兴产业、传统优势产业和优势学科领域，培养 200 名左右省科技领军人才。

大力引进海外高层次人才。进一步优化引才环境，完善配套措施，加大支持力度，充分发挥海外高端人才的作用。到 2020 年，在湖南省重点创新项目、重点学科和重点实验室、国家级科技合作基地、大中型企业以及以高新技术产业开发区为主的各类园区，引进 500 名以上海外高层次人才来湘创新创业。依托省 121 人才工程、芙蓉学者计划等，推动高层次创新型科技人才队伍的建设和发展。完善高层次创新型科技人才的统计体系，建立高层次创新型科技人才信息库，加强对创新型科技人才的动态管理。

2. 建设一支创新活跃的青年骨干科技人才队伍

着眼于科技人才资源战略开发、未来科技人才竞争力和科研梯队建设，鼓励、引导和支持青年科技人才瞄准世界科技前沿和战略性新兴产业，结合国家和湖南省重大科技任务部署和重点工程、重大建设项目的实施，开展自由探索，着力建设一支数量充足、创新活跃、潜力巨大的高层次后备人才队伍。

加大青年骨干人才的培养力度。各类科技计划要重视对青年人才的发现、培养，对优秀青年人才给予优先、持续支持。在重点学科和优势产业领域，通过实施省杰出青年基金计划、青年基金计划、省博士后科研资助计划等人才专项，每年重点培养一批青年骨干人才。到 2020 年，重点培养 10000 名左右青年科技人才，其中杰出青年科技人才 500 名左右。

3. 扶持一支规模可观的科技创新创业人才队伍

着眼于促进科技成果转化，推动企业成为技术创新主体，大力推动科技人才创新创业，重点扶持一批拥有核心技术或自主知识产权的优秀科技人才创办科技型企业，培养造就一批创新型企业家。

实施创新型企业家培育计划。完善科技人才创业的激励与服务机制，充分发挥财税优惠政策和科技型中小企业技术创新基金等对科技人才创业的引导和扶持作用，鼓励和支持高等院校、科研院所科技人才离岗创业。到 2020 年，每年择优扶持一批优秀科技人才创办领办科技型企业，培育一批创新型企业家。

实施科技特派员农村科技创业行动。扩大农村科技特派员工作覆盖面，搭建科技特派员创业服务平台，探索设立科技特派员创业基金，建立农村科技创业行动贷款担保，完善科技特派员创业的各项激励政策措施。到 2020 年，派遣并支持科技特派员农村创业达 50000 人次左右。

实施企业科技特派专家行动计划。按照“政府引导、按需选派、企业主体、突出重点、双向选择、合作共赢”原则，每年从高等院校、科研院所选派一定数量的科技特派专家服务企业，推进企业与高等院校、科研院所之间建立协同创新长效合作机制，实现高等院校、科研院所的创新资源与企业的技术需求有效对接，推动科技成果迅速转化为现实生产力。

4. 培养一批科技管理、科技服务和科学技术普及与推广人才

科技管理、服务人才是科技人才队伍的重要组成部分。针对科技管理、科研辅助、科技中介、科技推广和科学技术普及等方面的现实基础和不同特点，制定有效的政策措施加快其发展，努力建设一支素质优良、规模合理，能够提供专业化服务的科技管理和服务人才队伍。

加强科技管理人才的职业化和专业化能力建设。组织开展各类有针对性的科技管理培训，提高各级各类科技管理人才素质。大力发展专业化、职业化的社会科技中介服务人才队伍，培养大批懂技术、懂法律、懂市场、懂管理的复合型科技中介人才。重视科技成果推广转化相关专业人才队伍的培养，全面加快高等院校和科研院所中技术转移中心的建设，提高从事技术转移和服务推广的人员的专业素养和经营能力。鼓励和促进公共科技传播人才队伍建设，培育专业化的科普创作和展教人才队伍，提高创作水平。

5. 建设一批高水平科技创新团队

以重大科技项目为重要载体，以重点创新平台为主要依托，坚持“人才、项目、基地”三位一体、产学研协同创新，通过创新培养机制，优化政策环境，科学组织实施，培养和造就一批创新能力卓越、科研成果丰硕、团队效应显著的优秀科技创新团队。

加强自科基金创新群体建设。通过省自然科学基金计划，在湖南省基础研究和应用基础研究优势领域，重点支持一批学科专业关联性强、具有集中的研究方向和共同研究的科学问题、在长期合作的基础上自然形成的创新群体。到 2020 年，重点建设 80 个左右省自科基金创新群体。

加强技术创新团队建设。在战略性新兴产业和民生科技领域，重点建设一批产学研紧密结合、团队与产业发展深度融合，湖南省长期需要、科研基础好、发展潜力大、组织健全、水平一流的技术创新团队，保持和提升湖南省在若干重点领域的科技创新能力。到 2020 年，重点建设 120 个左右省技术创新团队。依托高等院校科技创新团队计划，推动湖南省科技创新团队的建设。

6. 建设一批创新人才培养示范基地

以高等院校、科研院所和高新技术产业开发区为依托，建设一批创新人才培养示范基地。

重点推动人才特区建设。选择若干高等院校、科研院所和科技园区，构建若干有利于科技人才脱颖而出、健康成长的人才培养特区，为科技人才队伍建设提供有益经验和借鉴。研究制订有关政策，赋予其“先行先试”的权限，在自主管理、评价机制、培养模式、经费使用等方面积极探索、率先突破，建立人尽其才、才尽其用、不断成长的科技人才培养环境。建立科学合理的评价监测体系，加强激励，总结经验，及时推广。

（三）落实科技人才规划有关举措

在省委人才工作领导小组的正确领导和统筹协调下，省科技厅积极创新科技管理，完善体制机制，营造良好环境，支持科技人才在创新创业活动中成就事业。

1. 促进项目、基地与人才三者有机结合

实施科技项目是科技人才锻炼成长、服务社会的基本途径。在科技计划的顶层设计与组织实施中，把人才优先与科技创新放在同等重要位置。

一是把培养、开发人才确立为科技计划项目与平台管理的基本目标。改变重项目管理轻人才培养的做法，坚持把“出成果、出人才”并重，在重大科技计划项目立项、创新平台评审中，将创新人才培养列为重要的考评指标。通过实施各类科技计划，培育了一批科技领军人才和青年骨干。据初步统计，近年来湖南省组织实施的 49 个科技重大专项的首席专家中，有 2 人当选中国工程院院士，有近 40 人承担国家“863 计划”“973 计划”、科技支撑计划或领衔国家创新平台建设。同时，积极发挥科技一般项目、自然科学基金项目发现人才、开发人才的重要作用，对完成项目成效突出的项目承担人，给予跟踪培养和重点支持。

二是把科技计划项目、科研平台作为引进、凝聚科技人才的重要载体。以科技计划项目和科研平台为载体吸引和凝聚人才，是“事业留人”引才观的具体体现，是实现项目与人才有效对接的重要举措。近两年来，湖南省引进的“百人计划”专家中有近2/3是通过重大项目与创新平台引进的。如，湖南省重大科技专项“超级杂交稻分子育种专项”，从美国耶鲁大学等引进了国际著名植物分子育种科学家、国家千人计划专家邓兴旺教授，植物分子生物学家、湖南省百人计划专家王海洋教授等分子育种团队，大大提升了湖南省水稻分子育种领域在国内外的地位。目前，湖南省共有国家级重点实验室11家，国家级工程技术研究中心15家，省级创新平台200余个，成为吸引和培养科技人才的重要舞台。例如，2014年正式运行的国家超级计算长沙中心，整合了湖南大学、国防科技大学优势技术资源，成为湖南省信息化和“数字湖南”建设急需高端人才的集训基地，拥有杨学军院士、李仁发教授等一批知名专家。由杨学军院士领衔的研发团队研制的“天河一号A”计算机，名列第36届全球超级计算机五百强头把交椅。

三是把用好、用活人才作为实施科技计划项目管理的关键环节。改革科技计划布局，在顶层设计中注重从更广范围、更大程度来选拔和用好科技人才，确保项目的顺利实施。如科技重大专项实行首席专家责任制，赋予首席专家牵头组建创新团队的权利。首席专家可根据项目需要，跨部门、跨行业、跨学科挑选科技人才组成“大兵团”，进行协同创新。又如，实行重大科技项目招标制，通过凝练和选择若干主题，面向全国公开招标，让外省优秀科技人才为我所用。据统计，湖南省实施的科技重大专项累计攻克产业关键技术瓶颈815项，研制新产品1171项，取得授权专利1031项，新增产值679亿元，新增利税78亿元。

2. 推动科技人才结构调整优化

为促进科技人才向基层流动、向企业聚集，在遵循市场规律的前提下，我们通过加强宏观引导、创新体制机制等多方面的尝试，引导科技人才合理流动。

一是创新科技特派员试点工作机制，促进科技人才服务农村基层。创新组织领导机制，建立了“组织部门牵头，科技部门主推，相关职能部门密切配合”的组织领导机制，有效解决了由科技部门牵头，在整合资源、整体推进上感到心有余力不足的困境；创新选派机制，建立了一条“立足需求、市场主导、双向选择、供需对接”的科技特派员选派机制，由派驻单位和派出单位自主联系，实行市场配置；创新利益驱动机制，引导和鼓励广大科技特派员通过资金入股、技术参股等形式，与企业、专业大户和农民结成经济利益共同体1160个，实行利益共享、风险共担。2008年以来，湖南省累计选派科技特派员14282人次，服务范围涉及4900多个村（场），推广新技术新产品6384项，驻地农民人均纯收入平均增幅达14%，为促进农民增收、农业发展和农村进步做出了重要贡献。

二是创新产学研结合机制，促进科技人才向企业集聚。湖南省以企业为主体开展产学研协同创新，通过创新项目向企业集中、平台向企业靠拢、政策向企业倾斜，引导高校和科研机构的创新人才向企业集聚，加快企业科技人才队伍建设。目前，全省企业研发人员数量占全省研发人员总数的71.5%，创新人才通过面向市场需求开展科技创新和成果转化，推动了企业成为技术创新的主体。一方面，坚持由企业牵头实施产业化目标明确的项目。2012年企业牵头承担了80%的科技重大专项和科技支撑计划。通过改变重项目管理轻人才培养的做法，坚持“出成果、出人才”并重，将创新人才培养列为重大科技计划项目立项、创新平台评审的重要的考评指标。通过实施各类科技计划，培育了一批科技领军人才和青年骨干。另一方面，将创新平台重点建在企业。2012年新建的20个省级工程技术研究中心中，有14个由企业独立或牵头组建。目前，湖南省拥有省级以上重点实验室和工程技术研究中心283家，其中国家级26家；拥有国家高新技术产业化基地17个，高新技术企业1721家，这些都成为吸引和培养科技人才的重要平台。近两年来，湖南省引进的“百人计划”专家中有近2/3是通过重大项目与创新平台引进的。

3. 本土人才与引进人才培养相结合

一是推动院士专家工作站建设。已批准组建的8家院士工作站共引进12个院士创新团队、100多名高层次专家，为湖南企业集聚、培养了高层次人才和创新人才达20000多人，协同湖南有关企业引进和研发高端科技项目近50多个，联合攻克瓶颈、关键技术达110多项，提升了湖南工程机械、轨道交通、风电装备等产业的核心竞争力。

二是加强与国内人才高地的合作交流。湖南省与北京大学、清华大学、中国科学院、中国工程院等13家国内著名高校和科研院所签订了省校（院）战略合作协议，在科技攻关、成果转化、人才培养、学科建设等方面开展全方位深度合作。长沙市已经与17所高校共建了市外高校长沙技术转移中心，并在长沙建立了首家跨地域性的高校技术转移中心联盟，有力推动科技创新、人才交流合作。

三是以大平台推进国际人才交流。鼓励国外知名企业来湘设立研发机构。充分利用亚欧水资源研究和利用中心、中意工业设计中心等大平台，扩大国际人才交流。鼓励科研院所、高等院校设立科研流动岗位，聘用海外高层次创新型科技人才来湘开展合作研究、学术交流或讲学。

三、科技人才工程／计划及实施效果

1. 科技领军人才计划

为深入贯彻落实《中共中央国务院关于进一步加强人才工作的决定》，大力实施科教兴湘和人才强省战略，培养造就一支适应湖南经济社会发展需要的科技领军人才队伍，进一步提升湖南省自主创新能力，省委办公厅、省政府办公厅联合下发了《关于印发〈湖南省科技领军人才培养计划〉的通知》（湘办〔2005〕45号），中共湖南省委组织部、湖南省科技厅、湖南省人社厅三家联合颁布了《湖南省科技领军人才培养计划实施方案》（湘科人字〔2007〕149号）。该计划作为一项具有战略性、前瞻性、创新性的高层次人才计划，得到省委人才工作领导小组的高度重视，《湖南省中长期人才发展规划纲要（2010—2020年）》把本“计划”摆在湖南省十大人才工程之首。

该计划主要采取以下培养措施，促进科技领军人才成长。一是项目带动，鼓励和支持科技领军人才积极争取承担国家、省部级科技计划重大专项、重点项目或重大工程建设项目等，在省科技计划重大专项、重点项目和基地建设项目的立项上给予科技领军人才同等条件下优先支持；每年安排100万元专项经费，同时，出台《关于在科技计划项目和基地建设中优先支持科技领军人才的意见》，同等条件下给予科技领军人才优先支持。二是团队建设，面向国内外引进或聘用科技领军人才所需的特殊人才或高级助手，每年对团队建设所需经费给予适当资助；鼓励和支持科技领军人才所在团队或单位按程序申报国家或省重点实验室、工程技术研究中心等基地建设项目，在申报设立博士后流动站、工作站（博士后科研流动站协作研发中心）等方面给予支持。三是院士带培，鼓励和支持科技领军人才所在单位为科技领军人才聘请相应学科领域的两院院士作为指导老师，或科技领军人才到带培院士所在实验室、研究基地参与重大课题研究并担任特别助理等。四是研修考察，鼓励和支持科技领军人才参加重要的国际学术交流活动，到国内外一流大学、研究机构或知名企业进行培训研修。五是奖励推荐，积极推荐优秀科技领军人才参评“湖南省优秀专家”、国家有突出贡献专家、国家级人才培养工程人选及国家及省有关科技奖励、两院院士遴选人选等。六是医疗保健，为科技领军人才提供二级医疗保健待遇，每年组织一次全面的身体检查，省财政厅为每人每月发放1000元津贴。科技领军人才在培养期内每年可享受两周的学术休假。七是主题活动。每年组织开展3—4次培训、交流、研讨、咨询、宣传等多种形式的主题活动。

该计划于2007年和2011年分别遴选了两批共45名科技领军人才培养对象，每届科技领军人才的培养周期为4年。自2007年以来，两批科技领军人才挑起了湖南省科技攻关的大梁，据不完全统计，共承担国家和省级科研项目450多项，接近湖南省全年承担国家级科研项目的10%，其中，承担国家级科技项目213项（其中国家科技重大专项子课题30项、“863计划”项目11项、“973计划”项目12项），经费近40亿元；承担省科技项目141项（其中省科技重大专项13项），经费近亿元；承担企业委托研发项目40多项，经费过亿元。迄今为止，45名科技领军人才共获得国家和省部级科技奖励146项，其中，获国家科技进步奖特等奖1项，国家科技进步奖一等奖3项、二等奖30项，国家技术发明奖二等奖2项，国家自然科学奖二等奖1项，省部级科技奖励一等奖65项，特别是，2009年于起峰教授当选中国科学院院士、2011年邱冠周教授、丁荣军研究员当选中国工程院院士，标志着湖南省科技领军人才培养计划取得了重大突破。在学术成果方面，共在国内外核心期刊上发表论文2600多篇，其中SCI、EI收录1300余篇，出版学术专著、编著65部，申请专利700多项，授权专利264项，其中发明专利241项。这些原始创新成果不仅数量多，而且质量高，很多成果处于国内领先甚至是国际领先水平。“培养计划”实施以来，科技领军人才带领团队共攻克产业关键技术200多项，研发新产品750余个，成果转化新增产值900多亿元，新增利润 400 多亿元，充分发挥了科技创新对加快经济发展方式转变的推动作用。

2.“百人计划”

湖南省委为贯彻落实《中共中央办公厅转发〈中央人才工作协调小组关于实施海外高层次人才引进计划的意见〉的通知》（中办发〔2008〕25 号）等文件有关精神，深入实施人才强省战略，加快科学发展，中共湖南省委办公厅出台了《中共湖南省委人才工作领导小组关于引进海外高层次人才的实施意见》（湘办发〔2009〕12 号），决定从 2009 年起，用 5 年左右时间，在湖南省重点创新项目、重点学科和重点实验室、国家级科技合作基地、省属国有企业以及高新技术产业开发区为主的各类园区等，引进 100 名左右能够突破关键技术、发展高新产业、带动新兴学科的海外高层次人才，简称“百人计划”。

该计划切实加强对引进的海外高层次人才的服务和日常管理，一是坚持以用为本的原则，将海外高层次人才吸纳到能够充分发挥其专业和特长的岗位，可担任高校、科研院所、省属国有企业中层以上领导职务和高级专业技术职务，主持重大科研项目和工程项目，参与重大项目咨询论证、重大科研计划和重点工程建设，参加国内、省内各种学术组织等，可作为各类政府奖励候选人。有条件的企业、高校和科研机构，可建立海外高层次人才创新创业基地，推进产学研紧密结合；可实行协议薪酬制，有条件的单位还可以实行期权、股权和企业年金等中长期激励措施。二是落实海外高层次人才的工作和生活待遇，省财政按照每名海外人才 50 万—100 万元的标准进行资助，用人单位为每名引进人才提供面积不小于 100 平方米的住房和不小于 100 平方米的工作室，其他待遇如居留和出入境、医疗保险等参照中央有关部委文件的规定执行。三是加强海外高层次人才的跟踪服务，引进的人才列入省直接联系和掌握的专家范围，为其建立档案，制定日常联系和服务办法，建立跟踪服务和沟通反馈机制，省人社厅建立专门服务窗口落实相关特殊政策。

2009 年以来，湖南省已引进 5 批共 83 名“百人计划”专家，因其中有 6 人入选国家“千人计划”专家，湖南省实际引进“百人计划”专家 77 名。这些专家主要分布在生物医药、装备制造、工程材料、电子信息等领域。

3. 博士后科研资助专项计划

湖南省博士后科研资助专项计划，旨在鼓励和支持湖南省在站博士后研究人员中有科研潜力和突出才能的年轻优秀人员，以项目资助扶持的方式，为其提供一定的科研条件，支持其顺利地开展科研工作，并鼓励博士后研究人员出站后继续为湖南省经济社会发展做出贡献。

该计划专项项目设一般项目（A 类）和重点项目（B 类）两类，项目实施时限一般不超过两年。一般项目（A 类）资助经费为每个项目 4 万—6 万元人民币，其中，省科技厅出资 2 万—3 万元，资助对象所在单位配套 2 万—3 万元，经费一次性下拨。重点项目（B 类）资助经费为每个项目 10 万元人民币，其中，省科技厅出资 5 万元，资助对象所在单位配套 5 万元，经费按合同约定下拨。对于资助对象中的优秀博士后，省人事厅、省科技厅共同给予表彰和奖励；出站后留湘工作的优秀博士后，省人事厅、省科技厅将优先考虑纳入湖南省有关高层次人才培养计划，并推荐其承担国家和地方的各级科研项目。自2009年以来，共下达300多项支持项目，资助经费共计1800多万元。

4. 科技特派员农村科技创业行动

为吸引广大科技人才到湘西地区服务，加速农业科技成果转化，推动农村产业结构调整，促进农业产业化经营，增强农民依靠科技脱贫致富能力，解决农民就医难的问题，实现农村经济社会全面、协调、可持续发展，根据《中共湖南省委、湖南省人民政府关于加快湘西地区开发的决定》（湘发〔2004〕12号）和国家科技部《关于同意将湖南省列入全国实施科技特派员制度试点省的函》（国科函政字〔2004〕143号）精神，2005年，中共湖南省委办公厅、湖南省人民政府办公厅出台了《向湘西地区选派科技特派员工作方案》（湘办〔2005〕5号）。力争通过5—10年的努力，在湘西地区推广一批先进实用技术，培育、壮大一批优势特色产业和骨干企业，提升一批乡镇（中心）卫生院，组建一批专业合作组织，培育一批科技致富典型，造就一批乡土人才和新型劳动者，促进湘西地区县域经济繁荣，社会稳定，农民收入稳步增长，医疗保健水平不断提高。

科技特派员的主要工作任务：一是深入调查研究，帮助入驻乡镇制定和落实加快农业结构调整、发展效益农业、促进农业产业化和发展农村卫生事业的规划；二是引进推广适合当地种养业的优良品种和先进实用技术，建立效益农业示范基地，培育特色产业；指导乡镇（中心）卫生院引进、开发和应用适宜的医药科技成果和先进技术，提高医疗水平；三是开展形式多样的农业技术和信息服务，帮助组建农村专业合作组织和经济利益共同体，组织农畜产品流通；四是开展科普宣传和先进实用技术培训，帮助农民提高科学文化素质和增强卫生保健意识，提高致富本领和防病抗病能力，培养一批懂技术、善经营的乡土科技带头人；五是定期反馈当地农村工作信息，反映当地农村政策的贯彻执行情况，提出发展当地经济的建议措施。

科技特派员试点工作启动后，由省财政安排必要的专项工作经费，省科技厅、省卫生厅安排配套经费，主要用于省派科技特派员的日常工作经费、差旅费、生活补助费、表彰奖励等。同时，省扶贫开发办公室将科技特派员工作列入“科技平台”项目规划，支持科技特派员牵头或参与的科技扶贫重点开发项目。省农业厅等相关部门对科技特派员牵头或参与的农业科技开发项目在经费资助上予以支持。开展科技特派员工作的市州、县市区应配套建立科技特派员工作专项经费。上述经费投入要随着科技特派员工作试点范围的扩大逐年相应增加。同时，积极拓展社会化、市场化融资渠道，为科技特派员工作提供资金支持。

2005年以来，全省各级科技特派员共培训农民450万人次，推广新技术新产品6384项，引进新品种6027个，实施科技开发项目3523个，创办专业合作组织1488个，形成龙头企业644个，带动项目总投资达67亿元，促进各地区安置劳动力273万人。科技特派员农村科技创业行动的开展，加速了科技成果的转化应用和科学技术的普及，促进了农村科技人才队伍建设，推进了农村经济社会科学发展，受到基层干部群众的普遍欢迎。

5. 自然科学创新研究群体基金

创新研究群体基金是湖南省自然科学基金的重要组成部分，是继青年基金、杰出青年基金后的又一人才培养资助体系。创新研究群体基金主要资助以省内优秀中青年科学家为学术带头人和骨干的研究群体，在省内开展与湖南省经济、社会和科技发展密切相关的基础研究和应用基础研究。

2009 年，创新研究群体基金的设立开创了湖南省基金团队项目的先河，2009 年资助创新研究群体基金项目 4 个，2010 年资助了 5 个，2011 年资助 6 个，2012 年开始创新研究群体申报不再限项。该基金实施以来，提升了湖南省研究群体在国家层面上的竞争能力，形成了一批在前沿研究中能冲击国家乃至世界水平的中坚力量。2009 年创新研究群体获得者湖南大学马超群团队同年获得教育部创新团队、湘潭大学周益春团队 2010 年获得教育部创新团队。中南大学张灼华教授的“人类神经和精神疾病的功能基因组研究”群体以医学遗传学国家重点实验室为载体，稳定创新群体人员 57 人，其中核心科技人员 15 人，重点开展神经、精神等人类重要疾病的遗传基础研究，为诊断、预防和治疗这些疾病提供理论和实验依据，发表论文 51 篇，其中 SCI 收录论文 25 篇，获得国家自然科学奖二等奖 1 项。2011 年度湖南省自然科学创新研究群体获得者中南大学周智广教授领衔的“糖尿病免疫的基础与临床研究”团队成功入选教育部 2011 年度“长江学者和创新团队发展计划”创新团队。

6. 湖湘青年科技创新创业平台

2013 年，湖南省科技厅出台了《湖湘青年科技创新创业平台建设方案》（湘科人字〔2013〕91 号），该平台是湖南省首个针对青年科技人才的培养工程，旨在加强对青年科技创新创业人才的培养和支持，努力营造青年创新创业的良好环境，通过遴选出一批青年科技拔尖人才进行重点培养，为其搭建拓展视野、交流思想、互促合作的学术交流平台，名师带培、项目支持、重点培养的创新支持平台，人才、项目、技术、产业融合的创业服务平台，信息集成与资源共享平台，培养造就一批湖南省新一代学术、技术和产业带头人，为创新型湖南建设提供人才支持。

平台重点围绕学术交流、创新支持、创业服务、信息共享四个方面进行建设。学术交流方面，一是举办沙龙，围绕湖南省重点产业、重点学科或科技前沿领域的重点、难点、热点问题，精选主题，以学术报告、专家论坛、产学研对接等形式举办沙龙活动；二是研修培训，积极支持培养对象到国内外一流大学、研究机构或知名企业访问交流或进修深造，同时，为培养对象开展科技发展战略、科技政策、科研管理、创新创业方法、项目申报、团队建设等专题培训与研讨活动。创新支持方面，一是导师带培，培养对象所在单位为培养对象选聘院士、知名专家等担任带培导师，开展一对一的传帮带，通过参与项目研究、课题指导、顶岗锻炼等形式，提升培养对象的创新能力；二是项目支持，建立湖湘青年科技创新创业专项经费，给予每位培养对象 9 万元科技项目经费支持，培养对象所在单位按不少于 1:1 的比例配套培养经费，并在科研岗位、科研项目、实验设备、工作场所等方面给予重点保障，同时，建立培养对象项目库，对创新性强、市场前景好的项目，省科技厅在同等条件下优先支持，优先推荐培养对象申报科技奖励；三是产学研结合创新，对接企业科技特派专家行动计划，积极选派培养对象到企业兼职、挂职，与企业共同开展技术攻关，促进高校、科研院所的创新资源向企业流动，组织青年与科技园区、企业界、投资界人士进行经济技术对接，促进产学研协同创新，促进科技成果转化和产业化。创业服务方面，一是创业孵化，依托高新园区、高新技术产业化基地及各类孵化器和中试基地，建立和培育会员创新创业基地，支持培养对象创办科技型企业，转化科技成果；二是融资支持，积极向有关金融机构、担保公司、风险投资公司推荐培养对象及其团队创新创业融资项目，协调有关科技投融资服务机构为创业青年提供融资支持；三是“一站式”服务，协调相关人才服务机构，完善培养对象服务渠道，为其提供知识产权、法律政策咨询、居留安置等专业化、特色化、个性化服务。资源共享方面，建设青年人才信息管理系统，广泛采集青年科技人才供需信息，为青年科技人才供需对接提供基础服务平台。

2013 年，遴选出第一批培养对象，共 22 名，他们主要来自省内高等院校和科研院所，部分来自企业，从事专业覆盖新材料、先进制造、农林科技、生物技术、医药卫生等领域。目前，省科技厅联合省财政厅对该批对象下达了 9 万元 / 人的专项科研经费，并组织开展了首届学术沙龙活动。该平台每位培养对象的培养期限为 3 年，培养期内组织进行年度考核与综合考核。年度考核工作由所在单位组织进行，综合考核按照个人总结、所在单位评价、专家评议、厅党组审定相结合的方式进行，考核等次分为优秀、合格、不合格，优秀比率为 20%。综合考核为优秀的，将在科技计划项目、人才计划等方面给予优先支持。

7. 科技创新创业团队支持计划

为贯彻落实国家和省中长期人才发展规划，进一步增强企业自主创新能力，促进科技成果转化，推动战略性新兴产业发展，优化科技创新创业环境，由省委组织部牵头，省科技厅具体承办实施湖南省企业科技创新创业团队支持计划。本计划坚持高端引领、以用为本的原则，坚持“人才、项目、基地”三位一体、产学研协同创新，通过创新培养机制，优化政策环境，科学组织实施，培养和造就一批创新能力强、发展潜力大、产业前景好的创新创业团队。

2013 年首批遴选 10 个团队。对团队的支持周期为三年，具体支持措施为：一是专项资助，入选团队可获得 100 万元人民币的专项资助，在支持周期内原则上按 5:3:2 分三年拨付，主要用于人才团队培养、技术攻关、产品开发、成果转化等。二是研修考察，积极支持团队成员参加国际学术活动，到国内外一流大学、研究机构或知名企业访问交流或进修深造。支持团队带头人及核心成员出国（境）进行科技、经济、管理等方面的综合性考察，进一步拓展国际视野，加强国际合作。三是推介宣传。在有关专家推荐、人才评选等方面，积极推介团队带头人及核心成员。大力宣传团队的重大创新成果和突出贡献，积极营造创新创业团队干事创业的良好环境。

8. 院士工作站认定

为充分发挥院士群体对湖南省科技创新的引领带动作用，促进产学研协同创新，搭建高层次科技创新创业平台，推进创新型湖南建设，湖南省科技厅颁布了《湖南省院士工作站认定办法》（湘科人字〔2013〕117 号）。院士工作站是企事业单位与院士及其科研团队联合进行科研开发、成果转化、人才培养的高层次创新创业平台。创建院士工作站，以增强企事业单位创新能力、提升湖南省产业发展和学科建设水平为宗旨，以湖南省重点企业、科研院所为主要依托，坚持政府引导、市场运作、双向选择、互利共赢的原则，引导院士及其科研团队实质性参与。

院士工作站的主要任务是组织院士及其科研团队联合开展科研攻关，对引进院士及其科研团队的科技成果进行转化和产业化，为设站单位培养高水平科技人才，组织院士及其科研团队与设站单位或省内其他单位联合申报科研项目、开展学术交流活动等。

院士工作站的认定由省科技厅具体组织实施，通过专家评审和现场考察核实，对符合条件的授予“湖南省 ××（设站单位简称）××（专业学科名称）院士工作站称号”，工作站有效期为 3 年。有效期满后，省科技厅组织进行评估，评为优秀的给予表彰奖励，继续保持院士工作站称号；评为合格的，继续保持院士工作站称号；评为不合格的，取消院士工作站称号。2013 年，工作站的认定工作开始启动。

四、科技人才政策措施及成效

（一）积极探索和实施科技人才培养和开发政策

（1）加强科技人才培养模式创新。第一，强调产学研合作培养。倡导建立政府指导下的以企业为主体、院校为依托、市场为导向、多种形式的产学研战略联盟，通过共建科技平台、开展合作教育、共同实施重大项目等方式，加大产学研合作培养人才的力度；建立高等院校、科研院所、企业高层次人才双向交流制度，推行联合培养研究生的“双导师制”。第二，强调在实践中培养。提出实行“人才 + 项目”培养模式，依托重大人才计划和重大科研、工程、产业攻关、国际国内合作等项目，在实践中集聚和培养创新人才。第三，坚持高端引领的方针。提出充分发挥两院院士的作用，以科技领军人才培养计划、湖南省新世纪 121 人才工程等为依托，加强领军人才、核心技术研发人才培养和创新团队建设；依托国家级、省级高新技术开发区和经济开发区以及重大科研项目、建设工程，聚集一批具有国际国内领先水平的产业专家和技术带头人。第四，调动用人单位培养人才的积极性。对企业、事业单位接纳高等院校、职业院校和技工院校学生实习给予政策支持，以此来调动用人单位培养人才的积极性。第五，特殊人才特殊培养。提出遵循人才成长规律，探索实施优才教育，鼓励和支持因材施教。加大各种有利于培养、发展人才的财政力度，发展国民教育及全面的继续教育来增强人才方面的培养力度，建立多元化的培养渠道，加强人才投入机制建设。

（2）加强创新型科技人才平台建设。依托重大科研和工程项目、重点学科和重点科研基地、国际学术交流合作项目，建设一批高层次创新型科技人才培养基地。充分利用高等院校、科研院所、企业技术中心的有利条件，加快重点学科、重点实验室、博士后工作站和流动站等的发展，推进以市场为基础，以高校、科研院所和企业为主体的创新载体建设，为人才引进与交流创造良好条件。

（3）改革创新型科技人才管理体制机制。把体制机制创新作为创新型科技人才队伍建设的根本动力，提出要分类推进事业单位人事制度改革，克服人才管理中存在的行政化、“官本位”倾向，取消科研院所、学校、医院等事业单位实际存在的行政级别和行政化管理模式，在科研、医疗等事业单位探索建立理事会、董事会等形式的法人治理结构，建立现代科研院所制度、现代大学制度和公共医疗卫生制度及其相应的人才管理制度。要深化科技体制改革，完善权责明确、评价科学、创新引导的科技管理制度，健全有利于科技人才创新创业的评价、使用、激励措施。要健全科研院所分配机制，注重向科研关键岗位和优秀拔尖人才倾斜。改革完善博士后制度，提高博士后培养质量。

（4）加快发展科技人才中创新文化。着眼于为创新型科技人才提供精神动力，倡导追求真理、鼓励创新、宽容失败、团结协作的精神，提出营造科学民主、学术自由、严谨求实、开放包容的创新氛围，以此促进创新型科技人才潜心研究和创新。

（二）完善创新科技人才评价制度

（1）创新青年科技人才评价机制。引导科研院所和高等院校改变人才评价与论文、项目和经费数量过度挂钩的做法，逐步完善以科研质量和创新能力为导向、以工作性质和岗位为分类的科技人才评价机制。针对基础研究人才建立以学术水平和学术影响为核心内容的同行评议机制，针对应用研究和技术创新人才建立以技术创新和集成能力为核心内容的评价机制。

（2）改革完善职称制度。建立重在业内和社会认可的科技人才评价机制，逐步确立以社会管理和公共服务为核心的职称管理制度。扩大用人单位在科技人才专业技术职务评定和岗位聘用中的自主权。完善科研院所、高等院校的岗位管理制度，逐步实现专业技术职务聘任和岗位聘用统一。

（3）创新人才评价发现机制。建立以岗位职责要求为基础，以品德、能力和业绩为导向，科学化、社会化的人才评价发现机制，克服人才评价中的唯学历、唯论文和“官本位”倾向。实施促进科学发展的党政干部综合考核评价办法，建立健全党政干部岗位职责规范以及能力素质评价标准，加强业绩考核。完善以市场和出资人认可为核心的企业经营管理人才评价体系，发展企业经营管理人才评价机构，建立社会化的职业经理人经营业绩评价指标体系。完善以任期目标为依据、工作业绩为核心的国有企业领导人员考核办法。加快推进职称制度改革，规范专业技术人才职业准入，完善专业技术人才职业水平评价办法，健全重在业内和社会认可的专业技术人才评价机制，克服考核过于频繁、过度量化的倾向。

（4）探索技能人才多元评价机制。逐步完善社会化职业技能鉴定、企业技能人才评价、院校职业资格认证和专项职业能力考核办法。探索建立农村实用人才分类分级评价办法。建立在重大科研、工程项目实施和急难险重工作中发现、识别人才的机制，健全举才荐才的社会化机制。

（三）加大科技人才激励力度

（1）加大科技人才投入力度。牢固树立人才资源开发投入是收益最大的投入的观念，省科技厅不断加大科技人才经费投入，近几年科技人才经费占科技经费总额的比例约15%，年均增长超过10%。进一步拓宽科技人才投入渠道，充分发挥企业作为科技人才培养与使用主体的作用，鼓励和引导企业加大对科技人才队伍建设的投入。加大科技金融结合支持高层次科技人才创新创业，出台了《关于促进科技和金融结合 加快创新型湖南建设的实施意见》，并在长沙高新区开展了科技和金融结合试点工作，建设了3家科技支行，设立了6000万元的风险补偿基金和1.5亿元的天使基金。目前，长沙高新区拥有各类投资机构达200多家，注册资金超过300亿元，为高层次科技人才创新创业提供多样化的投融资服务。

（2）建立产学研责权利激励与约束机制。出台了《关于促进产学研结合增强自主创新能力的意见》，在全国率先制定并实行了“两个70%”的激励政策，即高校院所与企业联合创办公司，知识产权和科技成果作价入股，占股最高比例可达到公司注册资本的70%，成果持有单位最高可以从技术转让（入股）所得的净收入（股权）中提取70%的比例奖励科技成果完成人。

（3）完善和落实科技人员转化科技成果的股权激励政策。出台了《长株潭国家高新技术产业开发区企业股权和分红激励试点实施办法》，明确指出企业对重要的技术和经营管理人员可实行股权激励、股权出售、股票期权、分红激励以及其他符合有关法律法规的激励方式。率先制定了“两个70%”激励政策，即高校院所与企业联合创办公司，知识产权和科技成果作价入股，占股最高比例可达到公司注册资本的70%，成果持有单位最高可以从技术转让（入股）所得的净收入（股权）中提取70%的比例奖励科技成果完成人。据不完全统计，在这一政策的激励下，仅中南大学的科技人员就创建学科性公司150家，其中上市公司2家，销售额过亿元的公司不少于10家。

（4）积极鼓励创新。设立了“光召科技奖”“青年科技奖”“潇湘友谊奖”等多种奖项，不断加大对优秀人才的奖励力度，对科学技术杰出贡献奖获得者给予100万元重奖，大力宣传优秀创新人才和团队的先进事迹，从而吸引聚集更多创新人才选择湖南、扎根湖南、建设湖南。

（四）完善科技人才流动与配置政策

（1）积极推动支持科技人才创业政策的实施。一是实施科技人才创业推进计划。依托国家和省中小企业技术创新基金、科技风险投资基金等，组织实施科技人才创业推进计划，每年择优扶持一批拥有核心技术和创业管理团队的人才自主创业，在市场竞争中造就一批高层次创业人才。要鼓励和支持科技人才创新创业，完善风险投资政策，加大对中试环节的投入力度，促进科技成果向现实生产力转化。二是创新科技人才创业服务机制。加强高新技术产业开发区、大学科技园区、科研成果转化服务中心等各类孵化器建设，为科技人员创新创业“筑巢搭台”。扶持和打造一批科技公共服务平台，加大大型仪器设备、实验室等公共技术服务资源的开放力度。进一步完善投融资政策，建立完善以市场化运行为主的风险投资体系，加大对科技创业融资的支持力度。通过科技与金融的紧密结合，促进科技人才取得的创新成果迅速转化和产业化。

（2）大力实施产学研结合促进科技人才向企业集聚的政策。设立了3年5个亿元的产学研结合专项，全省组建了产业技术创新联盟57个，组建了湖南省产业技术协同创新研究院，实施了“企业科技特派专家行动计划”，全省近70%的企业与100多所高校院所开展多种形式的产学研合作，推动了高校、科研院所创新人才资源向企业集聚。2012年企业牵头承担了80%的科技重大专项和科技支撑计划。通过改变重项目管理轻人才培养的做法，坚持“出成果、出人才”并重，将创新人才培养列为重大科技计划项目立项、创新平台评审的重要的考评指标。通过实施各类科技计划，培育了一批科技领军人才和青年骨干。据初步统计，湖南省组织实施的49个科技重大专项的首席专家中，有2人成功当选为中国工程院院士，有近40人承担国家“863计划”“973计划”、科技支撑计划或领衔国家创新平台建设。

（3）积极推动科技人才向边远地区倾斜政策的实施。不断创新科技特派员试点工作机制，促进科技人才服务农村基层。创新组织领导机制，建立了“组织部门牵头，科技部门主推，相关职能部门密切配合”的组织领导机制，有效解决了由科技部门牵头，在整合资源、整体推进上感到心有余力不足的困境；创新选派机制，建立了一条“立足需求、市场主导、双向选择、供需对接”的科技特派员选派机制，由派驻单位和派出单位自主联系，实行市场配置；创新利益驱动机制，引导和鼓励广大科技特派员通过资金入股、技术参股等形式，与企业、专业大户和农民结成经济利益共同体1160个，实行利益共享、风险共担。2008年以来，湖南省累计选派科技特派员14282人次，服务范围涉及4900多个村（场），推广新技术新产品6384项，驻地农民人均纯收入平均增幅达14%，为促进农民增收、农业发展和农村进步做出了重要贡献。

五、下阶段工作打算

今后一段时期，我们将深入贯彻落实科学人才观，紧紧围绕湖南省经济社会发展需要，以提高人才创新创业能力为核心，以高层次科技人才队伍建设为重点，大力建设一支数量充足、素质优良、结构优化、布局合理的科技人才队伍，为创新型湖南建设提供强大支撑。着重抓好以下工作。

1. 深化科技管理改革，夯实科技人才工作基础

一是创新科技计划管理。科技计划要紧紧围绕湖南省产业发展和民生领域的重大科技需求来布局，强化科技创新的成果转化和产业化导向。要统筹各类科技计划，整合科技资源，实现协同创新。要进一步促进项目、基地、人才三者的有机结合，实现科技计划与人才专项的无缝对接。重大科技项目必须有重点科研平台作依托，高层次人才计划人选必须承担重大项目、领衔重点平台，重点科研平台必须聚集高层次人才。要简化项目管理程序，加强事后评估，提高管理效率，保障科技人才用于科研的时间。

二是创新科研经费管理。适当加大非竞争性项目的比重，对优秀的科技人才和创新团队给予稳定支持。进一步加大科技人才计划经费占科技计划经费的比重，确保对科技人才专项的投入。较大幅度提高科技计划项目经费中的人员性费用支出水平，对承担项目的科技人员实行有效激励。加强科技经费监管，提高政府科技投入绩效。

三是创新科技成果管理。建立正确的科技成果评价机制，对于应用研究成果，坚持以转化和产业化效益为根本评价标准。建立健全成果转化中产学研用各方的责权利机制，形成优势互补、利益共享、风险共担的科技成果转化合作机制；建立中试孵化、风险投资等机构参与科技成果转化的利益分享和风险补偿机制，调动各方参与科技成果转化的积极性和协同性。

2. 实施创新型人才培养造就工程，优化科技人才队伍结构

一是组织实施科技人才培养计划。要对接好国家“创新人才推进计划”，实施省科技领军人才、科技创新团队、青年拔尖人才等高层次科技人才培养计划。充分发挥科技领军人才领团队、带队伍、育人才的作用，切实加强创新团队建设，提升创新团队的整体实力。要重视交叉学科、新兴科研领域的人才培养。

二是大力引进海外人才。实施好省百人计划，积极引进一批海外高层次人才及其团队带项目、带技术、带资源来湘创新创业。坚持不求所有，但求所在，力求所用，积极聘请国际一流的科学家、工程师指导或参与重大创新项目。加大对海外人才的支持力度，真诚为海外人才服好务。

三是建设创新人才培养示范基地。在实施相关人才、科技计划中，以高等学校、科研院所和高新技术产业开发区为依托，建设一批创新人才培养示范基地。特别是支持长沙国家高新区建立“人才特区”，探索实施一系列鼓励创新创业的财税金融、人才管理与服务等特殊政策，促进各类高层次人才的聚集。

3. 创新科技人才体制机制，改善科技人才发展环境

一是建立健全科技人才工作机制。进一步完善与国家有关部门对接、省直相关部门相互衔接的工作机制，加强对市州科技人才工作的指导协调。要深入贯彻落实国家和省《中长期科技人才发展规划纲要》，着力推动科技人才政策措施落实。

二是不断完善科技人才评价激励机制。完善科技人员职称评审制度，逐步将一些新兴科研领域

纳入省自然科研系列职称评审范围，制定相应评审标准。积极推动建立科研机构创新绩效综合评价制度，引导科研机构和高等学校等建立以科研质量和创新能力为导向的科技人才评价标准。把科技成果转化情况，作为评价应用研究领域和企业的科技人才的重要指标。制定出台相关政策措施，推动湖南省开展企业股权激励试点，鼓励项目投资单位建立以业绩为导向、体现市场化水平、自主、灵活的薪酬制度，引导科技人才进入经济建设主战场。

三是创新科技人才创业服务机制。加强高新技术产业开发区、大学科技园区、科研成果转化服务中心等各类孵化器建设，为科技人员创新创业“筑巢搭台”。扶持和打造一批科技公共服务平台，加大大型仪器设备、实验室等公共技术服务资源的开放力度。进一步完善投融资政策，建立完善以市场化运行为主的风险投资体系，加大对科技创业融资的支持力度。

广东省科技人才发展报告

■ 广东省科学技术厅

一、广东科技人才队伍建设情况

（1）人才总量不断增长。据2011年全国人才资源统计，广东省人才总量约1070万人，占全国的9%；人才贡献率达30.2%，居全国第四；拥有留学回国人员约7.5万人，约占全国的9%；每年来粤的国（境）外专家约15万人次，占全国总数的1/3，居全国首位。

（2）人才结构不断优化。据统计，截至2012年12月31日，广东专业技术人才总量达455万人，具有高级职称或博士学位以上的高层次专业技术人才达26.3万人，其中院士107名（含双聘院士74名），享受政府特殊津贴专家5205人，“新世纪百千万人才工程”国家级人选82人，累计招收博士后5300余人，科研成果更加丰硕，对经济发展的贡献更加明显。

（3）R&D规模领先全国。国家统计局、科学技术部、财政部联合发布的2012年全国科技经费投入统计公报显示，广东研究与试验发展（R&D）投入达1236.2亿元，R&D投入强度首次突破2%，超过全国平均水平。R&D投入强度从2008—2012年连续5年实现递增，分别为1.41%、0.65%、0.76%、1.96%和2.17%，5年来年均增长25%，区域创新能力综合排名连续5年位居全国第二，创新经济绩效、企业创新能力等指标保持领先。广东省全社会研发（R&D）人员达45万人年，省财政实现人才优先投入，截至2012年实施“珠江人才计划”，省财政投入17.73亿元，引进三批共57个团队和49名领军人才。

二、广东科技人才规划

近年来，广东省各级政府部门围绕“人才强省”战略，以《国家中长期科学和技术发展规划纲要（2006—2020年）》《国家中长期人才发展规划纲要（2010—2020年）》《国家发展“十二五”规划》为纲领，制定颁布了一系列科技人才规划。广东省委、省政府等有关部门制定了《广东省中长期人才发展规划纲要（2010—2020年）》《广东科学技术发展“十二五”规划》《广东省中长期科学和技术发展规划纲要（2006—2020年）》等若干规划，广东各地区陆续颁布《广州市中长期人才发展规划纲要（2010—2020年）》《深圳市人才发展“十二五”规划》《珠海市中长期人才发展规划纲要（2011—2020年）》等，这些规划共同描绘了广东省未来几年的科技人才发展蓝图，为如何以科技为支撑贯彻落实科学发展观，建设创新型广东和幸福广东指明了方向。

（1）广东省中长期人才发展规划纲要（2010—2020年）。2011年1月，广东省委、省政府在广州召开会议，指出须把人才优势确立为广东“第一优势”，同时颁布了《广东省中长期人才发展规划纲要（2010—2020年）》（以下简称《纲要》），提出将以最优政策把广东打造成为中国的人才特区，到2015年和2020年，广东省的人力资本投入预计将分别突破0.86万亿元、1.46万亿元。

《纲要》是广东省编制的第一个中长期人才发展规划纲要，其特点是服务科学发展，突出广东特色，体现人才工作新理念和人才国际化战略思维。《纲要》以《国家中长期人才发展规划纲要》为指引，紧密结合《珠江三角洲地区改革发展规划纲要》的实施和广东人才工作实际，着眼于全面提升人才国际竞争力，突出未来人才发展围绕推动自主创新和引领产业发展的思路，具有前瞻性、创造性、针对性。例如：分别列出到2015年和2020年广东省国民经济和社会发展重点领域急需紧缺专门人才开发一览表。提出构建以广州和深圳为龙头、以珠三角为核心、承接海内外、辐射东西北的珠三角创新型人才圈。率先提出制定广东省战略性新兴产业人才开发路线图，做好战略性新兴产业人才开发的路径设计与制度安排。实施珠江人才计划、南粤英才培养工程、创新创业载体建设工程、老龄人才开发利用计划等13项重大人才工程，覆盖了各支人才队伍和人才培养、吸引、使用等各个环节。

《纲要》重点提出“优先培养引进高层次创新型科技人才”任务，以提高自主创新能力为核心，以科技领军人才、创业人才和创新团队为重点，打造一支学术品德好、专业素质高、创新能力强、团队结构优的高层次创新型科技人才队伍。提出要依托重大科研项目、重大工程项目、重点学科和重点科研基地，大力培养引进一批掌握核心技术、带动新兴学科、发展高新产业的科技领军人才和高水平创新团队；要加大广东省自然科学基金、科技攻关、火炬计划、星火计划等科技项目对重点学科带头人、优秀创新团队、博士后、海外留学回国人员等高层次人才的扶持力度，建立支持创新型科技人才发展的长效机制，加大优秀青年科技人才的培养力度，造就一批中青年高级专家；要通过外聘或兼职、合作与交流、讲学和咨询等方式，柔性引进海内外高端人才。《纲要》强调，要结合广东省产业发展需要，实施高层次人才引进项目，用5—10年时间，引进100个居国际国内先进水平的创新创业团队和100名带动新兴学科、发展高新产业、引领先进文化的领军人才。

（2）广东省科学与技术发展“十二五”规划。2011年12月，广东省政府颁布了《广东省科学与技术发展“十二五”规划》，这份规划是广东省在建设现代产业体系，加快转变经济发展方式，推动经济社会进入创新驱动、内生增长发展轨道关键时期一份重要的纲领性文件。

《广东省科学与技术发展“十二五”规划》以“自主创新、重点跨越、支撑发展、引领未来”为指导方针，贯彻落实《国家中长期科学和技术发展规划纲要（2006—2020 年）》和《珠江三角洲地区改革发展规划纲要（2008—2020 年）》等重要文件精神，与《中共广东省委关于制定国民经济和社会发展第十二个五年规划的建议》《广东省国民经济和社会发展第十二个五年规划纲要》等规划进行了充分对接。围绕以科技工作支撑服务广东省经济社会建设这一中心突出了几大亮点：①支撑加快转变经济发展方式：明确指出未来五年广东科技发展的主要任务是“建设开放合作区域创新体系、现代产业技术支撑体系、社会发展科技服务体系和自主创新政策法规体系”四大体系，确定了科技工作在广东省经济建设中的支撑引领作用；②积极营造科技创新环境：从财政科技投入、创新平台建设、政策法规制定、人才制度以及科技体制机制改革等方面明确了各项措施，为广东各项科研创新活动的开展打下牢固的桩基；③发展战略性新兴产业：战略性新兴产业首次以标题形式出现在正文，将资源优先集中在 LED、高端新型电子信息、新能源汽车三大产业，并积极培育生物、高端装备制造、节能环保、新能源、新材料五大潜力新兴产业。

（3）广东省专业技术人才队伍建设中长期规划（2011—2020 年）。2012 年 7 月，广东省委组织部、广东省人力资源和社会保障厅发布了《广东省专业技术人才队伍建设中长期规划》，这是广东省第一个专业技术人才队伍建设发展规划，是当前和今后一个时期广东省专业技术人才工作的纲领性文件。这份规划明确了未来十年广东省专业技术人才工作的指导思想、发展目标、总体要求、主要任务和重点举措，进一步细化和延伸了《广东省中长期人才发展规划纲要》有关专业技术人才队伍建设的目标任务，与其他重点领域人才规划相互支撑、衔接，为更好实施人才强省战略、落实国家和广东省人才发展规划的目标任务将发挥积极作用，对于推动专业技术人才工作科学发展将发挥指导作用。

《广东省专业技术人才队伍建设中长期规划》提出了“人才第一，优先布局；高端引领，强化基层；以用为本，服务发展；创新机制，分类开发”的专业技术人才工作基本方针，明确了未来 10 年广东省专业技术人才队伍建设的总体目标，即到 2020 年建成一支能够支撑和引领广东省现代化建设、规模宏大、结构合理、素质优良、具有明显国际竞争比较优势的专业技术人才队伍，专业技术人才总量达到 700 万人左右。

（4）珠海市大力推进人才工作法制建设。近年来，珠海市大力实施“人才强市”战略，扎实推进人才工作法制建设。2012 年 7 月，珠海市委组织部、市人社局、中国人事科学研究院成立了人才立法课题组开展《珠海经济特区人才开发促进条例（草案）》起草工作，《条例（草案）》在科技人才工作机制上积极探索创新，例如将建立第三方评估机制，对重大人才政策和人才工程的实施、人才专项资金的使用进行监督检查、追踪成效和绩效评价，将允许从事人才中介或者相关业务的境外公司、企业和其他经济组织在珠海合资或独资开展人才中介服务活动，实行人才诚信举报监督和失信惩戒机制等。

三、广东省科技人才计划

近五年，为贯彻落实国家、省有关科技人才规划精神，在“坚持人才是推动科学发展第一资源”的理念的指引下，广东省级有关部门启动实施“百万技能人才提升储备计划”“双百双向工程”“广东省引进创新创业团队专项计划”“广东省引进领军人才计划”“育苗工程”“科技特派员计划”“高层次留学人员中流砥柱计划”等科技人才计划和工程，地市也纷纷加快高层次人才引进步伐，如广州“创新创业领军人才百人计划”、深圳“孔雀计划”、东莞“十百千万人才工程”、中山“引进创新科研团队计划”等，有的已进入轨道，成效初显，有的则方兴未艾，这些科技人才计划和工程在整个广东涌起高层次人才引进的热潮，形成“尊才重贤、举善援能”的氛围。以下重点介绍“广东省引进创新创业团队专项”和“广州市创新创业领军人才百人计划”。

（一）广东省引进创新创业团队专项和引进领军人才计划

2008 年 9 月 17 日，为深入贯彻落实科学发展观，进一步提高自主创新能力，实施人才强省战略，广东省委、省政府正式印发《关于加快吸引培养高层次人才的意见》（粤发〔2008〕15 号），提出要用世界眼光谋划吸引培养高层次人才，开创广东省吸引培养高层次人才的新局面，把吸引培养高层次人才作为广东省争当实践科学发展观排头兵的新引擎。广东省引进创新科研团队和领军人才专项计划作为广东省创造吸引高层次人才新优势的重大举措，被浓墨重彩写进该《意见》中，掀起广东新一轮引进高层次人才的高潮。会上颁布了《广东省中长期人才发展规划纲要（2010—2020 年）》，指导今后一段时间内广东省全省人才工作的开展。《纲要》强调，要结合广东产业发展需要，实施高层次人才引进项目，用 5—10 年时间，引进 100 个居国际国内先进水平的创新科研团队和 100 名带动新兴学科、发展高新产业、引领先进文化的领军人才，给广东省引进创新科研团队和领军人才专项计划提出了明确的发展目标。其中，广东省引进创新创业团队专项计划首开以政府名义、以团队形式规模化引进高层次人才之先河。以下分别介绍两项计划。

1. 广东省引进领军人才计划

（1）组织实施。广东省引进领军人才专项计划由广东省委组织部牵头组织，广东省人力资源社会保障厅具体实施，重点引进中国科学院院士、中国工程院院士和相同等级担任省级重大科技项目首席科学家、重大工程项目首席工程技术专家、管理专家等。对入选的每位领军人才，广东省财政一次性提供 500 万元专项工作经费和 100 万元（税后）住房补贴，并可享受落户居留、配偶安置、子女入学、医疗保障等特定生活待遇。

（2）入选者情况。2012 年评选出的 18 名领军人才均来自广东省重点发展的产业领域，其中 16 人的专业领域属高端新型电子信息、生物、新能源、新材料等战略性新兴产业领域。如加拿大工程院院士祝京旭教授，在流态化工程与颗粒技术领域的研究工作处于世界领先水平，引进后可对广东省节能环保产业发展发挥重要推动作用。此外，18 名领军人才均是本行业、本领域内科研创新带头人，不少曾担任重大国际科研合作项目首席科学家或项目负责人，享有国际盛誉。或是世界或国内相关专业领域的著名专家。如南方电网科学研究院引进的文安博士，在变电站和输配电网保护控制领域具有多年科研和实践经验，多次创新智能变电站整体解决方案，以及新能源接入、直流输电系统保护和控制等技术。三批次引进的 49 个领军人才中，电子信息技术领域 8 人，光机电一体化技术领域 8 人，新医药技术领域 10 人，生物技术领域 13 人，新材料技术领域 6 人，新能源、节能与环境保护领域 4 人。入选领军人才总体上呈现几个特点：①入选层次高。49 个领军人才中，包括诺贝尔奖获得者 2 名，海内外院士 11 名，“千人计划”入选者 19 名，“长江学者”1 名，相关领域著名专家 17 人，均是国内外相关专业领域的顶尖人才；②集中分布于高校。49 个领军人才中，由高校引进 29 人，占 60%，由科研院所引进 10 人，占 20%，由企业引进 10 人，占 20%。究其原因，一方面是因为高校对领军人才这样的顶尖人才具有较大的吸引力，另一方面是因为广东省高校近几年纷纷加大了对顶尖人才的引进力度，此外，相对企业而言，高校在申报材料组织撰写上具有一定优势，一定程度上提高了高校引进人选的入选比例；③集中分布于广州。49 个领军人才中，广州地区 40 人，占 82%，深圳地区 7 人，14%，珠海和汕头各 1 人。究其原因，主要因为广东省高校主要集中分布在广州，这与引进领军人才集中分布于高校相对应。

（3）实施以来的主要成效。2012 年引进的第三批 18 名领军人才中，有的已取得阶段性成果。据统计，目前，获得发明专利共 328 项，转化为 67 种创新产品并投放市场，进入试验阶段的创新产品 156 种，预计未来 1—2 年内，将有 27 个重大项目可实现产业化，转化成创新产品投放市场。计划实施至今，广东省领军人才在项目研究、产品开发等方面取得了较大进展，产生了良好的经济和社会效应。例如，首批领军人才广汽集团陈子棨主持的 AC 项目研发工作顺利完成，研发的“传祺”轿车已于 2010 年年底下线上市，成为广州市第一款自主品牌轿车，其整车碰撞安全水平达到 C-NCAP 五星级水平，是第一款达到此标准的国内自主品牌轿车，年产量达到 3 万辆、产值达到 50 亿元人民币，未来 2 年内还将陆续推出一系列“传祺”品牌中高级轿车。首批领军人才深圳奥萨医药有限公司徐希平教授主持开发出具有完全知识产权的Ⅰ类新药心血管新药“依叶”和“MTHFR 基因诊断剂盒”，上市以来销售收入已突破 1 亿元，缴税 2000 多万元，预计 2013 年销售额将突破 10 亿元。首批领军人才李胜峰带领的百奥泰生物科技（广州）有限公司研发团队，研制出的冠心病治疗药物“巴替非班肽”是国家 1.1 类新药，治疗效果达到国际领先水平，获得国家“十二五”重大新药专项资助，目前已完成中试即将量产。

领军人才主持的科技项目攻关陆续取得重大突破，目前已取得实质性突破的有 12 个、取得重大突破的有 17 个，在国际权威杂志发表相关研究论文 326 多篇。如华南师范大学引进的领军人才任志锋主持研究的“纳米光伏电池技术研究项目”取得成功，已获得“晶体硅光伏电池技术”和“薄膜光伏电池技术”两项发明专利，后者可将太阳能转化率提高到 10.6%，处于世界顶尖水平，目前正与东莞等地企业进行投产洽谈，可望在 1—2 年内实现量产。中科院广州化学研究所引进的领军人才刘国军教授主持开发的锂离子电池隔膜项目获得专利转让费 500 万元人民币。中科院广州生物医药与健康研究院丁胜主持研究的多能干细胞项目取得重大突破，其研制的小分子抑制剂“STAT3 调节剂”已投入临床试验。

（4）管理与服务。广东省人力资源和社会保障厅先后制定出台了《广东省引进领军人才评审暂行办法》（粤人才办〔2009〕1 号）、《广东省引进领军人才享受特定生活待遇暂行规定》（粤人社发〔2009〕50 号）和《广东省引进领军人才专项资金管理暂行办法》（粤组通〔2010〕30 号）等政策文件，全面推进广东省领军人才引进工作有序化、规范化。

2. 广东省引进创新创业团队专项计划

（1）组织实施。广东省引进创新创业团队专项计划由广东省委组织部牵头组织，广东省科技厅具体实施。按照“三注重两符合”（注重人才水平、注重技术成果、注重产业化前景，符合加快发展需要、符合优化经济结构需要）的原则，着力引进海内外优秀创新创业团队，为广东省实现“三个定位、两个率先”目标提供坚强的人才支持和智力支撑。围绕“加快转型升级、建设幸福广东”的核心任务，按照省委、省政府加快转变经济发展方式、建设现代产业体系、提高自主创新能力、大力发展战略性新兴产业的战略部署，重点引进在高端新型电子信息、半导体照明（LED）、新能源汽车、生物、高端装备制造、节能环保、新能源、新材料等战略性新兴产业取得突出创新成果、拥有自主知识产权、产业化前景广阔的创新创业团队。

广东省引进创新创业团队专项计划重点支持广东省优先发展产业急需的创新和科研团队。其中，引进世界一流水平、对广东省产业发展有重大影响、能带来重大经济效益和社会效益的创新和科研团队，省财政给予 8000 万—1 亿元的专项工作经费；引进国内顶尖水平、国际先进水平的创新和科研团队，省财政给予 3000 万—5000 万元的专项工作经费；引进国内先进水平的创新和科研团队，省财政给予 1000 万—2000 万元的专项工作经费。此外，入选团队除获得省财政引进高层次人才专项工作经费资助外，还可获得珠三角地区和其他地区有关市政府分别按照不少于省财政支持专项工作经费额度 1/2、1/3 比例提供的配套资金。

（2）入选者情况。2012 年，广东省委组织部、广东省科学技术厅组织实施创新创业团队引进评审工作，共引进 26 个团队汇聚 174 位高层次人才，为广东省高层次人才队伍建设注入新生力量。其中，2006 年诺贝尔化学奖获得者 1 名，国内外院士 7 名，“千人计划”入选者 10 名，长江学者、国家杰青、国家重点实验室负责人 9 人。三批共引进 57 个海内外创新创业团队（图 1），汇聚高层次人才近500名，其中，诺贝尔奖获得者2名，国内外院士17名，“长江学者”“千人计划”入选者、国外知名高校或科研机构终身教授、国家杰出青年基金获得者、世界500强企业高管等70多人（图1）。引进的第三批团队已获得国内外多项风险投资累计7.35亿元，其中18个团队预期1年内可研发出样品（样机），5年内可实现项目成果大规模销售。

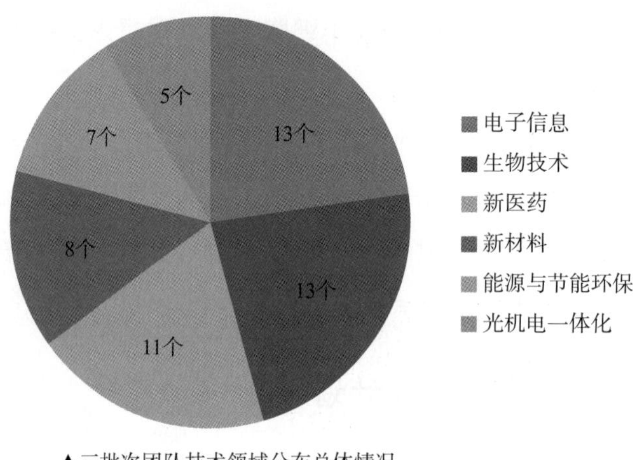

▲三批次团队技术领域分布总体情况

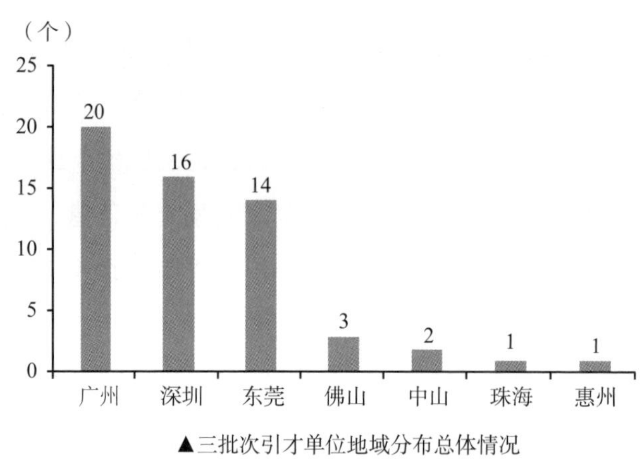

▲三批次引才单位地域分布总体情况

图1　三批次入选团队分布总体情况

（3）实施以来的主要成效。截至2012年年底，广东省引进创新创业团队专项计划已成功举办三届，累计投入省财政专项工作经费14.95亿元，带动地市、用人单位等投入配套经费80多亿元，吸引312个海内外创新创业团队、2000多名高层次人才踊跃申报，引进的57个创新创业团队充分发挥智力汇集、多学科融合、联合作战的优势，迅速融入广东，有条不紊推进各项工作进展，取得了显著成效，发展势头强劲。

一是团队核心成员基本到岗到位，人才集聚效应逐步显现。三批团队带头人及核心成员基本已全部到岗工作，并新增吸引高层次创新人才1620人，是引进之初团队成员的3倍多，并培养博士后、博士、硕士等科研骨干 2109 人，带动集聚各类人才近 6000 人，“以才引才、以才育才、以才聚才”效益凸显。以首批引进的光启理工研究院团队为例，该团队在引进一年间，成立了国内高水平的超材料研究院，并在“以人才甄别人才，以专家引进专家”的机制带动下，团队人员队伍迅速由 5 人扩大至近 300 人，其中 95% 以上为硕士研究生，包括多名来自牛津大学、剑桥大学、哈佛大学等世界知名学府的专家学者。

二是团队项目核心技术突破多，后续科研创新动力十足。截至 2012 年，三批团队已新增发表论文 816 篇，其中被 SCI/EI 收录 699 篇，占比 85.6%，包括在《自然》或《科学》及其系列杂志上发表论文 20 多篇；新建实验室、研发中心等近 63 家，其中 7 个晋升国家重点实验室、国家工程研究中心；新增申请科研项目 134 项，其中国家级项目 68 项，累计获得资助经费近 2 亿元。多个团队在核心技术上实现突破，例如，国际肿瘤基因组研究团队开展的“下一世代的基因组学”重大研究项目，被《科学》杂志评选为“2010 年全球十大科学突破”；深圳热带亚热带作物分子设计育种研究团队通过非转基因技术获得抗咪唑啉酮类除草剂材料，属国内首创并已申请专利保护，打破了跨国公司巴斯夫对该项技术的垄断；低成本健康技术创新团队研发出国内第一套反射式光学分辨率光声显微成像系统，是光声成像领域的重要进展，团队所在实验室由此成为世界上第二个掌握该先进技术的实验室。

三是核心专利申请及参与制定标准多，产业化进展前景明朗。三批团队在粤已新增申请核心专利 2341 件，其中发明专利 1837 件；获得授权专利 721 件，其中发明专利 377 件，国际专利（PCT）142 项；参与承担制定标准 87 项，其中国际标准 2 项，国家标准 5 项；研发新产品、新装备、新工艺 159 个，获得新药临床批件 1 个、国外药品注册 2 个；实现直接销售额达 4.58 亿元，带动上下游企业数量 1437 家，带动上下游企业产值达 50 亿元，呈现出强劲的市场发展潜力。例如，光启理工研究院团队已申请专利超过 1500 件，约占全球超材料领域知识产权申请量的 80%，奠定团队在超材料领域的全球领先地位；医学超声影像世界级工业创新团队所研发的高端通用型彩超 DC-8，已获得 CE 注册证、FDA 注册证和 SFDA 注册证 3 个医疗器械注册证并成功上市，实现销售额达 1.22 亿元，并极大地提高我国高端全数字彩超在国际市场的竞争力；基因沉默技术与治疗研发团队完成中等规模的寡核酸生产线建设，产量和质量均达到国际同类产品水平，填补国内寡核酸药物化学技术的空白；高通量基因测序系统研发团队成功研发的高通量基因测序系统，打破发达国家对基因测序设备及其核心技术的垄断，先后获得国家、省、市三级重点新产品称号，实现销售额约 5000 万元；低成本健康技术创新团队自主研发出我国第一套基于剪切波的超声瞬时弹性成像系统，获得风险投资 1500 万元、产业化资金 3700 万元，为团队开展成果产业化奠定了良好基础。

（4）管理与服务。广东省引进创新创业团队专项计划启动以来，通过“三个结合”“三个到位”“三种模式”来探索科技人才工作新机制，促进科技人才评价、选拔、使用、服务和考核机制的更加紧密有序及科学合理。

一是通过“三个结合”，探索广东科技人才工作新思路。①“项目—人才—基地”结合：依托基地、项目集聚人才，通过项目、人才建设基地，初步实现从单一目标突破向项目、人才、基地统筹发展的综合目标突破的转变；②“以人引人、以人育人”结合：通过引进高层次的优秀人才团队，带动一大批在海外留学人员聚集在团队周围开展创新工作，形成团队与用人单位科技人员的良性竞争、优势互补的新人力资源结构；③“官、产、学、研”结合：以广东产业发展需求为引领，紧密联合政府、企业、高校和科研院所，努力攻克一批制约广东省产业发展急需紧缺的技术瓶颈和技术难点，带动提升全省企业的科技创新能力和市场竞争力。

二是通过“三个落实”，展现广东科技人才工作新风貌。①政策落实：先后出台《广东省引进创新创业团队评审暂行办法》和《广东省引进创新创业团队专项资金管理暂行办法》等政策文件，规范团队工作的管理。②经费落实：省委、省政府对引进创新创业团队工作高度重视，大力支持团队工作的开展。省财政积极配合，及时将专项经费拨付到位；各部门通力合作，为团队营造良好创新创业环境；各地市积极行动，落实配套经费，并结合当地实际，在户籍、社保等方面进行政策倾斜。③服务落实：专门成立引进创新创业团队专项办公室，及时掌握政策实施进度和实施效果，发现并解决团队面临的困难和问题，积极协调管理部门与用人单位衔接，定向促进向引进团队承诺的岗位职称、经费收入、工作场所、住房医疗等政策的落实；专门建立引进创新创业团队申报和信息管理系统并不断修改完善，促进引进创新创业团队管理信息化，管理工作更为科学高效。

三是通过“三种模式”，摸索广东科技人才创业创新新路径。根据团队引进单位属性及研究项目内容，广东省科学技术厅在实践中逐步摸索出“孵化创业、转型投资、精英汇聚”等三种高层次人才引进新模式。①以光启团队为代表的“创业孵化”模式：这一模式的团队成员多为具有较高学术水平和明显创新潜力的青年，研究成果原创性强、产业化潜力高，研究方向符合当地产业发展要求，容易得到政府和多渠道社会投资的支持；其经历和以技术、创新理念为纽带的团队组合模式对青年留学人员归国创业具有重要示范意义，如高通量基因测序系统研发、基因沉默技术与治疗研发团队等团队。②以宽禁带半导体研究团队为代表的“转型投资”模式：这一模式的团队带头人多为具有较高学术水平和重要核心技术成果的优秀科学家，成果产业化基础较强；符合当地产业转型和跨越式发展需要；其资金来源渠道多为当地企业家或风险投资资本根据企业转型需要进行投资。这种模式对实现高校和科研机构成果转化与产业化具有重要示范意义。例如，宽禁带半导体研究团队进行的氮化镓LED衬底生产及设备研制工作，就是基于北京大学甘子钊院士带领的团队多年来在国家“863计划”新材料领域项目的支持下取得的成果经地方企业家和政府支持投资推动而实施的。③以中山大学人类病毒学团队为代表的“人才汇聚”模式：这一模式的团队多为从事基础研究和应用基础研究的高水平团队，学科带头人多为“千人计划”入选者等海外高层次人才；研究方向属当前国际研究的前沿和热点领域。这类团队依托自身团队成员的良好学术背景和知识积累在高校和科研机构中开展创新活动，并得到国家、地方各类科技计划的积极支持。如人类病毒学研究团队、低成本健康技术创新团队、新药研发创新团队等团队。

（二）广州市创新创业领军人才百人计划

为贯彻落实中央人才工作协调小组关于实施海外高层次人才引进计划的意见及广东省、广州市关于加快吸引培养高层次人才的意见，大力引进扶持海内外人才来穗创新创业，为广州新型城市化发展提供人才支撑和智力支持。

（1）组织实施。广州市人才工作领导小组于 2010 年 9 月启动实施了“广州市创新创业领军人才百人计划”（以下简称“百人计划”）。“百人计划”将用 5—10 年时间，面向海内外并重点面向海外，依托全市科技重大专项计划、市级以上重点学科和重点实验室、市属企业和在穗金融机构、以高新技术产业开发区为主的各类园区等平台，引进、扶持 300 名左右创新创业领军人才来穗创业发展；其中创业领军人才 200 名左右，其他各类创新领军人才 100 名左右。

对经评审认定的创新领军人才，将给予最高 50 万元的安家费和最高 50 万元的科研经费。对创业领军人才，将给予 100 万—500 万元的创业启动资金，提供 100—500 平方米的 3 年免租工作场所、最高 500 万元股权投资、最高 100 万元贷款贴息、最高 100 万元安家费等一系列创业扶持资助，累计可达 1550 万元。同时，创新、创业领军人才还可享受培养资助、资料津贴、住房补贴、人才公寓、子女入学、配偶就业、休假体检、医疗保障等一系列优惠政策。

（2）入选者基本情况。截至 2012 年，“百人计划”已分三批引进领军人才 80 名（包括诺贝尔奖获得者 1 名、“千人计划”专家 35 名），其中创新领军人才 21 名，平均资助强度约为 100 万元 / 人；创业领军人才 59 人，创业启动资金平均资助强度达 400 万元 / 人，获满额 500 万元资助者共 21 人。三批“百人计划”资助经费总额达 2.56 亿元。

前三批“百人计划”入选者中，共有 72 人具有海外学习和工作经历，56 人在海外取得博士学位，均来自美、英、日、澳等发达国家和地区；有相当一部分入选者具有在美国拜耳公司、摩托罗拉公司、强生公司、美国加州大学洛杉矶分校等国际知名企业、高校担任中高层研发、管理职务的经历，或具有海外创业经历。其中弗里德·穆拉德博士为诺贝尔奖获得者。入选者专业主要集中在电子信息、生物医药、节能环保、新能源、新材料等高新技术领域，与广州市积极培育发展的战略性新兴产业相吻合。

（3）实施以来主要成效。“百人计划”自实施以来，已取得初步的阶段性成果。

一是创业项目成长良好。“百人计划”项目在启动资金的引导下，有力支撑了企业、项目加快运作，尤其是为初创期企业提供了充足的发展动力。其中首批“百人计划”创业项目到位第一期启动资金资助 3120 万元，第二期启动资金资助 2715 万元，合计 5835 万元，带动受资助企业 2012 年实现销售收入 6.8 亿元，比 2011 年增长 58%；第二批“百人计划”创业项目第一期启动资金资助 3080 万元，带动受资助企业 2012 年实现销售收入 2.54 亿元，经济效益提升显著。

二是知识产权成果丰硕。通过启动资金的支持，带动企业研发投入，促进企业自主创新能力的提升和产品技术升级。其中，第一批、第二批创业领军人才共立项 37 项，2012—2013 年，共获发明专利授权 23 件、实用新型专利 11 件；申请发明专利 86 件，申请实用新型专利 18 件，获得软件著作权 22 项，软件产品登记 14 项；获国家级奖项 4 项，省部级奖项 3 项，临床批文 2 项，发表论文 40 篇。

三是高层次人才聚集效应显现。项目的实施为广州市创新创业人才融入市场经济提供了经费资助和发展机会，促进了人才以及所创办的企业快速成长。其中，首批项目实施期间共培养和引进中高层次人才 540 人，培养高级人才 76 人，引进高级人才 102 人。入选“百人计划”的创业团队和创业项目普遍具有核心技术领先、研发团队实力强、产业化前景良好和项目预期效益显著等特点，对广东省、市实施系列人才集聚计划起到了促进和推动作用。特别是在“百人计划”入选者的影响带动下，他们的创业项目和团队进一步凝聚、引进了一批具有国际一流水平的科研人才。其中，以诺贝尔奖获得者克雷格·梅洛（Craig Mello）教授为带头人的“基因沉默技术与治疗研发团队”，于 2011 年 5 月成功入选广东省创新创业团队引进计划，并正式加盟“百人计划”入选者张必良博士创办的科技企业，省、市联合投入 1.27 亿元资金，支持梅洛教授将诺奖成果在穗转化。该团队建立了我国第一个自主构建的全基因核苷酸干扰库，预计 3 年左右可建成核心产品工业化生产基地，年生产总值可达数十亿元。广州酷狗计算机科技有限公司的技术开发人员有 297 人，约占员工总人数的 85%。公司的核心技术人员毕业于国内知名高校，并曾经服务过国家软件产业基地公共技术支持中心、腾讯、百度、网易等知名企业和机构。人才集聚为企业创造了大量的经济效益，企业 2012 年实现销售收入 2.2 亿元，比 2011 年增长了 70%。

四是引导和吸引社会资本投向高新技术产业。通过创业领军人才项目的实施吸引企业和民间资本流向高新技术领域，真正起到了催化剂的作用。其中，首批“百人计划”项目单位共投入自筹资金 15696.45 万元，政府启动资金与社会资金投入比例达到 1∶3，第二批“百人计划”项目单位共投入自筹资金 15823.49 万元，政府启动资金与社会资金投入比例达到 1∶5，政府资助资金有效发挥了杠杆撬动作用。

五是有效推动企业创新平台建设。通过引导企业加速实施项目，整合资源、加大科技投入、加强技术引进和人才引进，有力地促进了企业创新能力和核心竞争力的提高，带动了相关产业技术水平的提升，也打破了国外跨国公司对我国技术壁垒的封锁。如广州市动景计算机科技有限公司于 2011 年建立广州移动互联网工程技术研究开发中心、广州市市级企业技术中心，使其成为首个加入 Chrome、Firefox 等全球自有内核浏览器阵营，拥有全部内核能力的首个中国浏览器公司；广州市锐博生物科技有限公司已建立起国内第一家全基因组 siRNA 高内涵筛选平台、华南第一家高通量自动化药物筛选平台，拥有世界筛选速度最快的高内涵筛选设备。

六是项目成果产业化前景广阔。创业领军人才项目综合考虑了当前国家政策、国际环境、技术发展水平及经济效应等因素，所资助的项目具有实用性和可预见的经济收益。项目经过前期科研投入，正逐步实现项目的产业化，应用推广前景广阔。广州酷狗计算机科技有限公司研发的酷狗音乐播放器 PC 客户端安装量达 4 亿，“手机酷狗”安装量为 1 亿，庞大坚实的用户基数为项目目标实现构建坚实基础。百奥泰生物科技（广州）有限公司自主研发的巴替非班肽注射液为新一代的血小板糖蛋白Ⅱb/Ⅲa 受体阻抑剂，是国家 1.1 类创新药物，2012 年 9 月已取得Ⅲ临床批件。12 月已向 SFDA 备案Ⅲ期临床方案。2010 年Ⅱb/Ⅲa 类药物在欧美市场的销售总额高达 20 亿美元。国内基本无Ⅱb/Ⅲa 类药物，产品如获上市，市场前景良好。

（4）管理与服务。一是先后出台《广州市创业领军人才创业发展扶持办法》（穗组字〔2010〕46 号）、《广州市创业领军人才创业启动资金管理暂行办法》（穗组字〔2011〕93 号）等政策，使“百人计划”评审管理规范化；二是在建立网上申报业务系统的同时，在广州市政府等有关部门官方网站设置申报专题、开设问答专栏，使“百人计划”申报管理更加科学高效，信息更加公开透明。

四、广东科技人才政策

近年来，广东省各级党政部门为优化全省人才发展环境，鼓励各类高层次人才来粤创业，积极改革和完善科技人才管理体制，积极创新科技人才培养、使用、流动、评价、激励等机制，不断开拓创新人才工作方法，在全省建立覆盖人才引进培养全过程、全方位的政策体系。如制定出台《关于加快吸引培养高层次人才的意见》（粤发〔2008〕15 号）、《关于进一步加快培养引进紧缺适用人才的意见》（中委〔2010〕7 号）、《关于加强高层次人才队伍建设若干意见》（珠字〔2011〕11 号）等政策文件；率先实施“南粤百名杰出人才培养工程”以专门培养两院院士后备人选；率先绘制“战略性新兴产业人才开发路线图”；率先开展人才分类考核；建立首个“全国人才管理改革试验区”；设立南粤功勋奖和南粤创新奖重奖有突出贡献人才。同时，通过省市联动，为在粤创新创业人才在项目孵化、财政资助、融资担保、创业辅导等方面提供政策支持，在落户、住房、岗位聘用、职称评审、配偶安置、子女上学、社会保险等方面提供定向促进服务，政策亮点纷呈，在全省营造出宽松、宽容、宽厚的创新创业氛围，逐步形成人才引进培养的良性循环，为广东省提升自主创新能力、转变经济发展方式抢占人才先机和技术制高点。以下重点介绍部分政策。

（1）立法创新科技人才发展环境。2011 年 11 月，广东颁布了国内第一部促进自主创新地方性法规《广东省自主创新促进条例》，用专章对创新型人才进行了规定，将创新型人才建设的配套政策、人才激励措施上升为地方性法规，为全省推进创新型人才工作提供了有力保障、营造了良好氛围。如，明确要求要实施人才规划，保障人才投入，加强人才培养，强化人才引进，鼓励人才交流，优化人才服务，创新激励机制，发挥人才创造性；明确规定，省财政性资金设立的自主创新项目人力资源成本费最高可达项目经费的30%；其中，软科学研究项目和软件开发类项目，人力资源成本费可达50%，实现了科研经费使用的重大突破；并将职务创新成果转化的奖励比例下限提高至30%，鼓励约定更高比例，通过重奖激发科研人员的转化积极性。

（2）深化省部、省院产学研合作。广东多年致力构建“三部两院一省”产学研合作框架，以柔性流动方式，集聚全国高校、科研院所的高层次人才与广东产业界开展合作，促进人才、知识、技术的流动和转化。一是创建立科技特派员工作站，形成企业特派员工作的长效机制；二是选派产学研联络员，及时沟通人才、技术信息和需求；三是启动建设院士工作站，利用院士团队的整体研发力量引导高层次人才向企业集聚。自2005年以来，已初步形成了高层次创新人才大规模聚集广东、科技成果大规模在粤转化的良好局面。“十一五”期间，全国共有312所高校、332个科研机构的1万多名专家、教授在广东开展了形式多样的产学研合作，为企业培养技术和管理人才多达7.4万人，累计新增产值8000多亿元，新增利税1200多亿元，获得专利2万多件。来自260所全国高校和科研院所的3934名企业科技特派员，带领1万多名应届毕业生入驻到2650家广东企业开展技术创新工作，有效帮助企业抵御国际金融危机的同时，带动了高校应届毕业生实现就业，开辟了高校服务地方经济和广大中小企业的新领域。2012年，企业科技特派员队伍进一步壮大，新增企业科技特派员193名，累计派驻企业的科技特派员达到5484名；产学研合作技术创新平台建设成效显著，全年共新建产学研创新平台53家，新建院士工作站27家，新建企业科技特派员工作站18家，新建企业重点实验室10家，全省各类产学研合作技术创新平台总数超过1500家。

（3）设立地方青年科技人才基金。2012年11月，广东启动实施“广东省自然科学杰出青年基金”项目，首创全国地方性项目资助本地35岁以下年轻科学家，促进广东省优秀青年科技人才脱颖而出、加快成长，培养一批具有重大原始创新能力的青年人才。这是广东省培养具有重大原始创新发展潜力的本地科学家一项重大创新举措，也是全国地方首创资助35周岁以下年轻科学家快速成长的一项创举。2012年，通过专业评审、学科会评与综合评审的严格评审程序从337名申报人中择优选取资助16名，每个100万元，资助对象“80后”科学家有8人，占了50%，其中最年轻的仅为27周岁。资助对象既有全才也有奇才还有异才，既有来自中山大学、华南理工大学、省科学院等“传统航母级”基础研究单位，也有来自深圳光启高等理工研究院、广州市香港科大霍英东研究院“新生代小型”民营科研机构，充分体现广东省自然科学基金“不拘一格降人才”的自由公正的科学精神。未来发展目标紧紧围绕高端新型电子信息、生物技术、高端装备制造、节能环保、新能源、新材料等战略性新兴产业领域开展协同创新研究，将为广东省今后转型升级培养造就一大批拔尖创新人才，提供强有力前沿技术支撑引领。此外，广州、深圳、珠海、江门等地区也出台了青年科技人才资金支持政策，如广州从2011年起设立“珠江科技新星专项”。计划用5年时间，扶持培养500名各学科、各领域优秀青年骨干科技人才和学科技术带头人。每年组织评选100

名珠江科技新星，对珠江科技新星入选者将连续 3 年给予市财政科技经费支持，每人每年资助课题研究经费 10 万元，3 年共 30 万元。由珠江科技新星入选者作为课题负责人牵头组织开展自然科学基础研究、应用开发、成果转化等自主创新科研活动。同时，要求珠江科技新星入选者所在单位按 1:1 的比例给予资金配套，共同扶持青年科技人才在专业技术领域上独立开展科学技术研究、应用开发、成果转化等自主创新科研活动，取得科研和技术成果。

（4）建立“哑铃型”国际科技合作联盟。2009 年 11 月，在国家科技部的支持和指导下，广东省科技厅按照“哑铃型”合作模式成立了中国首个跨国国际科技合作联盟，广东—独联体国际科技合作联盟“哑铃型”国际科技合作模式是广东省科学技术厅结合广东科技和产业发展实际情况与独联体国家科技发展情况，提出和创建的国际科技合作新模式，标志着珠三角企业开展国际科技合作走出“单打独斗”局面，步入政府搭建交流平台的联合共赢时代。借助这一模式，广东扩大引进独联体国家科技人才规模，积极引进乌克兰国家科学院院士等高层次人才，推进中国—乌克兰（广东）国际联合研究院建设，在广州高新区规划建设“中俄（广东）国际科技合作产业园”和俄罗斯“专家邨”，为引进独联体国家科技精英提供良好配套环境。2011 年，“广东—独联体科技合作联盟”成员单位近 200 家，其中独联体国家的成员单位 15 家，联盟引进独联体高级专家来华从事研发和技术指导共 130 人次，其中院士 26 人，高级研究员 80 余人，分布在新材料、新能源、环保、化工、生物医药、装备制造、信息电子、激光技术等领域。其中，联盟高级顾问阿列克谢耶夫 · 尤里先生因其在力推动白俄罗斯对华合作方面成绩显著，获颁 2011 年中国政府友谊奖获得者和“羊城友谊奖”。

（5）打造实验室等科技人才高地。广东省以重点实验室、科技产业园和科技人才基地等为载体，聚集人才，促进创新成果的转化与产业化。通过设立专项基金，支持企业、高校、科研机构联合建设科技研发机构和工程技术中心，加快以中心城市为依托的区域性产学研联合、以重点产业为主导的行业性产学研联合，推进产学研结合示范基地建设，在全省范围内建立了国家“863”成果转化基地 12 个，国家火炬计划特色产业基地 12 个，农业科技创新中心 29 个，城镇化技术集成应用试点 10 个等。同时，全省大中型工业企业已设立的技术开发机构达到 700 个，基本形成了覆盖全省的企业、高校和科研机构紧密结合的产学研体系，为科技人才施展聪明才智搭建了有利平台。

广东省重点实验室成立以来，大力实施知识创新工程，积极创新人才机制，营造有利于培养创新人才的环境，打造了一支富于创新、敢于拼搏、善于攻坚的高科技人才队伍，吸引、培养和稳定了一大批优秀的科技创新人才，成为广东省培养科技创新人才和孕育科技将帅的摇篮。先后产生了 9 位两院院士，特别是 2009 年广东省新增的 5 名两院院士中，有 3 位是省重点实验室主任和学术带头人；80% 的“广东省科学技术突出贡献奖”获奖专家来自重点实验室。目前，重点实验室聘任 50 多名院士担任实验室主任、学术委员会主任等职务；有国家自然科学基金创新研究团队 3 个，28 人获国家杰出青年基金资助，省自然科学基金研究团队 34 个，分别占全省总数的 75%、

33.3%和40%；有副高以上科研骨干2100人，233人获国务院政府特殊津贴，国家有突出贡献中青年专家43人；重点实验室还培养了硕士学位以上高级人才13482人，其中博士后497人，博士生3369人，为提高广东省的自主创新能力和实现可持续发展奠定了良好的人才基础。此外，2011年，广东省科学技术厅与顺德区政府签订了《省区共建中国南方智谷合作协议》，中国南方智谷规划建设工作全面启动。根据规划，中国南方智谷将重点发展以科技研发为核心的2.5产业，建成华南地区人才集聚、研发创新和创业发展的高地。

（6）激励奖励科技人才创新。广东省从2003年起设立广东专利奖，对获得中国专利金奖和优秀奖的项目单位，省政府分别给予100万元和50万元的奖励。2006年，又根据《广东省人民政府关于促进自主创新的若干政策》，设立广东省科学技术突出贡献奖，每年奖励人数不超过2名，每名奖励200万元。在省政府的引导带动下，各级政府也纷纷加强激励机制建设，对有突出贡献的创新型人才进行奖励。这些措施极大地激发了科技人才的创新创业热情，有力地促进了广东省自主创新水平和能力的提高。以专利为例，自设立广东专利奖以来，广东省专利，尤其是发明专利取得了很大进步，2005年广东省一举甩掉“专利大省、发明弱省”的帽子，发明专利申请量位居全国首位。2006年第九届中国专利奖评选结果中，广东省有5项专利获得金奖，占全国金奖总数的1/3（省政府对5个获国家金奖的专利予以了重奖）。其中，广东省企业专利的实施率保持在80%以上，成果转化效益持续提高，年均新增产值数百亿元，成为广东省创新型经济的重要增长点。

广东还于2010年设立了南粤功勋奖和南粤创新奖。南粤功勋奖授予为广东省经济社会和各项事业发展做出卓越贡献的个人或团队，南粤创新奖授予在科技创新、理论创新、文化创新、制度创新、管理创新以及其他领域创新取得重大突破，为广东省经济社会发展和建设创新型广东做出突出贡献的创新型人才或团队。由广东省委、广东省政府向获奖者颁发荣誉证书、奖章和奖金。南粤功勋奖获得者奖励3000万元，南粤创新奖获得者奖励500万元，其中30%属获奖者个人或团队所得，剩余奖金作为其专项工作经费。奖金所得免征个人所得税。

（7）实施联合基金和专项带动。2006年1月，广东省人民政府与国家自然科学基金委员会签订了为期5年的自然科学联合基金协议，首创地方政府和国家自然科学基金委联合设立基金的模式，每年共同出资5000万元，其中，广东出资3500万元，国家自然科学基金委出资1500万元。该基金旨在吸引和凝聚全国及广东优秀的科学家，重点解决广东及珠三角区域社会、经济、科技发展的重大问题。2011年，在度过5年的“蜜月期”后，第二期合作进一步扩大广东联合基金规模，“十二五”期间每年投入8000万元，围绕华南地区共性技术需求，面向全国，吸引各地科技人才加盟，协助攻克制约广东产业发展的关键共性技术，“借脑”服务广东地方经济。同时，积极组织、协助科技人员申报“973计划”“863计划”等重大研究计划，争取更多重大项目落户广东，带动更多的科技人才南下广东。针对全省高层次创新型人才紧缺的状况，广东省科技厅积极利用国家自然科学基金和科技部重大科技创新计划前期专项资助经费，着力推动国家级科技项目带头人的培养。近年来，广东获国家自然科学基金资助的项目带头人（包括面上项目、重点项目、杰出青年基金）平均以19%的速度增长。此外，广州市设立“高层次人才专项扶持资金”，从2010年起，每年投入2亿元、5年内投入10亿元，专门用于扶持海内外高层次人才在穗创新创业。从2012年起，启动“红棉”计划，市政府每年安排1亿元以上资金用于引进培育100家以上由海外人才创办的企业。“十二五”期间，广州市本级财政将投入200亿元支持战略性主导产业发展，主要用于奖励、配套设施建设和吸引高端人才等。

（8）开设高层次人才服务区。2010年7月，广东省人力资源和社会保障厅等18个部门联合印发《广东省引进高层次人才“一站式”服务实施方案》（粤人社发〔2010〕205号），在广东省人力资源和社会保障厅人才服务局办事大厅设立“广东省高层次人才服务专区”，规定中国科学院院士、中国工程院院士、中央“千人计划”入选者，创新科研团队、领军人才入选者等12大类人才可直接到“广东省高层次人才服务专区”享受23项“一站式”服务，同时开通了“广东高层次人才服务网”网上业务。用人单位或来粤工作的高层次人才通过“一站式”服务专区，享受包括学历学位认证、落户、子女入学、配偶就业、税收减免、社会保险、出入境等23个项目的承包和代办服务，使得高层次人才来粤工作和创新创业需办理的各项手续极简化。“广东省高层次人才服务专区”设立后，同时被确定为广东省“千人计划”的服务窗口。此外，广东设立了“千人计划”南方创业服务中心，该中心定位为国际化人才聚集发展平台，具备“交流、服务、创业”三大功能，通过整合政府、市场和社会资源，为“千人计划”专家和高层次人才开展项目研发、成果转化和创业发展提供全链条、专业化、个性化的综合服务。

（9）绘制战略性新兴产业人才开发路线图。2011年，广东先行先试，利用技术开发路线图的科学原理，研究制定了半导体照明（LED）、高端新型电子信息、新能源汽车产业等三个战略性新兴产业人才开发路线图，通过系统分析不同环节、不同阶段制约产业发展的关键技术，摸清掌握关键技术的人才在全球的分布状况，做好人才开发路径设计，为实行“靶向引才、按需育才、科学用才”提供科学依据，推动人才链、技术链、产业链无缝对接，有计划、有目标、有步骤、有针对性地引进和培育掌握关键技术、核心技术的高端人才。

（10）建设粤港澳人才合作示范区。2012年12月，中央人才工作协调小组批准“广州南沙－深圳前海－珠海横琴粤港澳人才合作示范区”为全国首个“国家级人才管理改革试验区”。据规划，到2015年，示范区将吸引集聚10万名左右国际高端人才和现代服务业紧缺急需人才，高端人才占比超10%，人才贡献率接近50%。到2020年，吸引集聚30万名左右国际高端人才和现代服务业紧缺急需人才，包括港澳人才在内的高端人才占比超过20%，人才贡献率接近60%。粤港澳人才合作示范区将在重大项目优先布局、财政资助、税收优惠、创业扶持、股权激励、企业和个人结汇等方面取得重点突破。

（11）加大引进海外科技人才。2012年，广东通过“留交会”等各种途径吸引来粤发展海外留学人员6000名，在粤工作国（境）外专家13万人次，通过赴日、法招聘海外人才，达成明确合作意向和聘用协议的高层次人才228名、科研团队12个。截至2012年年底，广东省有留学人员创业园20个，其中国家级留创园4个，共吸引5万名留学人员入园，创办企业2122家，在广东工作的院士达99名。此外，举办第四届“百名海外专家南粤行”活动，邀请到来自12个国家的91名海外专家到广州、佛山、珠海、肇庆等地考察洽谈，并达成项目合作、人才引进初步意向22个。

（12）改革完善职称评价。2012年2月，广东省人力资源和社会保障厅颁布《关于突出贡献人员专业技术资格评定的暂行办法》（粤人社发〔2012〕38号），为获国家科学技术奖、中国发明专利金奖，“广东引进领军人才”人选等14类人才职称评定开辟“绿色通道”，为高层次创新型人才创造良好的职称环境。创新评价方式，在高校教师、卫生、工程等系列正高全面实行答辩制度，确保评审的客观和公正。深入开展“非公专技人员职称政策宣讲活动”，进一步畅通职称申报渠道。逐步铺开农村实用技术人才职称评定工作，总结推广惠州农村实用人才职称评定试点经验，在珠海、中山、韶关开展相关试点工作。

（13）部门省市联动。广东省委组织部、省科技厅、省人力资源和社会保障厅、省财政厅等相关部门紧密配合，出台系列鼓励高层次人才来粤创新创业新规定，如《广东省引进高层次人才“一站式”服务实施方案》。深圳、珠海等地市还针对省级层面的“引进创新创业团队专项计划”等出台了配套政策，如《珠海市鼓励海外高层次人才创业和引进国外智力暂行办法》规定，对该市高新技术产业和战略性新兴产业发展有重大影响，能够突破关键技术，带来重大经济效益和社会效益的海外高层次人才创业团队，经评审符合条件的，可给予最高2000万元的资助。团队入选广东省创新创业团队引进计划的，按1/2的比例给予配套资助。

海南省科技人才发展报告

■ 海南省科学技术厅

2013 年，在海南省委、省政府的领导以及国家科技部和省人才工作协调小组的指导下，我厅以科学发展观为指导，坚持党管人才原则，围绕科技人才扶持政策体系建设、科技创新平台建设、科技人才队伍建设、科技人才服务，进一步完善人才政策、优化人才环境，为海南省的科技工作提供了有力的人才保证和智力支持。

一、2013 年主要工作情况

（一）完善人才扶持政策体系建设

（1）海南省委省政府印发《关于加快建设以企业为主体产学研相结合的技术创新体系的意见》（琼发〔2013〕1 号），就加强企业在技术创新体系中的主体地位、改革科技管理体制、完善人才发展机制、营造良好环境、加强组织领导等提出了 19 条具体措施，大力引导人才、技术、资金、科技项目、优惠政策等创新要素向企业聚集。

（2）海南省政府办公厅印发《贯彻落实〈省委省政府关于加快建设以企业为主体产学研相结合的技术创新体系的意见〉任务分工方案的通知》（琼府办〔2013〕34 号）。要求各市县党委、政府，把推进科技创新纳入政府重要议事日程，把提高科技创新能力的成效作为各级领导班子和领导干部政绩考核的一项重要依据，保障了科技创新工作责任的落实。

（3）制定《海南省优秀科技创新创业人才奖评选实施办法》等政策措施，对于在海南省重点支持的发展领域，能带动相关产业的发展，对产业结构调整和提升经济竞争力有推动作用，在琼创办科技型企业，取得较好的经济效益和科技创新成效，为海南经济建设和社会发展做出突出贡献的个人进行激励，完善了科技人才政策体系建设。

（二）加强科技创新服务平台建设

（1）科技创新平台建设顺利推进。2013 年新批准设立省级重点实验室 1 家、省级工程技术研究中心 3 家，批准筹建省级工程技术研究中心 3 家，目前，全省省级重点实验室和工程技术研究中心达到 68 家，支持中国热带农业科学院和海南大学共同筹建国家级的重点实验室。这将进一步推进相关领域的产学研结合，突破制约产业发展的技术瓶颈，提升产业自主创新能力和核心竞争力。

（2）搭建科技合作平台。推动海南省科研院所、高等院校和企业与国外 32 个科研机构或大型企业和国内 4 所高等院校、8 所科研院所开展科技项目合作。推动省政府与中国工程院签订战略合作协议，省委书记罗保铭、中国工程院院长周济等领导参加了签字仪式。截至目前，已推动海南省科研院所、高等院校和企业与国内 9 所科研院所、9 所高等院校和 3 家大型企业签订了科技战略合作协议。

（3）搭建海洋科研平台。依托、发挥中科院和工程院院士资源优势，对海洋工程与科技发展和海南省海洋发展战略，组织咨询、研讨和论证，签订省院合作框架协议，发挥资源优势，建立三沙海洋碳汇研究观测站，搭建科技兴海开放式创新平台。

（三）加强科技人才队伍建设

（1）实施挂职科技副乡镇长派遣工作。2013 年，挂职科技副乡镇长组织实施科技项目和科研课题 61 项，推广新技术新品种 98 项（个），建立科技示范基地 69 个，辐射带动面积 15000 多亩（15 亩 =1 公顷，下同），培训农民 7 万多人次，组织科普活动 200 多场次，有效促进了市县经济发展和产业结构调整，涌现出了一批产业特点突出、工作颇有实效的挂职科技副乡镇长，如五指山市水满乡挂职科技副乡镇长的小黄牛舍饲养殖示范项目被市里列为特色支柱产业，毛道乡的挂职科技副乡镇长建立了全国最大的山竹果示范基地，被省农业厅确立为“省级示范社”，东方市板桥镇的挂职科技副乡镇长推广凡纳滨对虾新品种，获得良好的市场效益。挂职科技副乡镇长深入基层，进村入户，做给农民看，带着农民干，真正把技术落到实处，真正把论文写在田间地头，把科技写在大地上。

（2）推行干部选拔任用和轮岗交流。2013 年，厅机关提拔任用 22 名干部，其中 18 名提拔为处级干部，4 名提拔为主任科员。交流轮岗 10 名，其中处级 5 名，科级 5 名。选派 4 名干部挂职锻炼。为干部搭造了施展才华的平台，有效解决了干部队伍中存在的“中梗阻”问题，盘活了人力资源，激活了干部队伍活力，提高了干部队伍的凝聚力和战斗力，营造了风清气正的良好用人氛围。

（3）加强干部培训工作。认真抓好处级干部选学和公务员在线培训。省科技厅 24 名处级干部和符合学习要求的 46 名公务员全部参加学习，参学率 100%。与此同时，厅党组还组织厅机关和市县科技管理部门干部共32人参加在中山大学举办的海南省科技管理干部综合能力提升研修班，开拓了科技干部在职培训新模式，提高了干部的政治素质和业务素质。

（4）开展2013年创新人才推进计划组织推荐工作。经组织申报、专家评审等程序，向科技部推荐海南大学罗素兰等15人申报中青年科技创新领军人才，路慧等3人申报科技创新创业人才，中国热带农业科学院申报创新人才培养示范基地。

（四）加大人才服务力度

（1）组织百名专家、千名科技特派员送科技下乡活动。在琼海、万宁等市开展科技下乡服务活动。在镇、村、种植基地等举办农业科技110手机服务系统智能手机发放仪式，开展农业种植技术咨询、田间地头现场指导，瓜菜和水果等种植技术、病虫害防治、农业科技110手机服务系统技术培训，赠送《海南省农业科技110实用技术丛书》等科技服务活动，技术培训和技术服务2000多人次。

（2）组织第二届中国农业科技创新创业大赛推介会。由科技部、教育部、农业部、中国证监会、北京市人民政府、山东省人民政府、陕西省人民政府、深圳市人民政府、比尔和梅琳达•盖茨基金会作为指导单位，中农科创资产管理公司、北京国家现代农业科技城具体承办的第二届中国农业科技创新创业大赛推介会在海口召开。科技部中国农村技术开发中心科技扶贫与科普处、大赛组委会办公室、海南省科技厅农村科技处、市县科技管理部门、高校、科研院所、科技企业和科技特派员代表近100人参加推介会。

（3）组织实施省自然科学基金项目。自然科学基金在推动海南省自然科学基础研究的发展，促进基础学科建设，发现、培养优秀科技人才等方面取得了巨大成绩，为提升基础研究创新能力进行了有益的探索，积累了宝贵的经验，为海南省基础研究的发展和整体水平的提高做出了积极贡献。2013年共支持274位科技人才，目前该专项已完成项目下达、经费拨付、任务书签订等工作。

（4）开展农业科技培训。开展了农业科技110技术培训班2560多期，培训农业科技110技术人员和农民31万多人次，受益农民200万人次。第九届科技活动月期间，各市县组织农业科技110专家、科技特派员深入农村举办科普大集市，开展技术咨询、技术指导和技术培训，培训农民6万多人次，技术咨询和技术指导20多万人次，发放各种技术资料11万多份。

二、2014年人才工作计划

（1）完善人才扶持政策体系建设。继续完善《海南省促进科学技术进步条例》的修订，研究制定《海南省人才创新创业基地建设实施办法》和《海南省优秀科技创新创业人才奖评选实施办法》，完善人才政策体系建设。

（2）加强科技创新服务平台建设。整合海南省科技研发所需资源，继续完善省重点实验室、技术工程研究中心和科技企业孵化器建设，健全科技人才引进、培养和服务平台。

（3）加强科技人才队伍建设。继续开展创业英才培养计划对象的评选和省高层次创新创业人才（A类）的初审工作。推进中西部市县人才智力扶持行动计划，做好第四期科技副乡镇长有关工作。落实《省科技厅关于海南省中长期人才发展规划纲要（2010—2020年）任务分工方案》。进一步推进干部交流轮岗，盘活人力资源，提高了干部队伍的凝聚力和战斗力。

（4）加大人才服务力度。继续组织培训农业科技110系统技术人员和农民；开展知识产权培训工作，服务好海南省企业的科技人才；组织实施好2014年省自然科学基金项目。

广西壮族自治区科技人才发展报告

■ 广西壮族自治区科学技术厅

近年来，广西围绕广西经济社会发展大局，大力实施人才强桂战略，加快吸引和培养高层次创新创业人才，全面加强科技人才队伍建设，为加快推进富民强桂新跨越提供强有力的人才保障和智力支持。

一、科技人才队伍总体情况

近年来，广西加强科技人才队伍建设，逐步形成了一支学科齐全、结构合理、创新能力强的科技人才队伍，在科技创新和经济建设中发挥了重要作用。

（一）科技人才队伍不断壮大

（1）人才素质显著提高。截至 2012 年年底，广西共有 120 多万专业技术人才，其中具有副高级以上职称的 12 万多人，高级、中级、初级专业技术人才比例为 1:7.3:7.8；共有 411 万名技能人才，其中高技能人才约 69.01 万人。

（2）参加科技活动人员呈增长态势。截至 2012 年年底，全区县及县以上政府部门属独立的研究与开发机构共有从业人员 15972 人，其中从事科技活动人员 9152 人。在从事的科技活动人员中，有大学本科及以上学历 6138 人。外聘的流动研究人员及非本单位的在读研究生 571 人。按隶属关系分：国务院部门属机构共有从业人员 2333 人，其中从事科技活动人员 1132 人，从事科技活动人员中，有大学本科及以上学历 743 人，外聘的流动研究人员及非本单位的在读研究生 86 人；地方县级以上政府部门属机构有从业人员 12943 人，其中从事科技活动人员 7604 人，从事科技活动人员中，有大学本科及以上学历 5330 人，外聘的流动研究人员及非本单位的在读研究生 485 人；县属机构有从业人员 696 人，其中从事科技活动人员 416 人，从事科技活动人员中，有大学本科及以上学历 65 人。

（二）高层次人才培养引进成效凸显

坚持自主培养开发与引进海外人才并举，充分发挥高层次人才的引领作用，着力构建以八桂学者为引领、以各行各业特聘专家为骨干、以人才小高地团队为基础、以海外引进人才为补充的专业技术人才开发格局。截至2012年年底，广西共培养选拔26名国家百千万人才工程人选，1442名国务院政府特殊津贴专家，52名广西特聘专家，438名广西新世纪十百千第二层次人选，2600多名留学回国人员。创设八桂学者、特聘专家平台，引进培养高层次领军人才、学术技术带头人及创新团队，共选聘两批107名专家学者，其中从区外引进54人，包括国家“杰青”13名、长江学者6名、中科院“百人计划”8名、国家千人计划专家5名。

二、科技人才队伍总体部署和进展

近年来，广西以国家人才规划为指导，以创新政策机制为动力，统筹规划，周密部署，积极探索加快人才开发、突破人才“瓶颈”的新路子，努力建设西部地区重要的人才聚集区和面向东盟的区域性国际人才高地。

（一）全盘考虑做好顶层设计，科学合理制定科技人才发展规划

自治区党委、政府高度重视规划编制工作，紧扣广西实际，积极谋划中长期人才发展布局，科学制定了覆盖全面、相互衔接、互为支撑的科技人才规划。

1.《广西中长期人才发展规划（2010—2020年）》

2011年，广西出台了《广西壮族自治区中长期人才发展规划纲要（2010—2020年）》（以下简称《广西人才规划》）。《广西人才规划》是广西首个中长期人才发展规划，对上与《国家中长期人才发展规划纲要》相衔接，居中与自治区经济社会发展“十一五”规划、“十二五”规划、《广西北部湾经济区2008—2015年人才发展规划》相配套，注重与自治区中长期科技、教育改革和发展等规划相联系，在全区规划体系中居于重要位置，是今后一个时期广西人才发展的重要指导性文件。

《广西人才规划》总篇幅2万余字，分为七大部分，覆盖了人才发展的各个方面。编制过程历时两年，经历课题研究、文稿起草、对接修改、征求意见、审核报批五个阶段，经规划文本上报中央人才工作协调小组进行专家评估，报请自治区政府常务会议、自治区党委常委会审议通过后正式印发。

《广西人才规划》明确了2020年广西人才发展的总体目标：培养造就数量充足、素质优良、结构合理、富有创新活力的人才队伍，逐步缩小与发达省市的人才差距，初步形成具有自身特点的

人才竞争优势，成为西部地区重要的人才聚集区和以面向东盟为重点的区域性国际人才高地。具体有5个分目标：一是人才总量较快增长。全区人才资源总量从目前的230万人发展到355万人，年均增长4.8%，人才资源占人力资源总量比重提高到12%左右。二是人才素质明显提升。主要劳动年龄人口受过高等教育的比例达到16%左右，每万劳动力中研发人员达到20人年，体制内人才队伍中拥有大学本科以上学历人员比例再翻一番。三是人才分布日趋合理。第一、二、三产业间的人才比例更加协调，其中二产人才总量迅速增长。人才逐步向重点工业产业、向物质生产部门和生产性服务业、向重点发展区域等集聚。四是人才环境不断优化。人才政策法规体系日臻完善，体制机制创新取得重大进展，鼓励创新、支持创业、宽容失败的良好社会氛围基本形成。五是人才效能逐步增强。人力资本投资占GDP的比例达到14%左右，人才对经济增长贡献率达到26%左右，自主创新能力明显增强。

《广西人才规划》提出，未来十年广西人才工作有5项主要任务：一是高层次创新创业人才开发；二是重点领域人才开发；三是区域人才开发与合作；四是少数民族人才开发；五是统筹各类人才队伍建设。

《广西人才规划》提出了11项重大人才工程，并分成四大类：一是高层次创新创业人才开发工程，如八桂学者工程、特聘专家工程、海外高层次创新创业人才引进工程、人才小高地建设提升工程等；二是重点领域人才开发工程，如企业高级经营管理人才开发工程、农村实用人才开发工程、宣传文化领军人才开发工程、重点工业产业高技能人才开发工程等；三是重点区域人才开发工程，北部湾经济区人才集聚工程。四是其他重要人才开发工程，如外向型人才开发工程、新世纪“十百千”人才培养工程等。

2.《广西壮族自治区人才发展“十二五”规划》

2011年，广西出台了《广西壮族自治区人才发展“十二五”规划》(以下简称《规划》)。《规划》提出，到2015年，广西将着力培养造就数量充足、素质优良、结构合理、富有创新活力的人才队伍，建立适应人才发展的新的人才发展体制、机制，逐步缩小与发达省市的人才差距，积极打造具有自身特点的人才竞争优势，努力建设西部地区重要的人才聚集区和面向东盟的区域性国际人才高地。

《规划》的具体目标是：一是人才总量稳步增长。全区人才资源总量达到270万人，其中党政人才19.5万人，企业经营管理人才17.5万人，专业技术人才103.8万人，高技能人才28万人，农村实用人才37万人，社会工作人才2.8万人。二是人才素质明显提升。主要劳动年龄人口受过高等教育的比例达到10.5%；高技能人才占技能劳动者的比例达到23%左右。三是人才分布更趋合理。人才逐步向重点产业和重点领域集聚，向非公有制经济组织和新社会组织集聚。第一、二、三产业之间人才比例更加协调，其中第二产业人才总量迅速增长。高级、中级、初级专业技术人才比例更加合理；北部湾经济区、西江经济带和桂西资源富集区分别形成比较合理的人才布局。四是人才竞争比较优势明显增强。在重点产业、重点学科建成一批人才基地，形成一批创新能力较强的人才团队，培养造就一批高层次领军人才。五是人才效能逐步增强。全区人力资本投资占国内生产总值的比例达 11%，人才贡献率达到 18%，自主创新能力明显增强，发明专利稳步增长，获国家级科技奖励明显增加，形成具有核心技术的高新技术产业群。六是人才体制机制不断创新。人才领导体制和管理体制进一步完善，人才培养开发机制、评价考核机制、选拔使用机制、流动配置机制、激励保障机制建设取得新突破。

3. 制定了六支人才队伍建设专项规划

由自治区党委组织部牵头，联合自治区人社厅、国资委、民政厅、农业厅等部门和机构，分别制定了党政人才、企业经营管理人才、专业技术人才、高技能人才、农业科技和农村实用人才、社工专业人才等六个专项规划，全面加强各类专业人才队伍建设。

（二）创新科技人才工作机制体制

创新机制是推动科技人才工作发展的不竭源泉和强大动力。近年来，自治区党委、政府瞄准突出问题，对人才管理体制和工作机制进行了大胆的创新，促进了广西科技人才工作，有力地推动了广西科技人才发展。

1. 加强科技人才工作组织领导

坚持党管人才原则，切实加强和改进对科技人才工作的组织领导。一是健全党管人才领导机制。自治区党委人才工作协调小组更名为领导小组，自治区党委书记亲自担任组长，20 个部门主要领导担任领导小组成员。根据工作需要，专门组建北部湾经济区人才工作组。各市相应调整领导机构，自治区教育、人社、国资、文化、卫生、北部湾办和广西大学等主要人才部门和人才密集单位，也组建了人才领导机构。二是配强人才工作力量。自治区党委组织部人才工作部门目前配备 6 名工作人员、借调 2 名同志，是建部以来人员最多最齐的。自治区人社厅配备有 1 个局、3 个处的工作力量。全区 14 个市党委组织部全部设立有人才科，专职配备 35 人。南宁、柳州、桂林、防城港等市成立正副处级人才工作办公室。各县（市、区）党委组织部目前已有 80% 设立人才股，专兼职配备 235 人，年底前实现机构全覆盖。三是完善人才工作运行机制。自治区党委人才工作领导小组制定了例会制度、议事规则和工作要点，明确成员单位分工、责任处室和指定联络员，对于重大规划、重要政策、重点项目集体研究、协同配合、分工落实。

2. 大力推进体制机制创新

（1）自治区层面。2010 年自治区党委、政府印发了《加快吸引培养高层次创新创业人才的意见》，八桂学者、特聘专家制度实施办法和北部湾经济区人才开发若干政策措施等 4 个文件（简称“1+3”人才政策），在重点发展的千亿元产业、战略型新兴产业、现代生产性服务业以及以重大现实问题为主攻方向的哲社研究等“四大领域”，重点吸引培养高层次专业技术人才及其创新团队、学术技术带头人及其科研团队、自主创业人才及其创业团队、高层次经营管理人才及其管理团队等“四类对象”。建立八桂学者、特聘专家制度、高端人才引进资助制度、国企高管引进资助制度、高层次人才自主创业扶持制度、重大决策专家咨询制度等“六项制度”，带动全区人才资源整体开发。为推进北部湾经济区人才人事改革试验区建设，广西提出 11 条政策措施，包括建立人才开发协调机构，设立人才开发专项资金，试行政府特聘专业人员制度，探索事业单位专才特聘制度，推行区域编制动态调整等。这批创新政策，抓住广西人才开发的薄弱环节，提出了针对性好、操作性强的政策措施，人才投入力度前所未有，激发了人才活力，增强了广西的人才竞争优势。

（2）各地各单位层面。南宁市出台创建人才特区的实施意见，引进人才金港模式，从 2011 年起按当年可用财力的 1% 设立市高层次人才开发专项资金。柳州市制定工业企业人才享受政府特贴待遇实施办法，重奖为“工业柳州”做出突出贡献的优秀人才。桂林市出台人才政策，加大投入力度，选聘漓江学者。防城港市制定“一把手”抓“第一资源”目标责任考评办法，实施聚才扬帆计划和白鹭英才引进计划。钦州市实施领军型创业人才“520 计划”，首批引进 13 名博士后挂任经济部门、建设部门和园区副处级职位，筹建北部湾国际人才创业基地。梧州提出引进紧缺人才一揽子实施办法，创建人才储备中心，强化人才服务措施。贺州市出台专项支持政策，深入开展市校合作，推进引才育才“双千计划”。广西大学、桂林电子科技大学等高校，“玉柴”“柳工”、上汽通用五菱公司等企业，纷纷制定人才成长计划，采取特殊支持政策，大力吸引培养支撑企业转型升级、推动学科创新发展的高层次创新创业人才。

3. 实施各级领导干部联系关护优秀人才制度

自治区四家班子领导每人带头联系 2—3 名优秀专家，建立定期探望慰问、信息直通直达机制，落实联络服务部门，协调解决实际问题。各市、县也普遍建立了此项制度，直接联系各行各业专家人才 4100 多名。积极为各类人才办实事好事，2012 年解决了自治区优秀专家享受医疗优诊待遇问题。2013 年将广西在读博士生活津贴从 300 元 / 月提高到 1000 元 / 月。南宁、钦州、防城港、贺州等市累计建设人才公寓近 2000 套，为优秀人才安居乐业、潜心研究创造良好条件。

4. 开展人才工作系列在线访谈活动

自治区党委常委、组织部部长周新建同志带领人社厅主要领导、组织部分管领导、11 个市的组织部长，南宁、柳州、桂林三个国家级高新区组织人事部门负责同志等 17 人，分 5 个专题在广西新闻网接受在线访谈，全程视频直播，实时解答网友提出的各类人才问题，引发讨论和跟帖 3500 多次，19500 多人（次）观看视频、浏览信息，有效宣传了人才工作的新思路、新政策、新举措。

三、科技人才工程及实施效果

科技人才工程是加快广西创新人才培养的重要载体，是突破创新人才工作重点难点的有力抓手，也是广西实施人才强桂战略和创新驱动发展战略的重要举措。近年来，广西不断加大经费投入、完善政策措施、强化协同合作，八桂学者工程、特聘专家工程、创新团队培养工程等取得显著成效，培养和引进了一批适应广西经济社会发展的创新创业人才队伍，为广西经济社会发展提供了强有力的人才支撑。

（一）自治区主席院士顾问工作

组建自治区主席院士顾问是广西加强与中科院、工程院合作的重要方式，是广西引进中国科学界顶级专家，提升自主创新能力的重要举措。自治区主席院士顾问通过开展政府决策咨询、开展产业技术攻关与科技成果转化、帮助培养和引进高端科技人才及创新团队等活动为广西经济、科技发展贡献力量。2009 年自治区主席院士顾问工作启动以来，广西成立院士顾问工作机构、配备服务人员、安排专项经费，依托全区 62 家“三重一优”（重点产业、重大项目、重要创新平台和优势企事业）单位，建设院士综合服务基地和 31 个院士工作站，聘请了 116 位院士顾问，推广“一个产业、一位院士，一个基地、一组团队，一个领域、一批成果”模式，院士顾问对广西经济科技发展的促进作用初步显现：

（1）产业帮扶成效大。袁隆平院士及团队将 7 个水稻新品种带到广西，建立了 17 个百亩高产试验示范基地，大大推动了广西超级稻生产。向仲怀院士将萤光家蚕育种、木薯蚕开发等技术增援广西，使广西桑蚕业持续保持全国第一。吸纳邓秀新院士的建言，广西高海拔、低纬度地区柑橘产业和百色市晚熟鲜橙加快了发展，全区柑橘产业带优化布局基本形成。首席科学家陈厚彬对广西荔枝、龙眼老果园提出实施了轻简栽培技术示范改造，带动应用面积 20 多万亩。

（2）引资立项获突破。在陈宜瑜院士指导下，2011 年广西获国家自然科学基金项目资助 406 项，金额 1.9 亿元；在陈宗懋院士倡导下，多方引资达 5 亿多元，推进广西茶叶产业发展；在戴景瑞院士推动下，国家玉米改良中心广西分中心正式立项。

（3）良种引进力度大。在院士专家的积极引荐下，近两年来，有近 300 个玉米新品种、24 个品（系）新木薯品种在广西进行筛选试验。引种的水稻、玉米、甘蔗、木薯、生猪、罗非鱼等种养新品种达 500 多个。

（4）战略合作取得新进展。经院士专家牵线搭桥，广西与中国农科院、西南大学等科研院校建立了长期合作关系，合作项目达 30 余项。依托中国农科院的重点实验室，广西新增设立了 12 个科学观测站、10 个产业综合试验站。

得益于院士专家的鼎力相助，广西巩固或形成了一批全国领先的优势产业集群。糖料蔗、桑蚕、木薯面积和产量保持全国第一，水果面积居第四，蘑菇产量排第二，成了全国最大的冬菜基地，畜禽水产品也在全国占有重要位置。

（二）八桂学者工程和特聘专家工程

八桂学者和特聘专家是广西引进培养高层次领军人才的重要举措。2011 年广西启动八桂学者和特聘专家工程，截至 2012 年年底，广西已聘任两批八桂学者共 53 名，其中拥有正高职称的 53 人，拥有博士学位的 44 人，国家杰出青年科学基金获得者 8 人，“长江学者”特聘教授和创新团队带头人 4 人，中科院“百人计划”入选者 7 人，国家引进海外高层次人才“千人计划”入选者 5 人。已聘任特聘专家两批共 53 名，其中拥有正高职称的 48 人，拥有博士学位的 37 人，国家杰出青年科学基金获得者 5 人，“长江学者”特聘教授 2 人。八桂学者工程和特聘专家工程的实施对增强广西引进培养高端人才、提升优势领域技术水平、促进企业创新等方面起到重要的促进作用，具体如下：

（1）增强广西高端人才的吸引培养能力。引进专家学者当中，既有来自美国、英国、加拿大等海外高校或企业的高端人才，也有来自中科院、清华、上海交大等国内知名院校的学术技术带头人，全职引进了国家“杰青”、长江学者、中科院“百人计划”人选等一批仅次于“两院”院士层次的中青年拔尖人才。工程实施过程中，还呈现出“以才引才”的良好态势。如广西医科大学“转换医学”八桂学者团队，聘请到美国匹兹堡大学的王洲教授加盟。2012 年，王洲教授在广西成功申报入选国家“千人计划”；英国利物浦大学博士后、中山大学“百人计划”入选者匡小军博士，加盟桂林理工大学“有色金属功能材料”特聘专家团队；中科院“百人计划”（A 类项目）人选、西双版纳植物园重点实验室副主任曹坤芳教授、博导，为争取八桂学者岗位支持，全职调入广西大学工作，结束了广西大学没有中科院“百人计划”人选的历史。由首批专家学者领军的团队，共吸纳 530 多位本土中青年骨干参与科学研究，为广西培养了一支科研生力军。

（2）提升广西优势领域的科研水平。受聘专家学者十分珍惜广西搭建的优质平台，心无旁骛，潜心研究，使广西一批传统优势领域的业内科研地位不断巩固。广西科学院八桂学者率领生物信息学团队创新的“酶分子改造半理性设计法”应用于海藻糖合成酶改造，成果荣获 2012 年度自治区唯一的自然科学奖一等奖。玉柴集团八桂学者卓斌教授，充分发挥桥梁纽带作用，深化企业与上海交大机械动力学院的科研联合攻关，助推“节能环保型柴油机关键技术及产业化”项目荣获 2012 年度国家科技进步奖二等奖。广西农科院八桂学者邓国富研究员，带领科研团队创新水稻“双超”栽培模式，2012 年成功实现超级稻双季亩产 1300 千克以上，受到“超级稻之父”袁隆平院士的关注和认可。广西林科院八桂学者团队选育的马尾松“松韵”品种 2012 年获得授权，成为广西林业系统培育的第一个植物新品种。据不完全统计，仅 2012 年，首批八桂学者、特聘专家及其创新团队就为广西新增国家级科研项目 70 余项，争取国家下拨科研资助 8600 万元。

（3）推动广西重点企业的创新发展。柳州欧维姆公司特聘专家朱万旭，在美国标准实验室主持完成大型拉索体系疲劳性能系列测试，帮助公司的预应力产品中标铜陵长江大桥、国家天文台等建安工程，合同总金额超 2 亿元。梧州制药集团特聘专家果德安研究员，指导创新团队开展注射用血栓通技术升级研究，使单品种中药注射剂的销售量提升到 1.5 亿支，帮助公司实现年度净利润同比预增 80% 以上。柳工集团八桂学者、特聘专家通过优化液压系统，使公司产品操作性能得到较大提升，仅大型装载机一项年销售收入就达 1.35 亿元。玉柴八桂学者、特聘专家主持研制的柴油混合动力总成年产量超 1500 台套、气体机销量近 3 万台，在业内遥遥领先。

（4）促进广西科研平台的创建提升。华锡集团八桂学者牵头的广西锡多金属矿物加工工程研究中心、广西蚕科院八桂学者参与申报的亚热带蚕桑育种与种养技术工程研究中心，被国家发改委认定为国家地方联合工程研究中心。广西医科大学“长寿与老年相关疾病”，获批教育部省部共建重点实验室和自治区级人才小高地。桂林理工大学“物联网技术与产业化推进”获批自治区级人才小高地。

（三）科技创新人才和团队工程

实施创新团队培养工程是培养科技创新人才的重要途径。近年来，广西把培养创新团队作为培养科技创新人才的重要内容，通过政策引导、项目支撑、资金扶持等多项措施，积极推进科技创新人才建设。

一是创新基金资助模式，重点培养青年科技人员。首次启动广西自然科学基金青年基金滚动项目 10 个，每项资助 10 万元。二是全面实施科技人才成长资助路线图。积极完善广西自然科学基金资助体系，针对科技人才成长规律设置了青年基金项目、青年基金滚动项目、杰出青年基金项目和创新研究团队项目，全面实施科技人才成长资助路线图，阶梯式扶持青年科技人员开展基础研究，为科技人才脱颖而出创造条件。2013 年，共资助青年基金项目 282 个、青年基金滚动项目 10 个、杰出青年基金项目 10 个和创新研究团队项目 10 个，资助经费总额为 2910 万元，占总资助经费的 44.8%。三是培育高层次创新科技人才和团队。优先支持优秀中青年科技人员，围绕国家和自治区中长期科技发展规划确定的某一重要研究方向开展基础研究和前沿技术研究，培养和造就一批进入国家级高层次的创新科技人才和团队。广西多源信息挖掘与安全重点实验室李先贤教授入选首批国家创新人才推进计划中青年科技创新领军人才；4 名广西杰出青年基金获得者入选教育部“新世纪优秀人才支持计划”。首批广西自然科学基金创新研究团队项目资助的广西师范大学陈振锋教授、梁宏教授领衔的创新研究团队入选教育部 2012 年度“创新团队发展计划”创新团队。广西岩溶动力学重点实验室李强副研究员、蒲俊兵博士入选首批国土资源杰出青年科技人才培养计划；广西岩溶动力学科技创新团队入选首批国土资源科技创新团队培育计划。

此外，广西还积极实施“十百千”人才工程、工程技术人才培养工程、高技能人才培养工程、农村实用科技人才培养工程等，这些人才培养工程的实施和扎实推进，培养了一批广西紧缺的科技创新人才，进一步壮大了广西的人才队伍规模，优化了人才结构，提升了人才队伍的整体素质，有力地推动了广西经济社会发展。

四、科技人才政策措施及成效

用好用活科技人才，关键在政策创新。近年来，围绕科技人才发展战略目标的实现，广西把科技人才政策创新摆在更加突出的位置，制定了《广西壮族自治区中长期人才发展规划（2010—2020 年）》《广西壮族自治区人才发展“十二五”规划》（以下简称《广西人才十二五规划》）等指导性文件；出台了《关于加快吸引和培养高层次创新创业人才的意见》《八桂学者制度试行办法》《特聘专家制度试行办法》《关于进一步加快广西北部湾经济区人才开发的若干政策措施》等人才政策；制定了《关于加强科技创新人才队伍建设实施方案》《百名顶尖人才支撑工程实施方案》《关于培育 20 万创意创业人员实施方案》等具体推进方案。一系列具有指导性、可操作性、创新性的科技人才政策措施的颁布实施，使广西已基本构建激励科技人才创新创业、鼓励科技人才加速聚集的政策体系。

（一）科技人才培养和开发政策

近年来，广西重视研究制定科技人才培养和开发政策，努力探索加快科技人才培养和开发的新政策、新规定。例如，《广西人才规划纲要》和《广西壮族自治区人才发展“十二五”规划》明确提出要实施高层次人才开发引领政策、产学研合作培养人才政策，建立高校、科研院所、企业高层次人才双向交流制度，推行产学研联合培养研究生的“双导师制”，实施“人才 + 项目”的培养模式，在实践中集聚和培养人才。为引进和培养高层次人才，2010 年广西出台了《八桂学者制度试行办法》《特聘专家制度试行办法》，对“八桂学者”“特聘专家”岗位设置、招聘方法、支持方式、考核管理等方面提出很多创新性政策。如两个文件提出：广西壮族自治区财政将每年给予每位全职八桂学者 20 万元税后岗位津贴，非全职八桂学者按实际工作时间给予 1.5 万元税后岗位津贴；每年给予八桂学者所带科研创新团队 20 万元税后岗位津贴；每年给予八桂学者及其科研团队提供科研补助经费，自然科学类 60 万元，人文社科类 20 万元。每轮聘期，设岗单位提供的科研配套经费，自然科学类不低于 500 万元，人文社科类不低于 50 万元。特聘专家在聘期内，自治区财政一次性给予每位特聘专家及其科研团队 20 万元科研补助经费；每年给予每位特聘专家 10 万元税后岗位津贴，给予所带科研团队 5 万元税后岗位津贴。设岗单位每年向每位特聘专家所带科研团队提供不少于 5 万元的税后岗位津贴；每年向每位特聘专家及其科研团队提供的科研配套经费，自然科学类不少于 20 万元、人文社科类不少于 10 万元。

（二）科技人才评价与激励政策

为科学评价科技人才，不断激励科技人才创新创业，广西在制定科技人才评价与激励政策方面进行了有益探索，制定了不少创新性的政策措施。例如，《关于加快吸引和培养高层次人才创新创业的意见》提出要完善高层次人才评价手段，大力开发和运用现代人才测评技术，努力提高人才评价的科学化水平。高层次创新创业人才主持完成的科技成果技术转让所得的净收入，项目主持人及其科研创新团队可一次性获得不低于50%的奖励。各级政府给予高层次创新创业人才的项目资金，可以作为申办企业的注册资本。《关于加强工业专业技术人才和经营管理人才队伍建设的意见》提出：高等学校和科研院所以技术转让方式将职务科技成果提供给他人实施的，应当从技术转让所取得的净收入中提取不低于30%的比例用于一次性奖励研究开发该项科研成果的职务科技成果完成人及其团队。高等学校与企业联合且由企业出资的横向科研课题的节余经费，允许用于由该项科技成果转化而兴办的科技企业注册资本金；成果完成人可享有该注册资本金对应股权的80%，学校享有20%。《关于加强科技创新人才队伍建设的实施方案》提出：建立完善分配制度，建立知识、技术等要素按贡献参与分配的制度，探索实行技术成果、知识产权折价、股权期权激励等科技人才激励方式。

（三）科技人才流动与配置政策

在广西人才总量相对不足、人才整体素质不高的形势下，促进科技人才流动与优化配置显得尤为重要。为促进科技人才流动与优化配置，广西制定出台了不少政策措施。例如，《广西人才规划纲要》提出：对到农村层次和艰苦边远地区工作的人才，在工资、职务、职称等方面实行倾斜政策。《关于加强工业专业技术人才和经营管理人才队伍建设的意见》规定：完善专业技术人才和企业经营管理人才交流和挂职锻炼制度，打破人才身份、部门和单位限制，营造开放的用人环境，促进专业技术人才和经营管理人才向工业企业集聚。鼓励专业技术人才和经营管理人才在广西北部湾经济区内自由流动。

（四）其他特色的政策

2010年，广西出台的《关于进一步加快广西北部湾经济区人才开发的若干政策措施》（简称《若干政策措施》）在北部湾急需紧缺高层次创新创业人才引进、政府特聘专业人员、事业单位专才特聘、人才津贴补贴等方面提出了一系列创新性政策措施，对推进人才资源向北部湾经济区流动、集聚发挥了重要作用。例如，对于如何引进高层次创新创业人才，《若干政策措施》规定：担任主任科员以下职务的，经自治区公务员主管部门批准，可按照特殊职位录用办法，适用简化考试程序。事业单位引进急需紧缺专业的高层次人才，适用简化招聘程序。对于政府特聘专业人员，《若干政策措施》提出：特聘专业人员不使用行政编制，按照合同制管理，实行协议工资制或年薪制。合同期满后，特聘专业人员可根据工作需要续聘，也可进入市场自主择业，还可通过法定程序录用为各级机关公务员。

近年来，广西通过制定出台有关科技人才培养、科技人才评价、科技人才流动、科技人才优化配置等一系列政策措施，初步形成有利于科技人才培养、引进、使用、激励、评价和流动的政策环境，各项科技人才政策的实施，对加快广西高层次创新人才培养，促进青年科技人才成长，强化创新人才团队建设，提高科技创新产出，增强广西自主创新能力，促进广西经济社会发展产生了重要影响。

四川省科技人才发展报告

■ 四川省科学技术厅

一、科技人才队伍总体情况

2012年末，四川省地方企事业单位有专业技术人员110.4万人，其中，事业单位专业技术人员99.8万人，企业单位专业技术人员10.7万人。全省拥有中国科学院院士27人、中国工程院院士35人。全省从事科技活动人员31.0万人，占全省科技人员总数的65.0%，其中大学本科及以上学历14.6万人。按执行部门分组，科研机构有3.8万人，占比12.3%，高等院校有5.6万人，占比18%，企业有20.2万人，占比65.2%，事业单位有1.4万人，占比4.5%。

截至2012年年底，全省共有各类科技机构1600多个，机构有R&D人员7.4万人，按执行部门分组，科研机构有2.6万人，占比35.1%，高等院校有0.7万人，占比9.5%，企业有4万人，占比54.1%，事业单位有0.1万人，占比1.3%。国家级重点实验室12个，省重点实验室80个，国家级工程技术中心14家，省级工程技术中心122家，科技人员总量居西部第一，高端科技创新人才保持西部第一，高端创新人才及创新团队数量呈稳步增长态势。截至2012年，四川省共资助、引进148名海外高层次人才和5个海外高层次人才顶尖团队。目前四川省资助引进的海外高层次人才中，有91人入选了国家“千人计划”。这91人平均年龄48岁，他们分别来自美国、新加坡、英国、德国等13个国家和地区，专业领域涉及电子信息、生物学、医学、化学、材料科学、物理学、岩土工程、机械工程、经济学以及管理学和数学等。他们全部具有博士学位，近半拥有博士后经历；他们中有7人在国外大中型科研机构中担任过首席科学家或研究员；4人在国外自己创办有企业。

二、科技人才工作总体部署和进展

根据四川省中长期人才发展规划和科技发展规划，围绕“十二五”四川经济社会发展的总体部署，2011 年，科技厅完成《四川省“十二五”科技人才发展规划（2010—2015 年）》编制工作，明确了“十二五”期间四川省科技人才队伍发展的目标、任务和主要政策措施。为进一步规范科技人才的引进和培养工作，四川省科技厅起草制定了《关于实施天府科技英才计划的意见》《加强科技计划项目实施培养和引进科技人才的暂行办法》和《四川省科技创新苗子工程管理暂行办法》等三个文件，在“十二五”期间全面实施“科技领军型人才培养计划”“青年科技人才培养计划”“科技创新苗子培养计划”和“科技创新团队支持计划”等四大人才培养计划，支持培养不同层次科技创新人才，为分类推进四川省科技人才队伍建设提供了政策依据和制度保障。

2012 年四川省科技厅会同省委组织部下发了《关于实施天府科技英才计划的意见》，同时省科技厅还制定下发了《加强科技计划项目实施培养和引进科技人才的暂行办法》和《四川省科技创新苗子工程管理暂行办法》，为分系统、集成式推进科技人才队伍建设提供了政策支撑和制度保障。在此基础上，为贯彻落实《国家高层次人才特殊支持计划》和《创新人才推进计划》，加大四川省科技创业人才的支持培养力度，省科技厅又起草了《四川省科技创新创业领军人才支持计划实施方案》和《四川省科技创新创业领军人才计划实施办法》，进一步拓展了天府科技英才计划的人才培养范围。

（一）四川省科技人才发展目标

四川省科技创新苗子工程：预计未来五年，通过科技创新苗子工程实施，将支持 270 个左右创新项目，培育青年创新创业团队 55 个，培养青年创新创业人才 550 人，力争有 50 个项目形成的科技成果实现转化，引导创办企业 10 个，促成 5 个项目引入风险投资快速发展。到 2020 年，预计将支持 500 个创新项目，培育青年创新创业团队 100 个，培养青年创新创业人才 1000 人。

四川省青年科技基金：“四川省青年科技基金”是根据四川省经济、社会、科技发展规划和科技人才培养总体目标，培养优秀青年科技人才和学术技术带头人的专项基金。依托每年总经费不低于 1000 万元的省青年科技基金，每年在四川省重点、优势发展领域遴选 25 名左右优秀中青年科技人才予以资助。预计未来 5 年将选出 140 名左右优秀中青年科技人才予以资助，到 2020 年将达到 220 名左右。

四川省科技创业领军人才计划：“四川省科技创业领军人才计划”旨在提升科技人才创新创业能力，大力培养四川省产业发展急需紧缺的高层次科技创业领军型人才，促进科技创新和产业发展相融合，为加快建设西部地区创新驱动高地提供支撑。未来 5 年，在四川省重点发展的高新技术产业和战略性新兴产业以及现代农业、民生工程等领域，有计划、有重点的遴选支持130名左右科技创业领军人才，转化一批具有自主知识产权的重大科技成果，催生一批竞争优势明显的高新技术产品，壮大一批高成长性的科技型企业，促进高新技术产业和战略新兴产业做大做强。预计到2020年，将培养240名左右科技创业领军人才。

四川省科技创新研究团队专项计划："四川省科技创新研究团队专项计划"围绕四川省优先发展的重点产业，特别是战略性新兴产业及现代农业、民生工程、基础研究等创新领域，采取依托项目培养人才的方式，预计未来5年，将扶持55个左右产学研紧密合作、获得重大突破性成果的科技创新团队，打造一支素质优良、结构合理、梯次配备的创新型科技人才队伍。到2020年，达到90个左右。

海外科技人才的引进与培养计划："海外高层次人才引进计划"围绕全省发展战略目标，特别是推进"一主、三化、三加强"和建设"一枢纽、三中心、四基地"的人才需求，从2009年开始，在省重点创新项目、重点学科和重点实验室、省属企业和在川金融机构、以高新技术产业开发区为主的各类园区等四个领域，用5—10年时间，各引进并重点支持50名、总计200名左右海外高层次人才来川创新创业。

（二）科技人才工作体制机制创新

四川省科技厅高度重视科技人才队伍建设工作，充分发挥厅党组在加快四川省科技人才发展的领导核心作用，不断提高党管人才水平。省科技厅党组专题研究讨论加强四川省科技人才队伍建设工作，制定了《人才工作厅内分工方案》，明确了目标任务和责任分工，成立了由科技厅厅长任组长、分管副厅长任副组长，相关处（室）负责人任组员的"天府科技英才计划"工作领导小组，领导小组办公室设在厅人事处，形成了"一把手"负总责，处（室）责任人各司其职、全力配合开展的人才工作目标责任和上下贯通、高效协调的科技人才工作体系。领导小组主要负责"天府科技英才计划"实施的统筹协调和宏观指导；制定各项目标任务的分解落实方案和重大工程实施办法；建立实施情况的监测、评估和考核等具体办法。办公室主要负责领导小组各项重大决策的推进实施和综合协调；制定年度人才工作规划和分工方案；研究提出科技人才工作建议和意见；向省人才办汇报本系统人才工作进展情况等具体事项。

三、科技人才计划实施效果

（一）科技人才计划体系

1. 四川省科技创新苗子工程

“四川省科技创新苗子工程”是四川省在培养青年科技创新人才领域的一次全新探索。设立每年总经费不低于400万元的科技创新苗子工程专项资金，采取“人才带项目”的培养方式，每年遴选一批在川高校学生、3年内毕业生及部分示范性高中在校生，年龄在30岁以下的青年，围绕四川省高新技术产业和战略性新兴产业的重点领域，通过资助其开展创新创业活动，培育一大批富有创新精神和较强科技创新创业能力的青年科技后备人才。以培养青年科技后备力量为目的，按照“早起步、早发现、早培养”的工作思路，通过政府投入引导，鼓励社会各方积极参与，对具有一定专业基础知识和创新创业潜质、将来能够成为优秀科技人才的苗子进行选拔和培养，创造有利于青年科技人才创新创业的良好环境，通过参与科技创新实践促使他们尽快成长，逐步成为四川省科技和经济社会发展的中坚力量。

2. 四川省青年科技基金

通过四川省青年科技基金和省级重点科技计划项目，采取以“人选为主体、项目为支撑”的形式，每年在四川省重点、优势发展领域遴选25名40岁以下的优秀中青年科技人才予以资助，采取与资助对象所在单位联合培养、共同资助的方式，通过优先资助海外归国人员、侧重支持创新型企业和重点实验室青年科技人才等多个资助重点，逐年扩大资助范围、加大资助力度，引导青年科技人才面向四川省经济社会发展需求，对前瞻性、共性、关键科技问题开展研究，并鼓励其科研成果的推广应用，加快培养造就杰出青年科技人才和学科带头人。

3. 四川省科技创业领军人才计划

“四川省科技创业领军人才计划”围绕提高自主创新能力、建设创新型四川，紧扣四川省优先发展的重点产业和“塔尖”产业，通过国家和省级各类科技计划重大项目的实施，以战略型科学家和创新型科技拔尖人才培养为目标，每年重点扶持一批能够跟踪世界科技前沿、突破关键技术、推动优势产业发展的领军型人才，通过优先支持其主持不少于100万元的重大科技项目，促进科技领军人才取得突破性成果。积极对接国家高层次人才特殊支持计划和推进计划，大力实施四川省科技创新创业领军人才支持计划，培养一批创新能力强的高层次创业领军人才。

4. 四川省科技创新研究团队专项计划

“四川省科技创新研究团队专项计划”通过建设国家和省重点实验室、产学研联盟、工程技术研究中心等，以及承担重大科技专项研究开发的骨干企业、牵头高校和科研机构，选择在事关行业重大和关键共性技术领域取得国际领先、获得重大突破性成果的研究团队，采取“项目 + 带头人 + 团队”的方式，集中扶持一批竞争力强、发展潜力大的高层次科技创新团队，给予持续支持，加快培养造就一批优秀科技创新团队。

5. 海外科技人才的引进与培养计划

“海外科技人才的引进与培养计划”围绕国家发展战略目标，从 2008 年开始，用 5—10 年，在国家重点创新项目、重点学科和重点实验室、中央企业和国有商业金融机构、以高新技术产业开发区为主的各类园区等，引进并有重点地支持一批能够突破关键技术、发展高新产业、带动新兴学科的战略科学家和领军人才回国创新创业。要紧紧围绕企业发展战略，着眼参与全球竞争，引进能够带来核心技术、帮助企业实现转型升级的关键人才，引进具有先进管理理念、能够组织大规模科技攻关和进行集成创新的科研管理人才，引进具有国际视野、国际经验、世界一流的领军人才。在符合条件的中央企业、大学和科研机构以及部分国家级高新技术产业开发区，建立海外高层次人才创新创业基地，推进产学研紧密结合，探索实行国际通行的科学研究和科技开发、创业机制，集聚一批海外高层次创新创业人才和团队。

（二）重大人才工程、计划组织实施和成效

1. 科技创新苗子工程培养科技创新后备力量

为加强四川省青年科技后备力量建设，培育富有创新精神和较强科技创新创业能力的青年科技人才苗子及团队，创造有利于青年科技人才创新创业的良好环境，2010 年，省科技厅按照“早起步、早发现、早培养”的工作思路和“人才带项目”“项目 + 团队”的形式，在全国开创性的启动实施了“四川省科技创新苗子工程”。重点支持四川省高校在校生、3 年内的毕业生和部分示范性高中生以及年龄在 30 岁以下的优秀青年和团队，极大地前移了四川省科技人才培养的前沿阵地，进一步调动了广大青年科技后备人才参与科技创新实践的积极性和主动性。同时，为积极探索培养青年科技人才苗子的新经验和新模式，鼓励青年科技人才创新创业，省科技厅建立了一批科技创新苗子示范基地和科技创新人才苗圃，进一步丰富了四川省青年科技人才培养手段，为四川省青年科技人才的发掘和培养提供了不竭动力。截至 2012 年，“四川省科技创新苗子工程”已累计投入资金 1400 万元，立项支持青年科技后备人才重点产品开发项目 14 个，创新研发项目 174 个，小发明（小创造）项目 40 个，培养青年科技后备人才 1200 余人。在四川大学、四川工程职业技术学院、成都天河中西医科技保育有限公司和成都七中建立了 4 个“科技创新苗子示范基地”。在四川省计算机研究院、成都天河中西医科技保育有限公司和四川省分析测试中心建立了 3 个科技创新人才苗圃。2013 年申报项目达 1600 余项，同比增长 112.8%。

2. 青年科技基金培养杰出科技人才

四川青年科技基金的人才培养计划是四川省首个省级高层次科技人才培养计划。基金年度经费

从最初的100万元增长到2000万元，资助强度由最初的人均9万元增加到50万元。四川青年科技基金首次将科学基金制引入省级科技计划管理，实行“公平、公正、公开”的竞争机制，成立了以院士领衔的高层次专家委员会，严格遵循“依靠专家、发扬民主、择优支持、公正合理”的选拔原则，从源头和制度上保障了人才选拔培养工作的成效，极大地提高了青年基金人才培养计划的品牌效应，使青年基金人才培养计划超出经费支持的范畴，更成为一种荣誉，激励了优秀人才的快速成长。截至2012年年底，青年基金杰出青年培养计划共资助18批495名青年科技人员，入选当年平均年龄35.3岁，其中博士占到79%。已有15批435人完成资助计划，成为活跃在科技工作第一线的杰出科技人才代表。其中，3人当选中国科学院或工程院院士；7人成为国家“973计划”首席科学家；33人获得国家杰出青年科学基金，占全省总数的48%；12人获中国青年科技奖；17人受聘长江学者奖励计划特聘教授，占全省的38%；2人获四川省科技杰出贡献奖，122人成为四川省学术和技术带头人，6人获得四川省杰出创新人才奖。大批青年基金资助人选已成长为四川省乃至国家的杰出科技领军人才，为增强四川自主创新能力、支撑四川经济社会发展发挥了重要作用。

3. 科技创新团队计划造就一流科研团队

2011年，在青年科技基金的基础上，启动了青年科技创新研究团队资助计划，每个团队资助100万元。以充分发挥杰出科学家的领军作用，形成团队效应，凝聚并稳定优秀创新群体，加快培养创新人才梯队，带动整个科技队伍的建设和发展，更好地为四川省经济社会发展提供人才支撑。2011年资助了25个创新团队，培育了15个创新团队。2012年又启动了第二批创新团队计划，资助了10个创新团队，培育了10个创新团队。在今年的创新团队计划中，加强了对企业创新团队的支持，来自企业的创新团队比例提高到30%。目前，四川省青年基金资助对象带领2个创新团队入选国家自然科学基金创新研究群体；11个创新团队入选教育部创新团队，占四川省入选总数的38%；20余位资助对象担任各级重点实验室主任，成为创新团队的领头人。

4. 科技创业领军人才计划支持高层次创业人才

为深化拓展“天府科技英才计划”，有效对接国家“高层次人才特殊支持计划”和“创新人才推进计划”，促进四川省优秀科技创业人才脱颖而出、加快成长，培养造就一批科技创业领军人才，省科技厅围绕四川省新一代信息技术、新能源、高端装备、新材料、生物、节能环保等战略性新兴产业和高新技术产业以及现代农业、民生工程等领域，以人才为主体，以项目为支撑，在2013年启动实施“四川省科技创业领军人才计划”。重点扶持取得重大科技创新成果，拥有自主知识产权，具备较大发展潜力的中青年科技创业人才，大力培养四川省产业发展急需紧缺的高层次科技创业领军型人才，聚集高层次科技创业人才群体，促进科技创新和产业发展相融合，为加快建设西部地区创新驱动高地提供有力支撑。科技创业领军人才计划从今年起实施，计划用10年左右时间，有重点的遴选支持300名科技创业领军人才，转化一批具有自主知识产权的重大科技成果，催生一批竞争优势明显的高新技术产品，壮大一批高成长性的科技型企业，促进高新技术产业和战略新兴产业做大做强。2013 年首批支持 20 名。

5. 海外科技人才的引进与培养

截至 2012 年 6 月，四川省自启动海外高层次人才引进计划以来，已分三批资助引进 148 名海外高层次人才和 5 个海外高层次人才顶尖团队来川创新创业。这些专家来川后发挥了“裂变”效益，为四川省自主创新和产业升级做出了积极贡献。目前四川省资助引进的海外高层次人才中，有 91 人入选了国家“千人计划”。

6. 依托国家创新人才推进计划培养领军人才

国家创新人才推进计划是国家中长期人才发展规划纲要确定的一项重大人才工程。2012—2013 年，四川省向国家推荐了 25 名创新人才，25 名创业人才，3 个创新团队和 3 个人才培养示范基地。

四、科技人才政策措施及成效

（一）培养和开发政策

1. 通过加强产学研协同创新培养企业创新人才

四川省科技厅强化产学研联盟和协同创新，通过建立生物、医药、新材料、电子信息产品制造业、装备制造、钢铁集群等传统及新兴产业，以企业为主导发展产业技术创新战略联盟，吸引了大量的企业和高素质人才，实现了人才的有效聚集和培养。

一是推动建立产业技术创新战略联盟：打造产业技术创新战略联盟，确定以企业为主体，主要任务是以产业技术创新需求为基础，突破产业发展的关键技术，构建共性技术平台，凝聚和培育创新人才，加速技术推广应用和产业化。通过建立联盟，使四川省高等学校、科研机构为企业技术进步提供有效支撑，同时为企业技术创新提供持续的创新源泉和人才保障。四川省已备案认定联盟 91 个，全面推进联盟建设的工作格局基本形成。

二是培育创新型企业：2012 年，四川省科技厅会同省委宣传部等 11 个部门联合制定下发《四川省建设创新型企业工作办法》，以加快四川省以企业为主体、市场为导向、产学研结合的技术创新体系建设，进一步规范和加强建设创新型企业工作。通过建立创新型企业，培育企业能积极开展技术创新活动，加强企业创新人才培养。近年来，四川省大力推进创新型企业建设，全省建成省级以上创新型企业 1154 家，国家创新型（试点）企业 26 家。这些企业在引领企业科技创新、促进产业转型升级上发挥重要作用，已成为推动“四川制造”向“四川创造”转变的示范者和践行者。

三是推进高新技术企业发展：建立了四川省高新技术企业认定机制，目前，共认定 1374 家高新技术企业。对四川省认定的高新技术企业通过减税、免税等税收优惠等政策进行鼓励和支持，使企业有更多的资金投入技术创新研发和人才培养等环节，提高了企业技术创新能力，为企业留住人才，用好人才，加快了四川省高新技术企业发展。

四是通过组织实施重大科技项目培养创新人才：制定发布《加强科技计划项目实施培养和引进科技人才的暂行办法》，按照“服务发展、人才优先、以用为本、创新机制、高端引领、整体开发”的人才发展指导方针，四川省科技厅不断完善科技宏观管理和科技投入体系，依托各级各类科技计划项目，大力支持在科学技术领域，为增加知识总量以及运用这些知识去创造新的应用进行的系统的创造性活动，2011 年全省立项科技项目 1224 个，立项项目总经费 28499 万元，参与研发人员 12018 人；2012 年全省立项科技项目 1445 个，立项项目总经费 61829 万元，参与项目研发人员 11192 人，提升了四川省科技人员的整体素质。

2. 推进企业创新载体和人才创新创业平台建设

一是加强科技基础条件平台建设：2011 年四川省科技厅与省财政厅联合起草了“科技基础条件平台项目管理办法”，全面加强大型科学仪器、主题测试、科技文献、植物资源、微生物资源和实验动物共享服务等六大科技基础条件平台建设。省内 450 余家高等学校、科研院所和企业，共计 440 余位专家参与平台共建工作，初步建成了适应四川省科技创新需求和科技发展需要的区域科技基础条件支撑体系，平台聚集大量行业专业人才，多次开展专业人才培训，培养和造就了一支专业化、高水平、稳定发展的人才队伍。

二是建立四川高水平企业研发机构：四川省科技厅从 2013 年起，在四川省国民经济主要产业，特别是高新技术产业和战略性新兴产业领域内企业以及省级以上工程（技术）研究中心、企业技术中心、重点实验室、工程实验室等企业研发机构中遴选建立了一批具有重要示范和带动作用，研发水平国际一流的创新型大企业、大集团，充分发挥企业研发机构增强企业技术创新主体地位的作用，增强企业的自主创新能力。

三是加大重点实验室建设力度：为推进科技创新体系建设，四川省以提高自主创新能力为核心，以促进与经济社会发展紧密结合为重点，进一步加大重点实验室建设力度，遴选建设了一批省重点实验室。截至 2012 年年底，四川省已有国家实验室（筹建）1 个、国家重点实验室 9 个、企业国家重点实验室 2 个，省部共建国家重点实验室培育基地 3 个，省重点实验室 77 个，布局合理、重点突出、机制完善、水平先进的重点实验室体系不断完善。经过多年的建设和发展，国家和省重点实验室建筑面积达到 50 余万平方米，科研仪器设备总值超过 20 亿元，凝聚了一批高水平科技人才，已成为四川省科技创新的重要基地。

四是加强省级和国家级工程技术研究中心建设：四川省科技厅在“创新、产业化”方针指引下，为促进科技成果产业化；培养和造就勇于参与市场竞争，善于经营管理，勤于开拓创新的技术人才和经营管理人才，形成一支具有创新意识和科技攻关能力的优秀科技人才队伍。从 2007 年开始建设省级和国家级工程技术研究中心。目前，四川省已有国家级工程技术研究中心 16 家，居西部第一位；省级工程技术研究中心 134 家。初步统计，拥有研发人员 28071 人，其中高级以上研发人员 2977 人。

五是筹建四川产业技术研究院：2012 年，四川省科技厅先后起草了《四川省产业技术研究院建设方案》《四川省产业技术研究院管理暂行办法》等文件，启动了产业技术研究院筹建工作。四川产业技术研究院是以利益为纽带，政产学研资用协同创新、多方共赢的创新型科研经济实体。今年，四川省将重点围绕七大优势产业和战略性新兴产业，首期启动 10 家产业技术研究院。到 2015 年，力争在全省建立 20 家左右的省级产业技术研究院。

3. 通过省青年科技基金资助，培养杰出青年科技人才

依托每年总经费不低于 1000 万元的省青年科技基金，每年在四川省重点、优势发展领域遴选 50 名左右 40 岁以下的优秀中青年科技人才予以资助，大批青年基金资助人选已成长为四川省乃至国家的杰出科技领军人才，为增强四川自主创新能力、支撑四川经济社会发展发挥了重要作用。

4. 培养青年科技创新创业后备人才

四川省科技厅在全国开创性地启动实施了“四川省科技创新苗子工程”，重点支持四川省高校在校生、3 年内的毕业生和部分示范性高中生以及年龄在 30 岁以下的优秀青年和团队；四川省科技厅还建立了一批科技创新苗子示范基地和科技创新人才苗圃，鼓励青年科技人才创新创业，加强了四川省青年科技人才的发掘和培养。

5. 完成科技人才专题培训任务，实现科技人才再教育

在省委组织部的统一部署下，2011 年、2012 年圆满完成“加强自主创新，推进新型工业化”专题班四期共 196 名高新技术企业中高级管理人员和专业技术人员培训任务，实现科技人才再教育。

（二）评价与激励政策

1. 实施四川省科技奖励制度

为奖励在推动科学技术进步中做出重要贡献的集体和个人，充分发挥广大科学技术人员的积极性和创造性，以加速四川省社会主义现代化建设，四川省颁布了《四川省科学技术进步奖励条例》。2011 年四川省共有 637 项科研成果申报省科技进步奖，经过专业组初评、省评委会评审、复审和省科技厅审核，最终拟向省政府推荐获科技进步奖项目 238 项，其中一等奖 28 项、二等奖 52 项、三等奖 158 项；2012 年审查受理省科技进步奖申报项目 816 项，经组织网评、专业组会评，省科技进步奖评委会评审，评审推荐出一等奖项目 31 个、二等奖项目 54 个、三等奖项目 171 个。每年召开了四川省科技奖励大会，对获得四川省科技进步奖的集体和个人进行表彰。

2. 四川省职称评审制度改革

四川省出台搞活人才工作的 14 条措施，其中在职称政策上有 6 大突破：一是打破身份界限，

废止评聘专业技术职务必须具有干部或聘用干部身份的规定。二是打破所有制界限。三是打破地域界限，对引进的专业技术人员，原已取得的专业技术职务任职资格效用不变。四是打破岗位限制，实行评聘分开。五是打破系列限制，实行“双师”及“多师”制，1 人可评定多种职称。六是打破离退休人员不能申报评审任职资格的限制。用人单位根据实际需要自主设岗，不受任职资格、身份限制，可以“高评低聘”，也可“低评高聘”，也可以不聘。从而在专业技术职务聘任的宏观控制上逐步取消指标控制，实行结构比例控制。

3. 技术成果作价出资入股政策

1998 年，四川省人民政府印发《四川省技术成果作价出资入股暂行管理办法》的通知，指出鼓励以技术成果作价出资入股、参与收益分配，规定以技术成果作价出资入股额一般不得超过有限责任公司注册资本的 20%。以高新技术成果作价出资入股，作价总金额不得超过公司注册资金的 35%。对作价出资入股技术成果做出突出贡献的科技人员，可享有不高于该技术成果所占股份中 50% 的份额。同时鼓励省外、境外、国外单位或个人以技术成果向四川省内企业入股。

4. 积极贯彻落实技术市场条例，大力促进科技成果转化和技术转移的税收、贴息等优惠政策落实

2012 年，全省技术交易量快速增长，21 个市州技术交易登记全面覆盖，全年共签订各类技术合同 11698 项，119.63 亿元，大推进了四川省科技成果的商品化、资本化和国际化进程。技术转让收入减免税优惠政策包括居民企业在一个纳税年度内，技术转让所得不超过 500 万元的部分，免征企业所得税；超过 500 万元的部分，减半征收企业所得税。发展技术交易市场，企业进行技术转让以及在技术转让过程中发生的与技术转让有关的技术咨询、技术服务、技术培训所得，年净收入在 30 万元以下的，暂免征收所得税。超过 30 万元的部分，依法缴纳所得税。对单位和个人从事技术开发、技术转让和与之相关的技术咨询、技术服务取得的收入，免征营业税。

5. 四川省塔尖产业领域人才激励机制

为实现人才发展、科技创新和产业发展相融互动，四川省出台《关于加强战略性“塔尖”产业领域人才队伍建设的实施意见》，以科技优势明显、产业带动性强、市场前景广阔的新能源装备制造、新一代信息技术、新材料、生物医药、油气化工、航空航天产业为重点，实施战略性“塔尖”产业人才聚集工程。在“塔尖”产业园区和重点骨干企业、高校、科研院所，开辟人才引进绿色通道，在项目和资金扶持、职称评聘、技能鉴定、职务晋升、表彰奖励、户籍管理、人事代理、社会保障、子女教育等方面，实行特殊政策和快捷直通服务。“塔尖”产业领域的国有及国有控股企业用于引进急需紧缺人才的薪金，在核定的工资总额外据实单列，并进入成本核算。支持企业对核心技术人才和优秀经营管理人才实行股权、期权激励。

（三）流动与配置政策

1. 加强对口帮扶科技特派团和科技特派员工作

四川省科技厅在科技特派员对口帮扶工作中，积极协助帮扶省制定工作方案，积极组建科技特派团，扎实推进地震灾后新农村建设科技试点，研究制定了《四川省地震灾区农村恢复重建科技特派员专项行动纲要（征求意见稿）》。通过示范推广一批先进实用技术和产品，着力打造一批科技示范基地，重点建设一批科技特派员团队，扶持发展一批特色优势产业，切实推进地震灾后恢复重建科技特派员专项行动。2011 年，省科技厅狠抓节水农业、粮食丰产、富民强县、地震灾后恢复重建等科技特派团建设，新增新农村示范建设农业科技园区科技特派员团队 60 个、产业链科技特派员团队 15 个。目前，全省已有 156 个县开展了科技特派员工作，组建了省、市、县三级科技特派员团队 282 个，选派科技特派员 8000 多人，真正形成了一支“下得去、留得住、稳得起”的科技特派员队伍。2012 年，省科技厅纵深推进科技特派员农村科技创业行动。重点推进科技特派员与“三农”和龙头企业深度融合，提升科技对农业产业和农村经济的支撑能力。目前，全省已选派科技特派员 9400 余人，建立了粮食丰产等 300 多个科技特派团，领办、创办企业 300 多个，协办农民合作组织 970 多个，科技特派员实施成果转化项目近 1000 项，年利润超过 15 亿元。

2. 实施四川省科技创新创业领军人才计划，鼓励科技人才创新创业

四川省科技厅实施了“四川省科技创业领军人才计划”，围绕四川省新一代信息技术、新能源、高端装备、新材料、生物、节能环保等战略性新兴产业和高新技术产业以及现代农业、民生工程等领域，以人才为主体，以项目为支撑，鼓励科技人才创新创业。

3. 创建人才优先发展试验区

根据四川省委组织部《关于开展人才优先发展试验区创建工作的通知》精神，四川省科技厅在成都高新区和中科院成都生物研究所创建了人才优先发展实验区，经过两年多的建设，在人才引进和培养、人才创新创业等方面取得了初步成效。

成都高新区重点实施开放的人才发展战略，一是出台首个《成都高新区中长期人才发展规划纲要（2011—2020 年）》，成立了由党工委管委会主要领导任组长、16 个重点部门负责人组成的人才工作领导小组。二是设立了国内第一支由政府全额出资的规模为 8000 万元的创业天使投资基金，对区内处于种子期与初创期的高层次企业进行资金支持，并提供创业辅导、人才培训、管理咨询等配套服务。三是搭建完善的科技创新平台，孵化总面积已超过 120 万平方米，拥有公共技术平台 33 家，政府投资的公共技术平台资产近 2 亿元，社会投资公共技术平台资产超过 10 亿元。四是形成了高效的人才服务体系。在创业孵化、投融资、后勤保障方面形成“一站式”服务平台，建立了人才服务专员制度。中科院成都生物研究所更加注重人才引进与培养、流动人才队伍建设，推动人员结构优化。一是强化高层次人才引进，促进学科跨越式发展。出台了“特聘研究员”计划、高层

次人才的安家费政策以及“百人计划”“千人计划”购房补贴等吸引人才的措施，加大高端人才引进力度和投入。二是强化青年人才的引进和培养，促进人才梯队建设。出台了“青年研究员计划”，为优秀青年人才的科研工作提供启动资金支持。三是完善岗位管理，促进人员流动。出台了岗位竞聘管理办法和规范管理岗位管理的办法，设立破格条件促进优秀人才的迅速成长。四是完善考核评价体系，促进绩效产出。相继制订了部门绩效考核管理办法、学科组绩效考核管理办法及职工年度考核管理办法，形成了部门、团组到个人的考核评价体系，强化了不同系列人才的分类评价办法和指标体系建设。

试验区建设以来，通过不断完善试验区人才优先发展制度建设，2012 年成都市高新区共引进海外留学人员和博士 168 人，创办企业 90 家。全年新增“千人计划”1 人，“百人计划”17 人，“成都人才计划”36 人。省“顶尖团队支持计划”入选团队 2 个，“成都市顶尖创新创业团队”入选团队 4 个；中科院成都生物所引进青年科技、管理和支撑骨干人员 45 人，4 人入选“青年研究员”计划，13 人入选“西部之光”人才项目，4 人入选“青年创新促进会”，6 人获研究所国际交流基金支持。

重庆市科技人才发展报告

■ 重庆市科学技术委员会

深入贯彻落实党的十八大和十八届三中全会精神，围绕“科学发展、富民兴渝”总任务，立足重庆市五大功能区发展对人才的迫切需求，坚持服务发展、整合资源、突出重点、优化布局，分功能区域实施系列科技人才项目，努力提升人才工作服务发展的实效，加快构筑内陆开放型人才高地，为经济社会发展提供有力人才保证和智力支持。重庆市科技人才队伍规模不断扩大，整体质量得到提高，队伍结构得到逐步改善，科技人才在促进全市经济社会发展中发挥了重要作用。

一、重庆市科技人才队伍总体情况

截至2013年年底，重庆市拥有直接从事科技活动人员约12.6万人，近五年年均增长速度超过10%。现有R&D人员数量为7.2万人，其中，女性1.9万人，博士、硕士、本科学历人员分别为0.48万人、1.1万人、2.4万人。重庆市高层次科技人才总量近300人，其中，两院院士14人、国家“千人计划”人选52人、“973计划”首席科学家18人、国家杰出青年31人、“长江学者”34人、“新世纪百千万工程”国家级人才90名，国家自然科学基金委创新研究群体2个，教育部创新团队13个。近三年来，全市共引进各类海外高层次人才1000余名，其中34人入选国家“千人计划”，60人入选重庆“百人计划”，呈现出海外高层次人才加速向重庆集聚的态势。

二、科技人才工作总体部署和进展

重庆市认真贯彻中央人才工作会议精神，全面制定了《重庆市中长期人才发展规划纲要（2010—2020年）》和《重庆市中长期科技人才队伍建设规划（2010—2020年）》，实施“科技兴渝、人才强市”战略，积极推进科技创新、人才创新，为全市经济和社会发展提供了坚强的人才保障和智力支持。

（一）落实科技人才发展规划

《重庆市中长期人才发展规划纲要（2010—2020年）》是重庆市第一个中长期人才发展规划，是实施人才强市战略的总体规划，确立了人才优先发展战略布局。为充分发挥科技人才对重庆市创新战略的推动作用，依据国家中长期人才发展纲要和规划，落实重庆市中长期人才发展规划纲要，结合国内外发展形势和重庆市实际，制定出《重庆市中长期科技人才队伍建设规划（2010—2020年）》。

规划分5个部分。第一部分是科技人才发展现状与形势。第二部分是指导思想、工作原则和主要目标。对2015年、2020年全市科技人才队伍规划主要发展指标，如科技人才总量、高层次科技人才量和科技人才队伍效能进行了测算。第三部分是科技人才主要任务与重点工程。提出了培养科学研究、技术研发、工程开发和产业化支撑的学术带头人和骨干人才。设计了科研团队建设工程、领军人才培养工程、创新人才推进工程、海外人才集聚工程、青年英才开发工程、主要载体建设工程和管理团队建设工程等7类重点人才工程。第四部分是人才发展机制与政策创新。围绕解决重庆市科技人才发展的突出问题，提出了科技人才培养、引进、选用、激励、流动等方面的政策措施。第五部分是人才发展保障措施。重点从加强组织领导、增大投入和注重督查3个方面确保规划落实。

（二）科技人才工作体制机制创新

1. 建立长效的科技人才培养机制

完善高等教育人才培养机制，实施多元化教育培养模式，在加快发展普通教育的同时，大力发展成人教育、职业教育和专门培训，鼓励自学成才。通过派出研修和访问学者等方式，着力培养进入世界科技前沿的专家和学科带头人。大力加强产学研合作，注重人才的实践锻炼，推动科技人才的培养从学历本位向能力本位转变。加快现有科技人才教育和培训机构的培育能力建设，建立专门的专业和紧缺人才培育基地，开放社会学习网络，构筑全方位的科技人才教育培养体系。完善政府、社会、科研机构和企业组成的继续教育培养机制，满足信息时代知识更新对科技人才的要求。建立动态的科技人才需求预测系统，实现科技人才需求的短期预测和中长期预测。构筑社会化终身教育体系。

2. 建立灵活的科技人才引进机制

落实自主创新和人才强市战略，通过重点项目吸引高层次人才、构建高层次人才创新创业基地引进海外人才、以大项目和良好的科研环境吸引外来科技人才，着力打造创新型人才高地。突出科技人才引进重点，着眼拔尖创新人才，主要致力于高层次科技人才和大型企业、科研单位紧缺专业技术人才的引进，完善科学考评机制，确保科技人才引进工作的持续性。注重政策的创新性和灵活性，实现人才引进从补助性政策向建设性政策的转变。坚持刚性引进与柔性引进相结合，多渠道引进高层次科技人才。

3. 建立科学的科技人才选用机制

探索建立基于创新链环节划分的科技人才分类评价体系，形成以能力和业绩为导向、科学的社会化的人才评价机制。建立和完善公开荐才制度，着力开发利用国际国内两个人才市场和两种人才资源，对实绩突出者和表现优胜者实行直接优选。创新科技人才使用机制，科学使用人才，善于在一线发现优秀科技人才、在关键岗位用活人才。盘活科技人才存量，重视潜在科技人才和退休人才利用，促进人才优化配置，提高科技人才队伍的整体效能。

4. 建立有效的科技人才激励机制

建立竞争激励机制，开展公平竞争，实现科技人才在岗位、地位上的优化配置。建立目标激励机制，结合各单位和科技人才自身的实际制定目标，确保目标考核的针对性、实效性和权威性，动态管理科技人才。建立促进科技成果转化股权和分红激励机制，创新收入分配方式，逐步建立科技人员的收入与创造的经济效益或工作业绩挂钩的分配制度。建立精神激励机制，充分发挥精神激励的导向和鼓舞作用，大力表彰优秀科技人员。建立负面激励机制，采取惩戒性措施，对科技人才存在的某些不良行为或负面问题予以纠正。

5. 建立区域合作的人才共享机制

每年有计划地选调人才支持重庆市两翼地区发展，保留城市户籍及事业单位档案，在晋级考试等方面给予支持与帮助，实施人性化的动态管理。建立科技人才两翼基地园，对做出突出贡献的科技人才予以嘉奖，健全两翼地区科技人才保障制度。实施产业梯度转移战略，积极推动两翼地区优势产业发展，将劳动密集型产业转移到欠发达地区，推进产业与科技人才双赢发展。在科技人才流出区域和流入区域之间建立人才流失补偿机制，对于核心科技人才由使用单位给予流出单位培养经费适当补偿。

三、科技人才工程／计划与实施效果

构建起重庆市“1+2+N”的科技人才工作体系。“1”即国家科技部实施的“创新人才推进计划”；“2”即市委统筹推进的市级人才计划，包括“两江学者”“六百三万”计划、“特支计划”等重大人才工程；“N”即市级各职能部门实施的人才计划。“1+2+N”的科技人才工作体系覆盖了从院士、领军人才到青年科技人才等各类层次科技人才，囊括了科学研究、技术研发、工程开发、产业化支撑和科技公共服务等五大类人才，完善了国家、市级与部门之间三级科技计划体系，形成了资源整合、相互衔接、共同推进的特色。

（一）市级重大科技人才工程提供坚强人才保障

重庆市先后出台《重庆市“两江学者”计划实施办法》《重庆市人才队伍建设“六百三万”计划实施方案》和《重庆市高层次人才特殊支持计划5个子计划实施办法》等文件。以“两江学者”计划等三大重大人才工程为抓手，重点抓好以“两院”院士、重大科技项目首席专家为核心的高层次科技人才及高水平创新团队的培养。

（1）“两江学者”计划于2009年启动，旨在为延揽一批海内外学术技术精英，造就一批高水平创新团队，培育一批高层次学术技术领军人才，提升重庆核心竞争力，打造内陆开放高地和西部人才中心。根据全市支柱产业、重点学科、重大工程项目发展需要，目前已特聘教授和专家两批，共37人，启动科研经费2960万元，特聘岗位设置期为4年。

（2）“六百三万”计划于2010年启动，在全市优势产业、支柱产业、高新技术产业及重点学科领域，探索创新高层次人才培养模式与运行机制。该计划拟在9个行业培养造就一批优秀人才，包括百名优秀企业家、百名学术学科领军人才、百名工程技术高端人才、百名金融高端人才、百名宣传文卫领军人才和党外知名人士、万名紧缺高级技师、万名农业支撑人才和万名社工专才培养计划，基本囊括了当前全市人才体系亟须的部分。市财政斥资1亿元推进项目落实。其中，属于科技人才支持计划的有“百名学术学科领军人才培养计划”和“百名工程技术高端人才培养计划”。“百名学术学科领军人才培养计划”首批在教育教学、基础研究、高新技术研究、社会公益研究等领域，评选出学术学科带头人20名，资助经费共1600万元。“百名工程技术高端人才培养计划”围绕重庆市“6+1”支柱产业和科技重点工作等领域，培养和造就能够引领科技创新、突破关键技术、推动科技成果转化的工程技术带头人，评选出30名培养人选，资助经费共800万元。

（3）“重庆市高层次人才特殊支持计划”于2013年启动，旨在全面对接国家万人计划，建设一支数量充足、结构合理、门类齐全，与国际经济、科技发展接轨，适应重庆科技经济社会发展的高层次人才队伍。统筹全市各类人才计划，包括重庆市青年拔尖人才培养计划、哲学社会科学领军人才特殊支持计划、教学名师培养计划、科技创新创业人才支持计划、百千万工程领军人才培养计划等5个子计划实施办法。该计划重点遴选支持自然科学、工程技术、哲学社会科学和高等教育领域的杰出人才、领军人才和青年拔尖人才，形成与引进高层次人才计划相互补充、相互衔接的高层次创新创业人才队伍开发体系。目前5个子计划已评选出首批人选共70人，拟资助经费2700万元。

（二）部门科技人才计划实施成效显著

（1）实施海外人才集聚工程。由市社局牵头，配合国家“千人计划”，有计划地引进一批能够突破关键技术、发展高新技术产业、带动新兴学科的高层次人才。制定和实施吸引优秀留学人才来渝工作和服务计划，通过团队引进、核心人才带动引进等方式，加大海外高层次人才引进力度，探索建立符合留学人员特点的引才机制，逐步实行海内外公开招聘，重点吸引高层次人才和紧缺人才依托“两江新区”、中国重庆留学人员创业园、大学科技园等，推出一批特色项目，吸引海外高层次人才来渝创新创业。抓住实施国家“千人计划”和重庆“百人计划”契机，建设一批海外高层次人才创新创业基地。采取调入、聘用或柔性引进方式，从海外高校、科研院所和世界500强企业，已引进70余名海外高层次留学人才，到在渝高校、科研院所、医疗卫生机构、大型企业和留学人员创业园发展。同时，建设海外高层次人才创新创业基地建设15个基地，对入选基地一次性给予100万元经费支持，经费1500万元，主要用于科技平台建设和改善引进海外人才科研条件。

（2）实施各类科技人才专项计划。市科委主要组织实施有5类人才计划。其中，“院士专项计划”连续资助在渝院士领衔的科研团队开展科学研究与团队建设，每名院士每年资助30万元。“科技领军人才促进计划”重点支持院士、千人计划人选、万人计划人选、“国家杰出青年”“长江学者”“973计划”首席科学家等国家级人才开展项目预研。首批资助领军人才14名，每名50万元。“科技领军人才培育计划”重点支持有潜力成为国家级人才的科技人员开展相关研究工作，首批资助6名人选，每名30万—50万元。“新产品创新青年科技人才培养计划”，重点支持重庆市35岁以下，从事科学研究、技术研发、工程开发、产业化支撑或科技公共服务的青年科技人才围绕新产品研发开展相关工作，首批资助52项，每名8万元。“科技杰出青年计划”着眼支撑产业发展与人才培养相结合，旨在支持40岁以下青年人才开展创新研究，培养造就进入国内（国际）科技前沿的优秀学术带头人，已资助青年科技人才60名，每名60万元。

经过4年培养期，“科技杰出青年计划”资助的第一、第二批“市杰出青年”已在推动重庆市人才团队培养、成果推广应用、研发基地建设、国家资源争取方面取得显著成绩：一是“市杰出青年”快速成长为重庆市学术骨干和主力军，仅2013年有14人次成为“973”首席科学家、国家“杰出青年”“长江学者”特聘教授等国家级人才。二是承担国家科技计划的能力提升，获得国家“973计划”项目、国家自然科学基金重点项目等国家级项目（课题）95项，国拨经费近1亿元。三是多项重要成果达国际国内领先水平，注重研究成果的推广应用，创造直接经济效益3亿元。在深部岩体变形非协调理论及其多尺度数值模拟方面的研究成果处于国际领先水平；自主研发的3000吨级大型桥梁工程索缆试验系统，是国际上试验功能最强、吨位最高的大型桥梁工程索缆试验系统。四是获得一批代表性科研成果。发表了高水平学术论文417篇，其中，SCI检索208篇、EI检索86篇，有10余篇发表在领域排名前三的国际期刊上；出版专著9部；获得国家发明专利授权45项；制订国家标准6项、行业标准1项；获得国家级科技奖励3项、省部级科技奖励20余项。

四、科技人才政策措施

（一）坚持高端引领，加快实施重大科技人才工程

科学制定科技人才队伍建设方案，统筹各类科技人才发展计划，深化科技计划改革，探索以人为本的科技体制机制创新。紧密围绕产业链、布局创新链、打造人才链，合理制定了各类科技人才培养方案，特别是科技领军人才和青年科技人才。通过对高端人才引进培养、资助的政策和经费支持，已初步建立高端人才承担重大项目、重大项目培养高端人才的良性机制，有力地促进了企业、科研究院所吸引、凝聚、培养高层次人才和团队，为建设一支具有国际竞争力和影响力的科研拔尖人才和科技领军人才队伍奠定了基础。

（二）围绕需求导向，推动科技人才队伍结构优化

随着重庆市电子信息等新兴产业不断壮大，汽车等支柱产业加快升级，产业发展对科技人才的需求更加突出。我们以重庆市支柱产业、战略性新兴产业的关键和共性技术需求为重点，着力优化科技人才队伍结构，更加注重产业技术创新人才培养，逐步建设各年龄段和各技术领域、人才梯次配备合理的创新型科技人才队伍。

（三）遵循人才规律，建立科技人才评价标准

遵循科技创新规律，按照创新链的各个环节，建立了科学研究人才、技术研发人才、工程开发人才、产业化支撑人才和科技公共服务等 5 类科技人才分类评价标准，根据科技人才所从事的工作性质和岗位，以科研质量、创新能力、科研绩效为导向，确定相应的评价准则和方式标准。对从事科学研究的人才，重在考核其学术水平和学术影响；对从事应用研究和技术开发的科技人才，重在考核其技术创新与集成能力，获得的自主知识产权等；对从事管理和服务的科技管理人才，重在考核其管理水平和服务能力与效率。运用分类评价标准已修订了《重庆市自然科学研究高级专业技术资格评价条件》。

（四）建立交流平台，营造人才成长的良好环境

一是搭建青年科技人才交流平台。自 2009 年开始，每年举办“重庆市杰出青年科学基金论坛”，帮助青年学者凝练科学问题、增进彼此交流。二是建设国内首个省级科技人才库。重庆市科技人才库于 2012 年正式上线，实现查询、统计和对接项目管理、专家遴选等功能的全面开发，为重庆市的科技人才和科技管理工作提供了重要的支撑和极大的便利。截至目前，全市信息采集已注

册单位 5354 家，已注册人才信息 106495 份，覆盖全市各个区县。

（五）统筹城乡发展，实施科技特派员行动

2008 年重庆市出台了《重庆市统筹城乡“双十百千”科技特派员创业服务行动计划实施方案》，于 2011 年出台了《重庆市科技特派员管理办法》和《重庆市支持科技特派员创业服务十条举措》，大力实施科技特派员行动。通过壮大“公益型、创业型、农村流通型、信息型”四型科技特派员队伍，将“四型”科技特派员纳入“三支人员”管理，享受职级、编制、工资（含津贴）在原单位“三不变”优惠政策，服务工作与职称评定、职称晋升、评优评奖“三挂钩”，启动优秀科技特派员区县挂职“科技副职”试点，已经选派 20 名特派员到区县级部门和乡镇担任“科技副职”，举办青年农业科技创新创业大赛，一、二、三等奖分别获 30 万元、20 万元、10 万元的市科技计划项目立项经费支持，全市科技特派员工作取得了显著成效，对促进重庆效益农业发展和新农村建设，发挥了积极作用。

（六）激励人才发展，出台股权和分红激励规定

为落实中共中央、国务院《关于深化科技体制改革加快国家创新体系建设的意见》（中发〔2012〕6 号），引导和鼓励企业、高等学校、科研机构及其他组织建立有利于自主创新和科技成果转化的激励分配机制，进一步调动科技人员的积极性与创造性，促进科技成果产业化，推动企业成为技术创新主体，根据《中华人民共和国促进科技成果转化法》《重庆市科技创新促进条例》等有关法律法规，结合重庆市实际，重庆市出台了《重庆市促进科技成果转化股权和分红激励若干规定》（以下简称《规定》）。按照《规定》的有关条件，结合企业开展股权和分红激励工作积极性，先后与重庆两江新区创新创业投资发展有限公司等数十家企业进行了对接，指导企业制定股权和分红激励工作方案，为试点工作打下基础。

贵州省科技人才发展报告

■ 贵州省科学技术厅

一、科技人才队伍总体情况

1. 科技创新人才总量有所增加

截至 2013 年，贵州省人才资源总量为 312.22 万人。其中国有企事业单位中各类专业技术人才共计 76.23 万人。“两院”院士贵州省为 4 人，其中中国工程院院士 1 人，中国科学院院士 3 人。在高级专家队伍中，贵州省拥有“千人计划”入选者 4 人，“青年千人计划”入选者 1 人，“长江学者”2 人（“长江学者”特聘教授 1 人）。省核心专家两批 40 人，省管专家六批 639 人，国家有突出贡献中青年专家 38 人，国家“百千万人才工程”人选 20 人，享受国务院特殊津贴人数为 1122 人，占全国总数的 0.70%；享受省政府特殊津贴人数为 862 人。选拔培养优秀青年科技人才 9 批 231 人，省科技创新人才团队 6 批 98 个，启动了 3 批 34 家院士工作站和 45 个人才基地建设。

2013 年全省引进高层次人才 2703 人（博士 530 人、硕士 1800 人、副高级以上职称 373 人），在校研究生数达到 1.41 万人。贵州省初步形成了高学历和高层次科技创新人才稳中增长的局面。

2. 科技创新人才的比重有所提高

2013 年贵州省高、中、初级专业技术人才合计 76.85 万人，其中中级以上专业技术人才 32.57 万人，占 42.4%，比 2005 年提高了 12.2 个百分点，高、中、初级专业技术人才比例由 2005 年的 1∶6∶15 调整为 2013 年的 1∶9∶7，高级专业技术人才比例有了显著提高。2013 年全省国有企事业单位中各类专业技术人才共计 76.23 万人，其中拥有高级以上专业技术职称人员 5.61 万人，中级以上专业技术职称人员 22.46 万人，专科以上学历 27.77 万人，占 36.4%。全省科技活动人员总量为 6.91 万人，其中大学本科及以上学历人数 3.73 万人，占 53.98%。全省 R&D 人员 36113 人，每万人 R&D 人员 19.40 人年。

二、科技人才工作总体部署和进展

（一）科技人才发展规划

近年来，贵州省先后研究制定了《关于实施人才强省战略的决定》《贵州省“四个一”人才工程实施办法》，编制了《贵州省中长期人才发展规划纲要（2010—2020年）》。《中共贵州省委 贵州省人民政府关于加强科技创新促进经济社会更好更快发展的决定》（黔党发〔2011〕27号）、《中共贵州省委关于进一步实施科教兴黔战略 大力加强人才队伍建设的决定》（黔党发〔2012〕31号）、《中共贵州省委贵州省人民政府关于加强人才培养引进加快科技创新的指导意见》（黔党发〔2013〕12号）、《贵州省人才工作目标责任制考核办法（试行）》（黔人领发〔2013〕4号）、《贵州省高层次人才引进绿色通道实施办法（试行）》（黔人领发〔2013〕5号）、《贵州省引进高层次人才住房保障实施办法（试行）》（黔人领发〔2013〕6号）等有关政策和规定。

《中共贵州省委关于进一步实施科教兴黔战略 大力加强人才队伍建设的决定》（黔党发〔2012〕31号）明确提出了“十二五”期末的人才发展目标：到2015年，全省科技人才总量达到30万人，研发人员达到7万人，每万劳动力中研发人员数达到28人年。重点任务：到2015年，重点推进30个院士工作站、30个博士后科研流动（工作）站和100个省级人才基地建设。重点培养1500名优秀青年科技人才，加快建设250个有实力的科技创新人才团队，加快培育若干有竞争实力的“两院”院士候选人才。引进、培育重点产业学科带头人和科技创新创业领军人才100名、高层次创新创业人才1000名以上。

《中共贵州省委贵州省人民政府关于加强人才培养引进加快科技创新的指导意见》（黔党发〔2013〕12号）明确提出要把贵州建设成为“中国人才创业首选地”的宏伟目标。实施“百千万人才引进计划”，从2013年开始，省级财政每年统筹安排2亿元专项资金，大力引进用好一批领军人才、创新创业人才和专业技术人才，力争3年引进100名领军人才、1000名创新创业人才、10000名专业技术人才。

（二）科技人才管理体制和工作机制

对科技人才的日常管理主要依托所在单位，省科学技术厅主要提供宏观指导和统筹协调，并根据全省经济社会发展需求，采用多种手段加强对人才的培养、引进和管理，引导并促使其在成长的同时积极服务于经济社会发展。

1. 着力手段建设，培养人才

一是依托具体抓手，系统部署和实施好高层次创新型科技人才培养计划。在贵州省优秀青年科技人才培养计划、贵州省科技创新人才团队专项计划、贵州省科研机构人才聚集计划的基础上，实施贵州省“十百千”人才培养计划，并与国家创新人才推进计划的推荐有机衔接，形成以领军人才为塔尖、优秀青年科技人才和创新团队为塔身、博士和硕士为塔底的高层次创新型科技人才选拔培养体系。二是完善选拔培养方式，科学有效选拔培养高层次创新型科技人才。针对不同的培养计划，完善专家组成方式，在专家的组成上实行科技专家与管理专家和企业家的有机结合、国内著名专家与省内知名专家的有机结合；完善选拔方式，采取会议评审、通讯评审、视频网络评审相结合的方式；完善选拔评价指标体系，构建不同评价指标的定量与定性相结合的评价体系。以此最大限度体现选拔的公正、客观和有效。三是强化跟踪管理，持续支持高层次创新型科技人才。“十年树木，百年树人”，人才的培养是一个长期的过程，尊重人才成长规律，对高层次创新型科技人才承担的项目经过验收后，择优给予持续支持，使其研究更加深入、高水平的研发成果不断涌现，在实践中创新能力得到提升。

2. 着力平台建设、聚集人才

一是加强研发平台和园区建设，聚集高层次创新型科技人才。将“百千万人才引进计划”与重点实验室、工程技术研究中心、产业园区建设结合起来，通过完善研发平台和园区的创新创业基础设施建设，加强对其动态管理，使其承担更多支撑全省经济社会发展的重大的研发和产业化项目，吸引高层次创新型科技人才来创新创业。特别是要进一步加大对国家级研发平台和园区的投入，夯实其基础，使其多出成果，以其国家级高端平台的影响力成为高层次创新型科技人才创新创业的首选之地。二是加强院士工作站建设，柔性引进高层次创新型科技人才。将“百千万人才引进计划”与院士工作站建设结合起来，完善和健全对院士工作站管理的考核指标和考核机制，使院士工作站“承担一项国家重大科技项目，培养引进三名以上高层次和技术带头人，提升建站单位创新能力、研发能力、成果转化及产业化能力、交流合作能力、决策咨询能力”的作用切实得到体现，成为吸引更多的院士及团队到贵州开展创新创业活动的重要平台。三是加强项目建设，吸引高层次创新型科技人才。将“百千万人才引进计划”与科技计划项目，特别是重大科技专项的立项和实施结合起来，强化科技计划项目对产业发展关键共性技术的解决，强化重大科技专项对先进、成熟、适用科技成果转化和产业化相关科技问题的解决，强化科技计划项目，特别是重大科技计划项目对产学研结合的引导，吸引高层次创新型科技人才参与。

3. 着力机制建设，用好人才

以激发人才创新的内生动力为核心，发挥高层次创新型科技人才的作用。一是健全和完善科学评价机制，客观、科学评价高层次创新型科技人才的创新创业业绩。建立以业绩为重点，由品德、知识、能力、潜力等要素构成的分类评价体系，对高校创新创业人才，重在评价其创新理论成果、与产业发展结合紧密的关键共性技术成果；对科研机构创新创业人才，重在评价其与产业发展结合紧密的关键共性技术成果、成果转化和产业化前景；对企业创新创业人才重在评价其解决生产中关键共性技术成果、成果转化和产业化取得的经济效益。二是健全和完善激励机制，激励高层次创新型科技人才投身创新创业。一方面落实好黔党发〔2013〕12号文及其他文件已明确的技术要素参与分配、税收优惠等政策，加强宣传，发挥好政策的导向作用；另一方面与时俱进，探索实行课题负责制，重大专项实行首席科学家制等科研经费管理新方式，给科技人才创新创业以更大的经费使用自主权。三是建立和完善工作联动机制，建设支持高层次创新型科技人才创新创业服务体系。人才作用的发挥，依赖于精细化服务。在科技项目的立项和验收上，探索建立联动机制，在项目的安排、验收上相互协调，同时加强与国家相关部委和省内相关部门的相关沟通，整合资源支持高层次创新型科技人才的创新创业活动。在科技项目的申报和成果转化及产业化上，一方面通过加强投入、培训等，做强科技中介服务机构，增强其服务能力；另一方面充分发挥科技中介服务机构在信息传达、项目申报服务、成果转化融资等方面的作用，为高层次创新型科技人才创新创业提供高质量的服务，使他们能潜心创新和研发、热衷成果转化和产业化。

三、科技人才工程／计划实施效果

（一）科技人才／工程计划体系（总体情况）

1. 贵州省优秀青年科技人才培养计划

贵州省优秀青年科技人才培养计划自1996年启动，由省科学技术厅牵头，省委组织部、省人力资源和社会保障厅、省教育厅、省发展改革委、省经济和信息化委、省财政厅等六家单位参与联合实施，该计划旨在选拔培养一批在全省自然科学领域、工程技术领域、重点支柱产业中，结合科技创新和产业需求，开展关键技术研发和科技成果转化，业绩突出并具有发展潜能的优秀青年科技人才。截至2013年12月，共计投入6000多万元，培养资助了8批231名优秀青年科技人才。

2. 省科技创新人才团队建设专项计划

贵州省科技创新人才团队建设从2008年开始实施，截至2013年12月共选拔了6批98个团队。科技创新人才团队的建设瞄准以软实力提升为切入点，依托项目、提升层次、凝聚人才、引进人才，完善研发平台，提升创新能力和研发水平，争取国家层面项目支持等方面发挥了重要作用，成效明显。从已经验收的第三批团队来看，依托单位在研发和创新能力、人才聚集、研发平台建设等方面都取得了显著成效。共建成1个国家重点实验室培育基地，3个国家地方联合工程实验室、12个省级重点实验室、7个省级工程技术研究中心；承担国家级项目116项，省部级项目312项；入选国家万人计划2名，百千万人才1名，核心专家2名，省管专家10名，省优秀青年科技人才培养对象23名，晋升正高级职称20人，培养引进博士82人。一支团队入选国家创新人才推进计划，两支省级人才团队入选教育部创新团队建设计划。贵州省科技创新人才团队建设专项计划已成为省内有影响力的人才建设专项计划之一。

3. 院士工作站建设计划

贵州省院士工作站建设计划自 2011 年启动，旨在推进产学研合作和科研人才队伍的建设，充分吸引和发挥院士及团队对贵州省自主创新的支撑和带动作用，实现“承担一项国家重大科技项目，培养引进 3 名以上高层次和技术带头人，提升建站单位创新能力、研发能力、成果转化及产业化能力、交流合作能力、决策咨询能力”的“135”目标，支撑创新驱动战略和科教兴省、人才强省战略的实施。截至 2013 年 12 月贵州省已建设 34 家院士工作站。

（二）重大人才工程 / 计划组织实施和成效总结

1. 省优秀青年科技人才培养计划

据不完全统计，前八批培养对象在省级以上刊物共发表科研论文 1944 篇，其中 SCI 收录 204 篇、EI 收录 115 篇；编著（或作为主要负责人参与编著）出版专著 42 部。大量文章的发表和专著的出版，丰富了培养对象所在学科的理论研究。培养对象还获得各种奖项 234 项；获得国家授权专利 78 项；为贵州培养（含联合培养）博士研究生 44 名、硕士研究生 744 名。许多优秀的青年科技人才通过培养成为了省管专家，有的进入省核心专家、国家新世纪百千万人才工程入选者。通过贵州省优秀青年科技人才培养计划的实施，培养对象在科研创新能力、成果转化、学术交流及带动人才队伍建设方面取得了一定成效。

一是立足学科发展和需求，注重通过项目提升创新能力。培养对象结合贵州经济社会发展实际，主动凝练科技项目，自主或联合申报并承担了一批国家和省部级项目，并通过项目研究提升个人的科技创新能力，科技成果产出丰富。如，贵州省山地环境气候研究所谷晓平两年来在突发自然灾害预警和防控、环境保护、农业信息技术领域新承担项目 3 项，共获得资助经费 967 万元。其中国家科技支撑计划项目 1 项，经费 907 万元；国家科技支撑计划子课题 1 项，经费 40 万元；中国清洁发展机制基金赠款项目 1 项，经费 20 万元。通过项目研究发表文章 8 篇，其中核心期刊 6 篇，论文获 2012 年贵州省气象学会优秀论文奖一等奖 3 项，获得贵州省 2012 年科技进步奖三等奖 1 项（排名第一）。贵州大学周英在中药民族药领域新承担项目 6 项，获经费资助 150 万元，其中教育部新世纪人才计划项目 1 项，经费 50 万元；国家自然科学基金 1 项，经费 13 万元，发表文章总计 11 篇，其中 SCI 收录 2 篇，核心期刊 7 篇。首钢贵阳特殊钢有限责任公司周英豪，两年来参与国家科技支撑计划项目 1 项，获经费资助 348 万元，参与贵州省重大科技专项 1 项，获经费资助 413 万元，通过项目研究发表论文 6 篇，获发明专利 2 件，实用新型专利 5 件。

二是立足科研与实际结合，注重科技成果应用和转化。随着一批项目的实施，部分项目取得了阶段性的成果，相关技术成果在生产实践中得到进一步转化和应用，产生了良好的经济社会效益。如，贵州茅台酒厂有限公司王莉，将建立的酱香型白酒感官品评标准系统应用于基酒的分型定级、识别风味缺陷过程中，将具有缺陷基酒优先区别出来，并进行目的隔离，有效地避免了由于缺陷基酒的使用造成的缺陷基酒范围扩大的损失，降低了盘勾后缺陷型基酒的比例，减少了基酒的浪费，为产品的生产节约了生产成本，并为后期茅台酒的勾兑提供了良好的基酒资源，同时提高了基酒品评人员的品评准确率。贵州省冶金化工研究所聂登攀及其课题组，充分运用其研究成果，通过技术入股方式成立了贵州合众拓源磷资源综合利用股份有限公司，并在贵阳国家高新区沙文工业园区贵州科学院创新基地内建成了“千吨级中低品位磷矿及伴生稀土综合开发中试示范基地”，使贵州省中低品位磷矿综合利用技术取得重要进展，为贵州省大量含稀土中低品位磷矿的开发利用提供了新工艺和新思路。

三是立足多方式培养，注重推进学术交流。为进一步开阔培养对象学术视野，提高学术层次，拓展合作渠道，活跃学术氛围，省优秀青年科技人才培养领导小组办公室于2012年11月组织了第八批入选者中的12名培养对象到英国、法国进行为期10天的学习考察和开展科技交流。考察团共出访了两个国家、6个城市、3所大学、2个国际培训中心及1个科技园区，通过公务座谈、实地察看、听取讲座等方式，重点了解英法两国科技教育发展现状、科技创新及管理、医疗卫生、社会服务等方面的情况，同时达成了国际合作框架协议2项。通过考察学习和交流，使培养对象对国外的科研条件、科研现状有了一个直观的了解，也为培养对象下一步出国研修，进行科研、项目合作寻求伙伴奠定了良好的基础。除参加统一组织的学术交流活动外，培养对象还在个人的学术领域内积极组织和参加各种学术交流活动。如贵阳医学院曾柱，先后参加了第17届国际生物物理学大会和第12届中国生物物理学大会（中国北京，2011）、第14届国际生物流变学大会和第7届国际临床流变学大会（土耳其伊斯坦布尔，2012）、第10届中国生物流变学大会和第12届中国临床流变学大会（中国成都，2012）等国际国内学术交流活动，并多次作专题学术报告。同时，为了促进我校师生的对外学术交流和科研水平的提高，该培养对象主动创办了贵阳医学院宗恩（以贵阳医学院首任院长李宗恩博士的名字命名）博士论坛，先后举办论坛26期，邀请了27名国内外专家到该校进行学术交流和访问，为该校师生搭建起了很好的科研交流平台，受到广大师生的欢迎。

四是立足发挥带头人作用，注重人才队伍建设。通过培养，培养对象都取得了不同程度的进步和提高，科研能力和创新水平得到了社会各界的广泛认可。如贵州大学韦小丽2012年被聘为森林培育博士生导师和贵州大学学科学术带头人，2013年被聘为2013—2017年教育部高等学校教学指导委员会林学类专业教学指导委员会委员；首钢贵阳特殊钢有限责任公司周英豪，2013年4月被评为“首钢技术专家”；贵阳医学院附属医院李洁琪获国务院政府特殊津贴。在提高自身能力素质的同时，培养对象也相当注重年轻人才的培养，如贵州大学戴全厚，在培养期间获得了贵州大学学术学科带头人称号，同时指导培养研究生15名，课题组的4名人员获得了博士学位，两名获得贵州大学学术骨干称号，1名从副教授晋升为教授，1名入选第九批优秀青年科技人才培养对象。

2. 贵州省科技创新人才团队建设专项计划

贵州省科技创新人才团队建设计划自设立计划起，就瞄准以软实力提升为切入点，依托项目、提升层次、凝聚人才、引进人才，为实现贵州后发赶超提供了人才支撑。对于团队加强人才培养引进，完善研发平台，提升创新能力和研发水平，争取国家层面项目支持等方面发挥了重要作用，成效明显。从已经完成验收的前两批团队来看，通过建设，团队在研发和创新能力、人才聚集、研发平台建设等方面都取得了显著成效。共建成 1 个国家重点实验室培育基地，3 个国家地方联合工程实验室、12 个省级重点实验室、7 个省级工程技术研究中心；承担国家级项目 116 项，省部级项目 312 项。主持国际学术会议 36 次，主持国内学术会议 63 次。一支团队入选国家创新人才推进计划，两支团队入选教育部创新团队建设计划。具体成效体现在如下几个方面：

一是研发和创新能力得到提升，通过科研合作与学术交流，提高了团队的整体研发能力，提升了团队在学术界的影响力。如贵州大学王嘉福教授领衔的“贵州省动物遗传育种与生物技术科技创新人才团队”在建设期共获省部级以上科技计划项目 30 项，其中国家级项目 7 项，国家级项目中“863 计划”项目 1 项，经费达 1000 万元；国家科技支撑计划 1 项，经费 851 万元；“973 计划”前期计划 1 项，经费 52 万元；省部级科研项目 23 项，获省科技进步奖一等奖 1 项、二等奖 1 项。发表 SCI 收录论文 11 篇，国家一级学报期刊 7 篇，核心期刊 147 篇。

二是人才聚集效应明显。通过创新人才团队建设计划，许多团队结合成员承担的其他科研项目以及与企业进行的有关项目合作，联合培养高层次人才，较好实现了人才培养目标。贵州省人民医院吴强教授领衔的“贵州省心血管病防治研究科技创新人才团队”，培养省管专家 2 名，培养引进博士 10 名。贵州大学金道超教授领衔的“贵州省山地农业害虫治理科技创新人才团队”培养省管专家 1 名，省优秀青年科技人才 1 名，培养引进博士 26 名，引进候鸟型人才 2 名，建成人才基地 1 个。

三是研发平台得到改善。通过科技创新人才团队建设计划，有的团队争取到依托单位、或依托单位主管部门的大力支持，进一步完善了实验平台等基础设施，为深入开展科学研究、产生原创性成果提供了条件保障。遵义医学院喻田教授领衔的“贵州省麻醉学基础研究与临床科技创新人才团队”，2011 年获卫生部评为“国家临床重点专科”，同年获批省级重点实验室和省级人才基地。贵州大学金道超教授领衔的“贵州省山地农业害虫治理科技创新人才团队”，获得“农业部贵阳作物有害生物科学观测试验站”和“贵州省科技创新人才基地—农林生物灾害防治人才基地”；在团队的支撑下，学校“农药学”二级学科于 2011 年获得国家级重点学科，带动申报获得了生物学一级学科博士点和博士后科研流动站，并在“植物保护”一级学科自主增设了“农产品质量安全”二级学科微博士点。

四是产学研合作机制得到加强。依托科技创新人才团队建设计划的软实力效应，促进了企业主动与团队进行合作，加快高校和科研机构的科研成果实现转化。“贵州省绿色化工技术科技创新人才团队”利用自身技术优势广泛与企业开展合作，与瓮福集团合作开展高掺量耐水型石膏砖制备技术研究与应用，解决磷石膏制品耐水性差的缺点，提升了磷石膏的有效利用，研究成果已在瓮福集团建成生产线；团队开展的“利用废旧塑料生产塑料建筑模板的研究”，相关研究成果已申请了2项发明专利，并与遵义东方实业有限公司达成初步转让协议，东方实业公司拟出资20万元购买该技术，团队受省科技计划项目资助并与赤天化集团金赤化工有限公司合作开发的“无烟煤制备煤气化用水煤浆技术”；制备出了符合德士古无烟煤水煤浆气化装置使用要求的无烟煤水煤浆，该技术已申请2项发明专利，并在赤天化集团金赤化工有限公司的生产中应用，每年为企业创造1000余万元的经济效益。

3. 院士工作站

据初步统计，34家院士工作站共承担国家级项目176项，其中国家级重大项目48项；承担省级重大项目54项目，其他项目667项，获资助经费共计约5.5亿元；申请发明专利891项，获授权发明专利331项，制定国家标准26个，地方标准30个；获省科技进步奖一等奖4项、二等奖10项、三等奖27项，发表SCI、EI收录论文234篇，取得创新成果多项；培养引进博士研究生221人、硕士研究生692人，引进候鸟人才30人，派出相关骨干人员48名到合作院士所在实验室或单位研修；举办或参与学术交流600余次，11800余人次。34家院士工作站研发平台都得到了不同的改善和提升。主要成效体现在如下五个方面：

一是以国家级项目和省部级重大项目为依托，创新能力不断提升。34家院士工作站结合自身发展需求，积极与院士团队开展科研合作，在院士及团队的帮助下，创新研发能力不断提升，承担或联合承担了一批省部级重大项目和国家级项目。贵州省林泉航天电机有限公司电机与电器院士工作站先后承担了国家“863”项目“深海系列永磁电机产品化技术研究”、国家国际科技合作项目“6万转、10kW高速永磁同步电主轴合作研究项目”、省重大科技专项“高节能智能型抽油机关键技术攻关与产业化项目”3个项目。贵州华科铝材料工程技术研究有限公司在贵州省铝材料工程技术研究院士工作站强大的理论指导和各层面分析数据支持下，“电解原铝直接铸造高性能铝合金核心技术开发”与“基于FAST重大科学工程反射面材料关键技术研发与应用”两个省科技重大专项项目顺利通过验收。贵州省中国水电顾问集团贵阳勘测设计研究院可再生能源研究院士工作站在院士及其团队的帮助指导下，联合承担了国家“十二五”科技支撑计划“重大水电开发工程关键技术与生态环境保护研究与集成示范”项目，该站负责“水电大坝建设关键技术研究”课题（该课题共有3个专题）之专题2“高心墙堆石坝变形特性与控制技术研究”、参与专题3“高面板堆石坝安全性及关键技术研究”；并独立承担了“山区风电场环境保护设计导则”“贵州山地风电场风能资源观测及评估标准”等两项地方标准的编制工作。贵州省环境科学研究设计院依托“环境科学研究院士工作站”，在院士及其团队的指导下，2013年组织研发团队，采取整合、集中科研资源和人才团队的方式，承担了国家科技重大专项项目“水体汞、砷污染控制与治理技术及工程示范”子课题及“贵州省铜仁市典型区域土壤污染综合治理项目实施方案及风险评估”等科技创新项目。贵阳新天光电科技有限公司合作院士支持公司牵头与北京工业大学合作，获国家重大科学仪器设备开发专项“齿轮传动形性测试仪的开发及应用”，这是贵州省首次获得国家大型仪器设备研发项目。

二是技术合作不断推进，成果转化应用得到加强。建站单位依托院士工作站创新平台，突破了一些产业领域关键技术，相关成果转化和应用进一步深入。贵州省先进聚合物基复合材料院士工作站通过实施“长玻纤增强热塑性复合材料研发”项目，突破国外的技术封锁，实现高性能长纤维增强热塑性复合材料自主开发，实现了普通塑料的工程化、工程塑料的结构化功能化。贵州省铝材料工程技术研究院士工作站实现了材料性能 7 个方面突破，形成“四高三好”特征，创造 5 大核心技术，集成了铸轧挤锻 4 类加工工艺，确定了“超平精准板”和“液态模锻件”2 类潜力型目标产品，标准化工作走上高台阶。贵州油研油菜遗传育种院士工作站在“杂交油菜新品种的选育”、“油菜小孢子培养技术”等油菜育种技术上取得了突破，目前共审定新品种油菜品种 5 个，获得植物新品种保护权 1 项；2013 年示范推广的部分新品种在面积上取得了新突破，油菜新品种“油研 57”示范推广 5247 亩，宝油 12 示范推广 37840 亩，宝油 57 示范推广 4629 亩。贵州省环境科学研究设计院承担的国家环保部污染防治专项项目“青龙村汞污染综合治理工程技术示范课题”，圆满完成了全部研究及中试示范内容，达到了预期效果，尤其由该院院承担的子项目“低温热解处理汞污染土壤技术示范工程”取得了重要科研成果，目前正在进行成果转化的相关工作。贵州省遵义钛业股份有限公司合作的院士团队开发的 $TiCl_4$ 膜过滤原件，经过遵义钛业、城都易态科技公司合作进行工艺技术攻关，成功开发出膜过滤装置，完全能取代粗 $TiCl_4$ 布袋过滤，实现了过滤过程自动化，提高 $TiCl_4$ 质量，改善了环境，目前正在遵义钛业及国内多家 $TiCl_4$ 生产企业推广应用。

三是学术交流不断增强，合作渠道逐步拓展。随着合作不断深入，联合实施项目稳步推进，相关学术交流也在陆续开展，通过加强交流，更进一步增进了合作双方的了解，提高了建站单位的知名度和学术层次，拓展了合作渠道，活跃了学术氛围，开阔了视野，增进了交流。贵州省先进聚合物基复合材料院士工作站邀请了全国人大代表、中国工程院院士杜善义、国家“863 计划”新材料领域专家组首席专家徐坚研究员，在贵州省举办国家“十二五”新材料发展战略研讨会；邀请法兰西大学研究院胡国华院士到中心进行学术交流就人才培养、科学研究等方面展开合作，并达成合作意向。贵州油研油菜遗传育种院士工作站分别派出 17 名油菜研究专业技术人员参加在海南省文昌市举办的“中国作物学会油料作物专业委员会第七次会员代表大会暨学术年会”，14 名技术人员参加在成都举办的“第五届国家油菜产业技术体系（西南区）及西南区油菜协作网学术交流会”。省人民医院主持召开了省心血管病学术年会、介入沙龙、介入质控论坛、贵州省中西医结合普通外科年会。省农科院邀请陈焕春院士作了“全国的养猪形式和猪病防控”，朱有勇院士作了“生物多样性控制植物病害生态 ”，南志标院士作了“草业科学研究进展与育种”，陈温福院士作了“我国粳稻生产现状与发展趋势”的学术报告。 凯里学院邀请倪嘉缵院士到校进行了题为“硒化合物在预防药物中的应用及其有机物”的学术报告，并就黔东南州因地制宜进行食品及中药材的绿色化、高品质化、科学化、高值化提出建议，认为黔东南州在药食同源方面具有高值化的前景，尤其是对番茄、辣椒、大蒜和蓝莓四类食物的价值做了深度剖析。

四是科研条件不断改善，创新平台建设进一步加强。以院士工作站建设为契机，建站单位整合资源，向相关行业、省有关部门、国家有关部委申报了相关平台建设计划并获得资助，支持创新研发和成果转化的条件得到夯实，通过配套建设完善相关试验和研发条件。贵州省凯星液力机械传动有限公司通过院士工作站的建设，逐步建立和完善研发条件，建立了 CAE 分析系统、控制阀的液压试验系统、自动控制系统数据试验检测平台、壳体类零件液压试验台、自动控制采集分析平台、专利信息平台建设，升级和完善传动产品及关键零部件性能实验室，并购置了其他检测分析仪器等，提升了公司的研发、检测试验手段。航天精工制造有限公司根据国家火炬计划遵义航天军转民（装备制造）产业基地以及贵州省高新技术产业发展的急需，充分利用军工科技资源，建立面向国家火炬计划遵义航天军转民（装备制造）产业基地、遵义国家经济技术开发区、贵阳国家高新技术开发区、贵州省高新技术企业、中小企业为主要服务对象的“理化检测及失效分析公共技术服务平台”，积极开展社会服务，提升区域技术创新能力，推动军民结合产业和地区科技与经济的协调发展。得益于院士工作站的有力支持，贵州师范大学“地理学”博士授予点获国务院学位委员会批准，“地理学”省级特色重点学科贵州省教育厅批准，并创建了贵州省喀斯特山地生态环境省部共建国家重点实验室培育基地、国家喀斯特石漠化防治工程技术研究中心、国家科技部遥感中心贵州分部、贵州师范大学中国南方喀斯特院士工作站、贵州省遥感中心五个科研教学平台。贵州大学依托院士工作站，成功申报了“山地植物资源保护与种质创新”省部共建教育部重点实验室，目前已通过省教育厅组织的专家论证会；由省发改委批准成立的贵州省植物分子育种工程研究中心已投入使用，配套设施正在逐步完善中。

五是培养引进效应逐渐显现，高层次人才队伍建设得到加强。各建站单位依托院士工作站平台、通过重大项目实施，培养引进博士等高端人才效应显著。一是从“名校”中引“名人”，从“名师”中引“名徒”。贵州省烟草科学研究院士工作站目前共引进博士研究生 15 人，高层次专家 2 人。贵州大学引进“青年千人计划”入选者——新加坡南洋理工大学池永贵教授到实验室工作，通过柔性引进浙江农科院陈剑平院士；贵阳医学院从加拿大麦吉尔大学引进博士后 1 名担任分子生物学重点实验室副主任。二是集中多个平台优势吸引人才，贵州百灵企业集团结合贵州百灵制药集团博士后科研工作站的优势，培养引进博士 4 名，并重点培养了 1 名创新型优秀人才，成为企业中流砥柱。通过平台的强强联合，培养引进优秀人才实现对企业发展的重大关键技术难题进行攻关。三是选派科研骨干攻读院士团队的研究生，贵州大学送陈卓教授在院士单位从事博士后研究，通过科研合作，联合发表高水平文章，本年度培养出博士 6 名、硕士 44 名。省人民医院院士工作站选派骨干医师 1 名公派至美国杜克大学进修访问。

四、科技人才政策措施及成效

1. 培养和开发政策

近年来，贵州省连续出台了一系列加强人才培养和开发的政策。2011 年全省科技创新大会出台了《关于加强科技创新促进紧急社会更好更快发展的决定》(黔党发〔2011〕27 号)，与文件配套出台的《贵州省加强科技创新加快科技进步奖励补助办法》在人才培养引进上加大力度。明确了加强科技创新创业人才的引进培养和奖励。对引进的创新创业领军人才给予每人一次性 100 万元的资助；对做出突出贡献的科技人员由省委、省政府授予“黔灵科技贡献奖”，给予 100 万元奖励。对贵州省企事业单位、产业园区建立院士工作站、博士后科研流动工作站，引进高层次科技人才团队的，一次性给予单位 50 万元的建站补助，并在申报科研项目时给予倾斜支持。实施博士补贴政策，对在黔工作的博士每位给予一次性住房补贴，并享受相应生活津贴。充分发挥引进人才的作用，对新引进并未获得省级科技计划项目资助的每位博士优先安排一项省级科学技术基金项目。为使《贵州省加强科技创新加快科技进步奖励补助办法》落到实处，由省科技厅牵头会同省财政厅制定了《贵州省加强科技创新加快科技进步奖励补助办法实施细则(暂行)》(黔科通〔2012〕114 号)明确了引进人才受资助条件及资金补助来源，使补助办法切实具有可操作性。

2012 年出台了《中共贵州省委关于进一步实施科教兴黔战略大力加强人才队伍建设的决定》(黔党发〔2012〕31 号)，文件明确加大人才培养引进的政策支持力度。明确了对引进并在贵州省服务一定年限的“两院”院士、国家最高科学技术奖获得者，国家自然科学奖、技术发明奖、科学技术进步奖一等奖获得者，以及长江学者、国家“千人计划”和国家“万人计划”入选者、国家有突出贡献中青年专家、国家杰出专业技术人才、国家杰出青年科学基金获得者等高层次创新创业人才，根据情况分别给予 100 万—500 万元的科研启动经费和创新创业资金资助；对于企业、高等学校、科研院所成功申报国家级工程技术中心、重点实验室、企业技术中心和检测中心，以及省级以上院士工作站、博士后流动(工作)站、博士点、国家级技能大师工作室、新认定的省级工程技术研究中心、重点实验室等，按省的有关规定兑现补助。从 2013 年起，对于每个获批的省级人才基地、高技能人才培训基地，给予 50 万—200 万元建设经费；对每个获批的省级人才团队，给予 50 万—100 万元的项目经费资助；对于被列入“两院”院士候选人才培养工程的人才及其团队，由省给予一次性 120 万元经费支持。

2013 年出台了《中共贵州省委 贵州省人民政府关于加强人才培养引进加快科技创新的指导意见》(黔党发〔2013〕12 号)，《指导意见》提出要把贵州建设成为“中国人才创业首选地”，今后三年，确保创新创业人才总量年均增长 4% 以上。提出了实施“百千万人才引进计划”，从 2013 年开始，省级财政每年统筹安排 2 亿元专项资金，围绕我战略性新兴产业和特色优势产业、现代农业、现代服务业发展的急需，大力引进用好一批领军人才、创新创业人才和专业技术人才，实施“百人领军人才计划”，力争3年引进100名领军人才，1000名创新创业人才，10000名专业技术人才。

为贯彻落实好黔党发〔2012〕31号文和黔党发〔2013〕12号文，组织实施好“百千万人才引进计划”和高层次创新型人才培养计划由贵州省委组织部牵头，贵州省人力资源和社会保障厅、贵州省科学技术厅等相关厅局配合制定《贵州省“百千万”人才引进实施办法》、《贵州省高层次创新型人才培养实施办法》。制定《贵州省引进高层次人才绿色通道实施细则》，包含绿卡发放实施细则、编制管理实施细则、职称评（认）定实施细则、岗位聘用实施细则、医疗保险和医疗待遇实施细则等十余条实施细则，每条细则都落实具体责任单位（部门）和办结时限，保障各项政策落到实处。

2. 评价与激励政策

自贵州省第十一次党代会以来，省委出台了一系列人才完善评价与激励机制的政策。一是完善科技评价和人才认定评价机制，注重科技创新和人才工作的质量和实绩贡献，基础研究以同行评价为主，注重评价成果的科学价值；应用研究由用户和专家等相关第三方评价，着重评价目标完成情况、成果转化情况以及技术成果的突破性和带动性；产业化开发由市场和用于评价，着重评价对产业发展的实质贡献。二是改革完善职称评价办法，2013年自然科研系列等全省27个系列的职称评审办法全面修订，自然科研系列职称评定办法的修订更加注重科技人才的实绩贡献，对科技人才的评价更加全面客观。根据产业发展需要，提升高、中级技术人才的聘任比例，多评多聘。对于到企事业单位、民营经济组织工作的博士、硕士，用人单位可根据其学术、技术水平直接申报副高、中级专业技术职务；对具有专业技术资格的高层次人才，可直接聘用到对应的专业技术岗位，不受单位岗位职数和结构比例限制；对紧缺专业的特殊人才、或持有重大开发价值技术项目的人才，可低职高聘。为稳定和充实基层科技人才队伍，放宽基层职称评聘条件，注重工作实绩和能力，在县一级设置正高专业技术岗位，在乡镇（街道）一级设置副高专业技术岗位，对在乡镇（街道）工作的在编专业技术人员，在聘用时不受岗位职数和结构比例限制。三是改革科技创新成果分配政策。改革完善科技成果权属和成果转化收益分配制度，鼓励和支持科研院所、高等学校的科技人员带着科技成果创办、领办、合办科技型企业，在职创业的收入归个人所有；企业、科研院所、高等学校职务发明成果转化的所得收益，扣除成本后，可按高于60%的比例由研发人员及其团队自主分配，或以股权形式奖励专业技术人才。支持有条件的企事业单位设立股权激励专项资金，对于科技领军型创业人才创办的企业以知识产权等无形资产入股的，折算比例可达50%—70%；对于符合股权激励条件的团队和个人，给予股权认购、代持及股权取得阶段所产生的个人所得税代垫等资金支持。四是加大优秀人才表彰力度。县级以上党委、政府设置“优秀人才贡献奖”“优秀企业家奖”“高技能人才成就奖”等，适时开展评选、表彰和奖励。对于获得国家科技进步奖奖励的，省给予同国家奖励额度相当的奖励；对于新当选“两院”院士，入选国家“万人计划”和教育部“长江学者奖励计划”，获得全国杰出专业技术人才、国家杰出青年科学基金者，分别奖励 10 万元。对于贡献特别突出的，由省委、省政府授予“黔灵科技贡献奖”等称号，并给予 100 万元的奖励。设立人才工作“伯乐奖”，对培养人才、引进人才、用好人才工作突出的单位和个人，由省委、省政府进行表彰奖励。

3. 流动与配置政策

为促进人才合理流动，合理配置资源。一是进一步落实和扩大科研机构的法人自主权、高等学校的办学自主权，以及决策、用人和经济的自主权，推进专业技术人才录用方式创新，探索采取面试考核、实际考察等多种办法，引进聘用事业单位急需适用的专门人才。二是引导和推进有条件的专职科研院所深化产权制度改革，建立现代企业制度，支持公益类院所建立现代院所制度，积极探索建立健全法人治理结构，全面推行聘用制度和岗位管理制度，逐渐将对科技人才的“身份管理”向“岗位管理”过渡。三是推进国有企业（含央企）、事业单位、党政机关和地区之间高层次、急需紧缺人才的相互流动，实行工资等待遇按职务就高套入、身份自主选择和来去自由等政策措施，打破身份限制、地域限制和所有制界限；鼓励支持科技人员在企业兼职或任职，对任职的试行三年内“保薪保职”。科技人员经批准、选派到基层或服务企业，3 年内保留其原有身份和职称，工资正常晋升等。四是科技项目立项原则上要求企业领衔申报，引导科技资源项企业倾斜，引导科研人员服务企业、服务园区。五是加快人才服务体系建设。2015 年前，省和 9 个市（自治州）建立人才“一站式”综合服务中心，鼓励有条件的市（自治州）建立人才资源服务园区，支持培育民营人才服务机构，扶持和培养一批具有国内竞争力的人力资源服务机构，引进 3—5 个国际国内知名人力资源服务机构到贵州省开办分支机构。加快建设一批人才公寓、人才小区。加快建设一批公共租赁住房。

云南省科技人才发展报告

■ 云南省科学技术厅

2013 年省科技厅党组根据省人才工作领导小组的要求和省人才办印发的 2013 年人才工作重点任务分解，围绕人才的培养、引进、使用、考核全面开展高层次科技人才队伍建设，全面完成年初确定的各项目标和任务，高层次创新创业人才培引取得了新的成绩。

一、组织实施创新人才推进计划

一是做好科技领军人才（后备院士）的选拔培养工作。今年全省共 18 人申报，经形式审查并委托科技部人才交流服务中心进行评审，专家共推荐 10 人作为人选。8 月 13 日由省科技领军人才领导小组组长、省科技厅厅长龙江同志主持，省委组织部、省人社厅、省财政厅共同研究确定今年的正式人选，决定云南省药物研究所正高级工程师朱兆云、云南省农科院番兴明研究员、昆明理工大学教授杨斌、云南大学教授张克勤、云南磷化集团正高级工程师李耀基为第二批省科技领军人才。科技领军人才选拔工作自 2012 年开展，目前领军人才总数已达 10 人。

二是做好 100 名云南省中青年学术技术带头人后备人才和技术创新人才培养对象培养选拔工作。今年共受理 237 人申报，经形式审查共 204 人参加答辩，5 月 29 日到 31 日省科技厅组织了专家评审，共推荐出 100 名人选，经公示后已上报省政府批准，共安排科技人才培养经费 600 万元，省科技厅及时组织签订培养任务书，划拨培养经费。“两类人才”选拔工作自 1995 年开展，至 2013 年，云南省共选拔省中青年学术技术带头人后备人才 752 人，技术创新人才培养对象 528 人。

三是为有效解决云南省重点产业、重点学科建设人才不足的问题，引进高端科技人才 13 名。今年共受理 33 人申报引进高端科技人才，经形式审查，共 17 人提交评审。8 月 13—14 日省委组织部和省科技厅共同组织了今年引进高层次科技人才的评审，共推荐 13 人作为人选，经省科技厅党组研究，建议武筱华等 13 人作为高端科技人才引进，由省科技厅立项资助，其中全职引进 9 人，柔性引进 4 人。今年以企业为主体重点引进了武筱华、余强、张建文等三名战略性新兴产业创业人才。高端科技人才引进计划自 2008 年启动实施，目前总数达 81 人。

四是组织专家认定21个创新团队。组织对2009年入选培育的21个省创新团队进行了认定，经团队带头人答辩，专家现场查验，21个团队经过3年的培育期，在人才培养、科研成果、研究水平和能力方面均有很大提高。2013年云南大学、昆明医科大学各1个创新团队进入教育部创新团队，至此云南省选拔的创新团队已有6个进入国家部委创新团队，1个进入国家创新团队。1个团队获云南省科技进步奖一等奖。省级创新团队选拔工作自2005年开展，目前省级创新团队总数已达101个。

二、做好院士服务工作

一是按省政府要求，做好中国科学院、中国工程院院士增选的初选工作。今年全省共推荐12人申报两院院士，其中云南省7人、中直单位推荐5人。经两院分别审查，中国科学院有效候选人5人，中国工程院有效候选人7人。

二是为充分发挥院士的领军作用，支持院士自主选题开展科学技术研究工作，从今年开始每位院士每年安排100万元科研经费用于科学研究，今年共安排经费900万元。

三、抓好院士专家工作站建设

2013年5月31日，云南省院士专家工作站管理委员会召开2013年第一次会议，决定同意建立李洪钟等17个院士专家工作站。其中院士工作站14个、专家工作站3个；从单位性质分布看企业7个、院所2个、高校4个、医院4个。第二批已有10个院士专家工作站通过形式审查，计划提交院士专家工作站管理委员会审批。截至目前，云南省共建立了57个院士专家工作站，其中院士工作站47个、专家工作站10个，企业36个、院所5个、高校12个、医院4个，涉及高原特色农业、生物、新材料、光电子、电子信息、食品、林业、医疗卫生等领域。

四、组织实施高层次科技人才（团队）创业项目

按照《云南省支持高层次科技人才（团队）创业实施办法（试行）》，科技厅联合省委组织部、省财政厅、省人社厅开展了创业项目的遴选工作。向省招商合作局、州（市）科技局、昆明高新区管委会、昆明经开区管委会、昆明北理工科技孵化器有限公司等有关单位了解了2009年以来新创办的26家科技型企业的基本情况，并多次赴昆明高新区、经开区进行调研。通过项目的实施，至2015年12月，将实现累计销售收入28574万元，累计利税11185万元。

五、研究制定激励科技人才面向经济社会主战场的政策

由省科技厅牵头研究起草的《中共云南省委 云南省人民政府关于加快实施创新驱动发展战略的意见》，经 4 月 28 日省委常委会研究同意，省委省政府已印发了文件（云发〔2013〕8 号）。文件对科技人才创新创业、服务企业与三农、进行科技成果转化等进行了政策创新。研究起草了新一轮建设创新型云南行动计划，并将“高层次科技创新创业人才培引”作为六大工程之一实施，决定在 2013—2017 年继续实施高端科技人才引进，培养科技领军人才，选拔培育创新人才与创新团队，培引科技创业人才，建设院士专家工作站、博士后科研流动站和科研工作站。

六、共同研究制定《中共云南省委 云南省人民政府关于创新体制机制加强人才工作的意见》

为全面贯彻党的十八大和省第九次党代会精神，落实国家和省中长期人才发展规划，深入推进人才强省战略，进一步创新人才工作体制机制，解放人才生产力，形成人人皆可成才、人人尽展其才的生动局面，按省委秦书记和省政府李省长的要求，由李江副省长主持研究制定有关人才的创新性政策。省科技厅参与，省委组织部、省人社厅、省政府研究室共同起草了《中共云南省委 云南省人民政府关于创新体制机制加强人才工作的意见》，组织制定涉及科技厅有关人才工作的实施细则。

除完成上述重点工作外，还完成了 2012 年度人才资源统计工作、省委联系专家的评审工作、西部之光访问学者的选派工作等。

西藏自治区科技人才发展报告

■ 西藏自治区科学技术厅

西藏科技人才工作认真贯彻落实党的十八大精神和全国科技创新大会精神，抓紧实施《西藏自治区中长期人才发展规划纲要》和《中央人才工作协调小组关于国家人才发展规划重大人才工程为西藏提供重点支持的意见》，克服困难，锐意进取，取得了一定成绩。

一、总体情况

一是开展科技创新人才和重点领域创新团队摸底工作。根据《西藏自治区“十二五”科技规划纲要》和年度科技工作安排，2012 年开始进行西藏自治区科技创新人才和重点领域创新团队的摸底和推荐工作。经个人申请、单位推荐、科技厅业务部门审查和专家评审，目前已评审出自治区“100 名科技创新人才”和“20 个重点领域创新团队”初步入选对象，为实施国家创新人才计划打下了良好基础。

二是实施国家“创新人才推进计划”。2012 年开始实施国家“创新人才推进计划”组织推荐工作，2012 年通过材料审核、专家评审，向国家推荐“中青年科技创新领军人才”5 名，“重点领域创新团队”1 个，“科技创新创业人才”5 名，“创新人才培养示范基地”1 个。中青年科技创新领军人才：兰小中、杜军、金天博、索朗、参木友。重点领域创新团队：西藏地质背景与成矿作用研究创新团队。科技创新创业人才：钱陈钦、王继岷、施国飞、周战、罗杰。创新人才培养示范基地：西藏农牧科学院。其中，西藏地质背景与成矿作用研究创新团队入选。

三是筹备实施“三区人才计划”。国家“三区人才计划”要求每年选派 300 名科技人员到西藏临时工作或提供服务。我们已组织相关单位上报各单位人才需求，包括专业、研究方向和人数，并多次派人与科技部政策法规司和科技人才服务中心对接。

四是加强科技特派员培训和管理。根据国家科技部要求和自治区实际，西藏大力加强科技特派员队伍建设。2012 年安排了“西藏科技特派员远程培训与管理平台建设”项目，由自治区科技厅信息所、生产力促进中心联合承担实施，利用 3G 通信、智能移动终端技术，建立符合西藏农牧区需求的藏汉语文实用技术多媒体资源库，进行远程视频讲座、远程监督管理和项目申报等。按照重点发展县、乡、村农牧民科技特派员的工作思路，到2012年年底，全区科技特派员数量达到了5540名，其中农牧民科技特派员达到了4566名，912名科技特派员已选入国家科技特派员人才库。安排“农牧民科技特派员技术服务示范项目”25项，投资400多万元。到2012年年底，科技特派员创办各类协会128家，形成利益共同体348个，创办企业6家，扶持科技特派员创业大户88户，共承担和参与涉农项目420项，项目总投资3.5179亿元。以科技特派员为骨干的各类合作组织，在建立科技项目长效机制和增强辐射带动能力方面发挥了重要作用。

五是加强科技人才培训。根据部区科技会商和区院科技合作安排，到2012年年底，我们与科技部政策法规司共同举办了7期科技兴藏人才培训班，与中科院研究生院举办了2期西藏科技项目申请与管理培训班，组织地市县科技管理人员共20人参加科技部政策法规司组织的县市科技局长培训班。根据科技部政策法规司的要求和厅党组的安排，2012年投入资金45万元对西藏科技系统党务干部和女干部进行了培训。同时，结合“创先争优强基惠民活动”，安排资金70万元对驻村点农牧民开展科技培训。

二、下一步的工作措施

一是认真学习党的“十八大”和全国科技创新大会精神，贯彻落实自治区科技、教育、人才中长期规划纲要，坚持“服务大局、人才优先、以用为本、创新机制、培引并举、整体开发”的方针，认真贯彻落实《中央人才工作协调小组关于国家人才发展规划重大人才工程为西藏提供重点支持的意见》，认真贯彻落实国家和自治区现行人才计划和政策，打好科技人才工作的理论和政策基础。

二是继续实施“十百千万”科技创新人才培养工程，继续办好“科技兴藏人才建设培训班”“西藏科技项目申报与管理培训班”，建立健全科技特派员选拔、培训和管理的新机制、新模式。通过培养与引进并重、扩大总量与优化结构并举，培养造就科技领军人才、高水平创新团队和各类科技实用人才。

三是根据区科技厅工作安排和区党委组织部的要求，继续做好“100名科技创新人才”和“20个重点领域创新团队”遴选工作，为国家“创新人才推进计划”打下良好基础。

四是根据区党委组织部的安排，加强与科技部和内地省区市的联系，做好“三区人才计划”科技人才的选派和管理工作，协助相关部门做好科技人才培训工作。

五是争取国家支持设立“西藏高层次人才专项资金”，每年安排2000万元，用于西藏高层次人才的培养、引进、奖励和创业扶持、项目支持。

六是积极支持西藏高校、科研机构申报博士研究生培养点。与内地高等学校、科研院所合作，从西藏生源中委托定向培养硕士、博士研究生。

七是积极向中国科学院、中国工程院推荐院士遴选人选。在工作条件、项目安排等方面向两院院士遴选人选给予倾斜支持。

陕西省科技人才发展报告

■ 陕西省科学技术厅

一、科技人才队伍总体情况

1. 科技活动人员及 R&D 人员总体情况

2012 年，陕西省科技活动人员达 22.03 万人，比 2008 年增加 7.26 万人；其中研究与试验发展人员（R&D 人员）为 11.83 万人，比 2008 年增加 1.92 万人，其中女性为 3.45 万人。研究与试验发展人员全时当量达 8.24 万人年，比 2008 年增加 1.84 万人年，其中基础研究 7058 人，应用研究 15295 人，试验发展 60068 人。截至目前，全省共有中国科学院院士 23 名，中国工程院院士 36 名。

2. 高层次人才总体情况

陕西省引进各类高层次人才共 397 人，其中“千人计划”入选者 99 人，创新人才 69 人，创业人才 8 人，“青年千人计划”20 人，外专千人 2 人，99 人中 87 人隶属于中央驻陕单位，12 人由省属单位引进；省“百人计划”分六批引进 245 名，其中创新人才 222 人，创业人才 23 人；“三秦学者”项目，全省第一批设置 54 个岗位，聘任了 53 名三秦学者，第二批“三秦学者”岗位设置工作正在开展。

二、科技人才工作总体部署和进展

（一）科技人才发展规划

根据我国《中长期科技人才发展规划（2010—2020 年）》《陕西省中长期人才发展规划（2010—2020 年）》和《陕西省“十二五”科学和技术发展规划（2011—2015 年）》的总体要求，结合陕西省经济和社会发展需要，更好地发挥陕西省的科技优势、加快推进人才强省战略、为实现建设创新型陕西和西部强省战略目标提供科技人才保证和智力支撑，陕西省科技厅制定《陕西省“十二五”科技人才发展规划（2011—2015 年）》。

“科技人才规划”中提出近五年陕西省科技人才发展的总体部署是紧紧围绕提高区域创新能力、建设创新型陕西和西部强省的需要，以转变经济发展方式和经济结构战略性调整为契机，推动科技人才队伍结构战略性调整，把推进企业科技人才队伍建设作为重点，努力造就一大批优秀工程技术人才、企业科技管理人才；培育一批国家水平乃至世界水平的科技领军人才、科学家和高水平科技创新团队；加强青年科技人才的培养，构建优良的科技人才梯队；改革科技人才发展体制机制，创新科技人才引进培养、开发使用、流动配置、评价激励保障机制，建立健全央属军口科技人才积极服务地方经济建设的政策体系，营造充满活力、富有效率、更加开放的科技人才制度环境。

“科技人才规划”的主要目标：到 2015 年，建成一支规模可观、结构合理、水平一流的科技人才队伍，确立陕西省科技人才在全国的相对竞争优势，支撑、引领陕西省经济社会发展。

1. 科技人才队伍规模稳步扩大

到 2015 年，全省 R&D 人员达 11 万人年，其中 R&D 科学家和工程师数达到 9 万人年；每万劳动力中 R&D 人员达 52 人年。高层次人才达到 1.2 万名。两院院士和大师总数进入全国前 5 名。（考虑各类人才队伍数量）青年科技新星达到 200 名。

2. 科技人才结构趋于合理

到 2015 年，科技人才结构更加合理，涌现出一批在国内外有较强竞争力和影响力的科技领军人才；基本确立企业科技人才在陕西省科技人才队伍的主体地位；科技创业人才队伍和青年科技人才队伍不断壮大；特色优势产业、战略性新兴产业、现代服务业、现代农业等重点领域的科技人才队伍建设得到显著加强；科技人才区域配置得到进一步优化。

3. 进一步加大科技人才队伍建设投入

到 2015 年，陕西省 R&D 人员人均 R&D 经费达到 39 万元，力争使陕西省人均 R&D 经费与全国平均水平基本相当并略有超越。企业 R&D 人员人均 R&D 经费大大超越西部平均水平，力争趋近全国平均水平。

4. 科技人才成长环境明显改善

营造尊重人才、解放人才、投资人才的良好氛围，建立和完善培养、使用、流动、评价、激励人才发展的制度和政策，鼓励科技人才创新创业，最大限度地激发科技人才的创新活力，实现人才大发展（表 1）。

“科技人才规划”的主要任务：培养引进一批高层次创新型科技人才；推进建设一支应用型工程技术人才队伍；培养造就一批复合型创业人才；发展壮大实用型农村科技人才队伍；着力培育大批青年科技人才；加快建设科技管理、科技服务和科普人才队伍。

表 1 科技人才现状与主要发展目标

年份	R&D 人员（万人年）	R&D 科学家和工程师（万人年）	每万名劳动力中 R&D 人员（人年 / 万名劳动力）	R&D 人员人均 R&D 经费（万元）	人才贡献率（%）
2008	6.5	5.1	32	22.1	18.4
2015	11.0	9.0	52	39.0	31.5

（二）科技人才工作体制机制创新

1. 突出科技人员在重大科技专项中的主体地位

以重大专项、各类重大重点科技计划项目为带动，把人才培养和创新团队建设纳入其中。目前，陕西省科技计划体系主要分为两大部分，第一部分是陕西省科技统筹创新工程计划，主要包括资源主导型产业关键技术（链）、战略性新兴产业重大产品（群）项目、重大科技成果转化引导专项和科技资源开放共享平台重大专项，重点围绕全省重大科技需求、创新团队建设进行组织，把培养科技人才和创新团队作为科技计划的重要任务之一，突出了创新团队的主体地位，培养造就了一批高层次领军科技人才和创新团队。第二部分是陕西省科学技术研究发展计划，主要包括农业、工业、社会发展科技攻关项目，自然科学基础研究计划、软科学研究计划等，通过对不同方向、不同领域科技项目的实施，支持科技人才的创新。省科技计划还包括重点科技创新团队计划，重点支持陕西地区的高等学校、科研院所和科技型企业中，具有国内一流水平、能够为地区经济社会发展提供有力人才与成果支撑，以及地区经济社会发展急需、具有省内领先水平、发展潜力巨大的创新群体。“千人进千社、千技惠千村”行动，重点支持科技人员向农业生产领域的合理流动。通过这些科技项目的组织实施，突出了科技人才在其中的主体地位，在创新实践中培养锻炼了创新型人才。

2. 搭建科技人才统筹的创新服务平台，通过创新管理，实现科技人才向企业的流动

于 2012 年 9 月成立的陕西省科技资源统筹中心，以掌握和统筹全省的科技资源为基础，通过搭建“五大平台，十二个子系统”，促进科技资源的集成共享，实现服务于企业，服务于社会，推动区域科技创新的作用。其中科技人才资源的统筹也是中心的一项重要任务。通过搭建科技人才服务平台，采取柔性管理的模式，将分散在高等学校、科研机构、大中小型科技企业的不同领域和行业的高层次创新创业人才统筹起来，研究高层次创新创业人才智力引进新模式和新路径；面向陕西省科技型企业，为他们引进人才、技术和进行企业整体战略策划等提供合作交流的服务平台，从而全方位提升陕西省科技企业的科技创新能力和市场竞争能力。科技人才服务平台拟通过三年的时间，搭建科技人才信息网络系统，建设高层次人才对接企业创新服务平台，建设科技人才创业“一站式”服务窗口，为科技人才的合作交流、创新创业、政策落实、跟踪管理提供“一站式”服务。

2011 年开始实施的“选派科技人员担任中小企业首席工程师行动”，通过搭建企业的技术需求库和高校、科研院所的专业人才库，征集企业技术、人才需求，征集高校院所拟选派的专业人才，通过搭桥、配对，实现科技人才向企业的流动。

3. 创新农业科技人才服务体制，推动实用型农村科技人才队伍建设

围绕农业现代化和社会主义新农村建设，创新农业科技人才运行机制，以具有陕西特色的“大荔模式”“农业科技专家大院”为重点，搭建农村科技人才创新创业服务平台；加大对农业科技人才的支持力度，完善“科技特派员”“首席农艺师”和“千人进千社行动”，引导科技人才在农村建功立业；加强实用型农村科技人才培训。

4. 通过部门间的联合实施，推进科技人才管理工作

2011 年，省科技厅联合省委组织部、省教育厅、省人社厅、省国资委出台了《陕西省选派工程技术人员担任中小企业首席工程师管理办法》、联合省人力资源与社会保障厅、省工业和信息化厅、省国资委、省中小企业局、省总工会出台了《陕西省优秀科技企业家评选办法》，同时成立了相关工作的领导小组和办公室，统筹和实施上述科技人才工作的政策制定、指导协调和监督检查，管理部门间的联合更加有效地保障了科技人才工作的顺利实施。

5. 创新高层次人才遴选评价考核机制

设立陕西省高层次创新创业人才专家评审认定委员会，按相关产业和技术领域聘请国家级知名专家，对高层次创新创业人才及其项目进行遴选认定。完善高层次人才创新能力和创业业绩评价机制，对纳入高层次创新创业人才队伍建设工程培养引进的人才，每 2 年进行一次考核，每 5 年重新进行一次认定，实行绩效考核退出制度。设立陕西省高层次创新创业人才奖，重奖有突出贡献和业绩的高层次创新创业人才。

三、科技人才工程／计划及实施效果

1. 科学家顾问团

为发挥陕西省高层次科技人才的技术优势和智囊作用，促进政府决策科学化和民主化，省政府印发了《科学家顾问团工作办法》，聘请 10 名科学家担任首届顾问团成员，2012 年 2 月 22 日省政府科学家顾问团正式成立，2 月 24 日时任省长赵正永同志在全省科技工作会议上为顾问团成员颁发了聘任证书。根据《工作办法》，顾问团工作办公室设在省科技厅，负责科学家顾问团成员的联络服务工作。

科学家顾问团成立以来，根据《陕西省人民政府科学家顾问团工作办法》的规定，顾问团工作办公室于 2012 年 5 月和 10 月分别就陕西省经济社会发展重大战略需求、重大前沿技术发展趋势、顾问团今后开展调研、咨询活动等问题向顾问团成员征询了意见和建议，顾问团成员围绕全省科技和经济社会发展的需要，深入调研、积极建言献策，提出了大量建设性的意见和建议。同时，邀请顾问团参加陕西省重大科技活动。一是先后邀请顾问团成员参加了2012年全省科技工作会议和全省科技创新大会；二是请科学家顾问团成员参与了陕西省2012年省科学技术最高成就奖的两名候选人的核定；三是召开了部分科学家顾问团成员及省内知名专家座谈会，征求对陕西省“重点科技创新团队建设计划”及其管理办法的意见和建议。

2.“重点科技创新团队建设”计划

为深入贯彻落实人才强省战略，进一步提高陕西省高层次创新人才队伍建设水平，2012年省科技厅启动实施了“陕西省重点科技创新团队建设计划”，培育支持一批优秀的科技创新群体。通过“凝聚、培育、支持”等主要途径，每年遴选出创新团队30个左右，建设期为3年，打造100个左右在省内外有较大影响和发展潜力的科技创新团队，促进协同创新，大力提升陕西省自主创新能力和核心竞争力。

2012—2013年，省科技厅以《陕西省重点科技创新团队建设计划管理办法》为基本依据，坚持突出重点和全面覆盖相结合、遵循规律和敢于突破相结合及问题导向和前瞻部署相结合等原则，紧密结合专家评审结果，经过形式与资格审查、专家评审、资金评审、实地考察等环节，分两批次，共遴选出科技创新团队60个，安排专项经费6000万元用于创新团队研发活动和团队建设。

该计划的实施，培养激励了一批优秀科技创新人才群体，紧密聚焦陕西经济社会发展的重大科技问题、前沿科学热点等开展协同创新，联合攻关，取得了明显成效，有力提升了全省自主创新能力，为促进陕西创新发展做出了积极贡献。

一是培养了一批高层次创新人才。各团队按照“带头人+核心成员+一般成员”的团队架构，充分发挥带头人领军作用，形成了“头雁领、群雁飞”的人才培养机制。经过近一年时间的建设，各团队人员的整体层次均得到大幅度提升，团队带头人有1人入选国家“千人计划”、3人被评为国家顶尖人才；引进各类高层人才18名，其中有2人为国家“千人计划”入选者，2人为省“百人计划”入选者。西安电子科技大学智能感知与图像理解创新团队，带头人公茂果教授入选中组部首批“青年拔尖人才”计划；核心成员焦立成入选陕西省“重点领域顶尖人才”、张青富入选“长江学者”、屈嵘入选国家“青年千人”计划；一般成员李阳阳入选教育部“新世纪优秀人才”支持计划，李阳阳、张向荣、吴建设被遴选为博士生导师。

二是取得了一批标志性科研成果。各团队充分发挥成员之间知识、能力、思维方式、研究经验的互补优势，积极开展协同创新，取得了一批标志性的科研成果。一年来，创新团队获国家技术发明奖二等奖1项、陕西省科技进步奖一等奖3项；争取省级以上课题140项，获得经费支持近9200万元；发表论文353篇，其中被SCI收录179篇；申报国家发明专利205项；研发新产品30项，有11项成功转化。西安电子科技大学计算理论与影像信息学创新团队，完成的“基于大形变和低质量的指纹加密方法与应用”获得2012年度国家技术发明奖二等奖。中煤科工集团西安研究院矿井地球物理综合探测技术与装备创新团队，开发研制的煤矿井下 TEM 装备，解决了矿井下掘进巷道前方含水构造超前探测问题，其性能指标达到国际领先水平。

三是打造了一批高水平创新群体。各团队紧密围绕陕西省经济社会发展中急需解决的重大科技问题，突出特色学科，确定研究方向，在全省各行业、各领域形成了一批创新活力强、发展潜力大、带动作用强的创新团队。30 个团队研究方向涉及电子信息、机电一体化、能源化工、生物工程、现代医药、农业等众多领域，其中大学 17 个、科研院所 5 个、医院 5 个、企业 3 个。西北农林科技大学节水农业科技创新团队研究推广的农田土壤扩蓄增容技术、作物抗旱节水栽培管理技术，较好地解决了干旱半干旱地区农业增产高效的问题，已推广至岐山、三原等 11 个地县，先后有埃及、毛里塔尼亚等 7 个国家的科研人员前来参观学习。西安光学精密机械研究所高维图像数据处理与挖掘若干问题创新团队承担了国家重点型号科技攻关工作，研究成果已在某型号任务光学载荷获取影像的处理方面得到应用验证，走在了国际领域的前沿。

陕西省重点科技创新团队建设计划的实施，已成为陕西省加强高层次科技创新人才培养的重要抓手，也是推动科技进步和加快建设创新型省份的一项战略举措。下一步，将在事关陕西省新兴产业培育的专业技术领域加大培养力度，鼓励整体引进团队，加强考核评估，不断促进科技创新团队建设取得实效。

3. 青年科技新星培育专项计划

“青年科技新星”培育专项是为落实陕西省高层次人才发展规划，加强科技人才队伍建设，促进青年科技人才成长，形成结构优化、布局合理的创新人才梯队，而实施的一项人才培养计划。按照“集成各类资源，对接国家和省级人才工程，联合培养和资助”的原则，每年在全省范围内遴选一批优秀青年科技人才，认定为“陕西省青年科技新星”（以下简称“科技新星”），通过对其开展的科学研究、技术开发、成果转化等活动提供项目资助等方式，培育学科和技术带头人，使其尽快进入国家和省级重大人才工程计划，为建设西部强省提供技术和人才储备。

截至 2012 年年底，共组织评选了四批 240 名陕西省青年科技新星，安排专项经费 2400 万元资助；编撰了《星光灿烂・陕西省青年科技新星》（第一卷、第二卷）。

“青年科技新星”培育计划的实施，为陕西省科技创新增添了新的活力和后劲。一是取得了一批自主知识产权的关键核心技术。2009—2013 年，青年科技新星累计获得发明专利 159 项，实用新型专利 160 项，软件著作权专利 20 项，其他专利 41 项。二是在科学研究、技术开发、成果转化、创新创业等方面收获了丰硕的科技成果。147 人获得省部级以上奖励。三是转化了一批科技成果，取得了良好经济效益和社会效益。西安交通大学教授陈雪峰完成的“大型回转机械结构裂纹的动态定量诊断技术与应用”项目，获得国家技术发明奖二等奖，研制的机械裂纹定量诊断仪克服了航空发动机内部裂纹无法探伤的致命难题，并广泛应用于铁路转辙机、火炮、烫金模切机、石油管道、煤矿机械等结构裂纹的定量诊断，取得了上亿元的经济效益和显著的社会效益。四是培育造就了一批优秀创业人才。西安炬光科技有限公司总经理刘兴胜、西安能训微电子有限公司总裁张乃千等人被评为陕西省优秀留学回国人员，列入了国家“千人计划”；中科院西安光学精密机械研究所张文松利用其在光纤传感技术研究领域的研发优势创办了西安和其光电科技有限公司并任董事长兼总经理；西安铂力特激光成形技术有限公司总经理薛雷从西北工业大学副教授转变为企业负责人。青年科技新星的茁壮成长已成为陕西省未来科技战线的领军人物，希望之星。

4. 选派科技人员担任中小企业首席工程师行动

为贯彻落实中共陕西省委、陕西省人民政府《关于加快关中统筹科技资源改革率先构建创新型区域的决定》(陕发〔2011〕7 号)，促进科技人员合理流动，加快产学研结合，2011 年 7 月，省科技厅联合省委组织部、省人社厅、省教育厅、省国资委制定《陕西省选派科技人员担任中小企业首席工程师管理办法》，开展了选派工作。到 2012 年年底，已选派了 2 批高校、科研院所以及大型企业的科技人员共 200 人入驻中小企业担任首席工程师。首席工程师选派工作实施以来，得到了社会各界的普遍认可和广泛好评，涌现出了西北工业大学吴亚峰、陕西科技大学郭睿、西安交通大学饶元等一大批优秀的首席工程师以及首席工程师服务团队，他们积极为企业解决技术难题、制定技术发展战略、建立研发管理体系，大大提升了服务企业的市场竞争能力和技术创新能力；同时，通过服务企业，也进一步促进了首席工程师的教学科研活动，提升了首席工程师研究团队研究能力、更重要的是为首席工程师积累了丰富的管理经验，真正达到了“学用相长”，实现了首席工程师和企业的双赢局面。

首席工程师选派制度有效地推动了产学研用结合，培养了一批中小企业实用技术人才，形成了科技人员合理流动的有效载体，对提升全省科技创新能力和产业竞争力具有重要意义，是“科技惠民、科技兴陕”行动的具体体现。“十二五”期间，陕西省每年将选派 100 名科技人员担任中小企业首席工程师，5 年共派出 500 名，培养和造就陕西省产业技术人才的中坚力量。

5. 选派“首席农艺师”进农村专业合作社行动

为了促进科技与现代农业结合，促进科技人员向农业生产领域合理流动，推进全省农业科技创新工作，2012 年，省科技厅决定在全省开展“千人进千社，千技惠千村”行动。按照扶优、扶大、扶强的原则，用三年时间，选派 1000 名科技人员，进入建设规范化、经营规模化、服务水平高、产品质量优、技术吸收能力强的 1000 个科技示范型农民专业合作社，与合作社建立紧密型利益连接关系，开展技术引进、技术培训活动，示范推广 1000 项实用技术，惠及 1000 个行政村。促进科技人员与农民专业合作社结合，逐步建立起一个适应需求、机制灵活、技术完备、实用有效的农技服务体系。

6. 优秀科技企业家评选活动

每两年评选一次优秀科技企业家。根据中共陕西省委、陕西省人民政府《关于加快关中统筹科技资源改革率先构建创新型区域的决定》(陕发〔2011〕7 号）精神，为了充分发挥企业家在科技创新中的重要作用，表彰对在科技创新创业方面做出突出贡献的优秀科技企业家。省科技厅联合省人社厅、工信厅、国资委、中小企业局和省总工会制定并印发《陕西省优秀科技企业家评选办法》，开展了首批优秀科技企业家评选工作，经过部门推荐、形式审查、现场汇报、专家组评选、会议研究及公示等环节，六部门确定了首批 10 名陕西省优秀科技企业家在 2012 年 5 月 14 日表彰大会上予以表彰，在全省企业家队伍中产生了较大影响，进一步增强了企业家自主创新的意识。

四、科技人才政策措施及成效

“十一五”以来，陕西省非常重视科技人才工作，出台了一系列相关政策措施和法律法规。制定了《陕西省中长期人才发展规划（2010—2020 年）》，同时按照中长期发展规划制定了《陕西省“十二五”科技人才发展规划（2011—2015 年）》。2009 年，陕西省委省政府出台了《陕西省引进高层次人才暂行办法》，2011 年年底，又出台了《陕西关于加强高层次创新创业人才队伍建设的意见》，为配合此项政策的实施，先后制定了《陕西省重点领域顶尖人才遴选实施办法》《陕西省高层次创新创业人才工程专项资金管理暂行办法》、实施了“三秦人才津贴”工作等。省科技厅在人才政策方面，结合省级各类科技人才计划和工程，制定了《科学家顾问团工作办法》《陕西省重点科技创新团队建设计划管理办法》《陕西省青年科技新星管理办法》《陕西省选派工程技术人员担任中小企业首席工程师管理办法》《陕西省优秀科技企业家评选办法》等一系列政策措施。这些政策措施的出台和实施，为陕西省科技人才的培养、引进、流动、激励等工作提出了指导性意见。

1. 培养和开发政策

为了更好地落实《陕西省中长期人才发展规划（2010—2020 年）》，深入实施人才强省战略，为科学发展、富民强省提供人才支撑和智力保障。陕西省委、省政府于 2011 年出台了《陕西关于加强高层次创新创业人才队伍建设的意见》。《意见》中指出要加大高层次创新创业人才培养和引进力度。用 5—10 年时间，重点培养和引进 2000 名掌握核心技术资源、具有较强创新创业能力的高层次人才，并提出高层次创新创业人才培养和引进的重点领域。

为贯彻“意见”的实施，陕西省又先后出台了《陕西省重点领域顶尖人才遴选实施办法》，以“新世纪三五人才工程”为基础，用 5—10 年时间，从现有人才队伍中遴选 500 名重点领域顶尖人才，进一步加大培养支持力度，使其成为在国内各行业各领域富有影响的领军人才。出台了《陕西省高层次创新创业人才工程专项资金管理暂行办法》，提出在“十二五”期间，省财政每年安排不少于 2 亿元的专项资金，集中用于高层次创新创业人才工程。

《意见》将青年科技新星培育工作列入陕西省创新创业人才工程，并享受“三秦人才津贴”。为此，省科技厅联合省委组织部、省人社厅、省教育厅对《陕西省青年科技新星管理办法》进行了修订，《办法》规定对评选获得“陕西省青年科技新星”称号的，在三年培育周期内，省科技计划原则上资助一次由科技新星主持的科技项目；同时享受"三秦人才津贴"；对科技新星申报国家各类科技计划项目和科技奖励等优先予以推荐；优先安排并资助其参加国际学术会议、开展国际合作研究等科技合作交流活动。

为了培育支持一批优秀的科技创新群体，更好地发挥优秀人才的团队效应，促进协同创新，2012 年陕西省科技厅决定实施"陕西省重点科技创新团队建设计划"，出台了《陕西省重点科技创新团队建设计划管理办法》，对计划的实施目标、原则、任务及实施细则进行了规范。

根据科技部《创新人才推进计划实施方案》，出台了《陕西省创新人才推进计划实施方案》。旨在通过创新体制机制、优化政策环境、强化保障措施，扶持和造就一批高水平优秀创业人才、科技领军人才和重点科技创新团队，打造一批创新人才培养示范基地，加强高层次创新型科技人才队伍建设，引领和带动各类科技人才的发展。目标是到 2020 年，培养科技创新创业人才 200 名、中青年科技创新领军人才 300 名、重点科技创新团队 200 个、创新人才培养示范基地 20 个、青年科技新星 400 名，完善科技创新人才培育的战略布局，实现人才、科技、经济紧密结合，满足陕西省"转方式、调结构"的战略需要。

2. 评价与激励政策

《陕西省"十二五"科技人才发展规划》在政策措施里提出要改进科技人才评价机制，建立健全科技人才分类评价体系，根据科技人才所从事的工作性质和岗位，确定相应的评价标准和方式，调动科技人才的积极性和创造性。并对从事基础研究、社会公益研究、应用研究和技术开发、实验技术和条件保障以及管理和服务的各类科技人才的评价方向和侧重点进行了规范。

《规划》同时提出要建立健全科技人才激励机制。注重精神奖励与物质奖励相结合。将科学精神、科学道德纳入对科技人才评价指标。建立健全科研机构和高等学校岗位绩效工资制度，对科技人才试行多种分配方式，确保优秀科技人才收入维持在较高水平。改进和完善分配办法，建立健全技术、管理等要素入股办法，知识产权股或技术股的比例由股权各方在法律法规范围内自主约定。鼓励企业构建以年薪制、期股、期权等多种形式的分配体系，充分体现知识劳动的价值，有效激发企业科技人员和经营管理人员的积极性和创造性。实施形式多样的社会价值激励。继续开展享受政府特殊津贴人员、突出贡献专家、青年专家、拔尖人才等评选和奖励表彰活动。

《陕西关于加强高层次创新创业人才队伍建设的意见》在鼓励高层次人才潜心科学研究和创新方面提出获得国家科技进步奖特等奖的个人或集体，奖励 100 万元；获得国家自然科学奖、技术发明奖、科技进步奖一等奖的个人或集体，奖励 20 万元等奖励措施；在支持高层次人才从事技术开发、创办企业方面，对引进入选国家"千人计划"、陕西"百人计划"来陕工作的高层次人才，省上均给予 100 万元的事业发展资助及安家费补助，视同政府奖金。到企业、开发区工作的，每月分别发给 3000—5000 元、1000—3000 元的岗位津贴。

"十二五"期间，省财政每年安排不少于 2 亿元的专项资金，集中用于高层次创新创业人才工程。同时建立“三秦人才津贴”制度，对在陕工作的院士，21世纪百千万人才工程国家级人选，国家“863”“973”重大科研项目主持人；以及国家“千人计划”、陕西“百人计划”特聘专家等不同类别的高层次人才给予每人每年5万—6万元、3万—4万元、1万—2万元等不同标准的奖励。设立陕西省企业高层次人才发展资金。每年从国有资本收益中专项列支5000万元，用于资助奖励在省内企业工作并取得突出成绩和经济社会效益的高层次和高技能人才。

《意见》还提出要完成高层次人才服务保障。在入境、落户、就业、医疗、保险、住房、子女入学等方面，有关部门、园区、单位确定专人为引进人才提供便捷服务。

陕西省2009年出台的《陕西省引进高层次人才暂行办法》规定：一是要为进入省“百人计划”的引进人才提供相应的事业平台与工作条件。二是为“百人计划”提供相应的生活待遇，包括办理《外国人永久居留证》和多次往返签证，简化落户手续并予以优先办理，安置配偶工作，提供合理薪酬，解决子女就学问题等。陕西省出台《陕西省“三秦学者”计划实施办法》规定：省财政连续5年每年给予每位“三秦学者”人民币10万元、所带科研团队人民币10万元岗位津贴。设岗单位每年给予每位“三秦学者”所带科研团队提供不少于5万元的岗位津贴配套经费，每年为每位自然科学类“三秦学者”提供不少于15万元、每位人文社会科学类“三秦学者”提供不少于5万元科研配套经费，五年间为自然科学类岗位提供不少于100万元、人文社会科学类岗位提供不少于50万元的岗位建设经费。设岗单位及省级有关部门要从科研条件、科研项目、人员聘用等方面给予重点支持。其他有关工作、生活方面的待遇，由主管部门和设岗单位根据实际情况确定。

3. 流动与配置政策

在鼓励科技人才流动与配置政策方面，陕西省出台的各类科技人才政策措施中均从不同角度进行了规范。“‘十二五’人才发展规划”中从构建产业技术创新战略联盟，实施“科技人员服务企业行动”，鼓励科技人才到农村基层和艰苦偏远地区开展科技服务和科技创业，加强军民科技人才的交流互动等方面提出了指导性建议。“高层次创新创业人才队伍建设意见”中，提出完善政府宏观管理、市场有效配置、单位自主用人、人才自主择业的人才管理体制。发挥各类开发区（园区）的体制机制优势。高层次人才带项目、带技术到开发区创办企业，可优先享受创业投资、土地使用、融资担保、贷款贴息等方面的政策。鼓励高校、科研院所与企业联合设立工业研究院、研发中心、工程中心、博士后科研工作站，开展与省属重点骨干企业“一对一”或“一对多”的对接合作。

为鼓励高等学校、科研院所科技人才向企业的流动，促进产学研用结合，提升中小企业科技实力，陕西省选派中小企业首席工程师制度得到了企业的认可和科研人员的欢迎。《陕西省选派科技人员担任中小企业首席工程师管理办法》对首席工程师的遴选条件、职责、入驻机制、管理机制以及考核奖励进行了规范。首席工程师派驻中小企业的聘任期限一般为2年。对任职期满考核优秀的首席工程师，给予表彰并优先支持其申报的各类科技计划项目。

甘肃省科技人才发展报告

■ 甘肃省科学技术厅

近年来，甘肃省委、省政府高度重视人才工作，把人才工作纳入全省经济社会发展总体布局，坚持人才优先发展和人才支撑取向，持续推进人才强省战略，通过加快扩张人才总量、提升人才质量、盘活人才存量、激活人才能量，统筹推进各类人才队伍建设，充分发挥高层次技术人才作用，为重点领域、重点产业、重点项目引进急需紧缺科技人才，人才工作取得了丰硕的成果，为区域经济社会发展提供了强有力的人才支撑。

一、甘肃省科技人才队伍现状

甘肃省委、省政府采取不断加强人才培养与高层次人才引进等措施，1997 年实施了“333 科技人才工程”，2001 年实施了“555 创新人才工程”，2003 年实施了“西部之光”访问学者计划，2004 年启动了省属科研院所学科带头人培养计划，2005 年开始选拔“甘肃省特聘科技专家”，2006 年启动了省属科研院所科技创新团队建设计划，2009 年启动了领军人才工程和科技人员服务企业百团千人行动，2010 年实施了引进高层次人才创新创业扶持行动，2011 年启动了甘肃省杰出青年基金和创新研究群体计划项目，这一系列重大人才培养工程的实施，为国家和甘肃培养锻炼了众多国防科技、高原大气、冰川冻土、干旱农业、气象、生物、化学、物理等众多领域的科技尖端人才。

高层次创新人才不断涌现，2012 年年底，甘肃有中国科学院院士、中国工程院院士 16 人，甘肃省领军人才 943 人，省属科研院所科技创新团队 38 个，享受国务院特殊津贴人员 1932 人，“333 科技人才工程”人选 432 人，甘肃省“555 创新人才工程”人选 509 人，博士生导师 246 人，甘肃省科技功臣 10 人，国家杰出专业技术人才 4 人，国家“百千万人才工程”人选 62 人，国家杰出青年基金获得者 34 人，长江学者 13 人。

2012 年，甘肃省企事业单位专业技术人员总量为 538815 人，其中，工程技术人员 62887 人，农业技术人员 28715 人，科学研究人员 2262 人，卫生技术人员 79791 人，教学人员 320197

人，其他专业人员44963人。其中高级职称41837人、占7.8%，中级职称173288人、占32.2%，初级职称298755人、占55.4%。

2012年，全省R&D人员共有36762人。R&D人员按执行部门分，企业18764人，科研机构6601人，高等院校7294人。按学历结构分，本科学历人员14708人、占40.0%，硕士学历人员6318人、占17.2%，博士学历人员2838人、占7.7%，其他学历人员12898人、占35.1%。

2012年，按实际工作时间计算，全省R&D人员折合全时当量为24289.9人年，其中研究人员为14470.6人年，占59.6%。按活动类型划分，基础研究人员折合全时当量为3004.0人年，占12.4%；应用研究人员为6111.3人年，占25.2%；试验发展人员为15173.5人年，占62.5%。

按地区分布看，兰州市的R&D人员最多，有18728人，占全省50.9%；其次为天水3199人，占8.7%；酒泉第三，有3112人，占8.5%。与上年对比看，有9个市州的R&D人员均比上年有不同程度的整长，其中增幅超过40%的就有5个市州，分别是嘉峪关、陇南、金昌、白银和酒泉市。

在领军人才及其团队的努力下，甘肃在装备制造业、石油化工、有色冶金、能源、电子信息、特色农业、生态环保等领域的科技创新取得突出成效。兰州石化集团目前新研制出的催化剂、裂化剂已成为世界公认的同类行业品牌，远销美国、澳大利亚等海外高端市场，为提高中国石油产品竞争能力和美誉度做出了积极贡献。金川公司多项科研成果在全国乃至世界上都产生了重要影响，为我国采、选、冶技术的进步起到了至关重要的作用。甘肃大禹节水集团自主研发农业节水灌溉设施，打破国际垄断，节水设备已经出口海外市场，跻身国际节水行业前列。

在科技特派员制度扶植下，甘肃培育了40个省级科技特派员创新创业团队和创业链，一大批科技特派员及其团队深入基层创新创业，建立示范基地194个，“甘肃张掖（甘州）国家科技特派员创业基地”“甘肃兰州国家科技特派员创业基地”“甘肃武威国家科技特派员创业基地”“甘肃定西国家科技特派员创业基地”“甘肃天水国家科技特派员创业基地”5个基地获批成为国家基地，实现了科技惠民进村入户，有力地促进了新农村建设。

二、科技人才工作总体部署和进展

（一）确定人才发展战略

甘肃省提前谋划，积极部署，确定了2020年之前甘肃人才工作的总体思路、战略目标，制定了相关人才发展规划，对科技人才工作体制机制进行了创新。

1. 总体思路

（1）把推进经济社会跨越式发展作为人才工作的根本出发点和落脚点。紧密围绕全省经济社会发展战略目标定位确定人才发展目标，充分发挥人才在经济社会跨越式发展中的基础性、战略性、全局性作用，以加快人才发展引领、带动和保障经济社会科学发展。

（2）把加快形成人才优先发展战略布局作为人才工作的当务之急。牢固树立人才资源是科学发展第一资源的理念，在经济社会发展整体工作布局中，切实做到人才资源优先开发、人才结构优先调整、人才投资优先保证、人才制度优先创新。

（3）把立足自主培养和用好用活现有人才作为人才工作的主要导向。立足省情实际，调整人才培养方向，改进人才培养方式，增强人才培养实效，努力造就大批符合经济社会发展需要的创新型和应用开发型人才。努力搭建干事创业平台，优化政策环境，用好用活现有人才，稳定骨干人才，引进具有真才实学、真正能够解决现实问题的急需人才。

（4）把深化改革、创新机制、激发活力作为人才工作的关键环节。进一步解放思想、开拓思路，深入研究市场经济条件下人才发展规律，下功夫破解影响和制约人才发展的体制性障碍，创新工作机制，完善政策措施，着力营造有利于人才脱颖而出、各尽其才、各得其所的良好环境。

（5）把依托产业、集聚开发作为人才工作的重要途径。总结运用人才发展历史经验，依托支撑未来经济社会发展的支柱产业、重点行业、重大项目和重点学科，加强人才资源开发，实施重大人才项目，培养提高现有人才，吸引集聚紧缺人才，全面提升人才发展的实际效益和整体水平。

（6）把充分发挥用人单位的主体作用作为人才工作的基本要求。大力推进政府职能转变，改进人才管理方式，努力形成政府宏观调控、市场有效配置、单位自主用人、人才自主择业的人才管理模式。通过强化考核、督促检查等措施，引导用人单位落实人才政策、重视人才发展、加大人才培养开发力度，为事业长远发展提供保障、积蓄力量。

2. 战略目标

到 2020 年，全省人才发展的总体目标是：培养和造就一支规模不断壮大、结构趋于合理、素质全面提高、能够适应经济社会发展需要的人才队伍，人才工作体制机制更加健全，人才作用有效发挥，人才发展总体达到西部地区平均水平，在重点领域形成比较明显的人才竞争优势。

（1）人才素质大幅度提高。主要劳动年龄人口受过高等教育的比例达到 20%，每万名劳动力中研发人员达到 16.622 人年，高技能人才占技能劳动者的比例达到 28%。

（2）人才结构和分布更加合理。高层次人才、高技能人才、创新创业型人才比例明显提高，在重点领域、重点行业、支柱产业、重点学科形成人才集聚高地，贫困地区、民族地区和革命老区人才紧缺现象得到有效缓解，全省第一、二、三产业人才分布趋于合理。

（3）人才使用效能明显提升。人力资本投资占国内生产总值比例达到 12%，人力资本对经济增长贡献率达到 30%，人才贡献率达到 32%。

（二）制定相关人才规划

1. 制定《甘肃省中长期人才发展规划（2010—2020年）》

《规划》提出，加强专业技术人才队伍，以提高专业技术水平和创新创业能力为核心，以高层次人才和紧缺人才为重点，依托全省重点学科和经济社会发展重点产业、重大项目，集聚一批能够进入国内外科技前沿的学术精英，打造一批具有较高知名度的学术技术团队，培养一支数量充足、结构合理、素质优良的专业技术人才队伍。深入实施“领军人才工程”，大力培养在全省产业发展、科技创新、学科建设、成果转化等方面起引领和支撑作用的拔尖专业技术人才，形成领军人才强、骨干力量齐、整体水平高的核心团队。全面落实《甘肃省专业技术人才支撑体系建设纲要》，围绕重点领域、重点产业和重大项目搞好人才开发，吸引和集聚高层次专业技术人才，着重培养应用型工程技术人才。积极推动专业技术职称和职业资格制度改革，形成重业绩、重创造、重贡献的政策导向。进一步做好领导干部联系专家工作，充分发挥专家顾问团作用，落实好专业技术人才管理、服务、激励和保障等方面的政策措施。到2015年，专业技术人才总量达到6666.2万人；到2020年，专业技术人才总量达到8080.5万人。

2. 制定《甘肃省高层次创新型科技人才队伍中长期发展规划（2010—2020年）》

《规划》提出，加快高层次创新型科技人才培养、引进，使高层次创新型科技人才资源能够充分满足本省科技、经济、社会发展的数量需求和素质要求，并通过科技创新活动实践，造就一批能够进入国际、国内科技前沿的科技领军人才队伍，建设一支学术品德好、业务素质高、创新能力强、团队结构优化的高层次科技人才队伍。到2015年，研究开发（R&D）人员总量达到2.4万人，博士生导师达到1360人，国家级高层次创新型科技人才总量达到90人；到2020年，研究开发（R&D）人员总量达到2.7万人，博士生导师达到2200人，国家级高层次创新型科技人才总量达到220人，培养在国内同行业中有一定影响的科技创新创业团队100个。

3. 制定《甘肃省“十二五”科学技术发展规划》

《规划》提出，强化人才队伍建设，围绕战略性新兴产业和特色优势产业，以企业为主体，产学研相结合，实施“引进高层次人才创新创业扶持行动”和“创新团队建设计划”，实行动态管理、滚动发展机制，培养选拔科技领军人才，引进海内外高层次人才，建设产学研相结合的科技创新团队与研究生联合培养基地。实施“杰出青年基金计划”，做好中青年学术、技术、管理带头人培养工作。加强科技人员继续教育，开展科技管理人员、企业主要负责人的普遍培训。发挥高层次科技人才的智力优势，建设科技决策智库。继续实施科技特派员基层创业工程和科技人员服务企业“百团千人”行动，鼓励科技人员面向农村和企业开展技术创新服务。

（三）创新科技人才工作体制机制

1. 人才选用流动机制渐趋合理

对高层次创新型科技专业人才选拔和使用，始终坚持“不拘一格”“不求所有，但求所用”，努力形成广纳群贤、人尽其才、能上能下、能进能出、充满活力的选用机制。为了疏通流动渠道，制定出台了相关措施和办法，引入柔性流动机制，允许高层次专业人才通过兼职、定期服务、技术开发、项目引进、科技咨询等方式，参与经济社会发展事业的各种活动。放开国有企业引进高层次专业技术人才的审批权限，自主引进，待遇由企业自行决定。打破高层次专业人才在省内条块分割的壁垒，允许跨地区、跨行业流动。鼓励科研机构和院校推行固定岗位和流动岗位、专职与兼职相结合的高层次专业人才使用办法。依托兰州高新技术开发区和省内其他科技园区，开办甘肃省留学人员创业园区，吸引优秀海外留学人才来甘肃创业。

2. 激励保障机制进一步加强

在科学技术奖励方面，突出工业强省和企业创新主体导向，技术发明奖和科技进步奖重点向企业倾斜，企业的获奖比例大幅度提高。设立“甘肃省科技功臣奖”，重奖有突出贡献的科技人员，省里每年评选 1 名科技功臣（可以空缺），奖励 80 万元。各市（州）政府也普遍设立了“科技功臣奖”，对入选者给予重奖，奖励金额达 5 万—30 万元。2008 年在各类企事业单位选拔千名领军人才，并对入选第一、二层次的领军人才，最高奖励 10 万元。制定了《甘肃省专利条例（草案）》，将设立“甘肃专利奖”，对在本省实施并产生重大经济、社会效益的专利项目及专利工作成绩突出的单位和个人给予表彰奖励。按照人才资金优先投入，人才资源优先开发的工作方针，建立人才投入保障机制。2005—2010 年，省财政每年预算拨付 300 万元，设立“甘肃省高层次人才专项资金”，用于高层次人才开发工作。为进一步加强和改进少数民族地区人才工作，设立了省“少数民族地区人才工作建设专项资金”。颁布《甘肃省人才工作专项资金使用管理办法》，实行专账核算、专款专用、专人管理。兰州新区为构筑人才发展高地，加大资金投入，设立不低于新区年度财政收入 5%的人才发展专项资金，为引进人才提供了强大的物质保障。

3. 加强高层次科技人才创新载体建设

把培养高层次科技创新人才和建设科技条件平台作为工作的重中之重，加大投入，组织实施人才培养计划，大力加强重点实验室、工程技术研究中心、企业技术中心、各类科技孵化器、科技创新公共服务平台和国际科技合作基地建设，做了大量夯实基础的工作，有效提高了科技人才队伍和创新能力建设。2012 年，6 人获得“国家杰出青年基金”，10 个团队得到了高层次人才创新创业项目支持，10 名优秀科技工作者获省杰出青年基金项目，6 个团队获得国家自然科学基金基础研究创新群体的资助。出台了《关于进一步推进甘肃高等学校与科研院所联合培养研究生工作的指导性意见》，鼓励科研院所联合高等学校申报研究生联合培养基地，已建成省属科研院所硕士研究生联合培养示范基地 16 家。

4. 健全以市场为导向的创新评价体系

把面向应用、面向市场和转化成果等作为科研评价的重要内容，推动建立符合创新创业人才发展规律的多元化考核评价体系，完善知识、技术、管理等生产要素参与分配的实现形式。健全和完善不同类型高校的办学目标，推动省属高校建立以应用为导向的高校科研评价体系，强化对其科研质量、自主创新能力极其标志性成果的考核评价，强化对其科技成果成熟度、转移转化情况及对经济社会发展贡献情况的考核评价。鼓励科技人员、高校学生开展多种形式的科技创业，健全鼓励创新创业的激励机制。完善有利于科技人才到企业创新创业的政府奖励、分配激励、社会保障、项目扶持、专业技术资格评价、成果申报、参与社会管理等方面的政策制度，拓展企业科技人才与国内外大学、研究机构的交流与合作，促进创新人才向企业集聚，在企业充分发挥作用。大力宣传表彰有突出贡献的科技创新人才，提升他们的社会知名度和影响力。

三、科技人才工程／计划及实施效果

（一）甘肃省重点科技人才工程 / 计划

1. 科技人才工程 / 计划

近 10 年来，为深入贯彻落实人才强省战略，加快人才队伍建设，甘肃省实施了一批重点、重大科技人才计划 / 计划，如“西部之光”访问学者计划、省属科研院所科技创新团队建设计划、“甘肃省千名领军人才”工程等（表 1）。

表 1　甘肃实施的科技人才工程 / 计划

序号	计划名称	启动时间	目标定位	引进和培养人数
1	甘肃省自然科学基金	1988 年	促进省自然科学基础研究和科学技术人才培养工作，增强自主创新能力	6700 人
2	甘肃省青年基金计划	1988 年	资助优秀青年科技人员	3200 人
3	“西部之光”访问学者	2003 年	搭建东西部地区科技人才交流的纽带和桥梁	170 人
4	创新团队建设计划	2006 年	培养省属科研院所人才团队	38 人
5	社会主义新农村建设人才保障工程	2007 年	培养农村科技人才	—
6	千名领军人才工程	2008 年	在各类企事业单位选拔千名领军人才	943 人

续表

序号	计划名称	启动时间	目标定位	引进和培养人数
7	陇原青年创新人才扶持计划	2008 年	培养青年科技创新人才和学术技术带头人	192 人
8	甘肃省科技人员服务企业“百团千人”行动	2009 年	科技人员服务企业	1000 人
9	国家自然科学基金——地区基金（甘肃）	2009 年	通过支持科技人员在国家自然科学基金资助范围内开展创新性的科学研究，培养和扶植该地区的科技人员	4000 人
10	高层次人才科技创新创业扶持行动	2010 年	支持高层次人才创新创业	23 人
11	甘肃省杰出青年基金及创新研究群体	2011 年	促进青年科学技术人才的成长	41 人
12	兰州新区“333”人才引育计划	2012 年	打造兰州新区人才智库	—

2. 实施成效

（1）甘肃省自然科学基金。2011—2012 年，甘肃省自然科学研究基金计划支持项目数最多，达 471 项，占甘肃省级科技计划项目总数的 23.53%，经费总额达 1354 万元，经费比例占 2.94%。

（2）甘肃省青年基金计划。2011—2012 年，甘肃省青年科技基金计划支持项目数达 229 项，占甘肃省级科技计划项目总数的 11.44%，经费总额达 461 万元，经费比例占 1%。

（3）“西部之光”访问学者。“西部之光”访问学者计划，是中组部、教育部、科技部、中科院为贯彻落实西部大开发战略和人才强国战略，加强西部地区高层次青年专业技术人才队伍建设，促进区域经济协调发展而采取的一项重要举措，是“西部之光”人才培养计划的重要组成部分。该计划的目标任务是，从西部地区选派部分青年科研骨干作为访问学者到中央和国家机关有关部委所属的研究机构、中科院所属研究所、重点院校、医疗卫生机构进行进修培训。

2003 年以来，甘肃省已选派九批共 169 名“西部之光”访问学者外出进修，专业方向涉及生态环境、资源能源、生物技术、农业、医药、工业、材料工程、经济管理、党的建设等领域。他们经过研修学习，已成为甘肃省高层次专业技术人才队伍的一支重要力量，在各行业、各领域为经济社会发展做出了积极贡献。

2013 年 8 月 27 日，甘肃省委组织部、省教育厅、省科技厅在兰州召开 2013 年“西部之光”访问学者工作总结动员会议，向第八批“西部之光”访问学者颁发证书，对第九批“西部之光”访问学者工作进行总结，对赴外研修深造的第十批20名“西部之光”访问学者进行动员培训。

（4）甘肃省省属科研院所创新团队建设计划。2006年，首次提出省属科研院所科技创新团队建设计划，以优秀人才的团队效应和资源的凝聚为重点，推动院所的改革与发展。目前，已形成了38个以学科带头人为核心、以外聘专家和中青年骨干为主体的创新团队，每个团队支持150万元。

截至2012年，已在省属科研院所培养了一批学科带头人和青年骨干，第一、第二批共26个团队外聘专家40名，包括中国工程院院士、国外行业专家、兰外专家等。自主培养博士、硕士151人，引进博士、硕士82人，建设了19个研究生联合培养基地。创新团队获得了一系列知识创新成果，在提高院所原始创新能力和自主知识产权方面发挥了重要作用，提升了院所的整体创新能力和科研水平。团队成员共发表科技论文595篇，出版专著21部，申请专利55件，授权专利39件；3项科技成果获得国家级科技奖励，39项科技成果获得省级科技奖励；取得软件著作权登记、新药证书、各类标准20余项。在成果转化方面，创新团队人员也取得较好的成绩，建成生产线9条、生产基地16个；开发新产品33个，新产品销售收入达2000余万元，成果转让额达到600余万元，其他收入700余万元，综合经济收益3500余万元。

（5）甘肃省千名领军人才工程。在各类企事业单位选拔千名领军人才，对入选第一、第二层次的领军人才，省委、省政府分别每人每月发放津贴2000元、1500元；以3年为周期，对做出重大贡献、业绩突出的领军人才及其团队，一次性奖励10万元。

领军人才工程实施以来，遴选甘肃省领军人才人选943名，涵盖了甘肃省重点学科建设和重点发展领域，突出了装备制造业、石油化工、有色冶金、能源、电子信息、特色农业、生态环保等领域的人才布局。稳定了甘肃省高层次人才队伍，943名领军人才中流向省外的仅有9人，是甘肃省改革开放以来人才流失最少的几年。该工程通过核心人才的强磁场作用，在甘肃省许多领域形成了人才的优势带，盘活了现有人才资源。据不完全统计，千名领军人才及其团队近年来主持完成各类项目2100多项，直接经济效益1300多亿元。

（6）社会主义新农村建设人才保障工程。甘肃省委省政府从2007年开始，在全省范围内实施新农村建设保障工程，形成了《关于实施新农村建设人才保障工程的意见》，重点提出了8项子工程，其中包括：农业科技人才队伍和人才智力援助工程；农村实用人才开发及劳动培训工程和少数民族地区人才建设工程。

该项工程先后投入9000万元，实施120多个农业特色产业人才开发项目，建立6个省级农村人才培训基地，选派3批110名省属高校、科研院所的专业技术人才挂任科技副县长。

（7）甘肃省科技人员服务企业“百团千人”行动。为鼓励更多的优秀科研人员为企业服务，进一步加快科技成果转化，形成科技人员服务企业的长效机制，甘肃省2009年选派100个企业科技特派团（科技创新团队）和1000名企业科技特派员去企业，协助企业进行技术难题攻关，制定企业技术发展战略，解决企业自主创新方面的疑难问题。

科技人员派出期间，其原职务、工资福利待遇和岗位保留不变，工资、职务、职称晋升和岗位变动与派出单位在职人员同等对待，服务企业的时间在计算岗位津贴时等同于原岗位工作量，并把科技人员服务企业的工作业绩，作为评聘和晋升专业技术职务（职称）的重要依据；对在企业取得突出成绩的科技人员（具有推动企业发展的技术成果），优先聘任专业技术职务，在晋升高级专业技术职务时应给予优先考虑，符合干部任用条件的，优先提拔任用；科技人员申报的与服务企业相关的研发项目，政府各部门要优先予以支持；科技人员在企业取得的科技成果，提交主管部门评审时，在同等条件下，优先给予评审、奖励。以创新团队名义申报的省级以上科研项目，团队骨干成员至少有一人具备服务企业 1 年以上的工作经历。

（8）国家自然科学基金——地区基金（甘肃）。2009 年 2 月，甘肃省增列为国家自然科学基金地区科学基金资助省份。2009—2012 年，甘肃省共获得国家自然科学基金项目 1944 项，经费 10.09 亿元，其中，地区科学基金 545 项，经费 2.26 亿元，项目数年均增长 32.84%，经费年均增长 57.9%，资助强度 2009 年为 24.12 万元 / 项，2012 年达到 48.10 万元 / 项，经费翻倍增长。

“十一五”期间，甘肃省获得的国家自然科学基金项目成果丰硕，申请专利 144 项，授权 43 项，论文 6855 篇，专著 44 部，国际合作交流 1686 次，登记科技成果 175 项，特别是地区科学基金为省属高校、科研院所培养了 4000 多名科技人员，有效地提升了甘肃省综合科技实力和科技创新能力。

通过地区科学基金的资助，青年研究人员构思项目框架、撰写项目申报书、开展项目研究，受到了系统的锻炼。部分人员已成为国家重点基础研究发展计划项目（“973 计划”）、国家高技术研究发展计划（“863 计划”）等课题负责人。通过科学基金提供自由探索空间，提升了甘肃省研究者对区域特色科学问题的思考能力和研究水平，提升了科技人员、特别是中青年科研人员的科研综合素质。

（9）陇原青年创新人才扶持计划。从 2008 年开始，甘肃省委组织部启动实施了“陇原青年创新人才扶持计划”，主要通过经费资助等方式，每年择优扶持一批有发展潜力的青年学术技术骨干，支持他们瞄准国内外科技前沿，围绕重大项目、重点工程和重点产业开展科研攻关，推动团队建设，从而培养一大批高层次青年科技创新人才和学术技术带头人。

据统计，截至 2012 年，“陇原青年创新人才扶持计划”每年安排专项资金 200 万元，先后资助和扶持 5 批共 192 名青年学术技术骨干。

（10）甘肃省“高层次人才科技创新创业扶持行动”。重点扶持海内外高层次科技人才（团队）来甘肃省创新创业，与甘肃省企业共同研发和转化具有自主知识产权、能够形成产业规模、具有广阔市场前景和可观预期效益的重大科技创新创业项目，孵化和培育一批高成长性的高新技术企业。

甘肃省科技厅 2012 年对 2010 年启动的 13 个项目进行了摸底调查，13 个项目均按期完成了阶段性目标，项目资金配套到位率在 90% 以上，引导项目承担单位投入配套资金共计 2.8 亿元，引导金融机构贷款投资 2000 万元，部分前期基础好、着手较早的项目已产生科研成果。

（11）甘肃省杰出青年基金及创新研究群体计划。2011 年，甘肃省首次设立杰出青年基金 10 个资助项目，资助额度为每项 20 万元。资助对象为在甘肃省进行科学技术研究、未满 45 周岁、具有高级专业技术职务、职称或者具有博士学位，并且在自然科学基础研究方面已取得国内外同行认可创新性业绩的优秀青年科技人才。杰出青年基金每年受理一次，资助期限一般为 3 年。

甘肃省杰出青年基金作为承担国家重大基础研究或应用基础研究计划人才孵化器，其主要培养目标是使资助者成长为承担国家杰出青年科学基金、国家自然科学基金重点项目或国家科技支撑计划等国家重大科技计划的优秀学科带头人，尽快步入国家级人才培养计划的行列。甘肃省力争在“十二五”期间，培养 80 名左右的优秀青年科技领军人才，为甘肃经济社会又好又快发展提供人才储备和科技支撑。

（12）兰州新区“333”人才引育计划。兰州新区设立不低于年度财政收入 5%的人才发展专项资金。其中，对入选新区“333”计划的重点扶持项目和人才，分别给予 100 万元、50 万元的创业启动资金，并提供不少于 100 平方米工作场所和不少于 80 平方米的人才公寓。对区内企业引进的急需紧缺人才，一次性给予 5 万元的安家补贴。凡是首次就业的博士、硕士、“211”工程大学本科生，企业无法提供公寓的，三年内每月分别给予 600 元、400 元、200 元的租房补贴。

到 2015 年，引进国家“千人计划”“新世纪百千万人才工程”、领军人才 30 名以上；引进和培育掌握关键技术、引领产业发展创新创业人才 300 名以上，引进和培育高技能人才 3000 名以上，着力构筑人才发展高地。

新区通过创新人才工作机制和相关政策措施，强化人才服务工作，目前引进了国家“千人计划”4 位特聘专家及其科研团队，争取 30 名北大、清华等名校选调生到新区工作，为新区发展提供了人才支撑。2012 年，兰州新区智库首批 65 名专家，包括中科院院士、“长江学者与创新团队发展计划”团队成员、国家百千万人才工程入选者等国内外知名专家入选。

（二）其他人才计划实施情况

（1）2011 年甘肃农业大学启动“伏羲人才计划”。该计划大力引进学科带头人，资助培养青年骨干人才。“伏羲人才计划”分三个层次：第一层次是“伏羲学者特聘教授”，主要通过国内外高水平学者的引进，加强重点优势学科领军人才和带头人队伍建设。第二、第三层次是“伏羲杰出人才培育计划”和“伏羲青年英才培养计划”，立足于人才梯队建设，以学校青年教师为培养对象，每年遴选 20 名左右青年教师，培养期 5 年。“伏羲杰出人才培育计划”每人支持 30 万元培育经费，“伏羲青年英才计划”每人支持 10 万—15 万元培育经费，用于科学研究和到国内外著名大学访学。进入“伏羲人才计划”的青年教师将作为学校重点培养对象，在科研项目申报、各种人才推荐等方面享有优先权。2013 年，“伏羲人才计划”继第一层次顺利引进 5 名“伏羲学者特聘教授”后，第二、第三层次人才工作也已正式启动。15 名“伏羲人才计划”入选者与学校签署培养协议。

（2）武威市出台“1+5”文件，在公选领导干部过程中对高层次人才适当放宽条件，引进的急缺人才编制可在市县范围内调剂，赋予工业园区引才自主权，实施市内有效的专业技术人才职称评聘办法，通过“假日专家”“双休日工程师”等形式柔性引才引智。2012 年，武威市实施“金熊猫公寓”项目，这是武威引进高端人才、实施人才优先发展战略、建设全省人才特区和武威人才高地的重大举措，是优化人才服务环境、吸引和留住人才的“梧桐树工程”。

（3）金昌市对经评审认定的急需紧缺高层次人才，一次性发放 20 万—50 万元的安家补助，每月给予 1000—3000 元的岗位津贴，对高层次创新创业团队给予最高 200 万元的资金资助。

（4）甘南藏族自治州制定出台引进高学历急需紧缺人才暂行办法，采取定专项编制、定专业岗位、定专项经费的“三定”措施，着力破解引才难题。

（5）天水星火机床公司实施“筑巢引凤”工程，拿出百万年薪从英国聘任高级人才担任首席行政官和首席技术官。

四、科技人才政策措施及成效

1.《甘肃省专业技术人才支撑体系建设纲要》

2008 年，《甘肃省专业技术人才支撑体系建设纲要》制定出台，提出 15 个人才开发配置计划，18 条专业技术人才支撑体系建设保障措施。通过政府设立奖学金，用人单位给予补贴等方式，订单培养专业性人才。

2012 年，作为《甘肃省专业技术人才支撑体系建设纲要》实施的核心，《甘肃省专业技术人才支撑体系建设专项人才开发配置计划实施方案》制定下发，标志着全省专项人才开发配置计划进入全面实施阶段。《实施方案》按照“围绕项目开发人才，重点领域重点开发，优势产业优先开发”的原则，突出了人才开发配置的针对性，强调了对全省经济社会重点发展领域、优势产业和重大项目及中央高度关注的社会民生问题的人才支撑。

2.《甘肃省领军人才考核办法》

2013 年《甘肃省领军人才考核办法》出台，突出激励导向，鼓励领军人才创新，提倡基础研究与实践应用并重，个人发展与团队建设互动，通过考核，将对全省经济社会发展中有突出贡献、成绩优秀的领军人才给予 10 万元的奖励，成绩优秀的第二层次人才将晋升到第一层次。考核办法紧密结合不同行业人才发展的实际，在 7 个专业领域对近千名不同专业的领军人才实行系统分类考核，定量与定性相结合，历史贡献与发展潜力相结合，其中工业、农业领域领军人才考核指标突出“成果转化”，强调了对经济发展的直接贡献；医药卫生、教育领域的考核指标中突出了“临床实践”和“教学成果”指标，强调了社会效益；文学艺术领域人才的成果业绩按照创作类、实践类两大类分别考核。考核办法还制定了分类考核的指标体系，打破了以往定性评价的评价方法，建立领军人才个人业绩数据库，引入动态考核，随时跟踪领军人才聘期内所取得的业绩成果。

3.《关于加快引进急需紧缺人才的意见》和 7 个配套办法

2011 年，甘肃省出台《关于加快引进急需紧缺人才的意见》和 7 个配套办法。在“1+7”文件的引领下，甘肃各市州和企事业单位研究出台吸引力强、含金量高的优惠政策，全省引进急需紧缺人才 1.4 万余人，形成了全面发力引才的态势。在人才认定、项目扶持、财税金融扶持、配偶就业安置、住房保障、子女入学、“服务绿卡”等方面初步形成了引进人才的政策体系。

据不完全统计，截至 2013 年，全省共引进各类急需紧缺人才 14235 人，其中引进海外高层次人才 139 人，引进省外人才 4271 人；博士 353 人，硕士 1306 人；副高以上职称的 717 人。天水华天集团引进国家“千人计划”特聘专家朱文辉博士，首次成功争取到了国家级科技重大专项。

4.《关于强化企业技术创新主体地位全面提升企业创新能力的实施意见》

2013 年，甘肃省出台《关于强化企业技术创新主体地位全面提升企业创新能力的实施意见》，其中提出省属科研院所、高等学校在机构编制范围内分别按机构编制人数的 20%、3% 设置流动岗位或专职科研岗位及科技成果推广转化岗位，吸引高层次创新人才，鼓励技术创新与成果转化。

（1）鼓励在甘高校、科研院所和国有事业、企业单位科技人员（包括担任行政领导职务的科技人员）离岗创业，3 年内保留其原有身份和职称，档案工资正常晋升。

（2）对科技领军型创业人才创办的企业，允许将知识产权等无形资产按至少 50%、最多 70% 的比例折算为技术股份。高校、科研院所转化职务科技成果以股份或出资比例等股权形式给予科技人员个人奖励，按规定暂不征收个人所得税。科技领军型创业人才申请设立科技型企业注册资本在 10 万元以下的，其资本注册实行“自主首付”办理注册登记，其余出资 2 年内缴足。

（3）鼓励在甘高校、科研院所和国有事业、企业单位职务发明成果的所得收益，按至少 60%、最多 95% 的比例划归参与研发的科技人员及其团队拥有。

（4）企业引进的国家级有突出贡献的中青年专家、国家重点学科、重点实验室、工程研究中心主要专家，在同等条件下优先入选甘肃省领军人才、甘肃省特聘科技专家、甘肃省优秀专家等并享受相关待遇，优先推荐申报国家千人计划、长江学者、两院院士、国家杰出青年基金、享受国务院特殊津贴等，入选人选享受甘肃省引进急需紧缺人才相关政策。

（5）对于从国外、省外全职引进的急需高级专业技术人才、高级经营管理人才、高级技师等，经省委、省政府相关部门评审认定后，享受甘肃省引进急需紧缺人才相关政策，用人单位须提供免租公用周转房或发放住房补贴，可根据本人意愿在省内选择落户，相关部门和用人单位须妥善解决配偶安置、子女入学等问题。

（6）高层次人才创办的企业，经有关部门认定属高新技术企业的，5 年内除按 15% 税率征收企业所得税外，其实际缴纳的企业所得税地方留成部分按前 2 年全额、后 3 年 50% 返还企业。高层次人才创办企业从事技术转让、技术开发和与之相关的技术咨询、技术服务，免征营业税和技术市场登记费。

（7）企业对技术创新中做出突出贡献的创新团队，可按创新团队完成项目新增税前利润的10%进行奖励，并据实列支计入当年成本，奖金由带头人分配，带头人所得占奖金总额的30%—50%。

（8）对获得省工业和信息化委员会评定的技术创新奖主要研发人员（多人研发的为前2名），在评定职称时按同级别专业奖项使用。有突出贡献的，可破格提拔或晋升专业技术职务。

在企业人才政策支持下，金川集团公司、兰州电机有限公司、天水星火机床有限责任公司、甘肃蓝科石化高新装备股份有限公司、西北永新集团有限公司、甘肃华羚酪蛋白股份有限公司等一批企业技术中心获批认定成为国家企业技术中心，成为我国有色金属新材料、电机开发、高性能数控机床、石化高新装备研制与开发应用等方面的领头企业，成为国家产业和行业技术发展的排头兵，对产业和行业起着重要示范和导向作用。到2013年，全省有国家认定企业技术中心17家，位居各省市区第18位，在西北五省区中列第二位。

5.《甘肃省科学技术奖励办法》

2013年，新修订的《甘肃省科学技术奖励办法》正式出台，在奖励数量、奖金额度、评价方法和指标等方面均进行了调整和完善，其中科技功臣奖评选由原来的两年一评变为一年一评，奖励金额也由原来的60万元提高到80万元；自然科学奖、技术发明奖、科技进步奖一、二、三等奖奖励金额比原来翻了一番，分别由原来的4万元、2万元、1万元提高到8万元、4万元、2万元，评价更加注重项目的经济效益和科技人员的实际贡献。

2013年度全省科学技术奖励大会共授奖150项，一等奖16项，二等奖59项，三等奖75项。此次获奖的项目须经过3年以上的实践检验，重点奖励企业自主创新和以企业为主体的产学研合作项目，其中技术发明奖和科技进步奖工业类全部由企业完成。另外，参评项目的主要完成人员趋于年轻化，35岁以下完成人数量比2012年增长了3倍，45岁以下完成人数量从2012年的35.5%增加到42%。

6.《关于开展科技特派员服务“双联”工作的意见》

2002年根据甘肃省申请，科技部批准在甘肃武威市、天水市率先开展科技特派员制度试点。试点工作以建立新型农村科技服务体系，培育新型农民，带动农业增效、农村发展和农民增收为目标，以科技特派员团队支持特色产业发展为重点。全省将在“十二五”期间选派省市县三级下派科技特派员将达1万人，在58个贫困县所有乡镇实现科技特派员全覆盖。

目前甘肃省已有科技特派员8000多名，其中法人科技特派员230个，科技特派员团124个，在4365个村点和749个利益共同体、248个龙头企业开展工作，建立示范基地194个。

青海省科技人才发展报告

■ 青海省科学技术厅

科技人才是支撑经济社会发展的重要力量，是推进科学技术进步的主力军。近年来在省委、省政府的正确领导下，省科技厅高度重视科技人才的培养、开发和利用，认真贯彻落实国家和省人才工作的一系列方针政策，积极创造科技人才成长的良好政策环境和社会氛围，培养造就了国内先进的学科和技术领域的带头人，带动了青海省科技创新人才队伍建设和发展，为实现青海“两新”目标、推进“三区”建设提供了强有力的科技智力支撑。

一、主要做法和取得成效

1. 科技人才总量稳步上升

目前全省科技活动人才达到20840人，R&D科技活动人员5181人年，其中博士373人，硕士835人。中国科学院、工程院院士3人，国家千人计划专家1名，国家万人计划专家2名，国家创新人才推进计划专家5名，省自然科学与工程技术学科带头人302名，人才小高地等科技创新团队41个。吴天一院士等13名研究员荣获青海省科学技术重大贡献奖，一批在科技事业发展和新青海建设中发挥了重要作用的科技人员也获得了政府科技奖励。科技人才激励机制初步形成，科研机构科技人员数量在逐年增长。

2. 制定和完善科技人才政策措施，营造科技人才成长的良好环境

认真贯彻落实中共中央、国务院及有关部委关于人才工作的精神，编制了《青海省中长期科技人才发展规划（2010—2020年）》，提出未来十年青海省科技人才发展的指导思想、发展原则、战略目标、主要任务以及推动科技人才发展的若干保障措施，为全省科技人才工作提供了有力指导。研究制定的《青海省自然科学与工程技术学科带头人选拔管理暂行办法》《关于深化科技体制改革加快创新型青海建设的若干政策措施》等政策措施，调整优化科技人才发展环境，有效地推动了青海省科技人才的培养和人才队伍的建设。此外，我们还通过科技奖励制度、职称评审制度等一系列调动科技人员积极性的激励机制，用好引进人才和本地人才，充分调动广大科技人员从事科学研究

的积极性和创造性，研究层次逐步提高，研究水平不断上升。

3.《青海省科学技术进步条例》的出台实施，为科技人才提供了法律保障

《青海省科学技术进步条例》于2012年8月1日正式实施。该《条例》明确规定了鼓励各类科技人才创办民营科技企业；鼓励和支持科技人才及企事业单位利用自有专利、专有技术等科技成果创办各类民营科技企业；鼓励国内外科学技术人员以合作研究、学术交流、技术培训以及工作任职、兼职等形式来本省服务。对长期在基层或者艰苦地区以及恶劣、危险环境中工作的科学技术人员，在职称评审时适当放宽条件；参与创办、领办科技型企业的科学技术人员享受国家和省的优惠待遇等。这一举措极大地调动了青海省科技人才的积极性，有力地推进青海省科技事业的发展。认真贯彻落实《青海省科学技术进步条例》和全省科技创新大会精神，加强对科技人员培养和鼓励的法规政策的宣传。

2013年4月在全省州地市、县市区科技法规专题培训班上，开展了《青海省科学技术进步条例》的解读，同时赴企业、科研院所进行了科技创新政策的培训，累计培训人数达到500余人次，通过解读培训使更多的科技人员、科技管理者和企业工作人员了解了最新出台的创新政策及激励创新机制，促进了科技政策更好地贯彻和应用。

4. 依托各类科研项目，加强青海省高层次人才和优秀青年科技人才的培养

根据经济社会发展需求，省科技厅围绕重点优势产业、战略性新兴产业，按照“人才+项目+基地”的培养模式，在年度科技计划组织实施和管理中，将科技创新人才的培养作为一项重要产出指标，有针对性地加强科技人才队伍的培养。2013年科技项目计划中，以人才培养为重点目标的重点实验室专项、应用基础研究和自然科学基金资助计划里，参与科研人员共计1972人，其中学科带头人有99人，资助经费共计3741.1万元。博士247人，硕士479人，高级职称235人。其中省自然科学基金，面上项目资助20名学科带头人，青年项目资助19名40岁以下优秀青年博士；人才小高地科技创新团队资助3个。资助经费达4955.1万元，学科带头人队伍已成为全省科技创新的中坚力量。

5. 创造有利条件，提升青海省科技创新人才的能力和水平

改善科研基础条件，提升科研水平。自2003年以来，已累计支持建设省级重点实验室60家，省部级重点实验室培育基地3家，培养引进优秀中青年人才1319人。其中省寒区恢复生态学重点实验室、省春油菜重点实验室、省青藏高原特色生物资源研究重点实验室、省高原医学重点实验室、省青藏高原优良牧草种质资源利用重点实验室、省高原放牧家畜动物营养与饲料科学重点实验室等9家重点实验室，近三年来承担完成省部级以上科技项目135项，科技资助经费达到21115.5万元，引进培养高层次人才53人，为三江源生态保护和建设工程科学研究、科技成果示范推广、带动和培养培训各类科技人才，发挥了重要平台支撑作用。

搭建学术交流平台，促进学术成果共享。在汇集全省学科带头人信息资源的基础上，着力科技资源共享平台建设，初步建起了集资源、服务、学术成果共享于一体的“青海省高层次科技人才学术成果共享与资源服务平台”，加强学科带头人学术成果共享与学术交流。目前已有815项科研成果、论文和专利在平台上进行了展示和交流，促进了青海特色学科建设和人才培养。

积极组织、认真筛选，将青海省优秀创新人才积极推荐到国家创新人才队伍建设中。2012年、2013年向科技部推荐了两批优秀人才33名，有5名优秀人才分别入选国家中青年科技创新领军人才和科技创新创业人才，其中青海泰丰先行锂能科技有限公司陈继涛和青海华信冶炼有限公司翟红伟两位同志还分别入选国家特殊人才支持计划（即“万人计划”）中的科技创新领军人才和科技创业领军人才。10名科技专家被提交推荐到科技部人才专家库。省科技厅还积极推荐李小松和艾措千两位专家申报2013年度何梁何利科技奖，在众多候选人中脱颖而出，是获奖人数较多的省份，目前青海省已有吴天一、格日力、杜德志等5位科学家获得此项殊荣。

6. 扎实开展学科带头人选拔培养工程，促进本土优秀人才的培养选拔

贯彻《青海省科技进步条例》，加强对具有战略眼光、能够较好把握科技发展趋势和全省经济建设需求、积极参与组织科技创新活动和承担重大科技任务的省急需的高素质人才的培养选拔，是省科技厅推进科技创新工作的一项重要任务。自2005年以来，已累计选拔培养生物学、农学等36个一级学科302名青海省自然科学与工程技术学科带头人。

调整省科技计划体系，制定《青海省自然科学基金管理办法（试行）》，启动省自然科学研究基金，加大对优秀青年科技人才和学科带头人的培养。2011—2013年，对省优势学科、行业、领域的学科带头人、优秀青年科技人才和创新团队的进行重点支持，列入省自然科学基金项目累计118项，资助经费达到1298.3万元。目前这批学科带头人已成为青海科技创新的中坚力量，其中马玉寿、刘书杰、宋仁德等众多学科带头人都能本着高度负责的态度，带领本领域科技人员，克服困难，刻苦努力，为三江源生态保护、后续产业发展做出了卓越贡献。

7. 加强科技合作与交流，引智引才为青海发展服务

近年来，省科技厅通过建立科技合作专项、推进省部会商、搭建合作平台、典型项目示范等多种措施，积极开展国内国际科技交流合作，以留日博士团为纽带引进一批海外人才，与青海省的企业、高校和科研院校结对子，并通过共同承担科研项目建立青海省科技人员与海外高层次科技人员稳定的合作关系。留日博士团中的5名专家现在已与青海大学、青海民族大学、青海省水电科学研究所、青海省农业资源区划研究所和中科院西北高原生物研究所分别开展了5项技术合作项目，带动了青海省科研队伍的培养，提升了科研水平。其中约塞夫·潘德莱尔、莱东圣、盖瑞·布莱尔利三位外国专家为青海科技做出突出贡献，获得青海省国际科技合作奖。

利用“科技列车青海行”活动，来自全国各地的院士、国家千人计划专家以及农牧、高新技术产业、地质勘探和矿产资源开发等各领域近100名高层次专家学者，深入到青海省14家企业、6个县的20多个乡镇35个村，开展了15场大型交流洽谈活动和135场田间地头科技服务活动，直

接参与群众达 3 万人次，与企业达成了 17 项合作意向，为青海的经济建设和科技进步及科技成果转化发挥了积极的促进作用。

8. 加强各类科技人才培训，促进科技人才的成长

开展科技创新教育和培训，为各类人才的创新活动提供更好的条件和机会。通过“西部之光”计划重点项目、联合学者项目和资助地方在职博士生以访问学者计划项目等方式，培养省院联合科研团队和高级人才 15 人。联合省委组织部、中科院大学在北京联合举办青海省县（市、区）领导干部“科技创新与区域战略”培训班，培训县处级干部 41 名。依托中国科学院大学、上海、广西、广东、北京等各类科技管理干部学院适时举办高级研修班，培养高层次科技管理人才 57 人。同时，通过继续教育培训及到国内、外学习考察等形式对科技管理人才进行培训，实现科技管理人才培养的多元化。

9. 完善政策保障，促进科技人才基层服务能力逐渐增强

2010 年，中共青海省委省政府下发了《关于夯实发展基础促进农牧区经济社会持续发展的意见》，首次将科技特派员工作纳入了政府 1 号文件当中。为推进科技特派员农村科技服务创业工作，省科技厅及时制订了“十二五”期间科技特派员工作的“2135”目标，并不断提高青海省农牧区科技创新能力和服务水平。依托青海省农牧区科技信息综合服务平台建设与科技特派员主动推送服务，培养农牧区基层科技服务人才（科技特派员），目前已有 1063 名科技特派员深入到全省范围内 8 个州（市）46 个县（市、区）开展科技创新创业和科技服务工作，为青海省的农牧业发展发挥了积极作用，成为推动青海省现代农业和建设新农村的一支重要技术力量。有近 200 名科技特派员在三江源生态保护和建设中充分发挥着技术服务示范的引领带动作用。

同时与青海省党员干部现代远程教育网络培训相结合，推动农牧区信息化工作，根据农时，采用专家视频授课、农牧民点播、制作电视专题片等培训方式，重点开展了农牧业高效种养殖技术、农作物病虫害绿色防治技术、农产品加工、农牧民创业技能以及民生管理等方面内容进行培训。培训覆盖西宁、海东、海北、海南、黄南、果洛等 7 个州（地、市）的 80 个服务点。2013 年共组织专家进行了 48 场网络视频授课和答疑，累计收看、点播超过 7000 人次。网络和现场累计培训科技管理人员、农牧区乡土人才、星火带头人及农牧民 14500 人次。2013 年 12 月青海省科技特派员马丽娜等 15 人因在基层积极推进农业新技术、新品种，引领农村妇女依靠科技增收致富成绩突出，被全国妇联、科技部评为首批“全国巾帼科技特派员”。目前，青海省已列入由中央组织部、国家科技部、工业和信息化部联合开展的“国家农村信息化示范省建设试点”。

二、下一步工作思路

1. 加强学科带头人培养

加强对优秀学科带头人的培养，推进更多省级优秀人才入选国家创新人才推进计划。建立创新人才激励政策，对入选国家创新人才推进计划予以项目激励。今年拟遴选 10—20 名学科带头人。

2. 强化科研创新团队和创新人才的培养支持力度

目前，青海省在油菜、马铃薯等高原特色生物资源、盐湖化工、石油天然气、高原医学等原始创新能力较强的特色基础研究领域，已聚集起一些学术水平较高的创新团队，并在学科建设上取得了重要的科技成果。今年还要继续围绕青海省的特色优势产业和培育战略新兴产业方面等重点领域，坚持“项目 + 人才 + 基地”的模式培养创新团队和科技人才，通过科技人才的培养提高青海省的整体科研创新能力。

3. 与组织部远程办一起启动国家农村信息化示范省建设工作，加大基层农牧科技人才培养力度

继续推动农牧区信息化工作，培养基层农牧科技人才（科技特派员），对农牧民科技培训三统一、三促进工作。借助农牧业综合信息网络平台，提高科技特派员在广大农牧区科技创新创业和科技服务能力，为青海省的农牧业发展发挥积极的作用。

宁夏回族自治区科技人才发展报告

■ 宁夏回族自治区科学技术厅

2006 年以来，自治区党委、政府不断加大人才工作力度，先后出台数十项政策措施推进人才队伍建设，人才发展的软硬件条件都得到显著改善，人才总量呈快速增长趋势。现就科技厅掌握和了解的科技人才情况简述如下：

一、自治区科技人才队伍总体情况

截至 2013 年年底，全区从事科技活动的人员 3.14 多万人，其中，从事研发（R&D）人员 8200 多人年（企业有 5900 多人年，高校有 1800 多人年，科研机构有 504 人年，在事业单位有 589 人年）。现有中国工程院院士 1 人，国家有突出贡献的在职中青年专家 2 人，全国杰出专业技术人才 3 人，享受国务院特殊津贴在职专家 137 人，国家“百千万人才工程”一、二层次在职人选 13 人，享受自治区政府特殊津贴在职专家 197 人，自治区“塞上英才”24 人、“海外引才百人计划”人选 31 人、“国内引才 312 计划”人选 13 人、“新世纪 313 人才工程”在职人选 344 人。培育建设自治区科技创新团队 62 个，高层次创新型科技人才 1100 多人。

二、自治区人才发展规划体系

一是 2010 年 8 月颁布了《宁夏回族自治区中长期人才发展规划纲要（2010—2020）》，提出了今后 10 年全区人才发展目标任务。召开了全区人才工作会议，对全面推进人才强区战略作了部署。印发了《贯彻落实自治区人才发展规划的实施意见》，把 88 项人才工作重点任务分解到 58 个部门，明确了责任要求。广泛宣传人才发展规划和人才先进典型，营造了尊重人才、爱惜人才、支持人才的浓厚氛围。二是全面推进全区人才发展规划体系建设，自治区党委组织部、人才办对市县（区）人才发展规划、自治区 5 支人才队伍专项规划和 19 个重点领域人才发展规划的编制工作安排部署后，通过举办培训班、指导督促、会议推进等措施，确保各个人才规划编制工作的顺利进行。目前，自治区已完成全区人才发展规划体系建设。出台了 1 个中长期人才发展规划、5 个人才队伍专项规划、19 个重点领域人才规划和 26 个地区人才规划，形成了上下衔接、左右协调的全区人才发展规划体系。三是认真实施人才强市战略。自治区和各市县（区）都及时将人才发展规划纳入到“十二五”规划中，积极构建人才优先发展布局。自治区党委、政府出台了《关于建设银川“人才特区”的若干意见》，提出把银川“人才特区”建设成为创新创业人才特别集聚区和人才体制机制创新试验区。

三、自治区重大人才工程

（一）人才重大工程总体情况

一是实施了“塞上英才”工程。提出到 2020 年，培养选拔 100 名左右达到国内乃至国际学术技术水平的领军人才给予重点支持。2013 年 2 月，自治区党委、政府表彰了首批“塞上英才”24 名，给予每人 50 万元奖励，他们涵盖了教育、文化、卫生、社科、艺术和有色金属、能源化工、装备制造、特色农业、生态林业、荒漠化治理等领域，在全区营造了良好的重才爱才氛围。二是实施了阿语经贸人才培养工程。自治区与阿联酋迪拜大学签订了《关于联合开展“宁夏面向阿拉伯国家复合型人才培养工程”合作备忘录》，选派 170 名青年专业技术人才赴阿拉伯国家进行了中长期培训。三是实施了自治区专家服务团计划。2006 年以来选派四批专家服务团 1139 人次，对口为 10 个重点行业和 26 个市县（区）提供了科技服务，有效缓解了基层和有关行业高层次人才短缺的矛盾。四是开展了科技特派员创业行动。选派 5800 多名农业、科技、教育、卫生类科技特派员分赴各市县（区），以资金入股、技术参股、租赁经营等形式与农民、农村专业大户、龙头企业结成利益共同体。五是加强自治区科技创新团队建设。目前共建立自治区科技创新团队 62 个，取得了一大批新产品、新技术和新成果，成为全区科技创新和成果转化的重要力量。六是推动自治区人才高地建设。围绕自治区重点优势产业发展，启动实施了煤化工、葡萄产业和设施农业 3 个“人才高地”建设。自治区党委组织部、人社厅联合宁东基地管委会建设宁夏煤化工人才高地，建立宁东煤化工技术研究院和宁东循环经济研究院，加快推进煤化工人才队伍国际化建设步伐；联合自治区林业局建设宁夏葡萄产业人才高地，研究出台葡萄产业人才高地建设规划，多领域、多专业、多层次从海内外引进一批国际一流的葡萄栽培、酿酒和葡萄酒企业管理人才；联合自治区农牧厅建设宁夏设施农业人才高地，实行首席专家负责制，培养一批设施农业科技研发人才、先进适用技术推广人才和生产加工、市场营销人才。

（二）主要工程实施成效

（1）自治区科技创新团队建设成效显著。自治区科技创新团队建设工程是2006年《自治区党委、人民政府关于加强自主创新建设创新型宁夏的决定》提出的三大创新工程之一。2007年自治区党委组织部、科技厅、人事厅组成科技创新团队建设领导小组，全力推进建设工作。经过6年多的建设，已分四批建立了62个科技创新团队，涵盖了能源化工、新材料、先进装备制造、现代农业、医药卫生、生态治理与环境保护等全区大部分重点产业和优势学科，凝聚了包括带头人、外聘专家和骨干技术人员在内的1100多名高层次创新性科技人才队伍。

为促进创新团队管理的规范化、科学化，激励创新、鞭策后进，提高科技创新团队整体水平和创新能力，自治区科技厅在广泛征求政府相关部门、科研院所、企业、大专院校意见的基础上，印发并实施了《宁夏回族自治区科技创新团队评价管理办法（试行）》。《办法》中规定对自治区科技创新团队实行动态管理，每3年为一个周期对团队进行评价，详细规定了评价依据、评价内容、评价方式、评价程序、评价结果及应用、评价的组织和实施等内容，并提供团队自评估报告的标准样本和评价指标体系，全面、系统地规范了评价过程的每一个环节，使科技创新团队评价工作做到有章可循、有据可查。2011年9月，自治区科技创新团队建设工作领导小组办公室（科技厅）按照《办法》的规定，正式组织了首批科技创新团队的评价工作。按照《宁夏回族自治区科技创新团队评价管理办法（试行）》，2012年、2013年分别对第一、二批创新团队进行了评价，对“优秀”和“良好”的团队自治区财政分别给予30万元和20万元的后补助。今年已完成对第三批创新团队的评价。

目前，前三批47个创新团队研制开发各类新技术、新产品、新材料、新工艺1247件，申请发明专利635项，获得授权专利244项。在国内核心期刊发表论文1657篇。有25项科技成果获得国家级科技奖励，200项获得省部级科技奖励。引进、培养博士364人、硕士1033人，柔性引进区内外高级专家160人。实现经济效益超过146亿元。实践证明自治区科技创新团队已成为自治区科技创新和成果转化的重要力量。

（2）宁夏科技特派员创业行动成绩喜人。自治区自2002年开展科技特派员创业行动以来，经过十年不懈的探索和努力，自治区科技特派员创业工作内涵不断丰富，创业体系逐步建立。在政策体系方面，自治区在《实施〈中华人民共和国科学技术进步法〉办法》中确定了科技特派员创业行动的法律地位；自治区党委人民政府出台了《关于深入开展科技特派员创业行动的意见》（宁党发〔2008〕57号）；自治区两办转发了《自治区科技厅关于建立信息科技特派员队伍服务农村信息化建设的意见》。在组织保障体系方面，自治区及各市县均建立起了有多部门参加的科技特派员创业协调领导小组及办公室，成立了自治区科特派创业指导服务中心，一些地区还成立了科特派工作管理科或科技特派员服务站。在财政金融支持体系方面，自治区设立了科特派专项，目前项目经费

1000 万元，各市县均安排了科特派工作经费；已有 7 个县区建立了科技特派员创业贷款担保资金，为科技特派员创业贷款融资发挥了重要作用，2012 年各类金融机构支持科特派创业贷款已近 5 亿元。在科特派创业服务体系方面，率先在全国建立了科技特派员创业培训学院，已成为科技部全国六个培训基地之一，已培训区内外科技特派员和管理人员 2000 余人次；在全区所有行政村和农业科技示范基地信息点配备了信息特派员，信息服务平台实现了全覆盖。

截至目前，全区科技特派员总数达到 5871 人（家），其中：创业科技特派员为 3325 人，信息科技特派员动态调整为 2079 人。科技特派员推广新品种 989 个、引进新技术 661 项；围绕特色优势产业，创业带动农户 23 万户 87 万人。科技特派员创业有效推动了科技与农业、科技人员与农民的有机结合，发挥了培养农村实用人才、提高农民素质的带动作用。

"宁夏模式"得到科技部高度评价并在全国推广，2012 年和 2013 年连续两年写入中央一号文件。

四、自治区科技人才措施

（一）政策措施

人才发展离不开政策支持。自治区党委、政府先后出台 30 多部人才政策法规，着力优化自治区人才发展环境。一是推进人才工作法制化。自治区颁布了《宁夏人才资源开发条例》《宁夏人才市场条例》《宁夏专业技术人员继续教育条例》3 部地方性法规，将人才工作纳入了规范化、法制化轨道。二是完善人才政策措施。自治区出台了《关于进一步促进宁夏人才资源和社会保障事业发展的意见》，提出了支持自治区人才培养、引进、使用的 12 条措施。制定了《关于加强宁夏人才发展"小环境"建设的意见》《宁夏引进海外高层次科技人才创新创业暂行办法》《关于进一步发挥现有人才作用和引进急需紧缺人才的若干规定》《关于建设银川"人才特区"的若干意见》等，就稳定和使用现有人才、培养各类人才、引进急需紧缺人才、健全人才保障等进行了规范。三是完善人才激励政策。自治区制定了《关于实施"塞上英才"工程的意见》《关于实施"国内引才 312 计划"的意见》《宁夏事业单位专业技术二级岗位设置管理暂行办法》《宁夏回族自治区支持企业引进和培养人才暂行办法》《自治区人民政府办公厅关于女高级专家延长退休年龄有关问题的通知》等，为自治区本土人才、引进人才创新创业、成就事业提供了政策平台。

（二）统筹推进各类人才队伍建设

对西部地区来讲，培养人才是解决各行各业急需紧缺人才问题的关键。自治区党委、政府及各行业主管部门围绕人才需求，不断创新人才培养载体，健全人才培养机制，加大人才培养力度。一是大力实施专业技术人才知识更新工程，自治区制定了《宁夏专业技术人才知识更新工程大力吸引、培养急需紧缺人才。通过举办高级研修班、支持继续教育培训，加大培训中高级专业技术人才，截至 2013 年年底，自治区专业技术人才 25.77 万人。二是大力实施高技能人才培育工程，自治区组织进行职业技能鉴定、职业技能竞赛等系列活动，积极培养高技能人才，目前，高技能人才 8.3 万人。三是大力实施企业经营管理人才培养工程，自治区选派一批企业经营管理人才参加相关培训，着力提升企业经营管理人才的素质水平。自治区经信委编制了《宁夏工业和信息化领域企业经营管理人才培训规划》，为提升企业经营管理人才综合素质、提升企业创新发展能力奠定了基础。至 2013 年，企业经营管理人才达 9.59 万人。四是大力实施农村实用人才培养工程，自治区围绕农业主推技术和主导品种的生产需求，开展农村实用人才培训、农业职业技能培训、农业创业培训、农业专项技术培训等，使农村实用人才有所增长，到 2013 年年底，自治区农村实用人才 13.5 万人。五是大力实施人才素质全面提升计划，通过实施“基层之光”“牵手工程”等人才培养计划，选派一批专业技术人才到自治区、发达地区或国外科研机构、医院、高校进行中长期培训，收到了良好效果。

（三）大力吸引、培养急需紧缺人才

近年来，自治区党委、政府不断转变引才观念、创新引才方式，围绕重点产业、重点学科和重点项目，大力引进急需紧缺人才。一是借助中阿经贸论坛平台引才。截至目前，围绕宁东基地建设、黄河金岸建设、战略性新兴产业、现代设施农业等重大项目和产业发展，先后举办中国（宁夏）引进海内外高层次人才合作洽谈会 5 次，柔性引进两院院士 108 名、国内外知名专家 238 名、全职引进博士 274 名，院士和知名专家全部聘为“自治区特聘专家”。二是积极开展校园引才活动。每年，自治区党委组织部都组织自治区部分非公企业在北京、西安等高校举办校园人才招聘会，促进了自治区非公企业与北京化工大学在产学研方面的对接。三是加强同国家重点院校开展人才合作。自治区组团与清华大学、北京大学、北京化工大学、中国农业大学开展人才合作，促成银川市与北京大学就加强科技人才项目合作达成有关意向，石嘴山市与清华大学签署了“共建研究生社会实践石嘴山试点基地协议”“共建研究生骨干地方短期挂职锻炼石嘴山基地协议”等。四是健全引才机制。按照“不求所有，但求所用”的引才形式，完善了人才引进“绿色通道”配套政策，为来宁工作的各类急需紧缺人才提供身份确认、就业推荐、企业注册、人事代理、配偶就业、子女入学等“一站式”便捷服务。五是推进银川“人才特区”建设。认真落实自治区支持银川“人才特区”建设的 12 项政策措施。银川市与中科院举行了银川“人才特区”建设启动签约仪式，聘任中科院院士和知名专家为“人才特区”创新创业项目评审专家，签订了《推进银川科技园建设合作协议书》。制定了与清华大学、北京大学、浙江大学、哈尔滨工业大学等开展科技合作，不断优化人才引进和留用的软硬件环境，把银川“人才特区”打造成为全区高层次人才集聚区、科技创新研发特别孵化区和人才体制机制创新试验区。

新疆维吾尔自治区科技人才发展报告

■ 新疆维吾尔自治区科学技术厅

2012 年以来，区科技厅紧紧围绕落实全国科技创新大会精神，以国家和自治区《中长期人才发展规划纲要》为指导，确立科技人才工作协调领导机制，完善科技人才工作基础性建设，加强科技人才工作法制建设，改进科技人才管理和服务，为启动实施“创新人才推进计划”“国家特支计划”及“新疆青年科技创新人才培养工程”等打下良好基础。

一、确立科技人才工作协调领导机制

加强和完善科技厅人才工作协调领导机制，建立会议、考核、评估等制度，加强与自治区党委人才办及配合单位的沟通合作。明确职责分工，整合分散在各单位、部门的科技人才相关职能和资源，发挥各职能单位、部门的优势，统筹推进科技人才工作。同时，结合科技援疆、部区会商和院地会商三个平台，将科技人才议题列为重要议题，积极争取各方理解支持，取得一定效果。

二、完善科技人才工作基础性建设

利用软科学项目继续组织开展科技人才相关基础研究工作，为编制《新疆维吾尔自治区中长期科技人才发展规划（2011—2020 年）》及《新疆维吾尔自治区中长期人才发展规划纲要（2011—2020 年）》重点人才工程——“青年科技创新人才培养工程实施方案”等编制工作提供了有力支撑。经不断修改完善，《新疆维吾尔自治区中长期科技人才发展规划（2011—2020 年）》经自治区党委人才工作领导小组第 13 次会议审议通过，“青年科技创新人才培养工程实施方案”经自治区党委人才工作领导小组第 14 次会议审议通过。

三、加强科技人才工作法制建设

修订完成《新疆维吾尔自治区科技进步条例》，从法律层面对提高科技人员社会地位，大力开发科技人才，发挥科技人才作用，促进科技成果转化等提供法律依据。出台了《关于加快推进自治区科研机构创新发展的意见》，以科技体制改革和事业单位分类改革为契机，以加强科研机构人才队伍建设为基本思路，推动科研机构创新发展。印发了《新疆维吾尔自治区中长期科技人才发展规划（2011—2020年）》，按照“战略支撑”和“跨越式发展”要求，对未来科技人才的发展进行了总体设计。印发了《新疆维吾尔自治区科技计划信用管理办法》，对参与科技计划项目相关责任主体从立项、实施到验收全过程的科技计划信用情况进行客观记录和评价。

四、改进科技人才管理和服务

继“十一五”将科技人才工程列入自治区重大科技专项后，“十二五”继续实施“科技创新人才强化培训工程”，每年培训县市党政领导干部、科技管理人员、企业高管、专业技术人员等近千人，有力促进了科技工作。优化和落实新疆修改的《科技计划项目管理办法》和《科技专项经费管理办法》。将人才条件和技术优势作为立项和验收的重要依据，相应增加科技人才开发费用。改变过去科技人员围绕项目转、跟着资金走的做法，确定项目支撑人才发展，资金支撑事业发展的原则，引导相关单位的科技人才队伍建设。修订完成《自然科学研究和实验技术系列专业技术职称评审办法》，通过完善职称评审标准，加大基层倾斜力度，开辟特殊人才通道、创新职称评价方法等措施促进人才发展。

五、积极推进国家人才计划实施

根据中组部《国家高层次人才特殊支持计划》的通知要求，制定了《新疆维吾尔自治区“国家特支计划”实施办法》。科技部创新人才推进计划启动实施后，区科技厅认真按照实施方案和推荐工作要求，精心组织、规范程序、严格选拔、确保推荐人选质量。其中7人分别入选“创新人才推进计划”的中青年科技创新领军人才、科技创新创业人才和重点领域创新团队，1基地入选创新人才培养示范基地。同时，区科技厅还积极组织推荐“千人计划”“西部之光”访问学者计划等人才项目人选，认真组织院士遴选工作，自觉营造人才工作社会氛围。

六、实施“自治区青年科技创新人才培养工程”

“自治区青年科技创新人才培养工程”（以下简称“工程”）于2013年5月正式启动实施，按照《新疆维吾尔自治区青年科技创新人才培养工程实施方案》的要求，区科技厅已开展两批青年科技创新人才培养的申报、评审等各项工作。共确定了340名科技人才培养对象及5个科技创新团队，其中2013年度200名，2014年度140名及5个科技创新团队。“工程”的实施激励了科技人员开拓创新的积极性，为优秀青年科技人才的脱颖而出创造了良好的机遇和条件，真正起到“助推器”的作用。目前四类科技人才承担的项目进展顺利，均取得了阶段性的研究成果。一些杰出科技人才协同创新、交叉合作，利用各自专业领域的相关知识，通过技术集成创新，开展了广泛的“产学研”合作。

新疆生产建设兵团科技人才发展报告

■ 新疆生产建设兵团科学技术局

当今世界各国都已认识到人才作为科技创新最具能动性的战略要素，是关系一个国家和地区未来经济社会发展的决定性因素，人才资源是第一资源已成为共识。科技创新人才是一个国家的核心竞争力所在，关乎国家的持续发展、民族的全面振兴。谁拥有了人才，谁就拥有了未来。

党的“十八大”报告对人才工作给予了更高的定位和要求，指出:“广开进贤之路，广纳天下英才，是保证党和人民事业发展的根本之举”。并要求加大创新创业人才培养支持力度，加快人才发展体制机制改革和政策创新，开创人人皆可才、人人尽展其才的生动局面。2012 年 7 月召开的全国科技创新大会对科技人才工作和科技人才发展作出了重要部署。指出:“科技人才是提高自主创新能力的关键所在。要把创造良好环境和条件，培养和凝聚各类科技人才特别是优秀拔尖人才，充分调动广大科技人员的积极性和创造性，作为科技工作的首要任务，努力开创人才辈出、人尽其才、力尽其用的良好局面，努力建设一支与经济社会发展相应的规模宏大、结构合理的高素质科技人才队伍，为我国科技技术发展提供充分的人才支撑和智力保证。”

加强科技人才工作，政策保障工作要先行。兵团各级领导高度重视科技创新人才工作，组织编制出台了《兵团中长期科技人才队伍建设规划（2011—2020 年）》和《关于实施兵团创新人才推进计划的意见》，并先后制定和完善了《兵团高层次科技人才培养后补助专项管理暂行办法》《兵团院士资金专项管理暂行办法》《兵团博士资金专项管理办法》《兵团科技创新团队建设管理暂行办法》《兵团杰出青年创新资金专项管理暂行办法》《兵团青年科技创新资金专项管理暂行办法》《新疆生产建设兵团科学技术进步奖励办法》《兵团科技创新优秀企业家管理暂行办法》等一系列配套政策措施。进一步丰富了创新型人才队伍建设的政策体系，调动了兵团科研院所、高等院校、企事业单位培养和引进创新型人才的积极性和主动性，为保障创新型人才队伍建设营造了良好的政策环境。

2014 年 5 月 31 日，兵团召开科技创新大会，结合兵团实际出台《兵团党委、兵团关于深化科技体制改革 加快兵团创新体系建设的意见》，对科技创新人才工作作出重要部署，要求全面落实“科教兴兵团”“人才强兵团”战略，加快兵团科技创新人才队伍建设。

第一部分　兵团科技人才工作基本情况

经过30多年的改革开放，兵团的社会面貌发生了巨大变化，实现兵团“到2015年率先实现国内生产总值和人均收入比2010年翻一番，到2018年率先在西北地区全面建成小康社会；到2020年，力争实现国内生产总值和人均收入比2010年翻两番，力争兵团经济总量占自治区的比重提高到20%。”政策目标进入战略攻坚阶段，科技创新成为推进产业结构调整和生产方式转变的核心动力，人力资源开发和科技队伍建设是进一步提升兵团综合实力的决定性因素，培养大批拥有自主创新能力的科学技术领域的创新人才，是当前我国亟待解决的重要问题，也直接关系到我国建设创新型国家战略的顺利实施。

“十一五”和“十二五”期间，兵团紧紧围绕全面建成小康社会的总体目标，努力推动兵团科技事业的持续快速发展，围绕科技创新体系和自主创新能力建设，不断完善科技政策，创新管理制度，优化创新环境，加强高层次科技人才培养与引进，兵团科技人才队伍建设成效显著。目前，兵团拥有各类专业技术人员全兵团拥有各类专业技术人员11.8万人，其中：18个独立科研机构拥有从业人员1151人，从事科技活动人员871人。兵团两校一院（石河子大学、塔里木大学和新疆农垦科学院）和各师农科所中具有副高以上职称或博士学位的科技人员1423人。从事科技活动人员总数达9830多人，博士学历科技人员快速增长，由“十五”末的58人，增加到目前的400余人，在兵团经济、社会与科技发展中发挥了越来越重要的作用。在兵团独立科研与开发机构在自然科学与技术领域从事科技活动人员数的94.0%集中于农林牧水利业，从事科技活动人员82.5%分布于北疆各师（市），44.5%集中于石河子地区，兵团专业技术人员约有75.8%是卫生、教育、经济、政工类人员，而工程技术人员只占总数的12.9%，科学研究人员所占比例更低，仅为0.8%，兵团独立科研与开发机构具有高级职称的49.1%集中于兵团所属的科研与开发机构，团（厂）属科研单位的高级职称人数仅占总数的10.2%。

在科技人才队伍中，虽然先后出现了一些国家“973计划”“863计划”、科技支撑等计划项目的首席专家和主持人，在兵团内部也涌现了一批兵团杰出青年、科技创新优秀企业家和科技创新团队领军人才等科技人才，但是仍然存在许多问题。突出表现在：一是受资金、资源等条件的限制，兵团科技人才培养的规模和成效，尤其是高层次创新人才和科技领军人才培养和引进力度，远远不能适应兵团经济和社会发展的要求；二是体制外科研人员向体制内流动存在制度性障碍，制约了创新人才队伍的建设；三是科技人才结构不完善，研究领域、研究方向较多地集中在农业或涉农行业，以其他行业，特别是战略性新兴产业为研究领域、研究方向的科技人员相对较少；四是科技人才培养的渠道和方式还不够多，层次还不够高；五是科技人才引进激励机制还不够完善，科技人才引进，特别是高层次科技创新的引进还不够活跃等。

未来 10 年是兵团经济社会发展的战略机遇期，是创新型兵团建设的关键阶段，也是科技人才发展的大好时机。新一轮科技革命正在孕育和兴起，国家及各省市区都在加快科技创新的步伐，以抢占新一轮经济和科技竞争的战略制高点。大力培养和吸引科技人才已成为兵团获得竞争优势的战略性选择。为深化“人才强兵团战略”，我们必须紧紧把握全国科技援疆、与中科院实行全面合作等新机遇，大力推进科技人才队伍建设，为创新型兵团建设提供强大的科技人才队伍保证。

第二部分　科技人才工作总体部署

紧紧围绕提高自主创新能力、建设创新型兵团的需要，把高层次创新型科技人才作为重点，努力造就一批国内先进水平的科学家、科技领军人才、优秀工程师和高水平创新团队，注重培养一线创新人才和青年科技人才，建设规模适当、素质优良的创新型科技人才队伍。以创新科技人才体制机制和完善政策体系为根本措施，营造有利于科技人才发展的良好环境。坚持以用为本，改革和完善科技人才管理体制。创新科技人才培养、使用、流动、评价、激励等机制。加强科技人才工作法制建设，完善有利于科技人才创新创业的政策体系。充分利用科技援疆条件下的人才、资金、管理、技术和机制条件，加强各级各类科技人才培养载体的基础条件平台建设，重点推进研发平台建设，加快以南疆科技创新平台为主的区域创新平台建设，积极扶持农垦科学院等农业科研机构的建设与发展，为培养、引进和集聚人才提供良好的硬件支撑。以兵团重大人才工程为重要手段，在科技人才发展的重要方面取得突破。

一、编制出台了《兵团中长期科技人才队伍建设规划纲要（2011—2020 年）》

为深入贯彻落实中央新疆工作座谈会、全国人才工作会议和科技援疆会议精神，加快实现兵团经济社会跨越式发展和长治久安的宏伟目标，根据《新疆生产建设兵团中长期人才展规划纲要（2010—2020 年）》和《新疆生产建设兵团中长期科学和技术发展规划纲要（2006—2020）》的基本要求，结合推进“科教兴兵团”“人才强兵团”战略实施进程，制定出台了《兵团中长期科技人才队伍建设规划纲要（2011—2020 年）》。全面部署未来 10 年科技人才队伍建设和发展工作，创新体制机制，营造良好环境，大力组织推动，到 2015 年，重点在创新科技人才体制机制上实现较大突破、政策环境发生较大改善、重大人才工程得到有效开展，科技人才队伍建设取得实质性进展。到 2020 年，全面完成各项任务，实现科技人才发展战略目标，为实现人才强国战略目标做出实质性贡献。此规划是兵团科技人才工作的纲领性文件。

（一）确定了未来 10 年科技人才工作的基本原则

以满足需求为导向，把支撑和引领经济社会发展、促进科技进步作为科技人才队伍建设的根本出发点和落脚点。把科技人才培养与开发作为科技创新的先导，放在科技工作的优先位置，形成科技人才培养和服务需求有机结合的局面。以优化结构为目标，针对当前科技人才在不同区域、领域和部门分布不合理的局面，围绕兵团发展战略部署和区域、产业和社会发展的需求，推动科技人才结构实现战略性调整。以高端人才为引领，优先培养造就一批在国内具有影响力的科学家、科技领军人才和优秀创新团队，培养一大批企业科技人才。以学校教育实践为基础，创新科技人才培养模式，加强实践锻炼，充分发挥现有科技人才的重要作用，积极引进海外高层次科技人才，培养造就各类创新型科技人才。以提升能力为核心，着力解决科技人才占人口的比例较低、许多前沿和新兴领域科技人才匮乏、若干领域人才队伍老化的问题。

（二）确定了未来 10 年科技人才工作的发展目标

到 2020 年，建设一支数量适当、素质优良、结构合理、充满活力、整体创新能力居国家中等偏上水平的创新人才队伍，为建设创新型兵团、更好地发挥“三大作用”、率先在西北地区全面建成小康社会提供强有力的人才保证和智力支持。

（1）规模不断壮大，素质大幅提升。到 2015 年，兵团从事科技活动人员数超过 1.1 万人，其中工程技术人员占专业技术人员的比例由目前的 13%逐步上升到 20%左右，研究生以上学历人员达到 1800 人，每万人拥有科学家和工程师数达到 10 人。到 2020 年，兵团从事科技活动人员数超过 1.3 万人，其中工程技术人员占专业技术人员的比例逐步上升到 30%左右，研究生以上学历人员达到 3000 人，每万人拥有科学家和工程师数达到 20 人。

（2）结构趋于合理，环境逐步优化。到 2015 年，重点培养和稳定兵团急需紧缺的高层次创新人才 200 人，一、二、三产业中科技人员的比例达到 3∶4∶3。到 2020 年，重点培养和稳定兵团急需紧缺的高层次创新人才 300 人，一、二、三产业中科技人员的比例达到 2∶4∶4。不断完善科技政策，创新管理制度，优化科研环境，进一步完善科技创新环境建设，加快科技计划体系建设的改革步伐，重点加强科技人才培养和基础条件平台建设的经费投入，加快拓宽科技人才培养的方式和渠道，增强引进与使用人才的活跃度。

（3）投入稳定增长，竞争优势增强。重视和加强对科技人才队伍建设的投入，保障各类科技人才建设计划项目的经费稳定增长，确保达到占本级科技总投入的 7%左右。重点加强高层次创新人才、创新团队和青年科技人才的引进与培养，加强兵团“三化”建设中重点领域和行业科技人才队伍的建设，加强兵团企业、高校和科研院所产学研合作和科技人才的交流，培养、吸引一批在国内外具有较大影响力的科学家，使兵团的人才竞争优势明显增强。

（三）确定了未来10年科技人才工作的主要任务

建设一支与兵团经济、社会发展相适应的数量适当、素质优良、结构合理、充满活力、整体创新能力明显提高的科技人才队伍。

1. 加强高层次科技人才培养，造就兵团科技领军人才

建立社会化、行业化的领军创新人才开发机制，在重点产业、优势行业以及各领域分类推进领军创新人才的开发。到2015年，高层次创新型科技人才总量达到220人，到2020年，高层次创新型科技人才总量达到300人，培养造就20名国内知名专家和100名区内知名专家。

（1）实施“兵团高层次科技人才培养后补助专项”。充分发挥科技资金的引导、放大作用，兵团每年资助50万元以上，进一步调动兵团企事业单位引进和培养高层次科技人才的积极性，紧密结合科技创新活动，培养高新技术开发带头人和优秀科研团队，为支撑、引领兵团经济社会又好又快发展发挥更大作用。

（2）设立“兵团科技创新团队建设计划”。依托省部级及以上科研平台（重点实验室、工程技术研究中心、创新型企业的研发机构、农业科技园区等），面向经济和社会发展需求，每3年评选出6个左右的兵团科技创新团队，每个团队支持60万元左右，逐步形成具有明确的创新领域、研究方向、发展目标及相对稳定的学术导向型、市场导向型和战略导向型三类科技创新团队。

（3）举办“兵团高层次科技人才培训班”。加强对兵团高层次创新型人才和科技带头人的培养，提高兵团高层次科技人才科技管理能力和实务运作水平。同时，在兵团重点企业设立“院士专家工作站”，吸引相关专业的院士专家入站工作，为兵团新型工业化建设培养学术带头人和领军人才。

（4）依托全国科技援疆机制。坚持以项目为依托，以合作为纽带，加大国家级高层次人才与智力的引进力度，积极引进中科院等国内外科研机构科技特派员到兵团合作开展科学研究和技术创新，扩大博士服务团到兵团服务的规模和范围，带动兵团科技人员素质和能力提升。

（5）在兵团科技进步奖中设立科技合作奖。奖励为兵团科技进步做出突出贡献的疆外科技人员。每两年评审一次，每次不超过3人，每人奖励10万元左右，以激励和吸引更多的优秀高层次科技人才参与兵团科技创新活动的积极性、主动性，进一步促进科技合作工作。

（6）继续实施“海外智力援疆工程”。到2020年，建成国家级引智成果示范基地8个，国家级引智示范单位5个，兵团级引智示范单位10个，实现具有聘请文教类外国专家资格单位50个。

2. 关注青年科技人才培养，壮大兵团科技人才后备力量

着眼于人才基础性培养，完善政策措施，加强青年科技人才培养，营造青年科技人才脱颖而出的氛围，有力提升兵团科技人才的可持续发展能力与未来竞争力。

（1）实施“青年科技人才引进后补助专项”。按照引进一名博士补助2万元、硕士补助1.5万元和本科补助1万元的标准，预计每年资助40万元左右，以激励和引导兵团师属科研机构又好又

快地引进本科以上青年人才，重点培养扶持100名青年拔尖人才，资助这些青年人才开展创新和创业活动。

（2）实施“兵团青年科技创新资金专项”。每年资助额不低于70万元，每个项目支持2万—3万元，资助具有较高研发水平和创新能力的青年科技人员，开展与兵团经济社会发展密切相关的科技创新问题研究，使其尽早在实践中锻炼、提高创新创业的研发能力和组织协调能力。

（3）实施“兵团博士资金专项”。确保每年额达到300万元以上，每个项目支持15万元左右，支持和稳定兵团具有博士学位的青年优秀科技人才、吸引兵团外具有博士学位的青年优秀人才在兵团从事应用基础研究和高新技术研究，解决经济社会发展中的关键科技问题，为兵团新兴产业的发展和科技创新能力的提升发挥支撑作用。

（4）设立“兵团杰出青年创新资金专项”。每年评选6个项目，每项支持30万元左右，资助在兵团技术上有重大创新和突破或对科技进步和经济发展做出突出贡献的优秀青年学者，带领其学术团队，研究和解决兵团经济和社会发展中的关键科学技术问题与前沿技术问题，促进兵团青年创新人才的快速成长，为兵团高层次科技人才队伍建设实施支撑。

（5）评选“兵团青年科技奖”。每两年评选一次，每次评出10人左右，奖励在兵团经济发展、社会进步和科技创新中做出突出贡献的青年科技人才，激励广大青年科技工作者踊跃创新。

（6）举办“青年科技论坛”。每年举办一次，活跃学术交流氛围，营造建言献策环境，促进青年科技人才健康成长。

3. 加强兵团产业发展急需科技人才的培养

到2020年，在现代农业、新型工业和第三产业等领域集聚和稳定一批科技创新人才。

（1）在现代农业领域。适应建设屯垦戍边新型团场的需要，加大对现代农业的人才支持力度。选择10名农业科研杰出人才给予科研专项经费支持；选择50个前景广阔、技术成熟度高的项目给予资助；选择150名农业、林果、畜牧生产技术能手给予重点扶持；分别在南、北疆选择5个农业现代技术应用比较广泛、成效显著的单位，建立节水灌溉、农业机械化推广和现代农业科研示范综合培训基地，为农业生产管理人员、农业技术推广人员和生产技术能手提供技术交流、学习研修、观摩展示的平台。

（2）在新型工业领域。借鉴天业依托石河子大学培养人才的经验和模式，鼓励和支持骨干企业和龙头企业自主培养所需人才。在有条件的企业设立“院士专家工作站”，为兵团新型工业化发展培养学科带头人和高技能人才。到2020年，培养引进100名以上具有自主创新能力的产业专家、技术带头人，3000名以上中高级工程技术人才。启动重点产业和关键行业紧缺技能人才培训项目，培养万名高技能紧缺人才。

（3）在第三产业领域。加大人口与健康、规划设计和社区管理等人才培养支持力度，重点加大对新疆地方病、民族病、人畜共患病、特种植物药资源开发和城市规划设计、物流、旅游、社区管理等创新团队的扶持、培养和资助力度。到 2020 年，培养 50 名国内、疆内有较大影响的医学专家，引进和培养 20 名预防医学和卫生监督学科带头人，选拔培养 100 名优秀青年医学人才；培养规划设计、物流、旅游、社区管理等在国内有影响力的专家 150 人。

4. 实施定向科技人才培养，提升科技创新效能

按照科技管理自身能力建设的要求，开展科技管理高端人才的培养和引进工作，提升科技管理部门的管理水平。加强科研辅助人才培养，通过培训、交流和学习等方式，提升科研辅助人员能力和水平，强化科研活动效能和质量。加强企业创新人才培养力度，推广天业集团急需人才定向培养模式，进一步推动企业科技人才队伍建设，促进兵团企业持续发展和进步。与中科院研究生院联合培养专业硕士研究生，培养一批急需紧缺专业技术人才，进一步优化兵团科技人才结构。与浙江省科技厅联合举办兵团中小企业科技创新人才培训班，提升企业技术和管理人才科技创新意识与能力。

5. 加强科技基础条件建设，为提升兵团科技人才创新能力提供支撑

按照项目、基地、人才统筹安排的原则，结合兵团农业、工业、社会发展等领域重大科技发展需求，实施科技基础条件建设专项。建设研究方向鲜明、科研队伍齐备、管理制度完善、仪器设备先进、对外合作密切、科普功能强大的兵团重点实验室、企业创新平台、区域创新平台和公共服务平台。以资源整合、优化配置为主线，共享为核心，全面加强平台条件建设，形成研究层次鲜明、研究主体明确、区域布局均衡、共享机制高效、产学研结合的兵团科技创新平台，为提升兵团科技创新能力、建设创新型兵团提供基础支撑和重要保障。

6. 依托培训培养载体，加快科技人才队伍建设进程

依托高等院校、科研院所、重点实验室、工程技术中心、博士后科研工作（流动）站、科技园区、创新型企业等载体，凝聚和培养各类科技创新人才。依托国家和兵团重大科技计划的实施，锻炼、培养和造就科技领军人才。

二、编制出台了《关于实施兵团创新人才推进计划的意见》

科技创新，人才为本。当今世界，科学技术迅猛发展，人才特别是科技人才已成为一个国家和地区竞争取胜的关键因素，《国家中长期人才发展规划纲要（2010—2020 年）》和全国人才工作会议都提出要突出培养造就创新型科技人才。随着科技人才在科技进步和社会经济发展中重要地位的体现，加快科技人才队伍建设已成为全面实现兵团发展规划目标和建设创新型兵团的重要保证。

（一）确定了兵团科技创新推进计划的总体目标

从 2011 年开始，利用 10 年时间，举办各类科技创新培训班 10 期，引进和培养急需紧缺专业青年科技人才1000人以上，引进和培养高层次科技人才1000人以上，资助培养20名以上兵团杰出青年和20个以上科技创新团队开展关键前沿科学技术问题研究，通过青年科技创新资金和博士资金专项资助400名以上青年科技人员开展创新科学研究，选拔40名以上突出青年科技人员给予“兵团青年科技奖”奖励。建设一支与兵团经济、社会发展相适应的规模可观、结构合理、素质优良、整体创新能力明显提高的科技人才队伍。

（二）确定了兵团科技创新推进计划的主要工作

1. 关注青年科技人才培养，壮大兵团科技人才后备力量

实施“青年科技人才引进补助专项”，引导各师积极引进硕士、本科毕业生等青年人才，资助其开展创新创业活动，帮助各师培养急需紧缺专业人才。

实施“兵团青年科技创新资金专项”，资助具有较高研发水平和创新能力的青年科技人员，开展与兵团经济社会发展密切结合的科技创新问题研究。

实施“兵团博士资金专项”，吸引和稳定优秀青年博士人才在兵团开展应用基础研究和高新技术研究。

实施“兵团杰出青年资金专项”，资助杰出青年科技人才围绕兵团经济和社会发展中重大关键科学问题与前沿技术问题开展科学研究。

举办“青年科技论坛”，活跃学术交流氛围，营造建言献策环境，促进青年科技人才健康成长。

评选“兵团青年科技奖”，奖励在兵团经济发展、社会进步和科技创新中做出突出贡献的青年科技人才，激励广大青年科技工作者踊跃创新。

2. 加强高层次科技人才培养，造就兵团科技领军人才

实施“兵团高层次科技人才培养后补助专项”，进一步调动兵团企事业单位培养高层次科技人才的积极性，提升兵团科技人才队伍整体素质。实施“兵团科技创新团队计划”，选拔优秀创新集体，资助其围绕兵团经济和社会发展以及前沿学科和优势学科重大关键科技问题，开展具有创造性、探索性和前瞻性的科学研究或技术开发活动，打造高层次创新人才团队。举办“兵团高层次科技人才培训班”，加强对兵团高层次创新型人才和科技带头人的培养，提高兵团高层次科技人才科技管理能力和实务运作水平。组织好农垦科学院与中国农业大学联办的博士学位班，培养一批农业和生物技术、机电工程技术、食品加工技术等研究领域的博士人才，带动提升相关领域研究水平。在兵团重点企业设立“院士专家工作站”，吸引相关专业的院士专家入站工作，为兵团新型工业化建设培养学术带头人和领军人才。依托全国科技援疆机制，积极引进中科院等国内外科研机构科技特派员到兵团合作开展科学研究和技术创新，带动兵团科技人员素质和能力提升。在兵团科技进步奖中设立科技合作奖，奖励为兵团科技进步做出突出贡献的兵团外科技人员，激励和吸引更多的优秀高层次科技人才参与兵团科技创新活动。

3. 开展科技人才定向培养，提升科技创新效能

培养科技管理高端人才，按照科技管理自身能力建设的要求，开展科技管理高端人才的培养和引进工作，提升科技管理部门的管理水平。加强科研辅助人才培养，通过培训、交流和学习等方式，提升科研辅助人员能力和水平，提升科研活动效能和质量。加强企业创新人才培养力度，推广天业集团急需人才定向培养模式，进一步推动企业科技人才队伍建设，促进兵团企业持续发展和进步。与浙江省科技厅联合举办兵团科技创新人才培训班，提升科技人才创新能力和水平。与中科院研究生院联合培养专业硕士研究生，培养一批急需紧缺专业技术人才，进一步优化兵团科技人才结构。

4. 加强学术交流与合作，带动创新人才快速成长

与中科院、中国科技大学等国内科研院所、高等院校互派科技人员进修或挂职；与海外优秀人才或创新团队开展科技交流与合作，建设兵团国际科技合作基地；通过开放、交流、合作，带动提升兵团科技人员素质与能力。进一步实施兵团科技人员服务企业行动，鼓励高等院校和科研院所的科技人员积极参与企业技术创新活动，引导创新人才向农牧团场、工业企业、偏远师（市）流动；鼓励兵团高等院校、科研院所、企业间加强人才交流与科技合作，通过产学研用结合，培养一支高素质的复合型科技人才队伍。

5. 依托培训培养载体，加快科技人才队伍建设进程

依托高等院校、科研院所、重点实验室、工程技术中心、博士后科研工作（流动）站、各类科技园区、创新型企业等载体，凝聚和培养各类科技人才。依托国家“973 计划”“863 计划”、科技支撑和兵团科技攻关、科技支疆等重大科技专项的实施，锻炼、培养和造就科技领军人才。

第三部分　兵团科技创新人才推进计划具体内容及实施效果

兵团党委及科技局党组历来高度重视科技人才工作，尤其是“十一五”以来，围绕科技创新体系和自主创新能力建设，充分发挥职能作用，积极探索科技人才培养新机制，培养造就了各个领域的大批优秀科技人才，为推动兵团经济社会发展发挥了重要作用。但由于兵团经济发展滞后，加上生活环境、自然生态、工作条件和薪酬待遇等因素的影响，依然存在着人才数量不足、层次不高、结构不合理的现象，以及人才投入不足、培养的渠道和方式不多、引进与使用人才活跃度不够等问题，长此以往，势必严重阻碍兵团科技人才队伍建设步伐，从而影响和制约兵团经济社会的持续、快速、健康发展。实施兵团创新人才推进计划，是在全国援疆新形势下进一步加快兵团科技人才队伍建设的重要战略举措，是促进科技人才在兵团集聚的重要途径，也是兵团实现跨越发展的必由之路。兵团创新人才推进计划包括主要内容和实施效果主要有：

一、院士资金

为加强在兵团工作的院士及其学术团队科技创新能力建设，吸引和聚集优秀人才开展技术创新，引领兵团科技进步，从2007年开始设兵团院士资金专项，每年50万元，用于资助刘守仁院士及其科研团队自主进行科学研究、人才培养和学术交流活动；实行专款专用，单独核算，并纳入兵团科技计划体系，由新疆农垦科学院负责日常管理工作。

在8年的时间内累计投入400万元进行畜牧科学研究，主要开展的研究工作和取得的研究成果有：①哺乳动物胚胎早期发育过程中生长因子及其受体表达：通过在不同的培养条件、培养体系下，添加FSH、LH、EGF、IGF-1等激素生长因子对体外受精的成熟率、分裂率、囊胚发育率等几个不同的试验指标进行研究，发现添加以上不同激素生长因子对卵母细胞体外培养的成熟率、分裂率和囊胚发育率有直接关系，添加组与对照组所得结果差异显著；②绵羊脂联素基因与绵羊肉质性状的关联分析：采集了不同绵羊品种的肌肉和脂肪组织样品，提取了样品的总RNA，设计了引物进行绵羊脂联素基因的扩增，PCR产物与T载体连接后测序。现在已经利用设计的引物扩增得到了不同长度的目的片段，载体连接工作已经完成，正在进行插入片段序列的测定和分析工作；③中国美利奴细毛羊胚胎附植相关分子调控机制研究：选择湖羊、中国美丽奴多胎品系各10只，采集附植期前后（8d、16d、21d）的子宫组织和发情周期绵羊子宫组织。提取子宫组织总RNA，分离mRNA；采集并制作妊娠8—17天母羊的子宫及孕体组织石蜡切片，采用苏木精—伊红（HE）染色。对获得序列进行表达分析，检测OPN及其受体 $\alpha V\beta_3$ 整合素基因在中国美利奴细毛羊附植期和发情期子宫组织中的表达变化规律，初步证明OPN及其受体 $\alpha V\beta_3$ 整合素基因对绵羊预附植期具有重要调控作用；④外源基因在转基因羊中遗传的稳定性研究：本项目以现有转IGF-1基因羊为基础，初步建立外源基因拷贝数和整合位点的检测体系，利用现代分子生物学研究方法检测F0-F2代转基因克隆羊外源基因拷贝数和整合位点以及整合位点的纯合性，分析外源基因的遗传特点，为转基因羊新品种培育提供基础材料。年度内，初步建立了Southern、实时荧光定量PCR检测转基因羊外源基因插入拷贝数检测平台和Genome Walking、TAIL-PCR检测转基因羊外源基因整合位点检测平台。

二、博士资金

2001年设立，是兵团最早设立的用于资助特定科技人才的专项资金，到目前为止，共支持178个项目，其中指导性项目19项，累计投入资金2516万元。在兵团工作的博士人数从2001年的 10 多人，到 2012 年年底已达到 398 人。取得的成效有：①带动了院校对高学历人才的重视。在兵团设立与实施博士资金专项的带动下，石河子大学设立了校内博士资金专项，对校内博士一次性支持 3 万—5 万元资金用于自选科研项目的研究经费，还对列入兵团博士资金指导性计划的每个项目资助 8 万元经费开展相应科研工作，并在住房及住房补贴等方面给予优惠。塔里木大学、农垦科学院也采取了相应的优惠措施，尤其是塔里木大学对引进和留住高学历人才的优惠措施更加到位；②提升了兵团申报国家各类科技计划项目的能力。博士资金项目的实施，为兵团科技人员打开了应用基础研究的大门，使兵团申报国家基础类研究计划的能力越来越强。随着兵团应用基础研究工作的开展，兵团科技人员对所做的研究工作的机理、原理等知识掌握得越来越多，理解得越来越透，对编写相关的科技计划申报材料的机理、原理阐述得越来越清楚，无形中提高了争取国家科技部项目支持的能力；③锻炼、培养了研发队伍与研发能力。如农十师科技局通过博士资金渠道，引进了上海水产大学的王成辉博士，开展北疆人工养殖珍贵鱼的科技攻关。王博士提出从鳕鱼等鱼类的性腺功能基因测序入手，研究解决人工条件下鱼类繁殖的技术难点，突破了人工繁育额尔齐斯河珍贵冷水鱼（白斑狗鱼、鲑鱼）的技术问题，带动了十师养鱼业的发展；④促进了兵团经济社会的发展。受聘于天业的刘红旗博士承担的“滴灌塑料模具及软件设计研究”项目，共开发直插式滴头、过滤器叠片、柱状式小滴头、双迷宫式滴灌带等新产品 16 套，独立设计加工大流量压力补偿式滴灌管滴头模具、内镶式滴灌带滴头模具、直插式小滴头模具等模具 51 套，修复成型轮 90 套。其中，单翼滴灌带关键设备成型轮模具的开发，打破了这种模具只能由东部地区垄断加工的局面。获得授权专利 4 项，还制定了单翼迷宫式滴灌带国家标准，为天业节水技术及产业的发展做出了一定的贡献。

三、青年科技创新资金

2010 年设立，用于资助兵团 35 岁以下的青年科技人员面向兵团发展需求，针对与兵团经济社会发展密切相关的科技问题，开展创新性研究，4 年内共 360 多万元，合计资助青年科技人员 109 人；开展的典型研究和取得的主要成效有：①移动式犊牛自动饲喂系统设计：本项目采用机械、电子与自动控制等技术，建立集精确给料系统、常乳加工系统、喂奶系统、整机清洗系统及自动控制系统等为一体的移动式犊牛自动饲喂机，实现犊牛饲喂的科学化、自动化、精确化，为奶牛业的可持续发展提供饲养技术装备支撑。年度内，完成了犊牛饲喂现状调研，确定了适于犊牛生理特性的饲喂工作流程，并对犊牛饲喂物料特性进行了分析，测定了物料的相关物料特性参数；在对犊牛生理特性及饲喂物料特性研究的基础上，确定了饲喂系统总体结构；完成了相关机械装置的设计及三维造型图的和饲喂机生产加工图纸的绘制，并完成了机械部分的加工。完成控制系统硬件选型及主控电路板制作；②塔里木荒漠绿洲过渡带植被动态与土壤水分定量遥感建模研究：本项目选择具有地域优势的新疆塔里木河中游地区为研究区，利用多光谱遥感结合地面植被—土壤样本测量数据及统计数据，通过遥感技术反演和建模，构建土壤—植被多光谱信息的植被—土壤水分响应指数；利用 GIS 技术分析塔里木河中游植被指数—土壤水分空间分布特征，年度内收集整理了研究区遥感数据并进行了预处理，分别在 2012 年 8 月采集了土壤样本、调查植被样方。在实验室分析基础上，建立了裸土—植被多光谱信息土壤含水量反演模型；③ CO_2 浓度升高对不同施氮水平棉田土壤生物活性的影响：本项目通过在田间设置小区试验，采集不同 CO_2 浓度、不同氮肥处理的棉田土壤样品，分析土壤中 pH、有机碳、碱解氮、速效磷及与碳、氮、磷循环相关的酶的活性，分析 CO_2 浓度升高和不同施氮量对棉田土壤生物活性的影响。研究结果对棉田土壤生物活性在 CO_2 浓度升高情况下的变化做出分析，对合理改善棉花管理方式，调整环境 CO_2 浓度不断升高下合理施用氮肥提供理论基础。

四、杰出青年创新资金

2011 年设立，用于资助 45 岁以下的学有成就、技术上有重大创新和突破，对科技进步和经济发展做出突出贡献的优秀青年学者，带领其学术团队，研究和解决兵团经济和社会发展中的关键科学技术问题与前沿技术问题，现已支持 6 位杰出青年人才。开展的典型研究和取得的主要成效有：①新疆煤焦油制备燃料油催化反应机理的研究：以程序升温氮化法制备了 Ni-Mo2N/Al-MCM-41，Ni-MoxN/Al-MCM-41 催化剂。对萘加氢表现出了较高的催化活性，能使萘加氢的转化率接近 100%。而 Ni-MoxN/Al-MCM-41 催化剂对于十氢萘选择性也很高，几乎能达到 99%。以十二胺（DDA）为模板剂，制得载体 HMS；取少量离子液体（IL）逐滴加入乳浊液中，取一定量磷钨酸（HPW）溶解，制得 [Bmim]PW/HMS 催化剂。20% [Bmim]PW/HMS 表现出了较强的催化活性，反应 60min 后 DBT 脱除率 98%。改催化剂循环使用 3 次后，对 DBT 的脱硫率仍可维持在 95%。先制备 SiO_2-NH_2 的制备，引发剂 SiO_2-Br，聚合物刷得到 HPW-SiO_2-PDMAEMA 催化剂。脱硫效果较好，DBT 的脱硫率达 99% 以上，且催化剂的循环使用性能较好，循环使用 4 次之后催化性能没有明显降低，循环使用 5 次之后，催化性能有所降低；②新疆独特生境下植物次生多酚类产物的抗肿瘤活性研究：本项目从新疆特种植物药教育部重点实验室研究方向和定位出发，在前期研究基础上，针对新疆地区独特生境植物药资源特点，寻找筛选逆境植物药资源中的多酚类化合物。项目围绕药用植物多酚类次生代谢物提取分离和纯化、抗肿瘤药物筛选和作用机制三个领域进行系统研究。本研究可揭示新疆药用植物中多酚类化合物的种类和结构，以及对肿瘤作用的确切靶点，对活性化合物进行初步的构效关系探讨；③膜下滴灌水稻需水需肥规律与调控关键技术：通过膜下滴灌稻田土壤环境与养分有效性、耗水规律、养分需求规律、膜下滴灌专用肥配方等方面的研究，提出水稻膜下滴灌耗水量与阶段性耐旱指标、水分调节模式、专用肥配方及相应的栽培措施。

五、科技创新团队建设资金

2011 年设立，用于资助科技创新领军人才依托国家、兵团科研平台，组建有明确的创新领域、研究方向、发展目标、相对稳定的创新集体开展科学研究，兵团现有科技创新团队 14 个，重点在精准农业、现代医药、氯碱化工、高端制造业和食品加工业等领域开展研究。其中典型科技创新团队有：①数字农业与精准农业创新团队：面对先进信息技术改造提升传统农业的技术需求，打造数字农业与精准农业创新团队，开展水肥精准管理与决策、作物信息获取与遥感监测、精准农业关键机械装备及配套技术等研究，凝聚和培养优秀专业人才，为全面提升兵团精准农业现代化水平提供技术保障。年度内开展了膜下滴灌水肥运筹决策系统建立研究，初步构建了膜下滴灌棉田水肥一体化系统，完成了系统硬件的前期开发工作；开展了土壤养分图与推荐施肥分区编制研究，购买了研究区 2011 年 9 月 13 日 Landsat-TM 半景影像数据，完成遥感影像光谱数据的提取、建立了遥感估产模型；开展棉田基肥变量施肥系统应用与示范研究，完成了滴灌施肥装置控制系统总体设计；开展了水分精准管理与决策研究，初步完成了《农田墒情远程监测系统（网络版）》和《农田墒情无线测报站》硬件的前期开发工作，在 105 团建立 2000 亩示范区 1 个，对初步确定的棉花花铃期滴灌棉田蒸散量预测模型、优化灌溉频率方案在示范区进行了技术验证；②氯碱化工高效清洁生产技术创新团队：开始实施国家“973 计划”项目（乙炔法聚氯乙烯生产过程的高效、节能、减排科学基础，2012CB720300）和国家“863 计划”项目（用于生物气和煤层气分离纯化的仿生膜材料的开发），支撑成功申报兵团材料化工工程技术研究中心；支撑的石河子大学“材料科学与工程”本科专业顺利招生；获批国家级项目 7 项，省部级项目 4 项，其他项目 6 项，立项经费 6647 万元，申请专利 9 项，公开专利 4 项，发表文章 19 篇，其中 SCI/EI 收录 15 篇，出版专著 1 项，获得科学技术奖二等奖 1 项。培养博士副教授研究骨干 2 人，培养博士研究生 9 人，硕士研究生 35 人。

可以说兵团的创新人才推进计划项目和专项资金已逐步贯穿科技创新人才成长的全过程，有效激发了兵团广大科研人员积极开展科学研究的创新活力和积极性，形成了有利于创新人才成长和创新创业的环境氛围。

第四部分　科技人才政策措施及成效

一、科技人才的培养和开发政策

突出以用为本，建立产学研合作培养机制，依托产学研合作平台，吸纳研究生直接参与重大技术研发，增强其解决实际问题的能力。推动高等学校、科研机构科技人才进入企业开展技术指导与服务。完善科技人才继续教育制度。落实《科技进步法》，实施兵团专业技术人才知识更新工程，加强科技人才继续教育工作。重视对科技管理人才的培训，提高其业务水平和管理能力。支持拔尖的青年科技人才到国内外一流大学和科研机构接受培养或开展合作研究。

注重在科技创新实践中培养和凝聚一流人才。以重大科技项目、产业化攻关项目、国际科技合作项目以及产业技术创新战略联盟等为载体，更新用人观念，大胆使用人才，大力造就高层次创新型科技人才、科技领军人才、优秀创新团队和科技创业人才。发挥科技社团在科技人才培养中的重要作用，支持科技社团开展形式多样的科技活动。加大对民间科技人才发明专利的保护和资助。支持优秀的民间科技人才到科研机构、高等学校进行学习、培训和学术交流，鼓励其参加学术会议。重视女性、少数民族、无党派科技人才的培养和使用，提高其在科技人才队伍中的比例。

（一）青年科技人才

青年科技创新资金是兵团支持青年科技人才脱颖而出的政策，支持青年科技人才独立牵头负责项目研究。改革科技计划管理，加大对青年科技人才的支持力度。对35岁以下优秀青年科技人才独立负责开展的研究工作予以倾斜支持。完善兵团青年科技奖励制度，对做出突出贡献的青年人才给予奖励。依据青年科技人才实际需求、科研能力和业绩，合理评价青年科技人才，通过多种方式，改善青年科技人才的生活条件，提高待遇。修订《兵团青年科技创新资金专项管理暂行办法》和《兵团青年科技奖实施办法（实行）》。

（二）高层次人才

高层次科技人才专项是指对具有高级职称或博士学位的科技人员培养进行后补助的专项，是兵团主要的科技人才继续教育政策。主要是依托重大科技专项、重大工程、产业技术创新战略联盟等载体，大力培养造就高层次创新型科技人才。加大兵团高层次科技人才进行学历教育或进修学习。加大兵团科技计划对产业技术创新战略联盟的支持力度，增强企业、科研机构和高等学校之间的人才交流与合作，建设具有竞争优势、引领产业发展的创新团队。实施“人才＋项目”的培养模式，建立人才培养与重大项目紧密结合的机制，根据不同项目的特点，对不同类型的创新人才进行重点培养。深化科技计划项目管理改革，完善管理办法和措施，加大科技计划对优秀科技人才培养和支持的力度。把人才培养和团队建设作为计划实施的重要内容，成为项目立项论证、实施绩效考评的重要指标。在科技计划中专门设立针对杰出青年创新人才和创新团队的资助项目，支持他们自主选题，自由探索。简化项目管理程序，加强事后评估，提高管理效率，保障科技人才用于科研的时间。

二、评价与激励政策

建立科研机构创新绩效综合评价制度，引导科研机构和高等学校等建立以科研质量和创新能力为导向的科技人才评价标准。根据科技人才所从事的工作性质和岗位，确定相应的评价标准和方式。对从事应用基础研究的人才，重在以同行评议的评价方式，考核其学术水平和学术影响；对从事社会公益研究的科技人才，重在考核其为社会公益事业和政府决策提供科技支撑的能力和贡献；对从事应用研究和技术开发的科技人才，重在考核其技术创新与集成能力，获得的自主知识产权等；对于从事实验技术和条件保障的科研辅助人才，重在考核其为研发活动提供的服务水平、工作质量。对从事管理和服务的科技管理人才，重在考核其管理水平和服务能力与效率。延长评价周期，减少评价活动对科技人才业务工作的干扰，鼓励科技人才持续研究和长期积累。健全科研机构、高等学校、国有企业等的科技人才激励机制，注重精神奖励与物质奖励相结合。将科学精神、科学道德纳入对科技人才评价指标。建立健全科研机构和高等学校岗位绩效工资制度，对科技人才试行多种分配方式，确保优秀科技人才收入维持在较高水平。鼓励企业探索建立知识、技术等要素按贡献参与分配的制度，探索实行技术分成、知识产权折价、股权期权激励等科技人才激励方式。

（一）职称评审制度

职称评审工作是人才工作的重要组成部分。兵团自然科学系列高级职称评审会担负着发现、选拔、推荐高层次科技创新人才的重任。根据《新疆生产建设兵团中长期人才发展规划纲要（2010—2020 年）》和《兵团高级专业技术职务任职资格评审量化赋分暂行办法》的有关要求，于 2012 年 3 月—2013 年 5 月，参照新疆维吾尔自治区的有关标准，经征集意见、基层调研、开会讨论和模拟打分，组织制定了兵团自然科学研究系列、实验系列职称评审的新标准，经审批，于 2013 年 6 月 26 日由兵团人力资源和社会保障局和兵团科技局联合印发，2013 年评审时将采用。新标准包括《新疆生产建设兵团自然科学研究系列专业技术职务任职资格条件》《兵团直属单位自然科学研究系列高级专业技术职务任职资格评审量化赋分标准》《兵团师级及以下单位自然科学研究系列高级专业技术职务任职资格评审量化赋分标准》和《新疆生产建设兵团实验技术系列专业技术职务任职资格条件》《兵团实验技术系列高级专业技术职务任职资格评审量化赋分标准》等5个部分。2006年制定的评审条件同时废止。

与2006年相比，新标准对各级别的具体条目进行了整合，并增加了量化赋分表，对专业工作年限、学历学位、考核结果、实际工作能力、科技奖获奖情况、表彰奖励、著（译）作、论文、知识产权和答辩等内容进行了量化。新标准将向基层一线倾斜，放宽了对学历的要求，保留了兵直单位与师级及以下单位专业技术人员采用不同标准评价的做法，增加了硕士、博士的相关规定，增加了新产品和动物新品种的相关规定，对论文、动植物新品种等的数量要求进行了调整。新标准的采用，对于完善兵团专业技术人才评价手段，更好地激发人才的创造性和活力，进一步吸引和稳定人才具有重要意义。

（二）科技奖励制度

为全面落实科学发展观，增强自主创新能力，对在兵团科学技术进步活动中做出突出贡献的个人和组织实施奖励，以激励科学技术人员的积极性和创造性，加速兵团科学技术进步，促进兵团经济与社会发展，根据《中华人民共和国科学技术进步法》和《国家科学技术奖励条例》，结合兵团实际，制定新疆生产建设兵团科学技术进步奖励办法。兵团科学技术进步奖分以下奖项:

1. 兵团科技进步重大贡献奖

兵团科技进步重大贡献奖授予在当代科学技术前沿取得重大突破或者在技术创新、科学技术成果转化和高新技术产业化中做出重大贡献的科技人员。兵团科技进步重大贡献奖的奖金数额为50万元，其中10万元属获奖者个人所得，40万元由获奖者自主选题，用作科学研究经费。

2. 兵团科技进步突出贡献奖

兵团科技进步突出贡献奖授予在科技创新、科技成果转化、高新技术产业化中为兵团经济建设和社会发展做出重要贡献的科技人员。兵团科技进步突出贡献奖的奖金数额为20万元，其中5万元属获奖者个人所得，15万元由获奖者自主选题，用作科学研究经费。

3. 兵团科学技术合作奖

兵团科学技术合作奖是奖励为兵团科技进步做出突出贡献的疆外科学家、工程技术人员和科技管理人员，以激励、吸引和促进更多的优秀科技人才参与兵团城镇化、新型工业化和农业现代化建设。科技合作奖每两年评奖一次，不分等级，每次奖励不超过5人，每人奖励5万元，奖金归个人使用。

4. 兵团科技进步奖一等奖、二等奖、三等奖

兵团科技进步奖一等奖、二等奖、三等奖授予在基础研究和应用基础研究、科技成果转化、引进、消化、吸收、再创新的高新技术成果、产、学、研结合方面有重大贡献，创造显著经济效益和社会效益的个人、组织。兵团科技进步奖一等奖、二等奖、三等奖的奖金数额分别为8万元、4万

元、2 万元。

2006—2012 年，获奖汇总情况如下。

（1）兵团科技进步重大贡献奖：无。

（2）兵团科技进步突出贡献奖：18 人。其中，2006 年 6 人；2008 年 4 人；2010 年 3 人；2012 年 5 人。

（3）兵团科学技术合作奖：3 人（2012 年开始设奖）。

（4）兵团科技进步奖一等奖、二等奖、三等奖。

兵团科技进步奖一等奖：18 项。其中，2006 年 2 项；2007 年 3 项；2009 年 1 项；2010 年 3 项；2011 年 3 项；2012 年 6 项。

兵团科技进步奖二等奖：150 项。其中，2006 年 17 项；2007 年 20 项，2008 年 18 项；2009 年 23 项；2010 年 27 项；2011 年 21 项；2012 年 24 项。

兵团科技进步奖三等奖：293 项。其中，2006 年 39 项；2007 年 45 项；2008 年 40 项；2009 年 37 项；2010 年 46 项；2011 年 42 项；2012 年 44 项。

（三）职务发明人合法权益保护政策

起草制定《兵团知识产权战略》《兵团知识产权工作促进年实施方案》《兵团知识产权事业发展十二五规划》《兵团知识产权专项资金管理办法》《兵团专利申请资助资金管理办法》等政策文件。专利申请量和授权量增加，近五年来特别是 2012 年，兵团专利申请和授权整体保持又好又快的发展态势，特别是专利申请方面，增速明显。

1. 近五年来兵团专利申请状况

自 2008 年国家知识产权局对兵团专利申请量和授权量进行单列统计以来，兵团 2008 年申请专利 320 件，2009 年 314 件，2010 年申请专利 430 件，2011 年申请专利 551 件，2012 年度申请专利 709 件，近五年来共计申请专利 2324 件。其中发明专利 748 件、实用新型 1429 件、外观设计 147 件，职务发明 1184 件，非职务发明 1140 件。

2. 近五年来兵团专利授权状况

自 2008 年国家知识产权局对兵团专利申请量和授权量进行单列统计以来，兵团 2008 年专利授权 153 件，2009 年专利授权 211 件，2010 年专利授权 240 件，2011 年专利授权 254 件，2012 年度专利授权 425 件，近五年来共计专利授权 1283 件。其中发明专利 144 件、实用新型 1011 件、外观设计 128 件，职务发明 694 件，非职务发明 602 件。

从专利申请量和授权量可看出：

（1）专利申请与授权增长较快。近五年来共计申请专利 2324 件，共计专利授权 1283 件，（截至 2007 年年底兵团累计授权专利 1586 件）已经接近兵团成立以来获得专利的一半。近五年来，兵团专利申请增幅基本保持略高于新疆维吾尔自治区。发明、实用新型和外观设计专利申请量均实现持续增长。

（2）专利申请结构继续优化。2012 年，兵团发明专利申请量达到 263 件，占申请总量的比例为 37.09%；另外，发明专利申请中职务申请接近八成，达到 79.77%。

（3）职务申请主体地位不断突出。2012 年，兵团专利申请中职务申请接近六成，从更长的时间段看，兵团职务申请，特别是企业申请始终保持较快的增长速度。职务发明由于资金保障稳定，技术研发实力强，市场前景相对较好，专利维持的意愿和能力更强，职务发明比例的提升，说明兵团专利拥有水平逐步提高。在职务专利申请中，具有研发和生产能力的企业申请居主导地位。兵团两所高校，特别是石河子大学在职务申请上一直保持领先地位。

三、流动与配置政策

确立市场在科技人才流动和配置中的基础性作用。推行科研机构、高等学校等单位的关键岗位和国家重大项目负责人对外公开招聘的制度，促进高层次科技人才在公共科技机构和企业之间的流动。建立重点产业、行业和领域科技人才供给和需求信息的发布制度，引导科技人才合理有序流动。

深入推进科技特派员制度建设，鼓励科技人才去边远师、团、连队开展科技服务和科技创业活动，为新型团场建设提供科技人才支撑。引导和支持各师建设高水平的区域产业技术研发组织；加大对南疆师农科所的支持力度，进一步提升其研发水平，吸引更多科技人才向南疆合理流动。加快推动建立产学研合作的有效机制，加快构建产业技术创新战略联盟和实施技术创新工程，促进高层次创新型科技人才向企业流动和集聚。

根据兵团和各师产业发展需求，优化科技人才队伍的结构和布局。促进科学研究、工程技术、科技管理服务、科技创业人员的协调发展，形成各类科技人才衔接有序、梯次配备的合理结构。

大连市科技人才发展报告

■ 大连市科学技术局

一、现有科技人才状况

全市现有普通高等学校 31 所，市属以上自然科学类独立科研机构 32 家，国家级研发机构 36 个。全市人才资源总量达到 191 余万人，其中专业技术人才 67 万人。在连工作的两院院士 53 人（含双聘院士 25 人），长江学者 37 人，国家“千人计划”人选 43 人，国家杰出青年项目获得者 16 人，享受国务院和大连市政府特殊津贴专家 1900 余人，国家和辽宁省“百千万人才工程”人选 1229 人，辽宁省和大连市优秀专家 1038 人，拥有博士生导师 1128 人，硕士生导师 5167 人。2013 年以来，全市有 14 人、4 个团队、1 个基地分别入选科技部创新人才推进计划，占全省的一半以上，名列副省级城市前列。2013 年全市有 150 个项目列入国家科技计划，获得国家科技奖励 8 项，大连化物所张存浩院士获得国家最高科学技术奖。全市 SCI 论文收录 4955 篇，EI 论文 6427 篇。

二、科技人才发展机制

大连市围绕建设现代化国际城市的战略需要，按照“服务发展、高端引领、整体开发”的指导方针，不断深化党管人才原则，以专业技术人才为重点，全面实施人才强市战略，创新人才发展机制，大力营造招贤纳才、惜才爱将的良好环境和浓厚氛围，努力打造东北亚人才高地，为加快建设产业结构优化的先导区、经济社会发展的先行区提供强有力的人才保证和智力支持。

（一）大力实施人才培养工程

出台《大连市领军人才培养工程实施办法》，对选拔出的高端人次实施最高 30 万元的“菜单式”培养资助，围绕先进制造、海洋工程、新能源、新材料、现代服务业等经济和社会发展重点领域，培养一批创新型领军人才和高水平创新团队。出台《大连市企业博士后人才集聚工程实施方案》，以优惠政策引导支持创新资源向企业聚集、博士后人才向企业流动。出台《大连市专业技术人才知识更新工程实施方案》，围绕大连市重点发展的行业和领域，计划 10 年内组织培训 10 万名、免费培训 1 万名中高级专业技术人才。注重有区域特色的创新人才培养，以学科建设和协同创新为重点，根据国家重点发展的战略性新兴产业方向和企业需求培养一批企业急需的专业技术人才。面向未来发展需求，启动实施大连市创新人才培育计划，每年培育 10 名杰出青年科技人才、100 名"大连市青年科技之星"。杰出青年每人给予 100 万元科研资金支持，科技之星给予优先立项等支持并推荐到企业进行产学研合作交流。到 2017 年，培养杰出青年 40 名，科技之星 400 名，创新团队 100 个。

（二）加大人才引进工作力度

深入实施海外人才、研发团队引进和海外学子创业工程。出台《大连市引进海外高层次人才暂行办法》，对入选者给予 100 万元科技资助资金、200 万元股权投资支持等特殊政策。制定《大连市引进海外研发团队管理办法》，在大连市战略新兴产业领域实施海外研发团队引进工程，对企业引进工程项目给予 200 万元资助（省、市政府各 100 万元）。实施"大连市海外学子尖端人才归国创业工程"，入选项目最高可得到 200 万元创业扶持资金、200 万元创业投资、200 万元风投担保或贷款贴息并提供办公场地、生活公寓、标准厂房等政策扶持。实施引进人才安家落户工程，颁布《大连市人才引进若干规定》，实施高层次人才安家补贴政策，对引进海内外高端人才发放 20 万元、30 万元和 100 万元不等的安家补贴；出台《大连市落户暂行规定》，实施引进人才落户宽松政策，放宽在连主城区人才落户条件。

（三）完善科技人才激励机制

建立"享受市政府特殊津贴专家""特聘专家突出贡献奖""大连市突出贡献专家""大连市优秀专家""星海友谊奖"等选拔奖励制度，完善科技创新及人才激励保障机制，表彰在连全职工作、引进的高层次人才和为大连经济社会发展做出贡献的外国专家。其中，"享受市政府特殊津贴专家""特聘专家突出贡献奖"每 2 年组织表彰一次，每次分别表彰 50 名和 10 名；"大连市突出贡献专家""大连市优秀专家"每 3 年组织表彰一次，每次分别表彰 20 名和 200 名。完善大连市科技奖励办法，在大连市科学技术奖励中设立大连市科技功勋奖、科技创新企业家奖，累计有 5 人获得大连市科技功勋奖，2 人获科技创新企业家奖。

（四）创新科技人才发展机制

建立以科研能力和创新成果等为导向的科技人才评价标准，健全科技人才流动机制，鼓励科研院所、高等学校和企业创新人才双向交流，促进科研与教学互动、科研与人才培养紧密结合，鼓励科研院所和高等学校的科技人员创办科技型企业。建立大连市创新型科技人才数据库，对纳入数据库的人才实行动态管理和跟踪服务，支持35岁以下的优秀青年科技人才主持科研项目，鼓励大学生自主创新创业。鼓励科技人员转化和推广科研成果，对研发成果实现转化的，依法对成果完成人给予奖励。探索建立科技人员与岗位职责、工作业绩、实际贡献紧密联系和鼓励创新创造的分配激励机制。通过创新体制机制，最大限度地激发人才的创造活力和工作热情，努力形成人尽其才、才尽其用的良好局面。

宁波市科技人才发展报告

■ 宁波市科学技术局

一、科技人才队伍总体情况

截至 2013 年年底，宁波市人才总量达到 141.3 万人，每万人人才数达到 2435 人。其中，专业技术人才 77 万人，占全部人才总量的 54.5%；高技能人才 23.4 万人，占全部人才总量的 16.6%；R&D 研究人员 8.17 万人，占全部人才总量的 5.8%。

高层次人才开发计划加快推进。全市现有硕博士人才 3.4 万人，博士（后）人才 3627 人；海外留学人才 4400 人；国家级“千人计划”达到 45 人、省级“千人计划”127 人、市“3315 计划”227 人（实际在岗 200 人，正在办理落户手续 12 人）、“3315 计划”团队 57 个（已落户 42 个，正在办理落户手续 9 个）。产学研平台建设成效显著。留学人员创业园实现县（市）区全覆盖，博士后科研工作站（流动站）总数达到 64 家，累计招收博士后 394 名，全面完成博士后“135”计划。

二、科技人才工作总体部署和进展

近几年来，宁波市牢固树立人才是科技创新第一资源的发展理念，坚持科技创新与科技人才开发并重，2011 年，出台了《宁波市中长期人才发展规划纲要（2010—2020 年）》，同时制定印发了《规划纲要》任务分解方案，将《规划纲要》提出的人才发展战略举措、8 类人才发展重要政策、10 项人才重大工程和规划组织实施等 4 方面任务，细化为 104 项具体工作，明确要求和责任落实单位，确保各类政策制定和工程实施全面启动。以《规划纲要》为指导，编制完成了《宁波市“十二五”人才发展规划》，指导、督促各县市区完成人才发展专项规划编制，形成上下对应、左右协调、前后衔接的全市人才发展规划体系。

此外，在《宁波市“十二五”科技创新与发展规划》中，在明确提出“十二五”科技创新与发展总体思路、发展目标和工作重点的同时，突出人才第一资源的作用，不断构筑完善有利于科技人才引进、培养、使用和成长的科技创新环境。

（一）加强科技人才工作的规划部署与顶层设计

1.《宁波市中长期人才发展规划纲要（2010—2020年）》对科技人才工作部署

为全面贯彻落实全国、全省人才工作会议精神，根据国家和省中长期人才发展规划纲要，结合宁波市经济社会发展总体战略部署，制定了《宁波市中长期人才发展规划纲要（2010—2020年）》（简称《人才规划纲要》），对宁波市创新人才工作做了规划部署，指出“到2015年，基本建成影响力大、集聚力强、辐射力广的区域性国际化创新人才高地；到2020年，人才竞争比较优势位居同类城市前列，率先建成人才强市，成为人才资源优先开发、人才结构优先调整、人才投资优先保证、人才制度优先创新的领先城市。”同时，从人才总量、人才结构、人才素质、人才效能等4个方面做了明确部署：“到2020年，全市人才资源总量达到180万人，人才资源占人力资源总量的比重提高到35%以上，基本满足经济社会发展需要；专业技术人才占人才总量比例达到58%，高级职称人才占专业技术人才总量比例达到10%，高技能人才占技能劳动者的比例达到30%，经济社会发展重点领域的人才比重明显增加，人才产业分布、区域分布更趋合理；主要劳动年龄人口受过高等教育的比例达到23%，每万劳动力中研发人员达到90人年，高层次创新创业人才大幅增加，人才国际化水平明显提升；人力资本投资占国内生产总值比例达到17%，人才贡献率达到40%，人才竞争比较优势明显增强。在重点园区、重点机构、重点产业建成若干个高层次创新创业人才集聚区，人才规模效应显著提高。人才辈出、人尽其才的环境基本形成。”

围绕创新人才的具体目标，在具体工作任务部署上，《人才规划纲要》指出，要突出开发高层次创新创业人才，围绕提高自主创新能力、建设国家创新型城市，以高层次创新创业人才为重点，组织实施领军人才引进、拔尖人才培养、海外人才集聚等人才重大工程，推进高层次人才创新创业基地建设，引进培养一批两院院士、长江学者、国家有突出贡献中青年专家、省特级专家和钱江学者，一批获得国家及省级科学技术奖等奖项的高级专家，一批在前沿技术、优势产业、战略性新兴产业等领域具有一流水平的科技研发人才和创新团队，着力引进一批海外留学人员、海外工程师、外国专家智力等高层次创新创业人才。到2020年，为宁波服务的两院院士达到100人，分别列入国家和省海外高层次人才引进“千人计划”30人和300人，引进培养各类领军和拔尖人才1000人以上，高级专家人才达到5500人，柔性引进外国专家1.2万人（次）以上。

2.《宁波市“十二五”人才发展规划》对科技人才工作的部署

为贯彻落实国家、浙江省和宁波市中长期人才发展规划纲要的战略部署与总体要求，2011年，制定出台了《宁波市“十二五”人才发展规划》，提出到2015年，基本建成影响力大、集聚度高、辐射面广的区域性国际化创新人才高地。人才总量增至130万人，年均增长7.6%。专业技术人才总量增至 80 万人左右，占人才总量比例达到 62%，年均增长率 6.3%；专业技术人才高级职称人才比例占专业技术人才总量比例达到 7%以上；高技能人才总量增至 23.8 万人，年均增长率 6.7%，占技能劳动者的比例达到 24%；每万劳动力中研发人员数量达到 75 人。同时，高层次创新创业人才有较大幅度的增加，人才国际化水平得到显著提升。

围绕创新人才规划目标，“十二五”人才规划的主要任务集中在重点建设企业人才优先开发的五大体系（保障企业人才开发的政策体系、推动企业人才创新的支撑体系、促进企业人才集聚的引进体系、提升企业人才素质的培养体系、优化企业人才环境的服务体系）、加快完善体制机制创新的六大政策（人才投资优先的财政保障政策、加快产业升级的人才集聚政策、构建人才特区的创新突破政策、人才创新创业的鼓励扶持政策、多元规范有效的分配激励政策、人才合理流动的市场开放政策）、构建人才创新创业的五大平台（集群化创新团队发展平台、高端化人才创新研发平台、国际化教育培训平台、市场化人才资源配置平台、智能化人才信息服务平台）以及统筹实施全市人才整体开发的各类计划（如高端创业创新团队引进“3315 计划”、海外高层次人才引进“3315 计划”、领军和拔尖人才开发计划、国内外高层次人才集聚储备计划等）。

3.《宁波市“十二五”科技创新与发展规划》对科技人才工作的部署

根据国家、省、市的总体部署和推进国家创新型城市建设，促进经济转型升级的要求，2011 年，出台了《宁波市“十二五”科技创新与发展规划》，在明确提出“十二五”科技创新与发展总体思路、发展目标和工作重点的同时，突出人才第一资源的作用，提出到 2015 年，全社会 R&D 从业人数达到 10 万人的发展目标。并提出要实施“创新人才集聚提升工程”，以科技创新团队建设、高级研发人才引进和创新型紧缺人才开发为重点，加大创新人才集聚提升力度，有效提升创新人才的能力素质。

在科技创新团队建设方面，紧密围绕宁波中长期科技发展规划和产业转型升级的要求，以本市高等院校、科研院所和高新技术企业、科技创新型企业为主体，以市级以上重点学科、重点实验室、工程（技术）研究中心等创新平台为依托。提倡与鼓励高校科研院所与行业龙头企业高水平应用型专家共同组建既有学科前沿理论功底又有丰富实践经验的产学研紧密结合的开放团队；在高级研发人才引进方面，紧密围绕优势产业集群发展、临港产业循环发展和战略性新兴产业跨越发展的需要，加快高级研发人才的引进力度，重点是大力引进领军型研发人才、海外优秀研发人才、企业骨干研发人才，并推进企业与院校研发人才的交流互动；在创新型紧缺人才开发方面，围绕重大项目、重要产业、重点领域的创新需求，加紧开发创新型紧缺人才，引进和培育科技型企业家，特别是发展战略性新兴产业、科技服务业、现代农业所急需的应用型、复合型人才和各级经营管理人才，通过各种培训，有效提升创新型紧缺人才的能力素质。

（二）制定完善科技人才发展的配套政策体系

为推进落实《宁波市中长期人才发展规划纲要（2010—2020 年）》，加快集聚科技创新人才，宁波市把创新完善人才政策作为着力点，努力营造发展人才、服务人才、凝聚人才的良好环境。近年来，主要围绕高层次人才引进、创新型领军人才培养、创新创业团队建设、“人才特区”建设制定了一系列配套政策和实施细则。

在海内外高层次人才引进方面，相继出台了《关于大力引进高层次海外留学人员的若干规定》《关于实施海外高层次人才引进“3315 计划”的意见》《关于实施宁波市高层次人才储备计划的意见》《关于实施海外高层次人才引进“3315 计划”的意见》《宁波市千名海外留学人才集聚工程实施意见》等一系列政策文件，筑起了对留学人员具有强大吸引力的政策平台，大力集聚海内外高层次人才。

在创新型领军人才培养方面，出台了《宁波市领军和拔尖人才培养工程实施意见》。这是宁波市取代原有的“4321 人才工程”而推出的新的人才培养工程，旨在以更高的目标、更有力的举措来突破全市高端人才紧缺的瓶颈。

在创新团队培育方面，围绕企业技术创新团队建设、科技创新团队认定、高端创业创新团队引进，制定了《宁波市引进高端创业创新团队“3315 计划”实施意见》《宁波市企业技术创新团队建设管理办法》《宁波市科技创新团队认定管理暂行办法》。

在鼓励创新人才向企业集聚方面，出台了《宁波市鼓励企业引进“海外工程师”暂行办法》《〈宁波市鼓励企业引进“海外工程师”暂行办法〉实施细则》，在全国首个引进“海外工程师”扶持政策。

在人才特区建设方面，制定了《关于加快集聚高层次人才推进“人才特区”建设的若干政策意见》《关于在宁波新材料科技城建设人才管理改革试验区的若干意见》，加快人才特区和人才管理改革试验区建设。

在科技创新人才经费支持和环境保障方面，出台了《宁波市留学人员科技创新创业资金管理暂行办法》《关于实施科技领航计划加快推进创新型企业发展的意见》《宁波市人民政府关于加快天使投资发展的若干意见（暂行）》《宁波市引进重点高层次人才配偶就业子女入学暂行办法》等配套支持和安置政策，对高层次人才创新创业提供经费和后勤保障。

（三）创新科技人才工作体制机制

一是完善党管人才领导机制。提出完善党委统一领导，组织部门牵头抓总，有关部门各司其职、密切配合，社会力量广泛参与的人才工作格局。要求各级党政主要负责人要有强烈的人才意识，善于发现、培养、团结、使用和服务人才。

二是改革人才工作管理体制。提出推动人事管理部门进一步简政放权，克服人才管理中存在的行政化、“官本位”倾向，率先探索建立事业单位取消行政级别的管理模式，在全国先行建立与国际接轨的人才管理改革试验区。

三是创新以用为本的人才发展机制。提出了人才评价发现、选拔任用、流动配置、激励保障机制的改革目标和重点举措。其中有许多创新思路、创新举措。比如，提出要完善人才评价标准，建立以岗位职责要求为基础，以品德、能力和业绩为导向，科学化、社会化的人才评价发现机制，注重靠实践和贡献评价人才；提出要改革各类人才选拔任用方式，科学合理使用人才，促进能岗相适、用当其时、人尽其才，形成有利于各类人才脱颖而出、充分施展才能的用人机制；提出要完善政府部门宏观调控、市场主体公平竞争、中介组织提供服务、人才自主择业的人才流动配置机制，逐步消除人才流动的体制性和机制性障碍；提出要完善分配、激励、保障制度，建立健全与工作业绩紧密联系、充分体现人才价值、有利于激发人才活力和维护人才合法权益的激励保障机制等。推进人才发展体制机制创新，社会关注度高，需要加强统筹规划，进行整体设计，加大人才工作重点、难点问题的攻坚力度。要根据经济社会发展的新形势新任务，坚决破除那些不合时宜、束缚人才成长和发挥作用的观念、做法和体制机制，着力解决制约人才发展的突出矛盾和问题，最大限度地激发人才创业创新活力。

三、科技人才工程／计划实施情况

（一）科技人才工程 / 计划体系总体情况

为突出开发高层次创新人才，《宁波市中长期人才发展规划纲要（2010—2020 年）》中提出了千名领军人才引进工程、千名海外人才集聚工程、院士高端智力服务工程、拔尖人才重点培养工程、高技能人才培养工程等创新人才培养聚集工程。为落实中长期人才发展纲要，《宁波市“十二五”人才发展规划》在进一步明确“十二五”期间人才培养目标的基础上，就统筹实施创新人才工程提出了高端创业创新团队引进“3315 计划”、海外高层次人才引进“3315 计划”、外籍人才智力引进计划、领军和拔尖人才开发计划、国内外高层次人才集聚储备计划等具体实施计划，建立了从专业技术人才—高技能人才—创新领军和拔尖人才—海外高层次人才—创新团队建设等多层次的创新人才聚集层次。

规划指出，在“十二五”期间，培养企业高素质专业技术人才 2 万名，培养技能人才 30 万名，其中高技能人才 5 万名；选拔培养优秀中青年人才 1000 名、300 名和 100 名。力争培养造就一批能跻身两院院士、国家有突出贡献专家、省特级专家、省突出贡献中青年专家、市杰出人才行列的领军人才；分别有 15 名、150 名、500 名海外高层次人才列入中央、省和市的“千人计划”，新增海外留学人才 2500 名以上；引进并重点支持 5 个由海外创业创新领军人才领衔的掌握国际先进技术、能引领产业发展的高端创业创新团队。到 2020 年，建设 400 个左右创新人才集聚、创新机制灵活、持续创新能力强、创新绩效明显的市级企业技术创新团队。培育和发展 150 个科技创新团队。

近几年来，宁波市创新人才数量快速增加，人才素质不断提升。截至 2013 年年底，全市人才总量增加了 50 余万，全市户籍人口万人人才数由 2010 年年底的 1573 人增加到 2435 人，专业技术人才总量增加了 17.5 万余人，高技能人才增加了 12.1 万余人。海外留学人才从 2010 年年底的 2050 人达到 2013 年年底的 4400 人，年均增幅达 29.1%。培育企业技术创新团队 120 家，科技创新团队 73 个。

通过加大引才育才步伐，全市科技人才实力明显增强，结构明显改善人才规模保持年均两位数增长，同时人才作用更加明显，截至 2013 年年底，宁波市获国家科技奖励 31 项、省科技技术奖励数量 84 项、授权专利总量达到 58406 件。宁波坚持既要引进才、又要选好才，不断拉高引才标杆，人才整体结构明显改善，人才的高学历、高素质、高水平等“三高”特点日趋鲜明；专业技术人才占据人才总量的“半壁江山”。同时，科技人才对产业的支撑和引领作用逐步显现。2010 年以来相继出台的海外高层次人才“3315 计划”、高端创业创新团队“3315 计划”等引才政策，以及“宁波市科技创新团队”培育政策，引进培育了一批“高精尖”创新人才，带动了高新技术产业和战略性新兴产业的迅猛发展，人才支撑和引进作用逐步显现，产业转型升级呈现良好态势。2013 年，宁波市高新技术产业产值达到 3915.3 亿元，占规模以上工业总产值的比重 30.6%，是“3315 计划”出台前的 2009 年高新技术产业产值的 2.96 倍，占规上工业总产值比重提高了 8.6 个百分点。

（二）重大人才工程 / 计划组织实施和成效总结

围绕规划目标的落实，各部门制定了相应的实施意见，出台了《关于实施宁波市高层次人才储备计划的意见》《宁波市领军和拔尖人才培养工程实施意见》《关于实施海外高层次人才引进“3315 计划”的意见》《宁波市引进高端创业创新团队“3315 计划”实施意见》《宁波市企业技术创新团队建设管理办法》《宁波市科技创新团队认定管理暂行办法》等具体实施举措，对各类创新人才计划的层次、类别、投入进行了明确。

1. 宁波市高层次人才储备计划

储备目标：2011 年起的 3 年内，面向海内外储备 10000 名高层次人才，其中国内高学历、高职称、高技能、高级经营管理人才 7000 名，海外高层次留学人才、海外工程师 3000 名，每年通过储备正式引进的高层次人才 500 名。

储备对象：纳入“储备计划”的四类高层次人才中，其中针对创新型高层次人才的有两类：一是创新型科研人才，包括获得国家、省科学技术进步奖项目和地级以上城市科学技术进步奖一等奖项目的完成人；获得中华技能大奖的高技能创新人才以及拥有自主知识产权或发明专利、有意来甬进行合作研究或实施成果转化的科研人才；二是海内外高端人才，包括创新型领军和拔尖人才、海外高层次留学人才、海外工程师、外国专家等各类高端人才。

经费保障：市财政 3 年内每年安排 3000 万元专项人才经费用于引进和储备高层次人才，通过“储备计划”引进高层次人才的用人单位，可凭连续 4 个月的工资单及个人所得税单，获得人均 3000 元的一次性财政补贴。

工作成效：截至 2013 年年底，全市海外高层次人才储备超过 4000 人，单 2013 年宁波就成功引进了 1000 多名，海外人才引进呈现“井喷”之势，有效助推了“创新宁波”加速跑。截至 2013 年 6 月各类海外人才成功创办企业 455 家，2012 年技工贸总收入 103.3 亿元，其中有 23 家销售突破 1000 万元、5 家破亿元，呈现出高速发展态势。近 4 年来宁波市共引进海外工程师 848 名，研发和设计新产品 8249 个，获专利 2035 项，填补国内空白 212 项，替代进口 778 项。这些具有自主知识产权的技术，使宁波市 391 家民营企业走上了自主创新之路，直接创造 134 亿元的新增产值和近 13 亿元的新增利税。

2. 宁波市领军和拔尖人才培养工程

培养对象：2011—2020 年，根据宁波市“六个加快”战略部署和经济社会发展需要，培养和造就能跻身中国科学院或中国工程院院士、国家有突出贡献专家、浙江省特级专家、浙江省突出贡献中青年专家、宁波市杰出人才行列的一批领军人才，以及学术技术造诣高、引领作用突出、创新实力强劲的学术技术带头人，为全市经济社会科学发展提供人才引领和支撑。

培养层次：以 5 年为一个培养周期，每个周期按 3 个层次选拔和培养优秀中青年人才 1400 名。第一层次为：选拔和培养 100 名能跟踪国际、国内科技前沿，引领本学科和产业发展，能进入国家“百千万人才工程”国家级人选序列和省“151 人才工程”第一、第二层次的学术技术带头人；第二层次为：选拔和培养 300 名具有较高学术技术造诣，能支撑学科建设、引领产业发展、推进科技创新的后备学术技术带头人；第三层次为：选拔和培养 1000 名具有发展潜能的优秀专业技术骨干。

经费投入：市财政每年在市人才工作专项经费中安排培养资助资金，用于培养和资助工程培养人选开展科技攻关，知识产权或核心技术产业化开发、发表论文论著。资助分为一般资助与重点资助两种。一般资助：对入选工程的人选，培养期内分别给予第一层次最高每人 10 万元、第二层次最高每人 6 万元；择优资助的第三层次人选最高每人 2 万元（择优资助人数控制在培养人数的 30%）。对入选国家“百千万人才工程”国家级人选序列和省“151 人才工程”第一、第二层次的人选追加每人一次性资助 3 万元。重点资助：对部分可望取得重要成果或突破性进展的工程培养人选实施重点资助，每 2 年开展一次重点资助人选的选拔，每次选拔不超过 15 人，追加每人一次性专项培养资金 10 万元。

工作成效：2012 年，确定首批市级领军和拔尖培养人选 605 名。

3. 海外高层次人才和高端创业创新团队“3315 计划”

（1）海外高层次人才引进“3315 计划”。引进目标：从 2011 年开始，用 5—10 年时间，围绕“六个加快”战略部署，以各类开发区、科研机构和留创园、研发园、创意园等为载体，引进并重点支持一批海外高层次人才来甬创新创业，力争其中 30 名列入中央“千人计划”、300 名列入省海外高层次人才引进计划、1000 名列入市海外高层次人才引进计划，新增海外创新创业人才 5000 名。到 2020 年，在宁波市创新创业的海外人才突破 10000 名。

引进对象：在海外学习并取得硕士及以上学位，年龄不超过 55 岁，引进后每年在宁波市工作不少于 6 个月的人才。重点引进以下人才和团队：携带技术、项目、资金创办合办高新技术企业或与宁波市企业合作开展产业化项目开发，其项目具有自主知识产权、技术先进、有良好市场前景并符合宁波市产业发展方向的海外高层次创业人才及其团队；在国际知名企业、高端服务业、金融业等机构中担任中、高级管理或技术职务 2 年以上，精通相关领域业务和国际规则的海外高层次专业人才及其团队；在境外著名高校、科研院所担任中、高级专业技术职务，从事重大项目、关键技术或新兴学科的研究工作，学术技术成果处于该领域前沿，其研究专业符合宁波市新材料、新能源、新装备、新一代信息技术、海洋高技术等重点产业发展方向的海外高层次科研人才及其团队；海外高层次创新创业人才及其团队。

经费投入：设立市级海外高层次人才引进专项资金，主要用于引进海外高层次人才来宁波市创新创业的重点资助，以及对列入中央、省引进计划人选的配套资助。对经评审列入市引进计划的海外高层次创新创业人才及其团队，一次性给予引进人才 100 万元的创新创业经费资助；对随同引进、经认定为海外优秀创新创业团队成员的，每增加 1 人，给予团队 20 万元资助，资助总额最高为 100 万元；对经批准设立市级及以上海外高层次人才创新创业基地、留学人员创业园的，市级海外高层次人才引进专项资金给予一次性 20 万元的专项资助。

（2）高端创业创新团队“3315 计划”。引进目标：“十二五”期间在“4+4+4”产业、海洋经济产业和现代服务业等 3 大重点产业领域，分特别支持（A 类）、重点支持（B 类）和优先支持（C 类）3 个层次，面向全球引进并支持 5 个左右由海内外科技领军人才领衔的创业创新团队（简称“3315 团队计划”），集聚一大批高层次创业创新人才，提升人才竞争优势，引领产业转型发展。

经费投入：市财政设立宁波市高端创业创新团队引进“3315 计划”专项资金，每年投入 1 亿元专项经费。专项资金的安排与使用坚持“突出重点、分年安排、注重绩效、专款专用”原则。创业创新团队落户后，按 A、B、C 三类分别给予 2000 万元、1000 万元、500 万元资助经费。对世界一流创业创新团队，采取特事特办、一事一议的方式，资助经费可以在 2000 万元基础上再予增加。

（3）工作成效。截至 2013 年 6 月底，通过“3315 计划”，全市引进海外留学人才 1997 人，占在甬海外留学人才总数的57.1%，其中152人列入“3315个人计划”、36个团队列入“3315团队计划”。至2013年年底，“3315计划”人才共创办企业122家，注册资金13.5亿元，实际到位11.8亿元，已有76家实现销售，其中41家实现赢利，累计销售近44.5亿元，近3年的年均增长率为59.3%；累计实现利润4.6亿元，近3年的年均增长率为101.8%；累计税收1.6亿元，近3年的年均增长率为59.8%。26家企业年销售额突破1000万元、7家突破1亿元，14家被认定为高新技术企业，10家企业计划在3—5年内上市，其中宁波江丰电子材料有限公司、宁波激智新材料科技有限公司、浙江泰来环保科技有限公司等3家企业正在做上市准备，争取今后几年上市。此外，引进人才累计承担国家级项目249项、省市级项目144项，获国家、省项目经费6.9亿元，开发新产品738项，填补国内空白211项，申请发明专利1644项，获批487项。

4. 企业技术创新团队、科技创新团队培育

（1）企业技术创新团队建设计划。建设目标：从2011年开始的10年内，宁波市每年将培育40余家市级企业技术创新团队。

经费支持：设立企业创新团队建设专项资金，列入市级企业技术创新团队的，市财政将给予连续3年每年20万元的经费扶持。

（2）科技创新团队培育计划。培育目标：到2020年，全市培育和发展150个科技创新团队。通过3—5年的支持培育，形成一批能够开展综合性科技攻关，攻克关键共性技术难题，开发战略性产品，产业带动和引领作用显著的科技创新人才集聚群体。

团队层次：第一层次：创新团队带头人应具有正高级职称或博士学位，近五年内曾获得省（部）级以上相关人才计划资助或主持过省（部）级以上重大科研项目。一般为国家“百千万人才工程”“千人计划”、国家杰出青年科学基金获得者、长江学者特聘教授、教育部新世纪优秀人才支持计划、中科院百人计划、浙江省“151人才工程”第一层次、浙江省突出贡献专家、“钱江学者”特聘教授、省“千人计划”等；第二层次：创新团队带头人应具有高级职称或博士学位，一般为主持过市级以上重大科技项目或担任市级以上科技创新平台的负责人等。

经费支持：创新团队项目的资助，按照建设方案确定的研究内容，给予第一层次创新团队300万—1000万元科技项目经费支持，给予第二层次创新团队100万—300万元科技项目经费支持。

（3）工作成效。截至2013年年底，宁波共认定科技创新团队73个（2009年认定8个不分层次），其中第一层次21个、第二层次52个。评选出120家市级企业技术创新团队（其中包含29家省级重点企业技术创新团队），共涵盖全市15个县（市）区（东钱湖暂无），8大行业。

73家科技创新团队共集聚人才2023人，其中团队带头人151人，留学生33人；具有博士学位的725人（占比35.8%），具有硕士学位的522人（占比25.8%）；具有高级职称的906人（占比44.8%），中级职称的647人（占比32.0%）。73个团队累计获国家奖12项，省、部级奖53项；共申请专利1336项（发明专利申请1054项，占比78.9%），授权635项（发明专利授权 480 项，占比 75.6%）；发表省级以上论文 1947 篇（国际期刊上发表 1223 篇，占比 62.8%），出版专著 29 部。2012 年，有 30 个创新团队实现销售收入，销售总额达 140.14 亿元，实现利润 9.15 亿元。

四、科技人才政策措施及成效

（一）科技人才的培养和开发政策措施及成效

为统筹布局科技人才工作，宁波市将人才工作与科技创新工作紧密结合，将推进科技人才培养、引进于推进自主创新相结合，将科技人才开发寓于科技管理的各个环节之中，注重科技创新创业中培育科技人才、在科技创新载体建设中吸纳造就人才、在科技交流活动中引进高层次科技人才、在科技管理中强化科技人才，着力形成科技人才开发于科技创新双轨并进、互相促进的工作局面。

1. 加强科技计划组织实施，大力培养高素质科技人才

在宁波市科技计划体系中，设立了自然科学基金项目，培养科技创新基础研究人员，2013 年，立项支持市自然科学基金项目 521 项，安排经费 1190 万元，对从事基础研究、基础应用研究的科技人员获得培养支持；安排科技型中小企业创新资金项目、大学生创业资金项目、特派员农村创新创业行动项目、智团创业项目、留学生创新创业项目等科技计划项目 678 项，支持经费 8468.7 万元，不断培养科技创新创业人才；组织实施重大科技计划项目，提升科技人员创新水平。2013 年，针对宁波市经济社会发展存在的关键核心技术难题和技术需求，主动设计了重大择优委托科技专项、创新团队专项共计 159 项，安排经费 12709.5 万元，支持科技人员开展高水平技术开发研究。同时，宁波市科技人员承担国家重大科技项目的数量不断增加，2013 年，宁波市在研国家级科技计划项目的数量达到 329 项，“973 计划”“863 计划”“科技支撑”三类主体计划中，有 1000 余名科技人员参与，其中硕博士超过 49.3%，基于项目研究培养博士 31 人、硕士 83 人。

2. 设立专项资金，支持科技人才创新创业

市级每年安排留学人员科技创新创业资金 1000 万元，对留学创业人员的创新创业项目的资助额度一般为 10 万—30 万元人民币；专项资助经费向创新型领军和拔尖人才重点倾斜，对由院士或国内知名高级专家领衔承担的对本市产业发展有重要作用的市级以上重大科技计划项目给予一次性不超过 500 万元和 200 万元的科研专项启动经费资助。对柔性引进高级创新人才的科研项目设立专项科研资金给予重点资助。对领军和拔尖人才承担的高水平基础研究或应用基础研究项目、创新创业项目分别优先重点纳入市自然科学基金、市创新创业资金资助。此外，市自然科学基金项向优秀青年科技人才重点倾斜，支持青年科技创新人才、跨学科复合型人才、优秀创新团队成长。

3. 加大科技培训力度，提升基层服务科技人才的能力

每年举办多场次科技管理、项目申报、知识产权等科技管理业务和科技政策巡回宣讲培训，培训各类科技服务和管理人才。针对农村缺技术、缺人才、缺信息的现状，开展以科技培训团、星火科技培训学校、农村党员干部远程教育等方式，加大农村科技人员和科技干部的培训力度。

对专业技术人员，规定专业技术人员每年脱产或集中参加继续教育的时间累计应不少于 12 天或 72 学时，其接受继续教育的情况将作为职务晋升、聘任、执业和从业资格注册登记的必要依据。

（二）评价与激励政策

推进科技评价和奖励制度改革，积极探索完善职称评审、科技奖励、创新创业扶持等方面的政策，通过人才激励机制引进人，通过人才评价机制留住人，不断激发科技人员创新创业的积极性。

1. 深化科技人才评价制度改革

打破职称评审地域限制，允许人事关系不在本市的外聘人才评审任职资格。同时，为引导科技人才向企业集聚，对从事技术研发、成果转让工作的事业单位高层次人才到企业工作的，其人事关系 5 年内可保留在原单位，并允许其回原单位申报专业技术资格，其在企业从事本专业工作期间的业绩，可作为专业技术资格评价的依据；对海外高层次创新人才，其职务聘任不受限制。规定“经资格认定的留学回国人员，可根据其学历、资历，直接申报相应专业技术资格。获得硕士学位且从事专业工作满 3 年或博士学位获得者可直接确认相应的中级专业技术职务任职资格。如工作需要，用人单位可不受本单位专业技术岗位结构比例的限制，聘任相应的专业技术职务”，同时规定“引进在海外取得博士学位的海外高层次人才，满编事业单位可先引进后调整，岗位聘用时，不受单位专业技术岗位结构比例限制。”

2. 加大科技人才奖励力度

设立 1000 万元的宁波市科学技术奖，奖励在本市科学技术活动中做出突出贡献的单位和个人，每年评奖一次，分设科技创新特别奖、科学技术进步奖和科技创新推动奖三个奖项。对海外留学人才在本市取得的科研成果，可申报政府科技进步奖和其他单项科研成果奖。海外留学人才可推荐参加国家、省、市有突出贡献专家和国家“百千万人才工程”“省 151 人才工程”、市创新型领军拔尖人才培养工程的选拔培养。此外，设立“宁波市杰出人才奖”“宁波市优秀留学人才奖”“宁波市巾帼科技人才奖”等其他鼓励科技人才创新创业的奖励政策。

3. 实施人才的股权期权激励政策

构建以年薪制、股权期权制多种形式为内容的多元化分配体系，允许企业以智力支出作为技术开发费投入，允许企业把引才、育才投入列入经营成本，对年薪 15 万元以上高薪聘请创新人才的企业，按应缴纳所得税中地方部分以工作津贴的方式给予等量补助。对海外留学人才以本人的专利、专有技术等无形资产参股的，经投资各方约定，可适当提高技术入股分红比例。海外留学人才

的职务发明成果转让后的收益分成，经与单位协商同意，可高于国家规定的比例获得奖励。

4. 鼓励科技人员以科技成果出资入股创办企业

《关于实施“科技领航计划”加快推进创新型企业发展的意见》指出：对以科技成果入股创办企业，以专利、商标、著作权或其他非专利技术等出资的，非货币出资额最高可占注册资本的70%。《宁波市科技创新促进条例》规定：“鼓励企业、高等院校、科研机构等单位的科技人员从事科技成果转化、技术咨询和技术服务工作；企业、高等院校、科研机构等单位以技术转让方式将职务科技成果提供给他人实施的，应当从技术转让所得的税后净收入中提取不低于20%的经费，对完成该项职务科技成果及其转化做出重要贡献的人员给予奖励；企业、高等院校、科研机构等单位以股权投入方式实施职务科技成果转化的，可以采取股权或者出资比例的方式，对完成该项职务科技成果及其转化做出重要贡献的人员给予奖励；采用股权奖励方式的，其用于奖励的股权应当占该科技成果所占股份的20%以上。”

5. 对科技创新创业人才实施优惠的税收政策

在个人所得税方面，对获省政府、国务院部委及以上单位科学技术取得的奖励、各类优惠人才，以及科研机构和高等院校转化职务成果以股份或出资比例等股权形式给予个人的奖励，均给予个人所得税的免除。此外，对留学人员到宁波工作、创业的规定数量范围内的自用安家物品给予关税免除；对科技人才创业创新实施税收扶持政策，在《关于大力引进高层次海外留学人员的若干规定》《关于加快创新型领军和拔尖人才引进培养的若干意见》《宁波市千名海外留学人才集聚工程实施意见》《关于修订〈宁波市留学人员科技创新创业资金管理暂行办法〉的通知》《宁波市鼓励企业引进“海外工程师”暂行办法》等创新人才政策文件中，规定了例如提高小微企业增值税和营业税起征点、降低税率、税费抵扣、加速折旧、缓交税款、税费奖励和补助等各种税收优惠政策。

6. 强化创新人才激励和使用

推行政府特聘人员制度，建立首席专家和首席政府顾问制度，着重引进特聘一批创新型领军和拔尖人才作为政府高级顾问；加大创新人才的培养使用力度，重点推荐优秀创新人才入选人大代表和政协委员，大力选拔具有行政管理能力的优秀创新人才担任各级党政机关领导职务。

（三）流动与配置政策

近年来，宁波市创新人才发展体制机制，逐步建立起政府宏观调控、市场合理配置、人才与用人单位双向自主选择的人才流动机制，有力地推动了宁波科技人才队伍的科学发展。

1. 创新人才流动和安置政策

一方面是实施盘活存量人才的流动政策。宁波市先后制定实施了一系列促进存量人才科学流动、提高人才使用效率的政策。如《关于专业技术人员到乡镇企业工作的若干规定》《专业技术人员和管理人员应聘去中外合资经营企业工作的若干规定》《关于组织市区科技人员智力支持市属各县（市）区发展经济的意见》《关于人才合理流动若干规定》等人才服务不断优化创新实施促进外地人才流向宁波的流动政策。先后率先推出“先落户，后就业”、高级人才落户不受地域及人数限制的户籍政策；高级人才引进不受单位性质、编制和职称比例限制的编制政策；在住房、医疗等方面提供优惠待遇的专家政策；为高级人才提供安家补助费，为参加高洽会的市外应聘人才发放交通补贴以及对高薪引进创新型人才的企业给予补助的财政政策。

另一方面，创新实施拓宽人才流动渠道的柔性引才引智政策。通过建立特聘专家制度，设立院士工作站和高端科研院所分支机构，以及与中国科学院、社科院开展战略合作等方式，柔性引进两院院士、长江学者等，到宁波开展项目合作、提供技术指导。为宁波经济社会发展服务；通过建立“网上柔性引智超市”平台、利用政府合作渠道等方式，大力引进海外高层次人才，形成“海归经济”和“外脑经济”。目前，宁波每年柔性引才数量稳定在 1 万名左右，形成了一定的规模效应，成为突破区域人才发展瓶颈的重要途径。

2. 搭建促进科技人才便捷流动的服务平台

全力打造促进创新人才有序流向宁波的综合开发平台。发展形成了中国宁波人才网、宁波精英人才网、智通宁波人才招聘网等一批综合性人才网站，以及宁波 3315 海外人才网、宁波科技人才网、宁波工业人才等一批专业性科技人才网站，及时发布人才需求和供给信息；同时，以“广聚海内外人才智力，博纳高科技创新成果”为总要求，创新举办“中国浙江·宁波人才科技周”构建形成了体现区域特色、享有品牌盛誉、具有综合效能的人才引进综合平台。该活动每年一届，目前已连续成功举办八届，在促进人才智力、技术项目、科教资源流向宁波方面，取得了显著成绩。2013 年的人才科技周达成人才引进意向 6400 余人（次），达成科技合作意向项目 230 个，签约项目投资额和意向融资额超过 6 亿元。

全力打造促进海外高层次人才流向宁波的综合开发平台。一是搭建“走出去”平台，重点组织开展“欧洲·宁波周”、北美人才推介洽谈活动，组织有关单位参加大连“海创周”和广州“留交会”。二是搭建“请进来”平台，举办“海外人才宁波创业行”、中国科技创业计划大赛以及海外清华学子宁波行、波士顿 128 华人科技企业协会“科技创业宁波行”、北美洲中国学人国际交流中心“海外学人宁波行”等活动。三是搭建网络引才平台，借助网络技术，运用网络媒体创新举办海外人才（项目）网上洽谈会和视频交流活动。

3. 进一步优化科技人才服务保障水平

以县（市、区）为主，各级财政不断加大对重大引才活动、重要人才载体建设、创业创新政策落实的资金投入，为人才高效流动提供资金保障。2013 年，市本级人才专项投入 4.7 亿元，增幅近 20%，占当年本级公共财政收入 2.7%，高于 2012 年比例（2.4%）。指导各县（市）区不断加大人才发展专项经费投入力度，各地财政专项投入占当年本级公共财政收入比例均达到 1% 以上，部分县（市）区已达到或超过 2%。市、县两级财政人才专项投入年增幅均不低于当年本级公共财政支出增幅。出台市级政府专项引导基金使用管理办法和天使投资引导基金投资管理实施细则，充分发挥宁波海邦人才基金、创业投资引导基金、天使投资引导基金作用，加大海外人才创业扶持力度；实施鼓励企业引进“海外工程师”暂行办法，对企业引进海外工程师给予最高60万元的薪资资助。研究领军人才和创新团队研发项目产业化扶持政策，扶持高层次人才转化创新成果。举办人才资本推介洽谈会，130位高层次人才携89个项目与26家金融机构充分对接，达成投融资意向55项、金额2.1亿元。

深入推进“三年万套”人才公寓建设计划，研究起草市本级高层次人才住房保障政策，市本级首次推出1858套限价房面向高层次人才租售，以人才工作考核推动各地加大人才公寓建设力度，2013年全市共安排人才房5100余套。发放高层次人才住房安家补助690万元。扎实推进《宁波市引进重点高层次人才配偶就业子女入学暂行办法》，新认定服务对象32人，累计263人，协调解决了一批难题，研究《引进人才及随迁家属落户管理规定》。

为解除海内外高层次创新创业人才在宁波“落地”的后顾之忧，政府提出要以特殊政策、特殊环境、特殊机制“三特”并举，构建人才特区。规定，非本地籍海外人才可以参加宁波城镇职工医疗保险，享受相应的医疗待遇，并对其在配偶安置、子女入学、社会保障、住房等方面给倾斜照顾。同时，还建立海外高层次人才引进联席会议制度，成立海外高层次人才联谊会，设立宁波大学海外高层次人才驿站，建设“千人计划”人才会馆，组建专业化服务团队，开设“3315”海外人才服务窗口，开通“3315”海外人才网和人才工作微博，评选表彰一批优秀留学人才，积极营造引才工作良好环境和氛围。

厦门市科技人才发展报告

■ 厦门市科学技术局

2012 年，厦门市科技局围绕厦门市委、市政府的中心工作，按照市委人才工作领导小组的统一部署，坚持以科学发展观为指导，牢固树立“人才资源是第一资源”的思想，进一步改进工作方法，创新工作机制，积极发挥科技部门的职能作用，不断为厦门市人才引进、培养和使用提供服务，现将工作情况总结如下：

一、大力发展高科技产业，拓宽人才发展空间和舞台

近年来，厦门市大力发展高新技术产业、战略性新兴产业、特色科技产业和科技先导产业，并注重发挥产业对人才的承载和吸引作用，积极引导企业加强对科技人才的锻炼、培养、引进和使用，增强自主创新能力。根据国家新的《高新技术企业认定管理办法》，截至 2012 年年底，厦门市共认定高新技术企业 772 家，实现工业总产值 2190.73 亿元，其中规模以上高新技术工业企业产值同比增长 21.4%，高出全市规模以上工业企业增幅 8.3 个百分点，占全市规模以上工业企业总产值 42.37%。在产业规模不断扩大的同时，还呈现出明显的集聚效应，已形成若干具有较强实力的产业集群和较完善的产业链，如光电、软件、生物与新医药、新材料、新能源等，拥有视听通讯、钨材料、软件、半导体照明、电力电器、生物与新医药六个国家特色产业基地以及光电显示产业集群试点。企业创新能力不断增强，厦门市共有国家、省、市创新型企业 187 家。随着高新技术产业的不断发展壮大和企业实力的持续增强，逐渐培养和吸引了一批具有较强研发能力的创新型人才和各类专业技术人才。截至 2012 年年底，全市研发人员为 43835 人，高校毕业生 37533 人，其中研究生 3577 人。

二、搭建科技服务平台，集聚高层次创新创业人才

为更好地吸纳集聚人才，为科技人才来厦创新创业提供支持和服务，市科技局会同相关部门积极策划、推动建设各类创新服务平台。一是建设公共服务平台，为科技人才创新创业提供服务。围绕厦门市重点产业发展领域，新建市重大科技创新平台和产业基地 13 个，到目前厦门市已建设各类平台及产业基地 53 个。此外，作为建设国家创新型城市的重要举措，厦门市正在全力实施“双百三十”科技工程，即每年扶持 100 项科技创新项目，完成 100 项产业化科技招商项目；每年新建设 10 个产业化基地、组织 10 项产业核心关键技术攻关、新建 10 个公共技术平台。二是推进工程技术中心等平台建设，为科技人才提供施展的舞台。市科技局出台了《厦门市鼓励在厦设立科技研究开发机构的暂行规定》，积极引进并鼓励、扶持有条件的企事业单位建设各类研发中心、技术中心、重点实验室、博士后工作站。2012 年，新认定省级工程技术研究中心 6 家、市级重点实验室 2 家，目前厦门市共有国家工程中心 2 家、省级 20 家、市级 61 家；国家重点实验室 3 家、企业国家重点实验室 1 家，省部共建实验室 1 家、市级重点实验室 32 家；国家认定企业技术中心 12 家、省级 32 家、市级 95 家；博后工作站 20 家，拥有科研人员 2 万多人。三是建设技术转移服务平台，为科技人才成果转化提供服务。目前厦门市拥有国家技术转移示范机构 3 家，国家成果转化服务示范基地 1 家，中国创新驿站区域站点 1 家，基层站点 1 家，培训技术经纪人员 202 人、技术贸易机构 568 家，已建成了拥有全国各类科技成果 22 万条、专家 6 万多人、科技服务机构 2 万多家，2012 年技术合同交易总额达 59.28 亿元，比 2011 年增长 53.14%，技术合同成交总额占全省合同总成交额 80.57%；2012 年 3 月成果转化基地开通网上在线对接会，截至年底，共为厦门企业举办了 35 场在线网上技术对接会，累计参展人数已达 425967 人，参展项目 8139 项，发布需求 5225 项，实现对接 8219 次，达成意向 2411 次。至此以技术转移和成果转化为主要服务内容的相关科技服务体系正逐步完善，为科技人才成果转移、转化提供服务平台。

三、营造创新氛围，激发人才的创新创业热情

进一步营造全市科技创新的良好氛围，激发各类人才创新创业的积极性和主动性。一是修订《厦门市科技计划项目申报指南》，培育青年人才。市科技局根据厦门市产业发展需要，对项目申报指南进行修订，专门设立了“杰出青年科技人才创新计划”，到目前已有 38 人被列入该类计划，获得财政资助金额 1160 万元；二是鼓励创新，奖励科技人才。为调动厦门市科技人员积极性和创造性，鼓励他们积极投入创新工作，修订了《厦门市科学技术奖励办法》，大幅提高科技奖励金额，

市科技进步奖一、二、三等奖奖金分别由5万元、3万元、1万元上调为25万元、10万元、5万元，平均提升幅度超过4倍；每两年评选2人市科技重大贡献奖，每人奖励50万元，新设立了厦门市科技创新杰出人才奖，每3年评选10人，奖励25万元，2012年有404名科技人员获市科技进步奖，获得奖金近500万元。通过这些奖励工作，充分发挥优秀科研人员的榜样和示范作用；三是出台政策，吸引科技人才。为吸引更多科技人才来厦门创业，市委启动新一轮“海纳百川”人才计划政策制定工作，根据市委人才办任务分工，市科技局负责《科技金融支持人才创新创业实施办法》《厦门市支持科技创新平台建设促进人才创新创业暂行办法》及相关实施细则制订工作，为新一轮“海纳百川”人才计划实施提供更加完善配套政策。出台《厦门市留学人员创业扶持资助办法》（厦科联〔2012〕56号），建立留学人员创业扶持资助的管理机制，鼓励和扶持留学人员来厦门市创业，促进厦门市高新技术产业化的发展。

四、加大资金投入力度，实施科技项目培育造就人才

实施科技项目是科技人才工作的重要抓手和有力保障，是造就高水平的科学家、领军人才、工程师和创新团队的重要创新实践。近年来厦门市不断加大财政科技投入，引导和带动企业和全社会加大研发投入，支持具有一定优势和前景的企业和科研机构开展科研和产业化活动，培养造就一批科技领军人才。自2006年以来厦门市在全省率先大幅度增加财政科技投入，市本级财政科技投入逐年增长，2006—2012年总额分别达到3.63亿元、3.78亿元、5.76亿元、5.81亿元、7.46亿元、8.98亿元、10.1亿元，其中约50%以上的资金投入到科技项目中，共资助科技项目累计近20亿元。这些项目的实施，对打造高层次学术带头人，培育各层次创新人才起到了重要的作用。目前，在厦两院院士达11人。近年来，厦门市涌现出以夏宁邵、焦念志、曾超、庄志刚、杨叔禹、滕达等一大批掌握先进科学技术的研究开发人才和复合型管理人才和创新团队，科技人员的科研水平逐步提高，不断取得新突破。2008—2012年共有2个项目获国家科技进步奖二等奖、1个项目获国家技术发明奖二等奖。全市专利申请和授权量稳步增长，特别是代表创新能力的发明专利授权量大幅增长，由2005年的88件增长到2012年的919件。

五、积极配合实施人才引进工作，为人才引进提供服务

根据市委、市政府工作部署，在市委组织部指导下，市科技局积极参与厦门市“双百人才计划”工作，2012年顺利完成厦门市第三批、第四批“领军型创业人才”申报和评审工作。共受理申报220人项，经专家评审有133人通过评审，后经市委常委会研究有128人被认定为厦门市第三、第四批创业型领军人才。

青岛市科技人才发展报告

■ 青岛市科学技术局

第一部分　青岛市科技人才总体情况

一、全市人才总量情况

2012 年，青岛市人才总量突破 145 万人，占全市户籍人口的比重为 18.8%。全市 R&D 活动人员达 58783 人，占山东省 R&D 人员总量的 15.39%，R&D 活动折合全时人员 41008 人年。R&D 人员全时当量按执行部门分类（2010—2012 年）见表 1。

表 1　全市 R&D 人员全时当量　　（单位：人年）

年　度		2010 年	2011 年	2012 年
总　计		34827	39151	41008
按执行部门分	企业	23756	29243	30060.8
	科学研究与技术开发机构	2535	2692	2742
	高等院校	2510	2867	4164.6
	其他	6026	4349	4040.2

二、全市高层次科技人才情况

截至 2012 年年底，青岛市各类国家级优秀人才总数达 1219 人。其中，两院院士 27 人、外聘院士 33 人（其中外籍院士 3 人）、中国青年科学家奖 2 人、国家杰出青年基金获得者 29 人、国家

“百千万人才工程”一、二层次人选 21 人，“新世纪百千万人才工程”国家级人选 41 人、国家有突出贡献中青年专家 57 人、长江学者奖励计划 17 人、中科院百人计划 38 人、国务院特殊津贴人员 863 人，“泰山学者”91 人，博士生导师 1106 人，硕士生导师 5059 人，各类人才总量取得较大突破。

在 27 位两院院士中，中科院院士 10 位，工程院院士 17 位。按学科领域分类，海洋领域 14 位，电子领域 2 位，地质领域 4 位，材料科学 2 位，环境科学 2 位，复杂性科学 1 位，医学领域 1 位，化学领域 1 位。

三、全市 2010 年以来人才引进情况

自 2010 年以来，全市共引进各类人才（含留学回国人员）229905 人，其中博士或正高职称人才 1704 人，硕士、副高职称或高技能人才 17185 人，本科、特需人才 107066 人，专科及以下 103950 人。引进留学回国人员 3790 人，其中博士 225 人，硕士 1911 人，年均增幅约 23.6%。

第二部分　青岛市科技人才发展总体部署和进展

一、科技人才发展规划和计划

（一）《青岛市中长期人才发展规划纲要（2010—2020 年）》

2010 年 10 月 10 日，青岛市委、市政府印发《青岛市中长期人才发展规划纲要（2010—2020 年）》，该《纲要》是 2010—2020 年全市人才工作的指导性文件，是彻落实科学发展观、更好实施人才强市战略、加快建设人才强市的重大举措，是在激烈的国内外竞争中赢得主动的战略选择，对于加快经济发展方式转变、实现建设富强文明和谐的现代化国际城市目标具有重大意义。

1. 总体目标

到 2020 年，青岛市人才发展的总体目标是：一是人才队伍规模不断壮大，总量稳步增长。人才资源总量从 2009 年的 115 万人，增加到 2020 年的 206 万人，增长 79%。人才资源占人力资源总量的比例提高到 29%。二是人才素质大幅度提高，结构进一步优化。主要劳动年龄人口受过高等教育的比例达到 30%，每万劳动力中研发人员达到 106 人年，高技能人才占技能劳动者的比例达到 33%。三是人才竞争比较优势明显增强，竞争力不断提升。加大国民经济和社会发展重点领域人才开发力度，在海洋科技开发与成果转化、高端制造业、新信息、新能源、节能环保和现代

服务业等经济发展重点领域，以及卫生、教育、文化等社会发展重点领域，集聚高端人才，形成较强的区域竞争优势。四是人才环境进一步优化，使用效能明显提高。人才发展体制机制创新实现新突破，人力资本投资占国内生产总值比例达到23%，人才贡献率达到42%。

2. 主要措施

一是加强高层次人才集聚平台建设。完善以企业为主体、以市场为导向、产学研相结合的技术创新体系，推进博士后流动（工作）站、专家工作站、工程中心、技术中心等创新平台建设；加大对重点企业研发机构、重点实验室和试验基地、科技企业孵化器、区域科技创新服务中心、科技中介机构的政策支持力度；引导支持高校和科研院所发展重点学科、优势学科、经济社会发展急需紧缺学科，集聚创新要素，激活创新资源，培养创新人才。

二是完善人才资本投资体系。政府、社会、用人单位和个人按照市场经济规律和各自职责与义务进行投资，形成多元化的人才资本投资体系，确保人才资本投入随经济社会发展不断增长，为人才发展提供坚实基础。

三是加强人才队伍能力建设，创新人才培养模式。以提高创新创业精神与创新创业能力为核心，重点培养创新型科技人才，大力开发、引进青岛市国民经济和社会发展重点领域急需紧缺人才，统筹抓好各类人才队伍建设，大力提高人才队伍整体素质。

四是推进人才结构战略性调整。将政府宏观调控与市场优化配置有机结合，优化人才专业、产业、区域、城乡等结构，促进人才结构与经济社会协调发展。

五是加快人才国际化进程。坚持自主培养开发与引进海外人才并举，大力引进急需高层次人才，加大本市人才国际化培养力度，提高人才国际化水平。

六是建立人才强市战略与科教兴市战略联动机制。以科技强市与教育强市为依托，落实科技是关键、教育是基础、人才是根本的要求，将人才工作与科技工作、教育工作统筹规划，形成一体推进、协同配合的良好工作态势，加快推进人才高地建设。

七是加强人才工作者队伍建设。培养一支具有较高专业水平的人才工作者队伍，通过多种形式提高政府部门、用人单位和社会中介机构人才工作者的专业知识和技能，适应新时期人才工作的需要。

八是创新人才工作体制机制。建立和完善公正、高效的人才管理体制。以用才为重点，构建和完善人才引进与开发、选拔与配置、评价与任用、激励与保障机制。完善知识产权保护制度，营造充满活力、富有效率、更加开放的制度环境，充分发挥各类人才的作用。

九是加强和改进党对人才工作的领导。创新党管人才方式方法，把握人才工作方向，构建组织人事部门和专家智库相结合的决策模式，提高人才工作科学性，为人才工作提供坚强的组织保证。推进人才发展，要统筹兼顾、分步实施。到2015年，形成科学有效的人才管理制度和机制；到2020年，全面落实各项任务，确保人才发展战略目标的实现。

（二）《青岛市“十二五”创新型科技人才发展规划》

2011 年，青岛市科技局出台《青岛市“十二五”创新型科技人才发展规划》，该《规划》以《国家中长期人才发展规划纲要（2010—2020 年）》为指导，落实《青岛市中长期科技发展规划纲要》和《关于增强自主创新能力推进创新型城市建设的意见》要求，牢固树立人才资源是第一资源的理念，遵循人才发展规律，把促进青岛市经济社会发展和人才全面协调发展作为根本出发点，以高层次、重点领域和重点区域创新型科技人才为重点，以首席专家、领军人物为核心，进一步完善人才体制机制，全面优化人才环境，充分发挥人才作用，统筹推进人才队伍建设，为建设创新型城市提供坚强的人才保障和智力支撑。

1. 总量目标

到 2015 年即“十二五”期间，创新型科技人才总量预期平均年增长 7%左右，科技人才总量达到 93000 人，其中，国家级创新型科技人才 1200 人；全市每万人口中拥有创新型科技人才 114 人，每万名从业者中创新型科技人才数量 146 人。

2. 主要措施

一是健全人才工作管理体制。加快形成适合科技人才发展需求的人才管理制度体系。实施年度科技人才供需调查制度，编制紧缺急需专业人才目录。加强人才规划预测与人才资源开发的宏观调控，建立《人才指数体系》以反映科技人才开发走势的动态演变，并跟踪人才变动的发展趋势。建立更科学的人才评价和激励机制。

二是完善政策支持体系。将人才引进中的补助性政策转变为建设性政策。优化人才发展环境，加强科研环境和高层次人才创业载体建设。积极吸引跨国公司总部和地区总部、跨国采购中心、研发中心和培训机构、中科院所属院所等落户青岛或开办研发机构。大力加强高新技术产业带建设，加快建设创新技术平台、公共研发平台、科技企业孵化平台，为人才引进工作提供事业载体。实施培养青年科技人才的专项工程。设立高层次紧缺培养专项经费。专项经费重点支持经济结构调整和重点产业发展的急需人才。鼓励以知识产权、技术等作为资本参股。保障研发人员工作的持续性。企业建立绿色技术准备金制度，减少企业研究开发投资风险。

三是加大资金支持力度。增加研发经费。逐年提高全市研发投入占 GDP 的比例。优化财政科技投入结构，明确支持方向。对青岛市重点建设项目和自主创新方面的重点人才进行创业扶持。强化对留学人才的吸引和创业的资助、扶持和奖励，对高层次留学人才创业或从事科研和高新技术转化活动，加大贷款、融资等支持力度。增加科技项目中的人才开发经费。科技支出增长幅度要高于财政经常性收入增长幅度，建立重大建设项目人才保证制度，提高项目建设中人才开发经费提取比例，对由高层次创新人才领军的科研团队给予长期稳定支持。健全科研单位分配激励机制，经费向科研关键岗位和优秀拔尖人才倾斜。拓宽资金来源渠道。

四是推进培训基地建设。建立人才培训基地，依据产业上中下游科技领域需求和创新团队建设要求，安排专业、课程设置、招生人数等，培训所需人才。采用联合培养模式，为从事教学工作之外的科学家和工程师发放教师资格证书，支持科学与工程领域的专业人员参与到培训中。推进大学科技园建设，使其逐步成为创新、创业的培训和实践基地，并探索建立几处国（境）外培训基地。

五是做好人才引进工作。建立引进人才的专门组织，致力于为有意来青发展的人才联系企业或单位。完善高层次人才的引进机制。坚持“政策引导、建设环境、强化法制、规范程序、分类监管”的原则，大力引进、使用科技人才资源。设立高层次人才引进专项资金。对高层次、紧缺急需人才，在引进、培养、使用和服务等方面予以倾斜，引导其向重点发展领域集聚。加强对引进海外留学人才的创业扶持，加强对高层次人才开展科技创新、成果转化等的资助。积极引进产业类创新型人才。引导各种创新要素向企业积聚。

六是推进服务平台建设。建立人才服务系统。重点围绕优化人才服务环境，加快建立由人才市场配置、公共人力资源服务、人才信息服务、人才职业能力评价服务、高层次人才服务等组成的人才服务体系。健全社会保险代理、企业用工登记、人事档案管理、代办人才引进手续、代办大学生接收手续等公共服务平台，满足人才多样化的公共服务需求。发展人才产业。政府部门引导民间组织成立人才公司、猎头公司，开拓民间交流渠道，发挥社会中介机构、民间组织引进海内外智力的作用。

（三）《青岛市引进高层次优秀人才来青创新创业发展的办法》

2008 年 12 月，青岛市委、市政府下发了《关于印发〈青岛市引进高层次优秀人才来青创新创业发展的办法〉的通知》。进一步优化人才发展环境，加快引进高层次优秀人才来青岛创新创业发展，提升城市整体创新创业能力。

1. 主要特点

一是体现了“引高控低”的特点。加大了对高端人才的吸引聚集作用，对引进的高层次优秀人才作了新的界定，提高了引进人才补贴的门槛和标准，把院士、国家和省级高端人才作为引进的重点，体现了人才引进的高层次、高水平。

二是突出了“创新创业”的特点。重视创新创业的导向作用，对引进海外留学归国硕士、博士以及国内全日制博士不再发放安家补贴，而对带技术、带项目、带资金来青创新创业发展的优秀人才和团队，在创业、科研等方面给予了重点扶持。

三是体现了“注重效益”的特点。建立引进人才业绩评估制度和资金使用考核制度，对人才发挥作用情况和人才资金利用情况进行跟踪考核，力求有限的人才资金发挥最大的人才使用效益。

四是体现了“按需引进”的特点。根据青岛重大项目、传统优势产业和新兴产业发展需要，引导和鼓励优秀人才向重点行业、产业领域集聚，进一步增强了人才引进与产业发展的关联度，促进了优秀人才与青岛经济社会发展的紧密结合。

2. 配套措施

围绕加快落实《青岛市引进高层次优秀人才来青创新创业发展的办法》，青岛市人才工作领导小组各有关部门制定了《青岛市引进高层次优秀人才评价认定实施细则》《青岛市引进高层次科技人才专项计划实施细则》《青岛市高层次优秀人才随迁配偶安置工作实施细则》《青岛市引进高层次优秀人才购房安家补贴发放实施细则》《青岛市领军型归国留学人员创新创业启动资金实施细则》《青岛市企业博士后科研资助实施细则》《青岛市高层次人才跟踪服务与流失报告制度》《青岛市引进高层次优秀人才业绩评估实施细则》《青岛市引进高层次科技人才随迁子女入学实施细则》《青岛市人才发展专项资金使用管理实施细则》《青岛市引进高技能人才和急需、特需人才入市落户实施细则》《青岛市引进高层次优秀人才周转住房配租管理实施细则》《青岛市人才工作联席会议制度》等 13 个配套实施细则。

（四）《关于实施“青岛英才‘211 计划’”加快推进“百万人才集聚行动”的意见》

2012 年 11 月 5 日，青岛市委、市政府印发《关于实施“青岛英才‘211 计划’”加快推进“百万人才集聚行动”的意见》，进一步推进人才强市战略、以人才优势构筑率先科学发展优势、以人才块跨越引领青岛实现蓝色跨越，把青岛打造成为独具特色的蓝色人才高地。

1. 主要目标

将力争用 10 年时间，使全市人才资源总量突破 240 万人。引进培育并重点支持 2000 名能突破关键技术、发展高新技术产业、带动新兴学科和新兴产业发展的高端创业创新人才，1 万名产业转型升级、社会公共事业发展紧缺急需的重点人才，以及 100 万名本科以上支撑人才。其中包括，国家“千人计划”100 名，领军型科技创业创新团队 100 个，博士 1 万名，硕士 10 万名，留学回国人员 2 万名，外国专家 1 万人次。

2. 主要措施

一是实施 16 项人才专项计划。“青岛英才‘211 计划’”共有 16 项人才引进培育计划，分高端人才、重点人才和支撑人才三个层次实施。16 项重点人才引进培育计划分别是青岛创业创新领军人才、青岛突出贡献人才、青岛拔尖人才、青岛专家激励、青岛博士后培养留青、青岛院士（专家）工作站、青岛金融人才、青岛名师名校长、青岛优秀医学临床专家、青岛文化名家、青岛青年科技人才奖励、青岛金蓝领培育、青岛乡村之星、青岛和谐使者、青岛万名大学生聚青创业和青岛大学生人才储备等。

二是优惠政策。“青岛英才‘211 计划’”优惠政策包括政府补贴、资金支持和配套支持服务三部分，并将推出七项配套服务措施，分别为：优化人才创业投融资环境、搭建创业创新载体、建立长效引才融智平台、创建人才公共服务平台、创办“一卡通”服务政策、妥善安置随迁配偶和妥善解决随迁子女入学问题等。

二、科技人才工作体制机制创新

（一）继续深化人才强市战略，落实党管人才工作要求

落实党管人才要求，充分发挥组织部门牵头抓总、统筹协调的作用，强化领导小组成员单位职能，突出用人单位在人才培养吸引使用上的主体地位，按照工作职能，明确责任、强化分工协调，切实做好16项人才引进培育计划的实施与落实。完善目标责任制考核办法，将市人才工作领导小组成员单位纳入全市人才考核范围，强化考核结果运用。市科技局作为创业创新领军人才计划的组织实施单位，严格落实党管人才工作要求，强化自身职责，加快推进青岛市创业创新领军人才计划的组织实施。

（二）不断深化国内外科技合作，搭建集聚高层次人才平台

（1）大力引进建设大院大所。加强与中科院战略合作，2010年以来，先后引进光电院、兰化所等5个院所在青建设研发基地；与中海油、中船重工等6家央企签订科技战略合作协议，先后引进建设702所、710所、725所青岛基地和中国家电院华北分院等一批研发机构；加快国家级研发平台建设，山东大学青岛校区奠基开工，西安交大、哈工大青岛研究院签约落地，海洋国家实验室二期封顶、三期开工，国家深海基地完成规划，中海油海洋能示范基地年内建成试运行。

（2）坚持突出企业技术创新主体地位。启动实施企业研发中心培育工程，计划到2016年实现企业研发中心数量、投入、人员、发明专利申请量四个“翻一番”和对大中型企业和高新技术企业的全覆盖。截至2012年，全市拥有企业国家重点实验室5家、国家创新型企业18家，国家工程技术研究中心9家，高新技术企业538家，产业技术创新战略联盟40家。

（3）积极实施“引进来、走出去”国际科技合作战略。中美（青岛）科技创新园、中乌特种船舶设计研究院成功签约，引进建设美国TSC海洋工程装备研究院、德国朗盛新材料研发中心等一批国际研发机构，合作共建波音航空生物燃料、中韩黄海渔业科学等16个联合实验室，海尔、海信、软控、海洋局一所等在欧、美、日、澳等多个国家和地区设立海外研发中心，充分利用全球资源开展创新。2012年以来共签署国际科技合作协议92项，国家级国际科技合作基地总数达到7个。

（三）全面推进人才创业载体建设，加快科技成果转移转化

（1）全力推进孵化器和公共研发平台建设。全面启动千万平方米孵化器建设，截至2012年年

底，孵化器建设完成投资50亿元，开工251万平方米，竣工158万平方米，引进企业及服务机构122家；拥有国家级孵化器10家、国家大学科技园2家。实施孵化器创新创业计划，带技术、项目到孵化器创业的人才经评审认定可给予50万—300万元启动资金和办公用房、人才公寓租金补贴。围绕孵化器建设和人才创业需求，规划建设20个国内一流、国际水准的市级公共研发平台和建设30个运行高效、开放共享的专业技术服务平台，截至2012年，9个平台完成可行性论证，橡胶新材料、软件信息与服务2个平台开工建设，海洋设备检测平台获得国家质检总局批复。

（2）不断加快技术市场体系建设。设立促进科技成果转化技术转移政策性补助资金，专项用于培育技术市场和科技中介服务机构，最高可达100万元。截至2012年年底，技术经纪机构达186家，先后获批青岛国家海洋技术交易服务与推广中心、国家专利技术青岛展示交易中心、全国首批技术转移服务试点、中国创新驿站试点，拥有国家级技术转移示范机构2家。已建成“永不落幕的网上技术市场”，每月组织成果发布对接活动。在高新区规划建设具有技术交易、科技成果发布、科技金融、知识产权服务等八大功能板块的技术市场交易大厅，建设技术交易网络信息服务系统，形成科技成果网上交易网下对接相结合，技术、资金、人才相融合，具有交易、交流、服务、融资功能的综合性区域技术交易市场。

（3）努力提升科技创新综合服务水平。2009年，市科技创新综合服务平台一站式服务大厅开通运行，面向全社会科研人员和科技企业提供科技资源共享、科技事务服务、科技成果转化、专业技术服务四大类服务，截至目前已提供服务累计10万余人次。2010年，开通大型科学仪器协作服务平台和科技文献共享服务平台，截至2012年年底已入网大型科学仪器信息2133台（套），原值超过15.7亿元，为近500家科技型企业提供仪器共享及研发检验检测服务2300余次。深入开展“科技服务入园区”和“千名精英服务万家企业”活动，为人才创业和企业发展讲政策、解难题；开通“科技通”免费手机服务客户端，实现“科技服务到眼前”。

（四）改革创新激励和市场化机制，优化人才创业发展环境

（1）着力突出科技政策的激励作用。《青岛市科技创新促进条例》于2011年10月1日正式颁布实施，成为青岛市第一部地方科技法规，从立法上保障了科技人员创业的权益和积极性。《激励创新创业加快科技企业孵化器建设与发展的若干政策》在建设用地、鼓励创业、人才引进、投融资等多个方面实现政策突破。今年初出台的《加快创新型城市建设的若干意见》，专门对加大成果转化激励力度和强化创新人才保障提出部署和安排。此外，青岛市先后出台《促进科技和金融结合的实施意见》《加快推进全市专利工作发展的指导意见》等20多项科技政策措施，为科技人才创业提供全方位的支持。

（2）积极强化科技金融的扶持作用。截至2012年年底，完成与国开行、中国高新投、建行等21家金融机构开展战略合作，获授信400亿元；设立了1个市级和5个区（市）级科技信贷风险

准备金池，实现财政科技资金25倍以上的放大效应，为科技人才创业解决融资难问题；市财政注资1亿元成立青岛市首家政策性科技融资担保公司，推出知识产权质押组合担保、天使投资投贷联保等7大系列的科技信贷担保产品。

（3）充分发挥人才专项的保障作用。启动实施青岛市创业创新领军人才引进培育工程，全面落实“青岛英才‘211计划’”工作部署，到2016年引进培育1000名能突破关键技术、带动新兴学科和新兴产业发展、有效实施科技成果转化的创业创新人才和50个团队，进一步优化青岛市高层次人才队伍结构。持续实施“青年专项”计划，每年重点支持100名35周岁以下、博士学位的青年科研人才。

第三部分　科技人才计划及实施效果

一、科技人才计划体系总体情况

（一）青岛市级人才计划情况

为深入贯彻落实青岛市第十一次党代会精神，加快推进人才强市战略，以人才优势构筑青岛率先科学发展优势，以人才跨越推动青岛实现蓝色跨越，2012年，青岛市出台了“青岛英才‘211计划’”。

1. 青岛创业创新领军人才计划

该计划是“青岛英才‘211计划’”的两项高端人才计划之一，由市科技局组织实施。主要围绕新一代信息、新医药、新能源、新材料、高端装备、现代服务业、海洋产业等青岛市优先发展的重点产业，引进培育并择优资助2000名能够突破关键技术、发展高新技术产业、带动新兴学科发展的高层次经营管理人才和高水平研究开发专家，100个领军型科技创业创新团队。主要优惠政策如下：

一是政府补贴：对创业创新领军人才，给予30万—100万元安家补贴；提供100—200平方米办公用房、60—120平方米人才公寓，三年内免收租金，所免租金全额补贴。

二是资金支持：根据项目规模和进度，给予50万—400万元资金支持；青岛市国家“千人计划”、省“泰山学者海外特聘专家”在享受国家、省政策扶持基础上，一次性分别给予100万元、50万元配套资金支持，短期和兼职人选享受50%的支持；驻青单位同等人选享受50%的支持。新引进的外省国家“千人计划”人选经认定，可享受同等待遇。

三是配套支持服务：对创业项目取得社会化风险投资支持的，可给予风险投资总额20%的风险跟投支持，跟投总额不超过200万元。对获得银行贷款的，给予当年利息额50%的贷款贴息，贴息总额不超过 100 万元。鼓励和支持创业创新领军人才做强做大企业，3 年内年销售收入超过 5000 万元的，再给予 100 万元的资金支持以及 1000 万元以内的担保融资贷款，优先辅导并推荐认定国家高新技术企业，优先支持企业落实研发费用加计扣除、自主创新产品政府采购等政策。在居留和出入境、落户、医疗、子女入学、配偶安置、住房、税收等方面享受“一卡通”服务。

对国家重点工程项目和特别优秀的人才，可突破现有政策，一事一议、一人一策。对因特殊原因不能领办、创办企业，但有实质性创业创新成果在青转化的，经认定可给予扶持。

2.“青岛英才‘211 计划’”有关配套政策

（1）市国土局制定出台了《青岛市人才公寓建设和使用管理规定（试用）》，下达了各区市人才公寓建设指标，2013 年开工项目 32 个，139 万平方米。

（2）市人社局制定出台《青岛市鼓励中介机构和个人引进高层次人才实施细则（试行）》，对于引进院士、千人计划，奖励 5 万元；引进国家突出贡献中青年专家、长江学者、杰出青年、国家奖一二等奖前 3 位，泰山学者海外特聘专家等，奖励 3 万元；国务院特贴、省部级突出贡献中青年专家、泰山学者、省奖一等奖前两位，奖励 2 万元；市重大项目、传统优势产业和新兴产业，能突破关键技术和核心部件制造工艺的特殊人才、特需人才，每人奖励 1 万元。大大激励中介机构和人引进高层次人才。

（3）市人社局制定出台《青岛市外籍海外高层次人才一次性奖励实施细则》，对于外籍人员在聘用期内，获得国家“友谊奖”“外专千人计划”“国际科技合作项目”及相应奖项的，一次性奖励 50 万元。

（4）市人社局制定《青岛市人力资源和社会保障海外高层次人才工作居住证签发办法》，外籍海外高层次人才，符合有关条件，经申请，一次性签发有效期不超过 5 年的居住证。

3. 其他人才计划情况

从“十一五”开始青岛市相继实施了“222”引才工程、“443”引才工程、“300”海外高层人才引进计划、急需高层次人才引进计划等，主要计划情况如下：

（1）“443”引才工程：“十二五”期间，全市每年引进 400 名博士和正高职称及以上高层次人才，4000 名硕士和副高职称、高技能人才，30000 名本科和特需人才。

（2）“300”海外高层人才引进计划：2009 年起实施“青岛市加快引进海外高层次创新创业人才专项计划”，即用 3—5 年，全市引进 2000 名左右海外创新创业人才，形成三个层次的梯次结构。第一层次人选 300 人左右，也即“300 海外高层次人才引进计划”，重点引进能够突破关键技术、发展高新技术产业、带动新兴学科的海外高端人才。第二层次人选 600—800 人，一般应在海外取得博士或硕士学位，在国外高校、科研院所担任相当于助理教授以上专业技术职务，或具有国际知名企业、金融机构 3 年以上工作经历，取得较好工作业绩。第三层次人选 1000 名左右，引进各区市、各单位急需紧缺的创新创业人才或实用型人才。

（3）急需高层次人才引进计划：2010 年青岛市实施了“急需高层次人才引进计划”，集中引进一批社会公共事业和前瞻性产业发展急需的高层次人才和海外创新创业团队领军人才。

二、各区（市）人才计划情况

（一）青岛高新区“人才特区”情况

为落实国家、省、市委加快人才管理改革试验区建设的要求，青岛市委、市政府制定出台了《青岛“人才特区”建设实施办法（试行）》（青厅字〔2011〕38 号），在高新区建设“人才特区”，采取市区共建、先行试点、稳步推进的方式，设立亿元专项资金，对符合条件的高端人才项目给予 18 项人才优惠政策。

主要优惠政策：

一是项目扶持资金。最高给予不低于 5000 万元的创业扶持资金支持。对取得社会化风险投资支持的，给予风险投资总额最高 20%的特区风险跟投支持，跟投总额不超过 200 万元，对获得银行贷款的，给予当年利息额 50%的贷款贴息，贴息总额不超过 100 万元。

二是办公、住房补贴。租赁孵化器场地 100 平方米及以下的，按入驻面积给予第一年全额、第二年 70%、第三年 50%的房租补贴。租用 100 平方米左右的住房，三年内免收房租，创业满三年，在青自购住房的，经评估，给予不超过 100 万元的购房安家补助。

三是个人所得税。所缴工薪个人所得税，可按其上一年度地方留成部分的 80%给予为期三年的财政补贴。

四是其他优惠政策。本人及其配偶、子女落户，配偶安置、子女入学等方面给予优惠政策。

（二）青岛西海岸新区实施“智岛计划”情况

为加快高层次人才集聚步伐，围绕区域产业发展布局。青岛西海岸新区出台《“智岛计划”高层次人才引进暂行办法》，对高层次人才引进范围、优惠措施、配套保障等做出规定。“智岛计划”高层次人才引进须服务于产业升级和城市转型，突出蓝色、高端、新兴，重点包括高端制造业、现代服务业、社会事业领域的高层次人才以及其他急需紧缺的人才。

1. 主要目标

5 年内引进培育 30 名左右顶尖人才（团队）、300 名左右领军人才（团队）、3000 名左右紧缺人才，集聚 15 万大学生就业创业，人才队伍总量突破 30 万人，大专以上学历人才占总量比例突破 60%。

2. 主要政策

一是最高给予3年内100万元的安家补贴和每年30万元的经济贡献奖励、提供免租金办公场所，免费或优惠入住人才公寓等。

二是建立高层次人才“保姆式”服务体系，为人才提供落户居留、医疗保健、配偶安置、子女就业入学等系统化、专属化、高端化服务等高层次人才引进的配套保障措施。

三是鼓励和引导用人单位柔性引才，批准设立院士工作站或博士后科研工作站的，一次性给予设站单位20万元资金扶持；批准设立区级以上专家工作站的，一次性给予设站单位10万元资金扶持。

第四部分　科技人才创新创业政策措施及成效

一、创新创业政策

（一）扶持小微企业发展有关政策

（1）市科技局：设立创新型中小企业培育计划，对青岛市科技型中小微企业包括成立0—36个月的初创期企业技术创新项目进行培育支持并择优进行滚动和重点支持，每年支持企业100家，对培育、滚动和重点项目分别给予20万元、30万元和50万元资金支持。

（2）市人社局：出台小微企业吸纳高校毕业生就业社保补贴政策，对招用青岛市户籍毕业年度内高校毕业生的小微企业，由财政根据招用人数和时间，给予最长12个月、每月540元的社保补贴。

（3）市经信委：制定《关于进一步支持小微企业发展的若干意见》《关于进一步支持小微企业健康发展的意见》等，重点从财税支持、税费减免、融资扶持、创新发展、市场开拓、园区建设、公共服务等方面，出台扶持小微企业发展的工作措施。

（二）降低创业准入门槛政策

市工商局：本市大中专毕业生、留学归国人员等开办个体工商户，从事不涉及法律法规规定和国务院决定许可项目的可以试营业，期限为1年。允许注册资本在200万元以下的公司制小微企业实行注册资本“零首付”登记，余额5年内缴足。简化在企业集聚区设立小微企业提交房屋权属证明登记手续等。

（三）落实税费减免

（1）市地税局：自 2011 年 11 月 1 日起，将按期纳税的（房屋租赁）营业税调整为月营业额 2 万元，按次纳税的调整为每次（日）500 元。

（2）市物价局：自 2012 年 7 月 1 日起，暂停征收企业注册登记费、税务发票工本费、组织机构代码证书工本费等 11 项涉企行政事业性收费。

（四）开展融资贷款扶持政策

（1）市科技局：牵头设立科技政策性担保资金，引导社会金融资本开展联合担保和企业信用互助担保，主要为科技型中小企业提供无形资产或无抵押贷款。

（2）市发改委：牵头设立了规模 5 亿元的市级创业投资引导基金，重点对本市战略型新兴产业，以及科技型创业企业进行股权投资。

（3）市经信委：利用银行、担保、过桥、融资租赁、直接融资、重点项目扶持等方式，为中小企业进行融资。

（4）市人社局：依托青岛市创业者协会，建立初期规模 1 亿元的大学生创业股权投资基金，主要用于投资在青创业的大学生创业项目；出台小额担保贷款政策，市本级设立担保基金 1.2 亿元，对创业的高校毕业生等 7 类人员，给予最高 20 万元的担保贷款。创业项目属微利项目的，给予全额贴息；联合 YBC 青岛创业办公室，为大学生创业者提供 3 万—5 万元的无利息、无抵押、免担保贷款。

（5）团市委：出台“青易贷”青年创业贷款政策，通过无抵押担保和多层次利率优惠，主要扶持 40 周岁以下的青年创业者。

（五）建设创业孵化载体

（1）市科技局：出台科技企业孵化器建设扶持政策，鼓励利用现有存量房产资源，为科技创业人才改（扩）建孵化器。对认定为国家级和市级孵化器的，分别一次性给予 200 万元、100 万元补助。对入驻孵化器的创业项目，给予最高 300 万元启动资金、最高 200 平方米办公用房、最高 140 平方米人才公寓。

（2）市人社局：出台创业孵化基地认定、奖补政策，对被认定为市级创业孵化基地的，根据基地内创业人数按照每人 2000 元的标准给予奖补；根据孵化成功出基地后继续创业的人数，给予最高 15 万元的奖励。基地为创业者免费提供创业指导、政策咨询、项目评估、跟踪管理等服务，以及第一年 100%、第二年 50%、第三年 30% 的房租减免优惠。

（六）鼓励重点群体创业

（1）市科技局：允许和鼓励驻青高校、科研院所职务发明成果的所得收益，按最低60%、最高95%的比例归参与研发的科技人员及其团队所有。职务发明成果一年内未实施转化的，在成果所有权不变更的前提下，完成人或团队拥有成果转化处置权，转化收益中按最低70%、最高95%的比例归成果完成人或团队所有。

（2）市人社局：出台创业培训补贴、自谋职业摊位费补贴、创业补贴、创业带动就业补贴等一系列扶持政策。毕业5年内高校毕业生和驻青高校在校生以及其他人员，可免费参加创业能力培训，并由培训机构提供免费后续跟踪服务；对租用摊位从事个体经营的本市派遣期内高校毕业生等，给予每月200元、最长不超过24个月的租金补贴；对从事个体经营的本市派遣期内高校毕业生等，给予4000元的一次性补贴；对毕业5年内高校毕业生和驻青高校在校生等创办企业的，给予5000元的一次性补贴。创办企业后招用高校毕业生的，按每人2000元标准，再给予一次性带动就业补贴。

（七）加强人才市场和人才服务体系建设

（1）中国海洋人才市场（山东）建设。2013年1月11日，由山东省政府和青岛市政府共建的中国海洋人才市场（山东）在青岛揭牌运营，创建首个国家级专业性海洋人才市场，巩固了青岛市国家海洋科教人才中心地位。海洋人才市场以“人才配置中心、科技成果转化中心、区域合作中心、人才综合服务辐射中心、产业化发展中心和服务运行体制机制创新示范中心”为目标，坚持政府主导、市场化运作、区域联动和内外贯通的工作模式，通过完善功能平台、打造品牌活动等方式，不断加强市场各项建设，取得初步成效。每年举办一届的“中国蓝色经济高端人才项目洽谈会”，为推动山东半岛蓝色经济区，吸引高端人才特别是蓝色经济海外高层次人才来青创新创业搭建了专业的平台，吸引了大批外国高层次专家来青创新创业。

（2）青岛蓝色人才港建设。从2013年起，利用3年的时间，将青岛蓝色人才港建设成为政策聚焦、要素聚合、资源共享的高层次人才创新创业服务综合体，规划建设一网宣传、一港猎头、一线接听、一口受理、一站服务的“五个一”人才公共服务平台，构建“1+5”功能格局，“1”为核心区，“5”为青岛国家大学科技园、青岛蓝色生物医药产业园、青岛市工业技术研究院、青岛生产力促进中心和高新嘉园人才公寓等五大功能板块。探索实行帮办制、代理制，在政策落实、手续办理、信息咨询、项目申请等方面，提供保姆式、链条化服务体系。着力构建“大服务”工作格局，进一步健全市领导联系专家制度，通过举办座谈会、走访调研和节日慰问等形式，积极帮助解决家属安置、子女入学等人才关心的热点难点问题。

深圳市科技人才发展报告

■ 深圳市科技创新委员会

近年来，在市委市政府的正确领导下，深圳市围绕推进实施人才强市战略，以贯彻落实中长期人才发展规划纲要为主线，以实施“孔雀计划”“人才安居工程”为重点，全面推进科技人才工作发展和科技人才队伍建设，取得了明显成效。

一、科技人才队伍总体情况

全市各类人才队伍稳步发展，高层次人才数量进一步增长。截至 2012 年年底，全市人才资源总量达到 373 万（其中，专业技术人才 103 万人，技能人才 234 万人，企业经营管理人才 32 万人，党政人才 4 万人，社工人才 1800 人）。高层次人才 2403 人，其中全职院士 9 人；“千人计划”人才 59 人，占全省的 40%；省领军人才 7 人，占全省（49 人）的 14.3%；“孔雀计划”人才 184 人。

二、科技人才工作总体部署和进展

（一）制定人才发展规划纲要，指导和统筹全市人才工作发展

2011 年深圳市颁布实施了《深圳市中长期人才发展规划纲要（2011—2020 年）》（以下简称《纲要》），明确了未来十年，深圳市要通过建立健全开放引才、精心育才、科学用才的体制机制，推动形成求贤若渴、广纳英才的良好环境，引进和集聚一批世界一流人才，培养和造就规模宏大、布局合理、素质优良、创新能力强、竞争优势突出的各类优秀人才队伍，实现人才发展、产业转型、人口调控有机统一和相互促进。力争经过 10 年努力，逐步形成人才国际竞争比较优势，把深圳打造成为亚太地区最具创新活力、最优创新环境、最具国际氛围的人才“宜聚”城市之一。提出了人才特区、人才国际化、人才市场化、人才区域合作及人才载体支撑等发展战略，制定了“孔雀

计划”等重点人才工程。

同年深圳市颁布的《深圳市人才发展“十二五”规划的通知》（深府办〔2012〕4号），明确了深圳市“十二五”人才发展的目标是围绕建设国家创新型城市，引进和集聚一批世界水平的科学家、领军人才和高水平创新团队，培养和造就规模宏大、布局合理、素质优良、创新能力强、竞争优势突出的人才梯队；创新人才政策和人才机制，破除人才发展的体制机制障碍，营造有利于人才干事创业的良好环境。力争经过5年的努力，使全市人才发展水平和竞争力处于国内领先水平，把深圳打造成为集聚国际化高端人才的“宜居宜业”之都。

（二）认真落实中长期人才发展规划纲要，切实抓好人才工作战略统筹

一是健全人才规划体系。深圳市各区和市直部门按照《深圳市中长期人才发展规划纲要（2011—2020年）》要求，结合实际制定了本区本系统本行业人才发展规划或计划，初步形成了人才发展规划体系。市人力资源保障局牵头编制了《深圳市人才发展“十二五”规划》，市财政委制定了深圳市会计师人才队伍发展规划。各区制定出台了区级人才发展规划。二是认真抓好规划任务落实。深圳市人才办制定印发了《市中长期人才发展规划纲要任务分工方案》《2012年人才工作要点》及任务分工表，将纲要任务分解到各区各部门，明确了各阶段的重点工作任务，加强工作指导和督促力度；各区各部门根据实际制定了任务分工落实措施和时间表，确保工作推进有序、落实到位。三是健全人才工作领导体制。起草了市人才工作领导小组职责和工作规则、市人才办工作职责和工作规则、联席会议制度、联络员制度等系列制度文件，初步建立了市、区、街道人才工作三级联动的工作机制，结合市直部分机构调整和工作需要，增补了市科技创新委、市经贸信息委、市统计局、团市委、市科协、各区（新区）作为市人才工作领导小组成员单位，积极探索街道在人才工作中发挥作用的渠道，成立街道人才工作站，设立专人负责人才工作。

（三）创新科技人才管理体制，提升人才整体服务水平

市人才办充分发挥统筹协调作用，通过协调规范、程序再造等手段使服务水平得到较高提升。通过编制《深圳市海外高层次人才政策服务指南》、打造“一站式”服务模式，进一步明确各职能部门服务内容、办事程序、时限和要求，建立了人才向市人事人才服务中心提出综合配套服务申请、市人事人才服务中心统一受理、再由其转各职能办理的“统一受理、统一分办、统一反馈”的“一站式”人才服务模式，极大提高人才办事效率。开辟高层次人才服务“绿色通道”，及时提供出入境和居留、落户、子女入学、配偶就业等服务。通过重大人才工程专题辅导机制打造精心服务，根据中央“千人计划”“广东省创新科研团队”等项目的申报、答辩特点，市委组织部牵头，邀请评委专家及各有关部门，举行申报、答辩、政策说明等各类辅导会、座谈会，指导规范填写项目申报书、模拟现场答辩评审，取得了良好的效果，受到了人才的欢迎。充分利用人才市场化和社会化

服务方式，结合实施“孔雀计划”，由市创业投资引导资金出资2亿元与相关创投机构共同设立针对海外高层次人才创新创业的引导资金子资金，搭建行政资本、市场资本和社会资本的对接平台，为高层次人才创业与发展提供帮助。探索采取购买服务方式，为企业和人才提供多元化、专业化的服务。

三、科技人才工程及实施效果

（一）全面启动重点人才工程，整体提升人才队伍建设

一是加大海外高层次人才引进力度。至2012年年底，已顺利完成六批“孔雀计划”人才引进确认和两批“孔雀计划”团队评审，共引进海外高层次人才184名；引进“孔雀计划”团队19个，广东省团队16个。

二是大力加强专业技术人才和高技能人才队伍建设。修订完善了高层次专业人才队伍建设“1+6”文件，发布并实施了2011年版《深圳市人才认定标准》和《高层次人才政策指南》，研究出台《深圳市博士后研究人员考核办法》等政策，继续推进专业技术人才队伍建设。大力推进“教育师资优化工程”，组织开展名师工作室建设及名校长名师引进工作；实施“基础教育系统校长能力提升工程”“教育系统教师海外培训提升计划”，共培训5批122人；组织开展第三批“鹏城学者”特聘教授评审，目前，鹏城学者计划特聘教授岗位达61个。

三是统筹抓好各领域人才队伍建设。2012年，深圳市进一步创新人才引进制度，扩大积分入户范围，仅第一批就有9822人获得积分入户指标。积极推进其他领域人才队伍发展，市民政局大力加强社工专业人才培养和培训，全市新增社工岗位600多个，开展社工人才队伍培训超过1600人次。市国资委多形式对国有企业经营管理人才进行培训。市文体旅游局采取客座制、特聘专家制、签约制、聘用制等柔性引才方式，共引进20多名境外高层次文化艺术人才。

（二）重点发挥“孔雀计划”聚才效应，提升产业科技创新能力

一是建立专项投入机制。从2011年开始，在5年每年投入3亿—5亿元，用于海外高层次人才配套服务和创新创业专项资助。二是建立创新创业专项资助机制，在创业资助、项目研发资助、成果转化资助、政策配套资助等方面支持海外高层次人才创新创业，对引进的海外高层次人才团队，给予最高8000万元的专项资助。三是健全配套服务机制，对引进的海外高层次人才，给予80万—150万元的奖励补贴，及时解决海外高层次人才在居留和出入境、落户、子女入学、配偶就业、医疗保险等方面的问题和困难。建立公共服务平台，完善工作机制，为海外高层次人才提供优质高效服务。

目前，孔雀计划人才聚集效应逐步凸显。2012 年申报孔雀计划的团队，汇聚了 700 多名高层次人才，其中包括国内外院士 25 名，比 2011 年增加 16 人，千人计划入选者 27 名，增加 20 人，长江学者 14 名，增加 6 人，国家杰出青年科学基金获得者 18 名，增加 7 人。入选的孔雀团队中，共有核心成员 121 人，其中有国内外院士 9 人，90% 以上的成员具有博士学位，其中 1 个团队达到“世界一流”水平，14 个团队是“国内领先、国际先进”，4 个是“国内先进”。团队带头人中既有拥有国际水平学术地位的学者，也有来自国际知名企业的高管，在国际学术界和产业界的影响力大，号召力强，部分团队带头人代表了相关产业领域华人在国际上的最高地位。

落地人才研发紧扣深圳市产业发展导向，凭借自身独特的优势，取得了丰硕的科技创新成果。例如：截至 2012 年年底，新型卫星通信技术研发与产业化团队已申请相关专利 100 多项，在卫星天线低成本加工工艺研究方面取得突破，其产品比传统卫星天线接收信号更稳定、更坚固、抗恶劣天气、耐腐蚀，已在数百户山区居民家中开始“户户通”试用；新型超高亮度半导体光源之研发团队已申请 123 项中国专利，其中 91 项中国发明专利，32 项中国实用新型专利，申请了 16 项美国专利，中国专利与美国专利中有 44 项专利已经授权，其开发的激光光源已成功应用于新一代 100 英寸激光显示电视机，该项技术将凭借大尺寸、高清晰、低成本的优势引领显示技术领域的新一轮技术升级换代；高端磁共振成像技术创新团队已申请专利 62 项，实现了 1.5T 超导磁体及梯度系统、控制和射频系统，并成功完成联机实验，初步实现超高场 7T 磁共振核心成像序列（SSFP、PSIF），在磁共振快速成像、弹性成像和温度成像及电影成像等高端应用方面已取得重要进展；华傲数据管理研究团队已申请 7 项发明专利，发表 SCI 论文近 20 篇，推出大数据时代量质融合管理产品已在国内外著名公司如阿尔卡特朗讯公司、中国移动集团、中国医药集团等单位进行试用；深圳热带亚热带作物分子设计育种研究院团队已申请发明专利 7 项，发表 SCI 论文 22 篇，已建立起水稻全基因组分子辅助育种技术平台，构建了水稻第三代杂交育种技术体系，通过非转基因技术获得多个抗唑啉酮类除草剂水稻、油菜、小麦育种材料，并在油菜新一代杂交育种体系的构建方面取得突破性进展。

（三）搭建人才创新创业和发展平台，推动新型研究机构建设

根据《纲要》提出的原则、目标，不断完善以市场为导向，以企业为主体，以产业化为目的，以大学和科研院所为依托，产学研相结合的区域创新体系，支持中科院深圳先进院、深圳清华研究院等创新型研究机构发展，积极完善创业园、孵化器、加速器、专业园、产业联盟五位一体、逐级提升的创业扶持机制，进一步提高重点实验室、工程技术中心等高层次人才创新创业的载体和平台数量。注意注重探索民办官助的新模式新型研究机构，如探索建立光启研究院、国创新能源研究院等。这些新型科研机构是瞄准国际前沿、集聚国际顶尖人才和团队、具有国际一流研发条件和水平的创新平台，以全新的运行机制、用人机制、创新机制，开拓了科技与产业化结合的新途径。

截至2012年年底，光启研究院累计申请专利2194件，占超材料领域全球专利申请的85%以上；华大基因研究院累计在《自然》《科学》发表论文62篇，连续两年名列《自然》杂志中国科研机构前十名，执行院长王俊入选《自然》2012年度科学界十大人物；中科院深圳先进技术研究院跃居全省科研院所专利申请量首位。全市市级以上重点实验室152家，其中国家级4家；工程技术研发中心136个，其中国家级工程中心3个，省级工程中心25个；国家海外高层次人才创新创业基地5家；博士后设站单位74家，博士后创新实践基地66家。

四、科技人才政策措施及成效

（一）大力推动深层次产学研结合，积极拓宽人才培养渠道

一是着力建设省部产学研创新联盟。累计组建产学研创新联盟14个省部产学研创新联盟，累计申请各类专利932项，培训各类人才1.3万人（次）。二是积极推进省部产学研结合创新平台和示范基地建设。累计组建32个省部产学研结合创新平台和示范基地，组建研发机构近百家，累计培训各类人才12.89万人，其中博士1300多名，硕士27000多名。三是重视发挥科技特派员的作用。通过积极开展企业科技特派员行动计划，从全国156所高校和科研院所共引进企业科技特派员836名入驻到深圳市382家企业，联合培养各类人才近万名，其中博士587名、硕士3000多名。

（二）精心实施“人才安居工程”，不断提升人才发展环境

一是深入实施“人才安居工程”，加大人才安居保障力度。在推进实施“十百千万”人才安居试点项目计划的基础上，开展“人才安居工程”扩大试点。市本级累计审核并拨付人才安居工程补助资金约5000万元；先后为全市100多家企业的超过1.5万名人才发放货币补贴共计约2亿元；提供公共租赁房1200多套供人才入住。各区结合安居保障住房建设，加大人才安居落实力度。二是创新人才入户政策，全面推行以个人身份申请落户，并实行普通高校应届毕业生无限制入户、取消农业户口人员引进限制、取消招调工政策，单位与个人申办条件适用等同等系列政策，大力吸引各行业领域的各类人才落户深圳市。三是创新人才服务模式，及时解决人才工作和生活困难。进一步完善和规范市职能部门人才服务工作流程，明确服务内容、程序、时限和要求，完善高层次人才服务“绿色通道”，及时提供人才出入境和居留、落户、子女入学、配偶就业、医疗保险等服务和创业扶持支持。2012年为企业和人才提供创业、项目研发、成果转化、政策配套等各类资助3.37亿元。市公安局、市保健办设立专门窗口办理高层次人才及其家属签证申请和医疗保健，优先为高层次人才提供服务。

（三）人才队伍建设进一步加强，高层次人才引进成效成果喜人

在高层次人才建设方面，已初步形成以高层次专业人才、“孔雀计划”人才为揽才核心，以中央“千人计划”、广东省创新科研团队和领军人才、南粤功勋奖和南粤创新奖等国家、省重大人才工程为重要内容的人才工作局面，面向国内外的揽才活动与成效较为显著。共实施 25 批次高层次专业人才认定工作，新增认定的 421 名高层次专业人才中，杰出人才 5 名，国家级领军人才 27 名，地方级领军人才 195 名，后备级领军人才 194 名。推动实施了政府津贴人才申报评选工作，正在开展市政府特殊津贴人才申报评审，新增国务院特殊津贴人才 6 人。新增中央“千人计划”人才 23 人，新入选广东省创新科研团队 7 个、省领军人才 1 人，获得南粤功勋奖 1 人、南粤创新奖 1 个团队。目前深圳市已集聚研发人员超过 30 万人，约占全市人才资源总数的 8%。

附 表

CHINA

SCIENCE AND TECHNOLOGY
TALENT DEVELOPMENT REPORT

2014

2012年创新人才推进计划入选名单

中青年科技创新领军人才入选名单

（共201名）

序号	姓名	所在单位
1	丁　雷	中国科学院上海技术物理研究所
2	于卫东	国家海洋局第一海洋研究所
3	于吉红	吉林大学
4	万师强	河南大学
5	马云翔	中国船舶重工集团公司第七〇三研究所
6	马玉山	吴忠仪表有限责任公司
7	王　凡	中国科学院海洋研究所
8	王　文	中国科学院昆明动物研究所
9	王　硕	天津科技大学
10	王　强	东北大学
11	王东晓	中国科学院南海海洋研究所
12	王圣瑞	中国环境科学研究院
13	王伟胜	国家电网公司
14	王自发	中国科学院大气物理研究所
15	王齐华	中国科学院兰州化学物理研究所
16	王红岩	中国石油集团科学技术研究院
17	王利兵	湖南出入境检验检疫局检验检疫技术中心
18	王社权	株洲钻石切削刀具股份有限公司
19	王国胤	重庆邮电大学
20	王宝善	中国地震局地球物理研究所
21	王建民	清华大学
22	王健伟	中国医学科学院病原生物学研究所

续表

序　号	姓　名	所 在 单 位
23	王继华	云南省农业科学院
24	韦革宏	西北农林科技大学
25	方　忠	中国科学院物理研究所
26	尹增山	上海微小卫星工程中心
27	石晶林	中国科学院计算技术研究所
28	卢　凯	中国人民解放军国防科学技术大学
29	卢西伟	长春轨道客车股份有限公司
30	史春梦	中国人民解放军第三军医大学
31	白跃宇	河南省动物卫生监督所
32	冯　丹	华中科技大学
33	冯新斌	中国科学院地球化学研究所
34	邢卫红	南京工业大学
35	邢婉丽	博奥生物有限公司
36	尧命发	天津大学
37	毕　勇	北京中视中科光电技术有限公司
38	吕典秋	黑龙江省农业科学院
39	朱　艳	南京农业大学
40	朱广山	吉林大学
41	朱永官	中国科学院城市环境研究所
42	任　军	江西农业大学
43	华卫琦	烟台万华聚氨酯股份有限公司
44	向文胜	东北农业大学
45	刘　宏	北京大学深圳研究生院
46	刘加平	江苏省建筑科学研究院有限公司
47	刘冰冰	吉林大学
48	刘纪平	中国测绘科学研究院
49	刘迪军	电信科学技术研究院

续表

序号	姓名	所在单位
50	刘建国	中国科学院合肥物质科学研究院
51	刘建妮	西北大学
52	刘竞雄	天地科技股份有限公司
53	汤亚杰	湖北工业大学
54	汤继华	河南农业大学
55	许国仁	哈尔滨工业大学
56	孙泽洲	中国航天科技集团公司中国空间技术研究院北京空间飞行器总体设计部
57	孙崇德	浙江大学
58	贡　俊	上海电驱动股份有限公司
59	严小军	宁波大学
60	严永刚	四川国纳科技有限公司
61	苏成勇	中山大学
62	杜江峰	中国科学技术大学
63	李　忠	华东理工大学
64	李　忠	中国建筑科学研究院
65	李　富	清华大学
66	李卫华	上海市计划生育科学研究所
67	李长贵	中国食品药品检定研究院
68	李风华	中国科学院声学研究所
69	李成名	中国测绘科学研究院
70	李先贤	广西师范大学
71	李俊华	清华大学
72	李桂鹏	宁夏东方钽业股份有限公司
73	李晓明	浙江大学
74	李海波	中国科学院武汉岩土力学研究所
75	李海燕	吉林农业大学
76	杨　洲	华南农业大学

续表

序　号	姓　名	所　在　单　位
77	杨　晓	中国人民解放军军事医学科学院生物工程研究所
78	杨进辉	中国科学院地质与地球物理研究所
79	杨灿军	浙江大学
80	杨其峰	山东大学
81	杨勇平	华北电力大学
82	杨黄浩	福州大学
83	杨富裕	中国农业大学
84	肖文交	中国科学院新疆生态与地理研究所
85	肖佐楠	苏州国芯科技有限公司
86	吴义强	中南林业科技大学
87	邱利民	浙江大学
88	何　耀	苏州大学
89	余正涛	昆明理工大学
90	应汉杰	南京工业大学
91	冷劲松	哈尔滨工业大学
92	宋　波	公安部天津消防研究所
93	宋尔卫	中山大学
94	宋永会	中国环境科学研究院
95	宋延林	中国科学院化学研究所
96	宋保亮	中国科学院上海生命科学研究院
97	张　宁	天津医科大学
98	张　旭	四川大学
99	张　军	厦门大学
100	张　兵	中国城市规划设计研究院
101	张　烜	中国医学科学院北京协和医院
102	张　靖	山西大学
103	张友军	中国农业科学院蔬菜花卉研究所

续表

序号	姓名	所在单位
104	张亚雷	同济大学
105	张江涛	中国计量科学研究院
106	张丽华	中国科学院大连化学物理研究所
107	张艳宁	西北工业大学
108	张献明	山西师范大学
109	陆延青	南京大学
110	陈　军	南开大学
111	陈　勇	中国商用飞机有限责任公司
112	陈　翔	中南大学
113	陈　颖	中国检验检疫科学研究院
114	陈大鹏	中国科学院微电子研究所
115	陈小伟	中国工程物理研究院总体工程研究所
116	陈小武	北京航空航天大学
117	陈历俊	北京三元食品股份有限公司
118	陈化兰	中国农业科学院哈尔滨兽医研究所
119	陈凤祥	安徽省农业科学院
120	陈海生	鄂尔多斯市东胜区大规模储能技术研究所
121	陈继涛	青海泰丰先行锂能科技有限公司
122	陈焕文	东华理工大学
123	邵新宇	华中科技大学
124	范景莲	中南大学
125	林波荣	清华大学
126	明平文	新源动力股份有限公司
127	罗先刚	中国科学院光电技术研究所
128	罗凌飞	西南大学
129	郗继贵	天津大学
130	金勇丰	浙江大学

续表

序 号	姓 名	所 在 单 位
131	周建庭	重庆交通大学
132	周祥山	华东理工大学
133	郑庆华	西安交通大学
134	郑诗礼	中国科学院过程工程研究所
135	郑南峰	厦门大学
136	单忠德	机械科学研究总院
137	封东来	复旦大学
138	赵 杰	哈尔滨工业大学
139	赵 勇	山东量子科学技术研究院有限公司
140	赵玉龙	西安交通大学
141	赵宇航	上海集成电路研发中心有限公司
142	赵红卫	中国铁道科学研究院
143	胡志岩	英利集团有限公司
144	胡志斌	南京医科大学
145	胡事民	清华大学
146	胡徐腾	中国石油天然气股份有限公司石油化工研究院
147	南发俊	中国科学院上海药物研究所
148	柳朝晖	华中科技大学
149	战兴群	上海交通大学
150	钟茂华	中国安全生产科学研究院
151	郜春海	北京交控科技有限公司
152	俞 飚	中国科学院上海有机化学研究所
153	姜 澜	北京理工大学
154	聂勇战	中国人民解放军第四军医大学
155	莫则尧	北京应用物理与计算数学研究所
156	贾德昌	哈尔滨工业大学
157	夏 昆	中南大学

续表

序号	姓名	所在单位
158	夏长亮	天津大学
159	徐　宁	北京矿冶研究总院
160	徐　涛	中国科学院生物物理研究所
161	徐　浩	中国中医科学院
162	徐树公	华为技术有限公司
163	高　翔	浙江大学
164	高西奇	东南大学
165	高会江	中国农业科学院北京畜牧兽医研究所
166	郭文武	华中农业大学
167	郭朝晖	中国钢研科技集团有限公司
168	席北斗	中国环境科学研究院
169	唐　卓	中国科学院成都生物研究所
170	陶春辉	国家海洋局第二海洋研究所
171	黄　飞	华南理工大学
172	黄　和	南京工业大学
173	黄　波	中国医学科学院基础医学研究所
174	黄三文	中国农业科学院蔬菜花卉研究所
175	曹一家	湖南大学
176	曹宏斌	中国科学院过程工程研究所
177	曹晓航	北京四维图新科技股份有限公司
178	曹淑敏	工业和信息化部电信研究院
179	盛　况	浙江大学
180	崔丽娟	中国林业科学研究院
181	康九红	同济大学
182	鹿化煜	南京大学
183	梁　峻	大连獐子岛渔业集团股份有限公司
184	梁卫国	太原理工大学

续表

序号	姓名	所在单位
185	蒋成保	北京航空航天大学
186	韩建达	中国科学院沈阳自动化研究所
187	舒红兵	武汉大学
188	舒跃龙	中国疾病预防控制中心病毒病预防控制所
189	舒鼎铭	广东省农业科学院
190	曾令森	中国地质科学院地质研究所
191	曾志刚	中国科学院海洋研究所
192	曾绍群	华中科技大学
193	谢　毅	中国科学技术大学
194	谢兆雄	厦门大学
195	谢树成	中国地质大学（武汉）
196	赖锦盛	中国农业大学
197	雷建设	中国地震局地壳应力研究所
198	熊继军	中北大学
199	颜　宁	清华大学
200	薛　林	公安部上海消防研究所
201	魏利军	中国安全生产科学研究院

科技创新创业人才入选名单

（共64名）

序号	姓名	所在企业
1	马冰峰	海南世银能源科技有限公司
2	王　敏	江西省晶和照明有限公司
3	王小龙	宁夏巨能机器人系统有限公司
4	王国中	上海国茂数字技术有限公司
5	王战会	天津微纳芯科技有限公司
6	牛萍娟	天津工大海宇半导体照明有限公司
7	毛　伟	北龙中网（北京）科技有限责任公司

续表

序　号	姓　名	所　在　企　业
8	文会军	湖南恒至凿岩科技有限公司
9	邓　勤	重庆四联光电科技有限公司
10	卢林发	中山爱科数字科技股份有限公司
11	卢漫宇	贵州航宇科技发展股份有限公司
12	田　伟	南京弘毅电气自动化有限公司
13	白惠峰	中绿环保科技股份有限公司
14	朱　林	山东凯胜电子股份有限公司
15	朱文荣	象山旭文海藻开发有限公司
16	刘　祥	张家界恒亮新材料科技有限公司
17	刘振宇	无锡鹏讯科技有限公司
18	宇学峰	天津康希诺生物技术有限公司
19	纪延超	哈尔滨威瀚电气设备股份有限公司
20	杜才富	贵州禾睦福种子有限公司
21	李　刚	徐州奥奇光电科技有限公司
22	李　冀	郑州联睿电子科技有限公司
23	李民友	重庆中元生物技术有限公司
24	李成松	石河子开发区石大锐拓机械装备有限公司
25	李先强	武汉中帜生物科技有限公司
26	李青海	山东润峰电子科技有限公司
27	李若林	四川马尔斯科技有限责任公司
28	李春启	杭州环特生物科技有限公司
29	杨华英	南昌市浩然生物医药有限公司
30	杨建新	伊犁紫苏丽人生物科技有限公司
31	杨洪武	大连金三维科技有限公司
32	肖国华	安翰光电技术（武汉）有限公司
33	何凤姣	湖南纳菲尔新材料科技股份有限公司
34	余伟明	杭州金源生物技术有限公司
35	汪良恩	扬州杰利半导体有限公司
36	张　方	西安英诺视通信息技术有限公司

续表

序 号	姓 名	所 在 企 业
37	张 涛	博康智能网络科技股份有限公司
38	张 强	上海腾一信息技术有限公司
39	张一昉	云南银河之星科技有限公司
40	张发明	湖北华世通生物医药科技有限公司
41	张建辉	珠海全志科技股份有限公司
42	张振华	湖南奥谱隆科技股份有限公司
43	金新富	商丘迪奥农业科技有限公司
44	周瑞发	宁德市南海水产科技有限公司
45	庞来兴	广州市博兴化工科技有限公司
46	郑立谋	厦门艾德生物医药科技有限公司
47	单俊伟	中国海洋大学生物工程开发有限公司
48	赵 欣	唐山市拓又达科技有限公司
49	钟盛文	江西江特锂电池材料有限公司
50	俞东雷	上海正帆科技有限公司
51	俞永福	北京优视网络有限公司
52	姜玉新	北京博达瑞恒科技有限公司
53	姚建军	西安智源电气有限公司
54	耿国凌	莱芜金鼎电子材料有限公司
55	聂泳忠	厦门乃尔电子有限公司
56	顾 宇	合肥科迈捷智能传感技术有限公司
57	顾纯祥	河南省躬行信息科技有限公司
58	黄小卫	福建鑫晶精密刚玉科技有限公司
59	黄德勇	欧赛新能源科技有限公司
60	韩金光	海南思坦德生物科技有限公司
61	谢洪泉	锐骐（厦门）电子科技有限公司
62	谢振宇	广州酷狗计算机科技有限公司
63	翟红伟	青海华信冶炼有限公司
64	鞠文燕	黑龙江省爱普照明电器有限公司

重点领域创新团队入选名单

（共86个）

序号	团队名称	团队负责人	依托单位
1	网络化控制系统创新团队	于海斌	中国科学院沈阳自动化研究所
2	水稻分子遗传改良创新团队	万建民	中国农业科学院作物科学研究所
3	生物质先进液体燃料与全成分转化创新团队	马隆龙	中国科学院广州能源研究所
4	国土资源精准调查与动态监测技术创新团队	王　庆	东南大学
5	呼吸与肺循环疾病防治研究创新团队	王　辰	卫生部北京医院
6	面向重大民生问题的转化医学研究创新团队	王　俊	深圳华大基因研究院
7	大庆长垣特高含水油田提高采收率创新团队，或：大庆油田提高采收率创新团队	王凤兰	大庆油田有限责任公司
8	光催化重点领域创新团队	王心晨	福州大学
9	关联电子体系研究创新团队	王玉鹏	中国科学院物理研究所
10	含大规模分布式能源的复杂电网规划运行优化理论与方法创新团队	王成山	天津大学
11	高性能大型复杂构件激光直接制造创新团队	王华明	北京航空航天大学
12	太阳能热发电创新团队	王志峰	中国科学院电工研究所
13	新兴有机平板显示的材料与器件创新团队	王利祥	中国科学院长春应用化学研究所
14	村镇建筑材料创新团队	王武祥	中国建筑材料科学研究总院
15	脑血管病防治研究创新团队	王拥军	首都医科大学附属北京天坛医院
16	爆炸冲击效应与工程防护创新团队	王明洋	中国人民解放军理工大学
17	浪潮服务器和存储创新团队	王恩东	浪潮集团有限公司
18	B4G移动通信创新研究创新团队	尤肖虎	东南大学
19	海洋卫星遥感技术创新团队	毛志华	国家海洋局第二海洋研究所
20	肿瘤干细胞研究创新团队	卞修武	中国人民解放军第三军医大学
21	收获技术与装备创新团队	方宪法	中国农业机械化科学研究院
22	强优势水稻杂交种创新团队	邓华凤	湖南杂交水稻研究中心
23	高速铁路轨道技术创新团队	叶阳升	中国铁道科学研究院
24	高分子材料成型及模具创新团队	申长雨	郑州大学
25	中海油服EFDT研发创新团队	冯永仁	中海油田服务股份有限公司
26	列车网络控制与信息系统创新团队	冯江华	株洲南车时代电气股份有限公司
27	超精密机械与测控创新团队	朱　煜	清华大学

续表

序　号	团　队　名　称	团队负责人	依　托　单　位
28	甲醇制烯烃创新团队	刘中民	中国科学院大连化学物理研究所
29	西藏地质背景与成矿作用研究创新团队	刘鸿飞	西藏自治区地质调查院
30	半导体照明技术创新团队	江风益	南昌大学
31	云服务平台技术创新团队	孙林夫	四川省现代服务科技研究院
32	量子信息及其物理基础创新团队	孙昌璞	北京计算科学研究中心
33	重大新药发现创新团队	李　松	中国人民解放军军事医学科学院毒物药物研究所
34	稀土湿法冶金与轻稀土应用创新团队	李　梅	内蒙古科技大学
35	中国成人艾滋病治疗和免疫重建研究创新团队	李太生	中国医学科学院北京协和医院
36	农业生物多样性利用与保护创新团队	李成云	云南农业大学
37	泛能网技术创新团队	李金来	新奥科技发展有限公司
38	磁约束聚变创新团队	李建刚	中国科学院合肥物质科学研究院
39	再生水利用与风险控制创新团队	李爱民	南京大学
40	航空高性能碳纤维创新团队	杨永岗	中简科技发展有限公司
41	化学反应动力学创新团队	杨学明	中国科学院大连化学物理研究所
42	金融数学创新团队	吴　臻	山东大学
43	重型锻压装备与工艺创新团队	吴生富	中国第一重型机械集团公司
44	海洋动力过程与气候创新团队	吴立新	中国海洋大学
45	C919大型客机设计创新团队	吴光辉	中国商用飞机有限责任公司
46	电子服务基础技术创新团队	吴朝晖	浙江大学
47	特种设备安全检测与评价创新团队	沈功田	中国特种设备检测研究院
48	数值预报创新团队	沈学顺	国家气象中心
49	绿色农药与有害生物控制创新团队	宋宝安	贵州大学
50	网络化协同空管系统创新团队	张　军	北京航空航天大学
51	半导体低维量子结构与器件技术创新团队	张　荣	南京大学
52	航天催化新材料研究创新团队	张　涛	中国科学院大连化学物理研究所
53	金属熔体分散处理高技术创新团队	张少明	北京有色金属研究总院
54	煤矿水害超前探测预警及快速救援科技创新团队	张文栋	太原理工大学
55	橡胶材料资源化和节能技术创新团队	张立群	北京化工大学

续表

序号	团队名称	团队负责人	依托单位
56	桥梁长期性能与安全可靠性研究创新团队	张劲泉	交通运输部公路科学研究所
57	网络文化科技创新团队	张树武	中国科学院自动化研究所
58	食品微生物功能发掘与利用创新团队	陈　卫	江南大学
59	中亚干旱区生态与环境研究创新团队	陈　曦	中国科学院新疆生态与地理研究所
60	极端环境重大承压设备设计制造与维护技术创新团队	陈学东	合肥通用机械研究院
61	超重力反应与分离新技术创新团队	陈建峰	北京化工大学
62	植物病毒与病害防控创新团队	陈剑平	浙江省农业科学院
63	干细胞多能性与定向分化机制研究创新团队	周　琪	中国科学院动物研究所
64	动物疫病控制技术创新团队	周继勇	浙江大学
65	果蔬加工与质量安全创新团队	单　杨	湖南省农业科学院
66	载人潜水器技术创新团队	胡　震	中国船舶重工集团公司第七〇二研究所
67	卫星导航定位技术创新团队	施　闯	武汉大学
68	蛋白质组学创新团队	贺福初	中国人民解放军军事医学科学院
69	精密、特种加工与微制造创新团队	贾振元	大连理工大学
70	疫苗与体外诊断创新团队	夏宁邵	厦门大学
71	重金属污染防治创新团队	柴立元	中南大学
72	水稻种质创新和超级稻分子育种创新团队	钱　前	中国水稻研究所
73	免疫系统的形成与疾病的关系研究创新团队	徐安龙	中山大学
74	能源高效洁净可再生转化利用的多相流热物理与化学理论基础创新团队	郭烈锦	西安交通大学
75	卫星测绘关键技术创新团队	唐新明	国家测绘局卫星测绘应用中心
76	仿生机器人技术与系统创新团队	黄　强	北京理工大学
77	中药资源创新团队	黄璐琦	中国中医科学院
78	基础软件技术创新团队	梅　宏	北京大学
79	高速列车技术创新团队	龚　明	南车青岛四方机车车辆股份有限公司
80	林木资源化学深加工创新团队	储富祥	中国林业科学研究院林产化学工业研究所
81	退化及污染农田修复创新团队	曾希柏	中国农业科学院农业环境与可持续发展研究所

续表

序号	团队名称	团队负责人	依托单位
82	虚拟现实与可视分析创新团队	鲍虎军	浙江大学
83	心脑保护转化医学研究创新团队	熊利泽	中国人民解放军第四军医大学
84	航空地球物理与遥感地质创新团队	熊盛青	中国国土资源航空物探遥感中心
85	植介入医疗器械的生物力学与力生物学创新团队	樊瑜波	北京航空航天大学
86	沉香等珍稀南药诱导形成机制及产业化技术创新团队	魏建和	中国医学科学院药用植物研究所海南分所

创新人才培养示范基地入选名单

（共18个）

1. 清华大学
2. 天津大学
3. 吉林大学
4. 哈尔滨工业大学
5. 上海交通大学
6. 昆明理工大学
7. 北京生命科学研究所
8. 中国商用飞机有限责任公司北京民用飞机技术研究中心
9. 中国科学院上海生命科学研究院
10. 国家人口计生委科学技术研究所
11. 山东省鲁南工程技术研究院
12. 西北有色金属研究院
13. 包头稀土高新技术产业开发区
14. 上海市张江高科技园区
15. 南京江宁高新技术产业园
16. 杭州高新技术产业开发区
17. 潍坊高新技术产业开发区
18. 长沙高新技术产业开发区

2013 年创新人才推进计划入选名单

中青年科技创新领军人才入选名单

（共 267 名）

序 号	姓 名	所 在 单 位
1	丁茂生	宁夏回族自治区电力公司
2	丁彩玲	山东如意科技集团有限公司
3	于敦波	北京有色金属研究总院
4	马忠华	浙江大学
5	马琰铭	吉林大学
6	王 中	中国船舶重工集团公司
7	王 均	中国科学技术大学
8	王 兵	中国科学技术大学
9	王 树	中国科学院化学研究所
10	王 敏	天津科技大学
11	王 强	中国科学院广州地球化学研究所
12	王 鹏	中国科学院长春应用化学研究所
13	王 聪	华南理工大学
14	王大志	厦门大学
15	王世强	北京大学
16	王立平	中国科学院深圳先进技术研究院
17	王庆生	威海东生能源科技有限公司
18	王丽晶	公安部上海消防研究所
19	王建华	中国水利水电科学研究院
20	王建春	福建龙净环保股份有限公司
21	王爱杰	哈尔滨工业大学
22	王继军	中国铁道科学研究院

续表

序号	姓名	所在单位
23	王新明	中国科学院广州地球化学研究所
24	王福俤	浙江大学
25	牛　利	中国科学院长春应用化学研究所
26	牛远杰	天津医科大学
27	方亚鹏	湖北工业大学
28	尹　浩	中国（南京）未来网络产业创新中心
29	尹周平	华中科技大学
30	孔庆鹏	中国科学院昆明动物研究所
31	孔宏智	中国科学院植物研究所
32	邓旭亮	北京大学口腔医学院
33	甘海云	中国汽车工程研究院股份有限公司
34	龙　腾	北京理工大学
35	卢义玉	重庆大学
36	卢世杰	北京矿冶研究总院
37	申有青	浙江大学
38	田　杰	南京南瑞继保电气有限公司
39	田见晖	中国农业大学
40	田志坚	中国科学院大连化学物理研究所
41	田洪池	山东道恩高分子材料股份有限公司
42	史宇光	北京大学
43	代　斌	石河子大学
44	代世峰	中国矿业大学（北京）
45	白雪冬	中国科学院物理研究所
46	冯景锋	国家广播电影电视总局广播电视规划院
47	师咏勇	上海交通大学
48	吕金虎	中国科学院数学与系统科学研究院
49	吕智强	哈尔滨汽轮机厂有限责任公司

续表

序号	姓名	所在单位
50	朱昱昊	西南交通大学
51	朱嘉琦	哈尔滨工业大学
52	乔冠军	江苏大学
53	任劲松	中国科学院长春应用化学研究所
54	华长春	燕山大学
55	伊廷华	大连理工大学
56	庄卫东	北京有色金属研究总院
57	刘　江	中国科学院北京基因组研究所
58	刘　宇	上海电气钠硫储能技术有限公司
59	刘　波	重庆长安汽车股份有限公司
60	刘　钢	哈尔滨工业大学
61	刘　俊	中北大学
62	刘　耘	中国科学院地球化学研究所
63	刘　峰	西北工业大学
64	刘　翔	兰州大学
65	刘　强	大连医科大学
66	刘　强	北京君正集成电路股份有限公司
67	刘　静	中国地震局地质研究所
68	刘乃安	中国科学技术大学
69	刘元法	江南大学
70	刘东红	浙江大学
71	刘永红	三一集团有限公司
72	刘青松	中国科学院地质与地球物理研究所
73	刘承志	山西太钢不锈钢股份有限公司
74	刘勇胜	中国地质大学（武汉）
75	齐炼文	中国药科大学
76	关柏鸥	暨南大学

续表

序号	姓名	所在单位
77	江　涛	中国科学院生物物理研究所
78	孙伟圣	久盛地板有限公司
79	孙涛垒	武汉理工大学
80	阳　虹	上海电气集团股份有限公司
81	苏怀智	河海大学
82	苏宏业	浙江大学
83	杜宝瑞	沈阳飞机工业（集团）有限公司
84	李　昂	中国科学院上海有机化学研究所
85	李　炜	上海新傲科技股份有限公司
86	李　战	南京长澳医药科技有限公司
87	李小雁	北京师范大学
88	李云松	西安电子科技大学
89	李文英	太原理工大学
90	李玉同	中国科学院物理研究所
91	李秀清	山东新华医疗器械股份有限公司
92	李劲松	中国科学院上海生命科学研究院
93	李武华	浙江大学
94	李典庆	武汉大学
95	李建平	中国科学院大气物理研究所
96	李道亮	中国农业大学
97	李富友	复旦大学
98	李新海	中国农业科学院作物科学研究所
99	杨　弋	华东理工大学
100	杨　松	贵州大学
101	杨　超	中国科学院过程工程研究所
102	杨小康	上海交通大学
103	杨卫胜	中国石油化工股份有限公司 上海石油化工研究院

续表

序号	姓名	所在单位
104	杨光富	华中师范大学
105	杨华明	中南大学
106	杨庆山	北京交通大学
107	杨振忠	中国科学院化学研究所
108	肖　睿	东南大学
109	吴　波	华南理工大学
110	吴　敬	江南大学
111	何正国	华中农业大学
112	何贤强	国家海洋局第二海洋研究所
113	何高文	广州海洋地质调查局
114	余克服	中国科学院南海海洋研究所
115	邹小波	江苏大学
116	沈彦俊	中国科学院遗传与发育生物学研究所
117	忻向军	北京邮电大学
118	宋西全	烟台泰和新材料股份有限公司
119	宋国立	中国农业科学院棉花研究所
120	张　平	中国科学院数学与系统科学研究院
121	张　永	厦门乾照光电股份有限公司
122	张　农	中国矿业大学
123	张　宏	浙江大学
124	张　宏	中国科学院生物物理研究所
125	张　君	中国重型机械研究院股份公司
126	张　罗	首都医科大学附属北京同仁医院
127	张　健	中海油研究总院
128	张　辉	北京创毅视讯科技有限公司
129	张　锦	北京大学
130	张　鹏	中国科学院上海生命科学研究院

续表

序号	姓名	所在单位
131	张 颖	东北农业大学
132	张元明	中国科学院新疆生态与地理研究所
133	张扬建	中国科学院地理科学与资源研究所
134	张幸红	哈尔滨工业大学
135	张英俊	广东东阳光药业有限公司
136	张治中	重庆重邮汇测通信技术有限公司
137	张学军	中国科学院长春光学精密机械与物理研究所
138	张哲峰	中国科学院金属研究所
139	张晓晶	宁波美晶医疗技术有限公司
140	张勤远	华南理工大学
141	陆 海	南京大学
142	陆其峰	国家卫星气象中心
143	陆佳政	国家电力公司
144	陆宴辉	中国农业科学院植物保护研究所
145	陆新征	清华大学
146	陈 虎	大连光洋科技工程有限公司
147	陈 玲	中国科学院福建物质结构研究所
148	陈 敏	厦门大学
149	陈 瑜	浙江大学
150	陈 曦	清华大学
151	陈 巍	清华大学
152	陈卫忠	中国科学院武汉岩土力学研究所
153	陈仁朋	浙江大学
154	陈永东	合肥通用机械研究院
155	陈吉文	钢研纳克检测技术有限公司
156	陈金慧	南京林业大学
157	陈宝权	中国科学院深圳先进技术研究院

续表

序号	姓名	所在单位
158	陈建勋	长安大学
159	陈险峰	上海交通大学
160	陈航榕	中国科学院上海硅酸盐研究所
161	陈新华	国家海洋局第三海洋研究所
162	陈增兵	中国科学技术大学
163	邵　峰	北京生命科学研究所
164	范益群	南京工业大学
165	林　程	北京理工大学
166	林志强	广西玉柴机器股份有限公司
167	林霄沛	中国海洋大学
168	易可可	浙江省农业科学院
169	罗　坤	浙江大学
170	罗素兰	海南大学
171	罗敏敏	北京生命科学研究所
172	周小红	中国科学院近代物理研究所
173	周天华	浙江大学
174	周福宝	中国矿业大学
175	周德敬	银邦金属复合材料股份有限公司
176	郑　晔	长春黄金研究院
177	郑为民	中国科学院上海天文台
178	单保庆	中国科学院生态环境研究中心
179	单智伟	西安交通大学
180	房倚天	中国科学院山西煤炭化学研究所
181	屈　延	中国人民解放军第四军医大学
182	孟松鹤	哈尔滨工业大学
183	赵　劲	北京大学深圳研究生院
184	赵　艳	中国科学院地理科学与资源研究所

续表

序号	姓名	所在单位
185	赵长生	四川大学
186	赵全志	河南农业大学
187	赵巍飞	中国民航大学
188	郝智慧	青岛农业大学
189	胡卫明	中国科学院自动化研究所
190	胡少伟	水利部交通运输部国家能源局南京水利科学研究院
191	胡文平	中国科学院化学研究所
192	柳晓军	中国科学院武汉物理与数学研究所
193	段留生	中国农业大学
194	侯中军	新源动力股份有限公司
195	姜　东	南京农业大学
196	姜久春	北京交通大学
197	姜开利	清华大学
198	洪　平	国家体育总局体育科学研究所
199	贺雄雷	中山大学
200	勇　强	南京林业大学
201	秦　松	中国科学院烟台海岸带研究所
202	袁运斌	中国科学院测量与地球物理研究所
203	袁慎芳	南京航空航天大学
204	耿延候	中国科学院长春应用化学研究所
205	贾永忠	中国科学院青海盐湖研究所
206	贾振华	河北以岭医药研究院有限公司
207	夏元清	北京理工大学
208	夏文勇	新余钢铁集团有限公司
209	柴　强	甘肃农业大学
210	倪四道	中国科学院测量与地球物理研究所
211	徐　健	中国科学院青岛生物能源与过程研究所
212	徐　强	华中农业大学

续表

序号	姓名	所在单位
213	徐立军	北京航空航天大学
214	徐赵东	南京东瑞减震控制科技有限公司
215	殷亚方	中国林业科学研究院木材工业研究所
216	翁继东	中国工程物理研究院流体物理研究所
217	高立志	中国科学院昆明植物研究所
218	郭　旭	大连理工大学
219	郭玉海	浙江理工大学
220	唐智勇	国家纳米科学中心
221	黄　丰	中国科学院福建物质结构研究所
222	黄　俊	浙江大学
223	黄　勇	长城汽车股份有限公司
224	黄飞敏	中国科学院数学与系统科学研究院
225	黄飞鹤	浙江大学
226	黄启飞	中国环境科学研究院
227	梅之南	中南民族大学
228	曹　宏	中国石油天然气股份有限公司勘探开发研究院
229	曹　俊	中国科学院高能物理研究所
230	曹先彬	北京航空航天大学
231	曹际娟	中华人民共和国辽宁出入境检验检疫局检验检疫技术中心
232	章卫平	中国人民解放军第二军医大学
233	商洪才	天津中医药大学
234	梁运涛	煤炭科学研究总院沈阳研究院
235	逯乐慧	中国科学院长春应用化学研究所
236	董海龙	中国人民解放军第四军医大学
237	蒋浩民	宝钢集团有限公司
238	韩　旭	湖南大学
239	韩继斌	山推工程机械股份有限公司
240	程　亚	中国科学院上海光学精密机械研究所

续表

序号	姓名	所在单位
241	程永亮	中国铁建重工集团有限公司
242	傅向东	中国科学院遗传与发育生物学研究所
243	储明星	中国农业科学院北京畜牧兽医研究所
244	鲁林荣	浙江大学
245	童小华	同济大学
246	童利民	浙江大学
247	游书力	中国科学院上海有机化学研究所
248	游劲松	四川大学
249	谢　丹	中山大学
250	谢　晶	上海海洋大学
251	雷　军	北京金山软件有限公司
252	雷光华	中南大学
253	雷晓光	天津大学
254	詹文章	北京汽车集团有限公司
255	窦慧莉	中国第一汽车集团公司
256	蔡伟伟	厦门大学
257	蔡树群	中国科学院南海海洋研究所
258	廖　明	华南农业大学
259	樊春海	中国科学院上海应用物理研究所
260	颜学庆	北京大学
261	颜晓梅	厦门大学
262	潘世烈	中国科学院新疆理化技术研究所
263	潘洪革	浙江大学
264	薛冬峰	中国科学院长春应用化学研究所
265	薛红卫	中国科学院上海生命科学研究院
266	戴　希	中国科学院物理研究所
267	戴彩丽	中国石油大学（华东）

科技创新创业人才入选名单

（共 242 名）

序　号	姓　名	所　在　企　业
1	丁万年	福州锐达数码科技有限公司
2	丁冉峰	天津金伟晖生物石油化工有限公司
3	丁伟儒	杭州东忠科技有限公司
4	丁敏华	杭州炬华科技股份有限公司
5	于　静	天津市今日健康乳业有限公司
6	于泽旭	辽宁东工装备制造有限公司
7	万雪君	宾川高原有机农业开发有限公司
8	马长勤	青岛镭视光电科技有限公司
9	马海燕	南通新帝克纺织化纤有限公司
10	马瑞强	乌拉特中旗马瑞强水果玉米专业合作社
11	王　伟	抚顺东工冶金材料技术有限公司
12	王　伟	贵阳朗玛信息技术股份有限公司
13	王　宇	上海宇昂水性新材料科技股份有限公司
14	王　寅	乐山福斯科技有限公司
15	王万财	天津汉海环保设备有限公司
16	王兆连	山东华特磁电科技股份有限公司
17	王旭宁	杭州九阳欧南多小家电有限公司
18	王志邦	安徽贝克联合制药有限公司
19	王怀林	江苏凯米膜科技股份有限公司
20	王明华	江苏华天通科技有限公司
21	王建学	北京矿大节能科技有限公司
22	王春儒	厦门福纳新材料科技有限公司
23	王荣国	哈尔滨空天工大复合材料科技开发有限公司
24	王洪英	北京诚田恒业煤矿设备有限公司
25	王浩静	江苏航科复合材料科技有限公司
26	王继平	诚迈科技（南京）有限公司

续表

序号	姓名	所在企业
27	扎西东智	西藏金哈达药业有限公司
28	毛纯华	上海埃士工业科技有限公司
29	尹　强	新疆惠利灌溉科技股份有限公司
30	尹建华	黑龙江省汇丰动物保健品有限公司
31	尹智勇	上海和鹰机电科技股份有限公司
32	孔昭松	天津市松正电动汽车技术股份有限公司
33	左洪波	哈尔滨工大奥瑞德光电技术有限公司
34	叶　锋	湖南搏浪沙水工机械有限公司
35	叶建山	广州盈思传感科技有限公司
36	叶想发	江西索普信实业有限公司
37	田映良	甘肃圣大方舟马铃薯变性淀粉有限公司
38	史丽萍	徐州上若科技有限公司
39	付　超	辽宁卓异装备制造有限公司
40	母治平	重庆伟渡医疗设备股份有限公司
41	成国祥	甘肃正生生物科技有限公司
42	朱大海	河南同城光电有限公司
43	朱志平	南京都乐制冷设备有限公司
44	朱明跃	重庆猪八戒网络有限公司
45	朱敦尧	武汉光庭信息技术有限公司
46	伍　红	西藏金采科技股份有限公司
47	伍　坤	水富坤达牧业有限责任公司
48	任天挺	康奋威科技（杭州）有限公司
49	伊廷雷	山东莱芜金雷风电科技股份有限公司
50	刘　屹	安徽艾可蓝节能环保科技有限公司
51	刘　江	佛山市埃申特科技有限公司
52	刘　阳	长沙威保特环保科技有限公司
53	刘　轶	深圳市北科瑞声科技有限公司

续表

序号	姓名	所在企业
54	刘　倩	山东中厦电子科技有限公司
55	刘　健	江苏中科君达电子科技有限公司
56	刘长安	北京香豆豆食品有限公司
57	刘文峰	江西飞尚科技有限公司
58	刘书平	江苏氟美斯环保节能新材料有限公司
59	刘召贵	江苏天瑞仪器股份有限公司
60	刘兴胜	西安炬光科技有限公司
61	刘利平	深圳君圣泰生物技术有限公司
62	刘金龙	山东贝瑞康生物科技有限公司
63	刘念杰	咸阳伟华绝缘材料有限公司
64	刘勇杰	新疆石大科技有限公司
65	刘雪峰	新疆惠远种业股份有限公司
66	齐向东	北京奇虎科技有限公司
67	关鸿亮	北京天下图数据技术有限公司
68	汤德林	上海新眼光医疗器械股份有限公司
69	安海谦	金普诺安蛋白质工程技术（北京）有限公司
70	许小曙	湖南华曙高科技有限责任公司
71	孙　勇	昆明理工峰潮科技有限公司
72	孙红川	河北德胜农林科技有限公司
73	孙志军	哈尔滨贯中信息技术开发有限公司
74	孙庚文	恒泰艾普石油天然气技术服务股份有限公司
75	孙逊运	潍坊星泰克微电子材料有限公司
76	苏环宇	广州质音通讯技术有限公司
77	李　阳	广东普加福光电科技有限公司
78	李　玮	河北博伦特药业有限公司
79	李　凯	江西蓝翔重工有限公司
80	李力锋	上海宜瓷龙新材料科技有限公司

续表

序　号	姓　名	所　在　企　业
81	李长青	威海长青海洋科技股份有限公司
82	李坚之	青岛昌盛日电太阳能科技有限公司
83	李玮煜	上海米度测控科技有限公司
84	李国君	朝阳立塬新能源有限公司
85	李和伟	北京伟博海泰生物科技有限公司
86	李保强	新疆慧尔农业科技股份有限公司
87	李晓雨	青岛云路新能源科技有限公司
88	李新平	湖南海尚环境生物科技有限公司
89	李韶雄	福建科宏生物工程有限公司
90	杨　飞	天津天隆种业科技有限公司
91	杨　刚	成都多吉昌新材料有限公司
92	杨一兵	浙江和仁科技有限公司
93	杨利平	广东海赛特药业有限公司
94	杨陆武	北京奥瑞安能源技术开发有限公司
95	杨学太	泉州迪特工业产品设计有限公司
96	杨学东	青龙满族自治县鑫跃畜牧有限公司
97	杨洪斌	瑞丽市千紫木业发展有限责任公司
98	杨解定	渭南市农发科技有限责任公司
99	连建宇	包头市稀宝博为医疗系统有限公司
100	肖　飞	河北人天通信技术有限公司
101	肖　迪	大连博涛多媒体技术股份有限公司
102	肖天存	广州博能能源科技有限公司
103	吴　平	宜昌一致魔芋生物科技有限公司
104	吴光胜	深圳市华讯方舟科技有限公司
105	吴周令	合肥知常光电科技有限公司
106	吴道洪	北京华福神雾工业炉有限公司
107	何成鹏	武汉三工光电设备制造有限公司

续表

序号	姓名	所在企业
108	余军涛	乐动天下（北京）体育科技有限公司
109	余忠丽	新疆希普生物科技股份有限公司
110	邹　军	浙江亿米光电科技有限公司
111	应　珏	句容宁武新材料发展有限公司
112	沈　亚	广州唯品会信息科技有限公司
113	宋忠孝	临沂市科创材料有限公司
114	张　苏	十堰法雷诺动力科技有限公司
115	张　青	海城市三星生态农业有限公司
116	张　杭	南京因泰莱软件技术有限公司
117	张　欣	天津智特安达科技有限公司
118	张　彦	宁波激智新材料科技有限公司
119	张　辉	天津开发区兰顿油田服务有限公司
120	张　锦	四川省雷克赛恩电子科技有限公司
121	张元刚	上海朔阳信息科技有限公司
122	张凤太	山东威能环保电源有限公司
123	张文标	上海同臣环保有限公司
124	张华民	大连融科储能技术发展有限公司
125	张庆敏	无锡众志和达存储技术股份有限公司
126	张宇行	成都阜特科技股份有限公司
127	张希云	甘肃元生农牧科技有限公司
128	张国良	中复神鹰碳纤维有限责任公司
129	张国强	湖南湖大瑞格能源科技有限公司
130	张洪波	四川富正源生物科技有限公司
131	张晓东	江苏敏捷科技股份有限公司
132	张燕维	阜新德美客食品有限公司
133	陈　龙	绍兴恒力特微电子有限公司
134	陈　明	辽宁赛沃斯节能技术有限公司

续表

序号	姓名	所在企业
135	陈　峰	龙迅半导体科技（合肥）有限公司
136	陈　琦	扬州高能新材料有限公司
137	陈　强	天津中能锂业有限公司
138	陈小文	中山蓝海洋水性涂料有限公司
139	陈东立	青海清华博众生物技术有限公司
140	陈吉川	重庆盈丰升机械设备有限公司
141	陈同斌	北京中科博联环境工程有限公司
142	陈抗抗	武汉安扬激光技术有限责任公司
143	陈志勇	宏业生化股份有限公司
144	陈启章	四川中自尾气净化有限公司
145	陈雨峰	江苏高和机电股份有限公司
146	陈学思	长春圣博玛生物材料有限公司
147	陈宝明	上海华之邦能源科技有限公司
148	陈建军	武汉威杜信息材料科技有限公司
149	陈树忠	攀枝花新中钛科技有限公司
150	陈继锋	北京沃尔德超硬工具有限公司
151	范　礼	杰锋汽车动力系统股份有限公司
152	范　渊	杭州安恒信息技术有限公司
153	林志平	漳州市英格尔农业科技有限公司
154	欧阳晨曦	武汉杨森生物技术有限公司
155	郅立鹏	青岛中科华联新材料有限公司
156	卓玛次力	西藏珠穆拉瑞商贸发展有限公司
157	昌盛昌	湖南布林特橡塑有限公司
158	金　磊	北京佰仁医疗科技有限公司
159	周　杰	重庆杰品科技股份有限公司
160	周　明	南通明芯微电子有限公司
161	周立富	齐齐哈尔华工机床有限公司

续表

序号	姓名	所在企业
162	周志军	江苏中成紧固技术发展有限公司
163	周惠兴	郑州微纳科技有限公司
164	周满山	力博重工科技股份有限公司
165	郑　政	智恒（厦门）微电子有限公司
166	郑　帼	天津工大纺织助剂有限公司
167	郑广辉	聊城市金帝保持器厂
168	郑众喜	北京优纳科技有限公司
169	郑红卫	景德镇神飞特种陶瓷有限公司
170	赵　宣	天津键凯科技有限公司
171	赵永贵	青海源兴工贸有限公司
172	赵国普	江苏四明工程机械有限公司
173	赵健飞	北京赫宸环境工程有限公司
174	赵鸿飞	中科创达软件科技（北京）有限公司
175	赵裕兴	苏州德龙激光股份有限公司
176	郝木明	东营海森密封技术有限责任公司
177	郝秀海	汾阳市金土地生物科技有机肥有限公司
178	胡　卉	济南晶正电子科技有限公司
179	胡　玮	宁波德沃生物科技有限公司
180	胡立江	浙江和也健康科技有限公司
181	胡军祥	浙江恒强科技股份有限公司
182	胡建东	池州市邦鼐机电科技有限公司
183	胡钢亮	浙江康恩贝健康产品有限公司
184	胡湛波	广西益江环保科技有限责任公司
185	柳　燕	宁洱尚左咖啡有限责任公司
186	钟文军	四川国和新材料有限公司
187	钟明强	江苏宏益生化科技有限公司
188	段　江	成都恒图科技有限责任公司

续表

序号	姓名	所在企业
189	姜丰伟	河南大指造纸装备集成工程有限公司
190	祝社民	山东天璨环保科技股份有限公司
191	姚文中	宝鸡赛威重型机床制造有限公司
192	秦引林	江苏柯菲平医药有限公司
193	秦伟志	甘肃源岗农林开发有限公司
194	夏　瑜	中山康方生物医药有限公司
195	徐　弢	广州迈普再生医学科技有限公司
196	徐　海	湖南文象炭基环保材料股份有限公司
197	徐子清	陕西华阳良种猪有限公司
198	徐瑞明	山东机客网络技术有限公司
199	奚谷枫	无锡紫芯集成电路系统有限公司
200	翁贞琼	宁波新海太塑料机械有限公司
201	凌志敏	浙江昱能光伏科技集成有限公司
202	高　峰	东莞市泰斗微电子科技有限公司
203	高　峰	辽宁新华阳伟业装备制造有限公司
204	高东翔	新疆久恒大农业发展有限公司
205	高晓谋	安庆市中天石油化工有限公司
206	高超凡	上海魅客信息科技有限公司
207	高肇林	山东益康药业股份有限公司
208	郭方准	大连齐维科技发展有限公司
209	郭耀辉	广州慧智微电子有限公司
210	唐道远	安徽森泰塑木新材料有限公司
211	涂庆镇	厦门多彩光电子科技有限公司
212	诸　慎	上海浦景化工技术有限公司
213	陶　军	天水众兴菌业科技股份有限公司
214	陶　海	广东希荻微电子有限公司
215	黄发灿	福建华灿生物科技有限公司

续表

序号	姓名	所在企业
216	黄溪河	广州市和兴隆食品科技有限公司
217	盛荣生	盛利维尔（中国）新材料技术有限公司
218	盛晓霞	杭州领业医药科技有限公司
219	崔　玥	天津彼洋科技有限公司
220	崔佩聚	山亿新能源股份有限公司
221	崔琛焕	浙江天泉表面技术有限公司
222	符寒光	江苏盛伟模具材料有限公司
223	章笠中	杭州医惠科技有限公司
224	宿洪志	长春市宜品堂科技有限公司
225	颉二旺	内蒙古自然王生物质工程有限公司
226	彭　峻	湖南安普诺环保科技有限公司
227	彭　澎	湖南升华科技有限公司
228	彭立增	济南爱思医药科技有限公司
229	董泽武	挑战（天津）动物药业有限公司
230	韩正昌	南京格洛特环境工程有限公司
231	韩明华	湖南华诺星空电子技术有限公司
232	程仕东	山东亿能光学仪器股份有限公司
233	程敬远	江西名派光电科技有限公司
234	曾庆华	烟台同辉光电子有限公司
235	甄曰菊	山东吉青化工有限公司
236	詹照雅	福建申石蓝食品有限公司
237	鲍振平	四平市枫叶科技有限公司
238	裴　勇	重庆星河光电科技有限公司
239	樊延都	西安凤城精密机械有限公司
240	潘吉庆	北京奥福（临邑）精细陶瓷有限公司
241	薛　嵩	上海瑞一医药科技有限公司
242	薛志峰	北京唯绿建筑节能科技有限公司

重点领域创新团队入选名单

（共67个）

序　号	团　队　名　称	团队负责人	依　托　单　位
1	微波成像技术创新团队	丁赤飚	中国科学院电子学研究所
2	环境友好型海洋功能材料与防护技术创新团队	于良民	中国海洋大学
3	主要农作物生物育种与产业化创新团队	万向元	山东冠丰种业科技有限公司
4	缓控释肥技术创新团队	万连步	山东金正大生态工程股份有限公司
5	空间目标探测雷达技术创新团队	马　林	中国电子科技集团公司
6	鼻咽癌个体化治疗创新团队	马　骏	中山大学
7	心律失常的临床研究和治疗器械研发创新团队	马长生	首都医科大学附属北京安贞医院
8	中药质量与安全标准研究创新团队	马双成	中国食品药品检定研究院
9	高原生物制造工程技术创新团队	王福清	西藏金稞集团有限责任公司
10	固体氧化物燃料电池创新团队	王蔚国	中国科学院宁波材料技术与工程研究所
11	信息安全对抗技术创新团队	云晓春	国家计算机网络与信息安全管理中心
12	基准原子钟研究创新团队	方占军	中国计量科学研究院
13	分子纳米结构与分子成像技术创新团队	方晓红	中国科学院化学研究所
14	林木基因工程育种创新团队	卢孟柱	中国林业科学研究院林业研究所
15	脑疾病的神经环路基础研究创新团队	毕国强	中国科学技术大学
16	水声通信创新团队	朱　敏	中国科学院声学研究所
17	先进金属结构材料基础研究及工程应用创新团队	刘　庆	重庆大学
18	数论及其应用创新团队	刘建亚	山东大学
19	新型显示（裸眼3D）创新团队	闫晓林	TCL集团股份有限公司
20	治疗性重组蛋白质及其修饰长效创新药物研发创新团队	孙　黎	厦门特宝生物工程股份有限公司
21	先进机器人技术创新团队	孙立宁	苏州博实机器人技术有限公司
22	基于扶正培本治则的中医肿瘤研究创新团队	花宝金	中国中医科学院

续表

序号	团队名称	团队负责人	依托单位
23	高功率光纤激光器创新团队	李　成	武汉锐科光纤激光器技术有限责任公司
24	工程抗震减灾设计地震动研究创新团队	李小军	中国地震局地球物理研究所
25	转基因高产肉牛新品种培育创新团队	李光鹏	内蒙古大学
26	宽带无线传感网创新团队	杨　旸	中国科学院上海微系统与信息技术研究所
27	猪营养创新团队	吴　德	四川农业大学
28	免疫识别、应答及调控研究创新团队	吴玉章	中国人民解放军第三军医大学
29	旱区农业高效用水创新团队	吴普特	西北农林科技大学
30	污染物减排与资源化创新团队	汪华林	华东理工大学
31	先进煤气化技术创新团队	汪国庆	新奥科技发展有限公司
32	特殊环境公路建设与养护技术创新团队	沙爱民	长安大学
33	非线性光学功能分子材料创新团队	张　驰	江南大学
34	乳酸菌与发酵乳制品创新团队	张和平	内蒙古农业大学
35	智能终端与移动互联网业务创新团队	张智江	中国联合网络通信集团有限公司
36	重大口腔疾病发病机制与防治研究创新团队	陈谦明	四川大学
37	光电子晶体材料与器件创新团队	林文雄	中国科学院福建物质结构研究所
38	细胞能量代谢稳态与疾病研究创新团队	林圣彩	厦门大学
39	先进封装光刻机创新团队	周　畅	上海微电子装备有限公司
40	飞行时间质谱仪器创新团队	周　振	广州禾信分析仪器有限公司
41	良好湖泊保护创新团队	郑丙辉	中国环境科学研究院
42	钛合金研制创新团队	赵永庆	西北有色金属研究院
43	精准农业技术与装备创新团队	赵春江	北京市农林科学院
44	水稻品质遗传改良创新团队	胡培松	中国水稻研究所
45	新颖量子材料和物理性质研究创新团队	闻海虎	南京大学
46	盾构及掘进技术创新团队	洪开荣	中国铁路工程总公司
47	大气污染物的源汇过程与污染源控制技术创新团队	贺　泓	中国科学院生态环境研究中心

续表

序号	团队名称	团队负责人	依托单位
48	空间光学有效载荷研究创新团队	贾 平	中国科学院长春光学精密机械与物理研究所
49	免疫皮肤病学创新团队	高兴华	中国医科大学
50	有机光电子学创新团队	黄 维	南京邮电大学
51	航空航天用高性能大规格铝材与构件制造创新团队	黄明辉	中南大学
52	快速响应微小卫星技术创新团队	曹喜滨	哈尔滨工业大学
53	高端微创介入与植入医疗器械创新团队	常兆华	上海微创医疗器械（集团）有限公司
54	高压下凝聚态物质研究创新团队	崔 田	吉林大学
55	国家地理信息公共服务平台天地图技术创新团队	蒋 捷	国家基础地理信息中心
56	有色金属清洁高效提取与综合利用创新团队	蒋开喜	北京矿冶研究总院
57	心血管疾病临床研究创新团队	蒋立新	中国医学科学院阜外心血管病医院
58	水稻重要农艺性状遗传与功能基因组学研究创新团队	韩 斌	中国科学院上海生命科学研究院
59	先进热防护材料与结构创新团队	韩杰才	哈尔滨工业大学
60	大型抽水蓄能机组成套设备研制创新团队	覃大清	哈尔滨电机厂有限责任公司
61	造血干细胞分子调控研究创新团队	程 涛	中国医学科学院血液病医院（血液学研究所）
62	高效、低污染内燃动力设计理论及方法创新团队	舒歌群	天津大学
63	腔镜技术创新团队	蔡秀军	浙江大学
64	天河高性能计算创新团队	廖湘科	中国人民解放军国防科学技术大学
65	现代轨道交通系统动力学创新团队	翟婉明	西南交通大学
66	新型碳基复合材料及构件制备新技术创新团队	熊 翔	中南大学
67	薄膜材料结构与性能调控技术创新团队	潘 峰	清华大学

创新人才培养示范基地入选名单

（共38个）

1. 北京大学
2. 天津中医药大学
3. 东北农业大学
4. 复旦大学
5. 华东理工大学
6. 浙江大学
7. 浙江中医药大学
8. 中国科学技术大学
9. 厦门大学
10. 武汉理工大学
11. 中南大学
12. 华南理工大学
13. 中山大学
14. 西南大学
15. 四川大学
16. 西藏大学
17. 西安电子科技大学
18. 中国运载火箭技术研究院
19. 中国第一汽车股份有限公司技术中心
20. 中国科学院生物物理研究所
21. 中国科学院大连化学物理研究所
22. 中国科学院金属研究所
23. 水利部交通运输部国家能源局南京水利科学研究院
24. 中国农业科学院
25. 上海电器科学研究所（集团）有限公司
26. 深圳华大基因研究院
27. 中国热带农业科学院
28. 中国重型机械研究院股份公司
29. 中关村科技园区丰台园
30. 上海张江高新技术产业开发区嘉定园

31. 无锡国家高新技术产业开发区
32. 南京新港高新技术工业园
33. 中国海洋科技创新引智园区
34. 南昌高新技术产业开发区
35. 青岛高新技术产业开发区
36. 烟台高新技术产业开发区
37. 贵阳国家高新技术产业开发区
38. 乌鲁木齐高新技术产业开发区

致 谢

对各位联络员的辛勤工作表示感谢！

部门联络员

王甲正、王旭辉、王欢喜、王嵩、石磊、田军、孙晓丽、李人杰、李娜、李晔、李雪、李智、杨忠波、杨娉、杨彩虹、余莉亚、沈和鹏、张成志、张洪勇、陈业平、陈钟、周立、周学赓、高亦飞、高慧、郭彩丽、唐燕红、董丽丽、曾卫明、蓝煜、薛波

地方联络员

王建华、王琪、牛斌、孔庆成、丛万志、包晓峰、朱建军、多杰措、刘晓熹、刘涛、孙宁芳、苏积德、李金芝、李桂茹、李家丰、李嘉银、杨振学、杨萍、岑军波、何南、张燕、张镧、陈红科、陈宝龙、周界云、周斌、房民、孟小军、赵以莲、赵阳、赵淑莲、奎燕飞、姚锦瑜、聂晓璞、高峪、黄海燕、符兰平、董全强、董怡、曾红月、谢佳睿、谢美清、雷斌、蔡晟、臧宝岭、裴伟征、谭权军、熊新